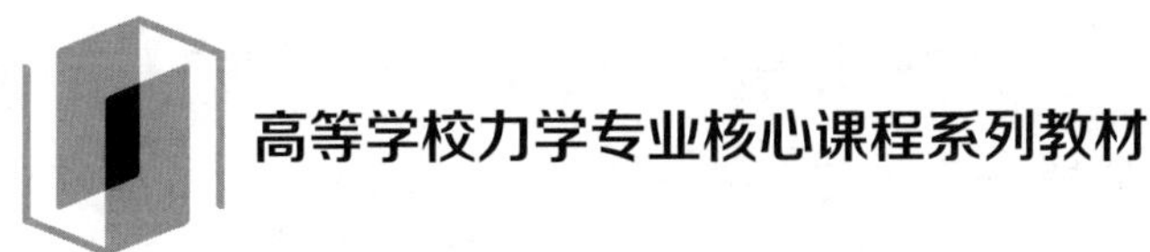

高等学校力学专业核心课程系列教材

实验力学

EXPERIMENTAL MECHANICS

主编 王清远 何小元 冯雪

副主编 仇巍 马少鹏 王宠

参 编（以下排名不分先后）

陈巨兵 刘彦菊 刘立武 王志勇 杨福俊
励 争 雷振坤 李喜德 刘战伟 何 巍
谢惠民 汤立群 杨 宝 潘 兵 朱雨建
冯立好 高 磊 焦敬品 胡小方 解社娟
陈振茂 唐云龙 张兴义

中国教育出版传媒集团

高等教育出版社·北京

内容提要

本书是高等学校力学专业核心课程系列教材之一。本书内容简洁易懂、深入浅出，让读者既能掌握常规的力学实验方法，也能了解到现代力学实验技术的最新进展。

全书共20章，主要内容包括电测法、电阻应变测量方法、应变式传感器及其他电测技术、光学基础知识、光弹性法、全息干涉计量、散斑计量技术、云纹法、光纤光栅传感器测量技术、数字图像相关方法、栅线投影测量、光谱检测技术、流动显示技术、流动压力测量技术、流速测量技术、力和力矩测量技术、超声波检测技术、射线检测技术、热成像检测技术。不同学校可以根据专业需求和学时情况选择合适的内容。

本书可以作为高等学校力学、测控技术与仪器、精密仪器等专业的本科生教材，也可作为相关研究生和工程技术人员的参考用书。

图书在版编目（CIP）数据

实验力学 / 王清远，何小元，冯雪主编. -- 北京 : 高等教育出版社，2025. 7. --（高等学校力学专业核心课程系列教材）. -- ISBN 978-7-04-064146-2

Ⅰ. O348

中国国家版本馆 CIP 数据核字第 2025HY8039 号

实验力学
SHIYAN LIXUE

策划编辑 赵向东　责任编辑 赵向东　特约编辑 任　静　封面设计 于　婕　李沛蓉
版式设计 杨　树　责任绘图 裴一丹　责任校对 吕红颖　责任印制 存　怡

出版发行 高等教育出版社
社　　址 北京市西城区德外大街4号
邮政编码 100120
印　　刷 北京华联印刷有限公司
开　　本 787mm×1092mm　1/16
印　　张 23
字　　数 490 千字
插　　页 1
购书热线 010-58581118
咨询电话 400-810-0598
网　　址 http://www.hep.edu.cn
　　　　 http://www.hep.com.cn
网上订购 http://www.hepmall.com.cn
　　　　 http://www.hepmall.com
　　　　 http://www.hepmall.cn
版　　次 2025 年 7 月第 1 版
印　　次 2025 年 7 月第 1 次印刷
定　　价 46.90 元

物 料 号 64146-00

教育部高等学校力学类专业教学指导委员会
（2018—2022）

力学专业核心课程系列教材建设工作组

组　长：韩　旭

副组长：王省哲

成员（按姓氏拼音排序）：

胡卫兵、霍永忠、冷劲松、刘占芳

马少鹏、原　方、张建辉、赵颖涛

秘书：侯淑娟

序　言

教材是人才培养的核心要素之一，探索和建设适应新时期专业人才培养体系特点及需要的教材已成为当前我国高等院校教学改革和教材建设工作面临的紧迫任务。为贯彻教育部《一流本科课程建设的实施意见》（教高〔2019〕8 号），配合实施一流本科“双万计划”，教育部高等学校力学类专业教学指导委员会围绕新时期我国高等教育的新发展与新要求、面向新工科背景下力学专业的新挑战，启动并开展了力学专业核心课程系列教材建设工作。

本届力学类专业教学指导委员会专门成立了力学专业核心课程系列教材建设工作组，在广泛征集力学界同仁意见的基础上，制定了力学专业核心课程教材建设的指导思想、内容规划及工作方案，遴选了核心课程教材编写组及负责人。本次教材建设力求在内容选材、组织结构、编写风格等方面体现时代特色。第一批建设的力学专业核心课程教材包括《振动力学》《弹性力学》《连续介质力学》《实验力学》《断裂力学》《塑性力学》《计算力学》《流体力学》共八本。由编写组负责人负责组织开展调研、论证、编写和修订等工作。部分教材已完成编写，将陆续出版发行。

衷心感谢各编写组的努力工作与无私奉献，感谢高等教育出版社的鼎力支持。由于能力和水平有限，工作中难免有不足和疏漏，诚请读者批评指正！

教育部高等学校力学类专业教学指导委员会（2018—2022）

力学专业核心课程系列教材建设工作组

2022 年 12 月 3 日

前 言

实验力学是力学的一个重要分支学科，它借助先进的技术和工艺，采用实验研究材料和结构的响应与失效，以提高结构性能、降低成本，更加可靠有效地使用材料。实验力学不仅是表征材料、结构以及系统力学行为的重要手段，更是发现新的力学现象、探索自然规律的有效途径。早在 17 世纪，伽利略通过实验研究了弯曲梁截面上的应力分布，胡克通过实验发现了弹簧变形与力的关系，这些都是弹性力学得以进步的重要基础。也正如科学家门捷列夫所说，“科学是从测量开始的”“没有测量，就没有科学”。力学理论的形成需要建立在大量的实验之上，作为现代工业基础的数值仿真，如有限元分析等，同样离不开实验数据的支撑。

随着现代科技的发展，微电子、计算机、互联网、无线通信和光电子学的进步给予了实验力学极大的帮助，推动了实验技术的快速发展，对实验力学方法的进步产生了巨大的影响。借助无线通信和互联网技术可以实现结构力学参数的远程测量，微电子加工工艺的不断更新也使各类传感器的体积更小、性能更加可靠。计算机数字图像处理的出现使得干涉测量和云纹测量技术的应用更加方便，试样光栅可以被转移到计算机屏幕上与参考光栅叠加显示云纹图案，也可以通过直接分析条纹或光栅变化获取所需的变形信息。

计算机三维视觉的发展更是给物体变形测量带来了全新的发展机遇，基于数字图像匹配分析的数字图像相关（DIC）测量技术在三维变形测量方面发挥了巨大作用。根据被测对象在变形前后的数字图像，通过数值计算进行对应点的图像相关性分析，可以获得全场变形分布和位移分布。该方法既可用于宏观结构的变形测量，也可应用于微观或纳米尺度结构的变形测量，只需使用不同的观测方法采集图像。与电阻应变测量技术通过电阻变化获取变形，以及激光干涉技术通过干涉条纹获取变形不同，它是一种更加直接的测量方法。可以期待的是，随着科技的不断进步，人们对于微纳米量级的变形测量，将如同人眼观察广场上飘扬的旗帜那样直接。科技的进步总是在不断拓展我们的感官，让我们对自然界有更加深刻的理解和体验。

作为力学专业核心课程之一的实验力学将更加注重学生动手能力和分析问题、解决问题能力的培养，为初学者提供一个系统、实用的学习平台，帮助他们掌握力学实验的基本方法、实验技术和数据处理手段，提高学生解决问题的综合能力。本书第 1 章 ~ 第 3 章介绍了常用的电测方法，通过对电阻应变片以及完全测定一点应变状态的应变花工作原理的介绍，使学生掌握最常用的应变测量技术，同时也对一些常用的传感器有所了解；第 4 章 ~ 第 9 章在简单介绍有关光学基础知识之上，介绍了测量光弹性模型内部应力的光弹性力学方法，测量物体表面位移的全息干涉计量技术、散斑计量技术、云纹测量技术，以及结构应变的光纤光栅传感器测量技术；第 10 章和第 11 章介绍了数字图像相关测量技术和栅线投影测量技术的原理和应用；第 12 章介绍了光谱检测技术；第 13 章 ~ 第 16 章介绍了流体实验力学的相关测量技术；第 17 章 ~ 第 20 章介绍了超声、射线、电磁以及热成像等近年来发展起来的现代力学检测技术。

本书的编写得到了教育部高等学校力学类专业教学指导委员会（2018—2022）和中国力学学会第十一届实验力学专业委员会的指导和支持。参与本书编写和校稿的人员还包括：清华大学李喜德教授，谢惠民教授，唐云龙助理研究员；北京大学励争教授；北京航空航天大学潘兵教授，冯立好教授；北京工业大学焦敬品教授；天津大学仇巍教授，王志勇教授；东南大学杨福俊教授；中国科学与技术大学胡小方教授，朱雨建教授；上海交通大学陈巨兵教授，马少鹏教授；西安交通大学陈振茂教授；兰州大学张兴义教授；哈尔滨工业大学刘立武教授；华南理工大学汤立群教授；四川大学高磊副教授。在此对他们及其团队的帮助表示衷心感谢。本书由华南理工大学黄培彦教授审阅，天津大学亢一澜教授等中国力学学会实验力学专业委员会专家对本书也提出了很好的建议，特此致谢。

人类对于自然的探索是无止境的。在人们掌握了强大的计算机技术和数值分析方法的背景下，常规的实验方法依然是解决大量工程实际问题的重要手段。而当面对不断涌现的新的研究对象时，人们对新的实验方法的渴望也是永恒的。诸如各种生物材料、软物质、低维材料的力学性能测量，以及结构内部应力、残余应力的精确测量等一直以来都是人们期待解决的难题。

编者对于本书的初衷是希望给读者一本简洁易懂、深入浅出的教材。通过学习本书，读者既能掌握常规的力学实验方法，也能了解到现代力学实验技术的最新进展和有待解决的科学和技术难题。然而，由于力学实验技术涉及机械、电子、光学、电磁学、超声、射线等诸多学科，书中不足在所难免，恳请读者批评指正。反馈的意见或建议请发至 chongwang@scu.edu.cn。

编者
2024 年 9 月

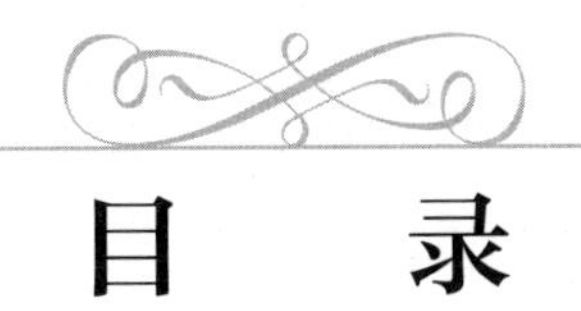

目　录

第 1 章　电测法 ······ 001

1.1　电测技术概述 ······ 001

1.2　电阻应变片 ······ 002

1.3　电阻应变仪 ······ 012

第 2 章　电阻应变测量方法 ······ 020

2.1　静态应变测量 ······ 020

2.2　动态应变测量 ······ 031

第 3 章　应变式传感器及其他电测技术 ······ 037

3.1　应变式传感器 ······ 037

3.2　其他电测技术 ······ 043

第 4 章　光学基础知识 ······ 047

4.1　光波 ······ 047

4.2　光波的共线干涉 ······ 048

4.3　光程差和干涉仪的基本结构 ······ 050

4.4　干涉条纹 ······ 052

4.5　双光束斜射干涉条纹特征 ······ 052

4.6　光的衍射 ······ 053

4.7　光的偏振 ······ 055

4.8　双折射 ······ 055

4.9　凸透镜 ······ 056

4.10 激光 ……………………………………………… 057
4.11 激光散斑 ……………………………………………… 057

第 5 章 光弹性法 ……………………………………………… 060

5.1 光弹性法的基本原理 ……………………………………………… 060
5.2 光弹性图像的分析方法 ……………………………………………… 066
5.3 光弹性法的推广和应用 ……………………………………………… 070

第 6 章 全息干涉计量 ……………………………………………… 074

6.1 干涉光场的特性描述 ……………………………………………… 074
6.2 全息术的基本原理 ……………………………………………… 076
6.3 全息干涉计量 ……………………………………………… 081
6.4 数字全息计量 ……………………………………………… 091

第 7 章 散斑计量技术 ……………………………………………… 097

7.1 散斑的概念与散斑场的基本性质 ……………………………………………… 097
7.2 散斑照相计量技术 ……………………………………………… 101
7.3 散斑干涉计量技术 ……………………………………………… 108

第 8 章 云纹法 ……………………………………………… 118

8.1 概述 ……………………………………………… 118
8.2 面内几何云纹法 ……………………………………………… 119
8.3 云纹干涉法 ……………………………………………… 125
8.4 先进云纹法简介 ……………………………………………… 128
8.5 光栅制备技术 ……………………………………………… 130

第 9 章 光纤光栅传感器测量技术 ……………………………………………… 132

9.1 概述 ……………………………………………… 132
9.2 光纤光栅传感器工作原理 ……………………………………………… 133
9.3 光纤光栅测量基础理论 ……………………………………………… 134
9.4 光纤光栅传感器结构与封装 ……………………………………………… 137
9.5 光纤光栅传感器测量系统 ……………………………………………… 139

第 10 章 数字图像相关方法 ……………………………………………… 144

10.1 数字图像相关方法概述 ……………………………………………… 144

10.2 二维数字图像相关方法 ······ 145
10.3 三维数字图像相关方法 ······ 159
10.4 数字图像相关方法的典型应用 ······ 168

第 11 章 栅线投影测量 ······ 178
11.1 测量原理 ······ 178
11.2 正弦条纹相位的解调 ······ 180

第 12 章 光谱检测技术 ······ 183
12.1 光谱力学 ······ 183
12.2 显微拉曼光谱 ······ 184
12.3 显微荧光光谱 ······ 185
12.4 太赫兹波时域光谱 ······ 188
12.5 X 射线衍射 ······ 190

第 13 章 流动显示技术 ······ 192
13.1 流动显示的历史 ······ 192
13.2 外加示踪物流动显示 ······ 194
13.3 经典光学流动显示 ······ 202

第 14 章 流动压力测量技术 ······ 215
14.1 流体的压力和测压系统 ······ 215
14.2 测压孔和压力探头 ······ 216
14.3 压力计和真空计 ······ 220
14.4 压力传感器及其使用 ······ 225
14.5 压力敏感漆测压技术 ······ 226
14.6 壁面剪应力测量方法 ······ 232

第 15 章 流体速度测量技术 ······ 237
15.1 热线测速技术 ······ 237
15.2 激光多普勒测速技术 ······ 242
15.3 粒子图像测速技术 ······ 245

第 16 章 力和力矩测量技术 ······ 261
16.1 基本概念 ······ 261

16.2 机械式天平 …… 263
16.3 应变式天平 …… 266

第 17 章 超声波检测技术 …… 269
17.1 发展概述 …… 269
17.2 超声波基础知识 …… 270
17.3 超声波的传播特性 …… 274
17.4 超声波检测系统 …… 280
17.5 超声波检测技术应用实例 …… 283

第 18 章 射线检测技术 …… 290
18.1 发展概述 …… 290
18.2 射线检测基本原理 …… 291
18.3 同步辐射 CT 测试系统简介 …… 297

第 19 章 电磁检测技术 …… 299
19.1 电磁检测概述 …… 299
19.2 典型电磁检测方法原理及技术 …… 301
19.3 电磁检测技术应用示例 …… 312

第 20 章 热成像检测技术 …… 315
20.1 温度测量与热成像技术概述 …… 315
20.2 热辐射基本理论 …… 317
20.3 热成像温度测量原理及应用 …… 319
20.4 热成像无损检测原理及应用 …… 326

附录Ⅰ 误差理论与数据处理 …… 332
Ⅰ.1 基本概念 …… 332
Ⅰ.2 测量误差的消除 …… 336
Ⅰ.3 数据处理 …… 342

附录Ⅱ 量纲分析与相似理论 …… 346
Ⅱ.1 量纲分析 …… 346
Ⅱ.2 相似理论 …… 349

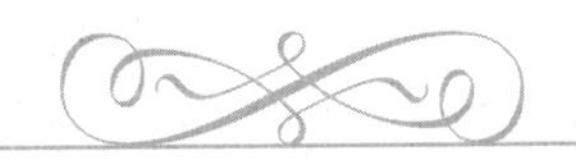

第 1 章 电 测 法

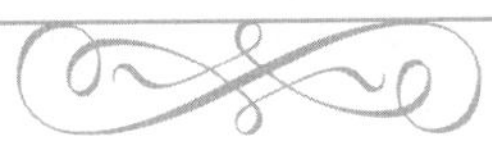

电测法是一种应用广泛的应变测量方法，它将构件中材料变形的力学信息转变为电学信号，再利用电学信号的信号采集及处理优势实现对变形的快速测量。基于电测法原理，相关测试技术随着电子信息技术的进步也在不断发展。

1.1 电测技术概述

电测法常用的传感元件是电阻应变片。电阻应变片是 1938 年由加州理工大学西蒙斯（E. Simmons）和麻省理工学院鲁格（A. Ruge）两人分别独立提出的，并且西蒙斯于 1940 年获得了电阻应变片的专利。当时他们制作的是纸基丝绕式应变片。1943 年美国航空咨询委员会（NACA，NASA 的前身）主席给鲁格写信，认为他的小小纸片为第二次世界大战中美国飞机的安全性做出了重要贡献。此后，对应变片的改进层出不穷。为了使应变片能承受更高的电压，1952 年英国人杰克逊（P. Jackson）通过印刷电路技术制作了箔式电阻应变片；为了获得更高的灵敏系数，1957 年美国人梅森（W. P. Mason）和瑟斯顿（R. N. Thurston）利用硅较大的压阻系数制作出了半导体应变片。至今，不同种类规格的电阻应变片有两万多种。

相比于其他应变测量技术，电阻式应变测量的特点非常突出。首先，测量灵敏度高、精度高，它的灵敏度优于 1.0×10^{-6}（通常表示为 1 个微应变），测量精度可达 1.0%。其次，应变片尺寸小、重量轻、安装方便，并且它的测量信号可以远距离传输，因此使用非常方便。最后，应变片可以适应复杂、多变的环境条件。例如能够适用的温度范围广，低温可达 −269 °C，高温可达 1 100 °C；它可承受高压力，最高可达几百 MPa；亦可用于数万 r/min 的高速旋转件的应变测量。因此，电阻应变片的应用非常广泛，既可以解决工程实际中各种各样的应变测量问题，也可以将应变片作为核心元件来制作各种传感器。应变片在现代工业中创造的经济效益更是无可估量。

但电阻式应变测量方法也有一定的局限性。例如，它一般只能测量构件表面的应变；当需要测量整体结构应力状态时，测点多，安装应变片的工作量很大；由于应变片尺寸不能无限小，因此应力集中处的测量误差较大。此外，应变片的输出信号易受周围环境影响，温度、湿度和环境电磁场都会使应变片产生噪声信号。

1.2　电阻应变片

1.2.1　构造和工作原理

1. 电阻应变片构造

如图 1.1 所示，电阻应变片由敏感栅、基底、引线、黏结剂、表面覆盖层组成。极细的金属丝绕成敏感栅，用黏结剂把它粘在基底上，用引线引出，加上覆盖层即可构成应变片。

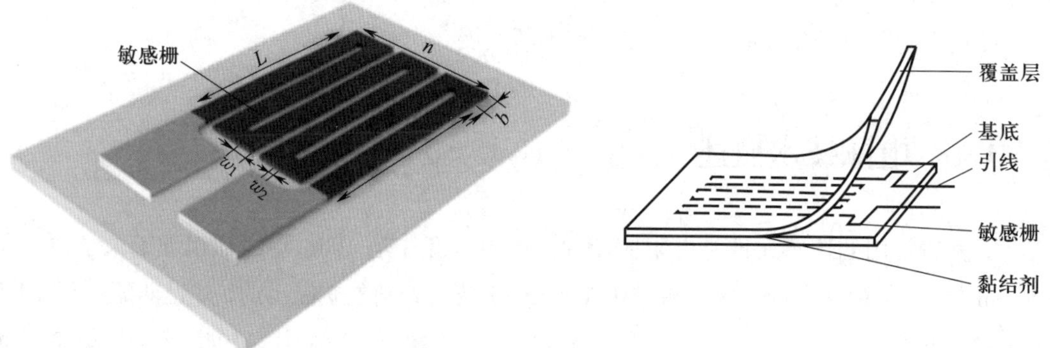

图 1.1　典型电阻应变片结构

应变片各部分的功能和构成简述如下。

敏感栅：由极细的金属丝绕成栅状，是构成应变片的主要部分。金属丝直径通常在 0.01～0.05 mm 之间。敏感栅是实现力学信号到电学信号转换、实现应变传感的关键单元。它通常是由康铜（铜镍合金）、镍铬合金等高电阻率材料制成。

引线：其作用是把敏感栅和外部测量电路连接起来，引线采用焊接方法与敏感栅相连。它常采用低电阻率材料制成，形状有细丝和扁带两种。

基底：在敏感栅的下面，其作用是保持敏感栅具有一定的形状。基底的常用材料有纸、有机树脂胶膜、浸胶玻璃纤维布、金属薄片等材料。

覆盖层：在敏感栅的上面，其作用是保护敏感栅不受周围环境侵蚀或机械损伤。通常采用与基底相同的材料。

黏结剂：它的作用是将敏感栅与下层基底、上层覆盖层粘接固定。常用黏结剂有环氧树脂、酚醛树脂、聚乙烯醇缩醛等。

另外，对于箔式应变片，其敏感栅的固定是在基底成膜过程中实现的，不需要使用黏结剂。

2. 电阻应变片工作原理

电阻应变片是通过测量构成敏感栅的金属丝电阻的变化来实现应变测量的。对于一长度为 L、横截面面积为 A、电阻率为 ρ 的金属丝，其电阻为

$$R = \rho\frac{L}{A} \tag{1.1}$$

如果对电阻丝施加均匀应力，则 ρ、L、A 的变化将引起电阻 R 变化，$\mathrm{d}R$ 可通过对上式的全微分求得

$$\mathrm{d}R = \frac{\rho}{A}\mathrm{d}L + \frac{L}{A}\mathrm{d}\rho - \frac{\rho L}{A^2}\mathrm{d}A \tag{1.2}$$

则电阻的相对变化量为

$$\frac{\mathrm{d}R}{R} = \frac{\mathrm{d}L}{L} + \frac{\mathrm{d}\rho}{\rho} - \frac{\mathrm{d}A}{A} \tag{1.3}$$

若电阻丝的截面是半径为 r 的圆，则截面面积 $A = \pi r^2$，A 对 r 的微分 $\mathrm{d}A = 2\pi r\mathrm{d}r$，所以有

$$\frac{\mathrm{d}A}{A} = \frac{2\pi r\mathrm{d}r}{\pi r^2} = 2\frac{\mathrm{d}r}{r} \tag{1.4}$$

若电阻丝的长度方向记为 x，径向记为 y，则有

$$\varepsilon_x = \frac{\mathrm{d}L}{L}, \quad \varepsilon_y = \frac{\mathrm{d}r}{r} \tag{1.5}$$

在弹性范围内，金属丝受拉力时，沿轴向伸长，沿径向缩短，则轴向应变和径向应变的关系为

$$\varepsilon_y = -\mu\varepsilon_x \tag{1.6}$$

这里 μ 为材料的泊松比。

将式 (1.4)、(1.5) 和 (1.6) 代入式 (1.3) 得

$$\frac{\mathrm{d}R}{R} = (1+2\mu)\varepsilon_x + \frac{\mathrm{d}\rho}{\rho} \tag{1.7}$$

或

$$\frac{\dfrac{\mathrm{d}R}{R}}{\varepsilon_x} = (1+2\mu) + \frac{\dfrac{\mathrm{d}\rho}{\rho}}{\varepsilon_x} \tag{1.8}$$

令

$$K_\mathrm{s} = \frac{\dfrac{\mathrm{d}R}{R}}{\varepsilon_x} = (1+2\mu) + \frac{\mathrm{d}\rho}{\rho\varepsilon_x} \tag{1.9}$$

这里 K_s 表示单位应变所引起的电阻的相对变化，称为金属丝的灵敏系数。K_s 是由两部分构成的，其中 $1+2\mu$ 代表材料的几何尺寸变化引起的电阻相对变化；$\mathrm{d}\rho/(\rho\varepsilon_x)$ 则代表由于压阻效应引起的材料电阻率 ρ 随应变的变化。

对于确定的材料，$1+2\mu$ 项是常数，其数值在 $1\sim 2$ 之间。关于电阻率的相对变化，实验证明，在弹性范围内 $\mathrm{d}\rho/\rho$ 与电阻丝所受应力成正比，即

$$\frac{\mathrm{d}\rho}{\rho}=\lambda\sigma=\lambda E\varepsilon_x \tag{1.10}$$

式中：λ 为压阻系数，与材质有关；σ 代表应力；E 为材料的弹性模量。

可见 $\mathrm{d}\rho/(\rho\varepsilon_x)$ 是一个材料常数。根据式 (1.9) 可知，灵敏系数 K_s 是一个由材料特性决定的常数。表 1.1 给出了电阻应变片常用材料的灵敏系数。

表 1.1 常用材料的灵敏系数

材料	主要成分	应变灵敏系数 K_s
康铜合金	Cu 55%, Ni 45%	2.1~2.2
卡玛合金	Ni 74%, Cr 20%, Al 3%, Fe 3%	2.4~2.6
镍铬合金	Ni 80%, Cr 20%	1.9~2.5
铁铬铝合金	Fe 75%, Cr 20%, Al 5%	2.6~2.8
铂钨合金	Pt 92%, W 8%	3.0~3.5

1.2.2 电阻应变片的类型

电阻应变片的种类非常丰富，有两万多种。根据敏感栅材料类型、敏感栅结构、基底材料、制造方法、工作温度范围、安装方式差异，可以将应变片分为不同的种类。表 1.2 给出了根据不同标准，电阻应变片的分类情况。

表 1.2 应变片的种类

分类方法	应变片类型	主要特点
工作温度	低温应变片	工作温度低于 −30 °C
	常温应变片	工作温度为 −30 °C ~ 60 °C
	中温应变片	工作温度为 60 °C ~ 350 °C
	高温应变片	工作温度高于 350 °C
敏感栅制造方法	丝绕式应变片	横向效应大，K_p 分散度大，价廉
	箔式应变片	横向效应小，参数集中，防潮散热性能好
	半导体应变片	灵敏系数很高，温度稳定性差
敏感栅形状	单轴应变片	用于测量单向应变
	多轴应变片	用于平面应力状态下主应变测量

续表

分类方法	应变片类型	主要特点
基底材料	纸基应变片	耐潮、耐热及耐久性能差
	胶基应变片	有机胶膜作基底，耐潮、耐热及耐久性能好
	浸胶玻璃纤维基应变片	常用于高温工作场景
	金属基底应变片	常用于高温工作场景，焊接于被测构件上
安装方法	粘贴式应变片	多数常温、中温应变片为粘贴式
	焊接式应变片	金属基底高温应变片为焊接式
	喷涂式应变片	一般采用陶瓷类材料
用途	一般用途应变片	用于应变测量的各种常规应变片
	特殊用途应变片	测量大应变、残余应力，强磁场、水下等
	传感器专用应变片	具有弹性模量自补偿、蠕变自补偿等性能

下面重点介绍几种常用的电阻应变片。

1. 丝绕式应变片

敏感栅通常用直径为 10 ～ 50 μm 的合金丝在专用的绕丝机上绕成，制造设备和工艺简单，价格便宜，是应用最为广泛的一类应变片。如混凝土应变测试常采用纸基或胶基的大标距、丝绕式应变片；高温应变片通常由耐热合金丝绕制而成，此类应变片通常采用金属基底，用特殊的高温胶来做黏结剂。丝绕式应变片的不足主要包括以下几点：① 丝绕式应变片的敏感栅端部呈半圆形，这导致它的横向效应比较大；② 由于端部圆弧形状的一致性不易保证，所以丝绕式应变片的灵敏系数分散度比较大；③ 对于纸基的丝绕式应变片，其耐热、防潮性能都比较差。

2. 箔式应变片

箔式应变片是在合金箔上涂刷一层树脂，经聚合处理后形成基底，然后在另一面涂刷一层光刻胶，用光刻腐蚀工艺得到敏感栅，焊上引线，再涂一层保护层而成。其敏感栅是通过绘图、制版、光刻等工艺制成，最小长度可以做成 0.2 mm。图 1.2 所示是典型箔式应变片示意图。由于制造工艺上的便利，可以制成各种形式的敏感栅。敏感栅的横向部分可以做成比较宽的栅条，从而降低横向效应的影响。

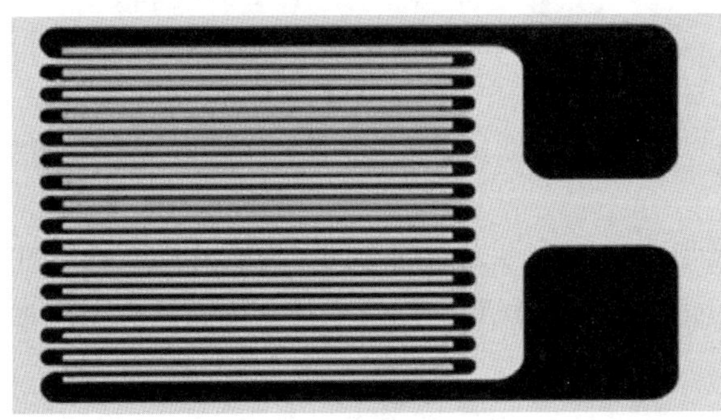
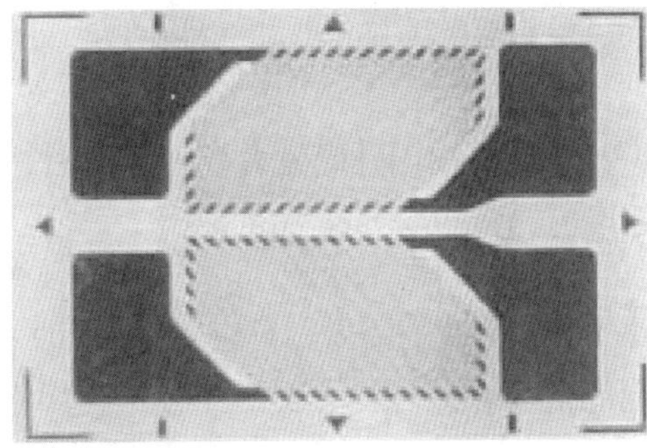

图 1.2 箔式应变片

箔式应变片基底多为有机胶膜，如环氧树脂、聚酯树脂、聚酰亚胺、酚醛、缩醛树脂等高分子聚合材料。

箔式应变片的特点是横向效应小、参数集中、测试精度高、防潮散热好、稳定性好，是目前使用最普遍的应变片。

3. 应变花

在一个基底上，按一定角度安置了几个敏感栅，称为多轴应变片（或称应变花）。应变花可以测量得到同一点上几个方向的应变，从而测得该点的主应变和主方向。图 1.3 所示是几种常见的应变花。

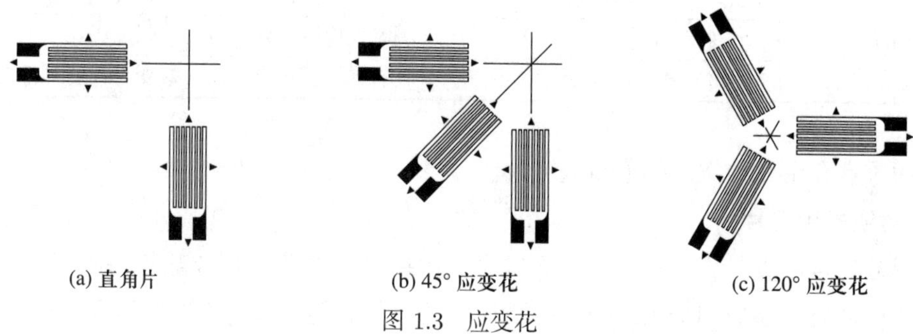

(a) 直角片　(b) 45° 应变花　(c) 120° 应变花

图 1.3　应变花

4. 半导体应变片

锗、硅等半导体材料，沿某一轴受到应力作用时，其电阻值会发生很大变化，这种现象称为压阻效应。半导体应变片是基于半导体材料的压阻效应而制成的一种纯电阻性元件。

硅的压阻系数 λ 约为 100×10^{-11} Pa^{-1}，弹性模量 $E=190$ GPa，则 λE 约为 190，比其 $1+2\mu$ 大近百倍，所以式 (1.9) 中灵敏系数 K_{s} 所包含的 $1+2\mu$ 项可以忽略。因而半导体应变片的灵敏系数可简化为

$$K_{\mathrm{b}}=\frac{\dfrac{\Delta R}{R}}{\varepsilon_x}=\lambda E \tag{1.11}$$

半导体应变片的突出优点是体积小、灵敏度高、频率响应范围宽及输出幅值大，不需要放大器，可直接与记录仪连接，测量系统简单。但它也有非常明显的缺点，其温度系数大、灵敏系数不稳定、非线性比较严重。

1.2.3　电阻应变片的工作特性

应变片的类型很多，由于其材质、丝栅形式、工艺等方面的不同，应变片的工作特性也不相同。我们需要了解应变片的特性，以便正确地选择和使用应变片。下面是应变片常用的指标参数。

1. 电阻（R）

应变片在未经安装也不受外力情况下，室温下所测得的电阻值。为了保证应变片的互

换性，其电阻系列是固定的。常见的电阻系列有 60 Ω、120 Ω、200 Ω、350 Ω、500 Ω、1 000 Ω 等，最常见的是 120 Ω 和 350 Ω。

2. 灵敏系数（K_p）

单向应力作用下，应变片轴线与应力方向重合时，应变片电阻的相对变化与轴向应变之比值。

要特别注意，应变片的灵敏系数 K_p 与式 (1.9) 给出的金属单丝的灵敏系数 K_s 是不同的。K_p 除了受 K_s 的影响外，还受到基底、黏结剂、敏感栅形状等因素的影响，很难用一个理论模型来对其进行分析。因此，实际中常用实验方法对应变片的灵敏系数进行测定。实验表明，应变片的电阻相对变化与单向应变在很宽的范围内均为线性关系，即

$$\frac{\Delta R}{R} = K_p \varepsilon \tag{1.12}$$

式中：K_p 为应变片的灵敏系数。

测量结果表明，应变片的灵敏系数 K_p 恒小于金属丝的灵敏系数 K_s。主要原因是基底经过黏结剂传递应变时，很难将所有应变全部传递给敏感栅。另外，横向效应也会部分抵消轴线方向应变引起的电阻变化。

应变片的灵敏系数受到制造过程中随机因素的影响，导致每个应变片的灵敏系数是不同的，具有一定的分散性。一般要求，同一批生产的应变片，其灵敏系数的分散度不超过 ±3%。同批次应变片需要进行抽样检测。

3. 零点漂移和蠕变

零点漂移是指，在温度恒定、不受应力的情况下，粘贴在试件上的应变片的指示应变随时间的变化。其产生原因可能是敏感栅通电流后的温度效应、黏结剂固化不充分、仪器的零漂等。

蠕变是指，在温度不变、试件产生一定应变的情况下，应变片的指示应变随时间略有下降的现象。一般蠕变的方向与原应变量的方向相反。产生蠕变的原因主要是胶层在传递应变开始阶段出现的“滑动”。

4. 横向效应系数（H）

一根直的电阻丝弯曲成栅状后，当沿电阻应变片的轴向拉伸时，与处在同样应变状态下、长度相同的直丝相比，其阻值变化较小，这种现象称为应变片的横向效应。横向效应系数是用来表征横向效应显著程度的参数，是影响应变片测量精度的重要参数。用同一单向应变分别作用于同一应变片的栅宽和栅长方向（实际上可以取同一批次中的两片分别测量），前者与后者所得电阻变化率之比（以百分数表示），即为横向效应系数。它表示应变片横向效应的影响程度，该参数只能通过实验方法确定。下面详细介绍横向效应产生的原因和它的标定方法。

（1）横向效应

当应变片粘贴在试件上时，其丝栅与试件一起变形。若应变片沿轴向承受纵向应变 ε_x，

其横向应变 $\varepsilon_y=-\mu\varepsilon_x$。假设弯角是半径为 r 的圆，变形后可以近似为椭圆，如图 1.4b 所示。设椭圆的长半轴为 $a=r+r\varepsilon_x$，那么短半轴为 $b=r-\mu r\varepsilon_x$，则椭圆的半周长为

$$\frac{l}{2}=\frac{\pi}{2}\left[\frac{3}{2}(a+b)-\sqrt{ab}\right]=\frac{\pi}{2}\left\{\frac{3r}{2}\left[2+\varepsilon_x(1-\mu)\right]-r\sqrt{(1+\varepsilon_x)(1-\mu\varepsilon_x)}\right\} \tag{1.13}$$

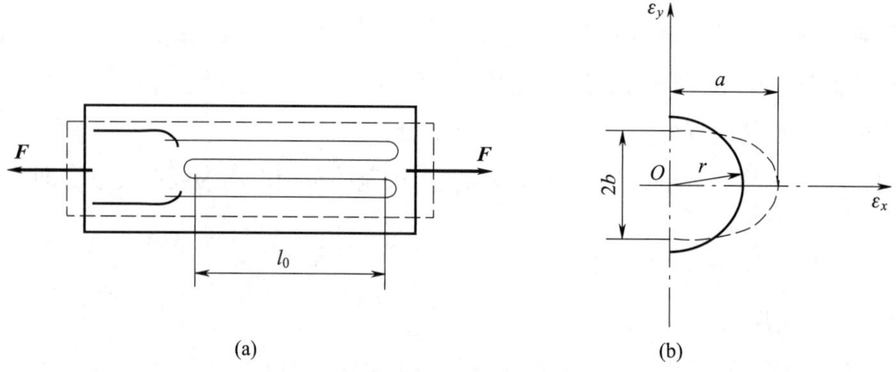

图 1.4　电阻应变片的横向效应

当 ε_x 很小时

$$\sqrt{(1+\varepsilon_x)(1-\mu\varepsilon_x)}\approx\sqrt{1+\varepsilon_x(1-\mu)}\approx 1+\frac{1}{2}(1-\mu)\varepsilon_x \tag{1.14}$$

所以

$$\frac{l}{2}=\frac{\pi r}{2}\left\{\frac{3}{2}\left[2+\varepsilon_x(1-\mu)\right]-\left[1+\frac{1}{2}(1-\mu)\varepsilon_x\right]\right\}=\pi r\left(1+\frac{1-\mu}{2}\varepsilon_x\right) \tag{1.15}$$

弯角部分的绝对伸长量为

$$\frac{l}{2}-\pi r=\frac{1-\mu}{2}\pi r\varepsilon_x \tag{1.16}$$

弯角部分的相对变形为

$$\varepsilon=\frac{\dfrac{l}{2}-\pi r}{\pi r}=\frac{1-\mu}{2}\varepsilon_x \tag{1.17}$$

直线部分的电阻变化，可由 $\dfrac{\Delta R_1}{R_1}=K_{\mathrm{s}}\varepsilon_x$ 求得

$$\Delta R_1=nl_0mK_{\mathrm{s}}\varepsilon_x \tag{1.18}$$

弯角部分的电阻变化，可由 $\dfrac{\Delta R_2}{R_2}=K_{\mathrm{s}}\varepsilon$ 求得

$$\Delta R_2=(n-1)\pi rmK_{\mathrm{s}}\frac{1-\mu}{2}\varepsilon_x \tag{1.19}$$

式中：n 为沿 x 方向直线部分丝栅的数目；m 为电阻丝单位长度上的电阻值。

故电阻应变片电阻值的相对变化为

$$
\begin{aligned}
\frac{\Delta R}{R} &= \frac{\Delta R_1 + \Delta R_2}{R_1 + R_2} \\
&= K_{\mathrm{s}}\left[\frac{nl_0 + (n-1)\dfrac{\pi r}{2}}{nl_0 + (n-1)\pi r}\right]\varepsilon_x + K_{\mathrm{s}}\left[\frac{(n-1)\dfrac{\pi r}{2}}{nl_0 + (n-1)\pi r}\right]\varepsilon_y \\
&= K_x\varepsilon_x + K_y\varepsilon_y \\
&= K_x\left(\varepsilon_x + H\varepsilon_y\right)
\end{aligned}
\tag{1.20}
$$

其中

$$
H = \frac{K_y}{K_x} = \frac{(n-1)\dfrac{\pi r}{2}}{nl_0 + (n-1)\dfrac{\pi r}{2}} \tag{1.21}
$$

式中：H 为横向效应系数。

若只考虑一根纵向直丝和一个弯角组成的应变片，则

$$
\begin{aligned}
\frac{\Delta R}{R} &= K_{\mathrm{s}}\left(\frac{nl_0 + \dfrac{\pi r}{2}}{nl_0 + \pi r}\varepsilon_x - \frac{\dfrac{\pi r}{2}\mu\varepsilon_x}{l_0 + \pi r}\right) \\
&= K_{\mathrm{s}}\frac{l_0 + \dfrac{\pi r}{2}(1-\mu)}{l_0 + \pi r}\varepsilon_x \\
&= K_{\mathrm{p}}\varepsilon_x
\end{aligned}
\tag{1.22}
$$

式中：K_{p} 为应变片的灵敏系数。

$$
K_{\mathrm{p}} = \frac{\dfrac{\Delta R}{R}}{\varepsilon_x} = \frac{l_0 + \dfrac{\pi r}{2}(1-\mu)}{l_0 + \pi r}K_{\mathrm{s}} \tag{1.23}
$$

可见，r 越小、l 越大，则 H 越小。即敏感栅越窄、基长越长的应变片，其横向效应引起的误差越小。

（2）**横向效应系数的标定**

由式 (1.20）可知，在单向应力状态下，应变片电阻值的相对变化为

$$
\frac{\Delta R}{R} = K_x\varepsilon_x + K_y\varepsilon_y \tag{1.24}
$$

为了构造一个单向应变场，需要设计专用装置，如图 1.5 所示。其顶部为工作区，试件中间薄、两边尺寸较大，通过两排螺栓与侧板连接。通过加载手柄可使两侧板下端靠近，试件的中间薄壁部分产生弯曲变形。由于试件长度方向刚度很大，使得试件仅沿 x 方向产生应变，一般产生的应变 $\varepsilon > 1\,000\times10^{-6}$。而 y 方向应变很小，接近于零。整个试件可以近似为单向应变状态。

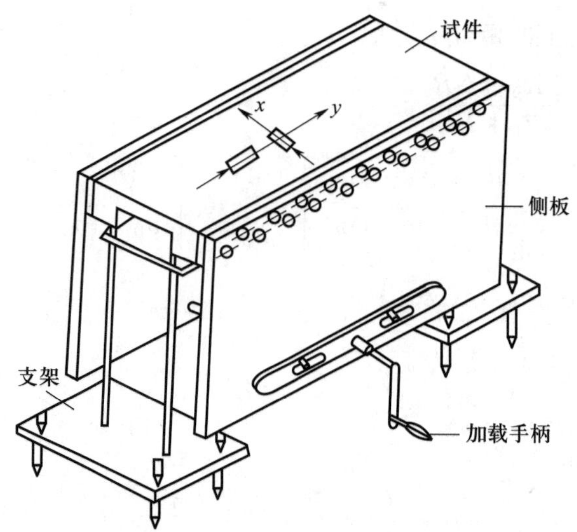

图 1.5　横向效应测定装置

在试件上贴有一个电阻应变片，其中

$$\text{应变片 1}\begin{cases}\varepsilon_x=\varepsilon\\ \varepsilon_y=0\end{cases}\text{，电阻变化量}\left(\frac{\Delta R}{R}\right)_1=K_x\varepsilon_x=K_x\varepsilon \tag{1.25}$$

$$\text{应变片 2}\begin{cases}\varepsilon_x=0\\ \varepsilon_y=\varepsilon\end{cases}\text{，电阻变化量}\left(\frac{\Delta R}{R}\right)_2=K_y\varepsilon_y=K_y\varepsilon \tag{1.26}$$

将两个应变片分别组成两个半臂半桥接入电阻应变仪，则两应变片电阻变化量的比值为

$$H=\frac{\left(\dfrac{\Delta R}{R}\right)_2}{\left(\dfrac{\Delta R}{R}\right)_1}\times 100\%=\frac{K_y}{K_x}\times 100\% \tag{1.27}$$

一般对于丝绕式应变片，$H\leqslant 5\%$；而对于箔式应变片，$H\leqslant 2\%$。

5. 使用寿命

在恒定幅值的交变应力作用下，应变片连续工作直到产生疲劳损坏时的循环次数，称为应变片的使用寿命。测定应变片的使用寿命时，规定交变应变的幅值为 $\pm 1\,000\times 10^{-6}$。

6. 温度误差

应变片是通过变形引起的电阻变化实现应变测量，但是温度变化也会使材料的电阻发生改变，所以温度变化会给应变测量引入误差。因此，温度误差是应变片测量中的一个重要的误差来源。具体来说，温度误差可分为以下两个部分。

（1）电阻温度系数的影响

电阻丝的电阻值随温度变化的关系为

$$R_\alpha=R_0(1+\alpha_0\Delta t)=R_0+R_0\alpha_0\Delta t=R_0+\Delta R_\alpha \tag{1.28}$$

式中：R_α 为温度为 t 时的电阻值；R_0 为温度为 t_0 时的电阻值；α_0 为金属丝的电阻温度系数，表示温度变化 1 °C 时，电阻的相对变化量；$\Delta t = t - t_0$ 为温度的变化量。

（2）**试件材料和电阻丝材料线胀系数的影响**

当试件材料与电阻丝材料线胀系数相同时，温度的变化对它们不会产生附加变形，各自互不影响。若两者的线胀系数不等，粘贴在一起后就会互相影响，如图 1.6 所示。

$$l_{\mathrm{st}} = l_0 + \Delta l_{\mathrm{st}} = l_0 + \beta_{\mathrm{s}} \Delta t l_0 \tag{1.29}$$

$$l_{\mathrm{gt}} = l_0 + \Delta l_{\mathrm{gt}} = l_0 + \beta_{\mathrm{g}} \Delta t l_0 \tag{1.30}$$

式中：Δl_{st}、Δl_{gt} 分别为电阻丝和试件温度变化时的自由伸长量。

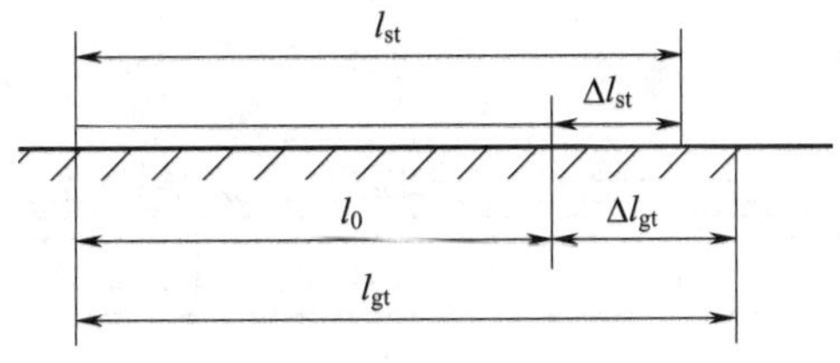

图 1.6 线胀系数的影响

若 $\beta_{\mathrm{s}} < \beta_{\mathrm{g}}$，金属丝被迫从 Δl_{st} 拉到 Δl_{gt}，使电阻丝产生附加变形 Δl，从而产生附加应变 ε_β 和相应的电阻变化 ΔR_β。

$$\begin{aligned} \Delta l &= \Delta l_{\mathrm{gt}} - \Delta l_{\mathrm{st}} = (\beta_{\mathrm{g}} - \beta_{\mathrm{s}}) \Delta t l_0 \\ &\Rightarrow \varepsilon_\beta = \frac{\Delta l}{l_0} = (\beta_{\mathrm{g}} - \beta_{\mathrm{s}}) \Delta t \\ &\Rightarrow \Delta R_\beta = R_0 K_0 (\beta_{\mathrm{g}} - \beta_{\mathrm{s}}) \Delta t \end{aligned} \tag{1.31}$$

因此由温度变化引起的总的附加电阻变化为

$$\begin{aligned} \Delta R &= \Delta R_\alpha + \Delta R_\beta \\ &= R_0 \alpha_0 \Delta t + R_0 K_0 (\beta_{\mathrm{g}} - \beta_{\mathrm{s}}) \Delta t \\ &\Rightarrow \frac{\Delta R_{\mathrm{t}}}{R_0} = \alpha_0 \Delta t + K_0 (\beta_{\mathrm{g}} - \beta_{\mathrm{s}}) \Delta t \end{aligned} \tag{1.32}$$

折合成应变

$$\varepsilon_{\mathrm{t}} = \frac{\frac{\Delta R_{\mathrm{t}}}{R_0}}{K_0} = \left[\frac{\alpha_0}{K_0} + (\beta_{\mathrm{g}} - \beta_{\mathrm{s}}) \right] \Delta t \tag{1.33}$$

可见，由环境温度变化引起的附加变形，除了与温度的变化量有关外，还与应变片本身的参数 α_0、K_0、β_{s} 以及被测试件的 β_{g} 有关。

1.2.4 应变片的选用及粘贴工艺

（1）**选片**：首先要对应变片做外观检查，剔除缺损应变片。然后测量待用应变片的电阻值，选择实测电阻值与标称值相差小于 ±0.5 Ω 的应变片。最后要清理应变片基底的粘贴面，确保接下来的应变片粘贴效果良好。

（2）**贴片试件表面处理**：为了使应变片黏结牢固，首先要去除试件表面的灰尘、油污、锈迹，同时测点表面需要有一定的粗糙度。如果被测物是金属，需要用砂纸打出与测量方向呈 ±45° 交叉的细纹，用丙酮清洗干净；如是混凝土结构表面，需先找平，再用砂纸打磨并用丙酮清洗干净。有些材料（如聚四氟乙烯）黏附性差，需要对其做特殊的表面改性处理。最后，在测点位置用钢针刻画出定位线，方便粘贴应变片时定位。

应变片的粘贴除需要考虑选片和试件表面处理外，还要考虑粘贴的牢固性、电路的连接以及绝缘与防护，其主要构成如图 1.7 所示。

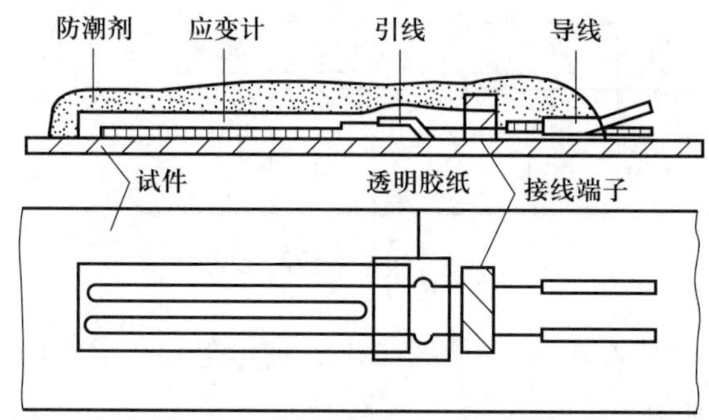

图 1.7　应变片粘贴工艺

（3）**贴片**：在应变片的表面和处理过的粘贴表面上，各涂一层均匀的粘贴胶，用镊子将应变片放上去，并调好位置，使应变片轴线对准定位线，然后盖上塑料薄膜，用手指沿一个方向滚压，排出应变片下面的气泡，直到粘住为止。

（4）**导线的焊接与固定**：将引线和端子用烙铁焊接起来，注意不要把端子扯断。焊接后用胶布将引线和被测对象固定在一起，防止损坏引线和应变片。

（5）**贴片质量检查**：检查应变片位置是否正确。从分开的端子处，预先用万用表测量应变片的电阻，检查应变片的电阻值是否正常。

（6）**应变片的防护**：常用的防潮剂有 2:1 环氧树脂与聚酰胺混合物，或 1:1 石蜡与凡士林混合物。将防潮剂均匀地涂在应变片上，再用纱布缠紧，使胶液从中渗出，胶层表面应光滑，固化后即能起到防潮防水的作用。

（7）**最后固定导线，应变片粘贴完成**。

1.3　电阻应变仪

构件受力产生应变，引起应变片电阻值的变化。被测构件应变一般在 1 ～ 3 000 微应变之间，引起的电阻变化也很小，通用电阻测量设备很难对其进行准确测量。因此需要专门设计一种仪器，对应变引起的电阻变化率进行测量，最后以应变的标度给出指示。这类仪器称为电阻应变仪。

1.3.1 测量原理

应变仪是用于处理应变信号的一个完整系统，它由测量电路、电源电路、放大器、显示器或者输出电路构成，其中测量电路是应变仪的核心。目前应变仪的测量电路通常是惠斯通电桥，如图 1.8 所示。惠斯通电桥可以把应变片微小的电阻变化转换成电压信号供给放大器进行放大。其特点为线性好，灵敏度高，测量范围宽，易于实现温度补偿。下面分别介绍不同电桥的工作原理。

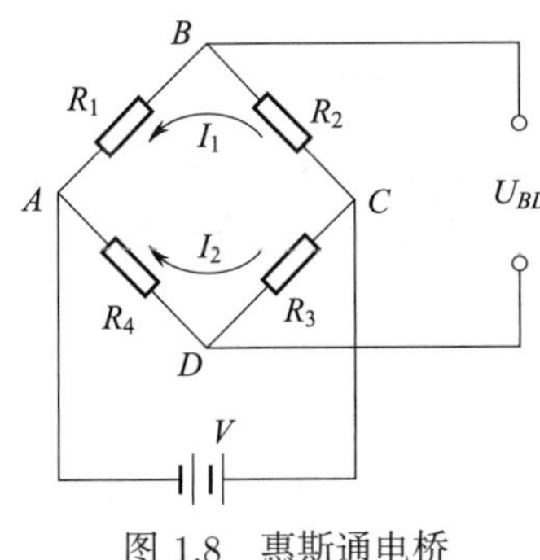

图 1.8 惠斯通电桥

1. 电桥原理

惠斯通电桥电路如图 1.8 所示，它是一种由 4 个电阻组成的串、并联混合电路。其中四个电阻 R_1、R_2、R_3 和 R_4 称为桥臂电阻。A、C 为输入端，通常接直流电源，其电压称为电桥电压，记为 V。B、D 为电桥的输出端。当 BD 之间外接负载的阻抗远大于电桥的输出阻抗时，BD 端可视为开路，这时电桥的输出为电压输出，这样的电桥称为电压桥。由电工原理可知，此时电流 I_1 和 I_2 为

$$I_1 = \frac{V}{R_1 + R_2} \tag{1.34}$$

$$I_2 = \frac{V}{R_3 + R_4} \tag{1.35}$$

这时 B、D 端的输出电压为

$$U_{BD} = I_1R_1 - I_2R_4 = \frac{R_1R_3 - R_2R_4}{(R_1 + R_2)(R_3 + R_4)}V \tag{1.36}$$

若电桥满足平衡条件，输出电压为零，即

$$R_1R_3 = R_2R_4 \tag{1.37}$$

若 R_1 由应变片替代，如果在电桥平衡后该电阻有 ΔR_1 的微小变化，则电桥输出的电压为

$$U_{BD} = V\left(\frac{R_1+\Delta R_1}{R_1+\Delta R_1+R_2} - \frac{R_4}{R_3+R_4}\right) = V\frac{\dfrac{\Delta R_1}{R_1}\cdot\dfrac{R_3}{R_4}}{\left(1+\dfrac{\Delta R_1}{R_1}+\dfrac{R_2}{R_1}\right)\left(1+\dfrac{R_3}{R_4}\right)} \tag{1.38}$$

设桥臂比 $r = R_1/R_2 = R_3/R_4$，由于 $\Delta R_1 \ll R_1$，所以

$$U_{BD} \approx U'_{BD} = V\frac{r}{(1+r)^2}\frac{\Delta R_1}{R_1} = S_{\mathrm{V}}\frac{\Delta R_1}{R_1} \tag{1.39}$$

式中：S_{V} 为电桥的灵敏度，它代表单位电阻变化所能产生的输出电压。这里

$$S_{\mathrm{V}} = \frac{U_{BD}}{\dfrac{\Delta R_1}{R_1}} \approx V\frac{r}{(1+r)^2} \tag{1.40}$$

显然，为了提高测量灵敏性，S_{V} 越大越好。由式 (1.40) 可知，电桥的灵敏度 S_{V} 正比于电桥电压 V，电桥电压 V 越高则电桥的灵敏度越高。同时，灵敏度 S_{V} 也是桥臂比 r 的函数。

当电桥电压 V 确定时，由

$$\frac{\partial S_{\mathrm{V}}}{\partial r} = \frac{1-r^2}{(1+r^4)} = 0 \tag{1.41}$$

可知当桥臂比 $r=1$ 时，灵敏度 S_{V} 最大。即当 $R_1 = R_2$、$R_3 = R_4$ 时，电桥的灵敏度最高。此时，可分别将以上各式简化为

$$U_{BD} = \frac{V}{4}\frac{\Delta R_1}{R_1}\frac{1}{1+\dfrac{1}{2}\dfrac{\Delta R_1}{R_1}} \tag{1.42}$$

$$U'_{BD} \approx \frac{V}{4}\frac{\Delta R_1}{R_1} \tag{1.43}$$

所以

$$S_{\mathrm{V}} = \frac{1}{4}V \tag{1.44}$$

由上述分析可见，当电桥电压和电阻相对变化一定时，电桥的输出电压及其灵敏度都是定值，且与各桥臂电阻值大小无关。以上所分析的是四个电阻中只有一个电阻阻值发生变化的电桥，称为 1/4 电桥。

假定四个桥臂的电阻都用应变片代替，如图 1.9 所示。设各应变片受到应变后分别有微小的电阻增量 ΔR_1、ΔR_2、ΔR_3 和 ΔR_4，使得电桥的输出电压有增量 ΔU_{BD}。由式 (1.36) 可知

$$\Delta U_{BD} \approx \frac{\partial U_{BD}}{\partial R_1}\Delta R_1 + \frac{\partial U_{BD}}{\partial R_2}\Delta R_2 + \frac{\partial U_{BD}}{\partial R_3}\Delta R_3 + \frac{\partial U_{BD}}{\partial R_4}\Delta R_4 \tag{1.45}$$

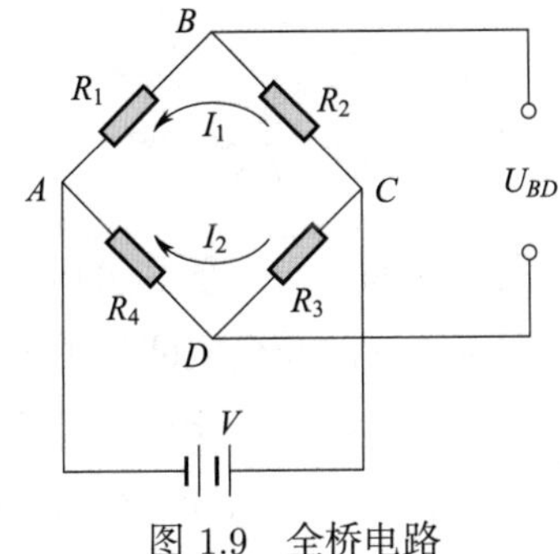

图 1.9 全桥电路

因为

$$U_{BD} = \left(\frac{R_1}{R_1 + R_2} - \frac{R_4}{R_3 + R_4} \right) V \tag{1.46}$$

所以

$$\frac{\partial U_{BD}}{\partial R_1} \Delta R_1 = \frac{R_1 R_2}{(R_1 + R_2)^2} \frac{\Delta R_1}{R_1} V \tag{1.47}$$

同理

$$\frac{\partial U_{BD}}{\partial R_2} \Delta R_2 = -\frac{R_1 R_2}{(R_1 + R_2)^2} \frac{\Delta R_2}{R_2} V \tag{1.48}$$

$$\frac{\partial U_{BD}}{\partial R_3} \Delta R_3 = \frac{R_3 R_4}{(R_3 + R_4)^2} \frac{\Delta R_3}{R_3} V, \tag{1.49}$$

$$\frac{\partial U_{BD}}{\partial R_4} \Delta R_4 = -\frac{R_3 R_4}{(R_3 + R_4)^2} \frac{\Delta R_4}{R_4} V \tag{1.50}$$

当 $R_1 = R_2 = R_3 = R_4 = R$ 时

$$\Delta U_{BD} = \frac{1}{4} V \left(\frac{\Delta R_1}{R} - \frac{\Delta R_2}{R} + \frac{\Delta R_3}{R} - \frac{\Delta R_4}{R} \right) \tag{1.51}$$

如果桥臂上应变片的灵敏系数相等，即 $\dfrac{\Delta R}{R} = K_{\mathrm{p}} \varepsilon$，则有

$$\Delta U_{BD} = \frac{V}{4} K_{\mathrm{p}} (\varepsilon_1 - \varepsilon_2 + \varepsilon_3 - \varepsilon_4) \tag{1.52}$$

所以当桥臂上都接有应变片，它们的电阻值和灵敏系数相等，且用户在应变仪上设置的灵敏系数 $K_{\mathrm{y}} = K_{\mathrm{p}}$ 时，应变仪指示的应变为

$$\varepsilon_{\mathrm{y}} = \varepsilon_1 - \varepsilon_2 + \varepsilon_3 - \varepsilon_4 \tag{1.53}$$

可见，应变仪的指示应变 ε_{y} 一般不表示测点的真实应变，而是与桥路接线方式有关，须经换算才能得到测点的真实应变。

在实际工程测试中，如果应变仪所设定的灵敏系数 K_{y} 不等于应变片的灵敏系数 K_{p}，

则须对应变值进行修正

$$\varepsilon_{\mathrm{y}}' = \frac{K_{\mathrm{y}}}{K_{\mathrm{p}}}\varepsilon_{\mathrm{y}} \tag{1.54}$$

以上介绍的电桥由四个桥臂上连接四个电阻值和灵敏系数相同的应变片构成，称为全桥。此时应变仪的指示应变和四个应变片的应变之间的关系见式 (1.53)。

在工程实际中，为了减少烦琐的贴片操作，常使用两个与应变片电阻值相同的标准电阻代替应变片组成电桥电路，如图 1.10 所示。其中 R_1 和 R_2 为应变片，而 R_3 和 R_4 是标准电阻。这个桥路称为半桥。与前面全桥的分析方法类似，在半桥电路中，应变仪的指示应变和两个应变片的应变的关系为

$$\varepsilon_{\mathrm{y}} = \frac{K_{\mathrm{p}}}{K_{\mathrm{y}}}(\varepsilon_1 - \varepsilon_2) \tag{1.55}$$

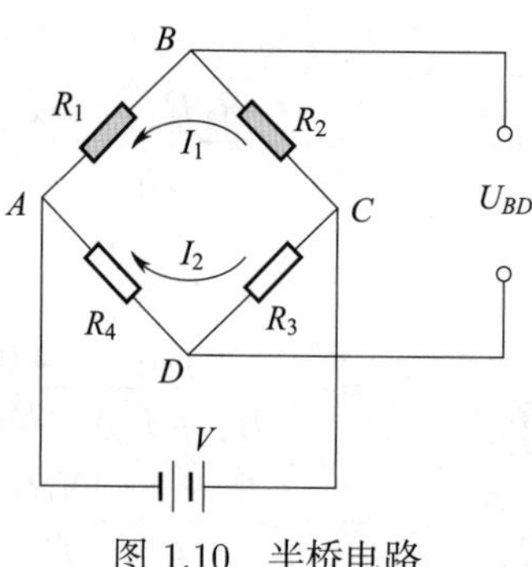

图 1.10 半桥电路

在一些相对简单的测量任务中，也可采用单臂电桥（即 1/4 电桥），其电桥如图 1.11 所示。其中 R_1 为粘贴在试件上用于测量的应变片，R_2 是为了消除温度效应的补偿片，R_3 和 R_4 是标准电阻。补偿片粘贴在与待测试件材料相同、环境温度相同且不承受外载荷的补偿块上。在单臂电桥中，应变仪的指示应变就是应变片 R_1 的应变。

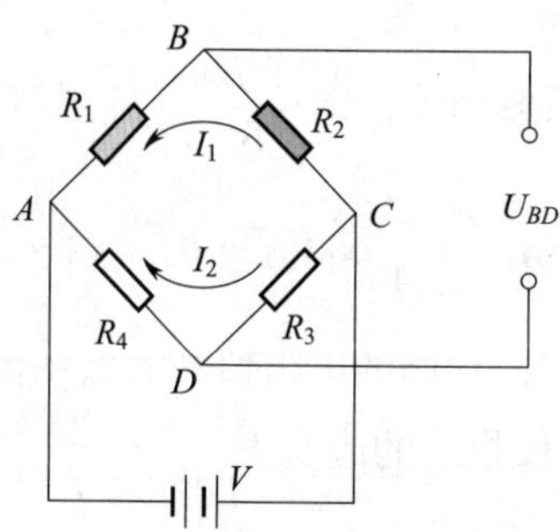

图 1.11 单臂电桥（1/4 电桥）

2. 非线性误差及其补偿方法

式 (1.39) 中 U_{BD}' 和电阻相对变化之间的线性关系是由式 (1.38) 中的非线性关系近似得来的。在从式 (1.39) 到式 (1.38) 的推导过程中，利用了 $\Delta R_1 \ll R_1$ 的数量关系。但真

实情况中 $\Delta R_1/R_1$ 是有限值而不是理想的无穷小，所以式 (1.39) 中 U_{BD} 和 U'_{BD} 之间存在由上述近似引入的非线性误差。实际的非线性特性曲线与理想的线性特性曲线之间的偏差称为绝对非线性误差，绝对非线性误差与理想的线性特性曲线的比称为相对非线性误差，用 γ 表示。经过推导可得

$$\gamma=\frac{U_{BD}-U'_{BD}}{U'_{BD}}=\frac{-\dfrac{\Delta R_1}{R_1}}{1+\dfrac{\Delta R_1}{R_1}+r} \tag{1.56}$$

由上式可见，应变值越大非线性误差越大。为了补偿这个非线性误差，由式 (1.56) 可知，提高桥臂比 r 是一个有效的方法。但是增加桥臂比，根据式 (1.40) 可知这会导致电桥电压灵敏度 S_{V} 降低。在实际的工程测试中，为了不降低 S_{V}，可以同时适当提高电桥电压 V，以使 S_{V} 保持不变。

补偿非线性误差也可以采用差动电桥的方法。在图 1.12 所示的半桥电路中，桥臂电阻 R_1 和邻边桥臂电阻 R_2 都由应变片替代。同时选择合理的贴片位置使一个应变片受拉，另一个受压，且它们的应变数值相同，这种接法称为半桥差动电路。

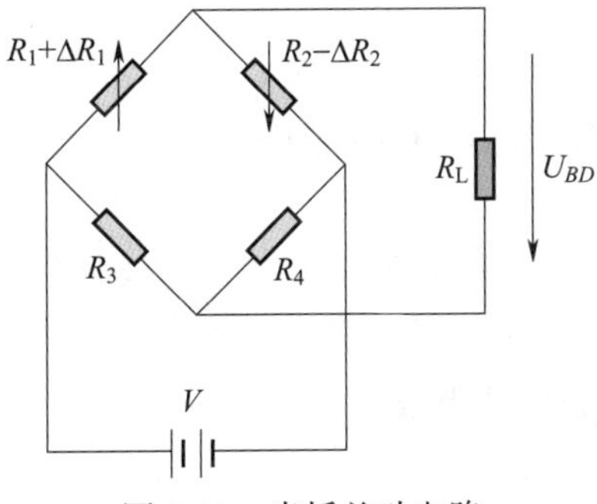

图 1.12 半桥差动电路

在半桥差动电路中，其输出电压为

$$U_{BC}=V\left(\frac{\Delta R_1+R_1}{\Delta R_1+R_1+R_2+\Delta R_2}-\frac{R_3}{R_3+R_4}\right) \tag{1.57}$$

若 $\Delta R_1=-\Delta R_2$，$R_1=R_2$，$R_3=R_4$，则得

$$U_{BD}=\frac{V}{2}\cdot\frac{\Delta R_1}{R_1} \tag{1.58}$$

可见，通过采用差动电路可以使输出电压和电阻相对变化之间保持严格线性关系。

1.3.2 电桥的基本特性

当四个桥臂均连接了应变片，应变仪的输出应变与桥臂应变片应变之间的关系由式 (1.53) 给出。在该表达式中，相邻桥臂的符号是相反的，即相邻桥臂的应变是相减的

关系；相对桥臂的符号是相同的，即相对桥臂的应变是相加的关系。

电桥的上述相加、相减的特性在实际应变测量中有很重要的应用。利用该特性，可以进行温度补偿，提高应变测量的灵敏度，也可以分离多种载荷下某种单一载荷产生的应变。

另外，为了改善电桥的测量结果，有时工作桥臂是由几个电阻串联组成的，如果各电阻分别产生 $\Delta R_1, \Delta R_2, \cdots, \Delta R_n$ 的增量，则有

$$\Delta U_0 = V \frac{(nR + \Delta R_1 + \Delta R_2 + \cdots + \Delta R_n + nR) \cdot R - nR \cdot R}{(nR + \Delta R_1 + \Delta R_2 + \cdots + \Delta R_n + nR) \cdot (R + R)} \tag{1.59}$$

忽略分母中的 ΔR 项，可得

$$\Delta U_0 = \frac{V}{4} \frac{1}{n} \left(\frac{\Delta R_1}{R} + \frac{\Delta R_2}{R} + \cdots + \frac{\Delta R_n}{R} \right) = \frac{VK}{4} \frac{1}{n} (\varepsilon_1 + \varepsilon_2 + \cdots + \varepsilon_n) \tag{1.60}$$

将上式与式 (1.52) 对比可以看出，几个应变片串联在一起接到一个桥臂上使用时，应变仪的读数是串联应变片应变读数的平均值，这是电桥非常重要的一个特性，利用它可以测取多个应变片读数的平均值，也可以在复杂应力状态下获取单独某一载荷产生的应变。若串联的应变片测量的是大小、性质相同的应变，则可以利用该特性减小测量的随机波动，提高测量稳定性。

1.3.3　电阻应变仪的标定方法和操作

使用电阻应变仪进行应变测量时，需要充分了解应变仪的功能和性能参数，这些信息通常会在产品说明中给出。对于应变仪，使用者通常需要关注如下信息。

1．电阻应变仪的主要功能和技术指标

应变仪的典型技术指标包括以下几点。

应变分辨率：指应变仪能够分辨的最小应变值。

阻值：即能够与应变仪匹配使用的应变片的电阻值。

零漂：即应变仪调零后，在保持外界条件不变的前提下，应变仪示数的波动范围。

量程：即应变仪在保证测量精度的前提下能够测量的最大应变。

采集速率：即应变仪读取应变数据的频率。

工作频率：即应变仪能够准确测量信号的最大频率。

虽然厂家会给出应变仪的指标参数，但是这些指标都是在理想工况下标定的。而在工程实际测试中，环境温度、机械振动、电磁噪声不可避免，这些因素会对测量结果造成显著影响。这时就不能再用厂家给定的误差指标作为实际测量结果的误差标准，需要测量人员对现场条件下的测量误差、稳定性等关键参数进行重新标定。

2．静态电阻应变仪的性能指标标定

指从仪器读出的应变值与加给仪器的标准应变值之间存在的误差，令读数误差为

$$\delta_{\mathrm{d}}=\frac{\varepsilon_{\mathrm{d}}-\varepsilon_{\mathrm{b}}}{\varepsilon_{\mathrm{b}}}\times 100\% \tag{1.61}$$

式中：ε_{d} 为读出应变；ε_{b} 为给定的标准应变。

具体的标定方法是将标准应变模拟器接到应变仪的一个桥臂上，并将应变仪的灵敏系数设置为 2.00。用标准应变模拟器设定一个标准应变 ε_{b}，在应变仪读出相应的读数 ε_{d}，利用上式可以计算应变仪的读数误差的百分比。标准应变仪通常通过旋钮提供多档标准应变，为了尽可能准确确定读数误差，实际操作中需要从顺时针、逆时针两个方向确定读数误差。

如果没有标准应变模拟器，可以使用标准电阻代替。标准电阻在桥路中的连接方法如图 1.13 所示。

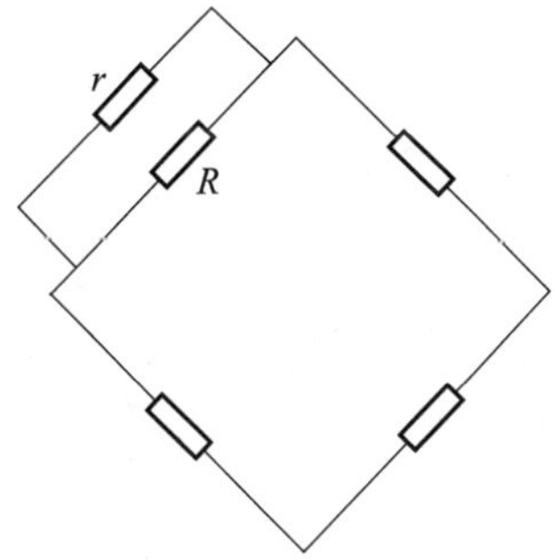

图 1.13　利用标准电阻产生标准应变

在利用标准电阻产生标准应变时，需先对无外接电阻的应变仪进行调平衡。然后，接入标准电阻。如果应变仪的灵敏系数为 K，则在应变仪上产生的标准应变为

$$\varepsilon_{\mathrm{b}}=\frac{1}{K}\frac{R}{R+r} \tag{1.62}$$

例如，应变仪的阻值为 120 Ω，应变仪灵敏系数为 2.00，欲产生标准应变 1 000 微应变，则外接标准电阻的阻值应为 59 880 Ω。

习题

1.1　试比较应变片采购说明中的灵敏系数标称值与敏感栅的灵敏系数，并说明它们的含义是否相同。若不同请说明原因。

1.2　请解释为什么双向应力受载下只使用单个典型应变片测不出轴向应变。

1.3　为了测量习题 1.1 图所示悬臂梁自由端集中力的大小，请设计测量方案并推导用应变表达的集中力计算公式。已知悬臂梁长度 L 和抗弯刚度 EI。

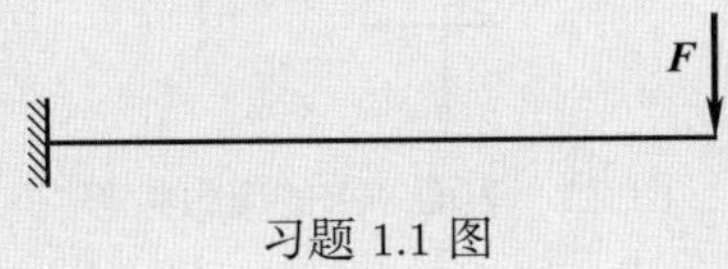

习题 1.1 图

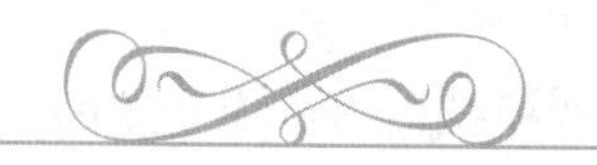

第 2 章 电阻应变测量方法

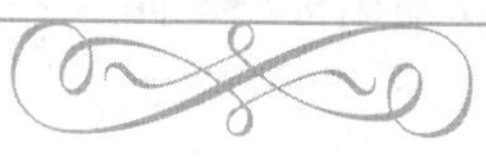

应用电阻应变测量技术不仅可以测量静态应变，而且也可以测量随时间变化的动态应变。第 1 章介绍了应变片、应变仪的基本原理及使用方法，本章将分别介绍静态应变和动态应变的测量。

2.1 静态应变测量

2.1.1 平面应力状态主应力测定

结构构件表面的应力状态随着应用场景和载荷变化有很多种情况，由材料力学可知，表面的应力可以用图 2.1 所示的二维应力状态图表示。结合该应力状态示意图，本节按照典型应力状态介绍应变测量方法。

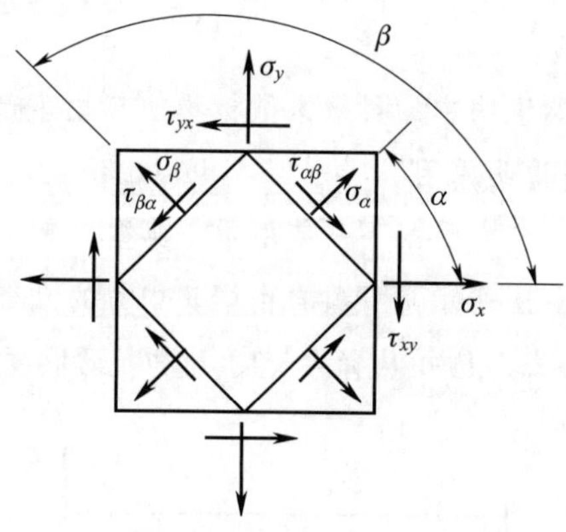

图 2.1 表面一点的应力状态

1. 单向应力状态

若测点为单向应力状态，则可沿主应力方向贴一片应变片，测出主应变 ε 后，由胡克定律 $\sigma = E\varepsilon$ 求得该点的主应力。如图 2.2 所示圆轴扭转变形时表面一点的应力状态，经过坐标变换转化为单向应力状态，然后在 45° 方向通过单一应变片进行测量。

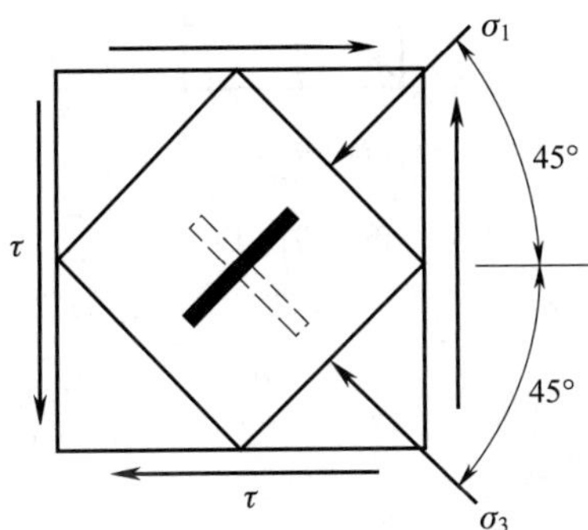

图 2.2 圆轴扭转的应力状态

2. 主应力方向已知的二向应力状态

测点处于二向应力状态且其两个主应力方向已知时，只要在该点的两个主应力方向贴上应变片，即可测出相应的主应变 ε_1 和 ε_2。根据广义胡克定律

$$\varepsilon_1 = \frac{1}{E}(\sigma_1 - \mu\sigma_2) \tag{2.1}$$

$$\varepsilon_2 = \frac{1}{E}(\sigma_2 - \mu\sigma_1) \tag{2.2}$$

可以解出两个主应力为

$$\sigma_1 = \frac{E}{1-\mu^2}(\varepsilon_1 + \mu\varepsilon_2) \tag{2.3}$$

$$\sigma_2 = \frac{E}{1-\mu^2}(\varepsilon_2 + \mu\varepsilon_1) \tag{2.4}$$

3. 主应力方向未知的二向应力状态

对于形状复杂的结构或构件，其受力后的主应力方向、大小均未知。利用应变分析理论中任意方向应变与主应变之间的关系，可以确定主应变的大小。

如图 2.3 所示，假设在平面应力状态下，单元体的应变为 ε_x、ε_y 和 γ_{xy}，其边长为 x 和 y，对角线的长度为 l。此时与 x 轴成 θ 角的任意方向的应变为 ε_θ，即图中对角线长度 l 的变化量。由 ε_x 引起的 θ 角方向的应变记为 ε_θ^x，相应定义为

$$\varepsilon_x = \frac{\Delta x}{x} \tag{2.5}$$

$$\varepsilon_\theta^x = \frac{\Delta l}{l} \tag{2.6}$$

式中：Δx 为 x 的伸长量；Δl 为 l 的伸长量。

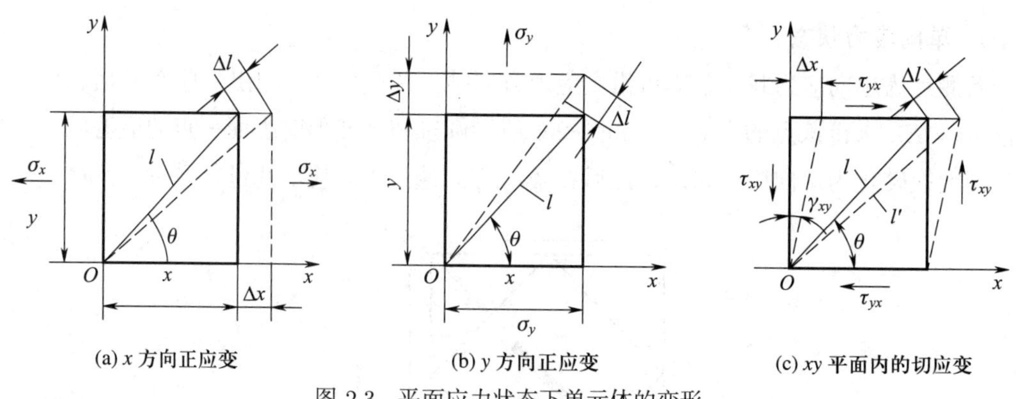

图 2.3　平面应力状态下单元体的变形

根据图 2.3a 中的几何关系可知

$$l = \frac{x}{\cos\theta} \tag{2.7}$$

$$\Delta l = \Delta x \cos\theta \tag{2.8}$$

通过上式可得

$$\varepsilon_\theta^x = \varepsilon_x \cos^2\theta \tag{2.9}$$

若把 ε_y 引起的 θ 角方向的应变记为 ε_θ^y，γ_{xy} 引起的 θ 角方向的应变记为 ε_θ^{xy}，参照图 2.3b、c 的几何关系，还可得到

$$\varepsilon_\theta^y = \varepsilon_y \sin^2\theta \tag{2.10}$$

$$\varepsilon_\theta^{xy} = \gamma_{xy} \sin\theta\cos\theta \tag{2.11}$$

当 ε_x、ε_y 和 γ_{xy} 同时作用时，则对角线 l 的总应变为

$$\varepsilon_\theta = \varepsilon_\theta^x + \varepsilon_\theta^y + \varepsilon_\theta^{xy} = \varepsilon_x \cos^2\theta + \varepsilon_y \sin^2\theta + \gamma_{xy}\sin\theta\cos\theta \tag{2.12}$$

利用三角函数的倍角公式，对上式进行变换，可得

$$\varepsilon_\theta = \frac{\varepsilon_x + \varepsilon_y}{2} + \frac{\varepsilon_x - \varepsilon_y}{2}\cos 2\theta + \frac{\gamma_{xy}}{2}\sin 2\theta \tag{2.13}$$

上式中含有三个未知数 ε_x、ε_y 和 γ_{xy}。在电测实验中，粘贴一片应变片可测得应变片轴向的应变值 ε_θ。若想求解出全部三个未知数，可沿一点的三个不同方向 θ_1、θ_2 和 θ_3 贴片，建立如下三个方程：

$$\varepsilon_{\theta_1} = \frac{\varepsilon_x + \varepsilon_y}{2} + \frac{\varepsilon_x - \varepsilon_y}{2}\cos 2\theta_1 + \frac{\gamma_{xy}}{2}\sin 2\theta_1 \tag{2.14}$$

$$\varepsilon_{\theta_2} = \frac{\varepsilon_x + \varepsilon_y}{2} + \frac{\varepsilon_x - \varepsilon_y}{2}\cos 2\theta_2 + \frac{\gamma_{xy}}{2}\sin 2\theta_2 \tag{2.15}$$

$$\varepsilon_{\theta_3} = \frac{\varepsilon_x + \varepsilon_y}{2} + \frac{\varepsilon_x - \varepsilon_y}{2}\cos 2\theta_3 + \frac{\gamma_{xy}}{2}\sin 2\theta_3 \tag{2.16}$$

联立方程组即可求出 ε_x、ε_y 和 γ_{xy}。

由式 (2.13) 可知，ε_θ 依赖于 θ 的取值，ε_θ 的极值就是一点的主应变值，而此时的 θ 就是主方向与坐标轴的夹角，记为 θ_0。按照函数极值的一般求法，对上式求导，并使其等于零，即

$$\tan 2\theta_0 = \frac{\gamma_{xy}}{\varepsilon_x - \varepsilon_y} \tag{2.17}$$

$$\sin 2\theta_0 = \pm\frac{\gamma_{xy}}{\sqrt{\left(\varepsilon_x - \varepsilon_y\right)^2 + \gamma_{xy}^2}} \tag{2.18}$$

$$\cos 2\theta_0 = \pm\frac{\varepsilon_x - \varepsilon_y}{\sqrt{\left(\varepsilon_x - \varepsilon_y\right)^2 + \gamma_{xy}^2}} \tag{2.19}$$

$$\frac{\mathrm{d}\varepsilon_{\theta_0}}{\mathrm{d}\theta_0} = -\left(\varepsilon_x - \varepsilon_y\right)\sin 2\theta_0 + \gamma_{xy}\cos 2\theta_0 = 0 \tag{2.20}$$

可得到主应变

$$\varepsilon_1 = \frac{\varepsilon_x + \varepsilon_y}{2} + \frac{\sqrt{(\varepsilon_x + \varepsilon_y)^2 + \gamma_{xy}^2}}{2} \tag{2.21}$$

$$\varepsilon_2 = \frac{\varepsilon_x + \varepsilon_y}{2} - \frac{\sqrt{(\varepsilon_x + \varepsilon_y)^2 + \gamma_{xy}^2}}{2} \tag{2.22}$$

主方向可由下式确定：

$$\theta_0 = \frac{1}{2}\arctan\frac{\gamma_{xy}}{\varepsilon_x - \varepsilon_y} \tag{2.23}$$

得到主应变及主方向后，通过广义胡克定律，即可算出主应力的大小。

在实际测量中为了方便计算，三个应变片与 x 轴的夹角通常选用一些特殊的角度，如 0°、45°、60° 及 90° 等角度。为了确保贴片方向准确，一般使用应变花进行测量。应变花一般是三个应变片的组合，各应变片按一定的角度排放并固定在同一基底上。几种常用的应变花如图 2.4 所示。

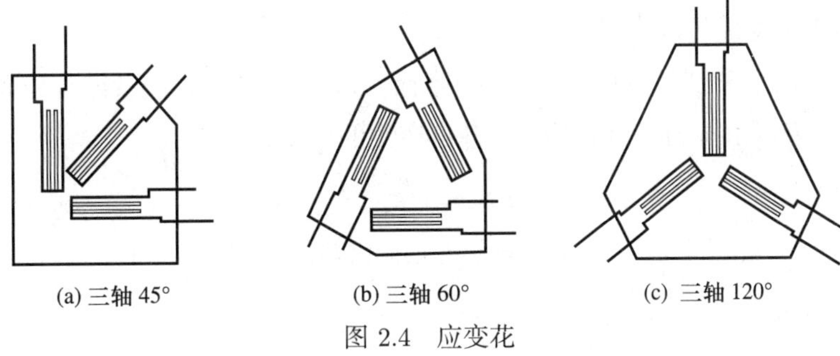

(a) 三轴 45°　　(b) 三轴 60°　　(c) 三轴 120°

图 2.4　应变花

2.1.2　内力分离

工程中有些构件，在多重载荷下常处于复杂应力状态，其一点某方向的变形为组合变

形，如拉-弯、拉-扭、弯-扭、拉-弯-扭等组合变形。如测量其中某一种变形在构件中产生的应力，需通过合理布置应变片的位置和粘贴方位，并采用正确的电桥接法，才可以将这种应变单独测量出来，进而计算出相应的应力，这就是应变电测实验中的内力分离。下面以受扭矩和拉力共同作用的圆轴为例进行说明。

如图 2.5a 所示的圆轴受到扭矩和拉力共同作用，可按照图 2.5b 所示贴片方式和图 2.5c 中的组桥方式通过合适的应变片布片选择和电桥接法将扭矩和拉力这两种内力分离开来。

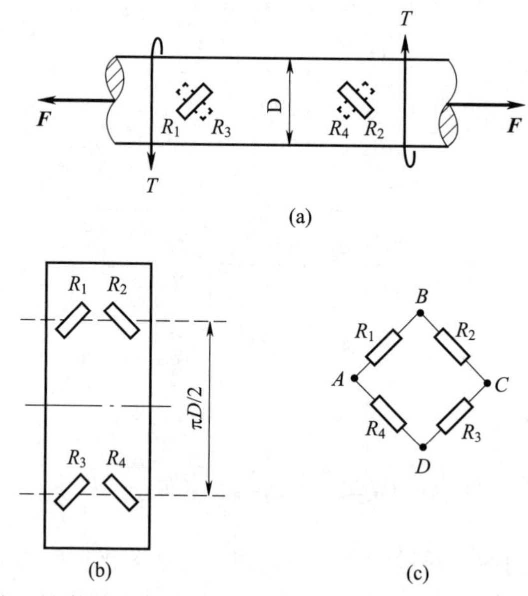

图 2.5 拉扭组合变形下测量扭转切应力时的应变片布置

1. 扭矩 T 产生的应变测量

圆轴受到扭矩作用时，表面各点将产生最大扭转切应力，其应力状态为纯剪切应力状态，主应力方向与轴线成 ±45°。测量扭转切应力时，应将应变片沿主应力方向粘贴，根据测得的主应力再换算成切应力。

图 2.5a、b 所示分别是拉扭组合变形下测量切应力时的布片图及贴片位置展开图。用 ε_{iF} 和 ε_{iT} 分别表示由拉力 F 和扭矩 T 各自产生的应变，可知

$$\varepsilon_{1T} = \varepsilon_{3T} = -\varepsilon_{2T} = -\varepsilon_{4T} \tag{2.24}$$

$$\varepsilon_{1F} = \varepsilon_{2F} = \varepsilon_{3F} = \varepsilon_{4F} \tag{2.25}$$

则各点所对应的应变为

$$\varepsilon_1 = \varepsilon_{1F} + \varepsilon_{1T} \tag{2.26}$$

$$\varepsilon_2 = \varepsilon_{2F} + \varepsilon_{2T} = \varepsilon_{1F} - \varepsilon_{1T} \tag{2.27}$$

$$\varepsilon_3 = \varepsilon_{3F} + \varepsilon_{3T} = \varepsilon_{1F} + \varepsilon_{1T} \tag{2.28}$$

$$\varepsilon_4 = \varepsilon_{4F} + \varepsilon_{4T} = \varepsilon_{1F} - \varepsilon_{1T} \tag{2.29}$$

将应变片按图 2.5c 所示接入全桥，可得

$$\varepsilon_{读} = \varepsilon_1 - \varepsilon_2 + \varepsilon_3 - \varepsilon_4 = 4\varepsilon_{1T} \tag{2.30}$$

此时，应变仪读数仅与扭矩 T 有关，而与拉力无关，且桥臂系数为 4（仪器读出的应变值与待测应变值之比称为桥臂系数，记作 α）。

圆轴扭转时，其主应变为 $\varepsilon_1 = -\varepsilon_3 = 0.25\varepsilon_{读}$，对应的主应力和切应力为

$$\sigma_1 = -\sigma_3 = \tau = \frac{E}{1-\mu^2}(\varepsilon_1 + \mu\varepsilon_3) = \frac{E}{1-\mu^2}\left(\frac{\varepsilon_{读}}{4} - \mu\frac{\varepsilon_{读}}{4}\right) = \frac{E}{4(1+\mu)}\varepsilon_{读} \tag{2.31}$$

2. 拉力 F 产生的应变测量

测量由拉力 F 产生的正应力的应变片布置和电桥接法如图 2.6 所示，图中 R_t 是温度补偿片。

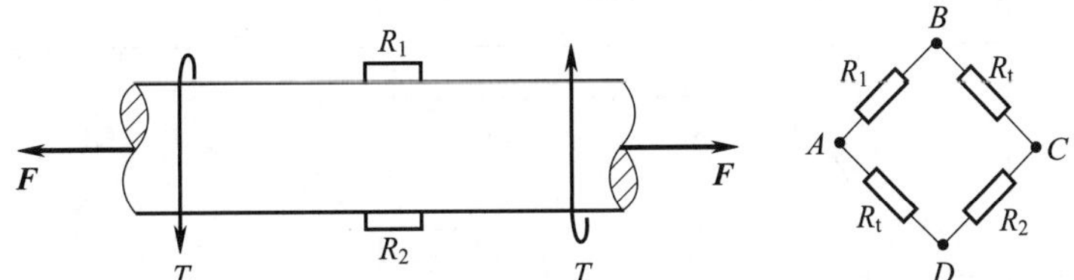

图 2.6 测量由拉力 F 产生的正应力的应变片布置和电桥接法

在拉扭组合变形下，按照图中应变片布置和电桥接法，此时的应变满足

$$\varepsilon_{1F} = \varepsilon_{2F}, \quad \varepsilon_{1T} = \varepsilon_{2T} = 0 \tag{2.32}$$

各测点所对应的应变为

$$\varepsilon_1 = \varepsilon_{1F}, \quad \varepsilon_2 = \varepsilon_{2F} \tag{2.33}$$

按半桥接法可得

$$\varepsilon_{读} = \varepsilon_1 + \varepsilon_2 = 2\varepsilon_{1F} \tag{2.34}$$

显然，应变仪的读数与扭矩 T 无关，且桥臂系数等于 2。

通过电桥接法可以提高测量精度，并将组合变形中各应变成分分别测量出来。现将几种常见变形下的内力分离贴片与组桥方法列于表 2.1 中。

表 2.1 常见的贴片及组桥方法

变形形式	需测应变	应变片布置	电桥接法	桥臂系数
拉 (压)	拉 (压)	F R_1 F	R_1 R_t	1
		F R_1 R_2 F	R_1 R_2	$1+\mu$

续表

变形形式	需测应变	应变片布置	电桥接法	桥臂系数
扭转	扭转主应变	T　R_3　R_1　R_4　R_2　T	R_1　R_2　R_4　R_3	4
		T　R_1　T		1
		T　R_1　R_2　T		2
		T　R_1　R_2　T	R_1　R_t　R_t　R_2	2
弯曲	弯曲	M　R_2　M　R_1	R_1　R_2	2
		M　M　R_1　R_2	R_1　R_2	$1+\mu$
		M　M　R_1	R_1　R_t	1
拉（压）扭组合	拉（压）	R_1　R_2　F　F　R_3　R_4	R_1　R_2　R_4　R_3	$2(1+\mu)$
			R_1　R_2　R_3　R_4	$1+\mu$
		R_1　F　F　R_2	R_1　R_t　R_t　R_2	2

续表

<table>
<tr><th>变形形式</th><th>需测应变</th><th>应变片布置</th><th>电桥接法</th><th>桥臂系数</th></tr>
<tr><td rowspan="3">拉（压）扭组合</td><td>拉（压）</td><td>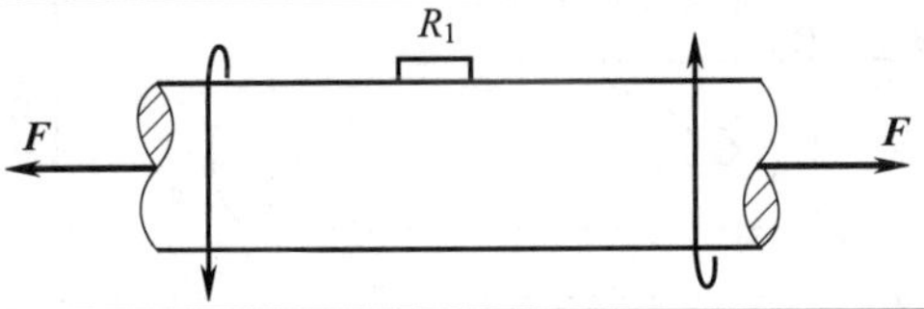</td><td>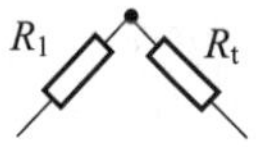</td><td>1</td></tr>
<tr><td rowspan="2">扭转主应变</td><td>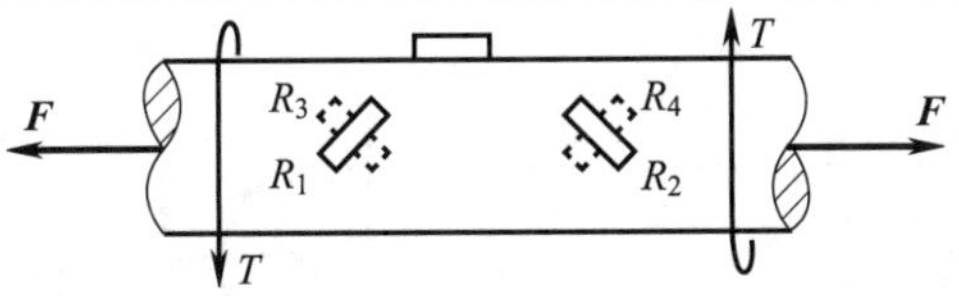</td><td>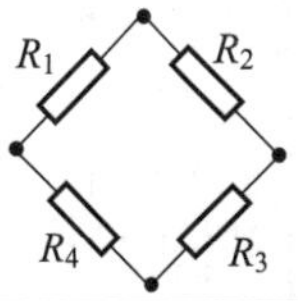</td><td>4</td></tr>
<tr><td>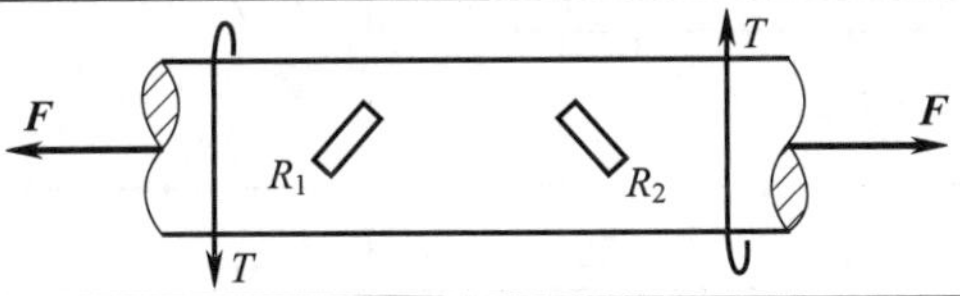</td><td>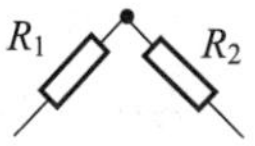</td><td>2</td></tr>
<tr><td rowspan="3">拉（压）弯组合</td><td rowspan="2">拉（压）</td><td rowspan="2">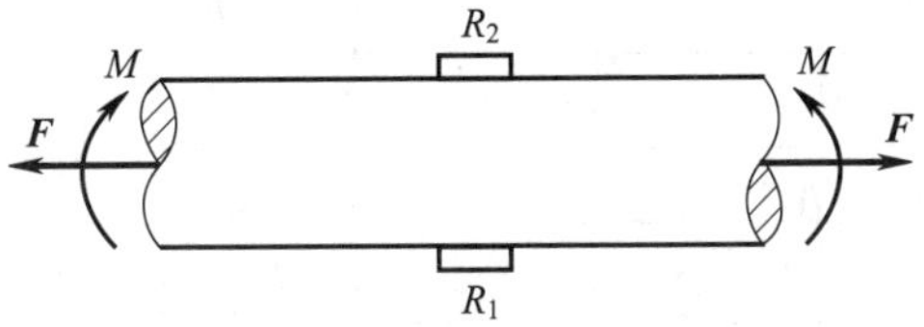</td><td>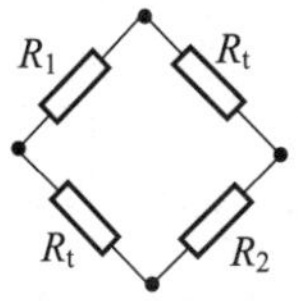</td><td>2</td></tr>
<tr><td>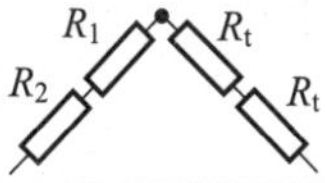</td><td>1</td></tr>
<tr><td>弯曲</td><td>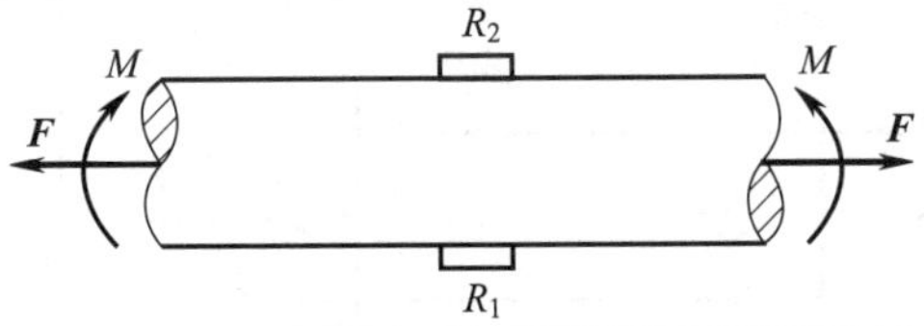</td><td>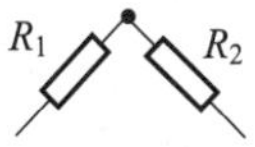</td><td>2</td></tr>
<tr><td rowspan="4">弯扭组合</td><td rowspan="2">弯曲</td><td>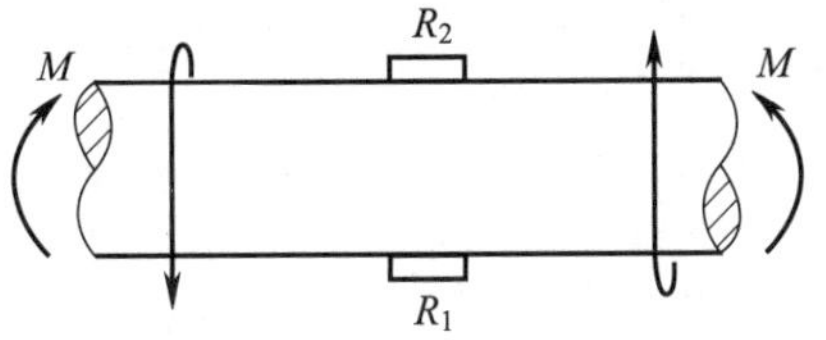</td><td>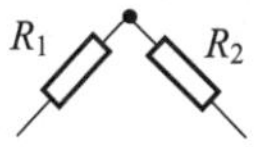</td><td>2</td></tr>
<tr><td>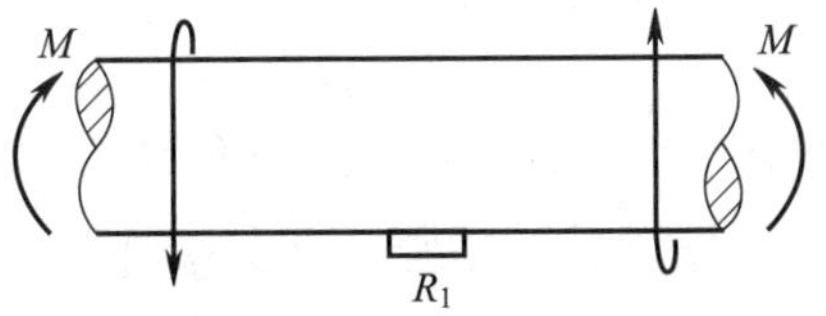</td><td>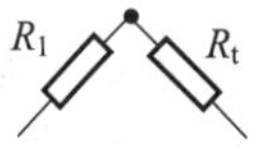</td><td>1</td></tr>
<tr><td rowspan="2">扭转主应变</td><td>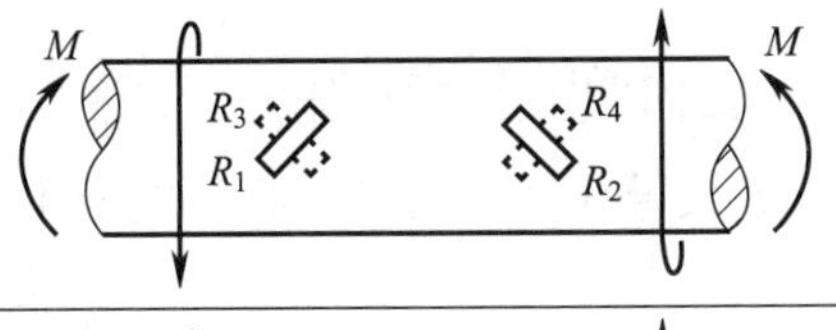</td><td>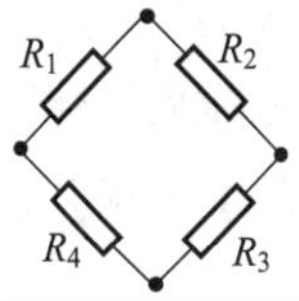</td><td>4</td></tr>
<tr><td>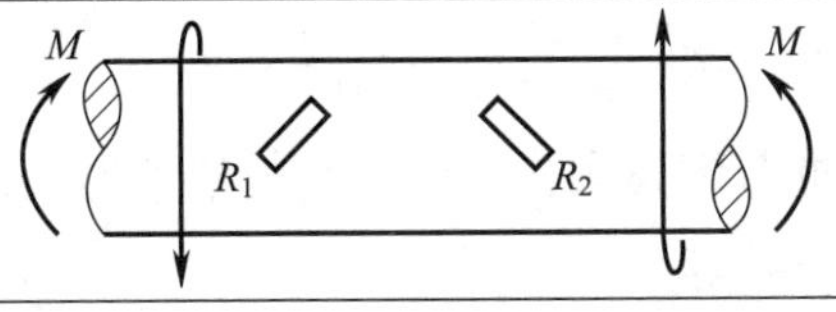</td><td>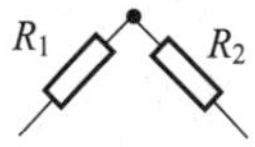</td><td>2</td></tr>
</table>

续表

变形形式	需测应变	应变片布置	电桥接法	桥臂系数
弯扭组合	扭转主应变	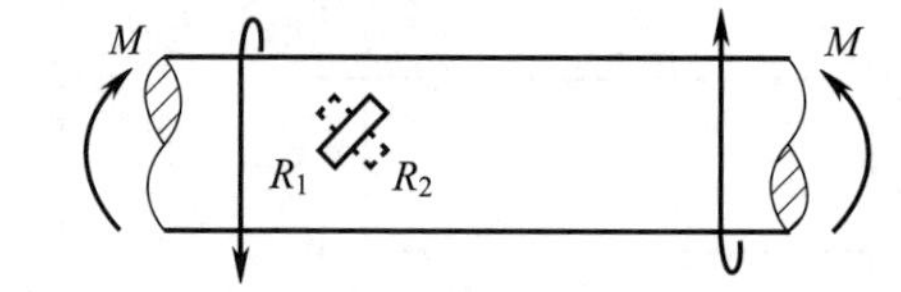 M, M, R_1, R_2	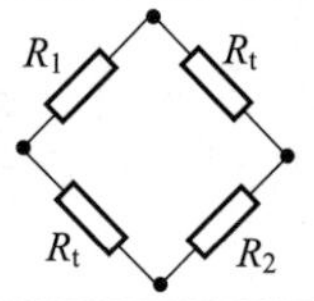 R_1, R_t, R_t, R_2	2
拉（压）扭弯组合	拉（压）	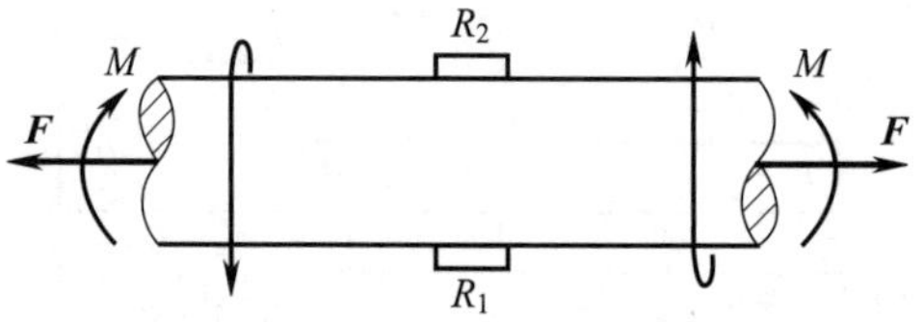 M, M, F, F, R_2, R_1	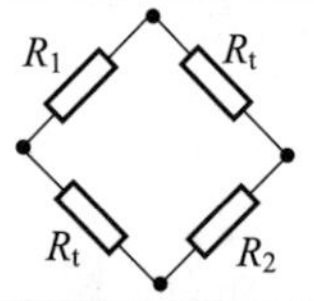 R_1, R_t, R_t, R_2	2
			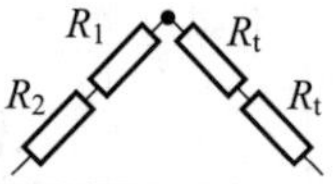 R_1, R_t, R_2, R_t	1
	弯曲	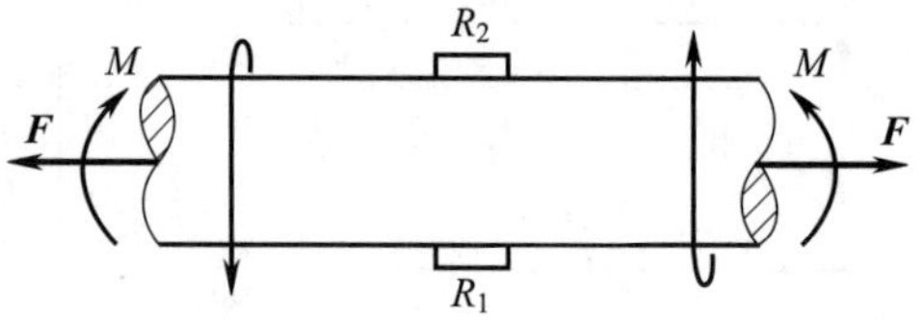 M, M, F, F, R_2, R_1	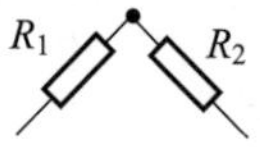 R_1, R_2	2
	扭转主应变	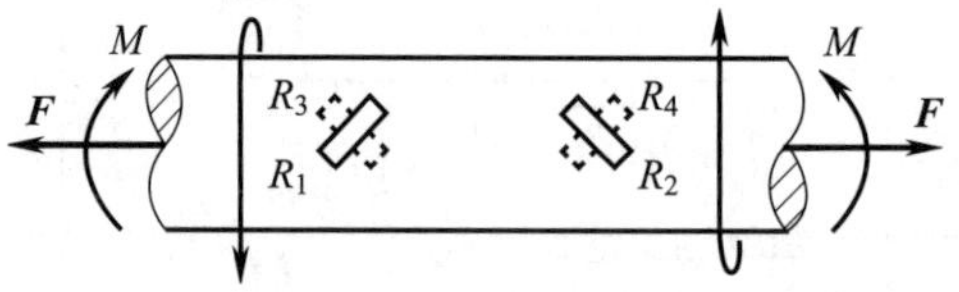 M, M, F, F, R_3, R_1, R_4, R_2	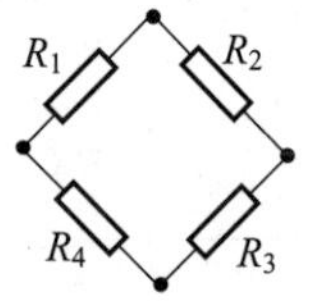 R_1, R_2, R_4, R_3	4
		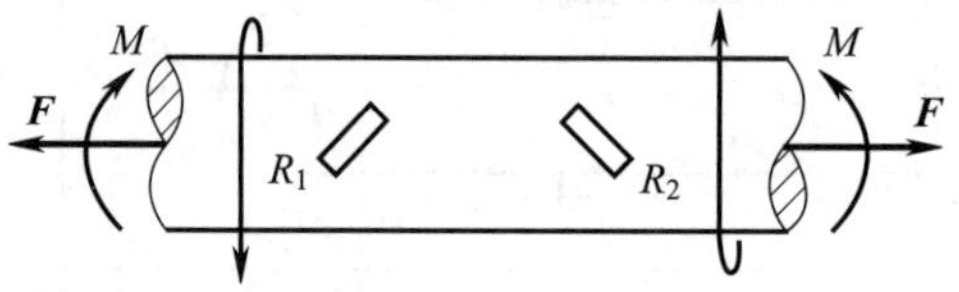 M, M, F, F, R_1, R_2	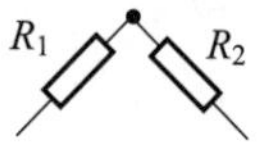 R_1, R_2	2

注：表中 R_t 为温度补偿片；μ 是构件材料的泊松比。

2.1.3　误差及修正

1. 产生误差的原因

（1）应变片本身及其粘贴工艺引起的误差，如灵敏系数 K 的误差、应变片的电阻值不是标准值、应变片的横向效应、机械滞后、蠕变、应变片轴线与规定方向有偏离以及胶层厚度所引起的误差等。

（2）应变仪本身产生的误差，如应变仪稳定性能差、元器件老化等引起的误差。

（3）测试条件引起的误差，如长导线、电磁场干扰、电容不平衡、周围湿度大等带来的误差。

（4）仪器标定条件与实测条件不完全一致引起的误差。

（5）其他误差，如测试现场范围较大，工作片与补偿片所处的温度场不均匀，以及动态测量时记录仪器方面引起的误差等。

2. 误差修正方法

（1）灵敏系数的修正。在实际测量过程中，所采用应变片的灵敏系数可能与应变仪默认的灵敏系数存在不相同的情况。此时需在测试前输入相应的应变片灵敏系数、桥接方式、应变片阻值等相关参数。

（2）横向效应的修正。应变片因感受横向（垂直于敏感栅的纵向中心线）应变而产生电阻变化的现象，称为横向效应。应变片的横向效应大小用横向效应系数 H 来表示，并由实验测定。方法是：将两个应变片（取自同一批次）安装到能产生单向应变的标定试样上，其中片 1 沿栅长方向安装，片 2 沿栅宽方向安装。使试样产生单向应变（约 1 000 微应变），此时应变片 2 与应变片 1 电阻变化率之比定义为应变片的横向效应系数 H，即

$$H=\frac{\left(\dfrac{\Delta R}{R}\right)_2}{\left(\dfrac{\Delta R}{R}\right)_1}\tag{2.35}$$

横向效应系数 H 的另一种定义方式可参见电阻应变片的工作特性。

丝绕式电阻应变片的横向效应是由其连接相邻两丝的弧形部分所引起的。当丝绕式应变片的使用条件与其标定条件不同时，可能产生较大的测量误差，需要考虑对测量结果进行修正。箔式应变片的圆弧部分尺寸较栅丝尺寸大得多，电阻值较小，因而电阻变化量也就小得多。因此箔式应变片的横向效应可以忽略。

综上所述，在实际测试过程中应尽可能采用横向效应系数较小的应变片，如常见的金属箔式应变片，不必考虑数据修正问题。当采用横向效应系数较大的应变片以及对于计算结果要求较高时，才考虑横向效应影响的修正计算问题。

（3）应变片粘贴偏位的修正。应变片粘贴的实际方位很难保证在预定的基准方位上。例如预定贴片的基准线与该点主应力方向（主方向）的夹角为 φ，如图 2.7 所示。则基准线方向应变与主方向应变之间的关系为

$$\varepsilon_\varphi=\frac{\varepsilon_1+\varepsilon_2}{2}+\frac{\varepsilon_1-\varepsilon_2}{2}\cos 2\varphi\tag{2.36}$$

式中：ε_1、ε_2 为主应力方向上的应变。

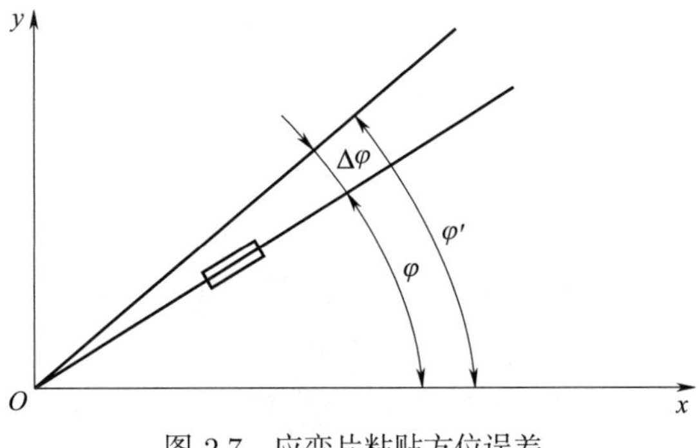

图 2.7　应变片粘贴方位误差

若实际的粘贴方位与主方向间的夹角为 $\varphi' = \varphi + \Delta\varphi$，其应变关系为

$$\varepsilon'_{\varphi} = \frac{\varepsilon_1 + \varepsilon_2}{2} + \frac{\varepsilon_1 - \varepsilon_2}{2}\cos 2(\varphi + \Delta\varphi) \tag{2.37}$$

由于粘贴方位不准所带来的误差为

$$\Delta\varepsilon_{\varphi} = \varepsilon_{\varphi} - \varepsilon'_{\varphi} = \frac{\varepsilon_1 + \varepsilon_2}{2}[\cos 2\varphi - \cos 2(\varphi + \Delta\varphi)] \tag{2.38}$$

简化后得

$$\Delta\varepsilon_{\varphi} = (\varepsilon_1 - \varepsilon_2)\sin(2\varphi + \Delta\varphi)\sin\Delta\varphi \tag{2.39}$$

可见，粘贴方位不准带来的误差，不仅与角偏差 $\Delta\varphi$ 有关，还与预定的粘贴方位与该点主应变方向的夹角 φ 有关。预定方位与主方向间的夹角越大，则角偏差带来的误差就越大。所以当主方向已知时，沿主方向贴片误差最小，而沿 45° 方向贴片误差最大。例如，当夹角 $\varphi = 45°$、$\Delta\varphi = 5°$ 时角偏差带来的相对误差可达 32%。同理，若采用工厂生产的应变花，由于夹角准确，贴片后三个方向引起的角偏差相等。在小角偏差情况下，对于三轴 45° 的应变花，当 0° 方向应变片沿主方向（90° 沿另一主方向）粘贴时误差最小；对于三轴 60° 的应变花，其误差等于零。所以，若主应变方向未知时，选用三轴 60° 应变花比三轴 45° 应变花的角偏差引起的误差要小。

（4）导线电阻的修正。连接应变片的导线，其电阻相当于在桥臂上串联了一个电阻。在使用长导线时，导线电阻造成的测量误差不容忽视，应进行修正。导线电阻 r 不随应变发生变化，导线电阻的存在必然降低电桥的输出，影响应变读数。下面以单臂测量的桥路连接为例介绍长导线电阻的修正方法。两根导线电阻 $2r$ 与应变片电阻 R 是串联在应变仪桥臂上的。在单臂测量时，虽然工作片测量的应变是相同的，但由于存在导线电阻，桥臂的相对电阻变化减小，相当于降低了灵敏系数，降低后的灵敏系数可按下式计算。

考虑导线电阻时

$$K' = \frac{\dfrac{\Delta R}{R + 2r}}{\varepsilon} \tag{2.40}$$

不考虑导线电阻时

$$K = \frac{\dfrac{\Delta R}{R}}{\varepsilon} \tag{2.41}$$

根据应变相等，得

$$K' = \frac{R}{R + 2r}K = \frac{1}{1 + \dfrac{2r}{R}}K \approx \left(1 - \frac{2r}{R}\right)K \tag{2.42}$$

根据已知导线电阻 r、应变片电阻 R 和灵敏系数 K 可计算修正后的 K'。测量时若各片的 K、R 及 r 都相同，只要将应变仪灵敏系数设置为 K'，这时应变仪读数即为真实应

变值。否则应按下述方法修正应变读数值：

$$\varepsilon' = \frac{1}{K}\left(\frac{\Delta R}{R+2r}\right) = \left(\frac{R}{R+2r}\right)\left(\frac{1}{K}\cdot\frac{\Delta R}{R}\right) = \frac{R}{R+2r}\varepsilon \tag{2.43}$$

式中：ε 为真实应变值；ε' 为应变仪应变读数值。

故

$$\varepsilon = \frac{R+2r}{R}\varepsilon' \tag{2.44}$$

由上式可以看出，导线电阻降低了灵敏系数，致使测得的应变值偏小。按上述推导方法，可得到以下各桥路接法的灵敏系数的修正公式。

半桥接法

$$K' \approx \left(1 - \frac{r}{R}\right)K \tag{2.45}$$

全桥接法

$$K' \approx \left(1 - \frac{2r}{R}\right)K \tag{2.46}$$

可见，单臂与全桥四线接法的影响是相同的。

为了减小导线的影响，通常采用三根导线的接法。先将工作片和补偿片的一端连成公共线，然后用长导线引至应变仪，在工作片和补偿片的另一端分别各用一根长导线串联接入桥臂。这样，有一根长导线接在桥臂之外，可有效减小因导线过长带来的误差。

（5）应变片阻值的修正。这项修正根据具体仪器确定，由于各种应变仪线路不同，有的需要修正计算，有的则不需要（测试前将应变仪做一次标定即可）。一般来说，各种型号的电阻应变仪的使用说明书中，对应变片电阻值的适用范围作了规定。需要对测量读数进行修正的情况，都给出了相应的修正公式或修正曲线。使用时，根据应变片的电阻值和接线方法，由修正公式或修正曲线查出修正系数 K_{R}，再将读数应变按下式修正：

$$\varepsilon = K_{\mathrm{R}}\varepsilon_{\text{读}} \tag{2.47}$$

2.2 动态应变测量

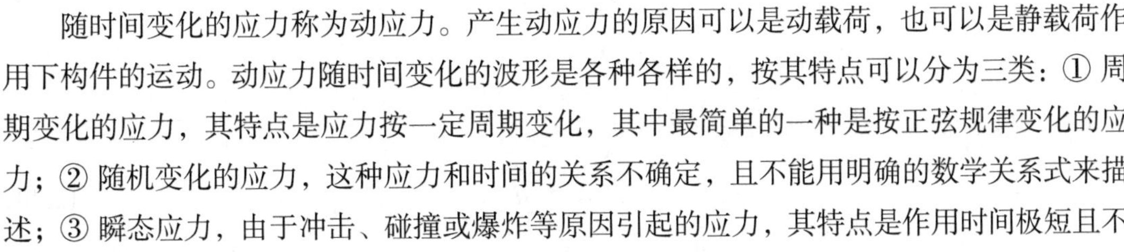

随时间变化的应力称为动应力。产生动应力的原因可以是动载荷，也可以是静载荷作用下构件的运动。动应力随时间变化的波形是各种各样的，按其特点可以分为三类：① 周期变化的应力，其特点是应力按一定周期变化，其中最简单的一种是按正弦规律变化的应力；② 随机变化的应力，这种应力和时间的关系不确定，且不能用明确的数学关系式来描述；③ 瞬态应力，由于冲击、碰撞或爆炸等原因引起的应力，其特点是作用时间极短且不呈周期性。

从强度的观点出发，动应力有两个值得注意的地方，一是它的数值往往比静应力大若干倍，二是它能使构件发生低于屈服极限的疲劳破坏。因此，用电测法测取构件上的动应力是目前研究机械强度问题的重要方法之一。

2.2.1　动态应变及其频谱

例如，当汽车在山路上行驶时，其底盘大梁上的应变就是由载荷变动而引起的动态应变；轴受弯曲载荷作用时，由构件运动产生的轴上各点的弯曲应力为交变循环应力。

动态应变按其随时间变化的性质，可分为确定性的和非确定性的两类。图 2.8 所示给出了动态应变的分类情况。应变随时间变化的规律能够用明确的数学关系式描述的情况，称为确定性动态应变，否则就是非确定性动态应变。确定性动态应变，视其能否用周期性的时变函数来表示，又可分为周期性和非周期性动态应变。非确定性动态应变也称随机性应变。下面对周期性、非周期性和随机性三类应变作简要讨论。

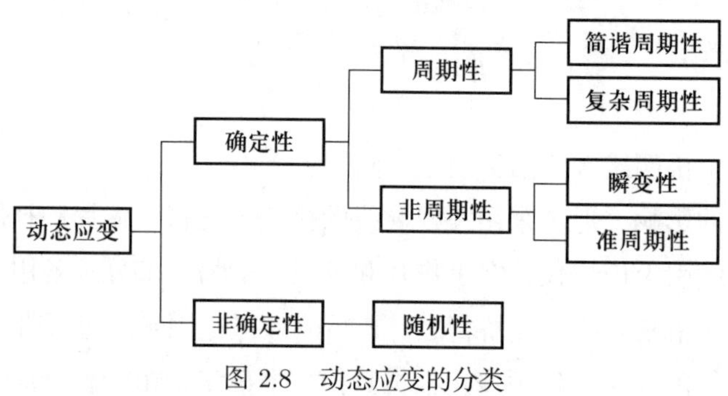

图 2.8　动态应变的分类

2.2.2　应变片的动态响应

当应变变化频率很高时，就要考虑应变片对构件应变的响应问题。由于应变片的基底和胶层很薄，应变从构件传到敏感栅的时间约为 0.2 μs，可以认为是立即响应，故主要考虑应变沿应变片栅长方向传播时应变片的动态响应问题。

设频率为 f 的正弦应变波以速度 V 在构件中沿应变片栅长方向传播，为计算方便，横坐标用弧度角 θ 替换长度 x。替换关系为

$$\theta = \frac{2\pi}{\lambda}x \tag{2.48}$$

式中：λ 为应变波的波长，$\lambda = V/f$。

令应变片栅长 L 相当于弧度角 2φ，即

$$2\varphi = \frac{2\pi}{\lambda}L \tag{2.49}$$

假定在时间为 t 时，应变波沿构件表面的分布为

$$\varepsilon(\theta) = \varepsilon_0 \sin\theta \tag{2.50}$$

而此时应变片中点的应变为

$$\varepsilon_{\mathrm{t}} = \varepsilon_0 \sin\theta_{\mathrm{t}} \tag{2.51}$$

这里下标 t 表示应变片栅长中点处的应变，具有时间依赖特性。

由应变片测得的应变是栅长 2φ 范围内的平均应变 ε_{a}，它等于横坐标从 $\theta_{\mathrm{t}}-\varphi$ 到 $\theta_{\mathrm{t}}+\varphi$、应变波曲线 $\varepsilon(\theta)$ 之下的面积除以应变片栅长 2φ，即

$$\varepsilon_{\mathrm{a}} = \frac{1}{2\varphi}\int \varepsilon_0 \sin\theta \mathrm{d}\theta = \varepsilon_0 \sin\theta_{\mathrm{t}} \frac{\sin\varphi}{\varphi} \tag{2.52}$$

此时，平均应变 ε_{a} 与应变片中点应变 ε_{t} 的相对误差为

$$e = \frac{\varepsilon_{\mathrm{t}} - \varepsilon_{\mathrm{a}}}{\varepsilon_{\mathrm{t}}} = 1 - \frac{\varepsilon_{\mathrm{a}}}{\varepsilon_{\mathrm{t}}} = 1 - \frac{\sin\varphi}{\varphi} \tag{2.53}$$

当 φ 值较小时（即应变片栅长 L 相对应变波波长 λ 为较小）函数 $\sin\varphi/\varphi$ 可用其级数展开式的前两项近似代替，即

$$\frac{\sin\varphi}{\varphi} \approx 1 - \frac{\varphi^2}{6} \tag{2.54}$$

代入式 (2.53) 得

$$e \approx \frac{\varphi^2}{6} \tag{2.55}$$

当 $\lambda = V/f$ 和 $f = \omega/2\pi$ 时

$$e \approx \frac{1}{6}\left(\frac{\pi L}{\lambda}\right)^2 = \frac{1}{6}\left(\frac{\pi L f}{V}\right)^2 \tag{2.56}$$

应变波在某种材料中的传播速度 V 是常数（例如对于钢材，$V \approx 5\,000$ m/s），所以上式决定了 e、L 和 f 三者之间的关系。当给定容许相对误差 e_0 和欲测应变的最高频率 $f_{\max}$ 后，可根据此式算出应变片的允许最大基长 $L_{\max}$。或者在给定 e_0 和 L 时，可用于核算该应变片允许的极限工作频率 $[f_{\max}]$。例如当 $e_0 = \pm 0.5\%$、$L = 5$ mm 时，允许极限工作频率为

$$[f_{\max}] = \frac{V}{\pi L}(6e_0)^{\frac{1}{2}} = 55\,000 \text{ Hz}$$

一般应变变化的频率远比此值小，故由应变片基长引入的响应误差可以不计。

2.2.3 仪器系统振幅特性和频率特性的检测

应变仪和记录器都有特定的振幅特性和频率特性。振幅特性是指输入和输出的幅值关系；频率特性是指仪器的频率响应，是在输入一个振幅恒定而频率可变的信号时，仪器输

出幅值随频率的变化。我们要求由应变仪和记录器等组配而成的仪器系统有线性的振幅特性和平坦的频率响应（即输出不随频率而变），但实际上只能在一定的振幅和频率范围内近似满足，存在一定误差。

仪器系统输出量和输入量的关系是个三维问题，输出幅值 z 是输入幅值 x 和输入频率 y 的函数，即

$$z = f(x, y) \tag{2.57}$$

函数 z 的空间曲面与 Oxz 平面的交线 OA 即为静态时的振幅特性，如图 2.9 所示。要用实验方法确定此曲面的坐标，需要做大量的测试工作，故实用上常常只测取静态时的振幅特性和某一个（或几个）定幅变频输入时的频率特性，以此来确定该仪器系统的适用范围和误差。

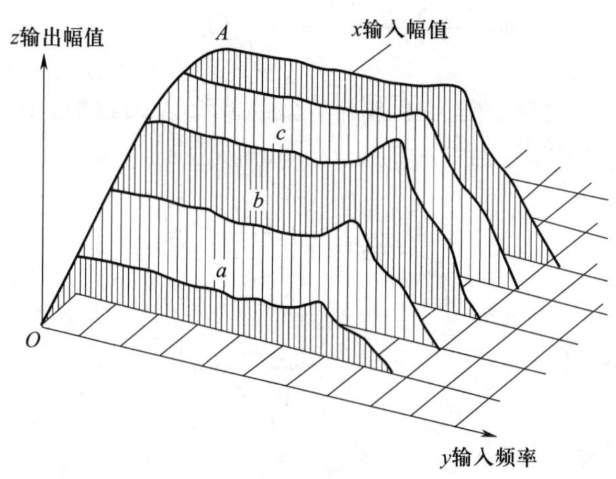

图 2.9　仪器系统的振幅特性和频率特性

1．振幅特性的测定

按实际测试要求组配仪器系统，输入一系列已知标准应变量。观察该系统的最后输出（即记录器记录点的偏移量），即可做出标准应变与输出之间的关系曲线，即静态幅频特性曲线。一般以幅频特性曲线上非线性误差不大于 3% 的最大应变值作为该系统允许的振幅工作范围。

标准应变量可以利用应变仪上的标定装置给出，也可用给应变片并联适当电阻的方法形成，但用电阻标定的办法所获得的振幅特性仅反映除应变片之外的仪器系统的品质。为使振幅特性能反映包括应变片在内的整个系统的性能，应该采用标准应变梁的办法，直接以标准的机械应变输入，如图 2.10 所示。采用等截面等弯矩梁作为标准应变发生装置，用百分表测定该梁中点的挠度 y_0。对于载荷作用点在支点之外的标准梁，其表面应变为

$$\varepsilon = \frac{4h}{b^2} y_0 \tag{2.58}$$

式中：h 为矩形截面梁的厚度；b 为两支点的跨度。

对于载荷作用点在支点之内的标准梁，其表面应变为

$$\varepsilon = \frac{12h}{3L^2 - 4a^2} y_0 \tag{2.59}$$

式中：L 为两支点的跨度，a 为支点与载荷作用点之间的距离。

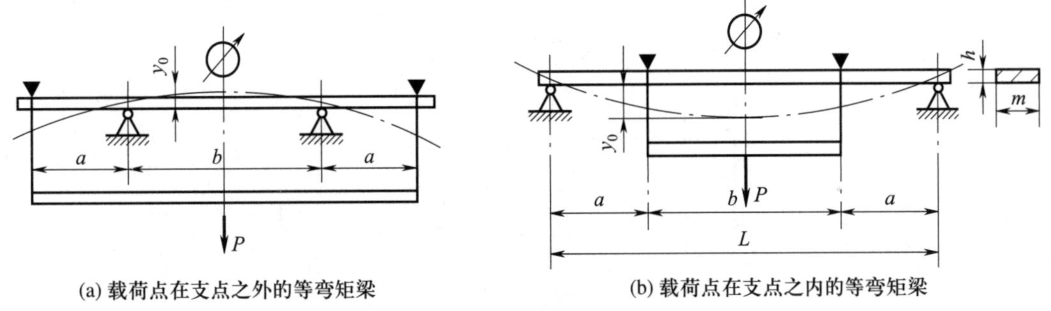

图 2.10 等截面等弯矩标准应变梁

也可以用三点挠度计来测量梁的变形，如图 2.11 所示。当用三点挠度计测量梁的变形时，不论上述哪种梁，只要挠度计两支点间的跨度 b 不超过梁的等弯矩区即可。表面应变的计算式为

$$\varepsilon = \frac{4h}{b^2} y_0 \tag{2.60}$$

式中：h 为矩形截面梁的厚度。

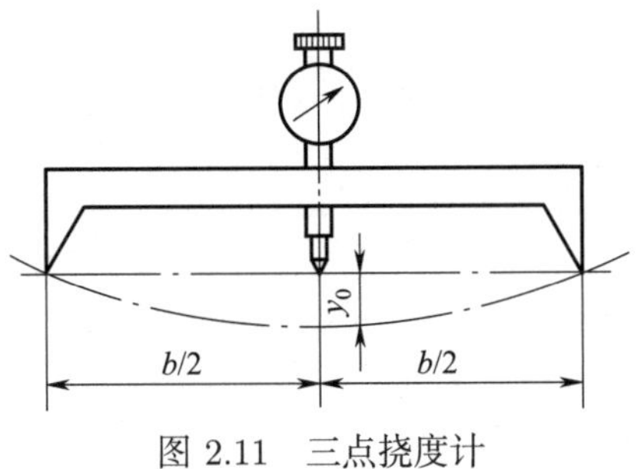

图 2.11 三点挠度计

2. 频率特性的测定

用电动振动台激振的方法可以产生频率比较高的（1 000～3 000 Hz）动应变信号。制作一个动态应变标定传感器，弹性元件为圆筒，其下端与传感器基座固定连接，上端与自由的惯性块固定连接。标定传感器牢固地安装在电动振动台上，振动台产生频率可变而加速度恒定的振动。由于惯性块的惯性作用，圆筒受到相应的动载荷，可以产生幅值恒定而频率可变的动应变。应变幅值与振动加速度成正比，其频率即振动台的振动频率。该方法能产生高频正弦变化的动态应变，因不存在撞击的运动部件，故应变波形良好，但需要比较昂贵的电动振动台。

习题

2.1　简述在灵敏系数 K 标定时，需要满足的三个必要条件。

2.2　如习题 2.1 图所示 $b\times h$ 矩形截面的板，F 作用在纵向平面内，有一偏心距 e，已知材料的弹性模量 E，试设计贴片、组桥方案测出 e 及 F 的大小（画出布片图和桥路图，并推导出 e 和 F 与读数应变的关系式）。

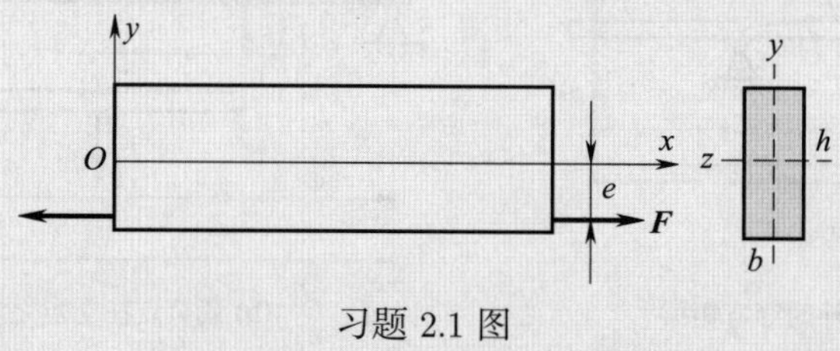

习题 2.1 图

2.3　一个电阻为 120 Ω、灵敏系数为 2.0 的电阻应变计，测得的电阻相对变化量为 0.24 Ω，则应变值是多少？若采用单臂测量，不考虑温度补偿，应变仪的灵敏系数为 2.5，则读出的应变值应该是多少？

第 3 章 应变式传感器及其他电测技术

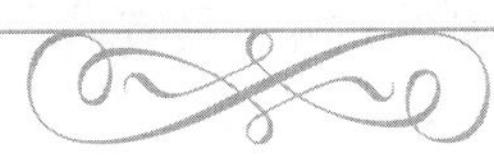

本章主要介绍两部分内容。第一部分将重点介绍基于电阻应变片的各种传感器技术；第二部分将简要介绍基于其他物理原理的力学参量传感器技术。

3.1 应变式传感器

3.1.1 应变式传感器的基本原理

电阻应变片除了直接用于结构的应力分析外，还可以制成应变片式传感器，用来测量各种力学参数，如荷重、压强、扭矩、位移、加速度等。这种传感器由于构造简单、工作稳定可靠、使用方便，得到广泛应用。应变式传感器的测量精度可达 1% ~ 0.5%，应变片式传感器虽有定型产品，但当规格、性能不能满足要求时，仍需自行设计、制造。对应变式传感器主要有如下要求：

（1）具有足够的精度和灵敏度；

（2）具有较好的稳定性和耐久性，较长时间使用时性能不变；

（3）环境适应性强，能在一定温度和湿度范围下工作；

（4）体积小，重量轻，便于标定。

根据被测力学量，制成一定结构形式的弹性元件，在被测量的作用下，弹性元件产生变形，贴在弹性元件上的应变片产生一定的应变，由应变仪读出读数，再根据事先标定的应变与被测力学量的对应关系，即可得到被测力学量的数值。

在应变式传感器中，弹性元件是传感器的关键部分，对它的结构、材料、热处理工艺、加工精度都有一定的要求，从而保证传感器的准确性、可靠性和稳定性。在结构方面，弹性元件应当只受到被测载荷的作用，如不能彻底排除其他载荷引起的变形，也要尽量减少其他载荷的影响。应变片粘贴的位置也非常关键，应变片粘贴处的应变最好是均匀分布的，且该处应变与被测载荷之间应为线性关系。同时，为了使测量结果具有足够高的信噪比，被测应变的数值也要足够大（如 500～1 000 微应变），从而使传感器可以得到较大的输出电信号。弹性元件的材料应具有较高的强度和韧性，且弹性滞后小。合金钢经热处理后可以满足上述要求。制造弹性元件的常用材料有 45 钢、40Cr、40CrNi、40CrNiMo 等。

由于传感器精度要求较高，并且要求长期使用，且工作环境可能比较恶劣，因此对应变片及黏结剂的选择、粘贴、固化及防护等都有更高的要求。主要有以下几点需要考虑：

1）传感器常使用康铜材料的胶基箔式片，具有横向效应小、许用电流大、蠕变小、寿命长等优点；

2）最好采用 240 Ω、350 Ω 等高阻值、高精度应变片；

3）在被测区域应变分布均匀的前提下，应变片越大越好；

4）应对粘贴好的应变片进行适当的防潮处理；

5）传感器上应变片一般组成全桥，如条件允许则每一桥臂有多片应变片串联，可提高灵敏度，并有温度补偿的作用。

为了进一步保证传感器工作的稳定性，可在电路上设置一些补偿电阻，如零点漂移补偿电阻、输出灵敏度补偿电阻、零点补偿电阻等。

3.1.2　几种不同类型的传感器

1. 荷重、拉压力传感器

应变式力传感器的弹性元件常见的有柱式、梁式、环式、轮辐式等。

柱式弹性元件如图 3.1 所示。它可承受较大载荷，常采用空心截面，提高抗弯截面模量，并采用带有膜片的结构。由于膜片在其平面方向刚度大，垂直于其平面方向刚度小，故可以承受横向力，用以消除横向力和弯矩的影响。如图 3.1 所示，在柱式弹性元件上一般贴 8 个应变片，分 4 个或 8 个方位纵横粘贴，组成全桥，从而减小非线性误差，并有效抑制随机噪声的影响。

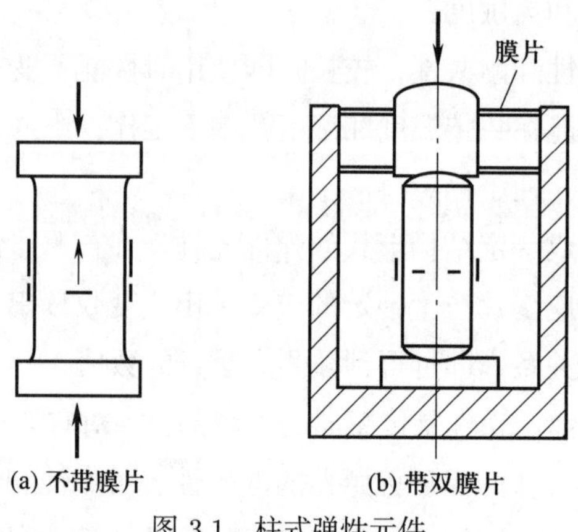

图 3.1　柱式弹性元件

环式弹性元件分为纯圆环型和有加载端头型圆环两种，分别如图 3.2a、b 所示。该类型弹性元件是用一个圆环做传感结构。根据测量精度的不同，可以在圆周内外布置数量不同的应变片。

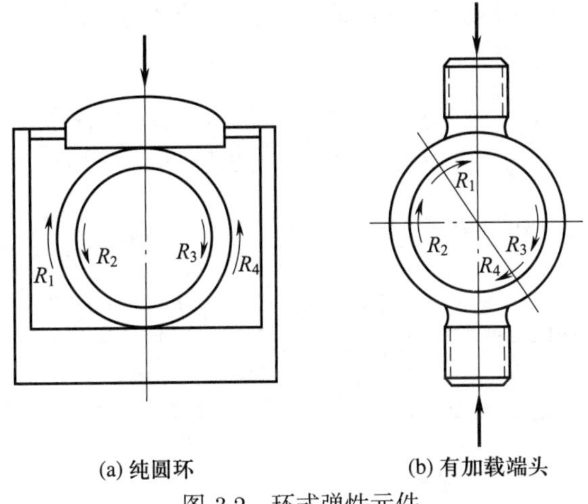

图 3.2　环式弹性元件

对于轮辐式弹性元件，应变片应沿 ±45° 方向粘贴在轮辐上，通过测量轮辐上剪力所产生的应变来测量载荷的大小，如图 3.3 所示。它的优点比较突出，即当受力点位置改变时，轮辐上贴片处弯矩会发生变化，但剪力保持不变，因此可大大减小由加力点变动所引起的输出变化。即使应变片粘贴位置稍有偏差，对输出的影响也极小。横向力对轮辐的剪力也没有影响。这种传感器的精度高、线性好、抗横向力及偏心载荷的能力强。同时，它的尺寸较小，重量较轻，高度偏低等特点。

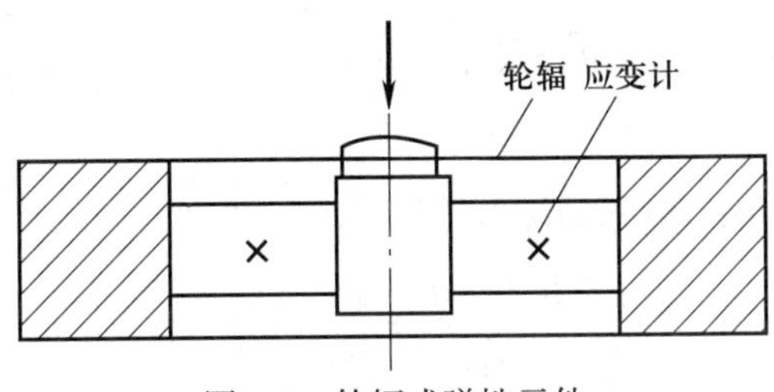

图 3.3　轮辐式弹性元件

下面以柱式力传感器为例，说明其工作原理。柱式弹性结构通常选用空心的圆筒或实心的柱形结构。图 3.4 所示为圆柱式力传感器结构示意图。

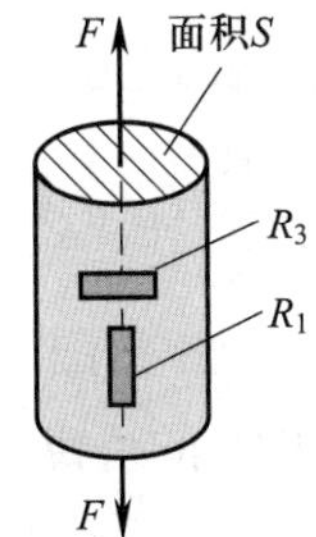

图 3.4　圆柱式压力传感器布片示意图

在承受力的圆柱上，为了排除弹性元件受偏心力的影响，通常在圆柱的轴向排列两个应变片，在其环向排列另外两个应变片。如按图 3.5a 所示，采用半桥方式连接。图 3.4 中，应变片 R_2，R_4 未画出，它们贴在圆柱体的背面。R_2 与 R_1 对应，R_4 与 R_3 对应。当施加压力 F 后，应变片 1、2 的电阻变化分别为 ΔR_1 和 ΔR_2，若两应变片相同，则桥臂 AB 的电阻变化率为

$$\left.\frac{\Delta R}{R}\right|_{AB}=\frac{\Delta R_1+\Delta R_2}{R_1+R_2}=\frac{1}{2}\left(\frac{\Delta R_1}{R}+\frac{\Delta R_2}{R}\right) \tag{3.1}$$

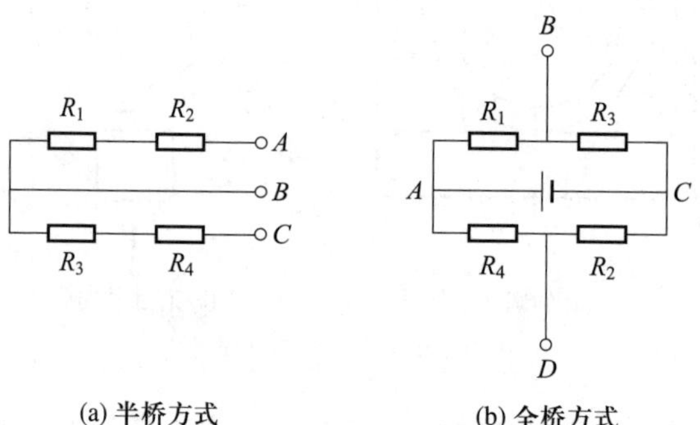

图 3.5　圆柱式压力传感器桥路连接

该式表明，当两片相同的应变片串联在一臂中使用时，这一臂的电阻变化率为各片电阻变化率的算术平均值。这一结论，在多片串联时也适用。如果在实际工作中，圆柱承受了偏心载荷，应变片 1 和 2 的电阻变化应包括由纯压应变 ε_{F} 引起的 ΔR_{F} 和弯曲正应变 ε_{M} 引起的 ΔR_{M} 两部分，故

$$\left.\frac{\Delta R_1}{R}\right|_{AB}=\frac{1}{2}\left(\frac{\Delta R_{\mathrm{F}1}+\Delta R_{\mathrm{M}1}}{R}+\frac{\Delta R_{\mathrm{F}2}+\Delta R_{\mathrm{M}2}}{R}\right) \tag{3.2}$$

由于 $\Delta R_{\mathrm{F}1}=\Delta R_{\mathrm{F}2}$，$\Delta R_{\mathrm{M}1}=-\Delta R_{\mathrm{M}2}$，则

$$\left.\frac{\Delta R}{R}\right|_{AB}=\frac{\Delta R_{\mathrm{F}}}{R}=K\varepsilon_{\mathrm{F}} \tag{3.3}$$

同理

$$\left.\frac{\Delta R}{R}\right|_{CB}=K(-\mu\varepsilon_{\mathrm{F}}) \tag{3.4}$$

于是，得到排除载荷偏心影响的电桥输出电压，而且测得的读数是 ε_{F} 的 $1+\mu$ 倍，即

$$\Delta U=\frac{V}{4}K_{\mathrm{E}}\varepsilon_{\mathrm{F}}(1+\mu) \tag{3.5}$$

为了进一步增加输出信号的电压，也可以按图 3.5b 所示将四个应变片连接成全桥。这时，需要注意两个相对的应变片要位于相对的桥臂。此时有

$$\Delta U=\frac{V}{4}K[(\varepsilon_{\mathrm{F1}}+\varepsilon_{\mathrm{M1}})+\mu(\varepsilon_{\mathrm{F1}}+\varepsilon_{\mathrm{M1}})+(\varepsilon_{\mathrm{F2}}+\varepsilon_{\mathrm{M2}})+\mu(\varepsilon_{\mathrm{F2}}+\varepsilon_{\mathrm{M2}})] \tag{3.6}$$

因为 $\varepsilon_{\mathrm{F1}}=\varepsilon_{\mathrm{F2}}$，$\varepsilon_{\mathrm{M1}}=-\varepsilon_{\mathrm{M2}}$，所以有

$$\Delta U=\frac{V}{2}K\varepsilon_{\mathrm{F}}(1+\mu) \tag{3.7}$$

对比式 (3.5) 给出的输出电压，可见采用全桥方式连接，既排除了偏心载荷的影响，同时输出电压提高到 2 倍，同时解决了灵敏度、线性度、温度补偿的问题。

2. 应变式加速度传感器

图 3.6 所示是一种基于梁式弹性元件的加速度传感器。由于悬臂梁的质量轻，惯性力小，不能产生足够的弹性变形，故在悬臂梁的自由端设置附加质量块。

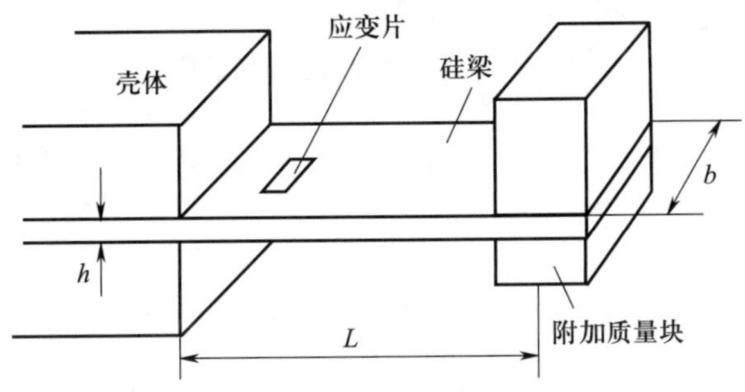

图 3.6 应变式加速度传感器示意图

对于梁式传感器，当附加质量块的质量为 m 时，合力和加速度的计算式分别为式 (3.8) 和式 (3.9)：

$$F=ma=\frac{EhA}{6K_{\mathrm{s}}L}\frac{\Delta R}{R} \tag{3.8}$$

$$a=\frac{EhA}{6K_{\mathrm{s}}Lm}\frac{\Delta R}{R} \tag{3.9}$$

实际应用中加速度 a 通常不是恒定不变的，所以还需要根据实际情况具体分析其动态特性。

3. 应变式压力（压强）传感器

薄板式 (膜片式) 压力传感器是一种常见的压力传感器，如图 3.7 所示。

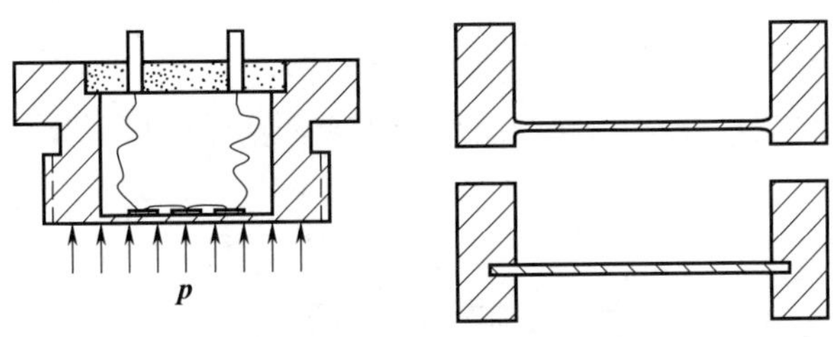

图 3.7 应变式压力传感器示意图

当流体的压强作用在薄板上时，薄板就会产生变形，贴在另一侧的应变片随之产生变

形。通过桥式等测量电路，可以测出与应变相对应的输出电压，从而得到压力的大小。对于膜厚为 h、半径为 r_0、沿圆周固定的膜片，片内任意半径 r 处在压强 p 的作用下产生的应变如图 3.8 所示。

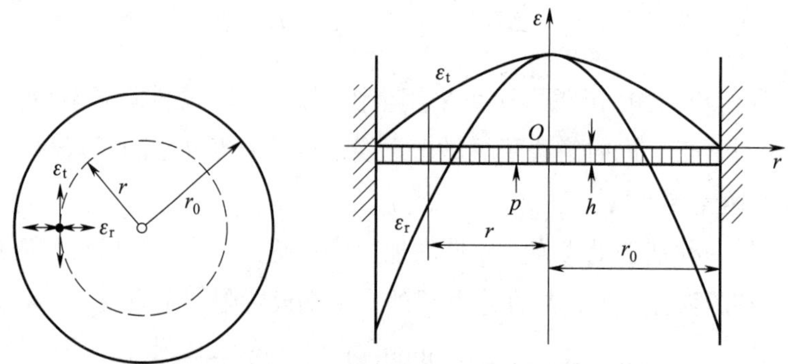

图 3.8 薄圆板受均匀压力后的应变

薄圆板所受的切向应变 ε_t 方向与半径垂直，且根据受力情况可知切向应变只能是拉应变。其计算公式为

$$\varepsilon_t = \frac{3}{8h^2E}[(1-\mu^2)(r_0^2-r^2)]p \tag{3.10}$$

式中：E、μ 为薄圆板材料的弹性模量和泊松比。

薄圆板所受的径向应变 ε_r 方向指向圆心，计算式见式 (3.11)。径向应变可以是拉应变也可以是压应变，即数值可正可负。

$$\varepsilon_r = \frac{3}{8h^2E}[(1-\mu^2)(r_0^2-3r^2)]p \tag{3.11}$$

分析以上应变计算公式，可知：

（1）在 $r=0$ 处，$\varepsilon_t=\varepsilon_r=\dfrac{3r_0^2}{8h^2}\dfrac{1-\mu^2}{E}p$，此时正应变最大；

（2）在 $r=r_0$ 处，$\varepsilon_t=0$，$\varepsilon_r=-\dfrac{3r_0^2}{4h^2}\dfrac{1-\mu^2}{E}p$，此时径向负应变最大；

（3）在 $r=\dfrac{1}{\sqrt{3}}r_0$ 处，$\varepsilon_t=\dfrac{r_0^2}{4h^2}\dfrac{1-\mu^2}{E}p$，$\varepsilon_r=0$，此时径向应变片贴片必须要避开。

根据式 (3.10) 和式 (3.11) 可知，当

$$r=\frac{r_0}{\sqrt{2}} \tag{3.12}$$

时，$\varepsilon_t=-\varepsilon_r$。在该半径处，按图 3.9 中给出的方式粘贴应变片，组成全桥。此时应变仪测得应变

$$\varepsilon = 4\varepsilon_r = \frac{9p(1-\mu^2)r_0^2}{8h^2E} \tag{3.13}$$

根据此式可以求出薄圆板承受的压力。

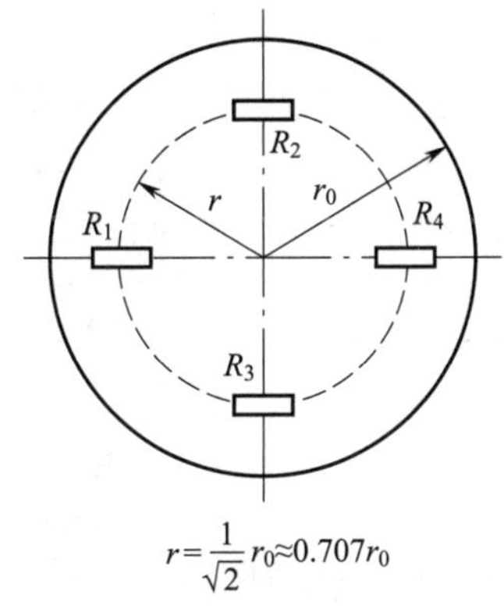

图 3.9　压力传感器的应变片位置

可见，上述传感器利用弹性元件将压力转变成应变，再用应变片将这种应变转变成电阻的变化，从而测得作用压力的大小。应变片的性能较为稳定，工艺也较为成熟，是一种可靠的压力测量方法。

3.2　其他电测技术

3.2.1　压电传感器

压电效应是指某些电介质材料中机械能与电能相互转化的一类现象，具体分为正压电效应和逆压电效应。正压电效应是指材料在受到机械应力而变形时产生电极化，而在表面形成束缚电荷的现象；逆压电效应则相反，是指给材料施加电压时会产生变形。压电效应与材料的晶体结构和极化特性有关。典型的压电材料包括晶体、某些陶瓷材料和生物材料（如骨、DNA 和蛋白质）等。

压电式力传感器可用于测量压力。如图 3.10 所示，压电传感器通过利用压电效应，将外部施加的压力转换为相应的电信号，从而实现对压力的测量，基本的计算公式如下：

$$V = g \cdot F \tag{3.14}$$

式中：V 为输出电信号；g 为灵敏度常数，跟所使用的压电材料的特性有关；F 为待测量的压力。

压电式传感器测量加速度的原理是，通过特殊设计的结构先将加速度转换为力信号，然后测量出电压变化，最后得到加速度的值。这种压电式传感器常用来测试行车中的振动和飞机的飞行状态。

实际应用中，可以使用专门的信号调理电路和数据采集系统来处理压电传感器的输出信号，对其进行放大、滤波、线性化等操作，以获得更准确和可靠的测量结果。

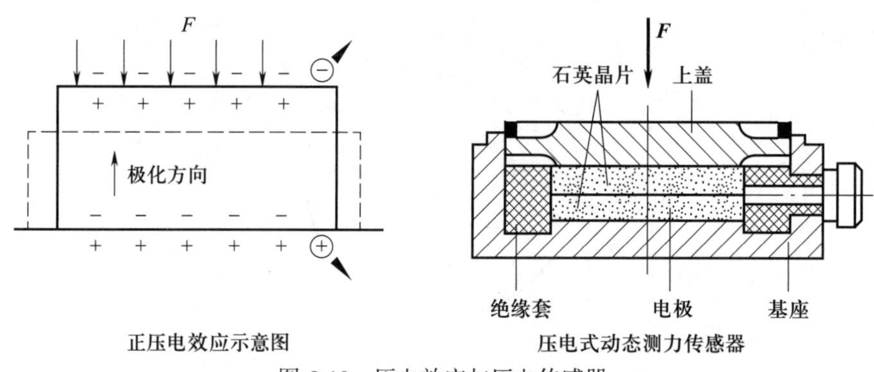

图 3.10　压电效应与压电传感器

3.2.2　电容式传感器

电容式传感器是以各种类型的电容器作为传感元件，将被测物理量转换为电容变化量的一种转换装置，实际上就是一个具有可变参数的电容器。电容式传感器广泛用于位移、角度、振动、速度、压力等力学量的测量。我们知道平板电容器的电容量为

$$C = \frac{\varepsilon_0 \varepsilon_{\mathrm{r}} A}{\delta} \tag{3.15}$$

式中：ε_0 为真空介电常数；ε_{r} 为板间介质的相对介电常数；A 为电极板面积；δ 为板间距离。

图 3.11 所示是一种简单的电容式压力传感器的示意图，在外压力作用下，张紧平膜片与球面电极之间的距离发生变化，从而导致它们之间的电容量发生变化，而这一变化可以很方便地通过电学方法测量，进而反求出外压力的数值。

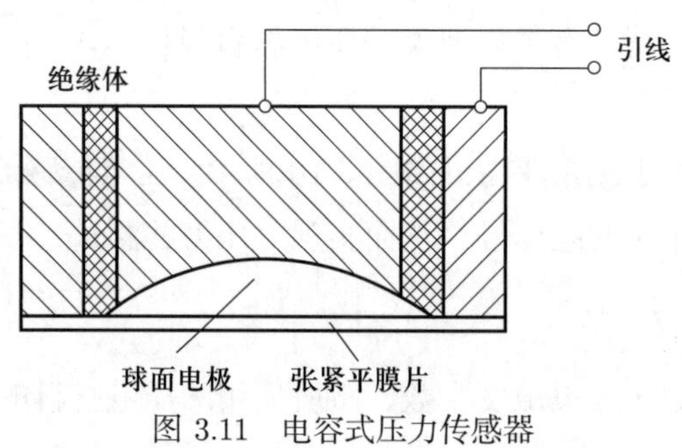

图 3.11　电容式压力传感器

电容式传感器有以下优点：温度稳定性好，结构简单，动态响应好，可以非接触测量且灵敏度高等。电容式传感器除了上述优点外，还因其带电极板间的静电引力很小，所需输入力和输入能量极小，故可测极低的力和很小的加速度、位移等，可以做得灵敏度高，分辨率高，能感应 0.01 μm 甚至更小的位移。由于其空气等介质损耗小，采用差动结构并接成电桥式时产生的零残极小，因此允许电路进行高倍率放大，使仪器具有很高的灵敏度。

电路中的寄生电容对电容式传感器影响很大。电容式传感器的初始电容量很小，而连

接传感器和电子线路的引线电缆电容、电子线路的杂散电容以及电容极板与周围导体构成的电容等寄生电容的电容量却较大。寄生电容的存在不但降低了测量灵敏度，而且引起非线性输出。由于寄生电容是随机变化的，因而使传感器处于不稳定的工作状态，影响测量准确度。

3.2.3 电涡流位移传感器

电浴流位移传感器的工作原理基于法拉第的电磁感应定律，如图 3.12 所示。其工作原理简述如下：当给线圈通入正弦交变电流 i，因为电流 i 的变化，线圈周围产生了一个正弦交变磁场 H。当金属材质的被测物放置在该磁场内时，在被测物体的表面会产生电涡流 i_c，电涡流 i_c 也会产生一个交变的磁场 H_c，且磁场 H_c 与磁场 H 的方向相反。由于磁场 H_c 的反作用，抵消了部分原磁场 H 的作用，导致线圈的阻抗 Z 发生变化。电涡流的大小与被测目标板的电阻率 ρ、磁导率 μ、目标板厚度 t、线圈的激励频率 f，以及线圈与目标板之间的距离 x 等参数有关。如果控制 ρ、μ、t、f 和 x 中的任意参数，并且保证其他参数不变，就可以构成测量该变化参数的传感器。若改变线圈与被测目标板之间的距离 x，保持 ρ、μ、t 和 f 参数不变，就可以构成电涡流位移传感器。

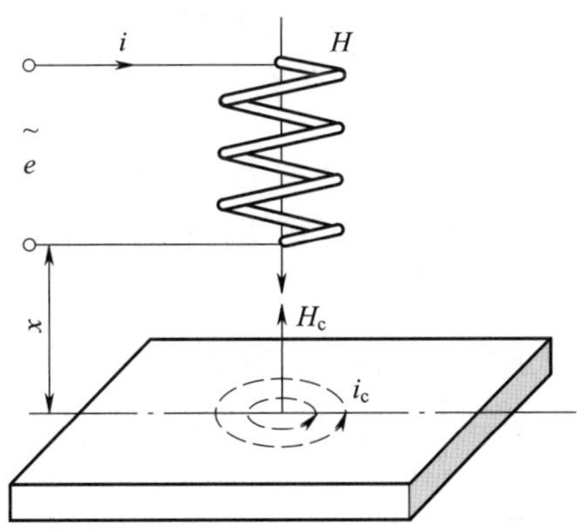

图 3.12 电涡流传感器的工作原理示意图

3.2.4 振弦式传感器

振弦式传感器是以拉紧的金属弦作为敏感元件的谐振式传感器。金属丝在一定的拉力下具有一定的自振频率。随着应力的变化，其自振频率也跟着变化。而其自振频率跟应力具有确定的数学关系。所以，通过测量金属弦的固有频率就可以换算得到其承受的应力。

振弦式传感器输出的是频率信号，不需要 A/D 或 D/A 转换，抗干扰能力强，能够远距离传输；稳定性、重复性较好，结构简单，寿命长，灵敏度高，因此被广泛应用于大坝、桥梁、公路等对力、位移和裂缝的检测。

图 3.13 所示为振弦式传感器的等效物理模型。

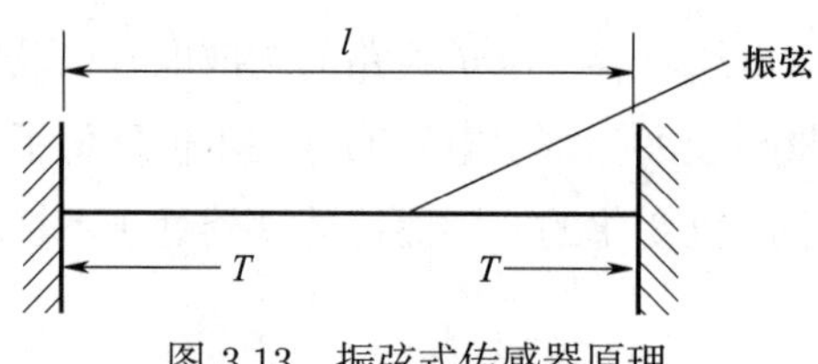

图 3.13 振弦式传感器原理

金属的自振频率公式为

$$f=\frac{1}{2l}\sqrt{\frac{T}{\rho_{\mathrm{s}}}} \tag{3.16}$$

式中：f 为金属弦的自振频率；l 为金属弦的长度；ρ_{s} 为金属弦的线密度；T 为金属弦所受的张力。其中

$$T=\sigma s,\quad \rho_{\mathrm{v}}=\rho_{\mathrm{s}}s,\quad \sigma=\frac{E\Delta l}{l} \tag{3.17}$$

式中：σ 为金属弦所受的应力；s 为金属弦的横截面面积；ρ_{v} 为金属弦的体密度；E 为金属弦的弹性模量：Δl 为金属弦的长度增量。

将式 (3.16) 代入式 (3.17)，得

$$f=\frac{1}{2l}\sqrt{\frac{E\Delta l}{l\rho_{\mathrm{v}}}} \tag{3.18}$$

由上式可看出，当传感器确定之后，弦长 l、弹性模量 E、弦的体密度 ρ_{v} 都为常量。外力变化引起的弦长度增量 Δl 与弦的自振频率存在着确定的关系式。而弦的自振频率可以通过电学方法进行精确测量。

本章简要介绍了几种典型的力学量传感器测试技术，由于篇幅所限，每种测量技术都只做了简要概述，如希望深入了解相关技术，可参阅专门的书籍。

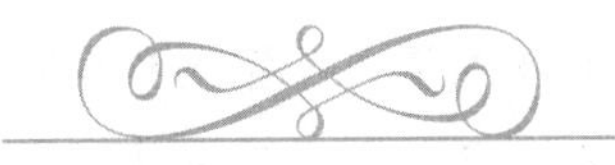

第 4 章 光学基础知识

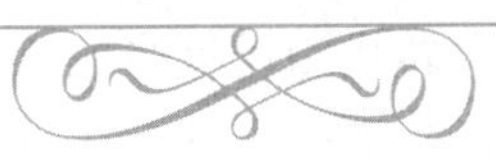

基于光学信息的变形和位移测量也是广泛应用的测量方式。光学测量往往还具有非接触测量的特点，随着光电科技、机器视觉等技术的发展，基于光学信息的实验力学方法越来越受到重视。本章对光学基础知识进行简单介绍。

4.1 光波

光是一种物质形态，是可见的能量辐射。解释光的本质有两种理论：波动理论和粒子理论（量子力学）。光的波动理论是菲涅耳（A. J. Fresnel）首先建立的，而麦克斯韦（J. C. Maxwell）的电磁理论进一步证明了光波是电磁波的一种，它可用两个相互垂直并且都垂直于波的传播轴的矢量来描述。这两个波矢量分别是电矢量 $\boldsymbol{E}$ 和磁矢量 $\boldsymbol{H}$。波的振动方向与传播方向相互垂直，所以光波是横波（图 4.1）。光测实验力学所利用的大多数现象，包括反射、折射、干涉和偏振等，都可以通过波动理论来预测和解释。而量子模型认为：光是由称为光子的能量束组成的，光子的产生和表现可以由统计力学来预测；光子具有波和粒子特性。利用光的粒子理论可以解释如光电效应、激光和摄影等现象。

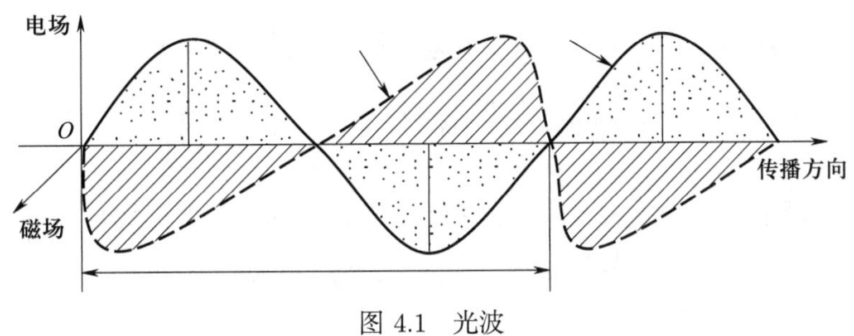

图 4.1　光波

4.2 光波的共线干涉

干涉与衍射是光学测量方法的两大基石，光测实验力学方法中的光弹性、散斑干涉和云纹干涉等都可以应用干涉理论来解释；而云纹干涉的条纹与激光散斑的形成则需要通过衍射理论来解释。

人的眼睛和所有其他感光元件都无法直接感知可见光频段的高频振动，只能检测较长时间尺度上的平均光强，而对光波相位信息的感知能力则更为有限。然而通过干涉的方式就可将人们不能直接感受到的相位差转化为可见光的强度变化。尽管大部分读者学习过波的干涉理论，但为了进一步理解光波干涉的概念，还是有必要首先来了解一下当两列能量相同的光波沿相同的轴线传播叠加到一起时所观察到的现象。

如图 4.2 所示，对于沿 z 轴传播的两列平面光波的电矢量（电矢量反映了光波的主要特性），假设它们有相同的振幅和偏振方向：

$$E_1 = A\cos\left[\frac{2\pi}{\lambda}(z - vt)\right] \tag{4.1}$$

$$E_2 = A\cos\left[\frac{2\pi}{\lambda}(z - vt - r)\right] \tag{4.2}$$

式中：A 为振幅；λ 为波长；v 为波速。

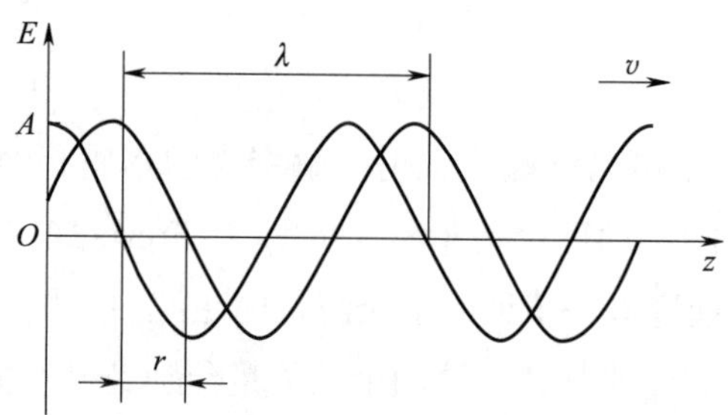

图 4.2 两列平面光波的电矢量

光波 E_2 在空间上滞后于第一列波 E_1 的距离为 r，其余参数与第一列波相同。这个滞后距离表现为两列波之间的相位延迟，即通常所说的光程差或者相位差，而它就是人们选择测量的量。

将这两列波的波动方程简单叠加，很容易得到合成波的电矢量

$$E_s = 2A\cos\left(\frac{\pi r}{\lambda}\right)\cos\left[\frac{2\pi}{\lambda}\left(z - vt - \frac{r}{2}\right)\right] \tag{4.3}$$

这是干涉测量中常见的形式，这一类等式通常看作具有如下形式：

$$电磁矢量 = 振幅 \times 波动方程$$

除了延迟项，式 (4.3) 的第二个余弦表达式可视为与式 (4.1) 表示的第一列波的波动方程具有相同的形式，相当于另一列光波，如图 4.3 所示。因此，式 (4.3) 的第一部分相当于波的振幅，它既包含了原来光波的振幅，也包含了取决于延迟项 r 和波长的余弦项。

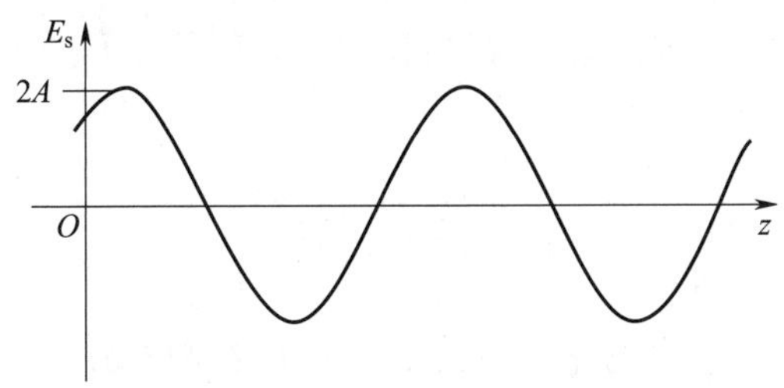

图 4.3 两列光波合成后的电矢量

这一结果表明，可以通过检测两列波叠加产生的振幅来测量延迟项 r。虽然不能直接测量一列光波的振幅，但可以利用眼睛、感光胶卷、光电池或数字相机来观察/记录（感应）光强 I_s。一般来说，光强大小与光波振幅的平方成正比，简记为

$$I_s = 4A^2 \cos^2\left(\frac{\pi r}{\lambda}\right) \tag{4.4}$$

可见，光强从 0 变化到 $I_{\max} = 4A^2$；图 4.4 所示为感应光强随延迟量 r 的变化曲线。

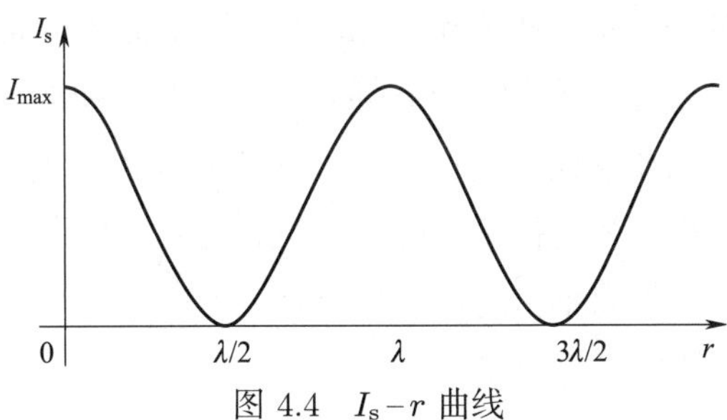

图 4.4 I_s−r 曲线

可以看出，如果两列初始光波以 $r = 0, \lambda, 2\lambda, \cdots$ 相叠加，那么感应到的光强将达到最大值；如果 $r = \lambda/2, 3\lambda/2, 5\lambda/2, \cdots$，那么感应光强为 0。因此，通过测量合成波的强度可以获得两列初始波的相位延迟，即通过光波的干涉可以将相位差的变化转化成光的强度变化，将不可见的转化成可见的，这个过程使干涉成为一种测量手段。

当然，实际测量时还有一个很有意义的问题，即对于测量到的每一个强度值，相位滞后 r 并不是单值的，它的可能值是波长的整数倍。因此需要用更多的步骤（比如数条纹级次或相移技术）来确定正确的相位值。

当光强和相位差的基本关系建立起来后，下一步的工作就是如何将这一想法应用于测量力学量，也就是如何将变形或材料的折射率变化转化成光程差。后续章节将针对不同的变形测量方法做详细的介绍。

4.3　光程差和干涉仪的基本结构

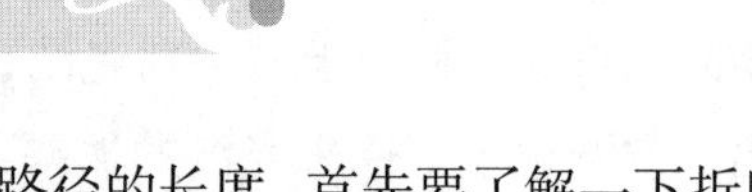

为了得到相位差，需要知道怎样描述光波传播路径的长度。首先要了解一下折射率，因为可以通过绝对折射率来理解光传播的路径长度与光程差之间的关系。绝对折射率（简称折射率）定义为

$$n_1 = \frac{\text{真空中的光速}}{\text{材料中的光速}}$$

正如人们所知道的，真空中的光速最大（约等于 3×10^8 m/s），所以材料的折射率总是比 1 大。

出于测量的目的，常常用到光程和光程差的概念。所谓光程，是指光在介质中经过的路程，数值上等于光以在真空中的速度在时间 T（光穿过介质所用的时间）内所能经过的路程的长度。根据上述概念显然有

$$\text{光程} = \text{光传播的物理长度} \times \text{折射率}$$

在实验力学测量中，人们感兴趣的是一个路程长度的变化或者两个路程长度的差别，这称为光程差（δ），光程差是引起相位滞后的原因。

如图 4.5 所示，两列光波都在折射率为 n_0 的介质中传播且同时离开起点线。但第二列波中途穿过一块折射率为 n_1、厚度为 d 的透明平板。第一列波从起点出发后，在时刻 t_1 到达 A 点。而此刻，第二列波仅仅到达 B 点，因为它在经过平板时耽误了一段时间。第二列波滞后于第一列波的距离即为光程差，也称为绝对延迟（R）。因为只需要考虑速度、时间和位移，光程差的计算变得简单。光程差是距离 d 和第一列波在第二列波穿过介质平板所需的时间里传播的距离之差。结果是

$$\delta = \left(\frac{n_1 - n_0}{n_0}\right) d \tag{4.5}$$

这一方法的好处是它自动纠正了传播介质的影响，这一因素可能不能通过直接计算来直观地观察到。显然，无论是折射率的变化还是距离 d 的变化，都将产生光程差。

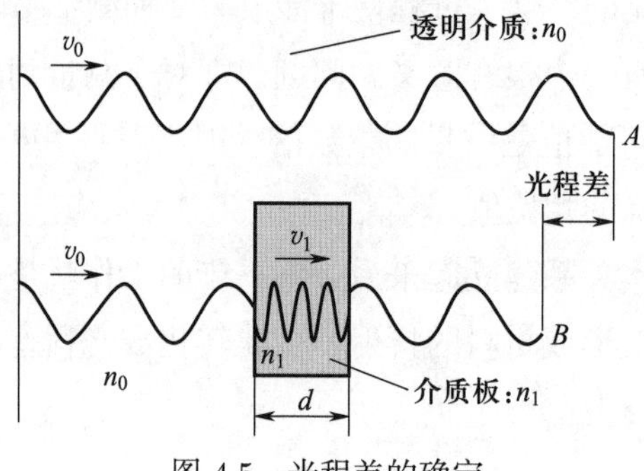

图 4.5　光程差的确定

需要说明的是，经常用来成像的凸透镜具有等光程性。即从垂直于入射平行光束的任意平面算起直到（副）焦点，各条光线都具有相等的光程，如图 4.6a、b 所示。

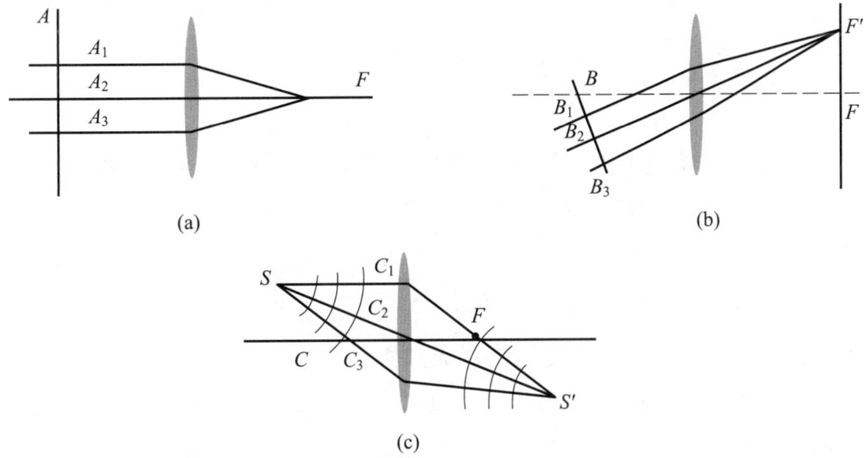

图 4.6 凸透镜的等光程原理［图 (c) 中点光源 S 与其像点 S' 之间的光线都是等光程的］

实验力学中的光学测量方法大都基于干涉来测量光程差，例外的是几何云纹法和数字图像相关法等。

测量光程差的干涉仪工作流程如图 4.7 所示。

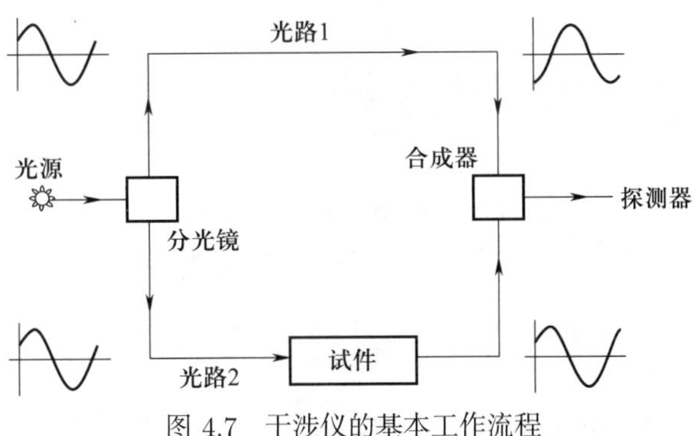

图 4.7 干涉仪的基本工作流程

这一模型展示了干涉测量方法中常见的必要元件，即干涉仪装置中以某种形式出现的设备。因为两条路径中的光波必须能够干涉，所以它们必须来自同一个光源。分光镜将两列波分开，两列波就沿着不同的路径传播，其中一条路径或者两条路径上可能会有各种光学元件或者物体，也就是需要测量的试件。在光路的末端，两列波就有了不同的相位，因为产生了光程差。需要某种合成器将两列波合到一起，使它们发生干涉。如前所述，干涉产生了光强的变化，所以光强是光程差的函数。因此，加上能够探测光强的设备就构成了完整的干涉仪装置。

需要再次强调的是，光测力学中干涉测量的思想就是测量两条光路长度之差。实验时，我们可使其中一条光路恒定不变（如第 6 章的全息干涉测量光路），并将其称为参考光路。然后把待测变量引入第二条光路，在变化前和变化后测量光强。将变化前的光强减去变化后的光强，就得到第二条光路光程的变化。在某些时候，也可以让两条光路都变化来进行测量（如第 7 章散斑干涉法测量面内变形)。

4.4　干涉条纹

前面只考虑了两列波相干涉的情形，意味着只能获得试件上一小区域的光程差，也就是说测量是逐点的。在普通干涉仪的“点”光源附近添加一个扩束器和准直镜产生一束平行光，或者在分光镜后使用两个光束扩展器。合成器则将宽光束合成产生一幅光场强度图，这幅图显示了由局部光程差产生的局部光强。若使用照相机之类的设备记录并显示光强度图像，就可以产生与全场位移或应变有关的条纹图。

一般情况下，光程差是随机分布的，所以全场干涉图案是由亮点、灰点和暗点组成的随机图案，和激光散斑（见 4.11 小节介绍）图案一样。但如果光程差是由类似于固体变形的空间连续过程产生的，那么所有具有相同光程差的点将连接起来产生连续分布的等光强斑图案（是否等光强，取决于照明光强和被测物面的反射率是否皆均匀一致)，这样一系列的明（暗）光斑带称为条纹（fringe)，即干涉条纹是等光程差的点集。一个典型的干涉条纹图，包含数个这样的点集，称为条纹图案（fringe pattern)。

4.5　双光束斜射干涉条纹特征

许多形式的干涉，包括云纹干涉（见第 8 章）都是基于两列光波成一个小角度的干涉。另外，全息图（见第 6 章）记录其实是双光束干涉产生的高密度光栅。下面描述产生一个简单的全息图（即平面的全息图）的过程对干涉条纹的分析，与第 8 章几何云纹条纹公式的推导大致相同。

如图 4.8 所示，两束平面相干光源（即振动频率、偏振状态、初相位相同）以水平面为对称面汇聚到一起。为讨论简便起见，这里仅考虑二维问题，即看到的只是纸平面内的横截面图。由图 4.8 不难看出，当两列光束的波阵面峰值（正弦波的最大值）相交时，将产生一个亮点，两个波阵面最小值相交时也会出现同样的情形。

取两亮点的水平距离为 d_h，竖直距离为 d_v，见图 4.8 中右下方放大的菱形 $ABCD$ 的简图。利用简单的三角函数关系可得

$$d_\mathrm{h}=\frac{\lambda}{2\cos\dfrac{\psi}{2}} \tag{4.6}$$

$$d_\mathrm{v}=\frac{\lambda}{2\sin\dfrac{\psi}{2}} \tag{4.7}$$

为了进一步理解这个结果的物理意义，考虑两束光交角 ψ 很小的情形，差不多 2° 的级别。亮斑的水平距离大约为半个波长，意味着它太小而难以分辨。另一方面，竖直距离接近波长的 30 倍（大约 0.018 mm，以 He–Ne 激光的 633 nm 波长为参考），这个距离可以被照相胶卷和高分辨率的设备分辨。在更小的 ψ 角度下，竖直距离可以直接用眼睛观察。如图 4.8 所示，若放一个光屏或者照相胶卷于两光波交集重叠区，屏上将会产生交替的亮暗线图案（干涉条纹），干涉条纹是光程差的等值线（点集）。更精确的分析表明，任何横截面上的振幅都是按正弦规律变化的。如果两列光束间的光程差发生变化，那么条纹在空间的位置将发生变化；当光束之间的夹角发生变化时，条纹的距离将发生变化。如果一束光的相位关系变化（比如弯曲波阵面），那么条纹将发生弯曲。这些干涉特性在定量干涉计量中非常重要。

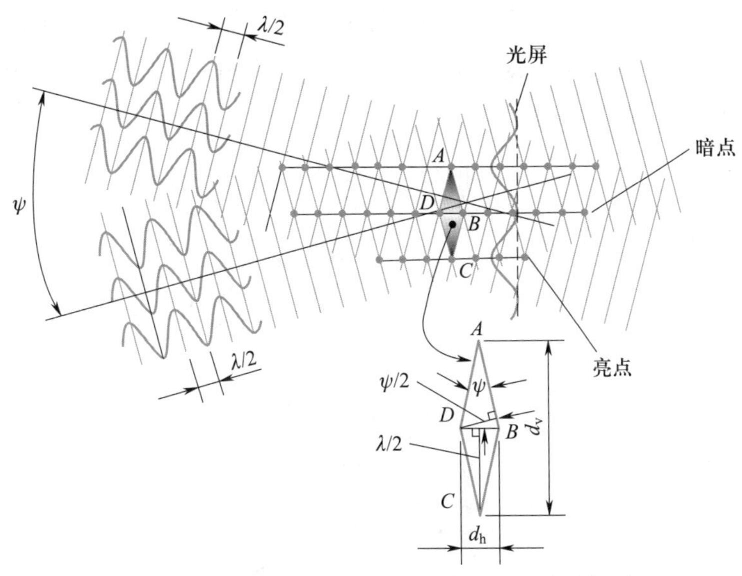

图 4.8　两束平行光斜射时干涉条纹的形成示意图

4.6　光的衍射

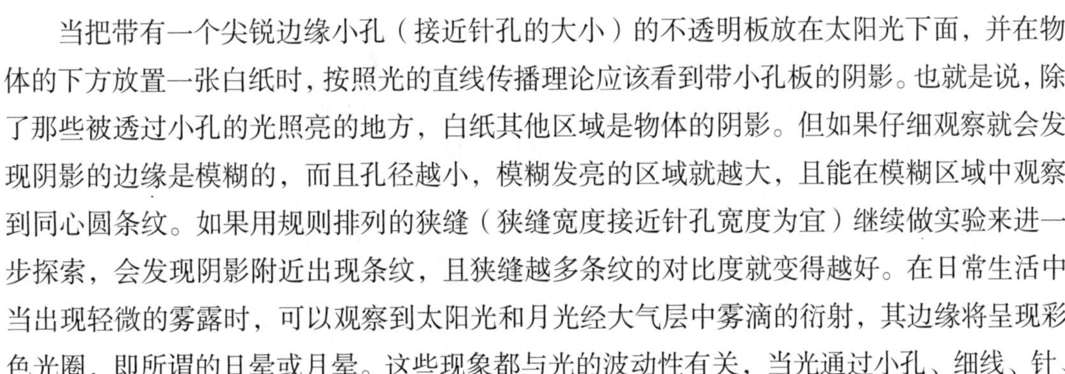

当把带有一个尖锐边缘小孔（接近针孔的大小）的不透明板放在太阳光下面，并在物体的下方放置一张白纸时，按照光的直线传播理论应该看到带小孔板的阴影。也就是说，除了那些被透过小孔的光照亮的地方，白纸其他区域是物体的阴影。但如果仔细观察就会发现阴影的边缘是模糊的，而且孔径越小，模糊发亮的区域就越大，且能在模糊区域中观察到同心圆条纹。如果用规则排列的狭缝（狭缝宽度接近针孔宽度为宜）继续做实验来进一步探索，会发现阴影附近出现条纹，且狭缝越多条纹的对比度就变得越好。在日常生活中当出现轻微的雾露时，可以观察到太阳光和月光经大气层中雾滴的衍射，其边缘将呈现彩色光圈，即所谓的日晕或月晕。这些现象都与光的波动性有关，当光通过小孔、细线、针、毛发时，光波会显著地发生偏离直线传播的衍射现象。

早在 1687 年惠更斯（C. Huygens）提出假设：被照亮的小孔可以用一组点光源代替来解释衍射现象，如图 4.9 所示。这一等价的问题于 19 世纪初被菲涅耳和夫朗禾费（J. Fraunhofer）从理论形式上正确地解决了。尽管并不是所有的现象都得到了解释，但菲涅耳半波带法能够有效解释小孔衍射时产生的现象。物理学中通常把光波的衍射现象分为两类，即菲涅耳衍射和夫朗禾费衍射（图 4.10）。菲涅耳衍射是指入射光与衍射光不都是平行光的衍射，而夫朗禾费衍射则是指入射光与衍射光都是平行光的情形。惠更斯－菲涅耳－夫朗禾费方法至今仍然有用，因为它提供了一种简单的方法使衍射现象形象化。而衍射问题的严密解答由基尔霍夫（G. Kirchhoff）于 1882 年完成，他把它当作一个边界条件问题，并引进了几个严格的简化假设。科特勒（F. Kottler）和索摩菲尔德（A. Sommerfield）使用瑞利（J. W. Strutt）提出的数学理论来提炼、扩展并纠正了基尔霍夫简洁的分析，这些解答包含了菲涅耳和夫朗禾费早期提出的一些思想。有兴趣的读者可以查阅光学专业的理论书籍，了解衍射的数学物理解答。

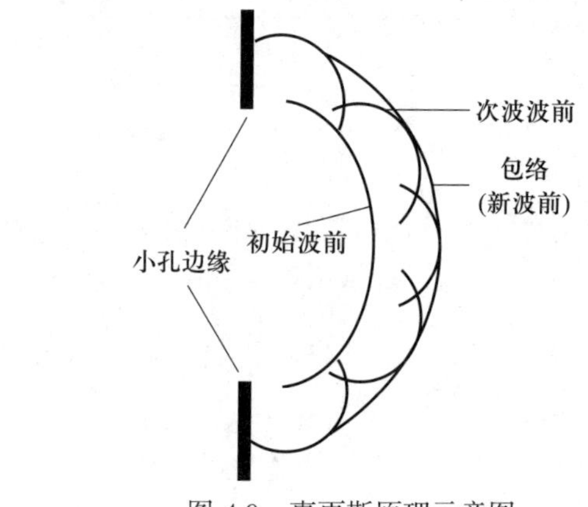

图 4.9　惠更斯原理示意图

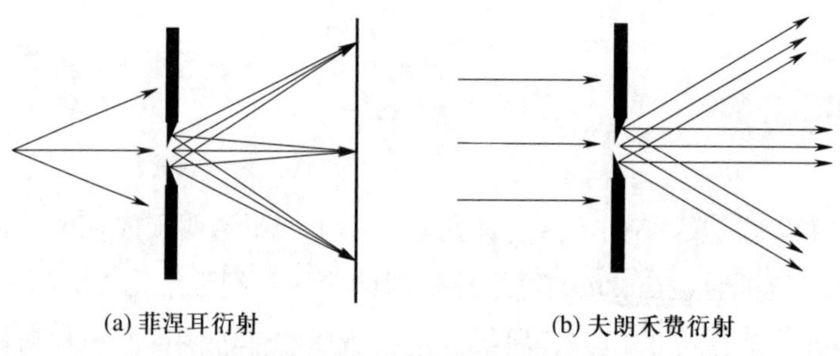

图 4.10　光波的衍射现象

衍射现象对于光学仪器的使用（包括电子显微镜）具有重要的意义，比如对望远镜、显微镜的放大倍率与分辨率之间关系的理解。衍射理论同样有助于实验力学工作者理解几何云纹、云纹干涉、散斑干涉、全息干涉等光学方法的应用范围和测量条件。

4.7 光的偏振

普通光源发出的光波通常为自然光，特点是：其横波振动是杂乱无章的，在垂直于光传播方向的平面内沿任意方向振动的概率都是相同的，因而不表现出方向性。一束自然光可以看成是由无数方位上不同振幅的振动所组成的，可以表示为很多不同方位的光矢量的组合，而且是均匀对称的。如太阳光、灯光等都是自然光。一束光波在垂直于传播方向的平面内作有规则的振动，则称为偏振光。偏振光的特性是由光矢量的运动轨迹来确定的。如果光矢量的方位保持不变，光波只在某个平面内振动，则为平面偏振光或线偏振光，图 4.11 所示为在 y 方向偏振的平面偏振光 (指电矢量)。如果光矢量的方位等速变化，而其振幅保持恒定，则光矢量端点运动轨迹的投影为圆。当一个质点按圆的轨迹运动，在其传播轴 z 的方向上将形成一个圆柱螺旋线向前传播，这种光波称为圆偏振光。如果圆偏振光通过检偏器，旋转检偏器则在接受屏上所观测到的光强不随检偏器的转动而改变，这与自然光通过旋转的检偏器观测到的现象相同。

如果要将普通光变成偏振光，一般需要利用偏振片来实现。偏振片也称为起偏器或检偏器，其作用是只允许光波振动方向和偏振轴一致的光矢量通过，而垂直于偏振轴方向振动的光矢量或光矢量的分量则被偏振片所吸收或阻挡。因此，当一束圆偏振光通过偏振片以后，便可以获得和偏振轴方向一致的平面偏振光（图 4.11）。

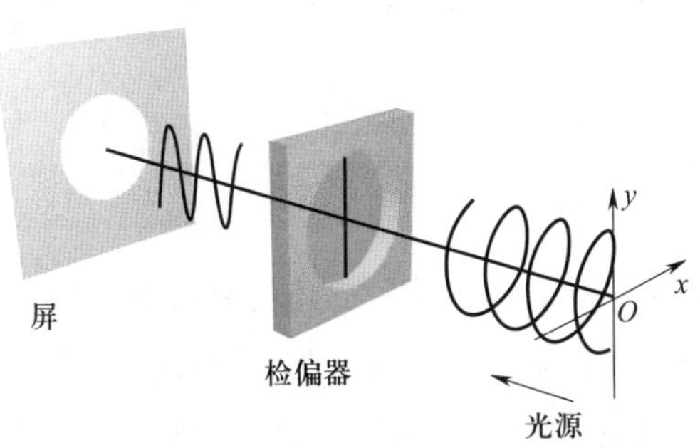

图 4.11　由圆偏振光经检偏器形成平面偏振光

对于光波的干涉需要满足以下条件：光振动的频率相同，振动方向相同，相位相同或相位差保持恒定。因此光测力学方法进行干涉测量时都需要用偏振光源，或者需要将自然光变成偏振光，如经典的光测弹性力学方法（见第 5 章）就是如此。

4.8 双折射

当一束光入射某些晶体后，出射时成为两束光，这种现象称为双折射现象（图 4.12）。有些材料，如方解石、石英、云母，天然就存在双折射现象，称为永久双折射。具有双折射的晶体存在一个特殊的方向，当光线在晶体内沿着这个方向传播时，不发生双折射，这个特殊的方向称为晶体的光轴。发生双折射时两束光具有以下特征：① 其中一束光遵循折射定律，称为寻常光，用字母 o 表示；另一束光不遵循折射定律，称为非常光，用字母 e 表示；② 两束光都是偏振光且两束光的光矢量振动方向互相垂直；③ 两束光通过晶体时速度各不相同。在方解石中，e 光比 o 光快，此类晶体称为负晶体；在石英中，o 光比 e 光快，此类晶体称为正晶体。

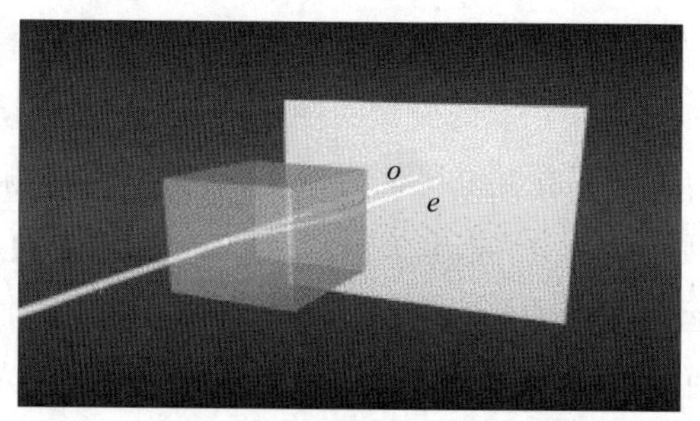

图 4.12　双折射现象示意图

一些非晶体的透明材料，如玻璃、环氧树脂等在外力作用下会出现类似于双折射晶体一样的双折射效应，表现为当偏振光通过受力物体时，会沿着相互垂直的主应力方向分解成两束偏振光，且传播速度不同。这种效应随应力的存在而存在，并随应力的消失而消失，故称为暂时双折射或人工双折射效应。第 5 章的光弹性应力测试与分析技术，就是利用材料的人工双折射现象对结构模型的应力进行测量与分析。

4.9　凸透镜

凸透镜除了具有我们熟知的成像功能外，还具有傅里叶变换的特性，是光学信息处理的重要元件。利用透镜前后焦面上光场分布互为傅里叶变换的关系，可以分析各种图像的空间频谱，并对图像进行识别和分类。利用透镜的傅里叶变换性质经空间滤波，可以使一个光学系统具有数学模拟运算能力，被称为“光计算机”。

利用凸透镜后焦面上显示物的夫朗禾费衍射图样的有趣事实，以及在透镜的前后焦面上光场振幅互为傅里叶变换的关系，可用纯光学方法十分方便地实现在数学上烦琐的二维傅里叶积分运算。将信息论中的滤波概念引入光学中，不仅可以分析物的空间频谱，还可以通过滤波达到综合性目的。与时间函数的频谱可按某种方式来改变一样，通过改变物函数空间频谱的方法可以改变物的信息含量。这种傅里叶综合在近代光学中已取得重要进展的应用包括：泽尔尼克相衬显微镜、光学匹配滤波器、合成孔径雷达数据的光学处理、各种图像增强技术、模糊图像恢复等。

4.10 激光

激光（laser）一词由受激辐射引起光放大（light amplification by stimulated emission of radiation）首字母组成，激光与普通光源所发出的非相干光有很大不同，主要有如下三个优点。

（1）方向性好。从激光器射出的激光束基本上是沿轴向传播的，即激光束的发散角很小。除了半导体激光器、氮分子激光器等少数几种激光器外，激光束的发散角约为 10^{-3} rad 量级。一般光源却是在 2π 立体角（面光源）和 4π 立体角（点光源）中发射的，它们比激光束的立体角大 10^6 倍。所以普通光源向四面八方发散，方向性很差；而激光束却有很好的方向性，将能量集中在很小的立体角中。

（2）相干性好。包括时间和空间两个方面。激光的线宽很窄，例如一般的氦氖激光器每个模式的带宽约为 $\Delta v \approx 10^6$ Hz，而稳频激光器则为 $\Delta v \approx 10^4$ Hz。Δv 较小的光束有高的时间相干性，即有长的相干时间和相干长度，如当 $\Delta v \approx 10^6$ Hz 时，相干时间为 10^{-6} s，而相干长度为 300 m。普通光源所发的光分属众多的模式，所以只有一定范围空间中的光子才相干。因此要用相干面积来描述光束的空间相干性。激光光子属于同一模式（或少数几个模式），而每个模式中的光子是相干的，所以在激光束截面上各点的光子应是相干的。若有几个模式同时存在，则光束中每个模式的诸光子是相干的，其中单模激光器有完全的空间相干性。

（3）激光的高亮度。因为激光束的方向性好，它发射的能量被限制在很小的区域 $\Delta\Omega$ 内，且线宽很窄，能量被压缩在很窄的带宽 Δv 内，这使得激光的光谱亮度比普通光源高很多。

4.11 激光散斑

当激光或相干光照射到随机微小起伏的表面时（如投影屏幕），留意观察此时的屏幕会发现其表面有许多细小的亮点和暗点。这些明暗的斑点称为散斑，眼睛看到或相机记录所有散斑组成的图像称为散斑图（图 4.13a）。散斑形成的一般解释是这样的：当激光照射在高度起伏超过 1 个光波波长的粗糙表面时，激光受到漫射面无数小点的散射，这些无数微小的散射光点可以当作新的相干点源，它们发出的相关子波在物体表面和空间彼此干涉形成亮点和暗点（图 4.13b）。由于漫射相干子波间的相位差是随机分布的，因而其干涉所形成的散斑空间分布也是随机的。另外，根据统计分析结果，散斑图的信噪比为 1。

散斑可分为客观散斑（objective）和主观（subjective）或像面散斑两种。所谓客观散斑，就是直接由漫射面的散射光在空间距漫射面 z 处 (接收屏) 形成的散斑，如图 4.14a 所示。注意，在漫射面和接收屏之间没有任何成像系统。

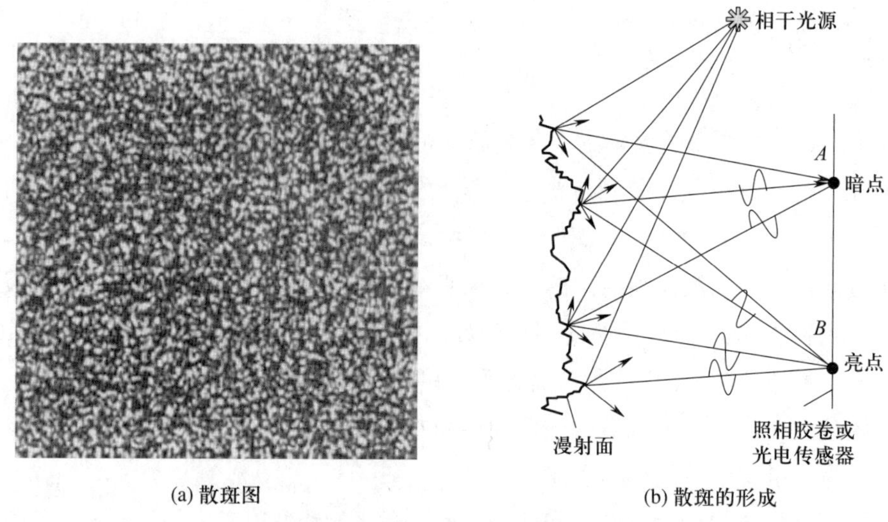

(a) 散斑图　　(b) 散斑的形成

图 4.13　散斑图及其形成原理

根据式 (4.7)，图 4.14a 中自漫射面两个边缘点的散射光在 P 点处干涉形成的条纹间距可看作该点的最小散斑颗粒大小 d_{o}，则有

$$d_{\mathrm{o}} = \frac{\lambda}{2\sin\dfrac{\theta_{\max}}{2}} = \frac{\lambda z}{L} \tag{4.8}$$

式中：$\theta_{\max}$ 为来自漫射面两个边缘点散射光与 P 点的夹角；λ 为光波波长。

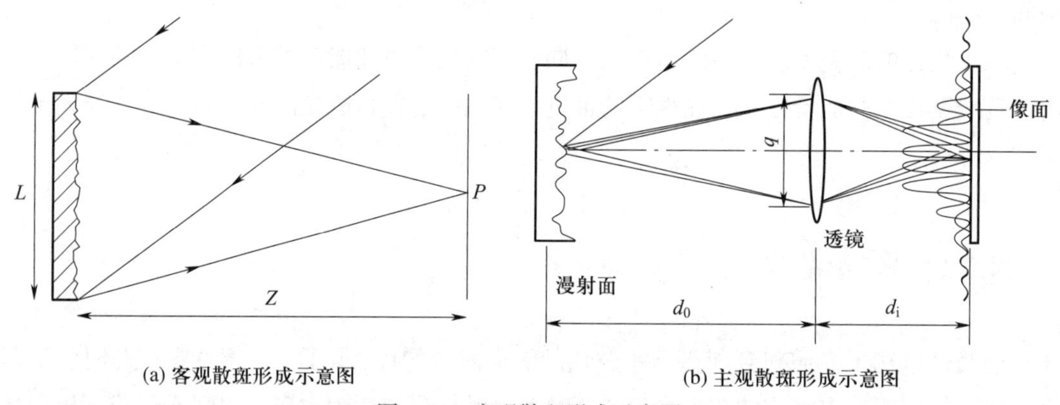

(a) 客观散斑形成示意图　　(b) 主观散斑形成示意图

图 4.14　客观散斑形成示意图

主观散斑是通过成像系统如透镜或人眼对漫射面上散射点进行聚焦成像形成的，如图 4.14b 所示。同样利用式 (4.7) 计算斜入射干涉时像面上的条纹间距，即最小散斑颗粒大小 d_{s} 为

$$d_{\mathrm{s}} = \frac{\lambda d_{\mathrm{i}}}{a} \tag{4.9}$$

在实验中，像距 d_{i} 与透镜的焦距 F 相差很小，因此式 (4.9) 可以进一步改写为

$$d_{\mathrm{s}} = \frac{\lambda F}{a} = \lambda f \tag{4.10}$$

式中：f 为成像镜头的焦距与光圈（或入射光阑）大小的比值。

另外，根据凸透镜成像公式

$$\frac{1}{d_\mathrm{o}}+\frac{1}{d_\mathrm{i}}=\frac{1}{F} \tag{4.11}$$

及成像放大率 M 定义式

$$M=\frac{d_\mathrm{i}}{d_\mathrm{o}} \tag{4.12}$$

式 (4.10) 可以写成

$$d_\mathrm{s}=\frac{\lambda F(1+M)}{a}=\lambda f(1+M) \tag{4.13}$$

式 (4.8) 与式 (4.13) 只是根据干涉理论计算客观和主观散斑颗粒的最小尺寸，而根据统计光学的计算可知，客观与主观（像面）散斑的平均大小分别为

$$d_\mathrm{o}\approx\frac{1.2\lambda z}{L} \tag{4.14}$$

和

$$d_\mathrm{s}\approx 1.2\lambda f(1+M) \tag{4.15}$$

散斑最初是作为一种全息图的噪声来研究并予以消除的，随着激光器的诞生，散斑干涉技术逐渐开始引起人们的关注。散斑干涉法的基本原理在 1970 年由利恩德茨（J. A. Leendertz）首先建立，由于散斑照相对防振措施要求较低，灵敏度略逊于全息术，而且对物体表面无太多的特殊要求，较能适应恶劣环境下的测量，因而应用研究发展较快。1971 年巴特斯（J. N. Butters) 和利恩德茨首先应用电子视频技术及存储器取代全息干板记录散斑场的光强信息，使散斑干涉技术成为科研及工程上的测量工具，并逐步发展成为现在普遍使用的电子散斑干涉技术（详见第 7 章）。

习题

4.1 试分析激光与相控阵光源的关联性。

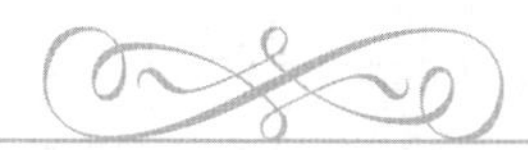

第 5 章 光弹性法

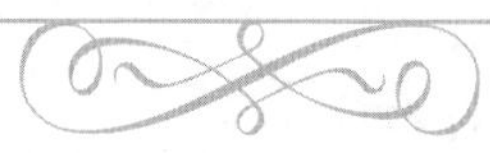

物理学家布鲁斯特（Brewster）在 1816 年最早发现了人工双折射（artificial birefringence）现象，奠定了光弹性法的物理基础。他观察到原本光学各向同性的玻璃板受力时会变成光学各向异性，在偏振光场下产生双折射现象，而这种双折射现象随着应力的解除而消失，故称为人工双折射或暂时双折射（temporary birefringence）现象。在 19 世纪中叶，纽曼（1841 年）和麦克斯韦（1853 年）分别通过实验得出了应力与光学之间的定量关系，即应力光学定律（stress optical law），从而建立了光弹性法的理论基础。光弹性法经历了从透射到反射，从二维到三维，从静态到动态，从常规光弹性法到数字光弹性法的发展过程，已逐渐成为一种研究和解决复杂工程力学问题中内部应力场分布的应力分析方法。

5.1 光弹性法的基本原理

5.1.1 应力光学定律

纽曼和麦克斯韦分别发现在三向应力状态下，非晶体透明物体中任意点产生光学各向异性或暂时双折射现象的折射率椭球的主轴方向，与应力椭球的主应力方向重合，且折射率的变化与载荷成正比。于是，对于线弹性材料，在主轴坐标系下折射率张量 $\boldsymbol{N}$ 的变化就和应力张量 $\boldsymbol{\Sigma}$（或应变张量）成比例，从而利用琼斯（Jones）符号建立了主应力张量和主折射率张量之间的关系式

$$\boldsymbol{N} - n_0\boldsymbol{I} = \boldsymbol{C}\boldsymbol{\Sigma} \tag{5.1}$$

式中：折射率张量 $\boldsymbol{N}=\begin{bmatrix} n_1 & 0 & 0 \\ 0 & n_2 & 0 \\ 0 & 0 & n_3 \end{bmatrix}$，$n_1$、$n_2$、$n_3$ 为受力时材料沿主应力方向的主折射率；n_0 为未受力时材料的折射率，$\boldsymbol{I}$ 为单位矩阵；应力张量 $\boldsymbol{\Sigma}=\begin{bmatrix} \sigma_1 & 0 & 0 \\ 0 & \sigma_2 & 0 \\ 0 & 0 & \sigma_3 \end{bmatrix}$，$\sigma_1$、$\sigma_2$、$\sigma_3$ 为三个主应力；$\boldsymbol{C}=\begin{bmatrix} c_1 & c_2 & c_2 \\ c_2 & c_1 & c_2 \\ c_2 & c_2 & c_1 \end{bmatrix}$，$c_1$、$c_2$ 为材料常数，称为应力光学系数。式 (5.1) 即为应力和光学效应之间的关系，称为应力光学定律或麦克斯韦–纽曼方程。它是用光弹性法测定应力的理论基础。从式 (5.1) 中消去 n_0，得到

$$n_1-n_2=C\left(\sigma_1-\sigma_2\right) \tag{5.2}$$

$$n_2-n_3=C\left(\sigma_2-\sigma_3\right) \tag{5.3}$$

$$n_3-n_1=C\left(\sigma_3-\sigma_1\right) \tag{5.4}$$

式中：$C=c_1-c_2$，是相对应力光学系数，单位为布鲁斯特（1 布鲁斯特 $=10^{-12}\ \mathrm{m^2/N}$）。

对于在平面应力状态下厚度为 h 的平面光弹性模型，当一束平面偏振光沿模型的法向垂直入射时，由于双折射效应，光波将沿各点的主应力方向分解成两束偏振方向相互垂直、折射率不同的平面偏振光。由于这两束偏振光在模型内部的传播速度不同，通过模型后，将产生一个光程差

$$\delta=h(n_1-n_2) \tag{5.5}$$

根据式 (5.2)，上式可改写成

$$\delta=hC(\sigma_1-\sigma_2) \tag{5.6}$$

通常采用相位差 $\varDelta$ 表示更为方便，即

$$\varDelta=\frac{2\pi h}{\lambda}C(\sigma_1-\sigma_2) \tag{5.7}$$

式 (5.6) 和式 (5.7) 是平面光弹性法的应力光学定律。在实际应用中，式 (5.7) 通常表示成如下形式：

$$\sigma_1-\sigma_2=\frac{Nf_\sigma}{h} \tag{5.8}$$

式中：$N=\dfrac{\varDelta}{2\pi}$ 是用周期数表示的相位差；$f_\sigma=\dfrac{\lambda}{C}$ 是材料的应力条纹值，简称材料条纹值，它表明单位模型厚度内条纹级数产生单位改变时所需的主应力差。

由式 (5.8) 可以看出，如果 f_σ 作为材料常数已通过校准的方法测定，当 N 被测定后，那么平面模型的主应力差即可唯一确定。因此，光弹性法实际上就是通过偏振光场来测定

模型中每一点的相位差或 N 值。

5.1.2　平面光弹性仪

平面光弹性仪是用来测量偏振光通过受力光弹性模型时产生的光程差或相位差的一种仪器。根据入射的偏振光的不同分为两类，即平面偏振光弹性仪和圆偏振光弹性仪。

1. 平面偏振光弹性仪

平面偏振光场是光弹性仪中最简单、最基本的光路布置。如图 5.1 所示，它主要由光源和两个偏振片组成。靠近光源的偏振片称为起偏镜，用 P 代表。另一块偏振片称为检偏镜或分析镜，用 A 代表。平面光弹性模型置于两个偏振片之间，用 M 代表。

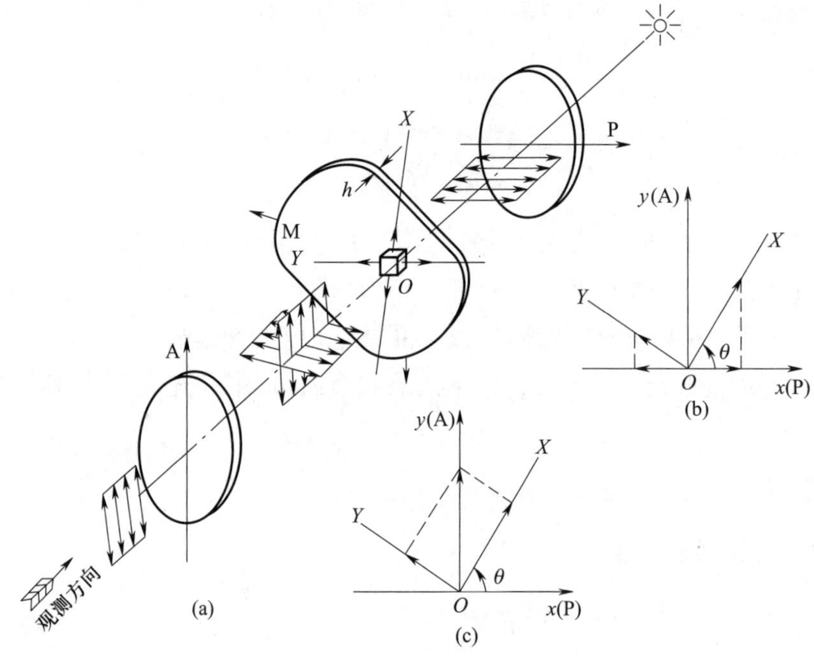

图 5.1　平面偏振光场光路图

若采用琼斯矢量表示光轴沿 z 轴方向的平面偏振光，考虑入射光源为光强为 E 的单色光的情况，则其在 Oxy 平面的光矢量为

$$\boldsymbol{E}_0=\begin{bmatrix}E\cos\varphi_x\\E\cos\varphi_y\end{bmatrix}\mathrm{e}^{-\mathrm{i}(\omega t-kz)}\tag{5.9}$$

式中：ω 为光波的圆频率；φ_x 和 φ_y 分别为偏振方向与 x 和 y 轴的夹角；k 为波数。

若只考虑起偏镜 P 的偏振轴沿 x 轴方向，则其平面偏振光矢量为

$$\boldsymbol{E}_{\mathrm{P}}=\begin{bmatrix}E\\0\end{bmatrix}\mathrm{e}^{-\mathrm{i}(\omega t-kz)}\tag{5.10}$$

若检偏镜 A 的偏振轴沿 y 轴方向，则其平面偏振光矢量为

$$\boldsymbol{E}_{\mathrm{A}}=\begin{bmatrix}0\\E\end{bmatrix}\mathrm{e}^{-\mathrm{i}(\omega t-kz)} \tag{5.11}$$

这时，检偏镜与起偏镜的偏振轴正交，$\boldsymbol{E}_{\mathrm{A}}\cdot\boldsymbol{E}_{\mathrm{P}}=\mathbf{0}$，则没有光通过，称为正交平面偏振光场或暗场。若模型中没有应力，观察到的是暗场。若统一写成琼斯矩阵的形式，其对应的偏振方向分别为

$$\boldsymbol{J}_{\mathrm{P}}=\begin{bmatrix}1&0\\0&0\end{bmatrix},\quad \boldsymbol{J}_{\mathrm{A}}=\begin{bmatrix}0&0\\0&1\end{bmatrix} \tag{5.12}$$

若设受力模型中 O 点的应力主轴（主应力方向）为 X、Y 轴，其中 X 轴与 x 轴之间的夹角为 θ，光波分别沿主应力方向分解为两个互相垂直偏振的光矢量，且相位改变分别为 δ_1 和 δ_2，则光矢量偏振复振幅的琼斯矩阵为

$$\boldsymbol{J}_{\mathrm{M}}=\begin{bmatrix}\cos\theta&-\sin\theta\\\sin\theta&\cos\theta\end{bmatrix}\cdot\begin{bmatrix}\mathrm{e}^{\mathrm{i}\delta_1}&0\\0&\mathrm{e}^{\mathrm{i}\delta_2}\end{bmatrix}\cdot\begin{bmatrix}\cos\theta&\sin\theta\\-\sin\theta&\cos\theta\end{bmatrix} \tag{5.13}$$

两者的相位差为 $\Delta=\delta_1-\delta_2$，则图 5.1 所示的平面偏振光场中经检偏镜出射光波的复振幅为

$$\boldsymbol{E}=\boldsymbol{J}_{\mathrm{A}}\cdot\boldsymbol{J}_{\mathrm{M}}\cdot\boldsymbol{J}_{\mathrm{P}}\cdot\boldsymbol{E}_0=\begin{bmatrix}0\\E\sin\theta\cos\theta(\mathrm{e}^{\mathrm{i}\delta_1}-\mathrm{e}^{\mathrm{i}\delta_2})\end{bmatrix}\mathrm{e}^{-\mathrm{i}(\omega t-kz)} \tag{5.14}$$

对应的光强为

$$I=E^2\sin^2(2\theta)\sin^2\left(\frac{\delta_1-\delta_2}{2}\right)=E^2\sin^2(2\theta)\sin^2\left(\frac{\Delta}{2}\right) \tag{5.15}$$

上式表明，产生消光的条件有两个：① 当 $\sin 2\theta=0$，即 $\theta=\dfrac{n\pi}{2}$ $(n=0,1,2,\cdots)$ 时，出现消光，产生的黑条纹称为等倾线；② 当 $\sin\dfrac{\Delta}{2}=0$，即 $\dfrac{\Delta}{2}=\dfrac{\pi\delta}{\lambda}=n\pi$ $(n=0,1,2,\cdots)$ 时，出现消光，产生的黑条纹称为等差线或等色线。其中等倾线是主应力的方向与检偏镜的偏振轴重合的那些点的轨迹。图 5.2a 所示为单色光场下的圆盘对径受压的光弹性条纹图。由式 (5.7)、式 (5.8) 和 $\dfrac{\Delta}{2}=n\pi$ 可以得出 $n=\dfrac{\Delta}{2\pi}=\dfrac{hC}{\lambda}(\sigma_1-\sigma_2)=\dfrac{h}{f_\sigma}(\sigma_1-\sigma_2)$，因此，等差线和主应力差相关，且等差线条纹图中出现的条纹级数 n 便是式 (5.8) 中的 N。确定 N 之后，便可计算出主应力差。

若平面偏振光场中检偏镜与起偏镜的偏振轴方向一致，即式 (5.12) 变为

$$\boldsymbol{J}_{\mathrm{P}}=\begin{bmatrix}1&0\\0&0\end{bmatrix},\quad \boldsymbol{J}_{\mathrm{A'}}=\begin{bmatrix}1&0\\0&0\end{bmatrix} \tag{5.16}$$

称为平行平面偏振光场或亮场，则经检偏镜出射光波的复振幅为

$$\boldsymbol{E}=\boldsymbol{J}_{\mathrm{A}'}\cdot\boldsymbol{J}_{\mathrm{M}}\cdot\boldsymbol{J}_{\mathrm{P}}\cdot\boldsymbol{E}_0=\begin{bmatrix}E\cos^2\theta\mathrm{e}^{\mathrm{i}\delta_1}-E\sin^2\theta\mathrm{e}^{\mathrm{i}\delta_2}\\0\end{bmatrix}\mathrm{e}^{-\mathrm{i}(\omega t-kz)}\tag{5.17}$$

对应的光强为

$$I=E^2\left[1-\sin^2(2\theta)\sin^2\left(\frac{\delta_1-\delta_2}{2}\right)\right]=E^2\left[1-\sin^2(2\theta)\sin^2\left(\frac{\varDelta}{2}\right)\right]\tag{5.18}$$

上式表明，暗场的黑条纹对应于亮场的白条纹。

若光源采用白光，主应力差刚好使某一特定波长的光产生消光的那些区域，就形成了它的补色条纹，于是在观察屏上可以看到各种彩色条纹（图 5.2b）。同一色彩的条纹上各点的主应力差是相同的，所以有时又把这种条纹称为等色线。

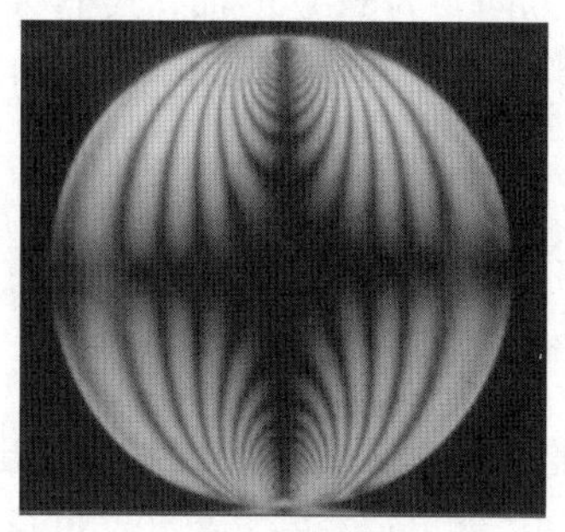

(a) 单色光

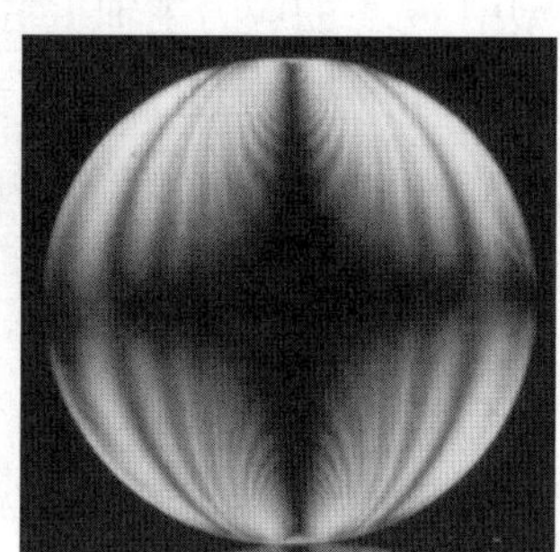

(b) 白光

图 5.2　平面偏振光场下圆盘对径受压的条纹图

在平面偏振光场中，受力模型的等倾线和等差线是同时出现的，彼此重叠，互相干扰，而不易分辨。为了去掉等倾线的干扰，准确观测等差线，就必须使用圆偏振光场。

2. 圆偏振光弹性仪

在正交平面偏振光场的两个偏振片之间加入两块 1/4 波片 Q_1 和 Q_2，其快轴 $(F_{1,2})$ 和慢轴 $(S_{1,2})$ 互相正交，偏振方向分别为

$$\boldsymbol{J}_{\mathrm{Q}_1}=\frac{\sqrt{2}}{2}\begin{bmatrix}1&\mathrm{i}\\\mathrm{i}&1\end{bmatrix},\quad \boldsymbol{J}_{\mathrm{Q}_2}=\frac{\sqrt{2}}{2}\begin{bmatrix}1&-\mathrm{i}\\-\mathrm{i}&1\end{bmatrix}\tag{5.19}$$

如此便得到了正交圆偏振光场，如图 5.3 所示。若光源仍为单色光，则观察到从检偏镜 A 出射的合成光波的复振幅为

$$\boldsymbol{E}=\boldsymbol{J}_{\mathrm{A}}\cdot\boldsymbol{J}_{\mathrm{Q}_2}\cdot\boldsymbol{J}_{\mathrm{M}}\cdot\boldsymbol{J}_{\mathrm{Q}_1}\cdot\boldsymbol{J}_{\mathrm{P}}\cdot\boldsymbol{E}_0=\frac{E}{2}\begin{bmatrix}0\\-\mathrm{i}(\cos\theta+\mathrm{i}\sin\theta)^2(\mathrm{e}^{\mathrm{i}\delta_1}-\mathrm{e}^{\mathrm{i}\delta_2})\end{bmatrix}\mathrm{e}^{-\mathrm{i}(\omega t-kz)}\tag{5.20}$$

对应的光强为

$$I=\frac{E^2}{4}\sin^2\left(\frac{\delta_1-\delta_2}{2}\right)=\frac{E^2}{4}\sin^2\left(\frac{\varDelta}{2}\right)\tag{5.21}$$

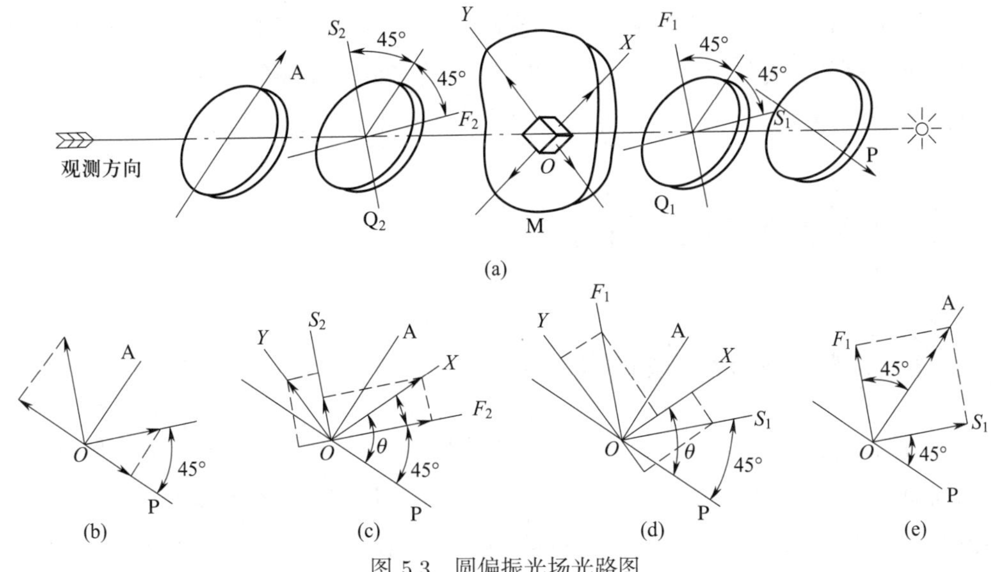

图 5.3 圆偏振光场光路图

从式 (5.21) 中可以看出，光强与主应力方向无关，只与相位差或光程差有关。这表明，加进两个 1/4 波片后构成的正交圆偏振光场将等倾线消去了，只存在等差线（图 5.4a）。

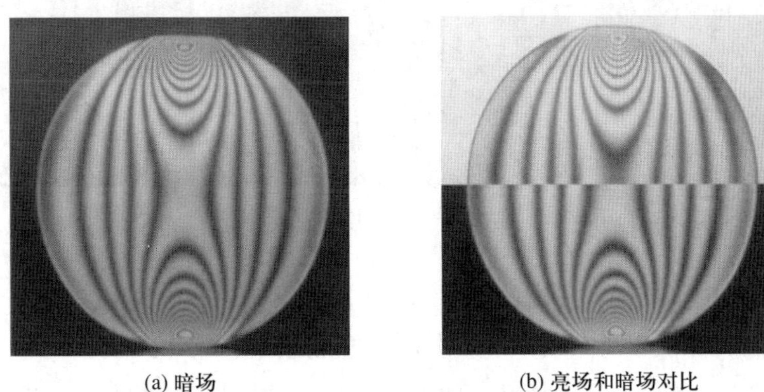

(a) 暗场　　(b) 亮场和暗场对比

图 5.4 圆偏振光场下圆盘对径受压的条纹图

若在平行平面偏振光场中加入两块快、慢轴互相正交的两个 1/4 波片，则称为平行圆偏振光场或亮场。对于单色光光源，从检偏镜 A 观察到的合成光波的复振幅为

$$\boldsymbol{E}=\boldsymbol{J}_{\mathrm{A}'}\cdot\boldsymbol{J}_{\mathrm{Q}_2}\cdot\boldsymbol{J}_{\mathrm{M}}\cdot\boldsymbol{J}_{\mathrm{Q}_1}\cdot\boldsymbol{J}_{\mathrm{P}}\cdot\boldsymbol{E}_0=\frac{E}{2}\begin{bmatrix}\mathrm{e}^{\mathrm{i}\delta_1}+\mathrm{e}^{\mathrm{i}\delta_2}\\0\end{bmatrix}\mathrm{e}^{-\mathrm{i}(\omega t-kz)} \tag{5.22}$$

对应的光强为

$$I=\frac{E^2}{4}\cos^2\left(\frac{\delta_1-\delta_2}{2}\right)=\frac{E^2}{4}\cos^2\left(\frac{\varDelta}{2}\right) \tag{5.23}$$

比较式 (5.21) 和式 (5.23)，同样可以得出结论：在暗场时黑条纹是整级次的，亮条纹是半级次的；而在亮场时，黑色条纹是半级次的，亮条纹是整级次的（图 5.4b）。

若要得到高质量的光弹性条纹图像，光源最好采用单色性好的激光，并外加降噪的光学滤镜。如今发光二极管 (LED) 光源可以取代激光光源，在高分辨率的数字电荷耦合器（CCD）相机镜头前加一个单色滤镜，也可以得到高质量的光弹性条纹图像。

5.2　光弹性图像的分析方法

5.2.1　光弹性条纹级次的判定

在平面偏振光场中，当试件受力时，通过同步旋转相互正交的起偏镜和检偏镜，可得到一系列随之变化的等倾线条纹图，进而得到试件上主应力方向的分布图。由于相邻等倾线参数是连续变化的，因此，只需等间隔同步旋转起偏镜和检偏镜，使起偏镜与 x 轴的夹角 θ 等间隔变化即可（图 5.5）。

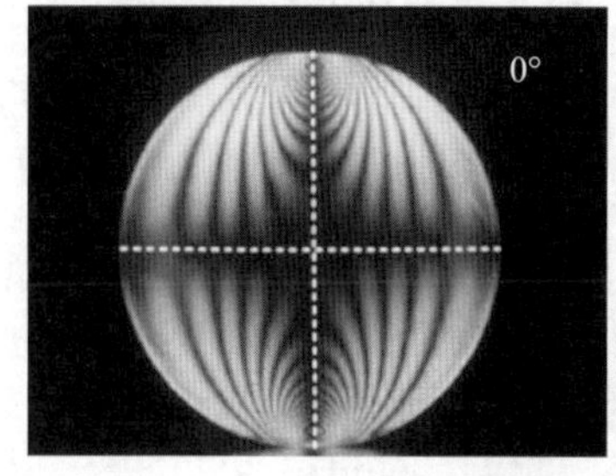

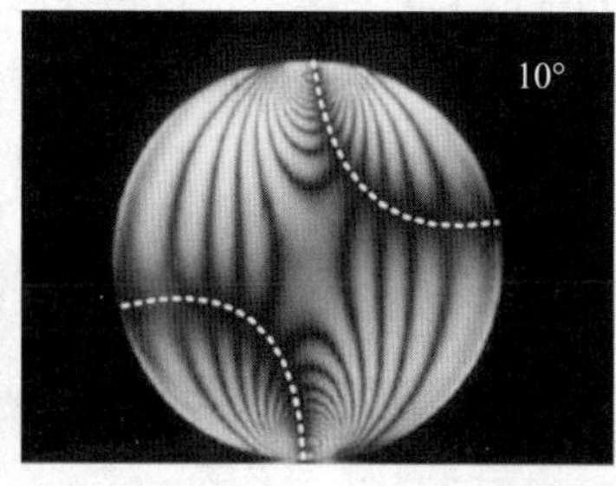

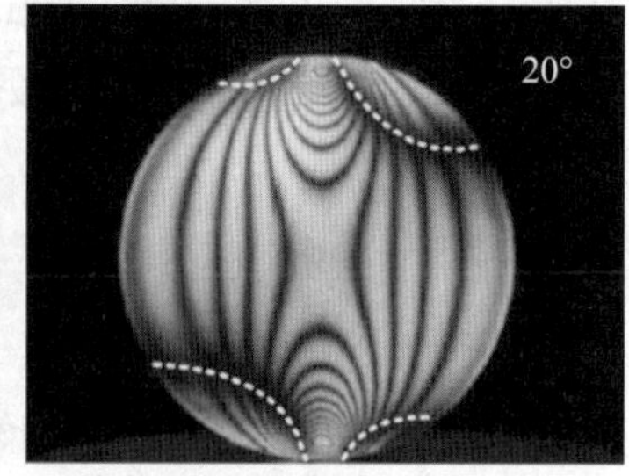

图 5.5　不同角度等倾线

在圆偏振光场中可以得到清晰的等差线条纹图（图 5.6）。杜雷利（Durelli）和舒克拉（Shukla）曾提出几条关于等差线条纹级次判别的准则：

（1）应力状态的连续性和单值性，即不同级次的等差线不能相交，相邻等差线条纹的级次只能连续变化；

（2）产生零级条纹的点或线只能是各向同性点和零应力点；

（3）随着载荷的增加，若某点的条纹逐渐离开它，该点称为发源点，其条纹级次高于附近的条纹级次；反之，该点称为隐没点，其条纹级次比附近的条纹级次低。

随着计算机和数字图像处理技术的不断完善，光弹性实验的自动化已成为其发展的必然趋势。从 20 世纪 60 年代末开始，国外的光弹性实验工作者便提出了一些用光、电设备和计算机来实现光弹性数据的自动采集和处理的方法。直到 1982 年我国这方面的工作才开始进行。光弹性实验的自动化主要是将数字图像处理技术与光弹性实验相结合，进行光弹性图像的全场自动采集和分析处理。

在光弹性实验自动化过程中，条纹级次的自动判读是一个关键性问题。目前采用的条纹级次的自动判别方法主要有：① 运用两种波长不同的单色光作为光源，由所得到的条纹

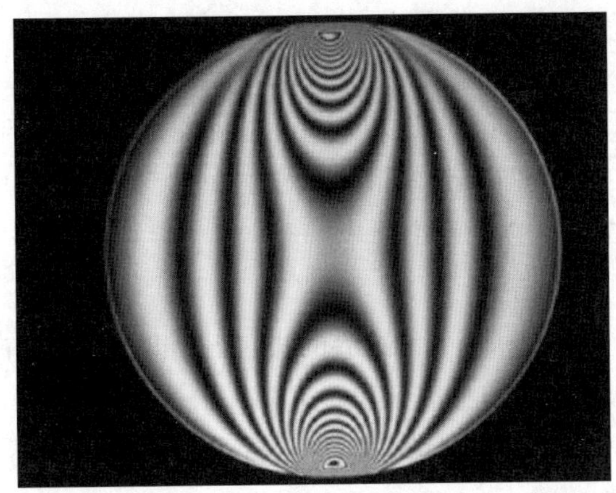

图 5.6　等差线条纹

位置差来定级次；② 用彩色照片的色序黄、红、绿，或单色光加光学滤波处理产生色序的方法来确定条纹递增的方向，从而判别条纹级次；③ 在圆偏振光场中加进一块人造水晶的楔形载波片（图 5.7a），由载波片产生一组等间距的等差光载波条纹（图 5.7b），调制受力模型的等差线条纹而得到载波条纹，最后从载波条纹中减去光载波的影响，便解调得到等差线条纹。此外，对于等差线非整数级级次，可采用数值计算的内插法或光路的补偿法、相移法等进行判定。

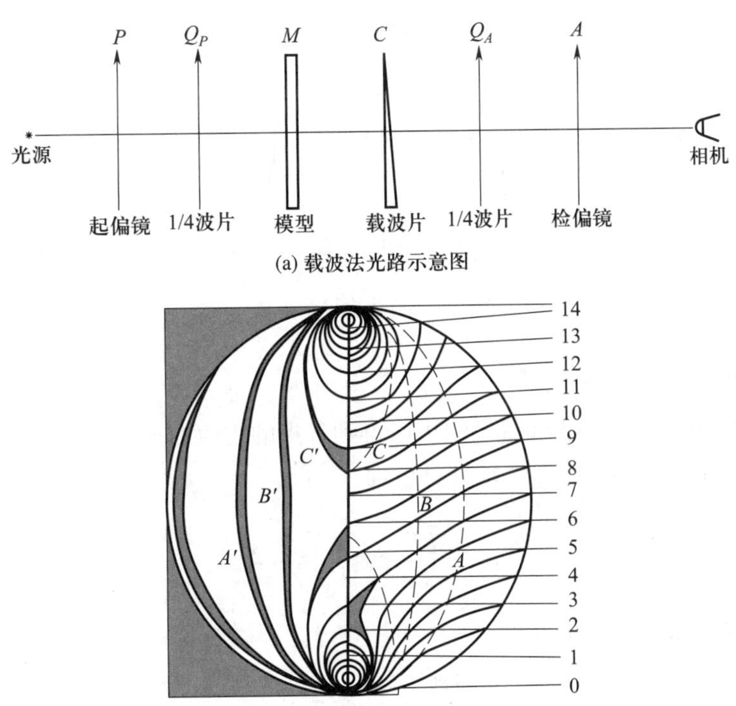

图 5.7　载波法

5.2.2 应力分离的方法

平面应力问题的应力张量有三个应力分量 σ_x、σ_y、τ_{xy}，或者两个主应力 σ_1、σ_2 和一个主方向 θ，而光弹性实验只能提供主应力差和主方向，还需要利用其他方法去寻找一个补充方程，使之与式 (5.8) 联立，解出 σ_1 和 σ_2。

1. 自由边界

因为自由边界为单向应力状态，沿边界的法向正应力为零，切向正应力不为零，所以根据式 (5.6)，由条纹级次可以直接得到切向正应力。

2. 刚性边界

若模型的边界为刚性边界，则可以补充一个位移为零或应变为零的边界条件。若设刚性边界为 x 轴（图 5.8），则在 x 轴上 x、y 方向的位移分量都为零，且没有旋转，从而可以得出 x、y 轴是主应力方向。考虑到 $\varepsilon_x = 0$，便得到补充方程 $\sigma_2 = \nu\sigma_1$，与式 (5.8) 联立得

$$\sigma_1 = \frac{1}{1-\nu}\frac{Nf_\sigma}{h} \tag{5.24}$$

$$\sigma_2 = \frac{\nu}{1-\nu}\frac{Nf_\sigma}{h} \tag{5.25}$$

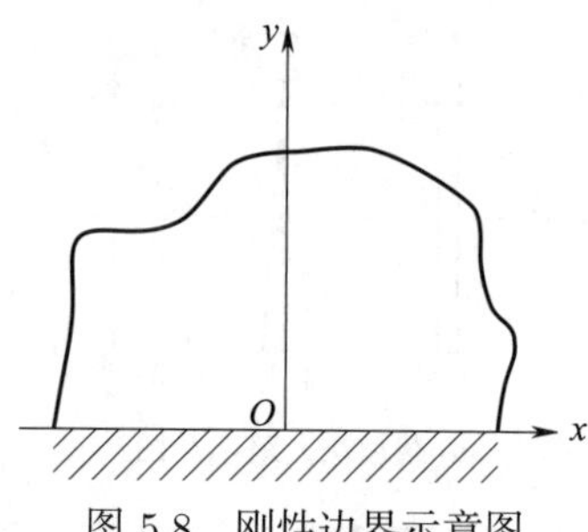

图 5.8 刚性边界示意图

3. 内部应力的剪应力差法

根据光弹性图像的等差线和等倾线可以得到各点的主应力差 $\sigma_1 - \sigma_2$ 和主方向 θ，则平面应力状态的剪应力 τ_{xy} 可以直接计算，即

$$\tau_{xy} = \left(\frac{\sigma_1 - \sigma_2}{2}\right)\sin 2\theta \tag{5.26}$$

根据平面应力状态的平衡方程

$$\frac{\partial \sigma_x}{\partial x} + \frac{\partial \tau_{xy}}{\partial y} = 0 \tag{5.27}$$

$$\frac{\partial \tau_{xy}}{\partial x} + \frac{\partial \sigma_y}{\partial y} = 0 \tag{5.28}$$

可以根据已知的剪应力值，通过已知的边界值积分计算出内部点的正应力值。若以两端受

压的方板为例（图 5.9a），沿着与 x 轴（或 y 轴）平行的路径从边界点 O 积分到内部点 k（图 5.9b），即

$$(\sigma_x)_k = (\sigma_x)_O - \int_{x_O}^{x_k} \frac{\partial \tau_{xy}}{\partial y} \mathrm{d}x \quad \left[\text{或 } (\sigma_y)_k = (\sigma_y)_O - \int_{y_O}^{y_k} \frac{\partial \tau_{xy}}{\partial x} \mathrm{d}y\right] \tag{5.29}$$

或采用离散点形式

$$(\sigma_x)_k = (\sigma_x)_O - \sum_{x_O}^{x_k} \frac{\Delta \tau_{xy}}{\Delta y} \Delta x \quad \left[\text{或 } (\sigma_y)_k = (\sigma_y)_O - \sum_{y_O}^{y_k} \frac{\Delta \tau_{xy}}{\Delta x} \Delta y\right] \tag{5.30}$$

式中 $(\sigma_x)_O$ ［或 $(\sigma_y)_O$］是可以根据实验数据求出的边界上的已知应力。

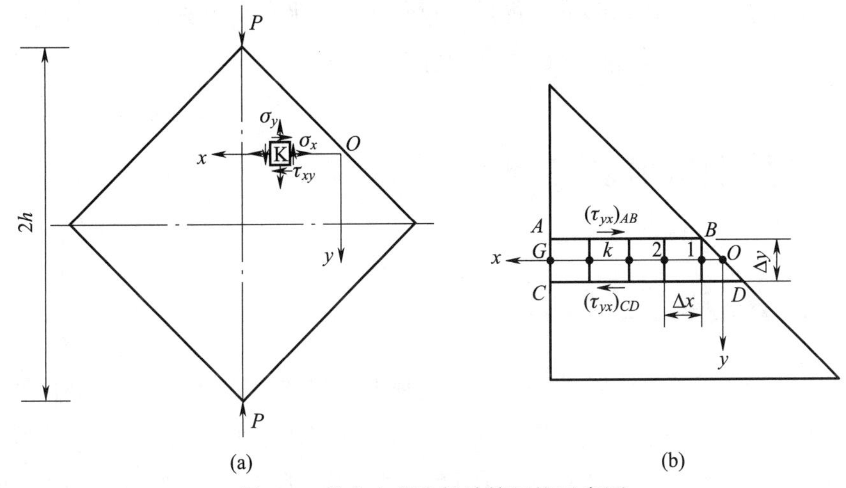

图 5.9 剪应力差法的计算网格示意图

4. 补充拉普拉斯方程

在无体力的情况下，主应力满足拉普拉斯方程，即

$$\nabla^2(\sigma_x + \sigma_y) = \nabla^2(\sigma_1 + \sigma_2) = \nabla^2\varphi = 0 \tag{5.31}$$

如果主应力和 φ 的边界值已知，那么内部点的 φ 值可以唯一确定。求解式 (5.31) 的方法主要有解析法、数值法和电模拟法。

解析解是用分离变量法得出的一系列调和函数，通过调和函数的线性叠加得到级数形式的解。该方法只适用于可使用某一特定坐标系，采用傅里叶级数展开方法求解的问题。

数值法通用的是迭代法。该方法采用十字相邻四点已知的 φ 值，将式 (5.31) 变为

$$\varphi_{i,j} = c_1\varphi_{i-1,j} + c_2\varphi_{i+1,j} + c_3\varphi_{i,j-1} + c_4\varphi_{i,j+1} \tag{5.32}$$

式中常数 c_1、c_2、c_3、c_4 和相邻点的位置有关。如果选用正方形的网格点，即相邻点距所有点的间隔一样，则 $c_1 = c_2 = c_3 = c_4 = \dfrac{1}{4}$。首先假定内部点初值，然后根据实验测得的边界值，通过式 (5.32) 反复迭代计算修正，直至收敛。

电模拟法是由于各向同性导电介质中的电场分布也满足式 (5.31)，因此，可以利用均

匀导电液槽或采用涂一层均匀石墨粒子的 Teledelotos 薄纸进行电模拟。

5. 混合法

为了补充一个方程，往往采用补充一个实验的方式，通过补充实验结果与光弹性法结果的综合，达到求解全部应力分量的目的。补充的实验方法有斜射光弹性法，以及测量试件表面位移场分布的格子法、云纹法、白光散斑法等。若要在一个实验中同时获得两种实验方法测试的结果，就需要模型具有对称性。

6. 全息光弹性法

平面应力状态下的线弹性平板，每一点厚度的变化都与其主应力之和成正比。这种具有相同主应力和的点的轨迹称为等厚线或等和线。在全息光弹性法中，用单曝光法能给出反映主应力差的等差线，用双曝光法能给出反映主应力和的等和线。根据等差线和等和线的条纹级次，便可计算出模型内部的主应力分量。

5.3 光弹性法的推广和应用

5.3.1 三维光弹性法

基于应力冻结法的三维光弹性法是解决工程中三维结构复杂应力场分布问题的最有效的实验测试方法。应力冻结法采用热固性聚合物材料制作三维模型。将受力模型的环境温度逐渐升高到应力冻结温度以上的某一温度，并保温一段时间使整个模型内部温度均匀，然后再缓慢冷却到室温，最后卸载。这时，模型受力产生的人工双折射性质就永久保留在模型中。将应力冻结好的模型进行机械加工，切成薄片，再将每个薄片放置在平面/圆偏振光场中采用二维光弹性法进行测试分析。采用二维光弹性法测得的模型薄片的两个主应力为次主应力。若要进行三维应力分析，需要采用切丁法，进行三次三个互相垂直面的正射法测试分析，或对切片进行一次正射、两次斜射的测试分析（图 5.10）。

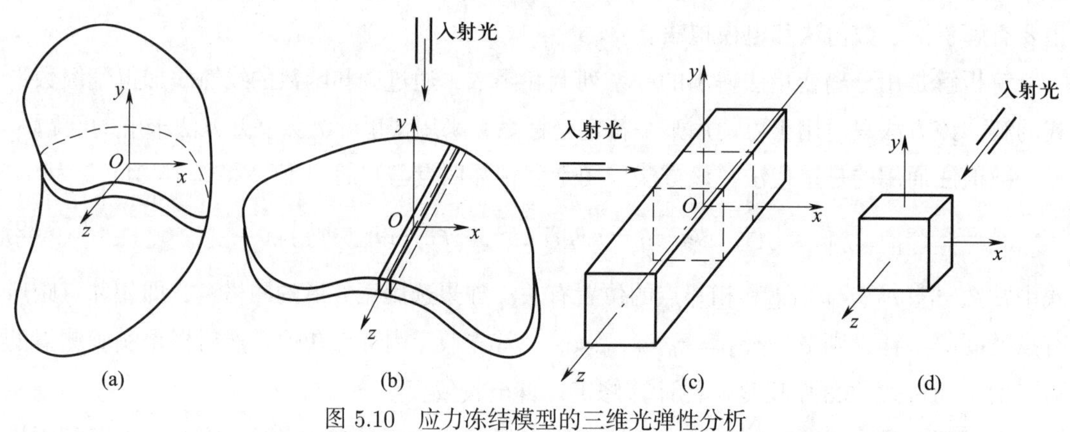

图 5.10　应力冻结模型的三维光弹性分析

随着有限元计算方法的发展，三维光弹性法在工业中的应用已在减少，但对于复杂三维力学问题的分析和数值计算结果的验证，三维光弹性法仍具有应用价值。

5.3.2 贴片光弹性法

贴片光弹性法又称反射光弹性法，是把透射光弹性法推广应用于测量不透明结构表面应变分布的实验方法。该方法是在结构表面上临时贴上一个光弹性材料薄片，通过观察受力结构表面反射的经光弹性贴片产生的光弹性条纹图，来分析结构表面的应变分布情况。贴片光弹性法多采用圆偏振光场（图 5.11），偏振光沿着略有不同的路径两次通过贴片。根据线弹性胡克定律可以得出主应力差和主应变差的关系，进而通过光弹性条纹图得到贴片内部的主应变差分布。贴片对结构表面产生了加强作用。当结构的弹性模量较低时，测量结果需要进行修正。贴片光弹性法是直接解决工程实际问题的有效方法，曾获得过广泛关注。

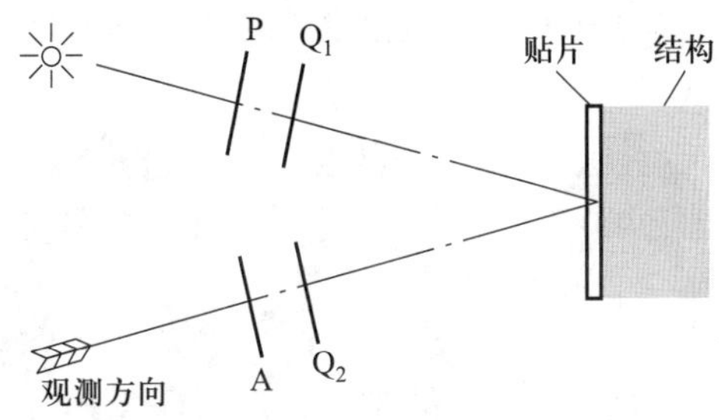

图 5.11 贴片光弹性法的光路示意图

5.3.3 动态光弹性法

动态光弹性法同静态光弹性法的基本原理一样，都是利用光弹性材料的人工双折射现象，以应力光学定律为基础，通过偏振光场获得全场等差线和等倾线条纹图。然而，动态光弹性法中的应力光学定律虽然在形式上与式 (5.8) 一样，但是除了应力场和等差线条纹图都是随时间变化的以外，静态应力光学常数 f_σ 应为增大了 $10\% \sim 30\%$ 的动态应力光学常数 f_σ^{d}。

在动态光弹性实验中，由于在一次加载过程中只能得到一个角度的等倾线，而多次动态试验的可重复性和测试精度都很难保证。因此，通常都只记录一系列不同瞬时的等差线条纹图，这使得给出模型平面内任意点在某个瞬时的完全定量的应力大小很困难。在研究与应力波传播有关的问题时，等差线是以固体中的波速传播的，这就给动态光弹性法在实验技术上带来一系列非常困难和复杂的问题。因此，在动态实验过程中记录清晰、高质量的等差线条纹图，需要有单色性好、强度高的光源和曝光时间很短的高速摄影系统。动态光弹性实验多采用多火花式高速摄影系统，或称为克兰兹–沙尔丁（Cranz-Schardin）摄影系统。它是采用多个电火花头高压放电产生的短时强闪光作为光强和曝光时间的控制，一个火花头对应一个相机镜头（图 5.12），因此，由控制火花头的闪光时间控制拍摄帧率，得到一系列动态等差线条纹图（图 5.13）。随着基于 CCD 和 CMOS 技术的超高速数字摄影机的发展，动态光弹性实验发展出数字动态光弹性法，可以更好地解决材料动态性能和连续介质动力学等问题。如今，动态光弹性法已经成为动态断裂力学、地质动力学、冲击动力学、应力波传播等问题研究的有效实验方法。

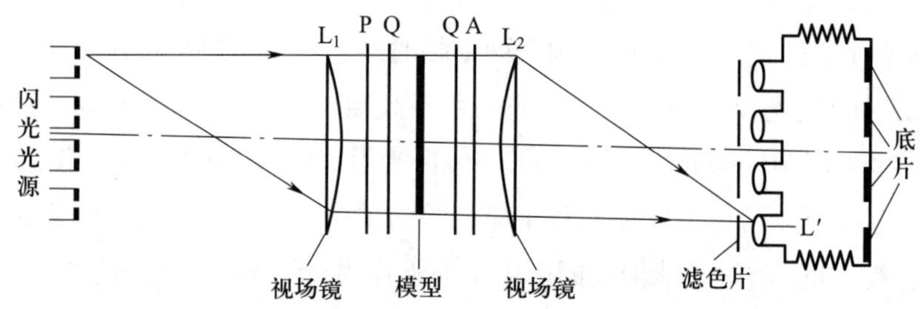

L′—透镜；P—起偏镜；Q—1/4 波片；A—检偏镜

图 5.12　基于多火花式高速摄影系统的动态光弹性光路图

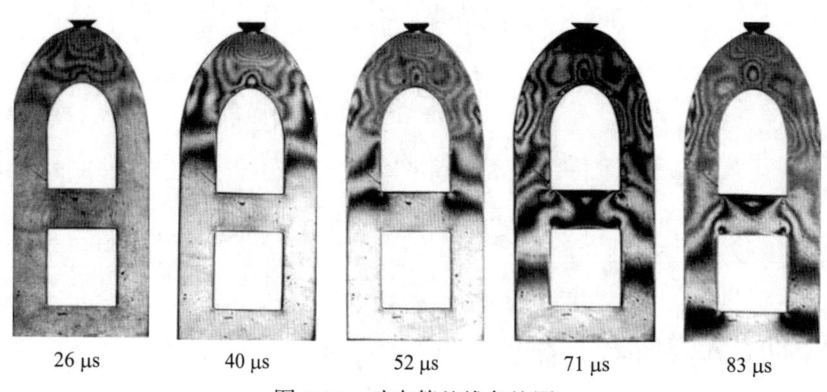

图 5.13　动态等差线条纹图

5.3.4　数字光弹性法

传统的光弹性法同高分辨率数字相机和具有数字图像处理功能的计算机的结合，发展出了现代数字光弹性法。根据高分辨率数字相机记录的光强灰度信息，计算机的数字图像处理功能可以实现条纹的倍增和细化，并结合相移法得到全场相位图，通过去包裹处理得到全场的条纹级次，进而得到全场的应力分布。数字光弹性法为实现光弹性法测试与分析的自动化奠定了基础。

习题

5.1　请简述进行光弹法实验时，在正交平面偏振光场中加入一对正交的 1/4 波片的作用。

5.2 厚度 5 mm 的垂直对压方板聚碳酸酯模型在圆偏振光光弹暗场光路中得到的干涉条纹如习题 5.1 图所示，试回答：

（1）已知材料条纹值 $f_c = 7.85$ N/mm，求中心点主应力差。

（2）用箭头标出当载荷略微增加时干涉条纹移动的方向；

（3）找出 45° 等倾线与边界的交点。

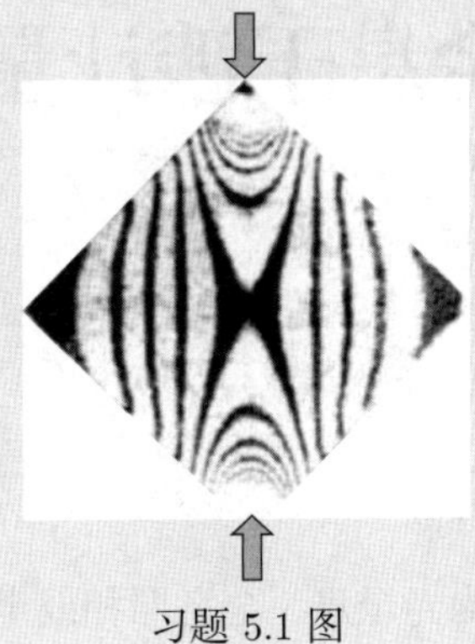

习题 5.1 图

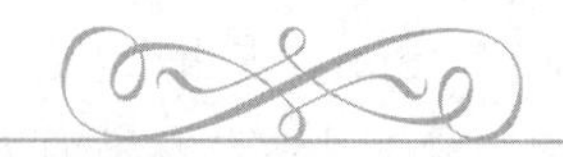

第 6 章 全息干涉计量

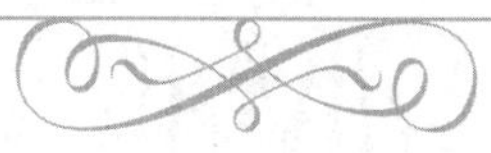

全息术（holography），也称为光全息、全息照相或全息照相技术，是一种基于波前记录与重建的光学成像技术。它利用光场的干涉完成波前记录，即形成全息图，然后用全息图作为衍射元件实现波前重建。这种集干涉与衍射于一体的光学成像技术不仅提供了成像时物光波的强度信息，同时还给出该物光波的相位信息。这与常规照相只能给出物光波的强度信息是完全不同的。本章将从相干光场的基本特性描述开始，介绍激光全息成像和全息干涉计量的基本原理及其应用。

6.1 干涉光场的特性描述

6.1.1 单色平面光波

单色平面光波是最简单的光传播方式，由一系列单色的平行的平面波组成，其波函数可表述为

$$E(\boldsymbol{r},t) = a_{\text{o}}(\boldsymbol{r})\cos[\omega t - \phi_{\text{o}}(\boldsymbol{r})] \tag{6.1}$$

式中：$a_{\text{o}}(\boldsymbol{r})$ 为单色平面光波在空间某点的振幅；ω 为光波振动角频率；$\phi_{\text{o}}(\boldsymbol{r})$ 为光场在空间 $\boldsymbol{r}$ 点处的初相位。

单色平面光波具有如下性质：① 在空间中每一点，$E(\boldsymbol{r},t)$ 以单一角频率 ω 作简谐振动；② 空间某点的光波振幅 $a_{\text{o}}(\boldsymbol{r})$ 不随时间变化，并能形成稳定的空间分布；③ 初相位 $\phi_{\text{o}}(\boldsymbol{r})$ 的空间分布与时间 t 无关；④ 光波的波列在空间上无限延伸，光源时间无限长。实际上，物质发光不可能实现无限长的相干辐射，但当发射扰动与持续发光时间相比较小时，可以认为其为单色光，如激光等。

上述单色平面光场也可以用复数形式描述，这种描述方式可以简化数学运算，因此得到广泛应用。式 (6.1) 用复数表述为

$$\tilde{E}(\boldsymbol{r},t)=a_{\mathrm{o}}(\boldsymbol{r})\exp\{-\mathrm{j}[\omega t-\phi_{\mathrm{o}}(\boldsymbol{r})]\}=a_{\mathrm{o}}(\boldsymbol{r})\mathrm{e}^{-\mathrm{j}[\omega t-\phi_{\mathrm{o}}(\boldsymbol{r})]} \tag{6.2}$$

式中：j 为复数单位。

显然，上式中实部对应于式 (6.1)。由于在讨论单色平面光波的空间分布时，其时间因子 $\exp(-\mathrm{j}\omega t)$ 在空间各点总是相同的，因此在分析时可以将其忽略而仅剩下空间因子。

定义 $A(\boldsymbol{r})=a_{\mathrm{o}}(\boldsymbol{r})\exp\{-\mathrm{j}[\phi_{\mathrm{o}}(\boldsymbol{r})]\}$ 为光场 $\tilde{E}(\boldsymbol{r},t)$ 的复振幅，则 $a_{\mathrm{o}}(\boldsymbol{r})$ 为 $A(\boldsymbol{r})$ 的空间振幅分布，$\phi_{\mathrm{o}}(\boldsymbol{r})$ 为 $A(\boldsymbol{r})$ 的空间相位分布。

6.1.2 单色平面光波的相干叠加

前面已介绍过，当两个以相同频率传播的光波在空间相遇时会产生相干叠加，即所谓的干涉（interference）。要产生干涉，光波应满足：① 频率相同；② 存在相互平行的振幅分量；③ 相位差恒定。此时其合成复振幅为

$$U(\boldsymbol{r})=A_1(\boldsymbol{r})+A_2(\boldsymbol{r}) \tag{6.3}$$

将复振幅 $A(\boldsymbol{r})$ 的值代入上式，可得干涉后合成的复振幅为

$$U(\boldsymbol{r})=A_1(\boldsymbol{r})+A_2(\boldsymbol{r})=a_{\mathrm{o}1}(\boldsymbol{r})\mathrm{e}^{-\mathrm{j}\phi_{\mathrm{o}1}(\boldsymbol{r})}+a_{\mathrm{o}2}(\boldsymbol{r})\mathrm{e}^{-\mathrm{j}\phi_{\mathrm{o}2}(\boldsymbol{r})} \tag{6.4}$$

合成强度为

$$\begin{aligned}I(\boldsymbol{r})&=U(\boldsymbol{r})\cdot U(\boldsymbol{r})^*\\&=a_{\mathrm{o}1}^2(\boldsymbol{r})+a_{\mathrm{o}2}^2(\boldsymbol{r})+2a_{\mathrm{o}1}a_{\mathrm{o}2}\cos[\phi_{\mathrm{o}2}(\boldsymbol{r})-\phi_{\mathrm{o}1}(\boldsymbol{r})]\\&=I_{\mathrm{o}1}+I_{\mathrm{o}2}+2\sqrt{I_{\mathrm{o}1}I_{\mathrm{o}2}}\cos\delta(\boldsymbol{r})\end{aligned} \tag{6.5}$$

式中：$I_{\mathrm{o}1}=a_{\mathrm{o}1}^2(\boldsymbol{r})$，$I_{\mathrm{o}2}=a_{\mathrm{o}2}^2(\boldsymbol{r})$ 分别为单光束的强度，$\delta(\boldsymbol{r})=\phi_{\mathrm{o}2}(\boldsymbol{r})-\phi_{\mathrm{o}1}(\boldsymbol{r})$ 为两束光的相位差。显然：

当 $\delta(\boldsymbol{r})=2m\pi$，$m=0,\pm1,\pm2,\cdots$ 时，式 (6.5) 取极大值，所对应的光场分布称为亮条纹分布，或称亮条纹；

当 $\delta(\boldsymbol{r})=(2m+1)\pi$，$m=0,\pm1,\pm2,\cdots$ 时，式 (6.5) 取极小值，所对应的光场分布称为暗条纹分布，或称暗条纹。

6.1.3 相位差函数的进一步描述

相位差函数 $\delta(\boldsymbol{r})$ 描述了两列相干波之间的相位差，即 $\delta(\boldsymbol{r})=\phi_{\mathrm{o}2}(\boldsymbol{r})-\phi_{\mathrm{o}1}(\boldsymbol{r})$。对于 $\delta(\boldsymbol{r})$，它可能是两列干涉光波自身的初相位差：$\delta(\boldsymbol{r})=\phi_{\mathrm{o}2}(\boldsymbol{r})-\phi_{\mathrm{o}1}(\boldsymbol{r})=\Delta\phi_{\mathrm{o}}(\boldsymbol{r})$，也可能

是光在介质中传播时由于光程差 $\Delta\boldsymbol{s}$ 引起的相位变化，即 $\delta(\boldsymbol{r}) = \Delta\phi(\boldsymbol{r})$。对于由 $\Delta\boldsymbol{s}$ 引起的相位变化，$\Delta\phi(\boldsymbol{r})$ 可表示为：$\Delta\phi(\boldsymbol{r}) = \Delta\phi(\boldsymbol{k}\cdot\Delta\boldsymbol{s}) = \dfrac{2\pi}{\lambda}(n\Delta l + \Delta n l)$。其中，$\boldsymbol{k}$ 为波法线矢量，其值为 $\lfloor \boldsymbol{k}| = 2\pi/\lambda$。$\lambda$ 为相干光波波长，l 和 n 分别为光束传播所经过的路程和介质的折射率，而 Δl 和 Δn 分别为光束在介质中行进时的路程与折射率变化。事实上，l 和 n 均为空间位置的函数，为了公式书写简单明了起见，已将位置坐标 $(\boldsymbol{r})$ 省略。于是，在一般情况下 $\delta(\boldsymbol{r})$ 可以表示为

$$\delta(\boldsymbol{r}) = \phi_{o2}(\boldsymbol{r}) - \phi_{o1}(\boldsymbol{r}) + \phi(\boldsymbol{r}) = \Delta\phi_o(\boldsymbol{r}) + \frac{2\pi}{\lambda}(n\Delta l + l\Delta n) \tag{6.6}$$

如果光波在同一介质中传播，此时 $\Delta n = 0$，则上式可表示为

$$\delta(\boldsymbol{r}) = \Delta\phi_o(\boldsymbol{r}) + \frac{2\pi}{\lambda}n\Delta l \tag{6.7}$$

由式 (6.6) 和式 (6.7) 可见，若两光波初相位相同，则相位差 $\delta(\boldsymbol{r})$ 直接与两光波行进的空间路径有关，这一关系即双光束干涉计量的本质。此时，若令 $\Delta\phi_o(\boldsymbol{r}) = 0$，则有亮条纹条件

$$\delta(\boldsymbol{r}) = \frac{2\pi}{\lambda}n\Delta l = 2\pi m \tag{6.8}$$

由上式可得

$$\Delta l = m\lambda \tag{6.9}$$

可见，式 (6.9) 表示在真空中 $(n = 1)$ 一簇等光程差条纹图，它给出了干涉图上凡是光程差相等的点的轨迹。该式也给出了双光束可实现位移或变形测量的本质，即光程的变化可以用光的波长来计量。因此，如果光程是由物体变形前后的位移引起的，那么就可以用双光束干涉实现该位移场在波长量级的高精度计量。

6.2　全息术的基本原理

6.2.1　概述

全息术与一般照相术的本质差别在于它记录并保存了物光波的振幅和相位信息。这一特点使得全息像不但具有平面像的信息，而且还有被成像物体的深度方向的信息，从而使全息成像具有三维特性。那么，怎样使物光波的振幅和相位信息被同时保留下来呢？从上节单色光的干涉现象可知，若两束光相干叠加，即为干涉，则这两束相干光的振幅和相位均会影响其干涉场的强度。因此，当用能量型记录介质记录这一干涉场强度时，就会得到由干涉光波的振幅和相位调制的光强度场。显然，为了在照相记录过程中获得稳定的干涉

场强度，两束相干光的振幅及相位差必须恒定并保持持续干涉。盖伯正是利用了光波的干涉特性，将物光波的振幅和相位通过干涉的方法记录在了全息图中，并证明了干涉过程中任何一束光通过这一全息图的衍射，可以将另一束光波的波前以与原来同样的传播方式重现出来。他的这一研究成果，荣获了 1971 年度的诺贝尔物理学奖。本节通过从全息图的记录和再现两方面入手，对全息术的基本原理进行介绍。

6.2.2 全息术的波前干涉记录

波前全息记录是指当物体表面被激光照射时所产生的反射波与另一相干光波在记录介质所在的空间区域产生干涉，在记录介质上形成了双光束干涉光场分布，即一套复杂的干涉条纹。该记录介质经化学处理后即成为全息图或全息照片（hologram）。通常为了描述方便，将由物体表面反射或衍射所形成的光波称为物光或物光波（object beam），而参与干涉的另一束相干光则称为参考光或参考光波（reference beam）。由于粗糙物体表面微起伏非常复杂，因此由其表面反射所形成的物光波与参考光相干涉时会在全息图上形成一套极其复杂的条纹结构。图 6.1 所示给出的是两种常用的全息记录光路，分别为离轴方式（也称为利斯全息）的分振幅、分波面全息记录光路，以及全息记录中双光束干涉所产生的复杂的全息图。

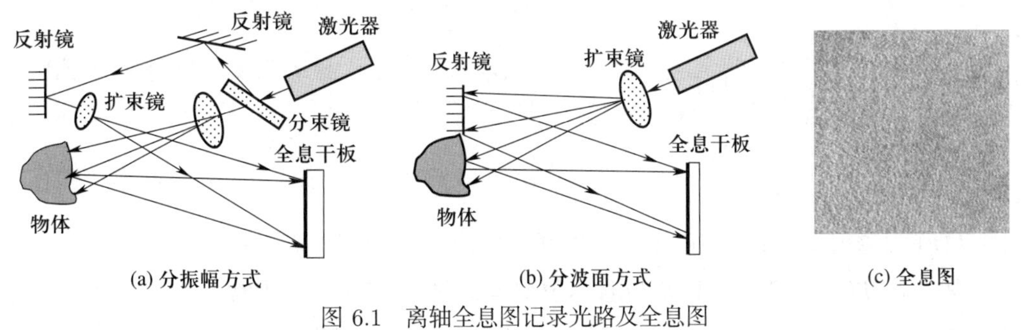

图 6.1 离轴全息图记录光路及全息图

应用图 6.1a、b 所示的全息记录光路，并经过一段时间的记录（曝光），再将全息记录介质显影、定影、阴干等处理，即完成了一张全息图的记录（图 6.1c）。通常，将记录全息图的介质称为全息干板（holographic plate）或全息负片，最常用的是银盐全息干板。若无特别说明，本章中全息记录介质均指银盐全息干板。

6.2.3 全息术的波前干涉记录的数学描述

全息图的记录过程可以借用简单的数学关系式进行描述。为此，设物光波与参考光波的复振幅分别为 U_{o} 和 U_{r}，则其复振幅可写为

$$U_{\mathrm{o}}(\boldsymbol{r}) = a_{\mathrm{o}}(\boldsymbol{r}) \exp[\mathrm{j}\phi_{\mathrm{o}}(\boldsymbol{r})] \tag{6.10}$$

$$U_{\mathrm{r}}(\boldsymbol{r})=a_{\mathrm{r}}(\boldsymbol{r})\exp[\mathrm{j}\phi_{\mathrm{r}}(\boldsymbol{r})] \tag{6.11}$$

以上两式中，$\boldsymbol{r}=(x,y)$ 表示记录介质所在平面，$a_{\mathrm{o}}(\boldsymbol{r})$ 和 $a_{\mathrm{r}}(\boldsymbol{r})$ 为实系数，分别表示物光波和参考光波的振幅分布；$\phi_{\mathrm{o}}(\boldsymbol{r})$ 与 $\phi_{\mathrm{r}}(\boldsymbol{r})$ 也为实数，表示物光波和参考光波的相位分布。于是，在记录介质平面上，表征全息图的干涉场强度 $I(\boldsymbol{r})$ 为

$$\begin{aligned}I(\boldsymbol{r})&=[U_{\mathrm{o}}(\boldsymbol{r})+U_{\mathrm{r}}(\boldsymbol{r})]\cdot[U_{\mathrm{o}}(\boldsymbol{r})+U_{\mathrm{r}}(\boldsymbol{r})]^{*}\\&=U_{\mathrm{o}}U_{\mathrm{o}}^{*}+U_{\mathrm{r}}U_{\mathrm{r}}^{*}+U_{\mathrm{o}}U_{\mathrm{r}}^{*}+U_{\mathrm{r}}U_{\mathrm{o}}^{*}\\&=a_{\mathrm{o}}^{2}+a_{\mathrm{r}}^{2}+a_{\mathrm{o}}\exp(\mathrm{j}\phi_{\mathrm{o}})\cdot a_{\mathrm{r}}\exp(-\mathrm{j}\phi_{\mathrm{r}})+a_{\mathrm{o}}\exp(-\mathrm{j}\phi_{\mathrm{o}})\cdot a_{\mathrm{r}}\exp(\mathrm{j}\phi_{\mathrm{r}})\\&=a_{\mathrm{o}}^{2}+a_{\mathrm{r}}^{2}+2a_{\mathrm{o}}a_{\mathrm{r}}\cos(\phi_{\mathrm{o}}-\phi_{\mathrm{r}})\end{aligned} \tag{6.12}$$

由上式可以看到，在记录介质中干涉光场是由一簇余弦条纹调制的复杂光场，它和双光束干涉强度式 (6.5) 一致。由于 $a_{\mathrm{o}}(\boldsymbol{r})$，$a_{\mathrm{r}}(\boldsymbol{r})$, $\phi_{\mathrm{o}}(\boldsymbol{r})$ 及 $\phi_{\mathrm{r}}(\boldsymbol{r})$ 随空间位置变化，因此 $I(\boldsymbol{r})$ 也是一个随位置变化的复杂函数或复杂的余弦条纹分布。

正如前文所述，为了把包含物光波振幅和相位信息的干涉场记录下来，需要在物光和参考光干涉的位置放置记录介质并把干涉场的强度信息记录下来。对于能量型的记录介质（全息干板），其在全息记录过程中获得的干涉场能量为

$$B(\boldsymbol{r})=\int_{0}^{t_{0}}I(\boldsymbol{r},t)\mathrm{d}t \tag{6.13}$$

记录了全息干涉过程的全息干板经化学处理后变成了干板的黑度和折射率的变化，其通光函数可以用复透射函数 $\tau(\boldsymbol{r})$ 来描述，即

$$\tau(\boldsymbol{r})=T(\boldsymbol{r})\exp[\mathrm{j}\theta(\boldsymbol{r})] \tag{6.14}$$

式中：$T(\boldsymbol{r})$ 为透射率函数，对应干板的黑度变化；$\theta(\boldsymbol{r})$ 为由折射率变化所引起的相位函数。

显然，若 $T(\boldsymbol{r})$ 为常数，则对应着相位型全息图；而当 $\theta(\boldsymbol{r})$ 为常数时，则对应于振幅型全息图。在实际处理中，若全息干板被处理成振幅型全息图，则 $T(\boldsymbol{r})$ 具有如图 6.2a 所示的曲线关系。一般通过适当调整记录时间（或称为曝光时间），使 B 点处在直线工作点 B_0 附近，此时有如下简单关系式：

$$T=\alpha-\beta B(\boldsymbol{r})=\alpha-\beta\int_{0}^{t_{0}}I(\boldsymbol{r},t)\mathrm{d}t \tag{6.15}$$

式中：α 为均匀的透射背景；β 为振幅透射函数的斜率，为一常数（图 6.2a）。显然，对于时间稳定的干涉场，上式可简化为

$$T=\alpha-\beta B(\boldsymbol{r})=\alpha-\beta t_{0}I(\boldsymbol{r}) \tag{6.16}$$

将式 (6.12) 的干涉场强度函数代入上式，可得经过化学处理后的振幅型全息图的透射率函数

$$\begin{aligned}T &= \alpha - \beta t_0 I(x,y) = \alpha - \beta t_0 (U_\mathrm{o} U_\mathrm{o}^* + U_\mathrm{r} U_\mathrm{r}^* + U_\mathrm{o} U_\mathrm{r}^* + U_\mathrm{r} U_\mathrm{o}^*) \\ &= \alpha - \beta t_0 \{a_\mathrm{o}^2 + a_\mathrm{r}^2 + a_\mathrm{o} a_\mathrm{r} \exp[\mathrm{j}(\phi_\mathrm{o} - \phi_\mathrm{r})] + a_\mathrm{o} a_\mathrm{r} \exp[-\mathrm{j}(\phi_\mathrm{o} - \phi_\mathrm{r})]\} \\ &= \alpha - \beta t_0 [a_\mathrm{o}^2 + a_\mathrm{r}^2 + 2a_\mathrm{o} a_\mathrm{r} \cos(\phi_\mathrm{o} - \phi_\mathrm{r})]\end{aligned} \tag{6.17}$$

同理，对于相位型全息图，其相位函数 θ 也与 T 一样存在线性区，如图 6.2b 所示。此时，

$$\theta(x,y) = \alpha' + \beta' t_0 I(\boldsymbol{r}) \tag{6.18}$$

若取 $T(\boldsymbol{r}) = 1$，式 (6.14) 可进行级数展开，取一阶近似有

$$\tau = \exp(\mathrm{j}\theta) \approx 1 + \mathrm{j}\theta \tag{6.19}$$

上式中忽略了非线性项。把式 (6.12) 与式 (6.18) 代入式 (6.19) 有

$$\begin{aligned}\tau &\approx 1 + \mathrm{j}(\alpha' + \beta' t_0 I) \\ &= 1 + \mathrm{j}\alpha' + \mathrm{j}\beta' t_0 \{a_\mathrm{o}^2 + a_\mathrm{r}^2 + a_\mathrm{o} a_\mathrm{r} \exp[\mathrm{j}(\phi_\mathrm{o} - \phi_\mathrm{r})] + a_\mathrm{o} a_\mathrm{r} \exp[-\mathrm{j}(\phi_\mathrm{o} - \phi_\mathrm{r})]\} \\ &= 1 + \mathrm{j}\alpha' + \mathrm{j}\beta' t_0 [a_\mathrm{o}^2 + a_\mathrm{r}^2 + 2a_\mathrm{o} a_\mathrm{r} \cos(\phi_\mathrm{o} - \phi_\mathrm{r})]\end{aligned} \tag{6.20}$$

可见，式 (6.20) 与式 (6.17) 类似。研究表明，一般相位型全息图具有比振幅型全息图更高的衍射效率。因此，在全息显示、全息元件等领域中，相位型全息图获得了广泛的应用。

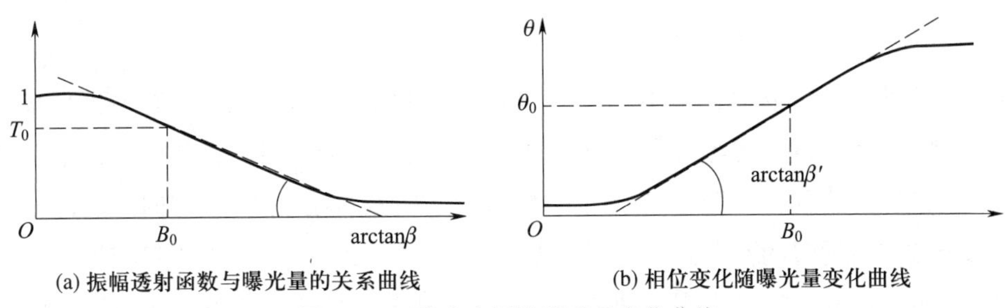

(a) 振幅透射函数与曝光量的关系曲线　(b) 相位变化随曝光量变化曲线

图 6.2　两类全息图的曝光量变化曲线

6.2.4　全息图中物光波前的衍射再现

物光波波前的再现过程，实质上是物光波波前的衍射重建过程。只要物光波波前被准确重建出来，通过观察重建物光波，即可看到物体的三维全息图像。

全息图的再现过程非常简单，利用一参考光照明经过化学处理后的全息图，透过全息图的衍射光束即可再现物光波波前，进而通过人的眼睛观察或通过成像系统即可获得物体的全息像。再现过程如图 6.3 所示。

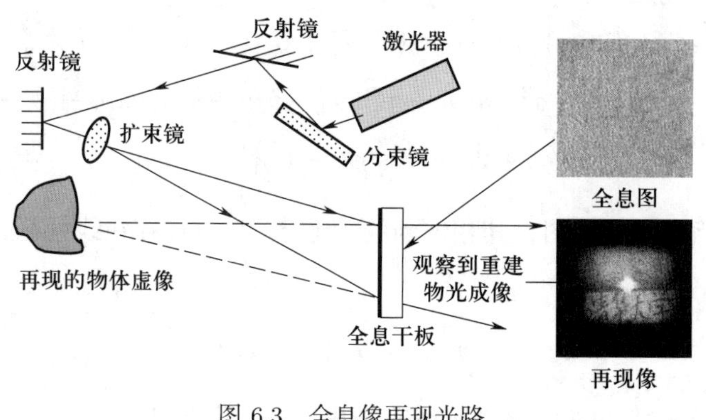

图 6.3　全息像再现光路

6.2.5　全息图中物光波波前衍射再现的数学描述

对于全息图的再现过程，其数学描述如下。设再现参考波为 U_c，其复振幅表示为

$$U_\mathrm{c}(\boldsymbol{r}) = a_\mathrm{c}(\boldsymbol{r})\exp[\mathrm{j}\phi_\mathrm{c}(\boldsymbol{r})] \tag{6.21}$$

对于振幅型全息记录，其重建光波为

$$\begin{aligned}W_\mathrm{R}(\boldsymbol{r}) &= U_\mathrm{c}(\boldsymbol{r})\cdot T(\boldsymbol{r})\\ &= [\alpha-\beta t_0(a_\mathrm{o}^2+a_\mathrm{r}^2)]U_\mathrm{c}-\beta t_0(U_\mathrm{o}U_\mathrm{r}^*U_\mathrm{c}+U_\mathrm{o}^*U_\mathrm{r}U_\mathrm{c})\\ &= a_\mathrm{c}[\alpha-\beta t_0(a_\mathrm{o}^2+a_\mathrm{r}^2)]\exp(\mathrm{j}\phi_\mathrm{c})-\beta t_0 a_\mathrm{o}a_\mathrm{r}a_\mathrm{c}\exp[\mathrm{j}(\phi_\mathrm{o}-\phi_\mathrm{r}+\phi_\mathrm{c})]-\\ &\quad\ \beta t_0 a_\mathrm{o}a_\mathrm{r}a_\mathrm{c}\exp[-\mathrm{j}(\phi_\mathrm{o}-\phi_\mathrm{r}-\phi_\mathrm{c})]\end{aligned} \tag{6.22}$$

式 (6.22) 即全息图再现的基本公式。其中，第一项为零级衍射项，是振幅衰减了的参考光，传播方向为再现参考光方向；第二项为包含物光波的衍射项，但由于记录和再现时参考光波的差异，将使得再现物光波的传播方向偏离原物光波的传播方向。因此，若记录时的参考光波与再现时的参考光波为同一光波，则式 (6.22) 第二项即为仅有振幅有变化的物光波。可见，物光波得到再现，即从全息图后面观察，物光波就好像来自原物体发出的光波，全息像处在原物记录时所在的位置（全息图的左边）。根据成像光学的一般约定，称第二项所成的像为虚像。式 (6.22) 中最后一项是全息像的共轭像。它的位置在全息图平面的右面，称为全息成像的实像，具体定域由物体位置及参考光的特性参数决定。由于虚像易于观察，因而它是全息术中真正用于观察或测量的全息像。

类似于式 (6.22)，相位型全息图的再现光场为

$$\begin{aligned}W_\mathrm{R}(\boldsymbol{r}) &= U_\mathrm{c}(\boldsymbol{r})\tau\\ &= a_\mathrm{c}[1+\mathrm{j}\alpha'+\mathrm{j}\beta' t_0(a_\mathrm{o}^2+a_\mathrm{r}^2)]\exp(\mathrm{j}\phi_\mathrm{c})+\beta' t_0 a_\mathrm{o}a_\mathrm{r}a_\mathrm{c}\exp[\mathrm{j}(\phi_\mathrm{o}-\phi_\mathrm{r}+\phi_\mathrm{c})]-\\ &\quad\ \beta' t_0 a_\mathrm{o}a_\mathrm{r}a_\mathrm{c}\exp[-\mathrm{j}(\phi_\mathrm{o}-\phi_\mathrm{r}-\phi_\mathrm{c})]\end{aligned} \tag{6.23}$$

由式 (6.22) 与式 (6.23) 可知，若希望应用实像，可利用再现参考光的共轭光作为参考

光进行全息再现。此时实像为物光波的准确再现，其位置在虚像的共轭位置。

6.3 全息干涉计量

6.3.1 概述

如前所述，全息术的基本特点在于当用一束记录全息图的参考光波再现全息像时，与其同时记录在该全息图中的另一束光波——物光波就会被再现出来。因此，若在全息图的再现过程中使用原参考光对全息图再现，则物光波将被严格再现出来。此时，让物体在全息记录一次（第一次成像）后有一微小的运动或变形，再用与第一次记录时相同的参考光在同一张全息干板上再全息记录一次（第二次成像）。然后，将此全息干板进行显影、定影等化学处理，这样在全息干板中就记录了包含物光波两个状态的全息图。当把这一处理好的全息图放回原光路并用原参考光再现时，在再现波中将包含两个物光波，它们分别对应了物体变形或运动前后的两个状态。显然，由于使用同一参考光再现，而且物体在记录过程中的移动或变形是极其微小的，因此这两个物光波的波前是相似且相互干涉的。这样，在同一张全息图上就完成了两个不同时刻记录的重建物光波波前的干涉。鉴于这两个光波是由全息术成像形成的干涉，故将其称为全息干涉。根据全息干板的特性与全息术的成像原理，在一张全息干板上可以记录多个全息图，因而就可以形成多束重建物光波的干涉。通常，把至少有一束来自全息图再现的重建物光波参与的干涉称为全息干涉。

由 6.2.4 节的讨论可知，全息术中再现的物光波与记录全息时的激光波长、物体位置、参考光源位置、记录介质的空间位置等因素有关。若仍然以前述物体运动或变形前后两次记录（曝光）的情形为例，则由于在再现时，除物体外光路系统的其他元件都没有变化，因此在再现光场中的两个物光波的相位包含了物体运动或表面变形时的状态信息。由它们干涉所获得的条纹分布，可直接与物体表面的位移与变形相联系。通过全息干涉获得了物光波在不同状态时的波前比较，并以干涉条纹的方式表征出来。全息干涉计量即是在全息干涉的基础上，通过对全息干涉条纹或条纹相位的分析获得被测物体表面位移或变形信息的一门现代光学计量学科。本节将详细介绍全息计量中几种最常用的检测方法，并对它们的计量原理和特性进行讨论。

6.3.2 全息干涉计量的特点

全息干涉计量利用全息干涉提供了不同状态下物光波波前的比较机会，且这种不同状态物光波之间的差别是以光波波长为比较单位的。因此，全息干涉计量是一种高灵敏度的微位移和变形计量技术。从目前的发展水平来看，全息干涉计量具有如下明显特点。

（1）全息干涉计量是全场、无接触、无损伤、不介入的测量技术。

（2）全息干涉可实现不同时间或不同状态下物体表面位移或变形的比较，而不管物体表面是光滑的还是粗糙漫射的（相对于激光波长）。

（3）全息干涉计量由于在同一光路中记录物体运动或变形的变化信息，因此对光学元件的要求远比传统的白光干涉法低。

（4）全息干涉计量可以应用于任何物体形态的测量，如坚硬固体表面的位移或变形检测，气体、液体等物体的折射率以及流场分布、密度、温度等的检测。

（5）脉冲全息干涉计量可以应用在动态测量中，如振动、快速运动的物体表面及由于某种载荷引起的动态位移或变形。

（6）全息干涉计量对物体表面的形状几乎没有什么限制，只要通过适当的光路安排与特殊光学元件的应用，它也可以对物体表面不同部位的运动和变形进行计量。

（7）全息干涉计量具有极高的计量精度，在理想情况下能达到记录波长的 1/2。若应用相移、外差等技术，分别能达到波长的 1/100 和 1/1 000。

（8）由于全息图能提供三维成像特性，为多视角测量提供了条件。因此，应用全息计量能获得物体表面三维位移与变形信息。

（9）应用全息图的多方向性，可以为光学计算机层析（CT）提供多方向二维投影，从而完成被测物体内部结构或变形的三维测量。

6.3.3 全息干涉计量中的基本假定

为了获得对被测物体准确、有效的计量，在全息干涉计量中一些基本的假定是必需的。

（1）物体表面的位移或变形是微小的，以至于它们的存在不会使全息干涉消失。这一假设保证物体表面的位移或变形在全息干涉计量的可测范围之中。而通常这一被测范围是由激光全息计量时的光路结构、记录系统的空间和时间分辨率极限、检测环境的噪声水平及计量系统光场特性等因素决定。一般全息计量范围为从纳米到数百微米。

（2）在记录与再现过程中，除被测物体外，其他光学元件、记录系统等均不能发生移动或变化。这一假定将确保全息图中记录的全息干涉条纹仅是由于物体表面位移或变形引起的。满足这一条件是保证全息干涉条纹能被唯一、准确解释的前提。

（3）在变形前后物体表面微结构的变化是如此之小，以至于在变形前后由该表面所散射的物光波的振幅没有明显的变化而只是其相位发生了变化。

（4）在本章的叙述中，只涉及由可见激光所参与的全息干涉计量，而关于其他诸如微波全息、超声全息、电子束全息及 X 射线全息等则不在讨论之列。

6.3.4 双曝光全息干涉

双曝光全息干涉方法是全息干涉计量中应用最广泛的定量分析物体表面位移和变形的

测量方法。它将物体变形前后的全息图记录在同一张全息图中，然后再在同一光路中用原参考光再现。正如 6.2.3 节所叙述的那样，在观察方向可以看到在物体表面及其前方空间中由变形前后两个状态的物光波干涉所产生的干涉条纹。图 6.4 所示给出了双曝光全息干涉记录和再现时的光路图，其中图 6.4a 为第一次曝光记录，图 6.4b 为第二次曝光记录，图 6.4c 为物光波波前再现。

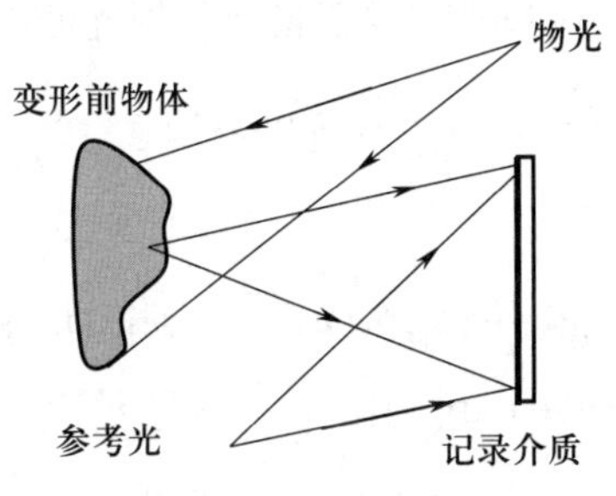

(a) 变形前全息记录 (第一次曝光)

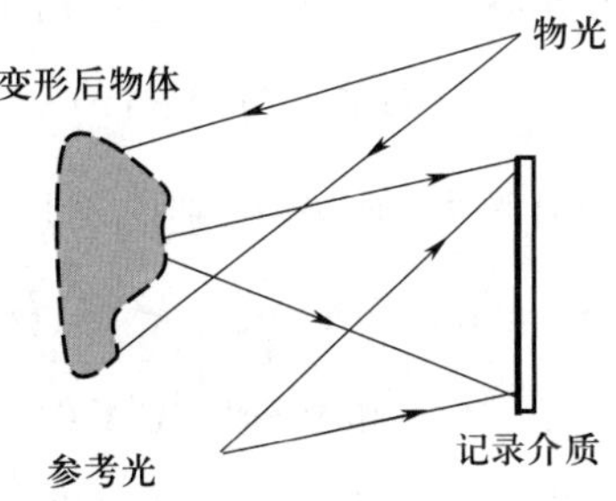

(b) 变形后在同一记录介质上二次曝光

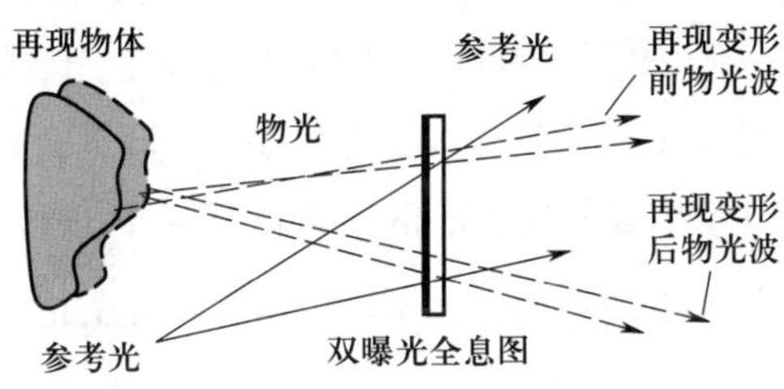

(c) 用原记录系统与参考光再现变形前后物光波

图 6.4 双曝光全息干涉计量基本光路

设参考光波复振幅仍用 $U_{\mathrm{r}}(\boldsymbol{r})$ 表示，物光波变形前后复振幅分别为 $U_{\mathrm{o}}(\boldsymbol{r})$ 及 $U_{\mathrm{o}}'(\boldsymbol{r})$。考虑到上一节的假定，则 $U_{\mathrm{r}}(\boldsymbol{r})$、$U_{\mathrm{o}}(\boldsymbol{r})$ 及 $U_{\mathrm{o}}'(\boldsymbol{r})$ 可分别表示为

$$U_{\mathrm{o}}(\boldsymbol{r}) = a_{\mathrm{o}}(\boldsymbol{r})\exp[\mathrm{j}\phi_{\mathrm{o}}(\boldsymbol{r})] \tag{6.24}$$

$$U_{\mathrm{o}}'(\boldsymbol{r}) = a_{\mathrm{o}}(\boldsymbol{r})\exp[\mathrm{j}\phi(\boldsymbol{r})] \tag{6.25}$$

$$U_{\mathrm{r}}(\boldsymbol{r}) = a_{\mathrm{r}}(\boldsymbol{r})\exp[\mathrm{j}\phi_{\mathrm{r}}(\boldsymbol{r})] \tag{6.26}$$

以上三式中，$\boldsymbol{r}$ 平面为全息图所在平面，$\phi(\boldsymbol{r})$ 为物光波变形后的相位分布。显然，由于物体表面起伏的随机性，式 (6.24) 中物光波在变形前的相位函数 $\phi_{\mathrm{o}}(\boldsymbol{r})$ 是完全随机分布的。经第一次曝光，在全息图上记录的光波复振幅 $A_1(\boldsymbol{r})$ 和强度 $I_1(\boldsymbol{r})$ 可分别表示为

$$A_1(\boldsymbol{r}) = U_{\mathrm{o}}(\boldsymbol{r}) + U_{\mathrm{r}}(\boldsymbol{r}) \tag{6.27}$$

$$I_1(\boldsymbol{r}) = A_1(\boldsymbol{r})A_1^*(\boldsymbol{r}) = [U_{\mathrm{o}}(\boldsymbol{r}) + U_{\mathrm{r}}(\boldsymbol{r})][U_{\mathrm{o}}(\boldsymbol{r}) + U_{\mathrm{r}}(\boldsymbol{r})]^* \tag{6.28}$$

同理，经第二次曝光后，在同一张全息图上获得的复振幅及强度分布为

$$A_2(\boldsymbol{r}) = U_{\mathrm{o}}'(\boldsymbol{r}) + U_{\mathrm{r}}(\boldsymbol{r}) \tag{6.29}$$

$$I_2(\boldsymbol{r}) = A_2(\boldsymbol{r})A_2^*(\boldsymbol{r}) = [U_{\mathrm{o}}'(\boldsymbol{r}) + U_{\mathrm{r}}(r)][U_{\mathrm{o}}'(r) + U_{\mathrm{r}}(r)]^* \tag{6.30}$$

若设两次曝光时间相等，均为 t_0，则在全息图中存储的总能量为

$$B(\boldsymbol{r})=[I_1(\boldsymbol{r})+I_2(\boldsymbol{r})]\cdot t_0 \tag{6.31}$$

应用式 (6.16) 可得该全息图的振幅透射率为

$$T(\boldsymbol{r})=\alpha-\beta B(\boldsymbol{r})=\alpha-\beta t_0[I_1(\boldsymbol{r})+I_2(\boldsymbol{r})] \tag{6.32}$$

用原参考光对式 (6.32) 描述的全息图进行再现，则透过全息图的衍射光波的复振幅为

$$E(\boldsymbol{r})=T(\boldsymbol{r})U_{\mathrm{r}}(\boldsymbol{r})=\alpha U_{\mathrm{r}}-\beta t_0[I_1(\boldsymbol{r})+I_2(\boldsymbol{r})]U_{\mathrm{r}}(\boldsymbol{r}) \tag{6.33}$$

将式 (6.28) 与式 (6.30) 分别代入上式，得

$$\begin{aligned}E(\boldsymbol{r})=&[\alpha-2\beta t_0(a_{\mathrm{o}}^2+a_{\mathrm{r}}^2)]U_{\mathrm{r}}(\boldsymbol{r})-\beta t_0a_{\mathrm{r}}^2a_{\mathrm{o}}\{\exp[\mathrm{j}\phi_{\mathrm{o}}(\boldsymbol{r})]+\exp[\mathrm{j}\phi(\boldsymbol{r})]\}-\\&\beta t_0a_{\mathrm{r}}^2a_{\mathrm{o}}\{\exp[-\mathrm{j}(\phi_{\mathrm{o}}(\boldsymbol{r})-2\phi_{\mathrm{r}}(\boldsymbol{r}))]+\exp[-\mathrm{j}(\phi(\boldsymbol{r})-2\phi_{\mathrm{r}}(\boldsymbol{r}))]\}\end{aligned} \tag{6.34}$$

上式中，第一项为参考光的透射光，它仍沿原参考光束的方向传播；第二项是再现的变形前后物光波的相干叠加，称为一级衍射光；第三项是共轭物光波的相干叠加。由于这三束衍射光沿空间不同的方向传播，因此只要物光波与参考光波的夹角大小适当，即可在不同的方向上接收到三束光波中的任何一束（图 6.4c）。显然，式 (6.34) 中第二项所描述的一级衍射项是全息干涉计量中我们所关心的。若记其为 $\varGamma_1(\boldsymbol{r})$，则可表述为

$$\varGamma_1(\boldsymbol{r})=-\beta t_0\alpha_{\mathrm{r}}^2\alpha_{\mathrm{o}}\{\exp[\mathrm{j}\phi_{\mathrm{o}}(\boldsymbol{r})]+\exp[\mathrm{j}\phi(\boldsymbol{r})]\}=-\beta t_0\alpha_{\mathrm{r}}^2[U_{\mathrm{o}}(\boldsymbol{r})+U_{\mathrm{o}}'(\boldsymbol{r})] \tag{6.35}$$

其强度为

$$\begin{aligned}I(\boldsymbol{r})&=\varGamma_1(\boldsymbol{r})\varGamma_1^*(r)\\&=2\beta^2t_0^2a_{\mathrm{r}}^4a_{\mathrm{o}}^2\{1+\cos[\phi(\boldsymbol{r})-\phi_{\mathrm{o}}(\boldsymbol{r})]\}\\&=I_{\mathrm{o}}\{1+\cos[\phi(\boldsymbol{r})-\phi_{\mathrm{o}}(\boldsymbol{r})]\}\end{aligned} \tag{6.36}$$

式中，$I_{\mathrm{o}}=2\beta^2t_0^2a_{\mathrm{r}}^4a_{\mathrm{o}}^2$。若令 $\phi(\boldsymbol{r})=\phi_{\mathrm{o}}(\boldsymbol{r})+\Delta\phi(\boldsymbol{r})$，则上式可化简为

$$I(\boldsymbol{r})=I_{\mathrm{o}}\{1+\cos[\Delta\phi(\boldsymbol{r})]\}=2I_{\mathrm{o}}\cos^2\frac{\Delta\phi(\boldsymbol{r})}{2} \tag{6.37}$$

$\Delta\phi(\boldsymbol{r})$ 称为物体变形前后由于物光波波前的变化所引入的相位差函数。通过后面的分析将会看到，$\Delta\phi(\boldsymbol{r})$ 是将干涉条纹场与变形物体位移信息连接起来的重要参数。通过对 $\Delta\phi(\boldsymbol{r})$ 的分析，即从干涉条纹图反演得到物体表面的位移或变形数值。

由式 (6.37) 可知，当 $\Delta\phi(\boldsymbol{r})$ 变化时，$I(\boldsymbol{r})$ 以余弦方式周期性变化，且

$$\begin{cases}\Delta\phi(\boldsymbol{r})=2m\pi,\quad m=0,\pm1,\pm2,\cdots,\quad I(\boldsymbol{r})=I_{\max}(\boldsymbol{r})=2I_0\\\Delta\phi(\boldsymbol{r})=(2m+1)\pi,\quad m=0,\pm1,\pm2,\cdots,\quad I(\boldsymbol{r})=I_{\min}(\boldsymbol{r})=0\end{cases} \tag{6.38}$$

这里，当 $I(\boldsymbol{r})=I_{\max}(\boldsymbol{r})$ 时，干涉场展现为亮条纹；当 $I(\boldsymbol{r})=I_{\min}(\boldsymbol{r})$ 时，干涉场则为暗条纹。

分析式 (6.38) 可知，当物体没有位移或变形时，$\Delta\phi(\boldsymbol{r})=0$。此时，条纹场的强度表现

为极大值，即干涉场为亮条纹。该结论表明，在双曝光全息干涉所产生的条纹场中，零级条纹是亮条纹。在全息干涉计量分析中，称这一零级条纹为零移动条纹（zero-motion-fringe），即在整个物体运动或变形过程，只要该处的位移值为零，其对应位置的干涉条纹始终是亮条纹，它不会随着物体的运动或变形而发生移动。双曝光条纹的这一特点对于全息干涉场中零级条纹的确定有很大帮助。

为了衡量干涉场中的条纹质量，可采用通常光学学科中定义的衬度或对比度 V 的概念，即

$$V = \frac{I_{\max}(\boldsymbol{r}) - I_{\min}(\boldsymbol{r})}{I_{\max}(\boldsymbol{r}) + I_{\min}(\boldsymbol{r})} \tag{6.39}$$

显然，由式 (6.39) 所描述的条纹场满足 $V = 1$。这一结果表明，理论上双曝光全息干涉将给出对比度极高的条纹场分布。但是，若考虑到实际成像中由光场、环境、全息记录及处理过程等所引入的噪声，实际的衬度是 $V \leqslant 1$ 的。

6.3.5 实时全息干涉

实时全息干涉技术是利用物体变形前的再现物光波与其表面位移或变形后的物光波进行干涉而形成的全息干涉计量方法。具体计量过程为：首先，对物体在初始状态（变形前）进行一次全息记录，然后将全息干板进行化学处理后并精确复位；最后，让物光继续照射到物体表面，原参考光照射处理后的全息干板。这样，在全息干板后方空间将产生由参考光再现的变形前的物光波与直接照射来的物体表面散射光波发生的干涉。若物体静止不动，这两个物光波是相同的（不考虑记录介质及光学系统等的影响），因此干涉场仅为一均匀暗场，没有条纹分布。但当物体表面发生位移或变形时，将使直接照射到物体表面的物光波相位发生变化，从而与变形前物光波干涉形成一套动态变化的全息干涉条纹。可见，这一干涉方法可以实现物体表面运动与变形的实时测量。通常，通过直接观察或用摄像机即可将动态变化的干涉条纹场记录下来，然后通过条纹处理和分析，最终获得所对应的动态位移分布。下面通过理论推导，对实时全息干涉过程及其所包含的干涉场信息进行分析和讨论。

由式 (6.27) 与式 (6.28) 可知，第一次曝光后在全息记录介质上记录的干涉场强度为 $I_1(\boldsymbol{r})$，经化学处理并严格复位后，其振幅透射率为

$$T(\boldsymbol{r}) = \alpha - \beta t_0 I_1(\boldsymbol{r}) \tag{6.40}$$

当用原参考光再照明全息图时，在全息干板后方空间的衍射场复振幅 $A_1(\boldsymbol{r})$ 为

$$A_1(\boldsymbol{r}) = T(\boldsymbol{r})[U_{\mathrm{r}}(\boldsymbol{r}) + U'_{\mathrm{o}}(\boldsymbol{r})] \tag{6.41}$$

将式 (6.28) 与式 (6.40) 分别代入上式即得

$$A_1(\boldsymbol{r}) = [\varepsilon - \beta t_0 U'_{\mathrm{o}}(\boldsymbol{r}) U^*_{\mathrm{o}}(\boldsymbol{r})] U_{\mathrm{r}}(\boldsymbol{r}) + [\varepsilon U'_{\mathrm{o}}(\boldsymbol{r}) - \beta t_0 |U_{\mathrm{r}}(\boldsymbol{r})|^2 U_{\mathrm{o}}(\boldsymbol{r})] -$$

$$\beta t_0[U_{\mathrm{r}}^2(\boldsymbol{r})U_{\mathrm{o}}^*(\boldsymbol{r})+U_{\mathrm{o}}(\boldsymbol{r})U_{\mathrm{o}}'(\boldsymbol{r})U_{\mathrm{r}}^*(\boldsymbol{r})] \tag{6.42}$$

式中

$$\varepsilon=\alpha-\beta t_0[|U_{\mathrm{o}}(\boldsymbol{r})|^2+|U_{\mathrm{r}}(\boldsymbol{r})|^2]=\alpha-\beta t_0(a_{\mathrm{o}}^2+a_{\mathrm{r}}^2) \tag{6.43}$$

可见，透过此全息图的衍射项要比式 (6.34) 复杂得多。提取式 (6.42) 中感兴趣的一级衍射项（第二项）有

$$\varGamma_1(\boldsymbol{r})=\varepsilon U_{\mathrm{o}}'(\boldsymbol{r})-\beta t_0|U_{\mathrm{r}}(r)|^2U_{\mathrm{o}}(\boldsymbol{r})=\varepsilon U_{\mathrm{o}}'(r)-\beta t_0a_{\mathrm{r}}^2U_{\mathrm{o}}(\boldsymbol{r}) \tag{6.44}$$

其强度为

$$I(\boldsymbol{r})=\varGamma_1(\boldsymbol{r})\varGamma_1^*(\boldsymbol{r})=(\varepsilon^2+\beta^2t_0^2a_{\mathrm{r}}^4)a_{\mathrm{o}}^2-2\varepsilon\beta t_0a_{\mathrm{r}}^2a_{\mathrm{o}}^2\cos[\phi(\boldsymbol{r})-\phi_{\mathrm{o}}(\boldsymbol{r})] \tag{6.45}$$

若在实验中通过调整参考光束强度、曝光时间等参数，使下式近似成立：

$$I_{\mathrm{o}}=(\varepsilon^2+\beta^2t_0^2a_{\mathrm{r}}^4)\approx 2\varepsilon\beta t_0a_{\mathrm{r}}^2 \tag{6.46}$$

则式 (6.45) 可简化为

$$\begin{aligned}I(\boldsymbol{r})&\approx I_{\mathrm{o}}\{1-\cos[\phi(\boldsymbol{r})-\phi_{\mathrm{o}}(\boldsymbol{r})]\}\\&=I_{\mathrm{o}}\{1-\cos[\Delta\phi(\boldsymbol{r})]\}=2I_{\mathrm{o}}\sin^2\frac{\Delta\phi(\boldsymbol{r})}{2}\end{aligned} \tag{6.47}$$

可见，式 (6.47) 与式 (6.37) 具有相同的形式，但条纹分布正好相反。因此，实时全息干涉在零级条纹时取极小值，即在零位移处条纹场呈现零级条纹，即黑条纹。

由上述推导过程可以看到，在全息图的衍射项中包含了很多项，且衍射项中用于全息干涉的两个物光波将直接受到全息图衍射效率的影响，表现在式 (6.44) 中两个物光波具有不同的振幅分布。这反映了实时全息图中由于记录介质在曝光前后处于不同的状态（化学冲洗前后），从而导致两个物光波幅度的差别。在实际情况中，一般是再现的初始物光波较弱，因此需提高参考光的强度，同时略微降低直接散射物光波（变形后物光波）的强度，即令式 (6.46) 近似成立，这样可获得对比度比较满意的实时全息条纹图。另外，也可以将银盐干板记录的振幅型全息图通过用 5% 的铁氰化钾溶液漂白后，使其成为相位型全息图，以提高衍射效率，改善实时全息干涉条纹质量。

在实时全息图中，另外一个需要注意的问题是全息干板的复位问题。一般其位置精度应在记录波长的几分之一，这样高的复位精度一般随意地拿放是不能保证的，通常的办法是在第一次曝光后直接在全息干板所在位置原位进行显影与定影，然后待其晾干后再进行实时观察。另一种办法是设计一些精细的复位装置来达到复位精度要求。另外需要注意的是，在实时全息干涉中，若用银盐干板进行记录，在第一次曝光后，经过化学处理，银盐干板的乳胶面可能收缩，从而在进行实时观察时看到的可能是有初始条纹的干涉场，这点在实际检测中要注意克服或在条纹处理中予以消除。目前，可以用一些新型的记录材料进行实时全息干涉记录，如光导热塑料等。由于它可以在原位进行曝光显影，且速度较快，又

能制成高衍射率的相位全息图，因此受到广泛欢迎。图 6.5 所示为实时全息图的记录和再现过程，其中为明显起见图 6.5b 所示仅给出虚像的再现物光波。

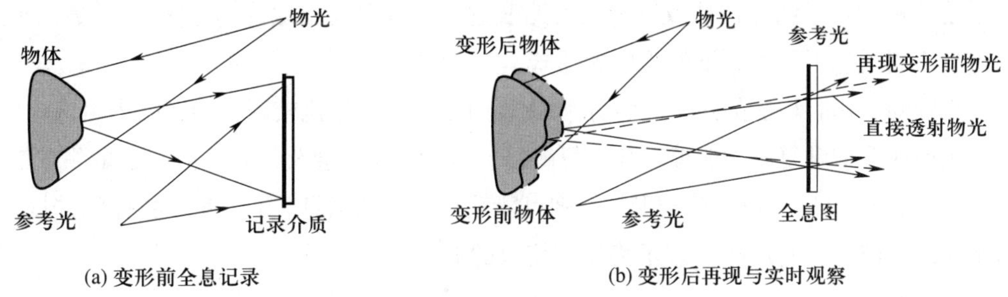

图 6.5 实时全息图的记录和再现

6.3.6 时间平均全息干涉

在前文中，分别介绍了物体在静态或不规则运动和变形状态时用全息干涉进行计量的方法。在实际检测中，人们往往会碰到物体表面的振动测量。此时，物光波的波函数不仅与物体表面的位置有关，而且还是时间的规则函数，即

$$U_{\mathrm{o}}(\boldsymbol{r},t)=a_{\mathrm{o}}(\boldsymbol{r})\exp[\mathrm{j}\phi_{\mathrm{o}}(\boldsymbol{r})]\exp[\mathrm{j}\phi(\boldsymbol{r},t)] \tag{6.48}$$

显然，在上式中等式右边前两部分为静态时的物光波复振幅。当将式 (6.48) 所表示的物光波与参考光干涉进行全息记录时，在曝光时间 t_0 内全息记录介质所获得的能量为

$$\begin{aligned}I_1(\boldsymbol{r})&=\frac{1}{t_0}\int_0^{t_0}[(U_{\mathrm{o}}+U_{\mathrm{r}})(U_{\mathrm{o}}+U_{\mathrm{r}})^*]\mathrm{d}t\\&=[a_{\mathrm{o}}^2(\boldsymbol{r})+a_{\mathrm{r}}^2(\boldsymbol{r})]+a_{\mathrm{o}}(\boldsymbol{r})U_{\mathrm{r}}^*(\boldsymbol{r})\exp[\mathrm{j}\phi_{\mathrm{o}}(\boldsymbol{r})]\cdot\\&\quad t_0^{-1}\int_0^{t_0}\exp[\mathrm{j}\phi(\boldsymbol{r},t)]\mathrm{d}t+a_{\mathrm{o}}(\boldsymbol{r})U_{\mathrm{r}}(\boldsymbol{r})\exp[-\mathrm{j}\phi_{\mathrm{o}}(\boldsymbol{r})]t_0^{-1}\int_0^{t_0}\exp[-\mathrm{j}\phi(\boldsymbol{r},t)]\mathrm{d}t\end{aligned} \tag{6.49}$$

此时，全息图的透射率函数 $T(\boldsymbol{r})$ 为

$$T(\boldsymbol{r})=\alpha-\beta t_0I_1(\boldsymbol{r}) \tag{6.50}$$

将式 (6.49) 代入上式，并以原参考光再现，则其一级衍射光波为

$$\varGamma_1(\boldsymbol{r})=-\beta t_0a_{\mathrm{r}}^2a_{\mathrm{o}}\exp[\mathrm{j}\phi_{\mathrm{o}}(\boldsymbol{r})]\frac{1}{t_0}\int_0^{t_0}\exp[\mathrm{j}\phi(\boldsymbol{r},t)]\mathrm{d}t \tag{6.51}$$

其强度分布为

$$\begin{aligned}I(\boldsymbol{r})=\varGamma_1\varGamma_1^*&=\beta^2t_0^2a_{\mathrm{r}}^4a_{\mathrm{o}}^2\left|\frac{1}{t_0}\int_0^{t_0}\exp[\mathrm{j}\phi(\boldsymbol{r},t)]\mathrm{d}t\right|^2\\&=cI_{\mathrm{o}}\left|\frac{1}{t_0}\int_0^{t_0}\exp[\mathrm{j}\phi(\boldsymbol{r},t)]\mathrm{d}t\right|^2\end{aligned} \tag{6.52}$$

式中：c 为常系数；$I_o = 2\beta^2 a_r^4 a_o^2 t_0^2$ 为静态时光场强度。

可见，再现光场为受到时间相位函数调制的物光波干涉。事实上，式 (6.52) 可以看成全息干涉计量中记录物体位移或变形的普遍表达式，只要适当地选择 $\phi(\boldsymbol{r}, t)$ 函数的形式，即可得到不同全息干涉方式下的强度表达式。

毫无疑问，用时均法的式 (6.52) 求物体表面复杂运动是比较困难的，因为由该式所表达的一级衍射项非常复杂，很难对其进行解释，因而也就不会获得有价值的定量测量信息。但是，若 $\phi(\boldsymbol{r}, t)$ 具有比较简单的形式，则可能获得有用的信息。下面将以物体的谐振动为例给予讨论。此时，$\phi(\boldsymbol{r}, t)$ 可表示为如下简单的形式：

$$\phi(\boldsymbol{r}, t) = \frac{2\pi}{\lambda} b_o(\boldsymbol{r}) \sin(\omega_v t) \tag{6.53}$$

式中：$b_o(\boldsymbol{r})$ 为谐振动振幅；λ 为照明光波长；ω_v 为谐振动的角频率。

将上式代入式 (6.52) 有

$$I(\boldsymbol{r}) = cI_o \left| \frac{1}{t_0} \int_0^{t_0} \exp\left[\mathrm{j}\frac{2\pi}{\lambda} b_o(\boldsymbol{r}) \sin(\omega_v t) \right] \mathrm{d}t \right|^2 = cI_o \mathrm{J}_0^2 \left[\frac{2\pi}{\lambda} b_o(\boldsymbol{r}) \right] \tag{6.54}$$

式 (6.54) 中：$\mathrm{J}_0(b_o)$ 为零阶 Bessel 函数，且在计算中假定 $t_0 \gg \dfrac{2\pi}{\omega_v}$，即全息测量中曝光时间远大于物体的振动周期。

式 (6.54) 表明，在谐振条件下，全息干涉获得的条纹场为物体的等振幅曲线，且条纹场强度的最大值在 $b_o(\boldsymbol{r}) = 0$ 处，即振幅为零的地方。这使人们很容易找到振动物体表面的节线位置，其他级亮条纹由于零阶贝塞尔函数的特性，其强度很快衰减而无法分辨。表 6.1 为零阶 Bessel 函数随其宗量变化的数值。

表 6.1　零阶 Bessel 函数随其宗量变化的数值

$b_o(\boldsymbol{r})$	$\mathrm{J}_0^2(b_o)$	$b_o(\boldsymbol{r})$	$\mathrm{J}_0^2(b_o)$
0	1	13.323 7	0.047 7
2.404 8	0	14.930 9	0
3.831 7	0.162 2	16.470 6	0.039 4
5.520 1	0	18.071 1	0
7.015 6	0.090 1	19.615 9	0.032 4
8.653 7	0	21.211 6	0
10.173 5	0.062 4	22.760 1	0.028 0
11.789 5	0		

最后需要指出的是，时间平均法全息干涉给出的不是振动物体表面的振型分布，而只是给出等振幅线。只有在具有单一共振频率时，给出的才是振型，其他复杂振动情况下给出的只是各点的振幅等值线。

6.3.7 频闪全息干涉

在前文所讨论的全息干涉方法中，条纹场给出的均为位移或振幅的等值线信息。这对于诸如振动计量中需要获得的相位信息就显得无能为力。为此，频闪光学检测技术被引入全息干涉中。这种方法的思路是：当用激光全息进行振动测量时，将连续激光照明改为脉冲照明，即频闪照明，而且设置激光束的频闪周期与振动物体表面振动周期相同。图 6.6 所示为其时序图，这时对频闪光束来说物体就如同静止一样。这样在进行双曝光后，其一级衍射强度与式 (6.36) 相同，即

$$I(\boldsymbol{r}) = I_{\mathrm{o}}\{1 + \cos[\phi(\boldsymbol{r},t) - \phi_{\mathrm{o}}(\boldsymbol{r})]\} \tag{6.55}$$

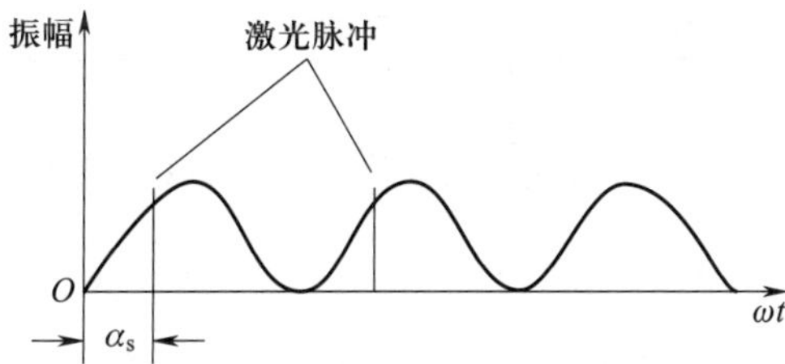

图 6.6　频闪全息干涉时序图

由于此时物体表面为振动状态，借助 6.3.6 节中的关系式，有

$$\phi(\boldsymbol{r},t) - \phi_{\mathrm{o}}(\boldsymbol{r}) = \frac{2\pi}{\lambda} b_0(\boldsymbol{r}) \sin\omega_{\mathrm{v}} t_{\mathrm{s}} = \frac{2\pi}{\lambda} b_{\mathrm{o}}(\boldsymbol{r}) \sin\alpha_{\mathrm{s}} \tag{6.56}$$

将式 (6.55) 代入上式，即得频闪全息干涉的强度分布为

$$I(\boldsymbol{r}) = I_{\mathrm{o}}\left\{1 + \cos\left[\frac{2\pi}{\lambda} b_0(\boldsymbol{r}) \sin\alpha_{\mathrm{s}}\right]\right\} \tag{6.57}$$

式中：t_{s} 为频闪时的时间；$\alpha_{\mathrm{s}} = \omega_{\mathrm{v}} t_{\mathrm{s}}$ 为振动在 t_{s} 时刻的相位。

于是，通过控制 α_{s}，不但可以获得振动时的振幅、振幅极大值，而且可以用来研究振动物体上各处的空间相位关系。同时，由式 (6.57) 可见，此时条纹场为一余弦函数。因此，其高阶条纹函数不会像零阶 Bessel 函数那样强度快速下降。另外，频闪全息方法也可以方便地应用于物体的瞬态运动与变形检测。

一个有意义的扩展是将频闪法与实时法相结合，可以获得如下一级衍射强度输出：

$$I(\boldsymbol{r}) = I_{\mathrm{o}}\left\{1 - \sin\left[\frac{2\pi}{\lambda} b_{\mathrm{o}}(\boldsymbol{r}) \sin\alpha_{\mathrm{s}}\right]\right\} \tag{6.58}$$

6.3.8 变形场与干涉条纹的定量关系

当用上述任何一种全息干涉方法获得一张全息干涉图后，接下来需要解决的问题就是找出由这一全息图所携带的干涉条纹与其所对应的物体表面上某点的位移或应变存在的关

系，即怎样由这些干涉条纹来计量物体表面对应的位移或应变。本节通过对不透明漫射物体的位移或变形的分析，讨论干涉条纹场和物体表面运动变形之间的关系。

如图 6.7 所示，对于漫射物体表面上的任意点 P，若变形后由 P 点位移到 P_1 点，则对于处在 Q 点的观察者来说，由于 P 点在变形前后的位移所产生的相位变化 $\Delta\phi(P)$ 为

$$\Delta\phi(P) = \frac{2\pi}{\lambda}\Delta(P) \tag{6.59}$$

式中：$\Delta(P)$ 为物体变形前后引起的光程差。

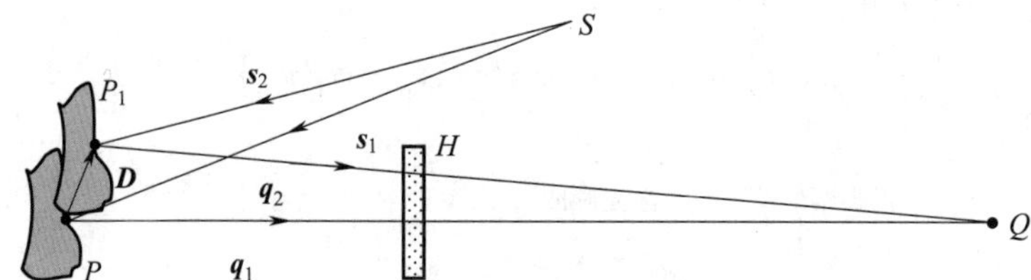

图 6.7　漫射物体表面位移或变形与干涉条纹场的关系

由图 6.7 可知

$$\Delta(P) = (SP + PQ) - (SP_1 + P_1Q) = \boldsymbol{s}_1 \cdot \overrightarrow{SP} + \boldsymbol{q}_1 \cdot \overrightarrow{PQ} - \boldsymbol{s}_2 \cdot \overrightarrow{SP}_1 - \boldsymbol{q}_2 \cdot \overrightarrow{P_1Q} \tag{6.60}$$

式中：$\boldsymbol{s}_1$ 与 $\boldsymbol{s}_2$ 分别为照明方向的单位矢量；$\boldsymbol{q}_1$ 与 $\boldsymbol{q}_2$ 为观察方向的单位矢量；$\overrightarrow{SP}$ 与 $\overrightarrow{SP_1}$ 分别为由 S 到 P 及由 S 到 P_1 的矢量，方向分别与 $\boldsymbol{s}_1$ 与 $\boldsymbol{s}_2$ 相同。同理，$\overrightarrow{PQ}$ 与 $\overrightarrow{P_1Q}$ 分别为 P 到 Q 及 P_1 到 Q 的矢量，方向分别与 $\boldsymbol{q}_1$、$\boldsymbol{q}_2$ 相同。令

$$\boldsymbol{s} = \frac{1}{2}(\boldsymbol{s}_1 + \boldsymbol{s}_2), \quad \Delta\boldsymbol{s} = \frac{1}{2}(\boldsymbol{s}_1 - \boldsymbol{s}_2) \tag{6.61}$$

$$\boldsymbol{q} = \frac{1}{2}(\boldsymbol{q}_1 + \boldsymbol{q}_2), \quad \Delta\boldsymbol{q} = \frac{1}{2}(\boldsymbol{q}_1 - \boldsymbol{q}_2) \tag{6.62}$$

式中：$\boldsymbol{s}$ 与 $\boldsymbol{q}$ 为单位和矢量；$\Delta\boldsymbol{s}$ 与 $\Delta\boldsymbol{q}$ 为单位差矢量。

设 $\boldsymbol{D}$ 为位移矢量，由图 6.7 可知

$$\overrightarrow{SP_1} - \overrightarrow{SP} = \boldsymbol{D} \tag{6.63}$$

$$\overrightarrow{PQ} - \overrightarrow{P_1Q} = \boldsymbol{D} \tag{6.64}$$

将上述诸式代入式 (6.60) 有

$$\begin{aligned}\Delta(P) &= (\boldsymbol{s} + \Delta\boldsymbol{s}) \cdot \overrightarrow{SP} + (\boldsymbol{q} + \Delta\boldsymbol{q}) \cdot \overrightarrow{PQ} - (\boldsymbol{s} - \Delta\boldsymbol{s}) \cdot \overrightarrow{SP_1} - (\boldsymbol{q} - \Delta\boldsymbol{q}) \cdot \overrightarrow{P_1Q} \\ &= \boldsymbol{D} \cdot \boldsymbol{q} - \boldsymbol{D} \cdot \boldsymbol{s} + \Delta\boldsymbol{s} \cdot (\overrightarrow{SP} + \overrightarrow{SP_1}) + \Delta\boldsymbol{q} \cdot (\overrightarrow{PQ} + \overrightarrow{P_1Q})\end{aligned} \tag{6.65}$$

如前文假设的那样，由于 $\boldsymbol{D}$ 与计量系统的特征长度相比非常微小，即 $|\boldsymbol{D}| \ll (|\overrightarrow{SP}|, |\overrightarrow{PQ}|, |\overrightarrow{SP_1}|, |\overrightarrow{P_1Q}|)$，因此，$\Delta\boldsymbol{s}$ 与 $\Delta\boldsymbol{q}$ 也非常小，且几乎分别与 $(\overrightarrow{SP} + \overrightarrow{SP_1})$ 和 $(\overrightarrow{PQ} + \overrightarrow{P_1Q})$ 垂直，于是式 (6.65) 可近似表达为

$$\Delta(P) = \boldsymbol{D}(P) \cdot [\boldsymbol{q}(P) - \boldsymbol{s}(P)] \tag{6.66}$$

将上式代入式 (6.59)，有

$$\Delta\phi(P)=\frac{2\pi}{\lambda}\boldsymbol{D}(P)\cdot[\boldsymbol{q}(P)-\boldsymbol{s}(P)]=\frac{2\pi}{\lambda}\boldsymbol{e}(P)\cdot\boldsymbol{D}(P) \tag{6.67}$$

式中

$$\boldsymbol{e}(P)=\boldsymbol{q}(P)-\boldsymbol{s}(P) \tag{6.68}$$

$\boldsymbol{e}(P)$ 称为灵敏度矢量，它是观察方向单位和矢量与入射方向单位和矢量之差，它仅与全息计量系统的光路安排有关。可见，式 (6.67) 将干涉条纹场的相位函数与物体表面位移联系起来了。该式表明，干涉条纹场的相位函数仅与灵敏度矢量和位移矢量的点积有关，即在物体表面上每一点干涉测量的仅为位移函数在灵敏度矢量方向的投影。显然，若位移方向与灵敏度方向垂直，则不管位移幅度有多大，均不会引起干涉场相位的变化，从而也不会对干涉场条纹的分布产生影响。另外，式 (6.67) 还隐含着一个事实，那就是由一张全息图来确定物体表面位移或变形时，由于观察方向的不同，会造成同一位移将对应不同的条纹分布。这一特点为条纹场分析既带来了灵活性，但同时也带来了条纹定域不确定的麻烦。

式 (6.67) 是用全息干涉计量技术分析漫射物体表面位移或变形的基本方程。它可以应用到多种场合，表现为不同的形式，是一个很重要的关系式。以下是其分量形式：

$$\boldsymbol{D}(P)=[D_x(P)\quad D_y(P)\quad D_z(P)] \tag{6.69}$$

$$\boldsymbol{s}(P)=\begin{bmatrix}s_x(P)\\s_y(P)\\s_z(P)\end{bmatrix}\frac{1}{[(x_P-x_S)^2+(y_P-y_S)^2+(z_P-z_S)^2]^{1/2}}\begin{bmatrix}x_P-x_S\\y_P-y_S\\z_P-z_S\end{bmatrix} \tag{6.70}$$

$$\boldsymbol{q}(P)=\begin{bmatrix}q_x(P)\\q_y(P)\\q_z(P)\end{bmatrix}\frac{1}{[(x_Q-x_P)^2+(y_Q-y_P)^2+(z_Q-z_P)^2]^{1/2}}\begin{bmatrix}x_Q-x_P\\y_Q-y_P\\z_Q-z_P\end{bmatrix} \tag{6.71}$$

式中：(x_S,y_S)、(x_P,y_P) 和 (x_Q,y_Q) 分别为照明光源 S、检测点 P 以及观察点 Q 的位置坐标。

6.4 数字全息计量

6.4.1 概述

从前述各节的讨论可以看到，全息术是一个记录和再现波前的光学过程。它可以分为两步：第一步为全息图的记录，即来自物体表面漫射的物光波与参考光波在记录介质平面的干涉过程。在这一过程中，来自物光波的振幅与相位信息被复杂地编码在全息图中。第二步为物光波的衍射再现过程，此时全息图被参考光单独照明，物光波即通过全息图衍射被重现出来。在这两个过程中，全息图的记录介质起到了信息的存储作用，而信息的表征则是通过参考光对全息图的衍射再现来实现的。毫无疑问，全息术的这种实现过程对于物光波信息的记录和再现来说是完备的，但对物光波信息的识别却是不利的，即其振幅和相位函数是无法从全息图中获得的，而仅仅由再现物光波获得的强度方式记录下来，因而无法获得其相位信息。即使在双曝光过程中，物光波相位和变化也必须从复杂的再现强度条纹场中去辨识。数字全息术（digital holography，DH）的出现，可以使人们直接用数字化图像设备记录和处理全息图，避免了传统全息照相中的化学处理，既简化了处理过程，更便于用数字图像处理的方式改进图像质量和提取光波的相位信息，进而获得被测物体的位移和变形信息。本节将简要介绍数字全息术的发展和数字全息计量的基本原理。

数字全息术最早是由古德曼（Goodman）和劳伦斯（Lawrence）在 1967 年提出的，其基本原理是用光敏电子成像器件代替传统全息记录材料（全息干板）记录全息图，再用计算机模拟实现全息图数字再现，取代实验中光学衍射来完成所记录波前的光学再现。因此，实现了全息图记录、存储和再现全过程的数字化，给全息技术的发展和应用增加了新的内容。

全息图的数值重建工作最早由雅罗斯拉夫斯基（L. P. Yaroslavskii）等人在 20 世纪 70 年代初期发起。他们对记录在照相底板上的在线傅里叶全息图光学放大并进行采样，实现了这些“常规”全息图的数字化方式重建。随后，斯科特（P. D. Scott）和奥努拉尔（L. Onural）等改进了重建算法，并将该方法应用于粒子测量。然而，由于受到当时光敏电子成像器件和计算机计算能力的制约，数字全息术在提出后很长的一段时间内一直没有重要的进展。直到 20 世纪 90 年代后期，随着高分辨率光电耦合器件（CCD）等电子成像器件的出现和计算机技术的进步，数字全息术才受到更多研究者的重视，一些主要的研究工作，例如施纳尔（U. Schnars）利用计算机模拟了光学全息的再现过程；克瑞斯（T. M. Kreis）等人通过卷积算法来进行数字再现；金（M. K. Kim）利用波长扫描原理，将不同波长照明光下记录的数字全息图利用菲涅耳衍射原理分别进行数值再现；山口（I. Yamaguchi）等人提出将相移技术应用于同轴全息中；于普特纳（W. P. O. Jüptner）等将数字全息图的强度与其强度分布的均值相减而获得新的数字全息图；库切（E. Cuche）等人进一步通过构造滤波器在频域中将零级像和孪生像所对应的频谱都滤掉，从而提高了再现像的质量。截至目前，数字全息术在重建方法和应用领域均获得了长足的发展。

6.4.2 全息图的数字化记录与再现

在数字化全息中，用 CCD 作为记录介质，如图 6.8a 所示。此时全息图以数字图像的方式记录并存储到与 CCD 相连的计算机数字图像系统中。若在记录过程中，让物体距 CCD 靶面的距离 z_0 足够大，这时在 CCD 靶面上所记录的全息图即菲涅耳全息图（fresnel hologram)。可见，数字全息图的记录和光学全息图记录过程一样，只是此时用 CCD 作为记录介质，从而获得的是一幅数字化全息图。

为了再现这一数字化全息图，可以用数字化模拟光学衍射的再现过程，即对记录的数字化全息图进行数字化菲涅耳衍射积分，如图 6.8b 所示。

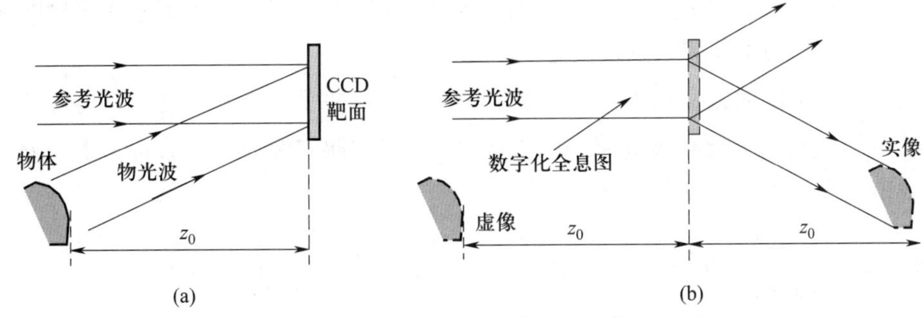

图 6.8 数字化全息图的光学记录和数字再现

为了给出数字化全息图的重建关系，分别建立如图 6.9 所示的实像和虚像再现光路。对于图 6.9a 所示的实像衍射光路，其衍射光场的复振幅可表示为如下菲涅耳衍射积分形式：

$$\Gamma(\xi,\eta,z_0)=\frac{A_{\mathrm{R}}}{j\lambda z_0}\exp\left(\mathrm{j}\frac{2\pi}{\lambda}z_0\right)\exp\left(\mathrm{j}\frac{2\pi}{\lambda z_0}(\xi^2+\eta^2)\right)\cdot$$
$$\int_{-\infty}^{\infty}\int_{-\infty}^{\infty}T(x,y)\exp\left[\mathrm{j}\frac{\pi}{\lambda z_0}(x^2+y^2)\right]\exp\left[-\mathrm{j}\frac{2\pi}{\lambda z_0}(x\xi+y\eta)\right]\mathrm{d}x\mathrm{d}y \qquad (6.72)$$

式中：A_{R} 为重建参考光波幅值；$T(x,y)$ 为数字化全息图的振幅透射率函数。

在数字化记录时，$T(x,y)$ 被 CCD 离散为 $N\times M$ 个光电信号，经过图像处理系统量化后由计算机存储为 $N\times M$ 数据矩阵。其中，数据矩阵中的每一个数据点代表了 CCD 相应矩形光敏单元（像素）的平均光场强度输出。

若设 Δx 与 Δy 分别为 CCD 矩形光敏单元的离散周期，$\Delta\xi$ 与 $\Delta\eta$ 为重建物面上的离散周期，则式 (6.72) 的离散化数字方式为

$$\Gamma(m,n,z_0)=\frac{A_{\mathrm{R}}}{\mathrm{j}\lambda z_0}\exp\left(\mathrm{j}\frac{2\pi z_0}{\lambda}\right)\exp\left(\mathrm{j}\pi\lambda z_0\left(\frac{m^2}{N^2\Delta x^2}+\frac{n^2}{M^2\Delta y^2}\right)\right)\cdot$$
$$\sum_{k=0}^{N-1}\sum_{l=0}^{M-1}T(k,l)\exp\left[\mathrm{j}\frac{\pi}{\lambda z_0}(k^2\Delta x^2+l^2\Delta y^2)\right]\exp\left[-\mathrm{j}2\pi\left(\frac{km}{N}+\frac{ln}{M}\right)\right]$$
$$m=0,1,\cdots,N-1;\quad n=0,1,\cdots,M-1; \qquad (6.73)$$

由上式可见，重建实像为全息图函数与指数函数积的傅里叶变换。因此，可以借助快速傅里叶变换计算上式。上式中求和号部分也称为菲涅耳变换。由式 (6.73) 得其强度为

$$I(m,n,z_0)=|\Gamma(m,n,z_0)|^2=\mathrm{Re}^2[\Gamma(m,n,z_0)]+\mathrm{Im}^2[\Gamma(m,n,z_0)] \qquad (6.74)$$

相位函数为

$$\phi(m,n,z_0)=\arctan\frac{\mathrm{Im}[\Gamma(m,n,z_0)]}{\mathrm{Re}[\Gamma(m,n,z_0)]} \tag{6.75}$$

式中：Re 和 Im 分别为 $\Gamma(m,n,z_0)$ 的实部与虚部。

这样由式 (6.73)～式 (6.75) 即可直接计算出再现像的振幅、相位及强度场。尤其是式 (6.75) 相位场的直接计算对全息计量是非常重要的。它使物体变形前后相位场的变化可被直接计算出来，而不需要去判读全息干涉条纹。

以上讨论了实像的数字化再现，对于虚像也可以用数字化方式再现，其再现坐标系统如图 6.9b 所示。此时只要在该光路中插入物透镜，将虚像成像于观察平面。对于成像系统，若设其获得放大率为 1 的成像，则有

$$\begin{aligned}\Gamma(m,n,z_0)=&\frac{A_{\mathrm{R}}}{\mathrm{j}\lambda z_0}\exp\left(\mathrm{j}\frac{2\pi z_0}{\lambda}\right)\exp\left(\mathrm{j}\pi\lambda z_0\left(\frac{m^2}{N^2\Delta x^2}+\frac{n^2}{M^2\Delta y^2}\right)\right)\cdot\\&\sum_{k=0}^{N}\sum_{l=0}^{M-1}T(k,l)\exp\left[-\mathrm{j}\frac{\pi}{\lambda z_0}(k^2\Delta x^2+l^2\Delta y^2)\right]\exp\left[-\mathrm{j}2\pi\left(\frac{km}{N}+\frac{ln}{M}\right)\right]\end{aligned} \tag{6.76}$$

比较式 (6.73) 与式 (6.76) 可见，它们差别仅在于与 $T(k,l)$ 相乘的指数函数的符号相反。

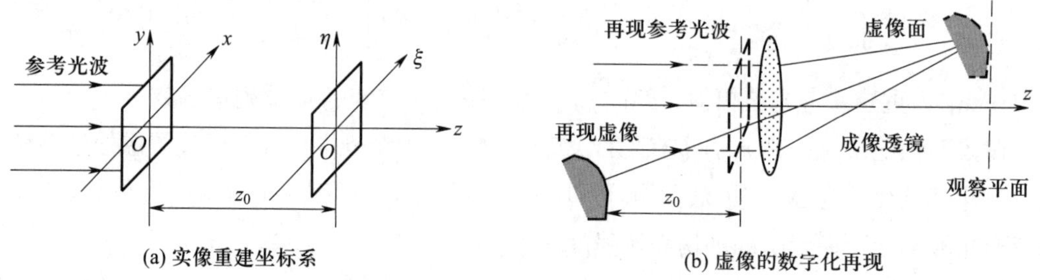

(a) 实像重建坐标系　　(b) 虚像的数字化再现

图 6.9　数字全息像再现重坐标系

6.4.3　数字化全息干涉计量

对于物体运动或变形的检测来说，人们所关心的是相位信息，即物体表面运动、变形或状态变化所引起的相位差函数，因为在该函数中包含了待测的物理或力学参量。对于常规的双曝光全息干涉来说，相位差函数是以再现全息图中物体变形前后所引起的干涉条纹表征的，而在数字化全息干涉中其计算结果则是变形前后各物光波的数字化相位信息，并被分别独立地存储在计算机内存中。因此，人们有机会以两种不同的方式获得干涉场的相位差信息。

1. 等效双曝光干涉

在这种方式下，可按双曝光干涉图产生的机理，把由 CCD 记录的变形前后分别存储

的两个干涉场由计算机产生叠加运算，从而产生双曝光全息干涉图，即

$$T(x,y) = T_1(x,y) + T_2(x,y) \tag{6.77}$$

然后将上式代入式 (6.73) 或式 (6.76)，即可求得双曝光重建干涉条纹场，并由条纹场获得物体运动或变形信息。

2. 相位函数相减法

正如式 (6.75) 所指出的那样，由数字化记录的全息图可以直接计算出物光波的相位函数。因此，若把变形前后两个物光波的相位函数都计算出来，则其相位差函数可由下式计算：

$$\phi(\xi,\eta) = \begin{cases} \phi_1(\xi,\eta) - \phi_2(\xi,\eta) & \phi_1 \geqslant \phi_2 \\ \phi_1(\xi,\eta) - \phi_2(\xi,\eta) + 2\pi & \phi_1 < \phi_2 \end{cases} \tag{6.78}$$

上述两种数字化全息干涉计量方法的计算过程，可参看如下计量流程图（图 6.10）。

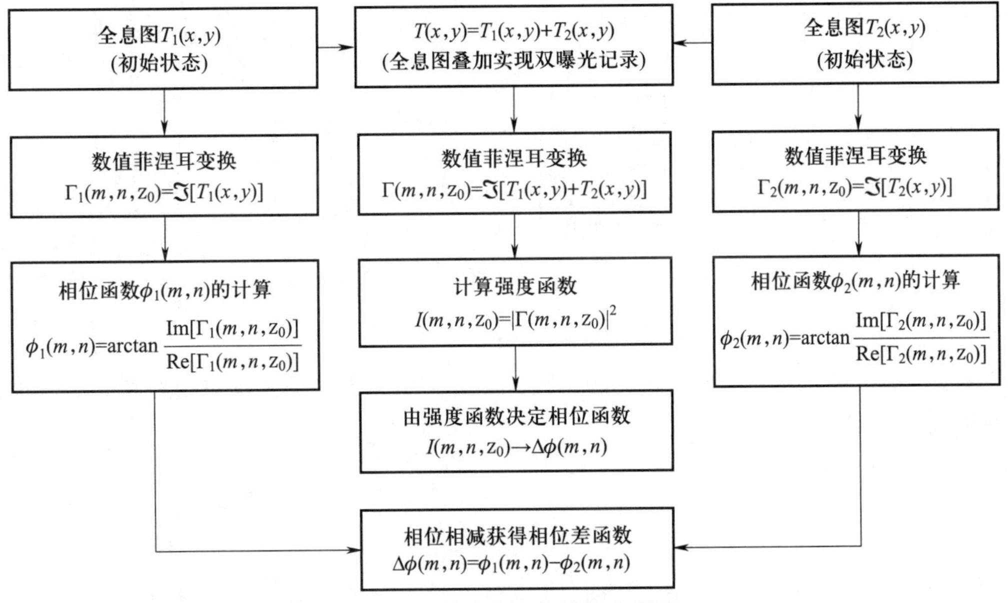

图 6.10 数字化全息计量流程图

数字化全息术可以应用于离轴全息术、同轴全息术，可以应用于位移、变形及位移梯度等的检测。图 6.11 所示分别为数字化离轴全息获得的全息图与物体再现像。它是对一个写有“清华大学”的字条进行数字化全息记录和再现的结果，其中的参数为：物体距 CCD 靶面距离为 1.05 m，参物光夹角为 3.32°，CCD 像素大小为 20 μm × 20 μm。

以上各节介绍了数字化全息术的发展历史、基本原理以及计量方法。可以看到，作为一种数字化计量方式，它对于快速、高精度的信息检测是非常方便的。但从实现过程来看，由于目前数字化记录器件分辨率水平的限制，它在条纹质量、测量物体尺寸方面还无法与常规全息术相比。目前，数字化全息术在显微全息技术方面发展迅速，相信随着电子器件水平的提高，数字化全息术将会有更进一步的发展。

图 6.11 数字化全息图及其离轴全息再现像

习题

6.1 简述全息照相的原理、双曝光全息干涉原理，以及实时全息干涉原理。

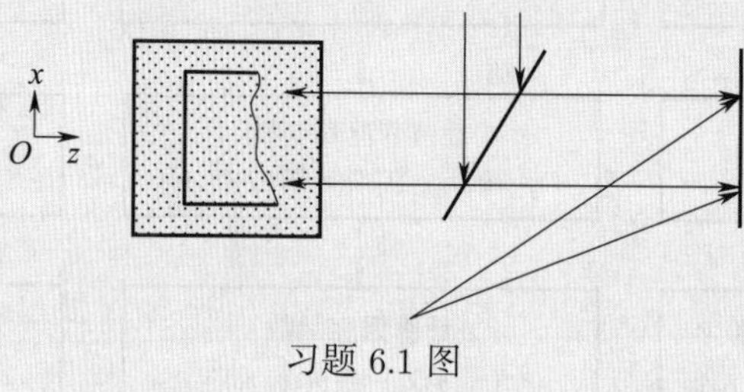

习题 6.1 图

6.2 双光束干涉中相位函数的含义是什么？如何从相位函数理解干涉测量和获得高精度计量？

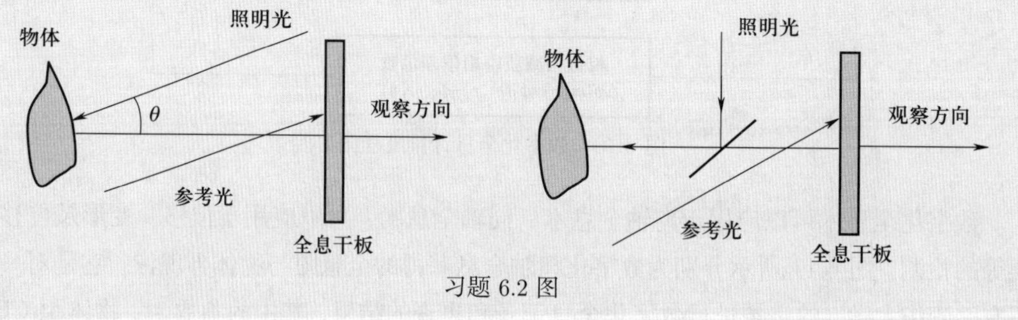

习题 6.2 图

6.3 光程差定义为折射率 n 和几何光程长的积。现有一个粗糙斜面（表面轮廓起伏很小且并非平面，见习题 6.1 图），放在透明的液缸中。第一次曝光时，液缸中液体的折射率为 1.50，第二次曝光时更换为折射率为 1.60 的液体。试分析这样的双曝光全息图再现物体上会出现怎样的条纹，条纹的含义是什么。

6.4 用实时法测量一个匀速运动物体，写出其相位函数。

6.5 试确定习题 6.2 图两种光路中的位移灵敏度矢量。

第 7 章 散斑计量技术

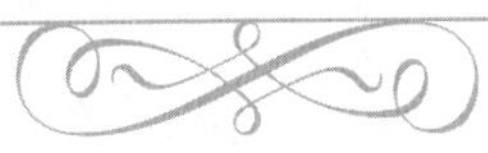

散斑计量技术与全息干涉计量技术一样，是一种非接触全场计量技术。它具有与全息和云纹技术相同的检测范围和计量灵敏度。同时，由于散斑计量技术要求的测量环境不像全息干涉计量技术那样苛刻，且具有检测光路简单、记录介质分辨率要求低等优点，使其广泛地应用于各种光学粗糙表面的运动与变形检测中。

通常将散斑计量分成如下两类：散斑照相和散斑干涉（speckle pattern photography and speckle pattern interferometry），又称为单光束散斑干涉和双光束散斑干涉。散斑照相或单光束散斑干涉，是基于散斑颗粒位置的变化所进行的检测；而散斑干涉或双光束散斑干涉，则是基于散斑场干涉相位的变化而进行检测的。不论是散斑照相还是散斑干涉，均是通过散射体表面由于运动或变形后引起散斑场的变化所产生的衍射条纹或干涉条纹来进行计量的。这些条纹的方向和宽度取决于物体表面的局部位移、位移梯度等。以下各节将详细讨论散斑计量技术的基本概念、原理和计量方法。

7.1 散斑的概念与散斑场的基本性质

7.1.1 散斑效应

当用一束激光照射物体表面时，在物体表面及其前方（不透明物体）或后方（透明物体）的散射空间可以看到大量的无规则分布的颗粒状亮斑与暗斑，这一现象即所谓的散斑效应（speckle effect）。事实上，散斑效应在激光出现以前就被观察到了。例如，用非相干光照射粗糙的物体表面，在物体的表面附近也可以观察到这种随机分布的亮斑与暗斑现象。图 7.1 所示为激光照射一物体时在其前方某一平面所产生的自由空间散斑场。

激光散斑场的产生是相干光干涉的结果。从其产生的条件来说，它仅仅存在于漫射表面呈现光学粗糙面的情况，即当漫射表面的高度变化大于或近似等于照明光束的波长。散斑场的成因可以用惠更斯－菲涅耳原理进行解释，即：当一束相干光照射到漫射物体表面时，漫射表面可以看成无数个次级波源，由这些次级波源所发射的相干子波在其散射空间互相干涉，从而形成明暗变化的光场。由于漫射表面高度随机分布，从该漫射表面发出的次级波源形成的相干子波的相位分布也是随机的，从而由这些相干子波干涉所形成的漫射场的强度也是无规则分布的，即所谓的亮斑与暗斑现象。我们称这样的亮斑与暗斑为散斑，由其形成的光场称为散斑场。

散斑现象也可以在相干雷达、电子以及超声图像中观察到。而物体表面的散斑颗粒也可以通过其他方式产生，例如在被测物体表面用喷枪喷洒黑白斑点，用玻璃微珠和黏性材料混合涂敷在试件表面，或在物体表面涂银粉漆等。这样的散斑场称为人工散斑或白光散斑。应用本章介绍的照相散斑方法，在白光照明条件下记录物体变形前后的散斑场，在激光衍射的再现方式下也可实现人工散斑颗粒的位移测量。20 世纪 80 年代，人工散斑和数字图像技术相结合，发展了数字化散斑照相技术，以及目前已经广泛应用的数字散斑相关技术（DSCM）[或称数字图像相关技术（DIC）]。

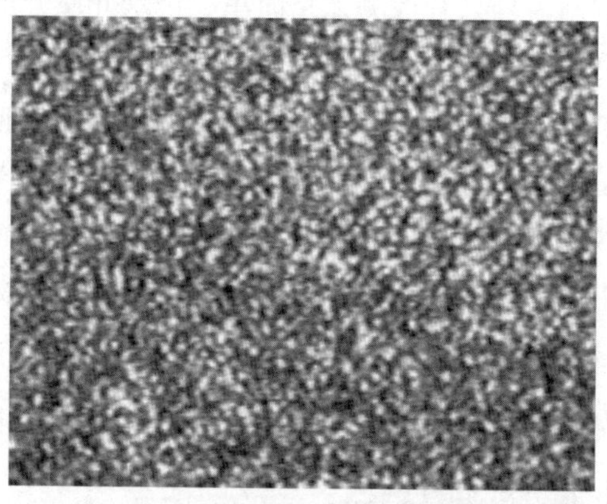

图 7.1　自由空间激光散斑场

7.1.2　散斑颗粒的横向尺度

由于散斑计量与其所应用的光学系统密切相关，因此，由光学系统的不同配置产生了所谓的客观散斑与主观散斑。当一束相干光照射到漫射物体表面后，从散射空间中的某一点观察散斑场时，此时的散斑称为客观散斑场；而当用相干光照明漫射表面的同时，再经过成像系统对该表面成像，在成像面上形成的散斑称为主观散斑。可见，客观散斑在其散射空间分布，而主观散斑仅在其像平面上分布。

真实的散斑场的光强是连续分布的，但由于它起伏变化很快，因此通常显示出一种颗粒状结构。对这种颗粒状结构横向尺度的估计，不仅在理论上是一个有价值的问题，而且在实际应用中也是一个非常重要的参数，因为它直接控制着散斑计量的精度。

对于散斑颗粒横向尺度的估计，可以用光场叠加干涉方法、散斑场的空间相关方法，以及维纳谱密度分析方法，下面仅介绍光场叠加干涉方法。

1．客观散斑颗粒的横向尺寸估计

当一个光学粗糙表面被相干光照明后，表面和相干光的相互作用表现为两种情形，即吸收和散射。在仅考虑散射的情况下，这些点源所散射的球面波类似于惠更斯–菲涅耳的次级波发射（或传播），即在空间任意点处散射光场复振幅是散射表面各子波复振幅之和。

如图 7.2 所示，设漫射面在 $\boldsymbol{r}_\text{o}$ 平面，若表面高度在 $\boldsymbol{r}_\text{o}$ 处设为 $\xi(\boldsymbol{r}_\text{o})$，则由惠更斯–菲涅耳原理可知，在空间某点 $Q(\boldsymbol{r})$ 的散射场的复振幅可由式 (7.1) 描述

$$Q(\boldsymbol{r}) = \iint_{-\infty}^{+\infty} \mu_\text{o}(\boldsymbol{r}_\text{o}) \exp[\boldsymbol{k} \cdot \kappa\xi(\boldsymbol{r}_\text{o})] \cdot h(\boldsymbol{r}, \boldsymbol{r}_\text{o}) \mathrm{d}\boldsymbol{r}_\text{o} \tag{7.1}$$

式中：$\mu_\text{o}(\boldsymbol{r}_\text{o})$ 为点 $\boldsymbol{r}_\text{o}$ 处出射光的振幅；$\boldsymbol{k}$ 为波法线矢量，其值为 $|\boldsymbol{k}| = 2\pi/\lambda$；$\kappa$ 为与照明和观察方向有关的几何参数，当观察点 $Q(\boldsymbol{r})$ 足够远时，κ 可以近似为常数。

由于 $\xi(\boldsymbol{r}_\text{o})$ 是一个光波长 λ 量级的随机变量，这样 $\kappa\xi(\boldsymbol{r}_\text{o})$ 也将为一个 λ 量级的随机相位，$h(\boldsymbol{r}, \boldsymbol{r}_\text{o})$ 函数为由 $\boldsymbol{r}_\text{o} = (x_\text{o}, y_\text{o})$ 平面到与之平行的 $\boldsymbol{r} = (x, y)$ 平面的光场传递函数。这样，式 (7.1) 实际上是一系列具有随机相位的函数的叠加。因此，其结果将是一个随机变量，其幅值在 0 到极大值之间，具体值由单个散射子波的复振幅决定。很明显，当 $Q(\boldsymbol{r})$ 位置变换时，$U(\boldsymbol{r})$ 将随着位置的变化而给出不同的值，从而导致随机的散射场强度。

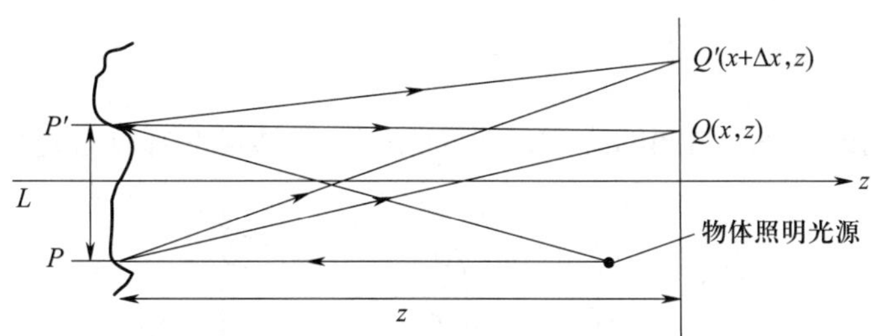

图 7.2 粗糙表面上的光散射

如图 7.2 所示，当光照明区域在 $\boldsymbol{r}_\text{o}$ 平面上时，在 $\boldsymbol{r}_\text{o}$ 平面上所有点发射的次级波源都将对观察点平面 $\boldsymbol{r}$ 上的 $Q(\boldsymbol{r}, z)$ 点的光场有贡献。通常，$\boldsymbol{r}_\text{o}$ 平面上次级波之间的振幅变化较慢，但相互间的相位变化却非常剧烈。设 P 和 P' 是平面上的任意两点，则由 P 点和 P' 点到 $Q(\boldsymbol{r}, z)$ 的光程差为

$$s = PQ - P'Q \approx \frac{xL}{z} + \frac{xL^2}{2z} + \frac{x_P L}{z} \tag{7.2}$$

同理，由 P 点和 P' 点到点 $Q(\boldsymbol{r}, z)$ 的邻近点 $Q'(\boldsymbol{r} + \Delta\boldsymbol{r}, z)$ 的光程差为

$$s' = PQ' - P'Q' \approx \frac{(x + \Delta x)L}{z} + \frac{(x + \Delta x)L^2}{2z} + \frac{x_P L}{z} \tag{7.3}$$

式中：x_P 为 P 点横坐标；L 为 P 点到 P' 点的距离。

这样对于 $Q(\boldsymbol{r}, z)$ 点与 $Q'(\boldsymbol{r}+\Delta\boldsymbol{r}, z)$ 点来说，其相对光程差 Δs 为

$$\Delta s = s' - s = \frac{\Delta x L}{z} \tag{7.4}$$

显然，对于相位函数 $\phi = \dfrac{2\pi}{\lambda}\Delta s$，如果 $\Delta s \ll \lambda$，则叠加于 $Q(\boldsymbol{r}, z)$ 点与 $Q'(\boldsymbol{r}+\Delta\boldsymbol{r}, z)$ 点上各分量的相位将近于相同。因此，它们是相干涉的（各点的强度差别很小）。而当 $\Delta s \geqslant \lambda$ 时，这些干涉分量的相对相位将明显不同，从而使 $Q(\boldsymbol{r}, z)$ 点与 $Q'(\boldsymbol{r}+\Delta\boldsymbol{r}, z)$ 点变得不再相关。因此，基于这一分析，可以用下式作为散斑颗粒横向尺度的量度：

$$\frac{\Delta x L}{z} \approx \lambda \tag{7.5}$$

这样，即可得到客观散斑颗粒在 x 方向上的空间尺度 Δx 之值。

2. 主观散斑颗粒的横向尺寸估计

主观散斑也称像面散斑（image-plane speckle），是指当用成像系统对被激光照明的漫射表面成像时，在像面上所形成的散斑场，如图 7.3 所示。此时，Q 点处像面散斑场分布可由式 (7.1) 描述。但是，对于图 7.3 所示的成像系统所形成的主观散斑场，其散斑颗粒的横向尺度可由图 7.3 中光学系统的衍射极限求得。由该图可知，P 点与 P' 点在经过成像透镜后，在像平面上形成两个衍射像，其位置分别在 $Q(\boldsymbol{r}, z)$ 点与 $Q'(\boldsymbol{r}+\Delta\boldsymbol{r}, z)$ 点。根据瑞利判据，可得 $Q(\boldsymbol{r}, z)$ 点与 $Q'(\boldsymbol{r}+\Delta\boldsymbol{r}, z)$ 点能互相分辨的最小距离为

$$QQ' = \frac{1.22\lambda q}{D} \tag{7.6}$$

式中：q 为透镜到记录平面之间的距离，即像距；D 为透镜的有效通光孔径。

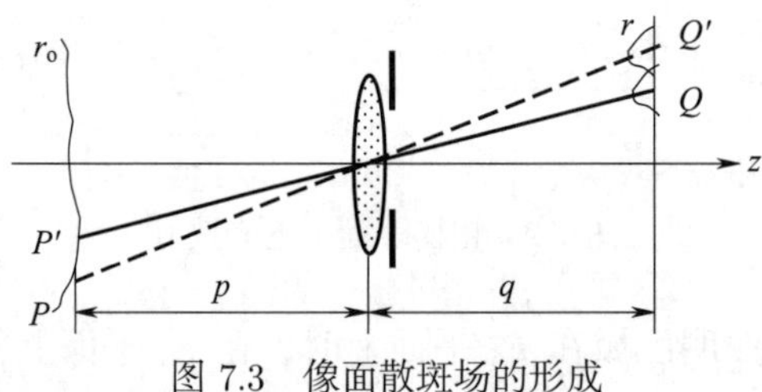

图 7.3 像面散斑场的形成

由于主观散斑实际上表示了散射物体表面子波点源的衍射像，因此，QQ' 即表征了主观散斑在像平面上的最小尺度，即 $QQ' = \Delta l_{\min}$。当散射物体表面离透镜足够远时 $(f \approx q)$，由上述关系式有

$$\Delta l_{\min} = \frac{1.22\lambda q}{D} = \frac{1.22\lambda f}{D} = 1.22\lambda F \tag{7.7}$$

式中：f 和 F 分别为成像系统相对孔径的倒数，即 F 数或光圈数。

由式 (7.5) 与式 (7.7) 可以看到，客观散斑的横向尺度与光学系统无关，只取决于照明

光区域的大小与散射体表面到观察面的距离；而在主观散斑中，其散斑颗粒的横向尺度可以通过光学系统进行调节，这一特性对于实际测量是非常有利的，这也是它们名字的由来。

7.2 散斑照相计量技术

7.2.1 散斑照相的像面记录

散斑照相（speckle pattern photography）由于其简单的光路和能够进行面内位移、位移梯度及表面斜率等的测量而被广泛应用。如图 7.4 所示，一光学粗糙表面被一束相干光照明，并被成像系统成像于记录平面的全息干板介质中。在物体表面运动变形前后，在记录介质中分别记录了变形前后的散斑场。通常有两种处理方式，其一是将这两个散斑场记录在两张全息干板上，分别进行化学冲洗；其二则是记录在同一张全息干板上，然后进行化学冲洗处理。对于前者，通过人为地将两张干板重新叠合可以消除刚体位移，但操作比后一种复杂。单干板记录的双曝光全息干板经冲洗处理后，在其上就形成了变形前后的散斑图，再对其经过相应的分析即可获得包含散斑场位移信息的条纹场。下面将对双曝光散斑图的位移分析过程进行详细介绍。

如图 7.4 所示，在记录平面上某一点的复振幅可表示为

$$U(x,y)=C\iiiint \mu_{\mathrm{o}}(x_{\mathrm{o}},y_{\mathrm{o}})\Pi(x_{\mathrm{s}},y_{\mathrm{s}})\exp\{[x_{\mathrm{s}}(x+Mx_{\mathrm{o}})+y_{\mathrm{s}}(y+My_{\mathrm{o}})]/q\}\mathrm{d}x_{\mathrm{o}}\mathrm{d}y_{\mathrm{o}}\mathrm{d}x_{\mathrm{s}}\mathrm{d}y_{\mathrm{s}} \tag{7.8}$$

式中：C 为一复常数；$\mu_{\mathrm{o}}(x_{\mathrm{o}},y_{\mathrm{o}})$ 为散射面光场振幅分布；$\Pi(x_{\mathrm{s}},y_{\mathrm{s}})$ 为光学系统孔径函数；M 为光学系统放大率。

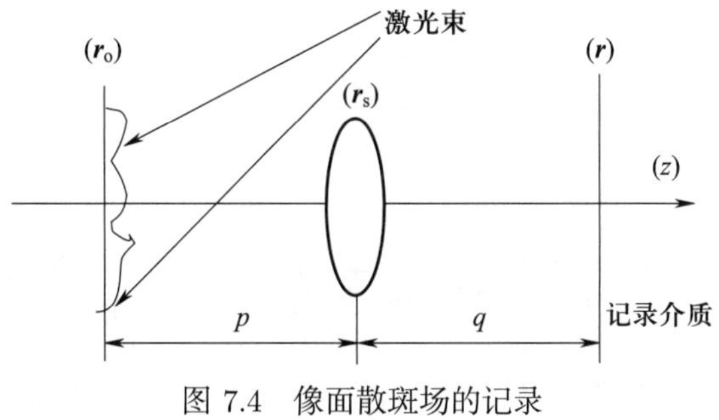

图 7.4 像面散斑场的记录

这样，记录平面的光场强度为

$$I_{\mathrm{o}}(x,y)=U(x,y)U^{*}(x,y) \tag{7.9}$$

若设物体表面运动变形后引起记录面上 (x,y) 点的散斑场的位移分量分别为 u 及 v，则变形后的光场强度为

$$I_o(x+u,y+v)=U(x+u,y+v)U^*(x+u,y+v) \tag{7.10}$$

于是，双曝光后记录介质所记录的光场强度为

$$\begin{aligned}I&=I_o(x,y)+I_o(x+u,y+v)\\&=U(x,y)U^*(x,y)+U(x+u,y+v)U^*(x+u,y+v)\end{aligned} \tag{7.11}$$

若设记录介质应用在其线性段，则其在冲洗后形成的振幅型负片的透射率为

$$T=\alpha-\beta t_0 I \tag{7.12}$$

式中：t_0 为曝光时间；α 与 β 分别为与记录介质材料光学性能相关的参数。

此时，由式 (7.12) 所确定的散斑负片可以应用逐点或全场分析的方法求得像面散斑场的位移信息。

当将双曝光散斑图用一平行激光束照明时，在远场记录平面上其复振幅分布可表示为

$$\begin{aligned}U_F(x_f,x_f)&=\iint T\exp\left[-\frac{2\pi j(xx_f+yy_f)}{L_Y\lambda}\right]dxdy\\&=\iint\{\alpha-\beta t_0[I_o(x,y)+I_o(x+u,y+v)]\}\exp\left[-\frac{2\pi j(xx_f+yy_f)}{L_Y\lambda}\right]dxdy\end{aligned} \tag{7.13}$$

式中：L_Y 为观察平面到散斑图片之间的距离，如图 7.5 所示；λ 为照明用激光波长。

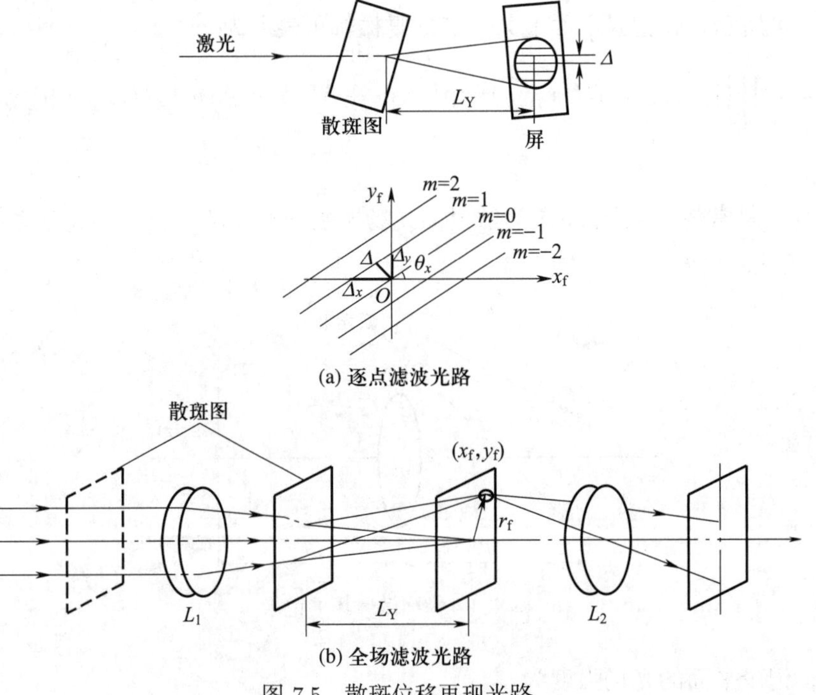

图 7.5　散斑位移再现光路

这样，在远场的光场强度为

$$I_F=|U_F(x_f,x_f)|^2$$

$$=\left|\iint\{\alpha-\beta t_0[I_{\rm o}(x,y)+I_{\rm o}(x+u,y+v)]\}\exp\left[-\frac{2\pi{\rm j}(xx_{\rm f}+yy_{\rm f})}{L_{\rm Y}\lambda}\right]{\rm d}x{\rm d}y\right|^2 \tag{7.14}$$

在通常情况下，记录平面 ($\boldsymbol{r}$) 上的散斑位移 u 及 v 均为 x 及 y 的函数，即散斑场的位移并不是一个常数。因此，式 (7.14) 的积分不能直接给出散斑场的位移信息。为了能从上式直接解调出散斑场的位移信息，现有两种位移场再现技术，即散斑场的逐点滤波分析方法和全场滤波分析方法。下面分别对其进行介绍。

7.2.2 散斑图的信息再现

如前文所述，由于散斑场位移 u 及 v 均是 x 及 y 的函数，式 (7.14) 无法解析地给出散斑的位移值。因此，需要一些特别的处理才能将位移场从上述积分式中分离出来。

1. 逐点滤波法 (point-wise filtering)

逐点滤波方法的原理是：用没有扩束的激光束垂直照明双曝光散斑图，如图 7.5a 所示。此时，只要 $L_{\rm Y}$ 足够大，就可以认为在照明区域内散斑场位移 u 及 v 为常数且与坐标 (x,y) 无关。于是，式 (7.14) 可简化为

$$\begin{aligned}I_{\rm F}&=|U_{\rm F}(x_{\rm f},x_{\rm f})|^2\\&\propto|\{1+\exp[2\pi{\rm j}(\boldsymbol{\rho}\cdot\boldsymbol{d})]\}|^2\left|\iint I_{\rm o}(x,y)\exp\left[-\frac{2\pi{\rm j}(xx_{\rm f}+yy_{\rm f})}{L_{\rm Y}\lambda}\right]{\rm d}x{\rm d}y\right|^2\end{aligned} \tag{7.15}$$

上式中略去了衍射中心亮斑对应的直流项及常数项，因此上式中用了比例符号 $\propto$。其中，$\boldsymbol{\rho}=\left(\dfrac{x_{\rm f}}{\lambda L_{\rm Y}},\dfrac{y_{\rm f}}{\lambda L_{\rm Y}}\right)=(\xi,\eta)$ 为空间频率矢量，$\boldsymbol{d}=(u,v)$ 为散斑位移矢量。于是，进一步简化式 (7.15)，可得

$$I_{\rm F}(\xi,\eta)=2\Im(\xi,\eta)[1+\cos2\pi(\xi u+\eta v)]=2\Im(\boldsymbol{\rho})[1+\cos2\pi(\boldsymbol{\rho}\cdot\boldsymbol{d})] \tag{7.16}$$

其中，$\Im(\boldsymbol{\rho})=\left|\iint I_{\rm o}(x,y)\exp[-2\pi{\rm j}(\boldsymbol{\rho}\cdot\boldsymbol{d})]{\rm d}x{\rm d}y\right|^2$ 为光学系统的晕函数。例如，对于圆形孔径函数，若其直径为 D，则

$$\Im(\boldsymbol{\rho})=\begin{cases}\dfrac{2}{\pi}\left\{\arccos\left(\dfrac{\lambda v\rho}{D}\right)-\dfrac{\lambda v\rho}{D}\left[1-\left(\dfrac{\lambda v\rho}{D}\right)^2\right]^{1/2}\right\}, & \rho\leqslant\dfrac{D}{\lambda v}\\ 0, & \rho>\dfrac{D}{\lambda v}\end{cases} \tag{7.17}$$

其中，$\rho=|\boldsymbol{\rho}|=\sqrt{\xi^2+\eta^2}$。由式 (7.16) 可以看到，逐点滤波再现的远场光强度为一晕函数调制的余弦函数，而且余弦函数的变化由散斑位移决定。由于在照明区域里 $\boldsymbol{d}$ 可近似为常矢量，因此在衍射晕里形成了等间距的余弦条纹。通常这一条纹场也称为杨氏条纹 (Young's fringes)，其光场分布类似于双缝衍射。

显然，由逐点滤波再现所形成的条纹的最大值发生在（亮条纹产生条件）

$$\boldsymbol{\rho}\cdot\boldsymbol{d}=m,\quad m=0,\pm1,\pm2,\cdots \tag{7.18}$$

由式 (7.16) 可见，杨氏条纹的取向是与 $\boldsymbol{d}$ 垂直的，但有 0 和 $\boldsymbol{\pi}$ 方向的不确定性。一般可在两次曝光期间人为地移动记录干板，从而确定位移方向。为了能从式 (7.18) 求出散斑场的位移值，可做如下处理。

首先，当我们分别选择 m 和 $m+1$ 级亮条纹时，有

$$\boldsymbol{\rho}_m\cdot\boldsymbol{d}=m \tag{7.19}$$

$$\boldsymbol{\rho}_{m+1}\cdot\boldsymbol{d}=m+1 \tag{7.20}$$

两式相减，得

$$(\boldsymbol{\rho}_{m+1}-\boldsymbol{\rho}_m)\cdot\boldsymbol{d}=1 \tag{7.21}$$

写成分量形式

$$\frac{(x_{\mathrm{f}m+1}-x_{\mathrm{f}m})u}{L_{\mathrm{Y}}\lambda}+\frac{(y_{\mathrm{f}m+1}-y_{\mathrm{f}m})v}{L_{\mathrm{Y}}\lambda}=1 \tag{7.22}$$

或

$$\varDelta_x u+\varDelta_y v=L_{\mathrm{Y}}\lambda \tag{7.23}$$

其中，$\varDelta_x=x_{\mathrm{f}m+1}-x_{\mathrm{f}m}$，$\varDelta_y=y_{\mathrm{f}m+1}-y_{\mathrm{f}m}$，分别为杨氏条纹在 x_{f} 和 y_{f} 轴上的截距，如图 7.5a 所示。可见，若分别沿 x_{f} 和 y_{f} 轴进行检测，则散斑位移可由下式确定：

$$u=\frac{L_{\mathrm{Y}}\lambda}{\varDelta_x},\quad v=\frac{L_{\mathrm{Y}}\lambda}{\varDelta_y} \tag{7.24}$$

除了应用上述分量式求解散斑位移，也可以直接通过杨氏条纹的间距（相邻亮条纹或暗条纹之间的距离）求解散斑位移。

由前文定义有

$$|\boldsymbol{d}|=\sqrt{u^2+v^2} \tag{7.25}$$

将式 (7.24) 代入上式有

$$|\boldsymbol{d}|=\frac{\varDelta_x\varDelta_y}{\sqrt{\varDelta_x^2+\varDelta_y^2}} \tag{7.26}$$

由于

$$\begin{cases}\varDelta_x=\dfrac{\varDelta}{\sin\theta}\\[2ex]\varDelta_y=\dfrac{\varDelta}{\cos\theta}\end{cases},\quad \varDelta=\frac{\varDelta_x\varDelta_y}{\sqrt{\varDelta_x^2+\varDelta_y^2}} \tag{7.27}$$

将式 (7.27) 代入式 (7.26)，得

$$|\boldsymbol{d}|=\frac{\lambda L_{\mathrm{Y}}}{\varDelta} \tag{7.28}$$

式中：$\varDelta$ 为杨氏条纹的间距；θ 为杨氏条纹与 x_{f} 轴的夹角。

因此，通过测量杨氏条纹的间距 $\varDelta$ 和条纹与 x_{f} 轴的夹角 θ，即可由式 (7.27) 和式 (7.28) 求出散斑场的位移值。

杨氏条纹场的直观理解是可以将其看成在光束照射的区域内有成对的散斑颗粒。在远场衍射时，每一个散斑颗粒产生自己的衍射分布，同时光束通过两个散斑颗粒产生的衍射光场又发生了相互干涉，从而产生了由晕函数所包络的余弦条纹分布。详细的讨论可参考早期的相关教材。

2. 全场滤波 (whole-field filtering)

逐点滤波法分析需要大量的测量时间，因此全场滤波法应运而生。它采用图 7.5b 所示的光路。其中，散斑图放在透镜 L_1 的近前或紧靠其后，而在 L_1 的后焦面上放置一个带有滤波孔的滤波模板，然后由 L_2 在观察或记录平面上对通过滤波孔的光波成像而形成全场滤波条纹。图 7.5b 实际上是一个窄带滤波器，对于全场滤波，由于此时 u 及 v 为位置的函数，因此不能像在式 (7.16) 中那样移出积分号，而必须考虑整个成像系统的特性。经过较复杂的推导，其像面光场强度可表示为

$$I_{\mathrm{F}}(\xi,\eta)=I_{\mathrm{o}}(\boldsymbol{\rho})+\gamma_{\mathrm{d}}\cos 2\pi(\boldsymbol{\omega}\cdot\boldsymbol{d}) \tag{7.29}$$

其中，$\boldsymbol{\omega}=\left(\dfrac{x_{\mathrm{f}}}{\lambda L_{\mathrm{Y}}},\dfrac{y_{\mathrm{f}}}{\lambda L_{\mathrm{Y}}}\right)=\dfrac{\boldsymbol{r}_{\mathrm{f}}}{\lambda L_{\mathrm{Y}}}$，$\boldsymbol{r}_{\mathrm{f}}=(x_{\mathrm{f}},y_{\mathrm{f}})$，$I_{\mathrm{o}}(\boldsymbol{\rho})$ 是与双曝光记录时所产生的散斑场自相关函数及全场滤波函数有关的复杂函数，而 γ_{d} 是与双曝光记录时所用成像系统孔径、滤波孔函数及双曝光散斑场的互相关函数有关的复杂函数，它实际上反映了系统的总的退相关程度。

由式 (7.29) 可以看到，此时散斑场全场条纹不仅受散斑位移影响，而且还受到滤波孔径位置的控制。显然对固定的滤波孔，由式 (7.29) 有

$$\boldsymbol{\omega}\cdot\boldsymbol{d}=\begin{cases}m & \text{亮条纹}\\ m+\dfrac{1}{2} & \text{暗条纹}\end{cases} \tag{7.30}$$

或

$$\begin{cases}\boldsymbol{r}_{\mathrm{f}}\cdot\boldsymbol{d}=m\lambda L_{\mathrm{Y}} & \text{亮条纹}\\ \boldsymbol{r}_{\mathrm{f}}\cdot\boldsymbol{d}=\left(m+\dfrac{1}{2}\right)\lambda L_{\mathrm{Y}} & \text{暗条纹}\end{cases} \tag{7.31}$$

由于在滤波光路中散斑图紧贴透镜 L_1，因此在应用中可用 L_1 的焦距 f 代替 L_{Y}。对于式 (7.30) 也可以用简单的分析获得。如前文所述，由于 $\boldsymbol{d}$ 是 $\boldsymbol{r}_{\mathrm{o}}$ 的函数，因此不能通过傅里叶平移定理获得。但是，考虑到像面上一点的光源的贡献仅来源于散斑图上一个很小的区域（物面 Airy 斑），除了在应力集中区外都可假定在这一小区域内 $\boldsymbol{d}$ 可近似为一常数，因此傅里叶平移定理仍然适用。因此，式 (7.16) 仍可用来近似表示滤波后的像面强度，

只是此时要将该式中的 $\boldsymbol{\rho}$ 换为 $\boldsymbol{\omega}$。

由式 (7.30) 所表征的条纹场分布于整个观察平面，相邻亮条纹之间的散斑位移变化量为

$$|\Delta\boldsymbol{d}|=\frac{1}{|\boldsymbol{\omega}|\cos\theta}=\frac{\lambda L_{\mathrm{Y}}}{|\boldsymbol{r}_{\mathrm{f}}|\cos\theta} \tag{7.32}$$

式中：$|\boldsymbol{\omega}|\cos\theta$ 为 $\boldsymbol{\omega}$ 在 $\boldsymbol{d}$ 方向的投影。

显然，由于 $\boldsymbol{\omega}$ 的变化，条纹间距和方向均会发生变化，从而形成比较复杂的二维条纹分布。由式 (7.32) 可知，条纹最窄处即最大灵敏处是在 $\boldsymbol{\omega}$ 到达晕函数的边缘，但此时由于严重的退相关作用使得 γ_{d} 已接近于零，条纹场很难辨认。在实际计量中，$\boldsymbol{\omega}$ 应选择在一个适当的范围内。

7.2.3 检测范围及检测灵敏度

散斑照相的计量范围与检测灵敏度分别受到下列因素制约，即散斑图衍射时晕函数的范围及散斑图上散斑颗粒的横向平均尺寸。对于测量范围，其最大值应在晕函数范围内杨氏条纹场无法分辨，即散斑化。因此，可以用条纹的最小间距达到一个散斑颗粒的平均尺度时为散斑照相计量的上限。而对于测量下限，显然当晕函数区域中看不到杨氏条纹或一个等于晕函数宽度的杨氏条纹存在时即为其计量下限。因此，对于定量测量，在晕函数包络中应至少有两根杨氏条纹存在。

由式 (7.28) 得杨氏条纹的宽度 $\varDelta$ 为

$$\varDelta=\frac{\lambda L_{\mathrm{Y}}}{|\boldsymbol{d}|} \tag{7.33}$$

于是，经过较为复杂的推导，可得晕函数直径为

$$H=2\frac{DL_{\mathrm{Y}}}{q} \tag{7.34}$$

式中：D 为散斑照相时成像透镜的孔径；q 为成像距离。

考虑到主观散斑大小［见式 (7.7)］，上式可以写成

$$H\approx\frac{2\lambda L_{\mathrm{Y}}}{|\Delta\boldsymbol{r}|} \tag{7.35}$$

要获得条纹宽度及方向数值，衍射晕中至少要有两根条纹。取两根条纹出现于晕函数中作为测量下限的依据，则测量范围应满足

$$|\Delta\boldsymbol{r}|<\varDelta\leqslant\frac{H}{2} \tag{7.36}$$

上式表明杨氏条纹的宽度在测量中应大于一个散斑颗粒的限度而小于或等于晕函数宽度的一半。因此，散斑照相计量的灵敏度可以由下式确定：

$$\Delta_{\max}=\frac{H}{2} \tag{7.37}$$

即

$$\frac{L_{\mathrm{Y}}}{|\boldsymbol{d}|_{\min}}=\frac{H}{2} \tag{7.38}$$

因此

$$|\boldsymbol{d}|_{\min}=\frac{2\lambda L_{\mathrm{Y}}}{H}=|\Delta\boldsymbol{r}|\approx\lambda(1+M)\frac{f}{D}=\lambda(1+M)F \tag{7.39}$$

可见，用散斑照相计量时，在逐点滤波法中，能计量到的最小散斑位移近似地等于像面散斑颗粒的横向限度。这样，在物面可测量到的最小位移为

$$|\boldsymbol{a}|_{\min}=|\boldsymbol{d}|_{\min}/M=\lambda(1+M)\frac{F}{M} \tag{7.40}$$

事实上，上式为由前述讨论中获得的客观计量灵敏度。在实际检测中，为了检测到比 $|\boldsymbol{a}|_{\min}$ 更小的位移或变形，在双曝光过程中，可以人为地附加一个已知的位移，从而使式 (7.40) 成立。然后由测量获得的位移值减去已知的附加位移即可获得小于 $|\boldsymbol{a}|_{\min}$ 的位移或变形值。

对于全场滤波，式 (7.35) 仍能表征它的晕函数限度，只是此时 L_{Y} 近似地为透镜 L_1 的焦距 f，此时由式 (7.31) 有

$$\Delta\approx\frac{\lambda f}{|\boldsymbol{d}|} \tag{7.41}$$

由于 $H=\dfrac{2\lambda f}{|\Delta\boldsymbol{r}|}$，因此仍有

$$|\boldsymbol{d}|_{\min}=|\Delta\boldsymbol{r}| \tag{7.42}$$

再次得到散斑位移必须大于一个散斑颗粒的限度的结论。由前文获得的条纹宽度信息可以看到，当散斑位移增加时，晕函数中的条纹变得越来越密，且条纹取向垂直于散斑位移方向。当散斑位移越来越大时，条纹场除了条纹变密外更多地受到散斑的调制。当整个晕函数区域全部被散斑噪声淹没时，此时的位移即是可以测量到的最大散斑位移。相反，当散斑位移太小时，条纹间距大于晕函数的宽度，从而在晕函数区域里形成由晕函数衰减的均匀场。通常对条纹场质量的影响主要来自三个方面：① 散斑场结构发生变化，引起变形前后散斑场退相关；② 在滤波过程中，对条纹场有贡献的部分散斑超出积分（照明）区域；③ 散斑图上记录的散斑场在照明区域不是均匀移动的，从而在条纹场上叠加了很多不同取向与宽度的条纹场，而使主体条纹对比度受到影响。另外，衍射晕由于自身的衰减作用，在条纹场边缘的强度越来越弱而变得不清楚。除了上述原因外，对于全场滤波方法，条纹场的质量还非常依赖于滤波的性质，如前文所述的滤波孔位置。同时，滤波孔的大小也是一个主要的因素。当孔的尺度太大时，将有较宽的频谱分量透过，由于其形成不同的条纹场

取向与宽度，从而使条纹场质量下降；相反，当孔太小时，则会使通过的光场强度迅速减弱而产生严重的散斑噪声，因此在实际计量中应仔细地选择。

获得条纹场信息后，即可由其求出散射体表面的位移或变形。但由于各种退相关因素的影响，如非均匀晕函数分布、不均匀背影及噪声等，使得条纹场的极大或极小位置发生移动，也会对测量造成误差。另外，获得散斑图上逐点所产生的条纹场的宽度及方向信息，也是一件非常烦琐的工作。因此自动条纹处理与识别技术就显得相当重要。在 20 世纪 80 年代有相当的研究工作集中在双曝光条纹场的计算机数字化处理领域，感兴趣的读者可参阅相关的文献。

7.3　散斑干涉计量技术

如前节所述，受全息干涉技术的启发，在散斑计量中最早提出的是双光束散斑干涉技术。它的基本原理是利用和散斑照相相同的成像光路，同时引入和全息术一样的参考光直接照射记录介质，然后将物体变形前后的干涉场记录在同一块记录介质上再进行化学冲洗和位移场再现。由于在同一块记录介质上记录了物体变形前后两个干涉场强度的叠加，因而无法直接在记录介质上看到物体变形引起的干涉条纹。为此，人们需要应用复杂的光学系统对记录介质进行滤波才能获得和物体变形对应的干涉条纹。显然，这对于力学测量来说极不方便，于是逐渐被后续发展起来的单光束散斑干涉技术（即前文所述散斑照相计量技术）所取代。直到 20 世纪 70 年代中后期到 80 年代初，由于计算机和图像处理技术的发展，人们发现可以用电子成像系统记录散斑干涉场，从而将原来记录在同一记录介质上的物体变形前后的两个干涉场记录在不同的图像中，进而利用简单的图像处理就可以将物体运动和变形所对应的条纹场以视频图像的方法展现出来。鉴于此，一系列基于计算机和数字图像处理方法的数字化散斑干涉技术发展起来，典型的如电子散斑干涉技术、相移散斑干涉技术、载波散斑干涉技术，以及时间序列散斑干涉技术等。本节将简要介绍电子散斑干涉技术的发展和测量原理。

7.3.1　电子散斑干涉简介

在上一节的散斑照相计量技术中我们知道，散斑计量不像全息计量那样需要高分辨率的记录介质，因为这一计量技术是以记录平面上的散斑场为信息载体，而非全息干涉计量中细微的干涉条纹场。因此，只要记录介质能将散斑场中的散斑颗粒分辨出来即可实现散斑计量。通常，对于相干光照射下的散斑颗粒，其限度在 5 ~ 100 μm 之间。这一限度的空间分辨率使人们想到可用视频摄像系统代替以往的全息记录介质进行散斑计量。这一改变即产生了今天大家所熟知的一种新的计量技术：电子散斑干涉计量（electronic speckle pattern interferometry，ESPI）。

这一领域的研究取得突破是在 20 世纪 80 年代中期，由于个人计算机与数字图像处理系统的飞速发展，使得原来靠复杂而庞大的电子单元进行的 ESPI 的检测工作，只需要一台个人计算机和与其相连的图像处理系统即可完成。同时，由于计算机技术的引入，对电子散斑干涉条纹场的建立、处理及解释也有了突飞猛进的发展，从而开启了电子散斑干涉的新的发展阶段——数字散斑干涉计量（digital speckle pattern interferometry，DSPI）。

由于 ESPI 能实时观察相关条纹变化，不需要暗室照相及化学处理，可给出数字化检测结果等，使得这一技术目前已被广泛地应用在不同领域，并成为现代光学检测中一种强有力的实时、现场检测技术。

ESPI 技术的发展经历了不同的阶段，众多学者参与其中的研究，因而形成了不同的名称，如 ESPI、DSPI、电视全息（TV-holography）、视频散斑干涉（video speckle interferometry）、电子全息（electronic holography）等。为了不使读者在名称上产生混淆，国际光学工程学会（the International Society for Optical Engineering，SPIE）建议采用 ESPI，本书均采用 ESPI 来命名电子散斑干涉技术。

7.3.2 电子散斑干涉计量的基本原理

电子散斑干涉计量是基于散射体表面的光电检测技术。它与散斑照相技术或全息计量技术的相同点是它们均以散斑干涉场为信息载体进行计量，而不同点则是在电子散斑干涉计量中用光电记录设备代替了散斑照相和全息干涉计量中的干板记录。由于这一不同点，使得它们在对散射表面运动与变形信息的记录、再现与解释等方面均有所不同。本节将就电子散斑干涉计量的基本原理和特性进行讨论。

ESPI 计量和全息干涉计量一样也是通过比较散射体表面变形前后干涉场相位的变化来表征散射体表面的位移和变形信息的。因此，在 ESPI 计量中，干涉场的两个干涉分量分别来自物光和参考光。由于在 ESPI 计量中采用了光电子记录单元，故不同方式的参考光的引入会对 ESPI 的输出信息产生明显的影响。通常根据参考光性质的不同可将 ESPI 的参考光分为平滑参考光与散斑参考光。本节为了叙述方便且不失一般性，将不区分这一差别。

设物光场复振幅为 $U_{\mathrm{o}}(\boldsymbol{r})$，参考光场的复振幅为 $U_{\mathrm{r}}(\boldsymbol{r})$，则 ESPI 在成像面的物光和参考光的复振幅可分别表示为

$$U_{\mathrm{o}}(\boldsymbol{r}) = a_{\mathrm{o}}(\boldsymbol{r})\exp\left[\mathrm{j}\phi_{\mathrm{o}}(\boldsymbol{r})\right] \tag{7.43}$$

$$U_{\mathrm{r}}(\boldsymbol{r}) = a_{\mathrm{r}}(\boldsymbol{r})\exp\left[\mathrm{j}\phi_{\mathrm{r}}(\boldsymbol{r})\right] \tag{7.44}$$

式中，$a_{\mathrm{o}}(\boldsymbol{r})$ 和 $a_{\mathrm{r}}(\boldsymbol{r})$ 为实系数，分别表示物光和参考光的振幅分布；$\phi_{\mathrm{o}}(\boldsymbol{r})$ 与 $\phi_{\mathrm{r}}(\boldsymbol{r})$ 分别为物光与参考光的相位。因此，在记录介质所在的平面上，光场的合成光强为

$$I_{1(\boldsymbol{r})} = [U_{\mathrm{o}}(\boldsymbol{r}) + U_{\mathrm{r}}(\boldsymbol{r})][U_{\mathrm{o}}(\boldsymbol{r}) + U_{\mathrm{r}}(\boldsymbol{r})]^*$$

$$= a_{\mathrm{o}}^2(\boldsymbol{r}) + a_{\mathrm{r}}^2(\boldsymbol{r}) + 2a_{\mathrm{o}}(\boldsymbol{r})a_{\mathrm{r}}(\boldsymbol{r})\cos[\phi_{\mathrm{o}}(\boldsymbol{r}) - \phi_{\mathrm{r}}(\boldsymbol{r})] \tag{7.45}$$

当物体表面变形后，式 (7.43) 与式 (7.45) 分别为

$$U_{\mathrm{o}}'(\boldsymbol{r}) = a_{\mathrm{o}}(\boldsymbol{r})\exp[\mathrm{j}\phi(\boldsymbol{r})] \tag{7.46}$$

$$\begin{aligned} I_{2(\boldsymbol{r})} &= [U_{\mathrm{o}}'(\boldsymbol{r}) + U_{\mathrm{r}}(\boldsymbol{r})] \cdot [U_{\mathrm{o}}'(\boldsymbol{r}) + U_{\mathrm{r}}(\boldsymbol{r})]^* \\ &= a_{\mathrm{o}}^2(\boldsymbol{r}) + a_{\mathrm{r}}^2(\boldsymbol{r}) + 2a_{\mathrm{o}}(\boldsymbol{r})a_{\mathrm{r}}(\boldsymbol{r})\cos[\phi(\boldsymbol{r}) - \phi_{\mathrm{r}}(\boldsymbol{r})] \end{aligned} \tag{7.47}$$

式中：$\phi(\boldsymbol{r}) = \phi_{\mathrm{o}}(\boldsymbol{r}) + \Delta\phi(\boldsymbol{r})$ 为物光变形后的相位分布；$\Delta\phi(\boldsymbol{r})$ 为由于物体变形而引入的相位变化。

电子散斑干涉与照相散斑干涉不同的是，能将物体运动或变形前后在记录平面上产生的干涉散斑场以数字化方式分别记录在电子成像系统的不同帧图像中，并且通过计算机对每一帧图像进行多种数学或逻辑运算，这就为 ESPI 计量的信息输出提供了多种选择方式。通常，对于静态或准静态变形测量，ESPI 以绝对值相减模式输出，而对于瞬态变形则以相加模式输出。

1. 绝对值相减模式

$$I(\boldsymbol{r}) = |I_2(\boldsymbol{r}) - I_1(\boldsymbol{r})| = 4I_{\mathrm{m}}(\boldsymbol{r})\left|\sin\left[\phi_{\mathrm{o}}(\boldsymbol{r}) + \frac{1}{2}\Delta\phi(\boldsymbol{r})\right]\right| \cdot \left|\sin\left[\frac{1}{2}\Delta\phi(\boldsymbol{r})\right]\right| \tag{7.48}$$

式中：$I_{\mathrm{m}}(\boldsymbol{r}) = a_{\mathrm{o}}(\boldsymbol{r})a_{\mathrm{r}}(\boldsymbol{r})$，为调制项。

由式 (7.48) 可见，在绝对值相减模式下，ESPI 输出直接与物体表面运动或变形引起的相位项 $\Delta\phi(\boldsymbol{r})$ 有关。不过，在输出场中由于 $\phi_{\mathrm{o}}(\boldsymbol{r})$ 的随机变化，式 (7.48) 输出为由一散斑场 $\left|\sin\left[\phi_{\mathrm{o}}(\boldsymbol{r}) + \frac{1}{2}\Delta\phi(\boldsymbol{r})\right]\right|$ 调制的低频相关条纹场 $\left|\sin\left[\frac{1}{2}\Delta\phi(\boldsymbol{r})\right]\right|$。

显然，由式 (7.48) 有

$$\begin{cases} \Delta\phi(\boldsymbol{r}) = 2n\pi, & \text{暗条纹}, \quad n = 0, \pm1, \pm2, \cdots, \quad I(r) = I_{\max}(r) = 0 \\ \Delta\phi(\boldsymbol{r}) = (2n+1)\pi, & \text{亮条纹}, \quad n = 0, \pm1, \pm2, \cdots, \quad I(r) = I_{\max}(r) = 4I_{\mathrm{m}} \end{cases} \tag{7.49}$$

2. 相加模式

相加模式发生在当物体表面变形信息的变化过程快于光电记录单元（例如 CCD）积分时间时，由于敏感单元不能区分变形前后两个状态，而以光积分叠加的方式将它们记录在同一帧图像中。此时，由光电敏感单元所输出的信息正比于两相干散斑场的叠加，即

$$\begin{aligned} I(\boldsymbol{r}) = I_2(\boldsymbol{r}) + I_1(\boldsymbol{r}) = 2a_{\mathrm{o}}^2(\boldsymbol{r}) + 2a_{\mathrm{r}}^2(\boldsymbol{r}) + \\ 4a_{\mathrm{o}}(r)a_{\mathrm{r}}(r)\cos\left[\phi_{\mathrm{o}}(\boldsymbol{r}) - \phi_{\mathrm{r}}(\boldsymbol{r}) + \frac{1}{2}\Delta\phi(\boldsymbol{r})\right]\cos\left[\frac{1}{2}\Delta\phi(\boldsymbol{r})\right] \end{aligned} \tag{7.50}$$

由上式可见，当两个散斑干涉场叠加时，在获得的帧图像内不仅有相关条纹项（第三项），而且还包含了参考光、物光各自的自相关项（第一、二项，也称为强度项或直流项）。正是由于它们的存在而使得 ESPI 输出看不到条纹场。因此，必须利用滤波方法消去不相关的噪声项和直流项，才能获得相关条纹场。具体的处理方式可参阅相关的文献。

7.3.3 物体表面的一般位移所引起的双光束干涉相位变化

在 ESPI 计量中除双物光照明外，参考光场不随物体表面变化而变化。因此，在检测过程中相位的变化 $\Delta\phi(\boldsymbol{r})$ 均来自物体表面的位移或变形。为了统一描述这一变化，引入如图 7.6 所示的基本光路和变形中光程差的示意图。

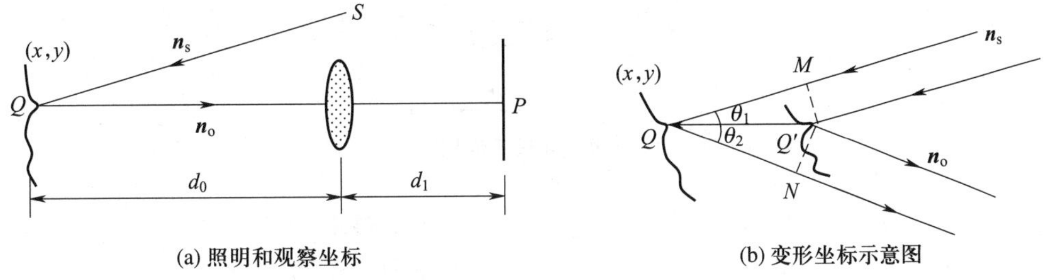

图 7.6 物体表面变形引起相位变化的几何示意图

设物面 $\boldsymbol{r}(x,y)$ 上任意检测点 Q 被相干光照明，入射方向为 $\boldsymbol{n}_s$，该光束被 Q 点散射后经成像系统到达记录面 P 点。由 Q 点到 P 点即为通常的观察方向，以 $\boldsymbol{n}_o$ 表示。这一照明和观察的几何关系如图 7.6a 所示。当物体变形后，Q 点移动到 Q' 点，令 $\overrightarrow{QQ'}=\boldsymbol{a}(\boldsymbol{r})$。若 $|\boldsymbol{a}(\boldsymbol{r})|\ll d_0$，$|\overrightarrow{SQ}|$ 则对应于 Q 点和 Q' 点的照明方向 $\boldsymbol{n}_s$，和观察方向 $\boldsymbol{n}_o$ 可以认为是近视相同的，如图 7.6b 所示。此时，由 Q 点到 P 点与由 Q' 到 P 点的光程变化 Δl 为

$$\Delta l = MQ + QN \tag{7.51}$$

由图 7.6b 所示的几何关系有

$$MQ = |\boldsymbol{a}(\boldsymbol{r})|\cos\theta_1 = -\boldsymbol{a}(\boldsymbol{r})\cdot\boldsymbol{n}_s \tag{7.52}$$

同理有

$$QN = |\boldsymbol{a}(\boldsymbol{r})|\cos\theta_2 = \boldsymbol{a}(\boldsymbol{r})\cdot\boldsymbol{n}_o \tag{7.53}$$

将上述两式代入式 (7.51) 有

$$\Delta l = (\boldsymbol{n}_o - \boldsymbol{n}_s)\cdot\boldsymbol{a}(\boldsymbol{r}) \tag{7.54}$$

由上式可以看到，由于 $\boldsymbol{a}(\boldsymbol{r})$ 为三维位移，因此，只要适当地选择 $\boldsymbol{n}_o$ 与 $\boldsymbol{n}_s$ 即可对 $\boldsymbol{a}(\boldsymbol{r})$ 的不同分量进行计量。式 (7.54) 和全息干涉计量中的式 (6.66) 一样，反映了散斑干涉计量中物体位移和光程的关系。借助这一关系就可以应用电子散斑干涉技术实现物体表面位移及位移梯度的计量。

7.3.4 离面位移敏感的电子散斑干涉计量

根据上节位移和光程差的关系，离面位移的电子散斑干涉计量可以完全应用图 7.7a 所示的迈克尔逊计量光路或图 7.7b 所示的小角度入射干涉光路。

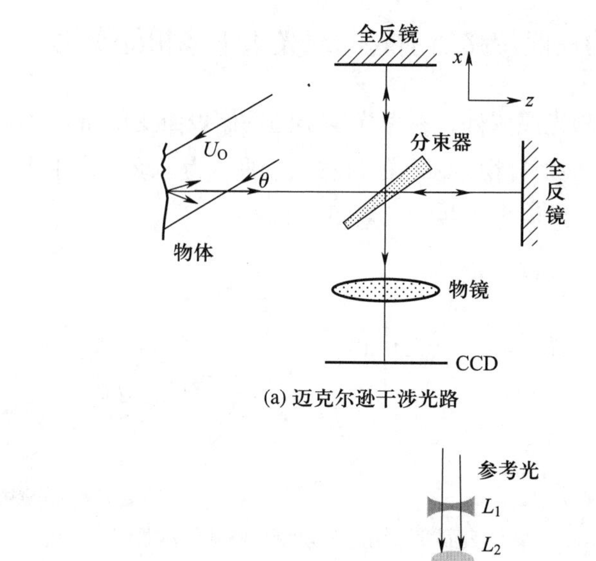

(a) 迈克尔逊干涉光路

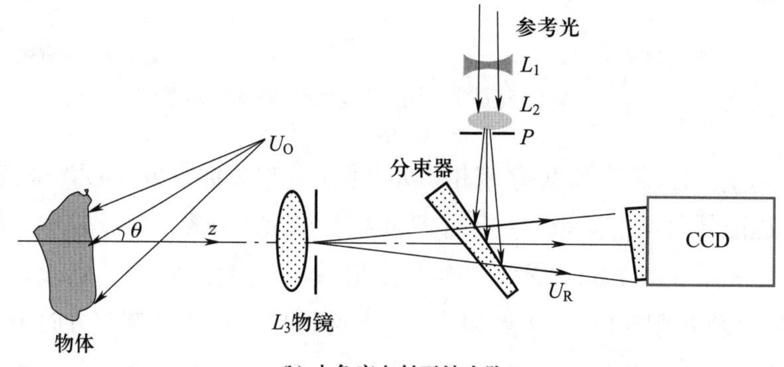

(b) 小角度入射干涉光路

图 7.7 离面位移敏感的电子散斑干涉计量光路

显然，对于迈克尔逊光路，有 $\boldsymbol{n}_\text{o}=(0,0,1)$，$\boldsymbol{n}_\text{s}=(0,0,-1)$。因此，由式 (7.54) 有

$$\Delta l = 2a_z(\boldsymbol{r}) \tag{7.55}$$

于是，干涉场相位变化为

$$\Delta\phi(\boldsymbol{r}) = \frac{2\pi}{\lambda}\Delta l = \frac{4\pi}{\lambda}a_z(\boldsymbol{r}) \tag{7.56}$$

结合式 (7.49)，可得在绝对值相减模式下用亮条纹条件表示的离面位移方程为

$$a_z(\boldsymbol{r}) = \frac{1}{2}\left(n+\frac{1}{2}\right)\lambda,\quad n=0,\pm1,\pm2,\pm3,\cdots \tag{7.57}$$

上式表明，此时 ESPI 输出的条纹场即为离面位移 $a_z(\boldsymbol{r})$ 的等位移线。同理，对于小角度入射干涉光路（图 7.7b），有 $\boldsymbol{n}_\text{o}=(0,0,1)$，$\boldsymbol{n}_\text{s}=(-\sin\theta,0,-\cos\theta)$。于是，此时的相位变化为

$$\Delta\phi(\boldsymbol{r}) = \frac{2\pi}{\lambda}[a_x(\boldsymbol{r})\sin\theta + a_z(\boldsymbol{r})(1+\cos\theta)] \tag{7.58}$$

上式中，若光路安排满足 $\sin\theta \ll (1+\cos\theta)$，且 $a_x(\boldsymbol{r})$ 有限或在数值上和 $a_z(\boldsymbol{r})$ 相当，则有

$$\Delta\phi(\boldsymbol{r}) \approx \frac{2\pi}{\lambda} a_z(\boldsymbol{r})(1+\cos\theta) \tag{7.59}$$

此条件下的离面位移方程为

$$a_z(\boldsymbol{r}) = \frac{\lambda}{1+\cos\theta}\left(n+\frac{1}{2}\right), \quad n = 0, \pm1, \pm2, \pm3, \cdots \tag{7.60}$$

可见，上式在一定的近似下表示离面位移的等值线，当用一准直平面波照明物体表面，且物体表面较平坦时，上式即可简化成式 (7.57)。此时，图 7.7b 所示也退化成为迈克尔逊光路。

在 ESPI 的离面位移计量中，一般较多地采用图 7.7b 所示光路，而不用迈克尔逊干涉光路。这是因为，在迈克尔逊光路中光能利用效率太低，再次经过分束镜以后，又至少有 50% 光能被衰减掉。因此，它一般仅用在比较两个物体表面相对位移或剪切 ESPI 计量中 (见下节)。而图 7.7b 所对应的光路，由于参考光直接进入 CCD 靶面，因此分束器只需反射微弱的参考光。一般取分束器的透反比在 10 : 1 至 10 : 3 之间。因此，可以最大限度地让物光束通过而到达 CCD 靶面。

7.3.5 面内位移敏感的电子散斑干涉计量

对于面内位移的测量，应用图 7.8 所示光路，且取 $\theta_1 = -\theta_2 = \theta$，由式 (7.54) 可得其相位变化量 $\Delta\phi(\boldsymbol{r})$ 为

$$\Delta\phi(\boldsymbol{r}) = \frac{2\pi}{\lambda}[2a_x(\boldsymbol{r})\sin\theta] \tag{7.61}$$

因此，对应于亮条纹的面内位移方程为

$$a_x(\boldsymbol{r}) = \frac{\lambda}{2\sin\theta}\left(n+\frac{1}{2}\right), \quad n = 0, \pm1, \pm2, \pm3, \cdots \tag{7.62}$$

注意，上式成立有三个条件：① 入射的两物光场为平行入射平面波；② 被测物体表面平坦；③ 入射的两物光关于被测物体表面法线的入射角相等，分别位于法线两侧，且法线方向与观察方向重合。如果这三个条件不同时成立，$\boldsymbol{a}(\boldsymbol{r})$ 的其他两个分量会对相位变化 $\Delta\phi(\boldsymbol{r})$ 有贡献。

在电子散斑的面内位移计量中通常采用图 7.8 所示的两种干涉光路。其中，图 7.8a 所示光路只需一束平行入射光，通过物体旁边一个全反镜 M 反射，自动形成另一束与入射光入射角相等方向相反的入射光。该光路简单，角度自然满足对称入射。不足之处是需要一个全反镜放在被测对象旁边，因此比较适合尺寸较小的物体。图 7.8b 所示给出了另外一种光路配置，它可以完全满足上文中提到的三个条件，只是光路系统要相对复杂一些。

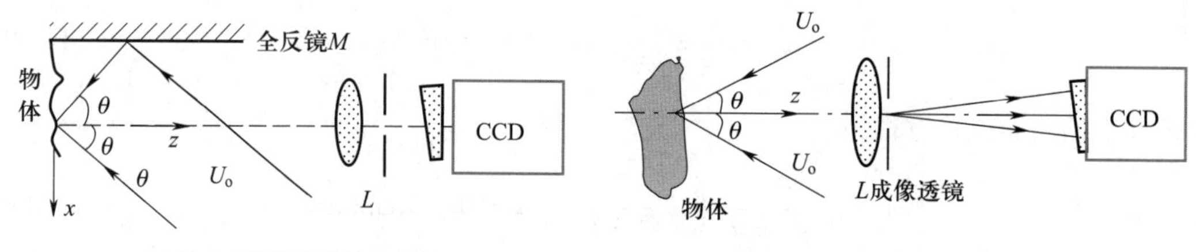

图 7.8　面内位移敏感的电子散斑干涉计量光路

7.3.6　剪切电子散斑干涉计量

剪切电子散斑干涉（shearing ESPI，或称 SESPI）是用来对物体表面位移梯度进行测量的技术。它可以采用图 7.7a 所示的迈克尔逊干涉光路，通过将其中的某一反射镜旋转微小角度 α 而形成的迈克尔逊剪切干涉光路，如图 7.9a 所示；也可以采用图 7.9b 所示的双棱镜剪切光路。显然，对于图 7.9a 所示的迈克尔逊剪切干涉光路，可得其相位变化量 $\Delta\phi(\boldsymbol{r})$ 为

$$\Delta\phi(\boldsymbol{r})=\frac{2\pi}{\lambda}\left[\sin\theta\frac{\partial a_x(\boldsymbol{r})}{\partial x}+(1+\cos\theta)\frac{\partial a_z(\boldsymbol{r})}{\partial x}\right]\delta x \tag{7.63}$$

当 θ 很小时，上式为

$$\Delta\phi(\boldsymbol{r})=\frac{2\pi}{\lambda}(1+\cos\theta)\frac{\partial a_z(\boldsymbol{r})}{\partial x}\delta x \tag{7.64}$$

此时，由亮条纹方程确定的离面位移在 x 方向的梯度为

$$\frac{\partial a_z(\boldsymbol{r})}{\partial x}=\frac{\lambda}{\delta x(1+\cos\theta)}\left(n+\frac{1}{2}\right) \tag{7.65}$$

式中：δx 为光学系统在 x 方向的剪切量，由测量系统给出；n 为亮条纹级数，取值同前文。

同理，可以获得 y 方向的离面位移梯度为

$$\frac{\partial a_z(\boldsymbol{r})}{\partial y}=\frac{\lambda}{\delta y(1+\cos\theta)}\left(n+\frac{1}{2}\right) \tag{7.66}$$

若用图 7.9b 所示的双棱镜剪切光路，则相位变化为

$$\Delta\phi(\boldsymbol{r})=\frac{2\pi}{\lambda}\left(A\frac{\partial a_x(\boldsymbol{r})}{\partial x}+B\frac{\partial a_y(\boldsymbol{r})}{\partial x}+C\frac{\partial a_z(\boldsymbol{r})}{\partial x}\right)\delta x \tag{7.67}$$

式中

$$A=\left(\frac{x-x_{\mathrm{o}}}{R_{\mathrm{o}}}+\frac{x-x_{\mathrm{s}}}{R_{\mathrm{s}}}\right),\quad B=\left(\frac{y-y_{\mathrm{o}}}{R_{\mathrm{o}}}+\frac{y-y_{\mathrm{s}}}{R_{\mathrm{s}}}\right),\quad C=\left(\frac{z-z_{\mathrm{o}}}{R_{\mathrm{o}}}+\frac{z-z_{\mathrm{s}}}{R_{\mathrm{s}}}\right)$$

$$R_{\mathrm{o}}^2=x_{\mathrm{o}}^2+y_{\mathrm{o}}^2+z_{\mathrm{o}}^2,\quad R_{\mathrm{s}}^2=x_{\mathrm{s}}^2+y_{\mathrm{s}}^2+z_{\mathrm{s}}^2 \tag{7.68}$$

因此，由亮条纹方程控制的位移梯度为

$$A\frac{\partial a_x(\boldsymbol{r})}{\partial x}+B\frac{\partial a_y(\boldsymbol{r})}{\partial x}+C\frac{\partial a_z(\boldsymbol{r})}{\partial x}=\frac{\lambda}{\delta x}\left(n+\frac{1}{2}\right) \tag{7.69}$$

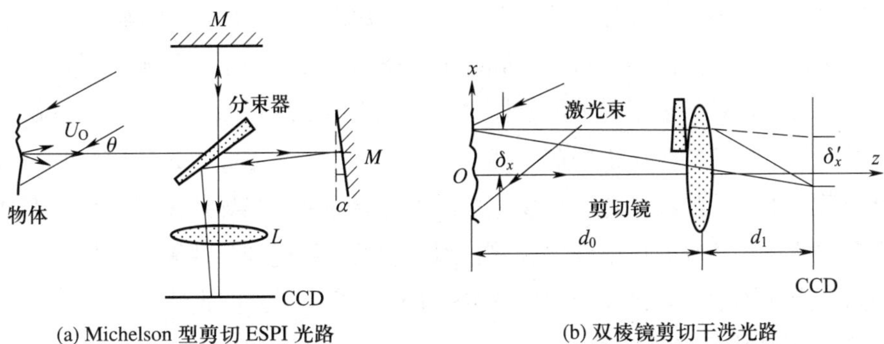

(a) Michelson 型剪切 ESPI 光路　　(b) 双棱镜剪切干涉光路

图 7.9　两种典型的剪切电子散斑干涉光路

7.3.7 电子散斑干涉计量系统及其应用

上述各节介绍了电子散斑干涉计量的基本原理，可以看到，要在现实中完成电子散斑干涉计量，必须在光学实验平台上建立相应的测量系统。这是一个集光机电于一体的光学全场无损检测系统，主要由光学成像单元、电子记录单元、相干光源，以及计算机及数字图像处理系统等部分组成。

1. 光学单元

光学单元在 ESPI 计量系统中承担着物体表面的成像、物光及参考光的引入与传输等作用。对于光学成像单元部分，一般用标准成像透镜或变焦系统。其要求为具有较大的视场和合适的工作距离，具有能与 CCD 电子记录单元相匹配的空间分辨率及较小的像差。对于动态计量，也可给成像系统加上电子快门。另外，成像系统有时也可以用相干光光纤传像束代替，以便能灵活地进入被测对象的内部等常规光学系统不易进入的环境中，还有分光用的楔形或立方体分光棱镜、各种汇聚和成像用透镜等。通常，这些光学器件要求表面经过特殊的镀膜处理，以防止不必要的二次反射。

2. CCD 等电子记录单元

CCD 等电子记录单元是 ESPI 系统中干涉场信息记录的唯一元件。它的性能极大地影响着 ESPI 输出条纹的特性。一般对 CCD 或其他电子接收单元的要求主要有如下几个参数：受光灵敏度、空间分辨率、几何精确度等。对于受光灵敏度，一般是指对一平面在给定光照水平下，CCD 接收器件所能给出的最强信号反应。这一参数的高低将直接影响 ESPI 输出场的强度。空间分辨率是电子记录器件所能分辨的最高空间频率，而几何精确度则是指当电子记录器件每次扫描时，其重复位置的精确程度。如果重复精度不高，将会使信号位置失真而引起虚假信号移动。

3. 相干光照明光源

在 ESPI 检测中，用得最广泛的相干光照明光源为由 He−Ne 和 Ar+ 所发出的连续激光。其原因在于，这种气体激光器工作稳定，波长范围又接近 CCD 的工作波段。对于动态检测，红宝石（ruby）激光器与 YAG 激光器则是人们首选的两种光源。尤其是双内腔式，由于其可以实现单、双脉冲可调，脉冲重复率高、强度稳定，故被广泛地用在各种动态计量领域。另外，近年来半导体激光器也被引入 ESPI 计量系统。由于它体积小、功率大、相干长度长，且工作波长正好在 CCD 光敏区，可以大大缩小 ESPI 计量系统的体积，从而为电子散斑干涉计量实用化、现场化提供了光源保证。半导体激光器目前不足的地方主要在于它的波长和功率的稳定性比较差，因而它的应用受到某些限制。随着半导体器件水平的提高，半导体激光器将成为动静态 ESPI 计量系统的首选光源。

4. 计算机及数字图像处理系统

计算机是控制和协调 ESPI 计量系统工作的主控系统，它通过接收来自图像处理卡或数字 CCD 输入的图像信号进行后续的一系列存储、运算并返回处理结果。因此，具有一定速度和内存是 ESPI 系统对计算机系统的基本要求。目前一般的个人计算机已完全胜任 ESPI 的计量工作。

早期的图像处理系统是将来自 CCD 的全电视信号经解调后通过 A/D 转换变成数字信号供给计算机系统，它的中心部件是一块图像处理卡（frame grabber）。随着数字图像系统技术的发展，目前的 CCD 或 CMOS 等电子记录单元均为数字化记录系统，已经不需要专门的硬件数字图像系统处理视频信号。因此，目前 ESPI 系统中的数字图像处理单元更多是指数字图像处理的软件部分。

5. 电子散斑干涉计量技术的应用

电子散斑干涉计量技术以其显著的特点于 20 世纪 70 年代以来得到了迅速的发展和广泛的应用，所涉及的领域不胜枚举，例如，材料、微电子、生物、机械工程、建筑、化工、考古与文物保护、航空航天、军事与国防等。由于本书篇幅的限制，此处仅给一个例子介绍电子散斑干涉计量技术的典型应用。

图 7.10 所示为一含单边裂纹的薄钢板在不同载荷时单向拉伸方向的面内位移电子散斑条纹，其中物光束对称入射角 $\theta = 12.9^\circ$。

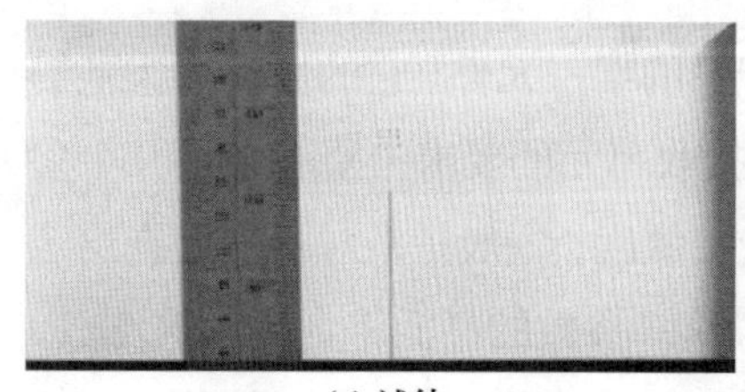

(a) 试件

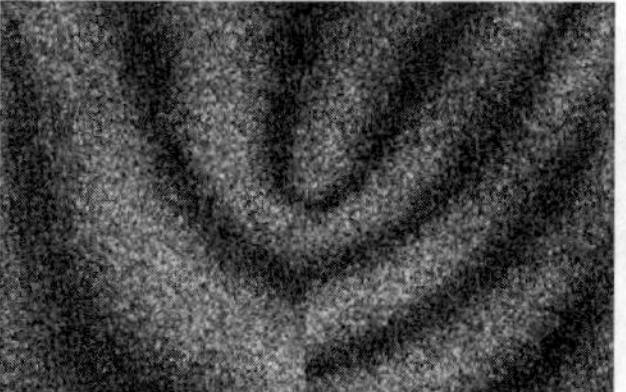

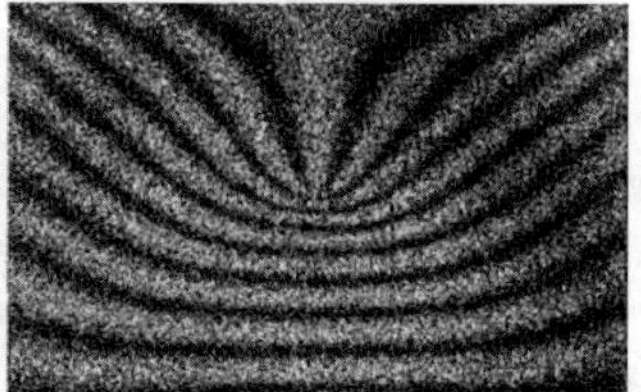

(b) 实验中拍摄的不同载荷时的 ESPI 面内条纹图

图 7.10　一含单边裂纹的薄钢板在不同载荷时单向拉伸方向的面内位移测量

习题

7.1 如习题 7.1 图所示，该光路系统所描述的是全息照相还是自由空间散斑干涉？若是全息照相，请描述其成像与再现过程，并指出其物光与参考光。（注：无须再增加光学元件和光路）

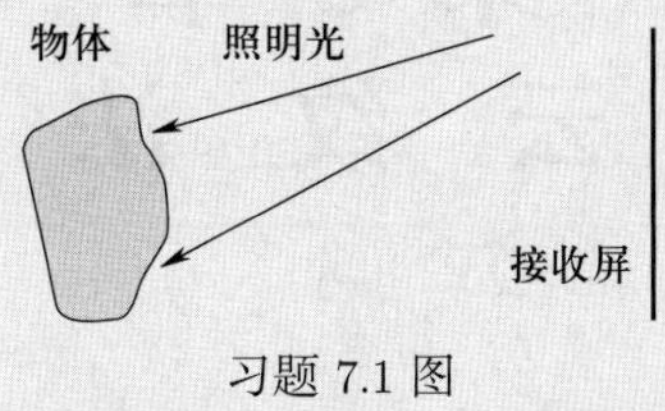

习题 7.1 图

7.2 圆盘半径为 25 mm，绕通过中心且垂直于盘面的轴旋转很小的角度 $\theta = 0.8°$，若用双曝光散斑照相法对其面内位移进行检测，并用逐点分析方法进行位移场求解，试确定习题 7.2 图中 A、B、C 点的杨氏条纹图的方向和宽度。$r_A = 10\ \mathrm{mm}$，$r_B = 20\ \mathrm{mm}$，$r_C = 10\ \mathrm{mm}$。用必要的关系式及图表示出来。设照明激光波长为 632.8 nm，逐点再现杨氏条纹时散斑负片到杨氏条纹接收屏的距离为 1.0 m。

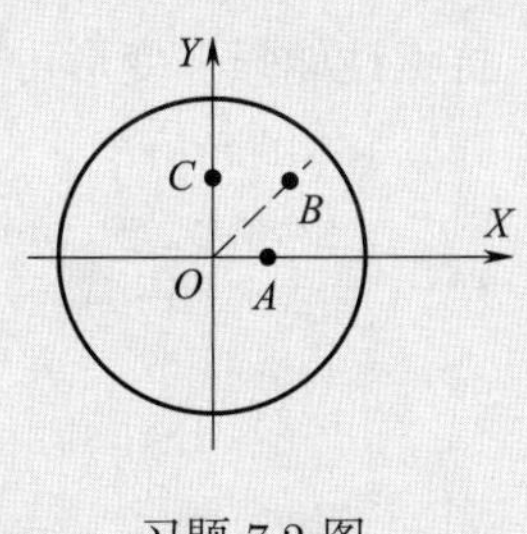

习题 7.2 图

7.3 请描述双曝光散斑干涉原理和过程。

7.4 从散斑场的强度公式出发，推导散斑场的逐点分析公式。

7.5 试从散斑逐点分析公式出发，分析杨氏条纹方向、间距和散斑场位移的关系。

7.6 试述电子散斑干涉计量的原理。离面和面内电子散斑干涉光路设置有何不同？

7.7 对于一个中心受集中力的周边固支薄圆盘，要求测量其离面变形。如何用电子散斑干涉技术进行测量？请给出必要的光路设计，以及位移与条纹级数的关系。

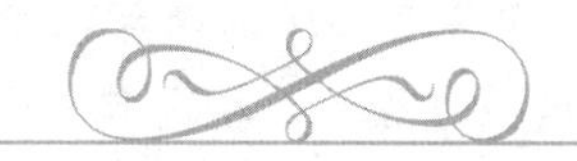

第 8 章 云 纹 法

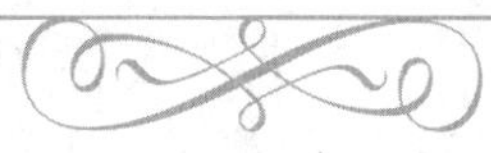

云纹法是可以直观测量位移场、应变场、轮廓/形貌场的一种实验应力分析方法。云纹（moiré）一词原指丝绸云纹，将两块半透明的丝绸重叠在一起会出现云纹现象，因此得名。云纹现象的发现已有上百年历史，直至 20 世纪中期才广泛应用于位移和应变测量。云纹法用于变形测量时具有设备简单、抗噪性能强、变形可视化等优点。

8.1 概述

8.1.1 云纹现象

在现实生活中，云纹现象随处可见，图 8.1a 所示为两把梳子叠在一起形成的云纹图案，图 8.1b 所示为两块窗纱重叠形成的云纹图案，它们均是由两组周期性结构的遮光效应所形成的明暗相间条纹。

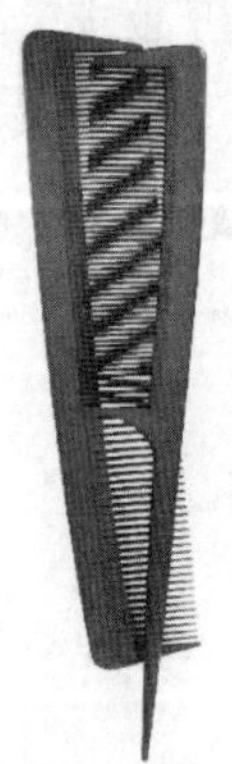

(a) 梳子

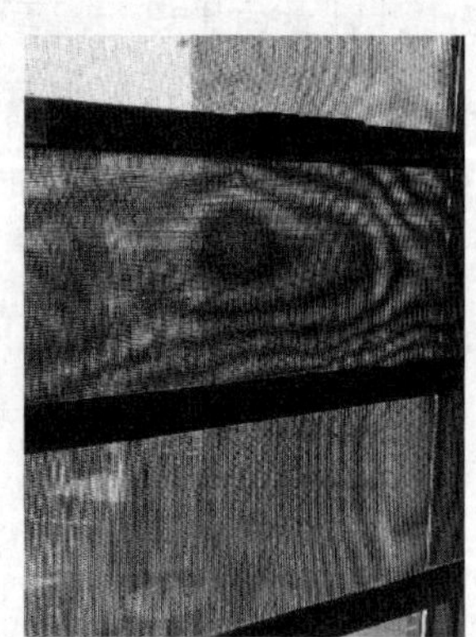

(b) 窗纱

图 8.1 重叠放置形成的云纹图案

8.1.2 光栅概念与分类

云纹条纹通常是由两个具有周期性变化的栅格状物体叠合后形成的，栅格状物体一般包含平行等间距的透明和不透明规则结构。这些具有周期性空间结构的栅格状物体称为光栅，光栅是形成云纹条纹的基本单元。图 8.2a 所示为平行光栅（单向光栅）：光栅上交替排列的周期性结构单元称为栅线，与栅线垂直的方向称为光栅主方向，相邻栅线的间距称为栅距（或节距），一般用 p 表示，栅距的倒数称为光栅频率，一般用 f 表示，$f = 1/p$。两组互相垂直的平行光栅，称为正交光栅，如图 8.2b 所示。

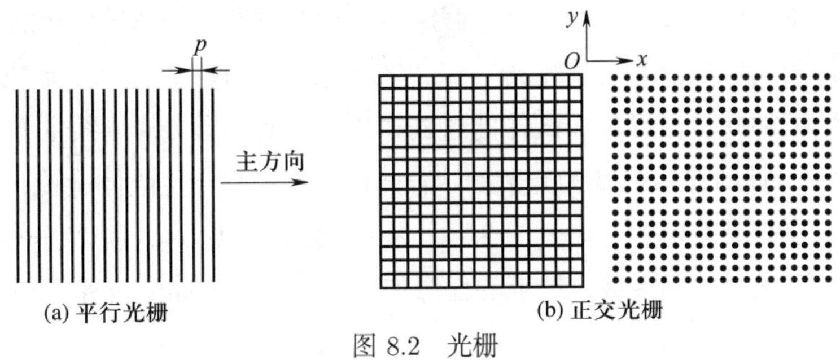

图 8.2　光栅

分析表明，产生云纹条纹的条件是必须有两组光栅，且两组光栅的栅距相近，栅线夹角不能过大。当栅线的几何参数、方位（平移和转动）发生变化，都会引起云纹条纹的变化，基于该原理可进行物体表面位移和应变的测量。在实际应用中，需要在试件表面制备光栅，称为试件栅，并准备与之匹配的参考栅，即变形前两栅的栅距相等。加载后，试件栅跟随试件变形，导致栅距发生变化，此时变形试件栅与参考栅叠加形成云纹。

8.1.3 典型云纹法

常用的云纹法可分为面内几何云纹、云纹干涉、扫描电镜云纹等。在进行面内位移测量时，若忽略加载过程中产生的离面位移，利用试件栅与参考栅叠加形成的云纹条纹进行位移测量的方法称为面内几何云纹法。该方法于 20 世纪 50 年代正式提出，所用光栅频率通常在 100 线/mm 以下，广泛应用于聚合物、锻压制件等材料与结构的大变形测量。20 世纪 90 年代初，基于高频光栅和激光光波波前干涉理论，波斯特（D. Post）等提出了云纹干涉法，所用光栅频率一般在 600～2 400 线/mm，位移测量灵敏度比传统几何云纹法高几十倍至上百倍。随着微纳米光栅制备技术的发展，出现了扫描电镜云纹法，以电子束扫描线作为参考栅，与试件栅叠加形成扫描云纹，可实现微纳米尺度变形场的测量。

8.2 面内几何云纹法

在实际测量变形时需配合使用两块光栅，一块是制作于试件表面并随试件一起变形的试件栅，另一块是固定不变形的参考栅。两块光栅叠合形成的云纹条纹称为面内几何云纹或平面几何云纹（通常称为几何云纹）。两块栅距相等的光栅称为等节栅，两块栅距大小有差异的光栅称为异节栅。

8.2.1　面内几何云纹形成原理

将两块等节栅重叠后，当它们发生相对转动或某一光栅的栅距增大或减小时，其中一块光栅的不透明部分将遮盖住另一块光栅的透明部分，形成明暗相间的条纹，称为云纹。以参考栅和变形后试件栅形成的云纹为例，假定初始状态下参考栅和试件栅的栅距相等，参考栅线号和试件栅线号分别为正整数 m、n，完全重叠时类似一块光栅，形成零场条纹。加载后，试件栅随试件同步变形，如试件栅随试件产生压缩变形（沿栅线主方向产生均匀应变，即栅距减小），此时试件栅变为异节栅。若试件栅进一步产生刚体旋转，将最终形成图 8.3 所示的面内几何云纹，其中 $0, \pm1, \pm2, \cdots$ 为云纹条纹级数 N，且 $N = m - n$。云纹条纹是等位移的轨迹线，即同一级条纹上的任意点沿参考栅主方向的位移量相等。

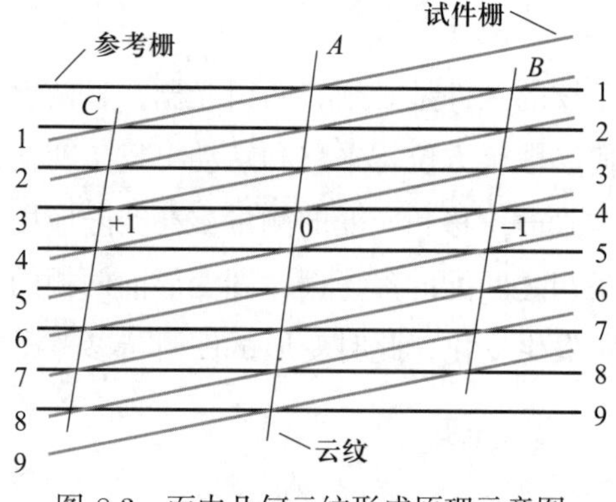

图 8.3　面内几何云纹形成原理示意图

形成面内几何云纹现象的两种基本情况——**平行云纹**、**转角云纹**：与参考栅栅线方向平行的云纹条纹称为平行云纹，与参考栅栅线方向有一定夹角的云纹称为转角云纹，如图 8.4 所示。

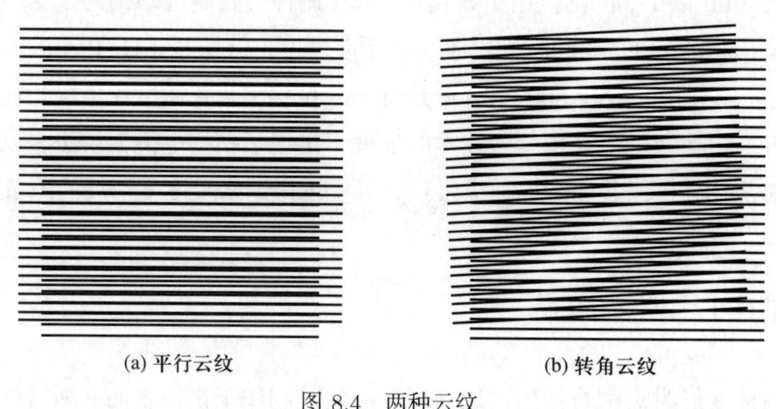

图 8.4　两种云纹

针对平行云纹情形，设定两块光栅的栅距分别为 p_1 和 p_2，则频率分别为 $f_1 = 1/p_1$ 和 $f_2 = 1/p_2$。参考栅和试件栅的透射光强函数可写为

$$\begin{aligned} I_1 &= 1 + \cos 2\pi \frac{x}{p_1} = 1 + \cos 2\pi f_1 x \\ I_2 &= 1 + \cos 2\pi \frac{x}{p_2} = 1 + \cos 2\pi f_2 x \end{aligned} \tag{8.1}$$

将两栅线平行叠加，用强度为 I_0 的平面波连续通过这两块光栅，则透射光强分布为

$$\begin{aligned} I &= I_0 I_1 I_2 = I_0(1 + \cos 2\pi f_1 x + \cos 2\pi f_2 x + \cos 2\pi f_1 x \cos 2\pi f_2 x) \\ &= I_0 \left[1 + \cos 2\pi f_1 x + \cos 2\pi f_2 x + \frac{1}{2}\cos 2\pi(f_1 + f_2)x + \frac{1}{2}\cos 2\pi(f_1 - f_2)x\right] \end{aligned} \tag{8.2}$$

式中第一项是平均背景光强，第二、三项代表原来栅线的周期结构，第四项是和频项，其频率为两栅线频率之和，是高频项。第五项是差频项，其频率为两栅线频率之差，对应云纹。此时云纹条纹间距为 $S = \dfrac{1}{f_1 - f_2} = \dfrac{1}{\dfrac{1}{p_1} - \dfrac{1}{p_2}} = \dfrac{p_1 p_2}{p_2 - p_1}$。一般认为，云纹的空间频率低于原光栅的空间频率，所以云纹即为两光栅叠合产生的差频成分。当光栅频率较高时，云纹相较于高频光栅更易于分辨。

8.2.2 面内位移场与应变场测量

1. 均匀线位移引起的云纹与变形场的计算

如试件栅和参考栅在未变形前互相平行且栅距相等，当试件栅产生沿栅线主方向的均匀变形（应变）时，它们叠加将形成平行云纹，如图 8.4a 所示。原参考栅栅距为 p，云纹条纹级数为 N，且相邻云纹间距为 S，沿光栅主方向的线位移为 u，正应变为 ε，则

$$u = Np \tag{8.3}$$

由式 (8.3) 可知，相邻云纹条纹的位移增量为

$$\Delta u = p \tag{8.4}$$

根据正应变定义 $\varepsilon_x = \dfrac{\partial u}{\partial x} \approx \dfrac{\Delta u}{\Delta x}$（此处 x 方向为光栅主方向），可得

$$\varepsilon \approx \pm \frac{p}{S} \tag{8.5}$$

2. 纯转动产生的云纹及转角的计算

两组等栅距光栅，其中一个光栅视为参考栅，另外一个视为试件栅，初始状态时通过校正使得两光栅主方向相同，然后将试件栅相对于参考栅产生转角 θ，此时可以形成转角云纹。ϕ 为云纹与参考栅的夹角，如图 8.5 所示。

此时云纹中亮条纹产生于两栅线交点的连线，且平分两栅线所夹的钝角，θ 与 ϕ 的关

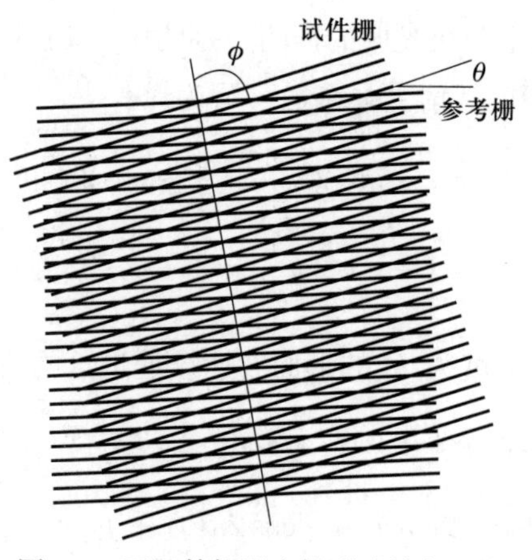

图 8.5　两组等栅距光栅形成转角云纹

系为 [3]

$$\phi = \frac{\pi + \theta}{2} \tag{8.6}$$

当 θ 很小时，$\phi \approx \frac{\pi}{2}$，即云纹与栅线垂直，此时，相邻云纹间距 S 与 θ 的关系可由下式表示：

$$S = \frac{p}{\tan\theta} \approx \frac{p}{\theta} \tag{8.7}$$

由式 (8.7) 可以看出，当 θ 增大时，S 迅速变小，即云纹迅速增密。实际上，当 $\theta \approx 30°$ 时云纹已不可分辨。

面内几何云纹有两个重要放大作用。其一是微小位移（变形）的放大：物体微小位移引起试件栅几何形状的微小改变将引起云纹条纹的较大变化。由图 8.4a 可知，试件栅产生了均匀拉伸变形，但栅线过于细密导致其几何形状的变化不易观察，然而在均匀变形的栅线范围内，该变化（变形）导致了粗大稀疏的云纹条纹的出现，却易于分辨、识别和测量，由此可见云纹对微小变形有放大作用。其二是小转角的放大：以初始平行的试件栅和参考栅为例，当试件栅随试件转动一个小的角度，如 5°，云纹条纹转动了约 45°，如图 8.4b 所示，由此可见云纹对小转角有明显的放大作用。

3. 二维位移场及应变场的测定

测量二维位移场时，试件栅通常采用正交试件栅，如图 8.2b 所示。参考栅一般采用等间距的平行栅，测量中使参考栅主方向沿 x 轴即可得到 u 场条纹，使参考栅主方向沿 y 轴即可得到 v 场条纹，并由位移导数可得二维应变场 ε_x、ε_y、γ_{xy}。

取参考栅主方向为 y 轴向，变形后的试件栅通常为曲线，它们和参考栅相交处的连线即为云纹的亮条纹中心，如图 8.6 所示。图中虚线代表亮条纹的位置，由图可知在任意亮条纹所经过的各栅线交点处，其栅线序数的差值为一整数 N_y（N_y 为 v 场云纹条纹级数、m 为参考栅线号、n 为试件栅线号）

$$N_y = m - n \tag{8.8}$$

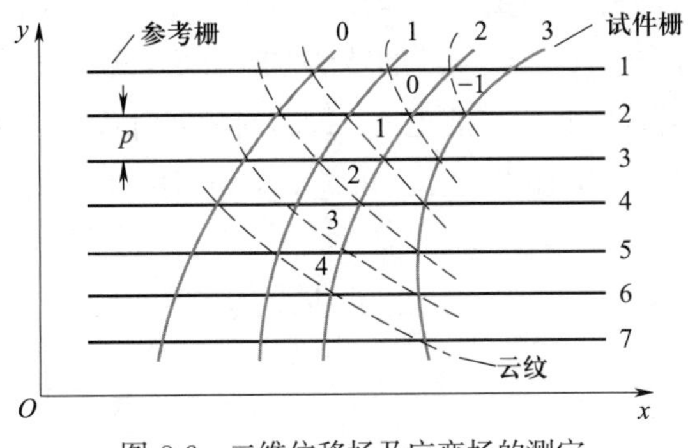

图 8.6 二维位移场及应变场的测定

可看出，在 $N_y = 0, \pm 1, \pm 2, \pm 3, \cdots$ 的各级云纹条纹上，试件栅各点分别沿参考栅主方向产生位移 $0, \pm 1p, \pm 2p, \pm 3p, \cdots$。以 v 表示上述沿 y 轴向的位移，则

$$v = N_y p, \quad N_y = 0, \pm 1, \pm 2, \pm 3, \cdots \tag{8.9}$$

和 y 轴向类似，取参考栅主方向为 x 轴向，令 N_x 为 u 场云纹条纹级数，u 为 x 方向的位移，则

$$u = N_x p, \quad N_x = 0, \pm 1, \pm 2, \pm 3, \cdots \tag{8.10}$$

上面分别获得了表示 v 场及 u 场的云纹条纹图。云纹条纹图代表了沿参考栅主方向的位移场：任意一级云纹条纹为沿参考栅主方向的等位移线，相邻条纹间的位移差为一个参考栅栅距。

对式 (8.9) 及式 (8.10) 取导数，得

$$\begin{aligned} \frac{\partial u}{\partial x} &= p\frac{\partial N_x}{\partial x}, \quad \frac{\partial u}{\partial y} = p\frac{\partial N_x}{\partial y} \\ \frac{\partial v}{\partial x} &= p\frac{\partial N_y}{\partial x}, \quad \frac{\partial v}{\partial y} = p\frac{\partial N_y}{\partial y} \end{aligned} \tag{8.11}$$

根据弹性力学理论，小变形时的应变分量可以表示为

$$\varepsilon_x = \frac{\partial u}{\partial x}, \quad \varepsilon_y = \frac{\partial v}{\partial y}, \quad \gamma_{xy} = \frac{\partial u}{\partial y} + \frac{\partial v}{\partial x} \tag{8.12}$$

由式 (8.11) 及式 (8.12) 可得各点应变

$$\varepsilon_x = p\frac{\partial N_x}{\partial x}, \quad \varepsilon_y = p\frac{\partial N_y}{\partial y}, \quad \gamma_{xy} = p\left(\frac{\partial N_x}{\partial y} + \frac{\partial N_y}{\partial x}\right) \tag{8.13}$$

4. 面内几何云纹正应变的正负号判别方法

在云纹法测量中，正应变的正负号一般采用旋转参考栅的方法进行判断。如图 8.7 所示，假设参考栅栅线为 m_0 和 m_1，试件栅栅线为 n_0 和 n_1，OA 表示初始云纹条纹位置。如果试件栅随试件拉伸变形而同步移动位置，n_1 变为 n_{1+}，此时变形后的云纹条纹变为 OA_1。逆时针转动参考栅一个小的角度，参考栅栅线从 m_0 和 m_1 变为 m_0' 和 m_1'，则云

纹条纹也从 OA_1 逆时针转动到 OA_2 的位置，云纹条纹的转动方向和参考栅的转动方向一致。同理，试件在压缩情况下，云纹条纹的转动方向和参考栅的转动方向相反。由此可见，通过转动参考栅的方式可确定正应变的正负，即转向相同时正应变为正 (拉应变)，转向相反时正应变为负（压应变）。结合式 (8.11) 可进一步判断条纹的增减，以确定条纹级数。

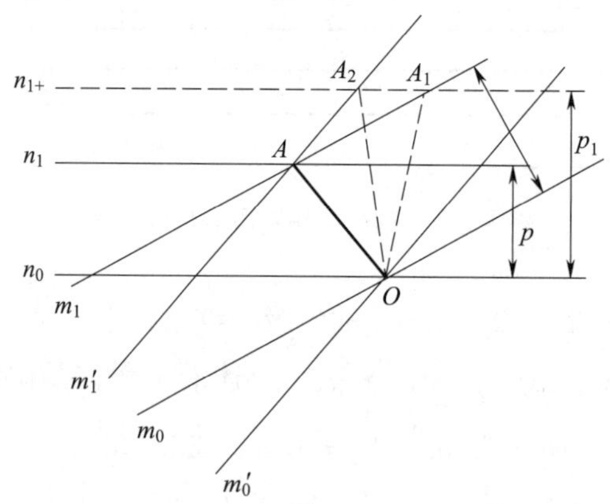

图 8.7　应变正负的判断方法（转动参考栅法）

5. 面内几何云纹法典型光路系统

透射式云纹光路如图 8.8 所示，适用于有机玻璃、环氧树脂等透明材料的变形测量。

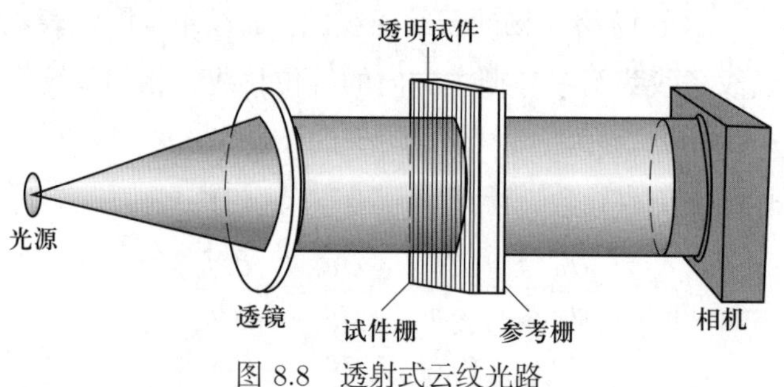

图 8.8　透射式云纹光路

反射式云纹光路如图 8.9 所示，适用于绝大部分不透明材料的变形测量。

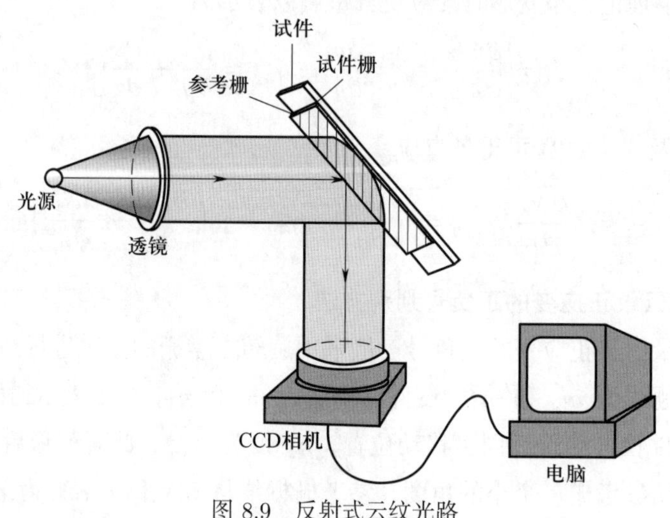

图 8.9　反射式云纹光路

显微成像式云纹光路如图 8.10 所示，可以结合长焦距显微系统进行成像测量。

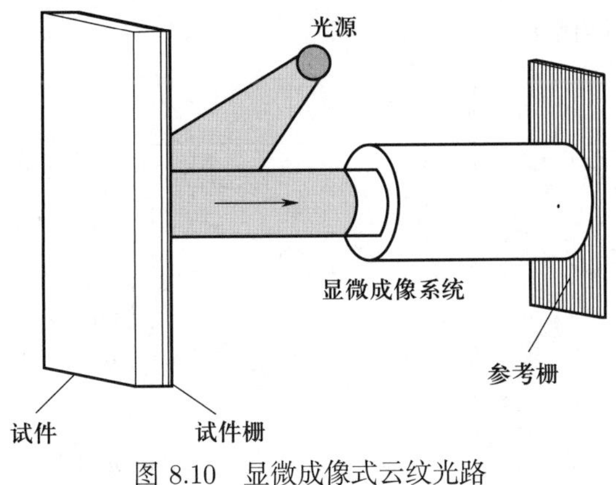

图 8.10 显微成像式云纹光路

8.3 云纹干涉法

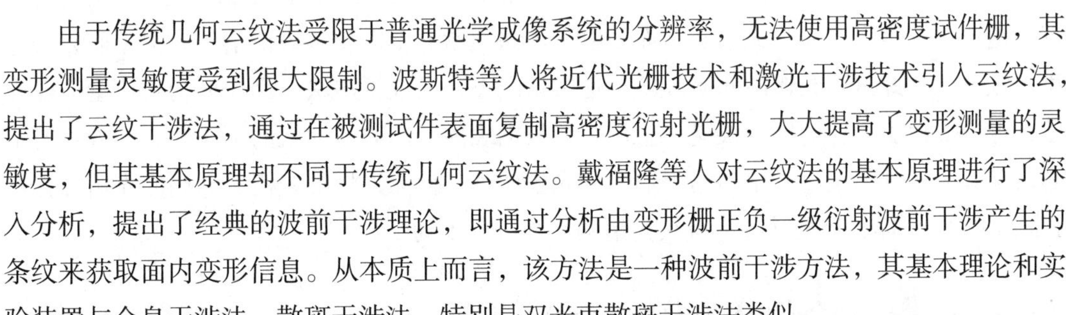

由于传统几何云纹法受限于普通光学成像系统的分辨率，无法使用高密度试件栅，其变形测量灵敏度受到很大限制。波斯特等人将近代光栅技术和激光干涉技术引入云纹法，提出了云纹干涉法，通过在被测试件表面复制高密度衍射光栅，大大提高了变形测量的灵敏度，但其基本原理却不同于传统几何云纹法。戴福隆等人对云纹法的基本原理进行了深入分析，提出了经典的波前干涉理论，即通过分析由变形栅正负一级衍射波前干涉产生的条纹来获取面内变形信息。从本质上而言，该方法是一种波前干涉方法，其基本理论和实验装置与全息干涉法、散斑干涉法，特别是双光束散斑干涉法类似。

云纹干涉法通常采用栅线频率为 600～2 400 线/mm 的高密度衍射光栅作为试件栅，其测量灵敏度可达波长量级，比传统几何云纹法高出一个量级。此外，该方法还具有全场分析、实时观测等优点。云纹干涉法在基本理论、实验技术、试件栅复制工艺等方面已趋于完善，是一种具有广泛应用前景的光测力学方法。

8.3.1 衍射光栅

衍射光栅由很多平行、等宽、等间距的狭缝组成。产生反射衍射光波的称为反射式衍射光栅（图 8.11a），产生透射衍射光波的称为透射式衍射光栅（图 8.11b）。在云纹干涉法中一般采用反射式衍射光栅，但对于某些透明材料试样，也可采用透射式衍射光栅。

反射式衍射光栅和透射式衍射光栅具有相同的光栅方程。当波长为 λ 的平行光束以 α 为入射角入射光栅时，根据两相邻狭缝的光束之间的光程差 $k\lambda$（k 代表衍射级数，$k=\pm1$ 为一级衍射，$k=\pm2$ 为二级衍射等），可计算出第 k 级光谱与对应衍射角 β 之间的关系式，即光栅方程为

$$p(\sin\alpha+\sin\beta)=k\lambda\quad(k=\pm1,\pm2,\cdots)\tag{8.14}$$

式中：p 为光栅常数，即栅距。

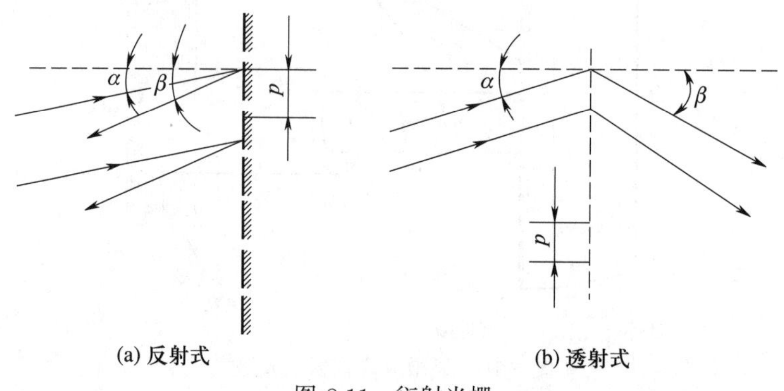

(a) 反射式　(b) 透射式

图 8.11　衍射光栅

当衍射光方向与入射光方向处于光栅平面法线方向同一侧时，β 取正号，反之取负号。光栅方程用来确定光波入射角与不同级次衍射角之间的定量关系。

图 8.11 所示衍射光栅是由平行狭缝改变光波的透射或反射能产生衍射光强，其衍射的零级谱要比其他级的光强大很多。而云纹干涉法通常并不需要零级谱衍射光强，而只需正负一级谱，因此这种光栅的效率较低。通常情况下，云纹干涉法所用光栅为相位型衍射光栅，即由等距、平行的凹凸狭缝产生衍射，根据表面凹凸波浪形状的不同和制作方式的不同，又分为正弦形全息光栅和锯齿形闪耀光栅两种。但无论哪种光栅，它们的光栅方程都和式 (8.14) 一样，只是其各个级次光谱的光强分配不同。

8.3.2　波前干涉理论与变形场测量

图 8.12 所示为试件栅衍射波前干涉原理图。假设两束平行光 O 光和 R 光对称入射试件栅表面。

当两束对称入射光波 O 和 R 的入射角 α 符合以下关系：

$$\sin\alpha=\frac{\lambda}{p}\tag{8.15}$$

则将获得沿试件表面法线方向的 O 光的正一级和 R 光的负一级衍射光波。若两束对称入射的光波为准直光，且不考虑试件栅畸变，则在试件加载前，两个正负一级的衍射波 O' 及 R' 可视为平面波，分别表示为

$$\left.\begin{aligned}O'&=A\mathrm{e}^{\mathrm{j}\psi_{\mathrm{o}}}\\R'&=A\mathrm{e}^{\mathrm{j}\psi_{\mathrm{r}}}\end{aligned}\right\}\tag{8.16}$$

式中：A 为振幅，对于平面波，相位 ψ_{o} 和 ψ_{r} 皆为常数。

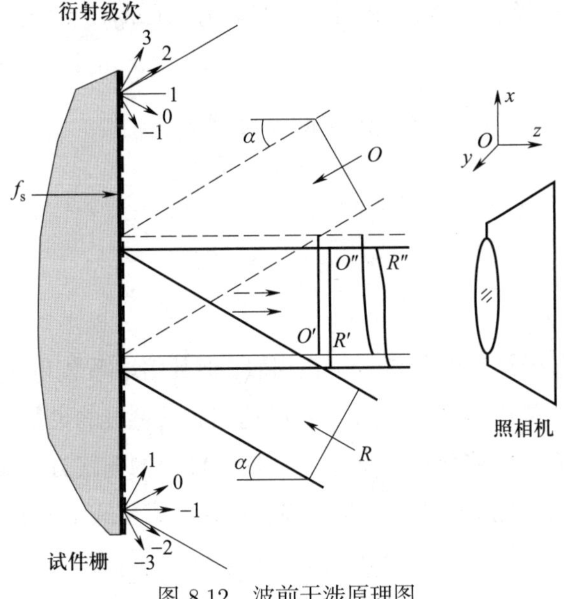

图 8.12　波前干涉原理图

当试件受力发生变形，则平面波变为和表面位移有关的翘曲波前，其相位也将发生相应变化。翘曲波前 O'' 和 R'' 可分别表示为

$$\left.\begin{aligned} O'' &= A\mathrm{e}^{\mathrm{j}[\psi_{\mathrm{o}}+\varphi_{\mathrm{o}}(x,y)]} \\ R'' &= A\mathrm{e}^{\mathrm{j}[\psi_{\mathrm{r}}+\varphi_{\mathrm{r}}(x,y)]} \end{aligned}\right\} \tag{8.17}$$

式中：$\varphi_{\mathrm{o}}(x,y)$ 和 $\varphi_{\mathrm{r}}(x,y)$ 为表面位移引起的两束光的相位变化。

当试件表面具有三维位移时，相位变化 $\varphi_{\mathrm{o}}(x,y)$ 和 $\varphi_{\mathrm{r}}(x,y)$ 与 x、z 方向的位移 u、w 有如下关系：

$$\left.\begin{aligned} \varphi_{\mathrm{o}}(x,y) &= \frac{2\pi}{\lambda}[w(x,y)(1+\cos\alpha)+u(x,y)\sin\alpha] \\ \varphi_{\mathrm{r}}(x,y) &= \frac{2\pi}{\lambda}[w(x,y)(1+\cos\alpha)-u(x,y)\sin\alpha] \end{aligned}\right\} \tag{8.18}$$

两束衍射波前经过成像系统以后在成像平面上发生干涉，记录的光强可表示为

$$\begin{aligned} I &= (O''+R'')(O''+R'')^* \\ &= 2A^2\{1+\cos[\psi_{\mathrm{o}}-\psi_{\mathrm{r}}+\varphi_{\mathrm{o}}(x,y)-\varphi_{\mathrm{r}}(x,y)]\} \\ &= 2A^2\{1+\cos[\Delta\psi+\delta(x,y)]\} \end{aligned} \tag{8.19}$$

$$\Delta\psi = \psi_{\mathrm{o}}-\psi_{\mathrm{r}}, \quad \delta(x,y) = \varphi_{\mathrm{o}}(x,y)-\varphi_{\mathrm{r}}(x,y) \tag{8.20}$$

式中：$\Delta\psi$ 为两束平面波 O' 和 R' 的初始相位差，为一常数，并可等效于试件刚体平移所产生的均匀相位。$\delta(x,y)$ 为试件变形后两束翘曲衍射波前的相对相位变化。根据式 (8.18) 可得

$$\delta(x,y) = \frac{4\pi}{\lambda}u(x,y)\sin\alpha \tag{8.21}$$

设定 u 场云纹条纹级数为 N_x，相对光程变化为 $\Delta(x,y)$，则光程差和云纹条纹级数的关系可以表示为

$$\Delta(x,y)=N_x\lambda=\frac{\lambda}{2\pi}\delta(x,y) \tag{8.22}$$

结合式 (8.15)、(8.21) 和 (8.22)，可得

$$u(x,y)=N_x/2f_{\mathrm{s}} \tag{8.23}$$

式中：f_{s} 为试件栅频率。

上式的形式和一般云纹法的位移表达式相似，但其倍增系数为 2。当 f_{s} 为 600 线/mm 时，每级云纹所代表的位移为 0.833 μm，这已达到波长量级的灵敏度。

为了获得另一个面内位移分量 $v(x,y)$，应使试件栅的栅线方向旋转 90°，并使试件及其加载系统相对光路系统也旋转 90°。其位移表达式形式与式 (8.23) 相同，即

$$v(x,y)=N_y/2f_{\mathrm{s}} \tag{8.24}$$

为了在一个试件上获得全部面内位移分量，通常需要在该试件表面复制两组互相垂直的光栅，即正交光栅。

8.4 先进云纹法简介

近年来，随着微纳米科技的快速发展，一些先进的云纹技术应运而生，包括借助扫描电子显微镜（SEM）、扫描透射电子显微镜（STEM）、透射电子显微镜（TEM）等高倍显微镜发展起来的云纹方法。从条纹形成原理来看，先进云纹法与传统几何云纹法类似，两者最主要的区别在于：① 传统几何云纹法使用的光栅频率低于 100 线/mm，而先进高倍显微镜云纹法使用的光栅频率可超过 10 000 线/mm，甚至直接采用原子晶格作为试件栅，因此位移测量灵敏度获得极大提升；② 先进的显微镜云纹法无须制作参考栅，数字栅、扫描线等代替了传统几何云纹法中的参考栅。

8.4.1 SEM/STEM 扫描云纹法

1. SEM 扫描云纹法

近年来电子显微镜的出现为材料的细、微观分析提供了有力手段，岸本、达利、瑞德（Kishimoto，Dally，Read）等学者分别于 1991 年前后将电子显微镜技术与云纹法相结合，提出了 SEM 扫描云纹法。在 SEM 扫描云纹法中，可将电子束扫描线作为参考栅，扫描过程中与试件栅叠加形成 SEM 扫描云纹。对于给定扫描线数，参考栅栅距随放大倍数的增加而减少。

对于平行云纹，SEM 扫描云纹法的原理可解释为：由 SEM 电子枪发出的一束间距为

p_r（p_r 由 SEM 的放大倍数决定）的扫描线在栅距为 p_s 的试件栅上扫描时，电子束扫描线当作参考栅，当电子束的扫描频率与试件栅频率接近时，扫描过程中便产生了明暗相间的云纹条纹。如果试件栅为正交光栅，通过调整 SEM 的扫描方向使之平行或垂直于试件栅栅线，则可分别得到 u、v 场云纹条纹。

SEM 扫描云纹法的一般步骤如下：

（1）将表面带有试件栅的被测试件放在 SEM 载物台上，调整 SEM 使得试件栅清晰成像，标定试件栅的栅距，并使试件栅栅线与 SEM 电子束扫描方向一致；

（2）根据试件栅的栅距，调整 SEM 放大倍数，使扫描线的扫描间距接近或等于试件栅的栅距，即可满足形成 SEM 扫描云纹的条件。图 8.13 所示为 SEM 扫描云纹法获得的微机电系统（MEMS）悬臂梁根部附近的 SEM 云纹条纹。

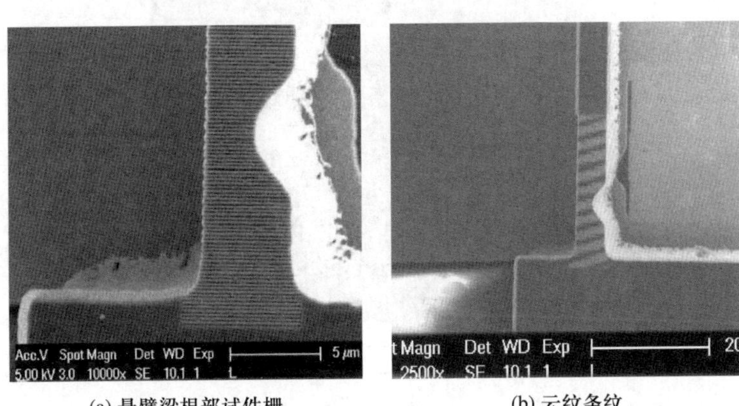

(a) 悬臂梁根部试件栅　　(b) 云纹条纹

图 8.13　MEMS 悬臂梁根部附近形成的 SEM 云纹条纹

2. STEM 扫描云纹法

当 STEM 电子探针 (电子束) 在单晶体样品表面扫描采样时，原子晶格可以认为是试件栅，扫描线认为是参考栅，当两种光栅的频率在一定范围内时形成 STEM 纳米云纹。图 8.14a 所示为 InP/InGaAs 超晶格高分辨率 STEM 像，图 8.14b、c 所示分别为平行和转角 STEM 扫描云纹。

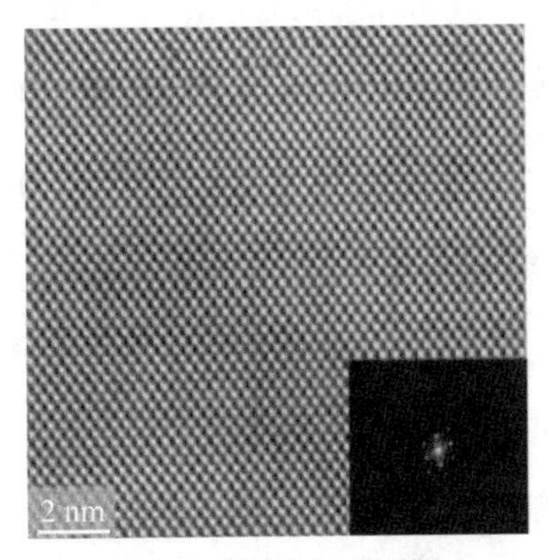

(a) InP/InGaAs 超晶格

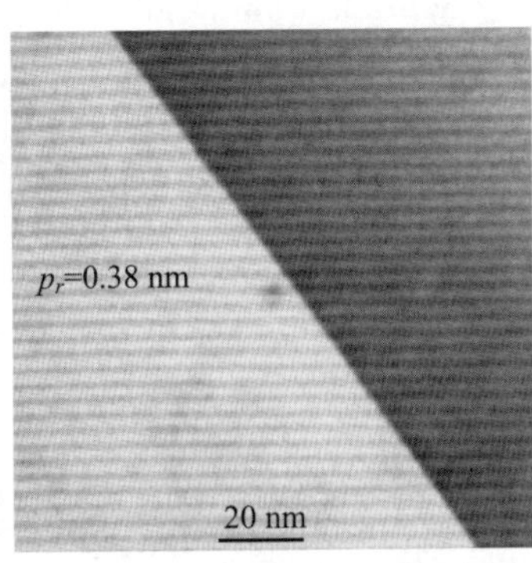

(b) 界面附近平行云纹

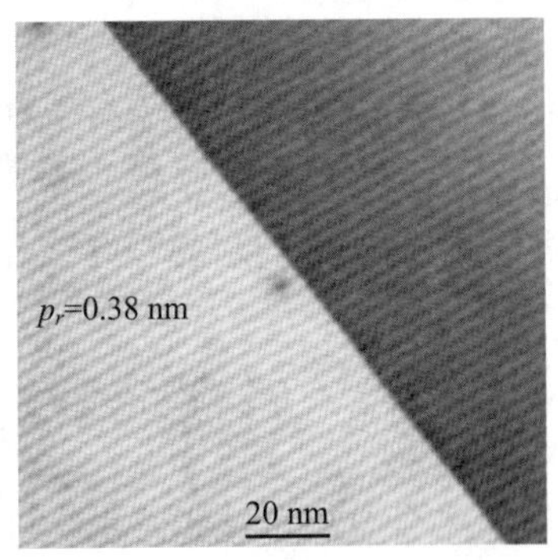

(c) 转角云纹

图 8.14　超晶格作为试件栅的 STEM 扫描云纹

8.4.2 TEM 云纹法

20 世纪 50 年代，随着透射电子显微镜的发展，出现了关于 TEM 纳米云纹的研究，研究人员通过在 TEM 样品（Au）上沉积薄膜（Ni，Co，Cu，Pd，Pt 等）产生云纹来研究位错等缺陷特征。两层单晶薄膜沉积或生长在一起互为参考栅和试件栅，类似几何云纹条纹形成机理，平行电子波透过叠加后的两层晶格，由于对电子波的遮挡特性不同形成了云纹条纹图。图 8.15 所示为热障涂层与热生长氧化层界面附近的 TEM 云纹。

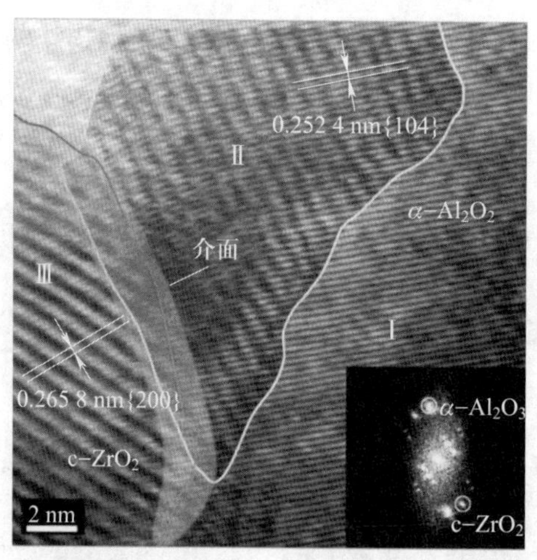

图 8.15 热障涂层与热生长氧化层界面附近的 TEM 云纹

8.5 光栅制备技术

光栅是云纹法最基本的形成要素和变形载体，其制备质量的好坏直接影响变形测量的准确性和精度。

8.5.1 有掩膜光刻技术

一般采用光刻系统，结合紫外曝光技术进行制栅，需要在试件表面涂布光刻胶，定制正交或平行光栅掩膜板，掩膜板覆盖基底带有光刻胶的一面，经曝光并显影定影形成光刻胶光栅，适用于制备 100 线/mm 以内的光栅。

8.5.2 无掩膜光刻技术

结合全息干涉光路系统进行光刻，可以制作高密度试件栅。在光栅制备中，两束相干准直激光束发生干涉，在交汇区形成高密度周期性条纹，涂有光刻胶的试件放置于交汇区时，在曝光显影后可以制作出高密度光刻胶光栅。通过一次曝光可以制作平行光栅，通过将衬底旋转 90° 进行额外曝光可以获得正交光栅。

8.5.3 转移复制技术

转移复制技术是试件栅制备中最常用的方法之一。在制备过程中，先在母栅表面涂布一层分离油层，再在表面蒸镀一层金属反射薄膜。将清洗干净的试件表面浇注一层常温固化胶，并将镀好金属反射层的栅面压在试件表面的胶层上。待胶层固化后，从试件表面分离母栅，可形成金属薄膜光栅。

上述三类方法都是宏观尺度制删技术，下面介绍微尺度制栅技术。

8.5.4 微尺度制栅技术

电子束/聚焦离子束刻蚀技术一般需要利用专用设备进行制栅，对试件表面的平整度和光洁度要求较高，可用来制作超高频光栅（超过 10 000 线/mm），适用于微区试件栅的制备。两种方法皆具有微区视场、可灵活调整、定位精度高等优点，但为串行制造方法，且是逐点加工方式。相比较而言，电子束方法需要涂布抗蚀剂，而离子束是一种刻蚀直写技术，制备更为便捷。

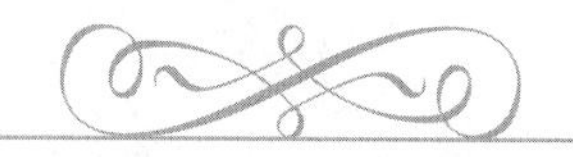

第 9 章 光纤光栅传感器测量技术

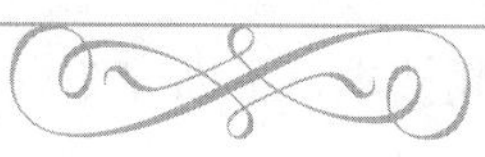

光纤是光稳定传输的一种媒介，具有可设计性、良好的加工性以及抗干扰性等优点。作为光信号的载体，光纤受力学或温度等作用下的响应会影响其中的光信号。本章着重介绍光纤光栅测量的基本原理及光纤光栅测量系统的组成，并针对常见的温度测量和应变测量方法进行介绍。

9.1 概述

光纤是光导纤维（optical fiber）的简称，具有轻质、传输损耗低、抗电磁干扰等优点，适用于长距离信号传输，广泛应用于电信和数据通信等领域。常用光纤是由纤芯、包层和涂覆层三部分构成的，如图 9.1 所示，其中纤芯和包层为光纤结构的主体。纤芯完成光信号的传输，对光波的传播起着决定性作用。包层的折射率比纤芯的稍大，可将光封闭在纤芯内，保护纤芯。涂覆层则主要用于隔离杂光，提高光纤强度，保护光纤免受环境污染和机械损伤。按照光纤传输的模式，光纤可分为单模光纤（single mode fiber）和多模光纤

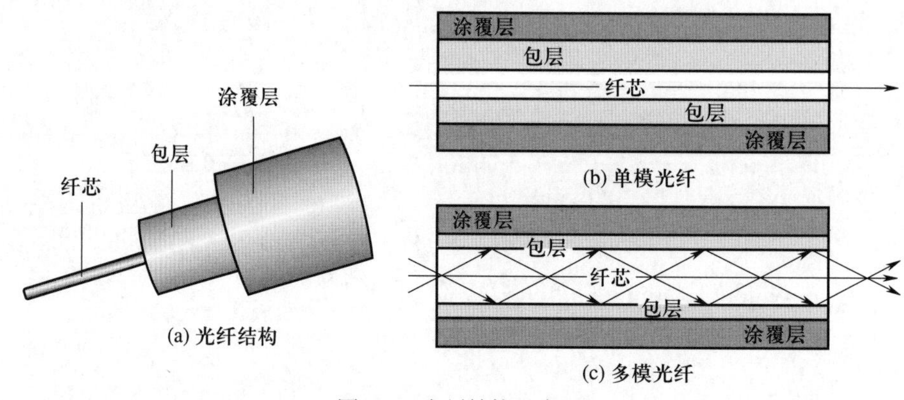

图 9.1　光纤结构示意图

(multiple mode fiber)。单模光纤只提供一条光路，纤芯直径为 8 ~ 10 μm，可以避免模式色散，使得传输频带宽，传输容量大，具有大通信容量、长传输距离的光纤通信功能。多模光纤使用多条光路传输同一信号，纤芯直径约 62.5 μm，但由于不同光路具有不同的路径，长距离传输后会产生不同的相位差，导致光脉冲变宽，使得多模光纤的带宽变窄，降低了其传输容量，适用于近距离传输。

基于单模光纤制备的光纤光栅具有光纤的所有固有优点，如低密度、小尺寸、灵活性、易于嵌入结构、抗电磁干扰、耐腐蚀、传输损耗小、传输容量大等。它们能够实现温度、压强、应变、应力、液位、位移、加速度等物理量的局部、分布和绝对测量，且具有良好的线性度。光纤光栅主要的制作方法是利用光纤材料的光敏性，在纤芯内形成空间相位光栅，产生沿纤芯轴向的折射率周期性变化，形成一个窄带的（透射或反射）滤波器或反射镜，从而使得光波在纤芯中的传播得以改变和控制。

光纤光栅传感器从调制原理角度可以分为强度调制型光纤传感器、波长调制型光纤传感器、相位调制型光纤传感器和偏振态调制型光纤传感器等。光纤光栅从结构上可分为周期性结构和非周期性结构两类。典型的布拉格光纤光栅（fiber Bragg grating，FBG）沿着小段纤芯进行折射率调节，是一种具有周期性结构的波长调制型传感器，如图 9.2 所示。FBG 在电力、土木工程结构、航空结构和复杂环境监测等领域具有广泛的应用。

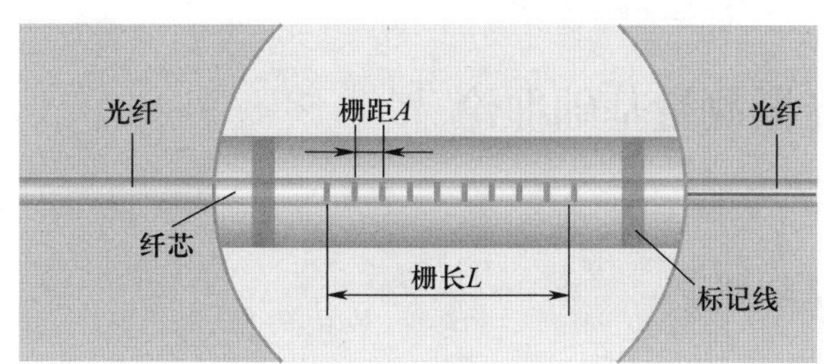

图 9.2　FBG 结构示意图

9.2　光纤光栅传感器工作原理

当入射光在 FBG 中传播时，由于折射率的周期性调制，入射光沿纤芯传播时将在每个格栅平面进行微弱的反射，也就是菲涅耳效应（Fresnel effect）。如图 9.3 所示，两个反向传播的芯模（导模）之间产生能量耦合，形成特定的反射光波及透射光波。反射光波的中心波长称为布拉格波长或特征波长，可表示为

$$\lambda = 2n\Lambda \tag{9.1}$$

式中：n 为纤芯的有效折射率；Λ 为光栅周期或栅距。

无论是对光纤光栅进行拉伸还是挤压，都会导致光栅周期 Λ 发生变化，且光纤本身所具有的热弹光效应使得有效折射率 n 也随着外界应力状态的变化而改变。同理，温度的变

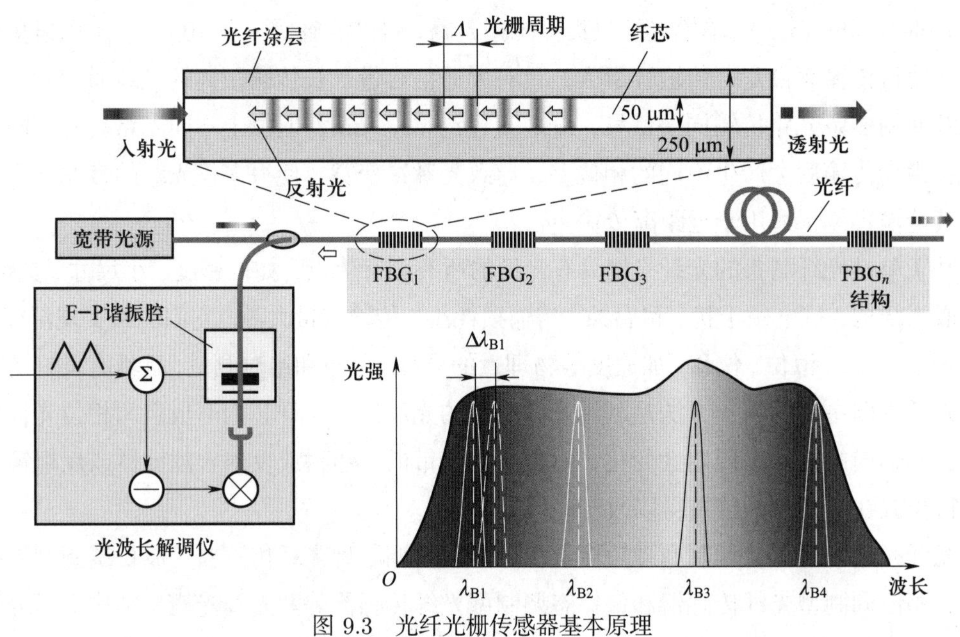

图 9.3　光纤光栅传感器基本原理

化也可以分别通过热膨胀和热弹光效应等体现。因此，FBG 本质上是一种温度和应变传感单元。

9.3　光纤光栅测量基础理论

9.3.1　测量基础理论

由于任意 n 或 Λ 的变化都可能引起布拉格波长的偏移，若调制周期的变化与光的偏振状态无关，而只与光纤的轴向应变有关，则对式 (9.1) 求全微分，布拉格波长变化可表示为

$$\frac{\Delta\lambda}{\lambda} = \varepsilon_1 + \frac{\Delta n}{n} \tag{9.2}$$

式中：ε_1 为光纤的轴向应变。

一般来说，λ 和 n 在不同的偏振方向具有不同的值。采用下标 $i = 1, 2, 3$ 来表示 λ 和 n 在定义的偏振方向上的值，1, 2, 3 分别代表三个主要方向。式 (9.2) 可以改写为

$$\frac{\Delta\lambda_i}{\lambda_i} = \varepsilon_1 + \frac{\Delta n_i}{n_i} \tag{9.3}$$

同理，我们也可使用下标 $j = 1, 2, 3, 4, 5, 6$ 表示应变。前三者分别代表第一、第二、第三方向的法向应变，后三者分别为三个剪应变。光纤的应变可能是由热膨胀或应力引起的。符号 ε^* 表示由应力引起的光纤应变。折射率 n 与温度 T 和应变 ε^* 都有关，可表示为

$$\frac{\Delta n_i}{n_i}=\frac{1}{n_i}\sum_j\frac{\partial n_i}{\partial\varepsilon_j^*}\varepsilon_j^*+\frac{\partial n_i}{\partial T}\Delta T \tag{9.4}$$

根据应变光学理论

$$\frac{1}{n_i}\sum_j\frac{\partial n_i}{\partial\varepsilon_j^*}\varepsilon_j^*=-\frac{n_i^2}{2}\sum_j P_{ij}\varepsilon_j^* \tag{9.5}$$

式中：P_{ij} 是应变–光学系数矩阵。

对于均匀各向同性介质来说，P_{ij} 可表示为

$$P_{ij}=\begin{bmatrix}P_{11} & P_{12} & P_{12} & 0 & 0 & 0\\ P_{12} & P_{11} & P_{12} & 0 & 0 & 0\\ P_{12} & P_{12} & P_{11} & 0 & 0 & 0\\ 0 & 0 & 0 & P_{44} & 0 & 0\\ 0 & 0 & 0 & 0 & P_{44} & 0\\ 0 & 0 & 0 & 0 & 0 & P_{44}\end{bmatrix} \tag{9.6}$$

式中：$P_{44}=(P_{11}-P_{12})/2$。

对于均匀各向同性介质，假设折射率 n 与温度 T 有线性关系

$$\xi=\frac{\partial n_i}{\partial T} \tag{9.7}$$

式中：ξ 为一个热光常数。

光是横波，故只有反射指数的横向（第二、三方向）偏差才能引起布拉格波长的偏移。将式 (9.4)～式 (9.6) 和式 (9.7) 代入式 (9.4)，第二和第三方向的线性偏振光的峰值波长偏移分别为

$$\frac{\Delta\lambda_2}{\lambda_2}=\varepsilon_1-\frac{n_2^2}{2}\left[P_{11}\varepsilon_2^*+P_{12}\left(\varepsilon_1^*+\varepsilon_3^*\right)\right]+\xi\Delta T \tag{9.8}$$

和

$$\frac{\Delta\lambda_3}{\lambda_3}=\varepsilon_1-\frac{n_3^2}{2}\left[P_{11}\varepsilon_3^*+P_{12}\left(\varepsilon_1^*+\varepsilon_3^*\right)\right]+\xi\Delta T \tag{9.9}$$

在光纤的每个偏振特征模式下，布拉格光栅的波长偏移一般取决于光纤内的所有三个主应变。若存在轴对称条件，则 $\varepsilon_2^*=\varepsilon_3^*$。假定光纤是具有恒定热膨胀系数 α 的各向同性材料，那么 $\varepsilon_j^*=\varepsilon_j-\alpha\Delta T\ (j=1,2,3)$。式 (9.8) 和式 (9.9) 可以写成相同的形式

$$\frac{\Delta\lambda}{\lambda}=f\varepsilon_1+\xi^*\Delta T \tag{9.10}$$

其中

$$f=1-\frac{n^2}{2}\left[P_{12}+\left(P_{11}+P_{12}\right)\frac{\varepsilon_2}{\varepsilon_1}\right] \tag{9.11}$$

$$\xi^* = \xi + \frac{\alpha n^2}{2}(P_{11} + 2P_{12}) \tag{9.12}$$

f 称为灵敏系数，ξ^* 称为修正的热光常数。

9.3.2　应变测量

FBG 成为理想的应变传感器需满足以下条件：① 光纤对测量对象应变场的影响很小；② FBG 的轴向应变可以代表测量对象在光纤方向上附近的应变；③ 测量期间，有效泊松比是恒定的。

光纤的有效泊松比（effective Poisson's ratio，EPR）定义为 $\mu^* = -\varepsilon_2/\varepsilon_1$。从式 (9.11) 中可以看出，光纤光栅传感器灵敏系数 f 不是常数，而是 μ^* 的函数

$$f = 1 - \frac{n^2}{2}[P_{12} - (P_{11} + P_{12})\mu^*] \tag{9.13}$$

一般情况下，式 (9.10) 中的测量应变 ε_1 应该代表测量对象沿光纤方向的应变。考虑温度影响时，测量应变可以通过以下方式来实现：

$$\varepsilon_1 = (\Delta\lambda/\lambda - \xi^*\Delta T)/f \tag{9.14}$$

掺有锗硅的纤芯，热光常数 ξ 大约等于 8.3×10^{-6}，那么修正常数 $\xi^* = 8.96 \times 10^{-6}$。

9.3.3　温度测量

当一个独立的 FBG 仅受到温度变化的影响时，可得

$$\varepsilon_1 = \varepsilon_2 = \alpha\Delta T \tag{9.15}$$

式中：α 为光纤的热膨胀系数。

将式 (9.15) 代入式 (9.10)，可得

$$\frac{\Delta\lambda}{\lambda} = \varepsilon_1\left\{\left[1 - \frac{n^2}{2}(2P_{12} + P_{11})\right] + \frac{\xi^*}{\alpha}\right\} = (\alpha + \xi)\Delta T \tag{9.16}$$

通常 ξ 比 α 大 10 倍以上（对于 SiO_2，$\alpha = 0.55 \times 10^{-6}$，$\xi = 8.3 \times 10^{-6}$）。因此，对于独立的 FBG，热膨胀对测量结果的影响可以忽略不计。

9.3.4　温度应变耦合测量

一般情况下，测量对象的内部温度通常是未知的，并且温度对布拉格波长偏移的贡献与应变的贡献是相当的。为了实现应变和温度交叉敏感分离，常见的测量方法包括双波长矩阵法、双参量矩阵法、温度参考光栅法、温度补偿法和光强测温法等。其中，双波长矩阵法是出现较早且应用较广的一种方案。其基本思想是，在一个测量点同时获得两个不同

的布拉格波长，并通过检测这两个布拉格波长的偏移来实现温度不敏感测量或应变及温度的同时测量。例如，在同一根光纤上使用两个相邻的 FBG（布拉格波长分别为 λ_1 和 λ_2，$\lambda_1 \neq \lambda_2$）。一个布拉格波长偏移取决于应变和温度，另一个相邻的布拉格波长偏移仅取决于温度。根据式 (9.4) 和式 (9.16)，温度及应变随两波长偏移的关系可表示为

$$\Delta T = \frac{\Delta\lambda_2}{(\alpha+\xi)\,\lambda_2} \tag{9.17}$$

$$\varepsilon_1 = \frac{1}{f}\left(\frac{\Delta\lambda_1}{\lambda_1} - \frac{\xi^*}{\alpha+\xi}\frac{\Delta\lambda_2}{\lambda_2}\right) \tag{9.18}$$

9.3.5 影响因素分析

当 FBG 被嵌入测量对象时，FBG 的灵敏系数不仅是光纤轴向应变的函数，也是横向应变与轴向应变之比或有效泊松比（EPR）的函数。光纤的 EPR 不再等于光纤的泊松比，而是取决于光纤、涂层和树脂系统的组合属性以及负载类型。例如，在纯温度测量中，纤维热膨胀的影响可以忽略不计。在耦合测量中，当温度变化较大时，FBG 的温度补偿是必要的，而当温度变化较小（< 10 ℃）且测量的应变大于 0.1% 时，温度对测量的影响是可以忽略不计的。

一般情况下，嵌入式 FBG 的尺寸足够小，对测量对象初始应变场的影响很小。然而当光栅的长度与测量对象的尺寸接近时，FBG 的应变可能不代表测量对象的应变，应考虑测量的有效性。此外，选择适当的涂层对于获得高水平的测量效果非常重要。适当增加涂层的弹性模量和降低涂层的泊松比可以达到保证光纤敏感系数稳定的目的，提高测量效果。

9.4 光纤光栅传感器结构与封装

9.4.1 基本要求

考虑工程上的实际应用，光纤光栅传感器设计除了需要考虑光纤光栅传感器的基本原理外，还应当考虑工程中的复杂情况。根据实际工程应用，光纤光栅传感器的基本要求包括：性能指标要求、稳定性和重复性要求、工程适应性和寿命要求等。

裸光纤光栅非常纤细，直径只有 125 μm，自身抗剪能力差，且在光栅写入时紫外光使得无涂敷的光纤变脆。因此，光纤光栅在实际工作中需要适当的封装，制成结实的光纤光栅传感器。目前，国际上光纤光栅传感器主流的封装方式为表面粘贴式和细径管保护式。表面粘贴式是将光纤光栅粘贴在基片或者刻有凹槽的刚性基板上，制成传感器并保护好接头后使用。细径管保护式是将裸光纤光栅放入直径较小的钢管中，中间灌满环氧树脂等胶

体加以保护。光纤光栅的保护和封装要注意以下几点。

（1）封装时必须保证光纤光栅准确平直且处于轴心位置，若光栅不在轴心位置，会造成传感器本身与待测结构之间出现一个夹角，不能准确传递应变。

（2）传感器外部材料必须具有耐腐蚀性、疲劳特性好、弹性范围宽、与基体材料黏结性能好等特点。

（3）胶黏剂的选择必须考虑结构应变传递和长期监测需要。如胶黏剂必须适用于光纤和不锈钢基板的黏结性能，需要具有较高的抗剪强度和耐久性；为满足封装过程的顺利进行，还可能需要具有一定的耐高温性能。

（4）避免胶黏剂内产生微气泡，否则当胶黏剂固化时，会使光纤光栅产生不均匀变形，从而产生反射波的多峰值现象。

9.4.2　埋入式光纤光栅传感器

埋入式光纤光栅传感器在获取测量对象内部完整性和可靠性方面有着体积小、重量轻、抗电磁干扰、测量范围广和能适应恶劣环境等特点，是实现结构健康检测的最理想的传感器之一。埋入式光纤光栅传感器广泛应用于复合材料和混凝土材料的内部损伤、电力系统中的变压器振动检测、隧道施工监控、煤矿开采过程的环境检测等需要对内部环境进行精准监控的领域当中。

埋入式光纤光栅传感器是将光纤光栅用金属或其他材料包裹起来，用于结构的应变测量。如图 9.4 所示，由外壳、支撑架和堵头三部分组成。支撑架是一根高强度钢丝，将光纤光栅紧密地粘贴在这根钢丝上，并让这根钢丝支撑在钢管内部，且两端用粘贴胶粘牢。为了使光纤光栅应变传感器满足在结构内进行应变测量的要求，埋入式光纤光栅传感器的封装结构设计主要考虑以下因素：

（1）封装光纤所用的材料应具有一定的强度，以保护光栅在被封装结构中不易损坏；

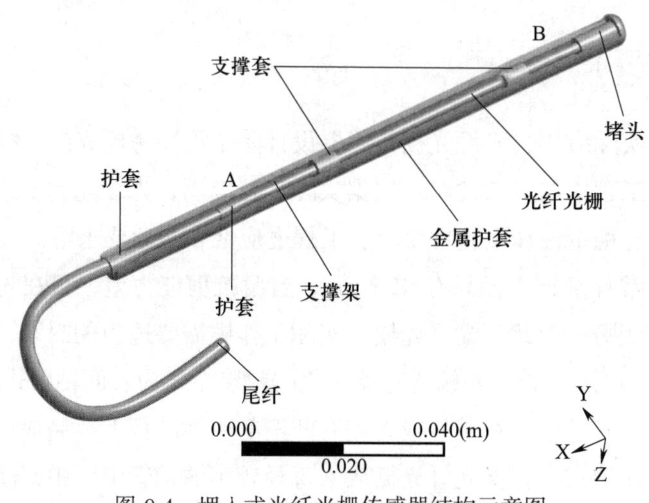

图 9.4　埋入式光纤光栅传感器结构示意图

（2）封装材料能够和被封装结构可靠粘接；封装材料本身能够保护传感光栅不受环境（如潮湿、酸碱的腐蚀等）侵蚀；选择合适的封装结构和尺寸，使其埋入后不影响结构的应力状态和分布；

（3）封装结构应简单易于加工，便于校准和安装埋设定位；传感器能够经受施工现场的恶劣环境，以及传输光纤从被测对象中引出时的保护。

9.4.3 其他类型的光纤光栅传感器

按照周期的长短，光纤光栅还可以分为短周期光栅和长周期光栅。短周期光栅（如FBG）的栅格间距一般小于 1 μm，而长周期光栅的栅格间距一般大于 100 μm，甚至几百 μm。通常长周期光栅也称为透射光纤光栅。在 FBG 和长周期光栅基础上，人们先后研制出一系列具有特殊用途的光栅。根据光纤光栅的折射率和结构分布，光纤光栅还可以分为 FBG、切趾光栅（apodized grating），啁啾光栅（chirped grating），闪耀光栅（blazed grating）等。FBG 对折射率是均匀调制的，两端都是整齐的，反射光谱存在边带。采用切趾技术将光栅的折射率调制强度平缓化，使光栅折射率调制的开始和结束都有一个过渡过程。其折射率调制包络不是均匀的，而是呈现为一定的函数关系。闪耀光栅（又称倾斜光纤光栅），与均匀 FBG 的区别是其成栅平面与光纤轴向成一夹角。其光栅周期与折射率调制深度均为常数。闪耀光栅不但可引起反向耦合，还可通过倾斜的栅面将一部分入射光耦合到包层中，多用于光纤放大器的增益谱线。啁啾光栅的光栅周期不是一个常数而是沿着光纤轴向单调变化的。由于不同的光栅周期对应不同的反射波长，啁啾光栅能够形成很宽的反射带。线性啁啾光栅能够产生大而稳定的色散，需进行色散补偿和多波长光源耦合等，被广泛应用在波分复用的光纤长途通信系统中作为色散补偿元件。在后续发展中，研究人员基于这些光纤光栅进一步研制出了一系列传感器。

9.5 光纤光栅传感器测量系统

9.5.1 光纤光栅传感器测量系统

如图 9.5 所示，光纤光栅应变测量系统由宽带光源（broadband light）、传输光纤、光纤光栅应变传感器、光纤环形器（fiber circulator）、光波长解调仪（wavelength interrogator）等组成。宽带光源将有一定带宽的光通过环行器入射到光纤光栅中，由于光纤光栅的波长选择性作用，符合条件的光被反射回来，再通过环行器送入解调装置测出光纤光栅的反射波长变化。

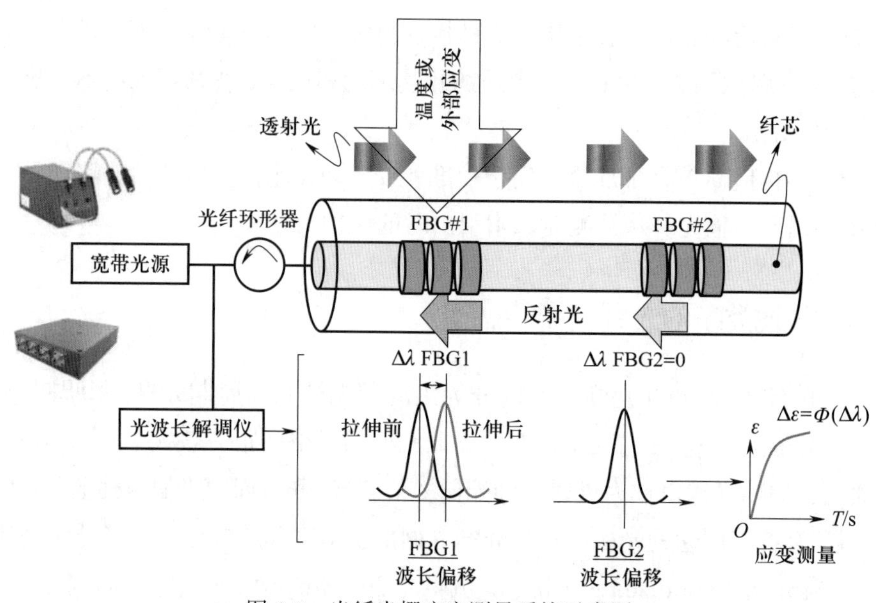

图 9.5　光纤光栅应变测量系统示意图

宽带光源是一种很稳定的光源，具有宽频段、低偏振度和高稳定性等特点。在光纤光栅传感中，由于传感量是对波长编码，光源必须有较宽的带宽和较强的输出功率与稳定性，以满足传感系统中多点多参量测量的需要。其中，光源的性能决定了整个系统内光信号的强度和其他重要参量，而且对系统的成本影响非常大，甚至在相当程度上决定了系统的成本和性能。

光探测器的作用是将接收到的光功率信号转换为电信号输出，探测器是光纤通信中光接收机的关键部件，对提高光接收机的灵敏度和延长光纤通信的中继距离有着重要作用。光探测器具有灵敏度高、响应速度快、体积小、噪声小等特点。光探测器通常作为光波长解调仪的前置部分。光探测器先将接收到的光信号转换为电信号，然后光波长解调仪对这个电信号所包含的波长信息进行进一步分析和解调。光纤的耦合技术是光纤传感器的关键技术之一。耦合主要包括光纤和光源、光纤与接收器、光纤与光纤之间直接或间接（通过各类型的连接器件，如透镜、耦合器等）的连接。

光纤光栅传感器首先得到布拉格波长偏移量，为后续分析推知外部场（如应变、温度等）建立基础。波长调制的解调方法主要有光谱分析法、波长扫描法、光学滤波法、相干法等。FBG 常用的是波长扫描法和光谱分析法。波长扫描法的基本原理是，用波长与光纤光栅光谱接近且谱宽小于布拉格反射光谱线宽度的可调谐激光光源取代宽带光源，通过调谐激光的输出波长进行光谱扫描。由于 FBG 仅对满足式 (9.1) 的单一波长进行反射，因此，只有当波长等于布拉格波长时，反向布拉格反射光才在探测器上产生强输出，通过可调谐滤波器将窄带光源的中心波长锁定在该状态即可测知布拉格波长。当布拉格波长受外界信号调制偏移至不同值时，光源的波长也随之调谐。

光谱分析法的基本原理是，将传感探头的输出光经光纤送至分光计分光，由电荷耦合器件（charge-coupled device，CCD）检测不同波长的光强分布，一旦光波长偏移，光强分布即发生变动，计算机通过分析即可计算出相应的波长偏移量或它所对应的被测量。光纤光栅用作传感探头的光谱分析法如图 9.6 所示。图 9.6a 所示为前向传输方式，图 9.6b 所示为后向传输方式，参考 FBG 提供布拉格反射波长的参考点。用光谱分析仪测量的参考 FBG 及传感 FBG 光谷的间距（前向传输方式），或参考 FBG 与传感 FBG 反射光峰的间距，即为外界信号引起的布拉格波长偏移。

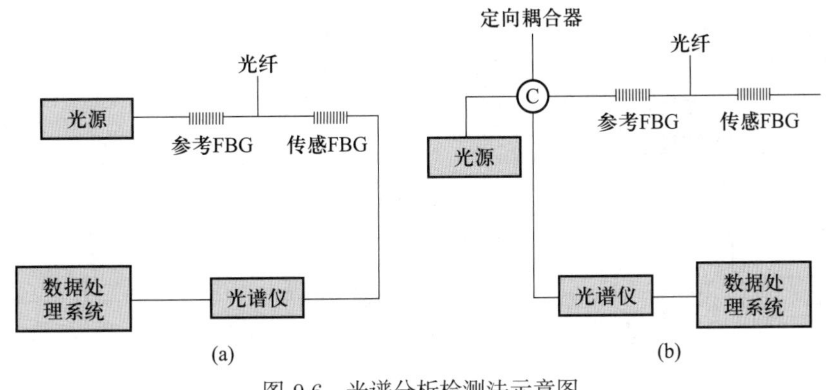

图 9.6　光谱分析检测法示意图

9.5.2 多光纤光栅传感器准分布式测量系统

布拉格波长偏移测量的是整个光栅长度上的平均应变，而不是点应变的分布。为实现测量点应变的分布，光纤光栅长度可以做得很短（例如 2 mm），在一根光纤中串接多个光纤光栅传感器。所制得的光栅阵列轻巧柔软，与时分复用（TDM）和波分复用（WDM）技术相结合，很适合作为分布式传感器埋入被测对象内部或贴装在其表面，对它们的温度、压力、应变等实现多点监测。

分布式光纤光栅传感器除了具有光纤光栅传感器的所有独特优点外，最显著的优点是可以准确测出光纤沿线上的应力、温度、振动和损伤等信息，而无须构成回路。当宽带光源照射光纤时，每一个光纤光栅反射回一个不同布拉格波长的窄带光波，即通过单一通道实现对多个测试信号的采集。如图 9.7a 所示，一根光纤上制备多个光纤光栅。FBG 的反射光信号在时间上是分开的，但在波长上是重叠的，它们会通过所谓的“多重反射（multiple-reflection）”和“光谱阴影（spectral-shadowing）”发生交叉干扰。多重反射串扰很大程度上取决于光栅的反射率，可以通过使用低反射率的光栅来最小化。光谱阴影串扰被定义为下游 FBG 的光谱失真，因为光线必须两次通过上游 FBG。如果两个光栅的中心波长稍有偏移，看起来就像下游的 FBG 在实际偏移的方向上进一步移动。因此，低反射率光栅与高灵敏度检测的搭配对于在一根光纤中检测大量的 FBG 至关重要。图 9.7b 和图 9.7c 所示的 TDM/WDM 并行和分支光纤网络拓扑结构消除了这些有害影响，但代价是整体光效率降低，需要额外的耦合器和更强的 FBG。

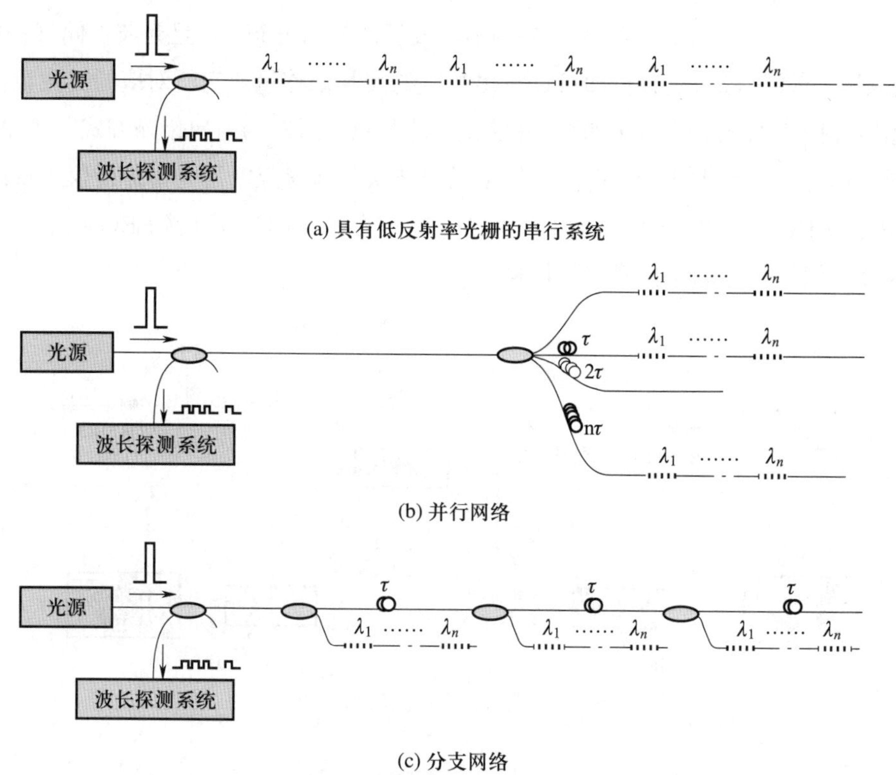

图 9.7　FBG 阵列的 WDM/TDM 拓扑结构

分布式光纤光栅传感器是点式测量，即只在刻制了光纤光栅的那个点才能进行相应物理量的检测。因此分布式光纤光栅传感器并不允许沿着光纤路径进行连续监测，而是测量有限数量的位置，是一种准分布式测量。使用波分复用（WDM）方法通常将可复用的光栅数量限制在 100 个以下。通过对每个波长通道应用时分复用（TDM），并为每个光栅分配一个中心波长，可以实现这些传感器集成数量的增加。

分布式光纤光栅传感系统通过共享光源、光路和电信号处理部分，并随着系统中复用传感器数目的增加，使得每个传感器的花费大幅减少，同时具有免受电磁干扰、易于埋覆和构成测量网络等传统机电类传感器无法比拟的优点。然而传感器复用数目的增多也加大了解调难度。由于分布式光纤光栅传感测量过程需保证能“寻址”每一个光栅，即根据独立变化的布拉格波长确认每一个光栅。这要求各个布拉格波长及其工作范围互不重叠，且所有光栅的布拉格波长工作范围必须在宽度光源谱宽内。因此，对每个波长编码的信号实现解调是实现分布式传感器的关键技术。下面对两种典型的分布式光纤光栅传感器的波长检测方法进行简单的介绍。

（1）光谱仪检测法是用光谱仪检测分析光纤光栅传感器的布拉格波长偏移，是分布式光纤光栅传感器最直接的检测方法。设备结构简单，但是价格昂贵和体积庞大，适合实验室使用。此外，光谱仪检测法不能直接输出对应波长变化的电信号，不利于测量结果的记录、存储和显示，以及提供给控制回路必要的电信号以达到工业过程自动控制。

（2）匹配光栅法是用一个与传感光纤光栅相匹配的接收光纤光栅去跟踪传感光纤光栅的波长变化，进行匹配滤波，由两个光栅相匹配时接收光纤光栅的波长去推知传感光纤光栅的波长。

与其他形式的传感器相比，分布式光纤光栅传感器具有以下不可替代的突出优点：① 抗腐蚀、抗电磁干扰，并能在恶劣的化学环境下工作；② 传感单元尺寸小，结构简单且质轻，具有良好的可掩埋性；③ 耐温性能好 (工作温度可达 600 ℃)；④ 可形成各种光纤光栅传感网络，不仅能实现大面积的多点测量，还可实现较强能力的复用；⑤ 可对多项参数进行同时测量；⑥ 潜在的低成本；⑦ 传输距离远（长达几千米）；⑧ 测量结果具有很好的重复性。

在诸如石油、化工、煤炭、航空航天、电力系统领域，其环境属于易燃易爆且具有严重电磁辐射。为保证这些领域工程的可靠安全，需要设置成千上万个监测点，构建传感网络实现对其各物理量的监控。当发生环境异常时，应当及时发现并确定其位置所在，以便迅速采取措施来解决问题。而上述分布式光纤光栅传感技术的诸多优点使其成为大型工程领域或者复杂机械系统动态监测很好的选择，具有广阔的应用前景。

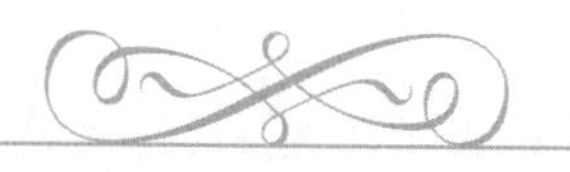

第 10 章 数字图像相关方法

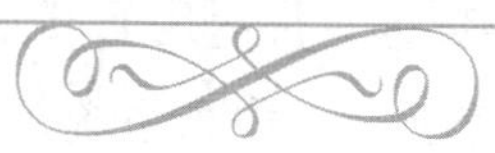

本章从测量系统、测量原理和典型应用几个方面介绍用于平面物体表面面内变形测量的二维数字图像相关方法（two-dimensional digital image correlation，2D－DIC），以及更为广泛的适用于平面和曲面物体表面形貌和三维变形测量的三维数字图像相关方法（3D－DIC），并简要介绍 DIC 方法在高温、大视场和内部测量上的典型应用。

10.1 数字图像相关方法概述

传统的散斑照相术具有三大缺点：① 需采用激光作为照明光，对测量环境和隔振条件要求较高；② 利用全息干板作为记录介质，显影定影费时费力，无法实现原位测量；③ 利用逐点或全场光学方法提取位移，变形信息提取的光路和过程复杂。

20 世纪 80 年代初，随着计算机技术的发展以及数字光电设备的应用，美国南卡罗来纳大学的实验力学专家彼得斯（W. H. Peters）和兰森（W. F. Ranson）最早尝试将数字图像记录设备用于双曝光散斑照相中激光散斑场的记录，并提出利用灰度相关算法分析图像位移，这一尝试标志着数字图像相关方法的诞生。既然相机可代替全息干板记录激光散斑，自然也可用于记录人工制作的白光散斑或物体表面的自然纹理等，这些具有随机灰度分布的数字图像都可由计算机用相关算法分析以提取全场位移，因而完美地克服了传统散斑照相术的三个不足。

在过去 40 年中，在国内外众多实验力学研究人员的持续努力下，DIC 技术在发展新方法、新算法和新系统，降低计算复杂度，实现高精度变形测量和扩大应用范围等方面取得了显著的进步。最早提出的基于单个相机的 2D－DIC 仅限于平面物体的面内变形测量。为了实现准确的变形测量，2D－DIC 测量过程中的试件变形、加载装置和测量系统必须严格满足特定要求。如果测试对象为曲面物体或试样加载后发生三维变形，采用 2D－DIC 测量将会引起较大的误差。为了克服这一不足，1993 年罗（P. F. Luo）等提出了基于双目立体视觉原理的 3D－DIC。3D－DIC 可用于平面和曲面的形貌和三维变形测量，极大地提高了变形测量的精准度和适用范围，已成为当前工程中实用且普遍使用的光测力学方法。此外，作为 2D－DIC 方法的直接三维扩展，1999 年，贝（Bay）和史密斯（Smith）等提出了数字体图像相关（digital volume correlation，DVC）方法。通过跟踪由 X 射线 CT 等体成像设备获取的被测物体变形前后数字体图像内体素点的位移，DVC 能够获得物体内部的全场位移和应变，实现了从表面变形到内部变形测量的技术飞跃。

基于相干光波干涉原理的干涉光测力学方法的优点是测量灵敏度高和结果直观，然而对测量对象的形状和尺寸、测量环境和隔振条件以及测量系统硬件的严格要求限制了其应用对象和场景。与其相比，DIC 技术具有以下突出优势：① 实验设备及试样准备简单；② 对测量环境要求低；③ 测量对象和测量范围广泛。更重要的是，随着新型数字成像系统和设备的不断出现，以及相关算法的持续改进，DIC 技术可轻松拓展应用至新的领域，以其丰富可靠的实验测量结果帮助科研人员和工程师从实验角度分析和解决各种力学问题。得益于上述这些不可比拟的优势，DIC 已经改变了实验力学的测量范式，成为实验力学领域最受欢迎、应用最广泛和最为成功的“革命性”光学测量技术。

10.2 二维数字图像相关方法

数字图像相关方法是从最初的使用单个相机的 2D－DIC 逐渐发展起来的。这里需要再次强调的是，使用单个相机的 2D－DIC 只能用于平面试样的面内变形测量。2D－DIC 测量主要包括三个步骤。

（1）实验准备：试样表面散斑的制作和实验系统准备；

（2）图像采集：采集加载前后被测平面试样表面的数字图像；

（3）图像相关分析：通过相关算法对采集的图像进行处理，获取试样表面的位移场信息，并采用合适的数值差分算法从位移中提取全场应变信息。

10.2.1 实验准备与图像采集

常见的 2D－DIC 测量系统如图 10.1 所示，包括数字相机、成像镜头、照明光源和用于图像采集和图像处理的电脑组成。将被测平面试样固定在加载装置中，使相机光轴垂直于试样表面（即使相机靶面与被测平面物体表面平行），并对其聚焦清晰成像。随后，即可采集并保存不同载荷下被测试样表面的数字图像，通常将加载前的图像称为参考图像（reference image），加载后的图像称为变形图像（deformed image）或目标图像（target image）。

为了给图像相关匹配提供特征，试样表面须呈现类似激光散斑的随机灰度分布特征。这种白光散斑可以是试样表面的自然纹理，也可以通过喷涂黑白漆或记号笔点涂等方式人工制造。散斑作为变形信息载体随试样表面一起变形，散斑图像灰度的细微变化携带了试样表面的变形信息。散斑质量对于 DIC 测量结果有着重要影响，通常而言，高质量的散斑需要满足以下要求：① 高灰度对比度；② 灰度呈各向同性的随机分布；③ 稳定性好，不易脱落或退化。

在 2D–DIC 测量中，常采用理想针孔成像模型来简化描述被测物体表面一点的物理坐标与靶面上成像点坐标之间的数学关系，如图 10.1 所示。由物点坐标和像点坐标之间的线性关系可知，数字相机靶面的图像位移 (u,v) 与实际物体的面内位移 (U,V) 之间存在线性关系，即

$$\begin{cases}u(x,y) = MU(X,Y)\\ v(x,y) = MV(X,Y)\end{cases} \tag{10.1}$$

式中：$M = SL/Z$ 为成像系统的放大倍数（S 为相机靶面感光元件的像元尺寸；L 为像距；Z 为物距）。

将 Oxy 定义为相机靶面坐标系，将 OXY 定义为试样表面坐标系。其中，(x,y) 是相机采集图像的像素坐标，(X,Y) 是试样物体表面的物理坐标。

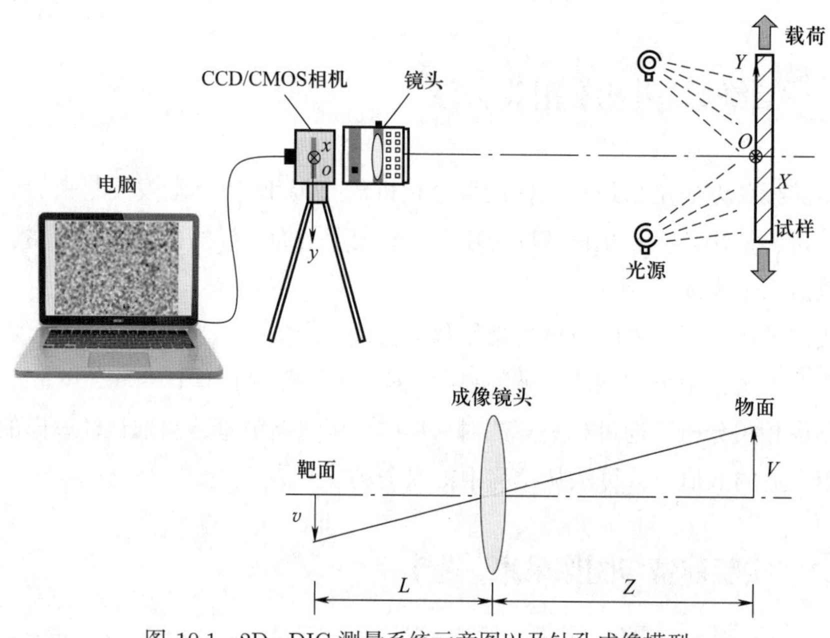

图 10.1　2D–DIC 测量系统示意图以及针孔成像模型

在实际应用中，如物体表面与靶面始终保持平行，不存在任何离面移动或转动，即物距 Z 和像距 L 加载后不发生改变，此时放大倍数 M 可以视为时间和空间不变的常数。然而，对于使用普通镜头的 2D–DIC 成像系统而言，假定的理想针孔成像模型“既不完美，也不稳定”。其原因包括以下两点：

（1）几乎所有的相机镜头（特别是低成本镜头）由于固有畸变、加工误差和装配误差

等问题，都会存在一定的成像畸变，这意味着图像中不同点的放大倍数也不同，即放大倍数 M 是坐标 (x, y) 的函数。

（2）物距/像距也会由于加载系统的不完美、物体的变形以及相机的自热/温度改变而随时间不断变化，这说明放大倍数 M 会随时间发生变化。为了实现准确的面内变形测量，实际 2D–DIC 测量系统中建议采用高质量双远心镜头代替普通成像镜头。采用高质量双远心镜头的 2D–DIC 系统可视为“接近完美（镜头畸变可忽略不计）且超稳定（对物面和像面的离面位移不敏感）”的光学成像系统（图 10.2）。

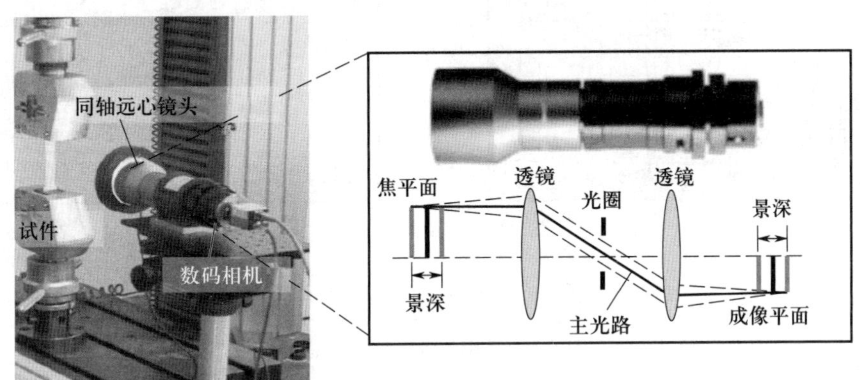

图 10.2 采用双远心镜头的“接近完美且超稳定”的 2D–DIC 成像系统

需要指出的是，2D–DIC 算法计算得到的位移是以像素（pixel）为单位的图像位移，要获得以长度尺寸为单位的物理位移，需要对相机的放大倍数进行标定。在 2D–DIC 测量中，需尽量保证相机光轴垂直于试样表面，忽略镜头畸变和斜光轴成像的影响，仅标定针孔成像模型中的放大倍数 M 即可。此时可采用如下两种方法。

（1）将已知尺寸和标有刻度的直尺放置在视场范围内，通过图像处理识别一定刻度所占像素数，即可获得相应的放大倍数。

（2）施加确定平移量的平移试验，分析其像素位移来获得成像系统的放大倍数。

10.2.2 数字图像相关算法基本原理与概念

在采集变形前后试样表面的数字图像后，可通过 DIC 算法分析不同状态下试样表面的数字图像来确定每个计算点的位移，再使用合适的数值算法对位移场进行差分估计全场应变。具体而言，需在参考图像中选定感兴趣区域（region of interest，ROI），再将其划分成均匀分布的网格，每一个网格点即为一个待测量点或计算点，相邻计算点之间的距离通常称为计算步长（grid step），如图 10.3 所示。为了获得某一计算点 P 的图像位移，需在参考图像中选择以计算点 $P(x_0, y_0)$ 处为中心的正方形参考图像子区，并跟踪（搜索）其在变形后图像中与其灰度分布相似程度最大（或差异最小）的以 $P'(x'_0, y'_0)$ 为中心的变形图像子区，变形图像子区和参考图像子区中心点坐标位置之差即为 P 点的位移矢量。需要指出的是，图像匹配需选择包含一定数量像素点的图像子区而非单个像素点，这是因为合适尺寸的图像子区包含了足够随机的灰度分布信息，可在变形图像中被唯一准确地识别（跟踪或配准）。

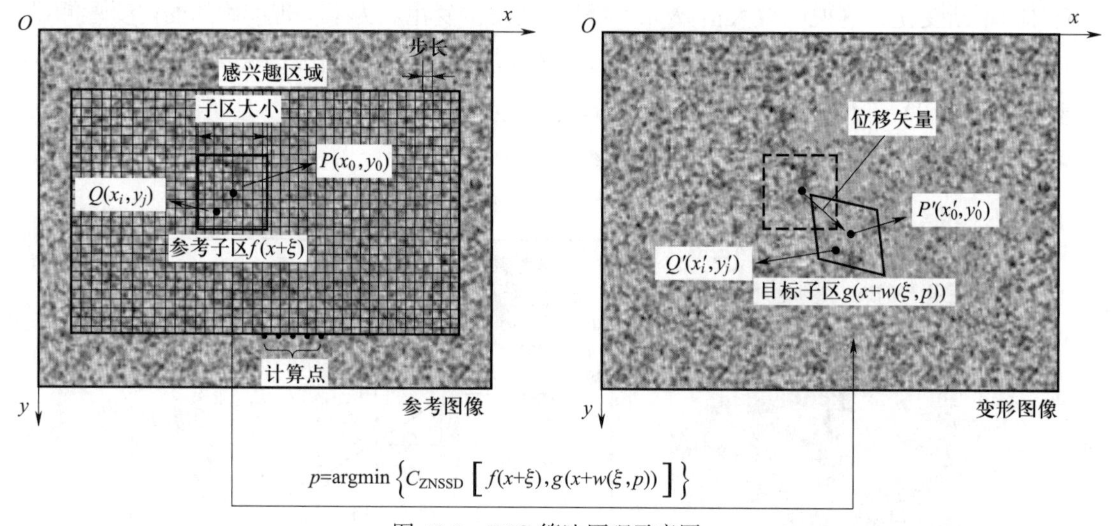

图 10.3　DIC 算法原理示意图

1. 相关函数

为了定量评价参考图像子区与对应的变形图像子区灰度分布的相似（或差异）程度，必须定义合适的相关函数作为目标函数。常用的相关函数可根据其数学定义分为三类，即：互相关（cross correlation，CC）函数、最小平方距离（sum of squared difference，SSD）函数和含未知参数的参数最小平方距离互相关（parametric sum of squared difference criterion，PSSD）函数。

在实际实验中，由于各种不利因素的存在，如照明光源的强度可能随时间波动、照明光源的光场强度在空间中非均匀分布、环境光的影响、试样在变形过程中表面粗糙度（反射率）的变化等，变形图像的灰度会不可避免产生变化。因此，在实际测量中采用的相关函数应考虑图像灰度的可能变化，否则由于灰度变化模型与图像亮度实际变化的不匹配，可能会出现明显的位移测量误差。基于这一考虑，推荐采用抗干扰能力最强的相关函数（表 10.1），即：零均值归一化互相关（zero-mean normalized cross correlation，ZNCC）函数、零均值归一化最小平方距离（zero-mean normalized sum of squared difference，ZNSSD）函数以及含有两个未知参数的双参数最小平方距离互相关（parametric sum of squared difference with two known parameters，PSSDab）函数。经严格的数学证明，这三种相关函数实际上是等价的，但由于经典的 DIC 算法优化 ZNSSD 相关函数比优化 ZNCC 相关函数更为简单，且优化后的 ZNSSD 相关系数可转化为 ZNCC 相关系数，因此实际应用中通常使用 ZNSSD 函数作为 DIC 算法的目标函数。

表 10.1 数字图像相关用于评价参考子区与变形子区相似程度的三种相关函数

性能	CC 相关函数	SSD 相关函数	PSSD 相关函数
对图像子区灰度的任意变化均敏感	$C_{\mathrm{CC}}=\sum f_i g_i$	$C_{\mathrm{SSD}}=\sum(f_i-g_i)^2$	
对图像子区灰度整体变化不敏感	$C_{\mathrm{ZCC}}=\sum(\bar{f}_i\bar{g}_i)$	$C_{\mathrm{ZSSD}}=\sum[\bar{f}_i-\bar{g}_i]^2$	$C_{\mathrm{PSSDb}}=\sum(f_i+b-g_i)^2$
对图像子区灰度线性变化不敏感	$C_{\mathrm{NCC}}=\dfrac{\sum f_i g_i}{\sqrt{\sum f_i^2\sum g_i^2}}$	$C_{\mathrm{NSSD}}=\sum\left(\dfrac{f_i}{\sqrt{\sum f_i^2}}-\dfrac{g_i}{\sqrt{\sum g_i^2}}\right)^2$	$C_{\mathrm{PSSDa}}=\sum(af_i-g_i)^2$
对图像子区灰度整体和线性变化均不敏感	$C_{\mathrm{ZNCC}}=\dfrac{\sum \bar{f}_i\bar{g}_i}{\sqrt{\sum \bar{f}_i^2\sum \bar{g}_i^2}}$	$C_{\mathrm{ZNSSD}}=\sum\left(\dfrac{\bar{f}_i}{\sqrt{\sum \bar{f}_i^2}}-\dfrac{\bar{g}_i}{\sqrt{\sum \bar{g}_i^2}}\right)^2$	$C_{\mathrm{PSSDab}}=\sum(af_i+b-g_i)^2$

式中：$\bar{f}=\dfrac{1}{n}\sum_{i=1}^{n} f_i$，$\bar{g}=\dfrac{1}{n}\sum_{i=1}^{n} g_i$，$\bar{f}_i=f_i-\bar{f}$，$\bar{g}_i=g_i-\bar{g}$，其中 f_i，g_i 分别表示参考和变形子区中第 i 个像素点处的灰度值。

2. 形函数/位移映射函数

如图 10.3 所示，通常参考图像子区的形状和位置在变形图像中均发生改变。基于固体的变形连续性假设，参考图像子区中的相邻点在变形图像子区中仍为相邻点。因此，参考图像子区中心点 $P(x_0,y_0)$ 周围的点 $Q(x_i,y_j)$ 的坐标可以根据“形函数（shape function）”或“位移映射函数（displacement mapping function）”映射到变形图像子区中的点 $Q'(x_i',y_i')$ 上

$$\begin{aligned} x_i' &= x_i+\xi\left(x_i,y_j\right) \\ y_j' &= y_j+\eta\left(x_i,y_j\right) \end{aligned} \quad (i,j=[-M:M]) \tag{10.2}$$

最常用的形函数是考虑变形图像子区刚体转动、剪切、伸缩变形或其组合的一阶形函数（first-order shape function）：

$$\begin{cases} \xi_{\mathrm{1st}}\left(x_i,y_j\right)=u+u_x\Delta x+u_y\Delta y \\ \eta_{\mathrm{1st}}\left(x_i,y_j\right)=v+v_x\Delta x+v_y\Delta y \end{cases} \tag{10.3}$$

对于更复杂的变形情况，可采用考虑二阶位移导数的二阶形函数（second-order shape function）描述变形图像子区的变形：

$$\begin{cases} \xi_{\mathrm{2nd}}\left(x_i,y_j\right)=u+u_x\Delta x+u_y\Delta y+\dfrac{1}{2}u_{xx}\Delta x^2+\dfrac{1}{2}u_{yy}\Delta y^2+u_{xy}\Delta x\Delta y \\ \eta_{\mathrm{2nd}}\left(x_i,y_j\right)=v+v_x\Delta x+v_y\Delta y+\dfrac{1}{2}v_{xx}\Delta x^2+\dfrac{1}{2}v_{yy}\Delta y^2+v_{xy}\Delta x\Delta y \end{cases} \tag{10.4}$$

式 (10.3) 和式 (10.4) 中，$\Delta x = x_i - x_0$，$\Delta y = y_j - y_0$，u 和 v 分别是变形图像子区中心沿 x 和 y 方向的位移；u_x，u_y，v_x 和 v_y 是变形图像子区的一阶位移导数；u_{xx}，u_{xy}，u_{yy}，v_{xx}，v_{xy} 和 v_{yy} 是变形图像子区的二阶位移导数（图 10.4）。此外，上述不同阶次的形函数仅适用于描述连续变形，针对裂纹、界面等位置处的不连续变形应考虑采用描述不连续变形的特殊位移形函数。

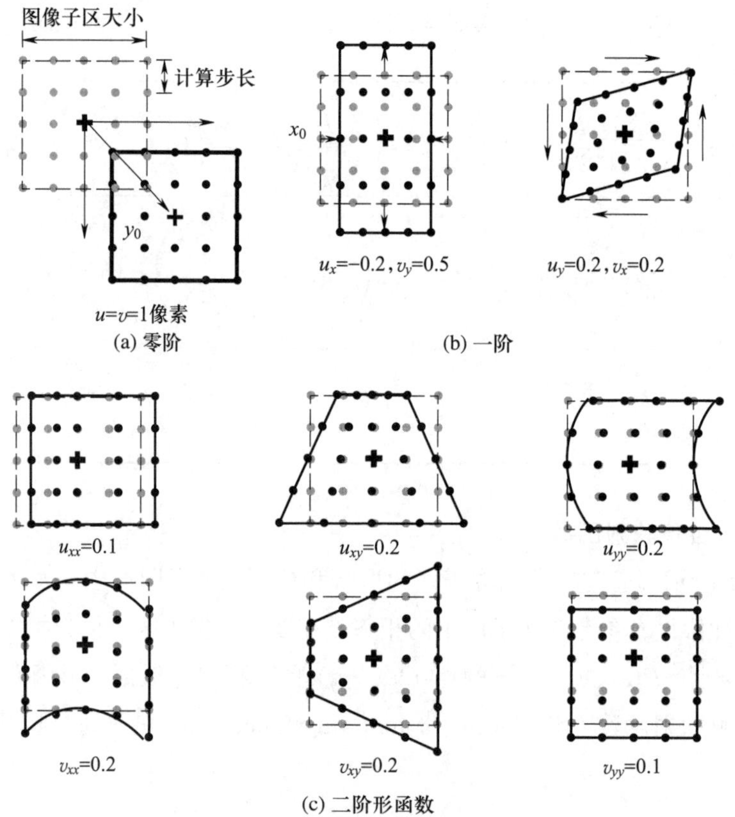

图 10.4 形函数中不同的参数对变形图像子区形状的影响示意

3. 灰度插值

由式 (10.2) 可知，变形图像子区中心点 (x_i', y_j') 的坐标一般位于相邻整像素之间（即亚像素位置），因此在优化相关函数的过程中，需要采用灰度插值算法计算亚像素位置的灰度和灰度梯度。亚像素灰度插值算法可采用双线性多项式插值、双三次多项式插值、双三次 B 样条插值等。与简单但计算效率高的低阶插值方法相比，采用高阶插值的亚像素位移测量精度更高、收敛速度也更快，在实际应用中应使用高阶插值方案（如双三次 B 样条插值）。这里介绍原理简单的双线性多项式插值和双三次多项式插值方法。

亚像素点 $(x_i' = x_i + \Delta x, y_j' = y_j + \Delta y)$ 的灰度值可用双线性插值方法近似得到，假设该点在邻近的四个整像素点 (x_i, y_j)、(x_{i+1}, y_j)、(x_i, y_{j+1}) 和 (x_{i+1}, y_{j+1}) 之间。亚像素点 (x_i', y_j') 处灰度值的双线性插值为

$$g(x_i', y_j') = a_{00} + a_{10}\Delta x + a_{01}\Delta y + a_{11}\Delta x\Delta y \tag{10.5}$$

式 (10.5) 中包含的 4 个系数 a_{00}, a_{01}, a_{10}, a_{11} 可通过以亚像素位置为中心的相邻 4 个整像素灰度确定。其具体形式为 $a_{00}=g(x_i,y_j)$, $a_{10}=g(x_{i+1},y_j)-g(x_i,y_j)$, $a_{01}=g(x_i,y_{j+1})-g(x_i,y_j)$, $a_{11}=g(x_{i+1},y_{j+1})+g(x_i,y_j)-g(x_i,y_{j+1})-g(x_{i+1},y_j)$。$(\Delta x,\Delta y)$ 为待插值点 (x_i',y_j') 到点 (x_i,y_j) 的距离，如图 10.5 所示。

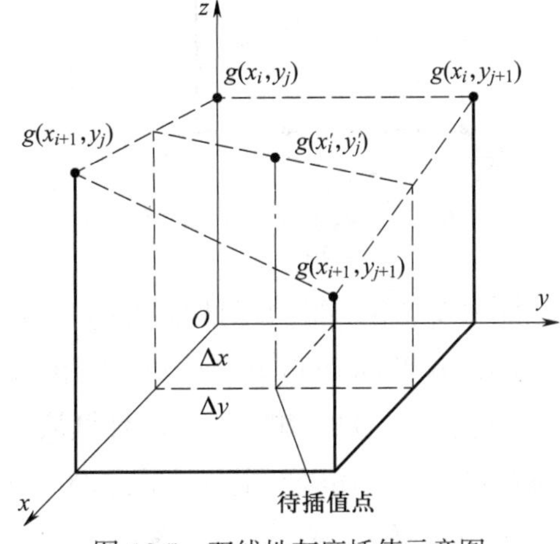

图 10.5 双线性灰度插值示意图

在双线性多项式插值方法中，亚像素位置 (x_i',y_j') 处 x、y 方向的一阶灰度梯度可写成

$$\begin{cases} g_x(x_i',y_j')=a_{10}+a_{11}\Delta y \\ g_y(x_i',y_j')=a_{01}+a_{11}\Delta x \end{cases} \tag{10.6}$$

类似地，双三次多项式插值方法利用待插值点周围的 16 个整像素点（图 10.6），并将 16 个整像素点组成插值块的灰度分布假设为局部图像坐标的双三次多项式函数。因此，亚像素位置 (x_i',y_j') 处的灰度和 x、y 方向的一阶灰度梯度可写成

$$\begin{cases} g(x_i',y_j')=\displaystyle\sum_{m=0}^{3}\sum_{n=0}^{3}a_{mn}(\Delta x)^m(\Delta y)^n \\ g_x(x_i',y_j')=\displaystyle\sum_{m=1}^{3}\sum_{n=0}^{3}a_{mn}m(\Delta x)^{m-1}(\Delta y)^n \\ g_y(x_i',y_j')=\displaystyle\sum_{m=0}^{3}\sum_{n=1}^{3}a_{mn}n(\Delta x)^m(\Delta y)^{n-1} \end{cases} \tag{10.7}$$

式 (10.7) 中未知的 16 个系数 $a_{00},a_{01},\cdots,a_{33}$，可通过以亚像素位置为中心的相邻 16 个整像素点的灰度确定。

4. 计算路径

早期的 DIC 算法都是逐行或逐列地处理计算区域内的每个计算点，先为每个计算点单独估计整像素位移，然后再做亚像素位移优化。这种路径无关分析的计算策略，没有利用相邻计算点变形连续的特性，需要为每个计算点单独估计整像素位移，计算量较大，且无法处理图像间出现大旋转和大变形的情况。

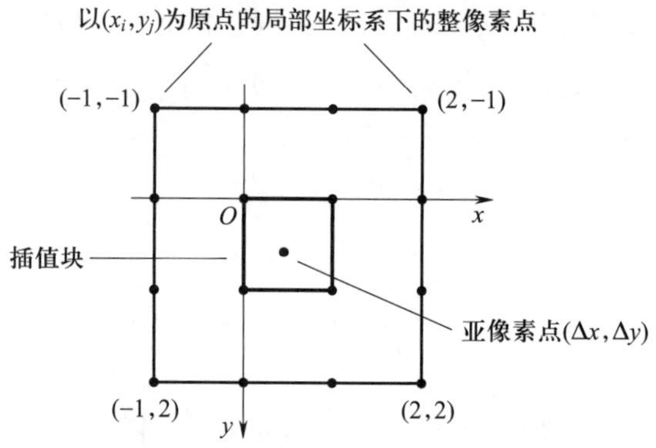

图 10.6　双三次多项式灰度插值示意图

为了提高传统 DIC 算法测量全场位移的鲁棒性和效率，2009 年潘（Pan）提出了可靠性导向位移跟踪（reliability-guided displacement tracking，RGDT）策略（图 10.7）。与传统路径无关的计算策略不同，基于 RGDT 策略的 DIC 计算从种子点（seed point）开始，将已计算点的 ZNCC 相关系数进行排序用于判定各计算点的可靠性（质量），然后 DIC 计算从可靠性（ZNCC 相关系数）最大的计算点向其相邻的四邻居或八邻居计算点扩展。并根据变形连续性假设，相邻计算点的变形初值可由当前计算点的变形参数预测获得。这种计算策略只需获得种子点的位移初值，无须对每个计算点进行整像素位移初值估计，不仅极大地提高了计算效率，还可以处理存在复杂变形的图像。

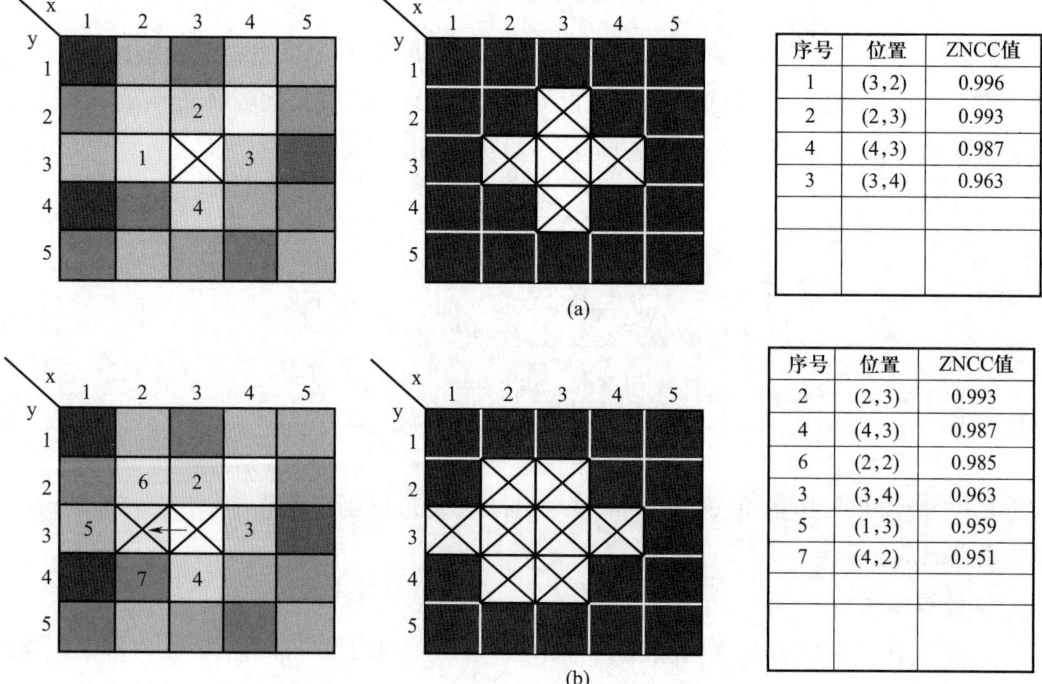

序号	位置	ZNCC值
1	(3, 2)	0.996
2	(2, 3)	0.993
4	(4, 3)	0.987
3	(3, 4)	0.963

(a)

序号	位置	ZNCC值
2	(2, 3)	0.993
4	(4, 3)	0.987
6	(2, 2)	0.985
3	(3, 4)	0.963
5	(1, 3)	0.959
7	(4, 2)	0.951

(b)

图 10.7　基于 RGDT 策略的路径有关分析示意图

10.2.3 位移场测量算法

由于应变可通过位移场差分计算得到，因此位移场测量是 DIC 算法的关键。位移场测量分成两个步骤：初值估计（最早的初值估计通过整像素位移搜索算法实现，现在的初值估计通常采用特征匹配算法）和亚像素位移测量算法（subpixel registration algorithm）实施，其中亚像素位移测量算法又被认为是 DIC 算法的核心技术。

1. 整像素位移算法

整像素位移的获得通常有两类方法。

（1）空域算法。在空间域中，目标图像子区的准确位置可以通过在变形图像中指定范围内逐个像素地搜索来确定。搜索过程可采用先大步长再小步长的粗细搜索法、预定搜索范围的预定位搜索法和灰度求和表计算方法等进行加速。整像素搜索可采用表 10.1 中的 ZNCC 相关函数作为目标函数，以定量评估参考图像子区和变形图像子区之间的相似度

$$C_{\mathrm{ZNCC}}(u,v)=\frac{\sum \bar{f}_i(x,y)\bar{g}_i(x',y')}{\sqrt{\sum \bar{f}_i(x,y)^2\sum \bar{g}_i(x',y')^2}} \tag{10.8}$$

式中：$\bar{f}_i(x,y)=f_i(x,y)-\dfrac{1}{n}\sum\limits_{i=1}^{n}f_i(x,y)$ 是参考图像子区中点 (x,y) 的零均值灰度，$\bar{g}_i(x',y')=g_i(x',y')-\dfrac{1}{n}\sum\limits_{i=1}^{n}g_i(x',y')$ 是变形图像子区中对应点 (x',y') 的零均值灰度，u 和 v 是搜索到的 x 和 y 方向的整像素位移。通过搜索与参考图像子区的相关系数取极值的目标图像子区在变形图像中的位置以确定该点的整像素位移。

（2）频域算法。两个图像子区之间空域的相关计算在频域中等价为第一个图像子区的傅里叶频谱与第二个图像子区频谱复共轭的复数乘积。频域算法中定义二维函数 $f(x,y)$ 和 $g(x',y')$ 的互相关函数为

$$C_{\mathrm{ZNCC}}(u,v)=\mathrm{FFT}^{-1}\left\{\left[\mathrm{FFT}\left(\frac{\sum \bar{f}_i(x,y)}{\sqrt{\sum \bar{f}_i(x,y)^2}}\right)\right]^*\cdot\mathrm{FFT}\left(\frac{(x',y')}{\sqrt{\sum \bar{g}_i(x',y')^2}}\right)\right\} \tag{10.9}$$

式中：FFT 为傅里叶变换，FFT^{-1} 为傅里叶逆变换。

在频域中式 (10.9) 的计算可以通过两次 FFT 运算和一次 FFT 逆运算完成。由于 FFT 可以快速实现，因此频域相关计算效率通常高于空域搜索计算。

大多数情况下，上述方法可以提供可靠的整像素位移搜索结果。然而，当目标图像子区出现大转动或大变形时，参考图像子区的部分像素点会超出可搜索的目标子区范围，从而导致整像素位移搜索失败。由于整像素位移搜索所获得的初值估计将直接影响后续亚像素位移算法的精准度和计算效率，目前 DIC 算法的初值估计常采用计算机视觉领域的特征匹配算法，如尺度不变特征变换（scale invariant feature transform，SIFT）、加速鲁棒特征（speeded up robust features，SURF），来实现大变形/大转动图像变形初值的自动准

确估计。

2. 亚像素位移测量算法

由于数字图像记录的是离散的灰度信息，在进行相关搜索时窗口的平移只能以整像素为单位来进行，因此整像素相关搜索所能获得的位移 u、v 都是像素的整数倍。但是实际的位移值一般不会恰好为整像素，而且整像素位移定位精度在实际应用中也是远远不够的，因此提高位移测量精度的亚像素位移测量算法是 DIC 的关键技术。在 DIC 算法发展过程中，研究人员提出了不同的亚像素位移测量算法，如相关系数曲面拟合法（简称曲面拟合法）、梯度法、各种空域互相关迭代法等。其中，1989 年，布鲁克（H. A. Bruck）和萨顿（M. A. Sutton）提出的牛顿–拉普森（Newton-Raphson，NR）算法被认为是经典 DIC 算法，与其他亚像素配准算法相比，NR 算法的测量结果最准确且最稳定。下面详细介绍简单易实现的曲面拟合法、梯度法和经典的 NR 算法。

（1）曲面拟合法。曲面拟合法假设整像素位移相关搜索结果及其相邻 8 点的相关系数矩阵（图 10.8），可拟合为连续曲面（拟合窗口为 3×3 像素），然后以该曲面的极值点位置 (x_0, y_0) 作为变形图像子区的中心位置 $(0,0)$。假设连续曲面可用如下二元二次函数表示：

$$C(x_i, y_j) = a_0 + a_1 x_i + a_2 y_j + a_3 x_i^2 + a_4 x_i y_j + a_5 y_j^2 \tag{10.10}$$

函数 $C(x,y)$ 在拟合曲面的极值点应该满足以下方程组：

$$\begin{cases} \dfrac{\partial C(x,y)}{\partial x} = a_1 + 2a_3 x + a_4 y = 0 \\ \dfrac{\partial C(x,y)}{\partial y} = a_2 + 2a_5 y + a_4 x = 0 \end{cases} \tag{10.11}$$

由式 (10.11) 即可求出拟合曲面的极值点位置

$$x = \frac{2a_1a_5 - a_2a_4}{a_4^2 - 4a_3a_5}, \quad y = \frac{2a_2a_3 - a_1a_4}{a_4^2 - 4a_2a_5} \tag{10.12}$$

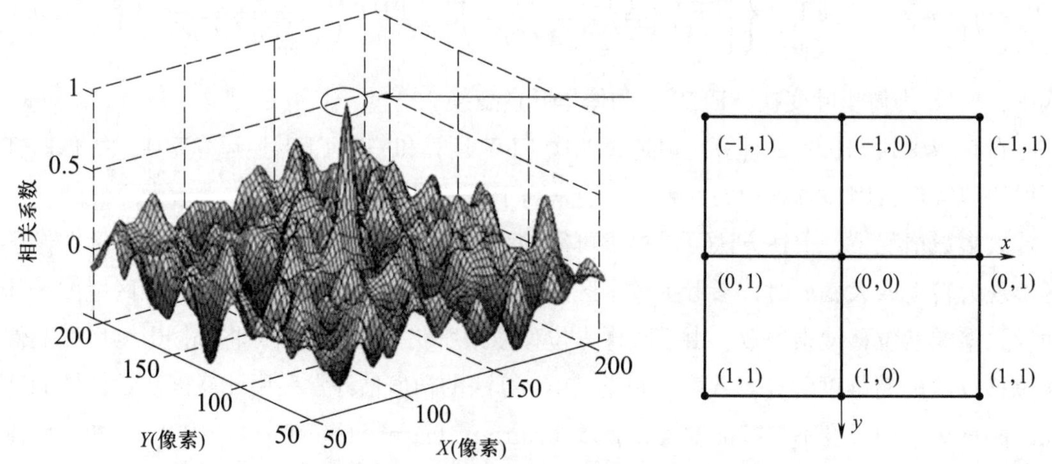

图 10.8　整像素位移相关搜索结果及其相邻 8 点的相关系数矩阵

求出变形图像子区中心位置 (x,y) 后，就可由 $\Delta u=x-x_0$、$\Delta v=y-y_0$ 求出位移，这里 (x_0,y_0) 为参考图像子区的中心位置，Δu、Δv 分别为通过上述方法计算得出的 x、y 方向的亚像素位移。

（2）梯度法。梯度法中假设图像子区足够小且物体做微小位移，则图像子区可看成做近似刚体运动，此时假设变形前后同一点的灰度相同

$$f(x,y)=g(x',y')=g(x+u+\Delta u,y+v+\Delta v) \tag{10.13}$$

式中：$f(x,y)$、$g(x',y')$ 分别表示参考和变形图像子区灰度；u、v 分别为参考图像中所求计算点 (x,y) 的整像素位移；Δu、Δv 分别为与整像素位移 u、v 对应的亚像素位移。

将式 (10.13) 对 Δu、Δv 进行一阶泰勒展开并舍去高阶小量，可得

$$g(x+u+\Delta u,y+v+\Delta v)=g(x+u,y+v)+\Delta u g_x+\Delta v g_y \tag{10.14}$$

式中：g_x、g_y 为 $(x+u,y+v)$ 处的一阶灰度梯度，并将灰度梯度算子取为 $\left[\frac{1}{12},-\frac{8}{12},0,\frac{8}{12},-\frac{1}{12}\right]$，该算子的截断误差为 $o(h^4)$，低于数字图像处理边缘提取中常用的 sobel、prewitt 等梯度算子的截断误差 $o(h^3)$。

对于真实的微小位移 Δu、Δv，可使下面的最小平方距离相关函数取驻值：

$$C(\Delta u,\Delta v)=\sum_{x=-M}^{M}\sum_{y=-M}^{M}[f(x,y)-g(x+u+\Delta u,y+v+\Delta v)]^2 \tag{10.15}$$

即

$$\frac{\partial C}{\partial(\Delta u)}=0,\quad \frac{\partial C}{\partial(\Delta v)}=0 \tag{10.16}$$

经推导，可得亚像素位移为

$$\begin{bmatrix}\Delta u\\ \Delta v\end{bmatrix}=\begin{bmatrix}\sum\sum(g_x)^2 & \sum\sum(g_xg_y)\\ \sum\sum(g_xg_y) & \sum\sum(g_y)^2\end{bmatrix}^{-1}\begin{bmatrix}\sum\sum[(f-g)g_x]\\ \sum\sum[(f-g)g_y]\end{bmatrix} \tag{10.17}$$

（3）NR 算法。在 NR 算法中，令 $f(x,y)$ 和 $g(x',y')$ 分别代表参考图像和变形图像。采用零均值归一化最小平方距离相关函数（ZNSSD），对于参考图像中以点 (x_0,y_0) 为中心的参考图像子区，其目标函数可写为

$$C_{\mathrm{ZNSSD}}(\boldsymbol{p})=\sum\nolimits_{\xi}\left\{\frac{[f(x,y)-\bar{f}]}{\sqrt{\sum[f(x,y)-\bar{f}]^2}}-\frac{[g(x',y')-\bar{g}]}{\sqrt{\sum_{\xi}[g(x',y')-\bar{g}]^2}}\right\}^2 \tag{10.18}$$

式中：$\bar{f}$ 和 $\bar{g}$ 为参考和变形图像子区的平均灰度值；$\boldsymbol{p}=[u\quad u_x\quad u_y\quad v\quad v_x\quad v_y]^{\mathrm{T}}$ 为待求的变形参数矢量，其初始值可通过初值估计获得；$\Delta\boldsymbol{p}$ 为变形矢量增量。

假设参考图像子区内的坐标 (x,y) 与变形图像子区中的位置 (x',y') 用一阶形函数描述，则

$$x' = x_0 + u + \frac{\partial u}{\partial x}\Delta x + \frac{\partial u}{\partial y}\Delta y$$
$$y' = y_0 + v + \frac{\partial v}{\partial x}\Delta x + \frac{\partial v}{\partial y}\Delta y \tag{10.19}$$

式中：u、v 为图像子区中心在 x、y 方向的位移；Δx、Δy 为点 (x, y) 到图像子区中心点 (x_0, y_0) 的距离；u_x、u_y、v_x、v_y 为一阶位移梯度。

NR 算法的物理意义是：使用变形参数矢量 $\boldsymbol{p}$ 在变形图像子区产生一个微小变形来和参考图像子区进行对比，从而获得变形参数矢量的增量 $\Delta\boldsymbol{p} = [\Delta u \quad \Delta u_x \quad \Delta u_y \quad \Delta v \quad \Delta v_x \quad \Delta v_y]^{\mathrm{T}}$，如图 10.9 所示。

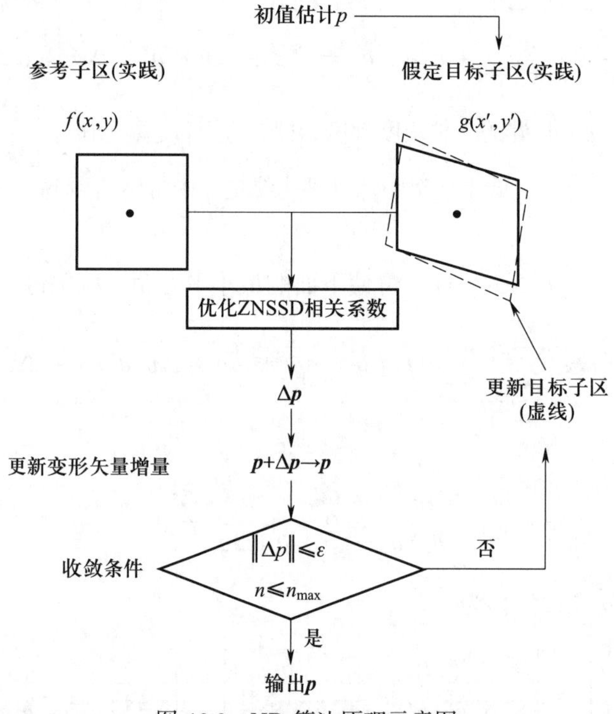

图 10.9　NR 算法原理示意图

为确定 $\Delta\boldsymbol{p}$，先将式 (10.18) 中 $g(x', y')$ 对 $\Delta\boldsymbol{x}$ 一阶泰勒展开，并忽略高阶项

$$C_{\mathrm{ZNSSD}}(\boldsymbol{p}) = \sum\nolimits_{\xi} \left[\frac{[f(x,y) - \bar{f}]}{\sqrt{\sum_{\xi}[f(x,y) - \bar{f}]^2}} - \frac{g(x+u, y+v) + \nabla g(\Delta\boldsymbol{x})^{\mathrm{T}} - \bar{g}}{\sqrt{\sum_{\xi}[g(x',y') - \bar{g}]^2}} \right]^2 \tag{10.20}$$

式中：$\Delta\boldsymbol{x} = [\Delta x \quad \Delta y]^{\mathrm{T}}$；$\nabla g = \left[\dfrac{\partial g(x',y')}{\partial x} \quad \dfrac{\partial g(x',y')}{\partial y} \right]^{\mathrm{T}}$ 为变形图像子区中各点的灰度梯度矢量，可通过亚像素灰度插值算法（如双三次 B 样条插值）获得。

因此有

$$\nabla g \cdot (\Delta\boldsymbol{p})_{1\times 6} = [g_x \quad g_x\Delta x \quad g_x\Delta y \quad g_y \quad g_y\Delta x \quad g_y\Delta y]_{1\times 6} \tag{10.21}$$

当 C_{ZNSSD} 相关函数取最小值，即 $\dfrac{\partial C_{\mathrm{ZNSSD}}(\boldsymbol{p})}{\partial(\Delta\boldsymbol{p})}=0$ 时，可得变形图像子区中的变形参数矢量增量

$$\Delta\boldsymbol{p}=-\boldsymbol{H}_{6\times6}^{-1}\times\sum\nolimits_{\xi}\left\{(\nabla g\Delta\boldsymbol{x})_{6\times1}^{\mathrm{T}}\times\left[\frac{\Delta g}{\Delta f}(f(x,y)-\bar{f})-(g(x',y')-\bar{g})\right]\right\}\tag{10.22}$$

上式中的 Hessian 矩阵 $\boldsymbol{H}_{6\times6}$ 为

$$\boldsymbol{H}_{6\times6}=\sum[(\nabla g\Delta\boldsymbol{p})^{\mathrm{T}}\times(\nabla g\Delta\boldsymbol{p})]=\sum\begin{bmatrix}g_x\\g_x\Delta x\\g_x\Delta y\\g_y\\g_y\Delta x\\g_y\Delta y\end{bmatrix}_{6\times1}\times\begin{bmatrix}g_x\\g_x\Delta x\\g_x\Delta y\\g_y\\g_y\Delta x\\g_y\Delta y\end{bmatrix}_{1\times6}^{\mathrm{T}}\tag{10.23}$$

式 (10.22) 的实现过程需获得变形图像子区中各点亚像素位置的灰度和灰度梯度值，即 $g(x',y')$、$g_x(x',y')$、$g_y(x',y')$，因此需要采用亚像素插值算法计算获得。得到变形图像子区的变形参数矢量增量 $\Delta\boldsymbol{p}$ 后，可将其累加在迭代初值 $\boldsymbol{p}$ 上，从而获得更新后的变形参数矢量 $\boldsymbol{p}'$，即 $\boldsymbol{p}'=\boldsymbol{p}+\Delta\boldsymbol{p}$。当满足 $|\Delta\boldsymbol{p}|<0.01$ 像素或者达到预先设定的最大迭代次数时，该点的 NR 迭代计算结束，输出最后的变形参数矢量 $\boldsymbol{p}$、ZNCC 相关系数和迭代次数等计算结果。

10.2.4 应变场测量算法

使用位移测量算法，可获得亚像素精度的全场位移分布。然而，在材料力学性能测试和结构应力分析等实验固体力学任务中，全场应变分布更为重要。这是因为，应变信息不仅可以直接用于确定许多力学或其他物理量（如弹性模量、泊松比、热膨胀系数），也可与全场应力分布直接联系起来。尽管某些亚像素位移测量算法（如经典的 NR 算法）可直接获得位移梯度（即应变），但直接获得的应变误差较大。此外，虽然在数学上应变和位移之间的关系可以认为是数值差分过程，但数值差分会放大位移场中包含的噪声。

目前常用的应变场计算方法是逐点最小二乘（pointwise least square，PLS）应变估计算法。该方法原理简单、易于编程实现，能够从离散且含噪声的位移场中计算出可靠的应变，其原理如图 10.10 所示。假设已获得全场位移，要计算某点 (x,y) 处的应变，首先选择一个包含 $(2m+1)\times(2m+1)$ 个离散计算点的正方形窗口（也称为应变计算窗口，strain calculation window）。注意，应变计算窗口的实际大小为 $2(2m\times\Delta L)$ 个像素，ΔL 代表相邻计算点之间的距离（计算步长）。如果应变计算窗口足够小，其中的局部位移分布可以近似为双线性函数，即

$$\begin{cases}u(x+i,y+j)\cong a_0+a_1i+a_2j+a_3ij\\v(x+i,y+j)\cong b_0+b_1i+b_2j+b_3ij\end{cases}\tag{10.24}$$

式中：$i,j=-m\times\Delta L:m\times\Delta L$ 为应变计算窗口内的局部坐标；$u(x+i,y+j)$ 和 $v(x+i,y+j)$ 为各计算的位移数据；$a_k=0,1,2,3$，$b_k=0,1,2,3$ 为待定的多项式系数。

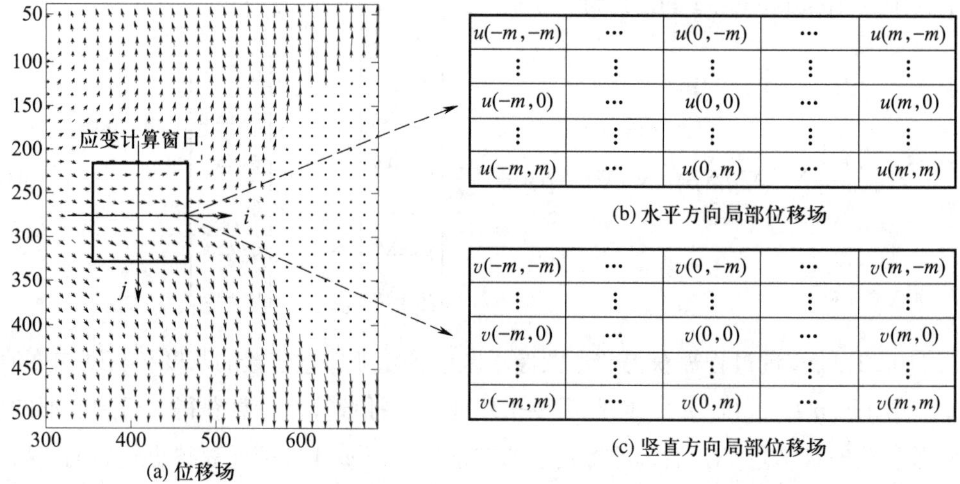

图 10.10　用于应变计算的包含 $(2m+1)\times(2m+1)$ 个离散点位移数据的局部应变计算窗口

上述未知参数可以通过最小二乘法优化以下两个目标函数来估计：

$$\begin{cases}\chi^2(a_0,a_1,a_2,a_3)=\sum_{i,j\in W_S}\left[u(x+i,y+j)-(a_0+a_1i+a_2j+a_3ij)\right]^2\\\chi^2(b_0,b_1,b_2,b_3)=\sum_{i,j\in W_S}\left[v(x+i,y+j)-(b_0+b_1i+b_2j+b_3ij)\right]^2\end{cases}\tag{10.25}$$

需要注意的是，对于位于图像边界或不连续区域附近的点，其周围的应变计算窗口可能包含少于 $(2m+1)\times(2m+1)$ 个计算点。此时可忽略局部应变计算窗口内的无效点，直接使用最小二乘法计算拟合参数。获得这些系数后，即可计算局部子区中心点处的柯西应变或格林应变。柯西应变可以计算为

$$\varepsilon_x=\frac{\partial u}{\partial x}=a_1,\quad \varepsilon_y=\frac{\partial v}{\partial y}=b_2,\quad \gamma_{xy}=\frac{\partial u}{\partial y}+\frac{\partial v}{\partial x}=a_2+b_1\tag{10.26}$$

格林–拉格朗日应变可以计算为

$$\begin{cases}\varepsilon_x=\dfrac{\partial u}{\partial x}+\dfrac{1}{2}\left[\left(\dfrac{\partial u}{\partial x}\right)^2+\left(\dfrac{\partial v}{\partial x}\right)^2\right]=a_1+\dfrac{1}{2}\left(a_1^2+b_1^2\right)\\\varepsilon_y=\dfrac{\partial v}{\partial y}+\dfrac{1}{2}\left[\left(\dfrac{\partial u}{\partial y}\right)^2+\left(\dfrac{\partial v}{\partial x}\right)^2\right]=b_2+\dfrac{1}{2}\left(a_2^2+b_2^2\right)\\\gamma_{xy}=\dfrac{1}{2}\left(\dfrac{\partial u}{\partial y}+\dfrac{\partial v}{\partial x}\right)+\dfrac{1}{2}\left[\left(\dfrac{\partial u}{\partial x}\dfrac{\partial u}{\partial y}\right)+\left(\dfrac{\partial v}{\partial x}\dfrac{\partial v}{\partial y}\right)\right]=\dfrac{1}{2}(a_2+b_1)+\dfrac{1}{2}(a_1a_2+b_1b_2)\end{cases}\tag{10.27}$$

局部拟合过程可以减弱随机噪声的影响，显著提高应变计算的精度。当然，要获得准确的全场应变还需要考虑两方面的因素：① 应变计算窗口的大小；② 应变拟合多项式的阶数。对于非均匀变形或应变集中区域，从含噪声位移场中准确计算应变无疑是一个非常具有挑战性的问题。在这种情况下，应谨慎选择应变计算窗口大小和拟合多项式阶数，以在应变精度和应变场平滑度之间取得平衡。

10.3 三维数字图像相关方法

如前所述，2D－DIC 仅适用于平面物体的面内变形测量，且试样变形过程中可能存在的离面位移会引起较大的面内变形测量误差。3D－DIC 将 DIC 算法和双目立体视觉原理结合，相较于 2D－DIC，3D－DIC 在适用范围和测量精准度两方面具有更大优势：① 能够测量任意物体表面（平面和曲面）的形貌和变形；② 能够同时测量试样表面三个方向的位移分量，且面外位移不会影响面内位移分量的测量精度。总而言之，适用范围更广、测量结果更精准的 3D－DIC 是 DIC 技术走向实用化和普及化的技术飞跃，也是 DIC 技术成为主流光测力学的关键。

10.3.1 三维数字图像相关方法的基本原理和概念

3D－DIC 的测量过程如图 10.11 所示，通常分为五个步骤。

（1）实验准备：布置并调节双目立体视觉成像系统，对表面具有随机散斑分布的试样清晰成像。

（2）标定图像采集和立体标定：利用双目立体视觉系统采集不同姿态和位置的标定板图像，通过图像处理技术确定标定板上特征点的位置，并将其输入标定算法模型，获得两个相机的内参（包括有效焦距、主点坐标和镜头畸变系数）和外参（包括两个相机的相对位置和姿态），并以左相机光心为坐标原点建立世界坐标系（可根据测量需求改变）。

（3）试样变形前后的图像采集及图像匹配：利用 DIC 算法确定在左相机参考图像中定义的计算区域中各计算点在右相机图像的位置，即利用立体匹配获得视差数据；利用 DIC 算法确定各计算点在变形后左右相机图像中的位置，即时序匹配。

（4）三维重建：根据三角测量原理，基于立体视觉系统的标定参数以及计算区域内各计算点在左右图像中的视差数据，可确定各载荷状态下被测试样表面各点的三维空间坐标。

（5）位移和应变测量：变形前后各计算点的三维空间坐标之差即为全场三维位移，对位移场进行差分后处理计算即可获得应变场。

在上述步骤中，立体标定（stereo calibration）和图像匹配（包括立体匹配和时序匹配）被认为是 3D－DIC 中的关键技术。

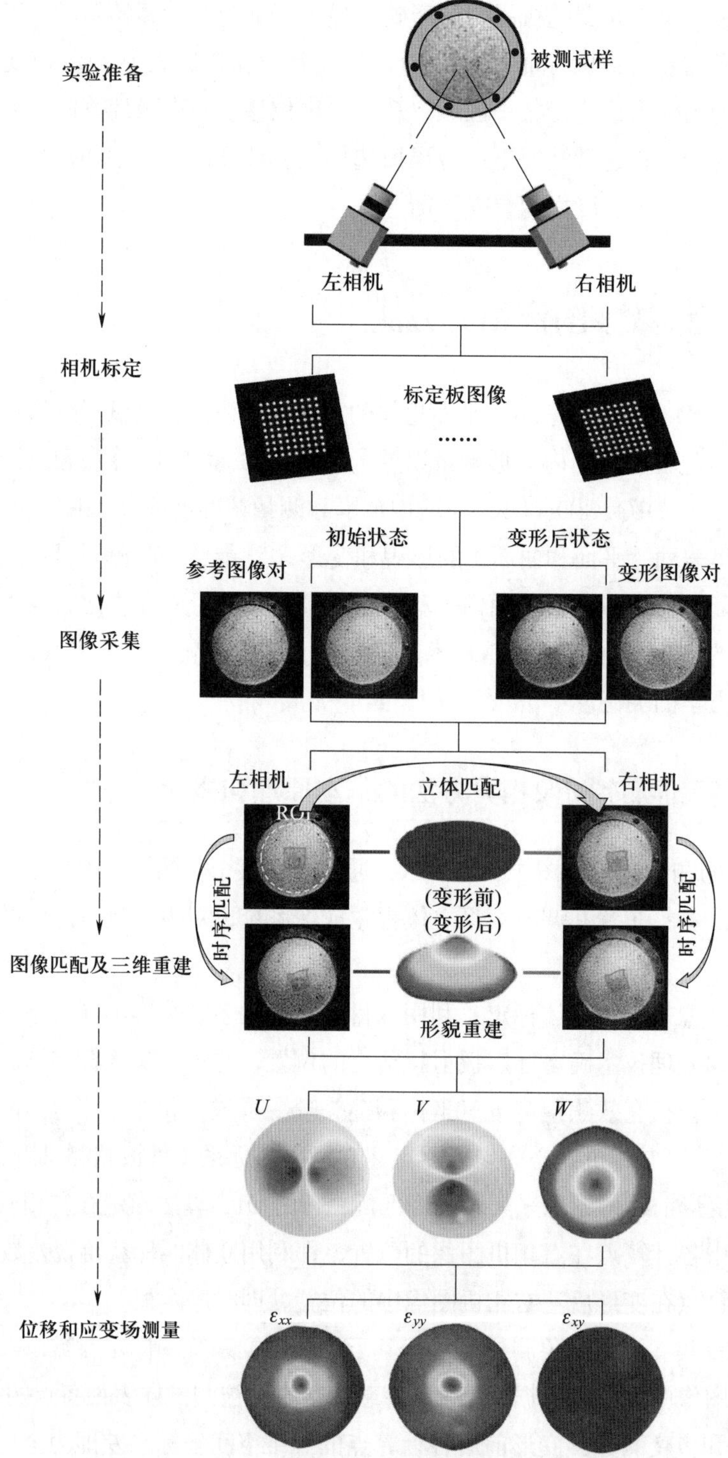

图 10.11　3D–DIC 的测量原理和测量过程

10.3.2 双目立体视觉成像模型

双目立体视觉是一种模仿人类双眼观察物体的方式进行成像的技术。当我们用两只眼睛同时观察一个物体时，由于左右眼位置的略微不同，会看到稍微不同的图像。这种差异称为视差，是通过左右眼之间的基线距离和物体之间的距离关系而产生的。人脑通过分析这种视差，将两个二维图像合成为一个具有立体感的三维图像。双目立体视觉的原理基于类似的概念，使用两个相机以不同的视角同时拍摄同一场景，通过比较两个图像之间的差异来获取深度和三维信息。这一过程需要比较两个图像中对应物理点之间的图像坐标差异，计算出每个像素点的视差值，然后利用视差值和系统参数（如焦距、相机矩阵、畸变系数、左右相机之间的相对姿态等）推导出物体的深度信息和三维坐标。

3D–DIC 使用立体标定模型（stereo calibration model）对双目立体视觉的成像过程进行描述以获取计算点在三维空间中的准确位置，如图 10.12 所示。该模型由两台从不同视角观测物体的相机组成，并通过确定双目系统的内部参数（如相机的焦距、畸变等）和外部参数（如相机之间的相对位置和姿态）建立准确的相机模型，以此提高三维坐标计算的准确性。

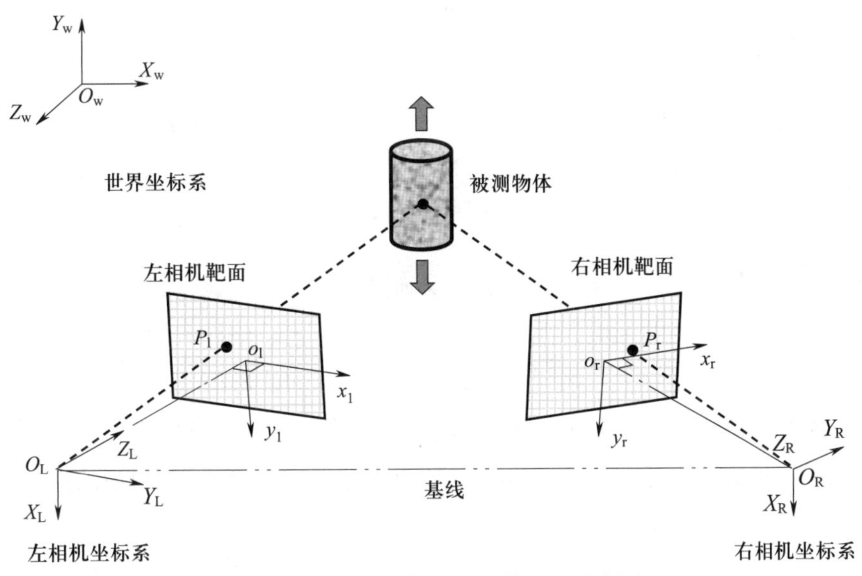

图 10.12 双目立体视觉成像原理示意图

为便于理解，首先考虑单个相机的成像，建立起三维空间中的坐标点（单位为 mm）映射到二维图像平面（单位为像素）的几何关系。如图 10.13 所示，以 mm 为单位的三维空间点 $P(X_{\mathrm{w}}, Y_{\mathrm{w}}, Z_{\mathrm{w}})$ 在以像素为单位的相机靶面上的投影可用理想针孔成像模型来表示。三维空间点首先经过坐标变换转换到相机坐标系，再通过投影变换（projection transformation）转换到图像坐标系。因此，三维空间点 $(X_{\mathrm{w}}, Y_{\mathrm{w}}, Z_{\mathrm{w}})$ 与其对应像点 (x, y) 的关系如下：

$$s\begin{bmatrix}x\\y\\1\end{bmatrix}=\boldsymbol{A}[\boldsymbol{R}\quad\boldsymbol{t}]\begin{bmatrix}X_{\mathrm{w}}\\Y_{\mathrm{w}}\\Z_{\mathrm{w}}\\1\end{bmatrix},\quad \boldsymbol{A}=\begin{bmatrix}f_x&\gamma&c_x\\0&f_y&c_y\\0&0&1\end{bmatrix},\quad \boldsymbol{R}=\begin{bmatrix}R_{11}&R_{12}&R_{13}\\R_{21}&R_{22}&R_{23}\\R_{31}&R_{32}&R_{33}\end{bmatrix},\quad \boldsymbol{t}=\begin{bmatrix}t_x\\t_y\\t_z\end{bmatrix}\tag{10.28}$$

式中：s 为控制缩放的尺度因子；$\boldsymbol{A}$ 为相机的内部参数矩阵；内部参数矩阵 $\boldsymbol{A}$ 中 (c_x,c_y) 为主点坐标（光心）；f_x 和 f_y 分别是图像在 x 轴、y 轴的焦距（以像素为单位）；γ 为图像的歪斜因子；$\boldsymbol{R}$、$\boldsymbol{t}$ 为相机的外部参数（$\boldsymbol{R}$ 为旋转矩阵，$\boldsymbol{t}$ 为平移向量），描述了由世界坐标系到相机坐标系的坐标变换。

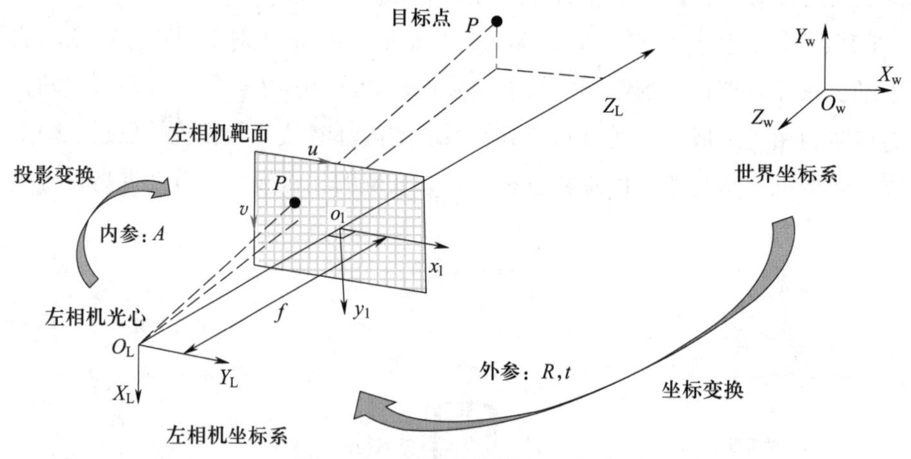

图 10.13　针孔相机模型示意图

由于镜头畸变的存在，上述方程不足以准确描述实际的成像过程。因此，实际的相机成像模型通常会考虑畸变的影响，尤其是凸透镜制作工艺缺陷导致的径向畸变。径向畸变与图像点距离光心的位置有关，表现为如图 10.14 所示的枕形畸变或桶形畸变，畸变系数正定时表现为枕形畸变，负定时表现为桶形畸变。正因如此，径向畸变可以描述为与光心距离 r 相关的多项式。令 (x,y) 为无畸变的理想图像坐标，$(\tilde{x},\tilde{y})$ 为对应的实际图像坐标，则二阶的径向畸变可以表示为

$$\begin{bmatrix}\tilde{x}\\\tilde{y}\end{bmatrix}=\begin{bmatrix}x+(x-c_x)(k_1r^2+k_2r^4)\\y+(y-c_y)(k_1r^2+k_2r^4)\end{bmatrix}\tag{10.29}$$

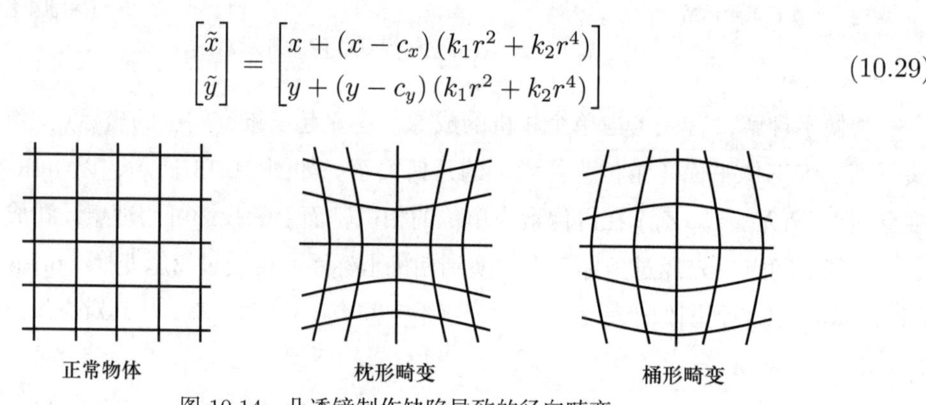

图 10.14　凸透镜制作缺陷导致的径向畸变

式中：k_1 和 k_2 分别为一阶和二阶的径向畸变系数；r 为图像点 (x,y) 到光心点 (c_x,c_y) 的距离。

式 (10.28) 和式 (10.29) 完整描述了单个相机的成像模型，但在立体视觉系统中，还需要确定两个相机之间的相对位置和姿态。假设对于任意空间点 P，其三维世界坐标以及在左右相机坐标系下的坐标分别为 $\boldsymbol{X}_{\rm w}$, $\boldsymbol{X}_{\rm l}$ 和 $\boldsymbol{X}_{\rm r}$，则有

$$\begin{aligned}\boldsymbol{X}_{\rm l}&=\boldsymbol{R}_{\rm l}\boldsymbol{X}_{\rm w}+\boldsymbol{t}_{\rm l}\\ \boldsymbol{X}_{\rm r}&=\boldsymbol{R}_{\rm r}\boldsymbol{X}_{\rm w}+\boldsymbol{t}_{\rm r}\end{aligned} \tag{10.30}$$

式中：$\boldsymbol{R}_{\rm l}$ 和 $\boldsymbol{t}_{\rm l}$，$\boldsymbol{R}_{\rm r}$ 和 $\boldsymbol{t}_{\rm r}$ 分别为描述世界坐标系到左、右相机坐标系的旋转矩阵和平移向量。

消去 $\boldsymbol{X}_{\rm w}$，则有

$$\boldsymbol{X}_{\rm l}=\boldsymbol{R}_{\rm l}\boldsymbol{R}_{\rm r}^{-1}\boldsymbol{X}_{\rm r}+\boldsymbol{t}_{\rm l}-\boldsymbol{R}_{\rm l}\boldsymbol{R}_{\rm r}^{-1}\boldsymbol{t}_{\rm r} \tag{10.31}$$

令

$$\begin{aligned}\boldsymbol{R}&=\boldsymbol{R}_{\rm l}\boldsymbol{R}_{\rm r}^{-1}\\ \boldsymbol{t}&=\boldsymbol{t}_1-\boldsymbol{R}_{\rm l}\boldsymbol{R}_{\rm r}^{-1}\boldsymbol{t}_{\rm r}\end{aligned} \tag{10.32}$$

因此有

$$\boldsymbol{X}_{\rm l}=\boldsymbol{R}\boldsymbol{X}_{\rm r}+\boldsymbol{t} \tag{10.33}$$

因此，为了确定双目立体视觉成像模型，需要利用标定算法得到双相机的内参 $(A_{\rm l},k_{1,\rm l},k_{2,\rm l},A_{\rm r},k_{1,\rm r},k_{2,\rm r})$ 以及描述两个相机之间位姿关系的外参 $(\boldsymbol{R},\boldsymbol{t})$。

10.3.3 双目立体视觉成像系统标定

两个相机内外参的准确标定是实现高质量 3D–DIC 测量的第一步也是最重要的一步。相机标定可以得到三角测量所需的内部参数 $(A_{\rm l},k_{1,\rm l},k_{2,\rm l},A_{\rm r},k_{1,\rm r},k_{2,\rm r})$ 和外部参数 (R,t)。由张正友提出的基于二维平面标定板的张氏标定法精度高且易于实施，已经成为相机标定的标准方法。该方法需要一个带有特征图案的二维平面标定板，最常用的典型标定板如图 10.15 所示，其中特征点分布的物理信息（特征点之间的位置关系）已知，并且可以通过特征点提取算法准确提取图像中这些特征点的坐标。

(a) 棋盘格标定板

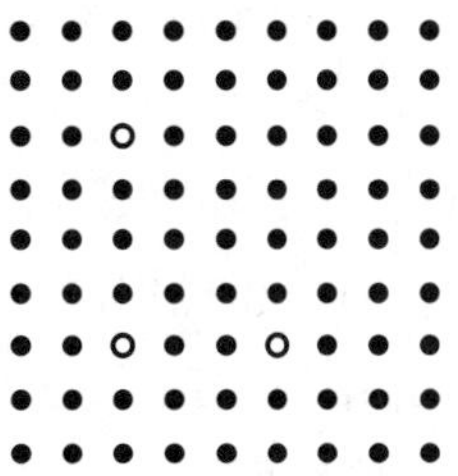

(b) 圆点标定板

图 10.15 典型二维标定板图案

张氏标定法通过采集不同姿态的标定板图像，并对每张图像估计单应矩阵（homography）来进行标定，其具体实现步骤如下。

（1）标定图像采集：拍摄多张标定图像，确保标定板在图像中呈现多个不同的位置和姿态。

（2）单应矩阵估计：对于每张标定图像，利用单应矩阵的性质，通过点对的匹配关系计算出该图像的单应矩阵（单应矩阵描述了图像平面和实际世界平面之间的映射关系）。

（3）内外参数初值估计：根据单应矩阵和几何约束关系，解出相机的内外参数的初值。内参包括焦距、主点坐标、畸变系数等，外参包括相机的旋转矩阵和平移向量。

（4）标定参数优化：利用极大似然估计方法，最小化重投影误差（re-projection error）来优化标定参数。其中，重投影误差是将实际世界的三维点投影到图像平面后与对应的标定板上的二维点之间的差距，具体表示为

$$\sum_{i=1}^{N}\sum_{j=1}^{M}\left\|\boldsymbol{m}_{ij}-\tilde{\boldsymbol{m}}\left(\boldsymbol{A},k_1,k_2,\boldsymbol{R}_i,\boldsymbol{t}_i;\boldsymbol{X}_j\right)\right\|^2 \tag{10.34}$$

式中：$(\boldsymbol{A},k_1,k_2,\boldsymbol{R}_i,\boldsymbol{t}_i)$ 为待标定的参数；$\tilde{\boldsymbol{m}}\left(\boldsymbol{A},k_1,k_2,\boldsymbol{R}_i,\boldsymbol{t}_i;\boldsymbol{X}_j\right)$ 为第 i 张标定图像中控制点 $\boldsymbol{X}_j$ 投影到二维图像上的坐标；$\boldsymbol{m}_{ij}$ 则为控制点提取算法提取的图像坐标；N 为标定图像数量；M 为标定板上控制点的数量。

利用张氏标定法可以确定左右相机的内部和外部参数 $(A_{\mathrm{l}},k_{1,\mathrm{l}},k_{2,\mathrm{l}},R_{i,\mathrm{l}},t_{i,\mathrm{l}})$，$(A_{\mathrm{r}},k_{1,\mathrm{r}},k_{2,\mathrm{r}},R_{i,\mathrm{r}},t_{i,\mathrm{r}})$。对于立体视觉系统而言，除了对单个相机进行标定外，还需要计算左右相机之间的相对位姿，即旋转矩阵 $\boldsymbol{R}$ 和平移向量 $\boldsymbol{t}$。根据理论，不同姿态标定板的标定图像计算得到的左右相机的相对位置和姿态应该是固定的，因此所有这些标定图像计算的外参理论上应该是相同的。然而，由于各种噪声的存在以及计算误差的影响，不同标定图像获得的外参并不完全一致。为减小误差以得到更可靠的结果，可取多组外参计算结果的均值作为左右相机的外参结果，通过取多组结果的均值抵消由于噪声和计算误差引起的偏差以得到更稳定和可靠的相对位置和姿态参数。

10.3.4　立体匹配

在 3D–DIC 测量中，须使用 DIC 算法建立左右图像中物理点投影的图像坐标对应关系，再结合上述标定获得的系统参数，通过经典的三角测量原理重建测量点的三维坐标。3D–DIC 中所用到的图像匹配分为立体匹配（stereo matching）和时序匹配（temporal matching）。立体匹配的目标是在左右相机拍摄的两幅图像中精确配准相同的物理点，而时序匹配是在同一（左或右）相机拍摄的连续图像中跟踪同一物理点。立体匹配和时序匹配都可以使用 10.2.2 节介绍的 DIC 算法直接实现。

为了实现准确的三维表面变形测量，需要特殊处理 3D–DIC 中的立体匹配策略，例如形函数、变形初始估计和匹配策略等。首先，由于较大的成像立体角和透视投影的非线性

特性，使用一阶形函数和较大的图像子区进行立体匹配会额外引入偏差。因此，立体匹配中应采用能描述非均匀复杂变形的二阶形函数（含 12 个变形参数）以获得更高的匹配精度，而时序匹配依旧可采用较为简单的 阶形函数。其次，不同相机获取的数字图像，可能因相机之间较大的立体角导致较大变形而难以实现快速准确的立体匹配，此时可使用图像特征匹配算法（如 SIFT、SURF）来进行位移初值估计。

在初始状态的左相机参考图像中定义了计算参数（计算区域、图像子区大小和计算步长）后，3D–DIC 的图像匹配可以采用如图 10.16 所示的两种不同匹配策略。

（1）匹配策略一：左相机参考图像与右相机参考图像立体匹配（仅针对初始状态进行一次立体匹配），随后所有左右相机变形图像均与左右相机初始状态的参考图像进行匹配（即时序匹配）。需要说明的是，右参考图像中各点的位置为亚像素位置，需要通过灰度插值获得右相机参考图像子区的灰度分布，而插值又会引起插值误差。为了消除参考图像更新过程中灰度插值引起的系统误差，可采用周（Y. H. Zhou）等提出的图像子区自适应整像素平移方案，该方案将更新参考图像中的参考图像子区平移后的最邻近的整像素位置，无须在亚像素位置进行插值。该方案既避免了插值误差，又提高了计算效率。

（2）匹配策略二：所有变形的左右相机图像都与左相机参考图像进行相关匹配，此时要完成一半数量的左右相机图像立体匹配和一半的左相机图像序列的时序匹配。这种匹配算法的优点是左参考图像中各点的参考图像子区是固定的，不会引入插值误差，但是立体匹配一般采用二阶形函数，其计算量要比匹配策略的大。

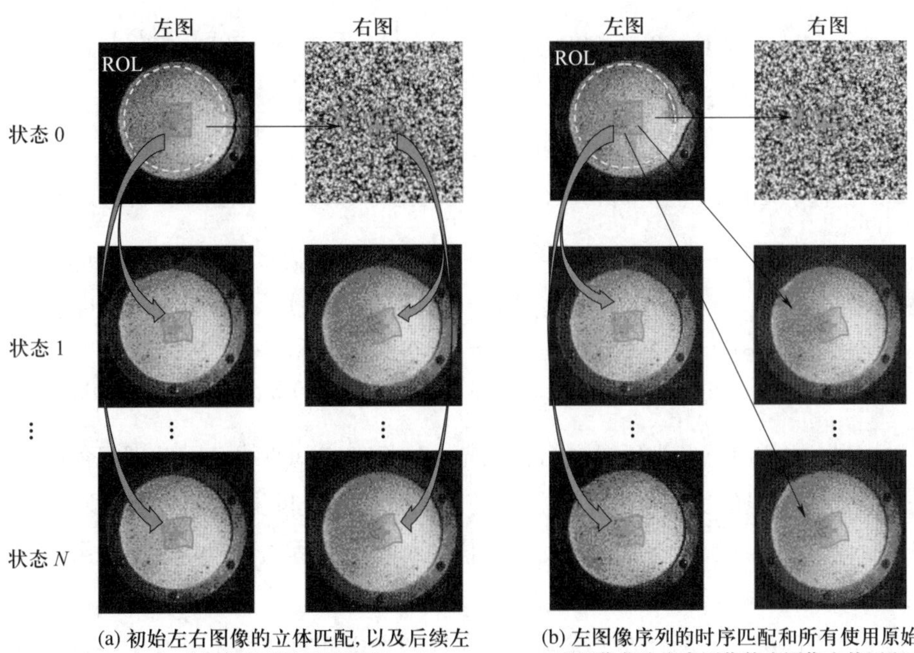

(a) 初始左右图像的立体匹配，以及后续左右图像序列的时序匹配

(b) 左图像序列的时序匹配和所有使用原始左图像作为参考图像的右图像立体匹配

图 10.16 3D–DIC 的三种图像匹配策略

10.3.5 三维形貌重建算法

基于相机标定所获得的内外部参数和立体匹配得到的图像视差数据，可使用三角测量法确定试样表面感兴趣区域中各计算点的三维世界坐标（默认以左相机坐标系为世界坐标系）。以点 P 的三维重建为例，假设消除畸变后左右相机图像点的立体匹配结果为 $(x_\mathrm{l},y_\mathrm{l})$ 和 $(x_\mathrm{r},y_\mathrm{r})$。以左相机坐标系作为世界坐标系，三维点坐标 $(X_\mathrm{w},Y_\mathrm{w},Z_\mathrm{w})$ 与对应图像点的坐标可用式 (10.35) 联系起来

$$
\begin{gathered}
s_\mathrm{l}\begin{bmatrix}x_\mathrm{l}\\y_\mathrm{l}\\1\end{bmatrix}=\boldsymbol{A}_\mathrm{l}\begin{bmatrix}\boldsymbol{E}_{3\times3}&\boldsymbol{0}\\\boldsymbol{0}&1\end{bmatrix}\begin{bmatrix}X_\mathrm{w}\\Y_\mathrm{w}\\Z_\mathrm{w}\\1\end{bmatrix}=\boldsymbol{M}_\mathrm{l}\begin{bmatrix}X_\mathrm{w}\\Y_\mathrm{w}\\Z_\mathrm{w}\\1\end{bmatrix}\\
s_\mathrm{r}\begin{bmatrix}x_\mathrm{r}\\y_\mathrm{r}\\1\end{bmatrix}=\boldsymbol{A}_\mathrm{r}\begin{bmatrix}\boldsymbol{R}&\boldsymbol{t}\\\boldsymbol{0}&1\end{bmatrix}\begin{bmatrix}X_\mathrm{w}\\Y_\mathrm{w}\\Z_\mathrm{w}\\1\end{bmatrix}=\boldsymbol{M}_\mathrm{r}\begin{bmatrix}X_\mathrm{w}\\Y_\mathrm{w}\\Z_\mathrm{w}\\1\end{bmatrix}
\end{gathered}
\tag{10.35}
$$

式中：s_l，s_r 为左右相机的尺度因子（计算点在左右相机坐标系下的 Z 坐标）；$\boldsymbol{E}_{3\times3}$ 为单位矩阵；$\boldsymbol{M}_\mathrm{l}$，$\boldsymbol{M}_\mathrm{r}$ 均为投影矩阵（projection matrix）。

令

$$
\boldsymbol{M}_\mathrm{l}=\begin{bmatrix}m_{11}^\mathrm{l}&m_{12}^\mathrm{l}&m_{13}^\mathrm{l}&m_{14}^\mathrm{l}\\m_{21}^\mathrm{l}&m_{22}^\mathrm{l}&m_{23}^\mathrm{l}&m_{24}^\mathrm{l}\\m_{31}^\mathrm{l}&m_{32}^\mathrm{l}&m_{33}^\mathrm{l}&m_{34}^\mathrm{l}\end{bmatrix},\quad \boldsymbol{M}_\mathrm{r}=\begin{bmatrix}m_{11}^\mathrm{r}&m_{12}^\mathrm{r}&m_{13}^\mathrm{r}&m_{14}^\mathrm{r}\\m_{21}^\mathrm{r}&m_{22}^\mathrm{r}&m_{23}^\mathrm{r}&m_{24}^\mathrm{r}\\m_{31}^\mathrm{r}&m_{32}^\mathrm{r}&m_{33}^\mathrm{r}&m_{34}^\mathrm{r}\end{bmatrix}
\tag{10.36}
$$

从式 (10.35) 中分别消去 s_l 和 s_r，可得关于空间坐标 $(X_\mathrm{w},Y_\mathrm{w},Z_\mathrm{w})$ 的线性方程组

$$
\begin{cases}
\left(x_\mathrm{l}m_{31}^\mathrm{l}-m_{11}^\mathrm{l}\right)X_\mathrm{w}+\left(x_\mathrm{l}m_{32}^\mathrm{l}-m_{12}^\mathrm{l}\right)Y_\mathrm{w}+\left(x_\mathrm{l}m_{33}^\mathrm{l}-m_{13}^\mathrm{l}\right)Z_\mathrm{w}=m_{14}^\mathrm{l}-x_\mathrm{l}m_{34}^\mathrm{l}\\
\left(y_\mathrm{l}m_{31}^\mathrm{l}-m_{21}^\mathrm{l}\right)X_\mathrm{w}+\left(y_\mathrm{l}m_{32}^\mathrm{l}-m_{22}^\mathrm{l}\right)Y_\mathrm{w}+\left(y_\mathrm{l}m_{33}^\mathrm{l}-m_{23}^\mathrm{l}\right)Z_\mathrm{w}=m_{14}^\mathrm{l}-y_\mathrm{l}m_{34}^\mathrm{l}\\
\left(x_\mathrm{r}m_{31}^\mathrm{r}-m_{11}^\mathrm{r}\right)X_\mathrm{w}+\left(x_\mathrm{r}m_{32}^\mathrm{r}-m_{12}^\mathrm{r}\right)Y_\mathrm{w}+\left(x_\mathrm{r}m_{33}^\mathrm{r}-m_{13}^\mathrm{r}\right)Z_\mathrm{w}=m_{14}^\mathrm{r}-x_\mathrm{r}m_{34}^\mathrm{r}\\
\left(y_\mathrm{r}m_{31}^\mathrm{r}-m_{21}^\mathrm{r}\right)X_\mathrm{w}+\left(y_\mathrm{r}m_{32}^\mathrm{r}-m_{22}^\mathrm{r}\right)Y_\mathrm{w}+\left(y_\mathrm{r}m_{33}^\mathrm{r}-m_{23}^\mathrm{r}\right)Z_\mathrm{w}=m_{14}^\mathrm{r}-y_\mathrm{r}m_{34}^\mathrm{r}
\end{cases}
\tag{10.37}
$$

式 (10.37) 的几何意义为通过左右相机光心的两条空间直线，因此理想条件下空间点 P 就是两条空间直线的交点。该式中待求的未知量是三个世界坐标，但独立方程有四个，因此该方程组是一个超静定方程组。对于这样的超静定方程组可以用最小二乘法求出空间点的三维坐标 $(X_\mathrm{w},Y_\mathrm{w},Z_\mathrm{w})$。

然而，由于匹配误差的存在，实际计算时这两条空间直线并不会交于一点。因此，上述方法得到的结果只是重建结果的次优估计。实际应用中，3D-DIC 中采用一种可以降低匹配噪声干扰且更加稳定的最优重建方法，该方法通过最小化如下重投影误差实现：

$$\begin{aligned}\text{argmin}\, X_{\text{w}}, Y_{\text{w}}, Z_{\text{w}}\chi^2 = & \left[x_{\text{l}} - x_{\text{l}}^{\text{model}}\left(X_{\text{w}}, Y_{\text{w}}, Z_{\text{w}}; \boldsymbol{A}_1, k_{1,\text{l}}, k_{2,\text{l}}\right)\right]^2 + \\ & \left[y_{\text{l}} - y_{\text{l}}^{\text{model}}\left(X_{\text{w}}, Y_{\text{w}}, Z_{\text{w}}; \boldsymbol{A}_1, k_{1,\text{l}}, k_{2,\text{l}}\right)\right]^2 + \\ & \left[x_{\text{r}} - x_{\text{r}}^{\text{model}}\left(X_{\text{w}}, Y_{\text{w}}, Z_{\text{w}}; \boldsymbol{A}_2, k_{1,\text{r}}, k_{2,\text{r}}, \boldsymbol{R}, \boldsymbol{t}\right)\right]^2 + \\ & \left[y_{\text{r}} - y_{\text{r}}^{\text{model}}\left(X_{\text{w}}, Y_{\text{w}}, Z_{\text{w}}; \boldsymbol{A}_2, k_{1,\text{r}}, k_{2,\text{r}}, \boldsymbol{R}, \boldsymbol{t}\right)\right]^2\end{aligned} \tag{10.38}$$

式中：$(x_{\text{l}}^{\text{model}}, y_{\text{l}}^{\text{model}})$ 和 $(x_{\text{r}}^{\text{model}}, y_{\text{r}}^{\text{model}})$ 分别为使用标定参数将重建坐标投影到左右相机靶面上的图像坐标。

为了优化目标函数式 (10.38) 得到更加稳定的重建结果，可以将最小二乘法的解作为初始解。随后，使用 NR 方法或者莱文伯格–马夸特（Levenberg-Marquardt，LM）方法对这一目标函数进行迭代优化，获得最优的重建结果。

10.3.6 三维位移和应变场测量

3D–DIC 可跟踪变形前后同一计算点的坐标变化，因此直接将变形前后三维点坐标相减即可确定每个点的三维位移。同样，利用前一节中提到的逐点最小二乘法可基于所获得的位移场估计应变场。应变计算前，需要先消除刚体平移和旋转对应变计算的影响。刚体平移的消除需先计算变形前后三维点云的重心（全场点云三维坐标的均值），随后计算两个重心的差值向量 $\boldsymbol{t}_0$，对变形后点云的每个计算点减去这一向量即可消除变形过程中的刚体平移

$$\boldsymbol{X}' = \boldsymbol{X}_0 - \boldsymbol{t}_0 \tag{10.39}$$

式中：$\boldsymbol{X}_0$ 和 $\boldsymbol{X}'$ 分别为消除平移前后计算点的三维坐标。

刚体旋转的消除需使用奇异值分解（singular value decomposition，SVD），令消除刚体平移后的点云和初始点云的三维坐标构成的矩阵分别为 $\boldsymbol{X}'_{n\times 3}$ 和 $\boldsymbol{X}_{n\times 3}$，构建如下矩阵 $\boldsymbol{Q}_{3\times 3}$：

$$\boldsymbol{Q}_{3\times 3} = \boldsymbol{X}'^{\text{T}} \cdot \boldsymbol{X} \tag{10.40}$$

对矩阵 $\boldsymbol{Q}$ 做 SVD 分解 $\boldsymbol{Q} = \boldsymbol{U\varSigma V}^{\text{T}}$，则变形的旋转矩阵为

$$\boldsymbol{R} = \boldsymbol{U}\boldsymbol{V}^{\text{T}} \tag{10.41}$$

根据求得的旋转矩阵，按如下方式即可消除变形过程中的刚体旋转：

$$\hat{\boldsymbol{X}} = \boldsymbol{R}^{\text{T}} \cdot \boldsymbol{X}' \tag{10.42}$$

使用逐点局部最小二乘法处理消除刚体平移和旋转后的离散点位移结果 $U(X,Y,Z)$、$V(X,Y,Z)$ 和 $W(X,Y,Z)$ 即可估计应变场，其中 X、Y、Z 为初始点云的三维重建坐标。假设局部位移场可用如下一阶线性方程组近似：

$$\begin{cases} U(X,Y,Z) = a_0 + a_1X + a_2Y \\ V(X,Y,Z) = b_0 + b_1X + b_2Y \\ W(X,Y,Z) = c_0 + c_1X + c_2Y \end{cases} \tag{10.43}$$

式中：U、V、W、X、Y 和 Z 以 mm 为单位。上式中的拟合系数可根据线性最小二乘法求解。基于此，可估计 6 个位移梯度：$U_X = a_1$，$U_Y = a_2$，$V_X = b_1$，$V_Y = b_2$，$W_X = c_1$，$W_Y = c_2$。将这些位移梯度分量代入如下公式可计算得到格林–拉格朗日应变（Green-Lagrange strain）：

$$\begin{cases} \varepsilon_{xx} = U_X + \dfrac{1}{2}\left[(U_X)^2 + (V_X)^2 + (W_X)^2\right] \\ \varepsilon_{xy} = \dfrac{1}{2}\left[U_Y + V_X + U_XU_Y + V_XV_Y + W_XW_Y\right] \\ \varepsilon_{yy} = V_Y + \dfrac{1}{2}\left[(U_Y)^2 + (V_Y)^2 + (W_Y)^2\right] \end{cases} \tag{10.44}$$

10.4 数字图像相关方法的典型应用

10.4.1 高温变形测量

航空航天以及其他国防工业的发展给材料或结构在超高温环境下的力学性能表征和评价带来了新的挑战，迫切需要发展能够用于超高温环境下材料或结构变形测量的新方法和新实验设备。然而，以高温应变片为代表的传统接触式变形测量方法难以适用于 1 000 ℃甚至 2 000 ℃ 以上的高温环境。因此，急需发展非接触式高温变形测量方法（尤其是高温数字图像相关方法，即高温 DIC）来突破现有技术的瓶颈。一般而言，只要成像系统能够获取没有明显退相关的高质量散斑图像，数字图像相关方法不受限于试样温度和测量环境。然而，在实际高温测试中，成像系统采集的图像会受到多种外部不利因素的干扰（如加热元件的强光和高温试样的强辐射），进而导致测量精度降低甚至造成相关分析失败。研究表明，高温 DIC 测量主要存在三大挑战：① 高温试样及周围加热元件强烈热辐射造成的图像灰度饱和；② 高温试样表面氧化以及散斑脱黏或剥离导致的图像对比度降低；③ 试样与加热元件之间剧烈的空气折射率变化（即“热雾”）引起的图像畸变。因此，为了准确测量高温环境下材料或结构表面的变形，必须解决上述关键问题。下文将以高温 DIC 测量的最主要挑战——高温试样强烈热辐射造成的图像灰度饱和为例，简单介绍克服强辐射的措施及实际高温 DIC 测量实例。

3D–DIC 系统通常使用白光或自然光对试样表面进行照明，并由两个相机同步采集试样表面的反射光。作为一种基于图像的光学测量技术，系统采集散斑图像的质量（如亮度和对比度）会极大影响 3D–DIC 的测量精度。因此，在测量过程中应尽可能保证光照强度和环境光稳定。然而，在实际高温环境下，高温物体发出的热辐射和环境光变化剧烈，极易导致图像灰度饱和。因此，在极端高温环境中进行 3D－DIC 测量的首要挑战在于如何将高温试样强辐射和环境光对图像的影响降至最低，获得具有灰度稳定且对比度高的散斑图像。通过将单色光照明与带通滤波成像相结合，可建立抗环境光和热辐射干扰的主动成像 3D－DIC 系统。

如图 10.17a 所示，该系统由蓝色 LED 光源、两个带通滤波片和两个 CCD 相机组成。图 10.17b 给出了所用 CCD 相机的量子效率曲线。该相机对 400 ~ 1 000 nm 波长范围内的光线敏感，其量子效率超过 50% 的部分在 400 ~ 750 nm 范围内。在这个带通范围内，高温物体发出的强烈热辐射会对图像的亮度和对比度产生严重干扰，导致图像饱和。为了降低热辐射的影响，一方面在镜头前安装中心波长为 (450 ± 2) nm、半带宽值约为 32 nm 的带通滤波片，其透射率曲线如图 10.17c 所示。带通滤波片仅允许蓝色主动照明光进入相机靶面，并阻止所有波长小于 428 nm 以及大于 470 nm 的光线进入。如图 10.17c 所示，对于波长在 450 ~ 455 nm 范围内的单色光，带通滤波片的透射率超过 80%。然而，对于波长超出带通范围的光线，带通滤波片的透射率接近 0。另一方面，采用高亮度蓝色 LED 光源照射试样表面以提供均匀稳定的照明，其波长为 450 ~ 455 nm。由于只有极少量的环

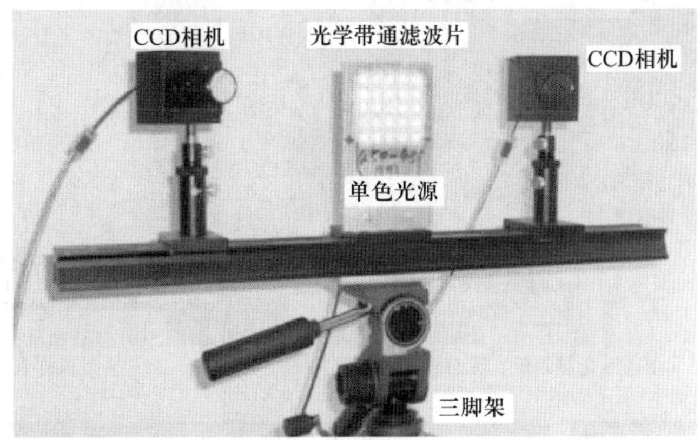

(a) 搭建的主动成像 3D−DIC 系统

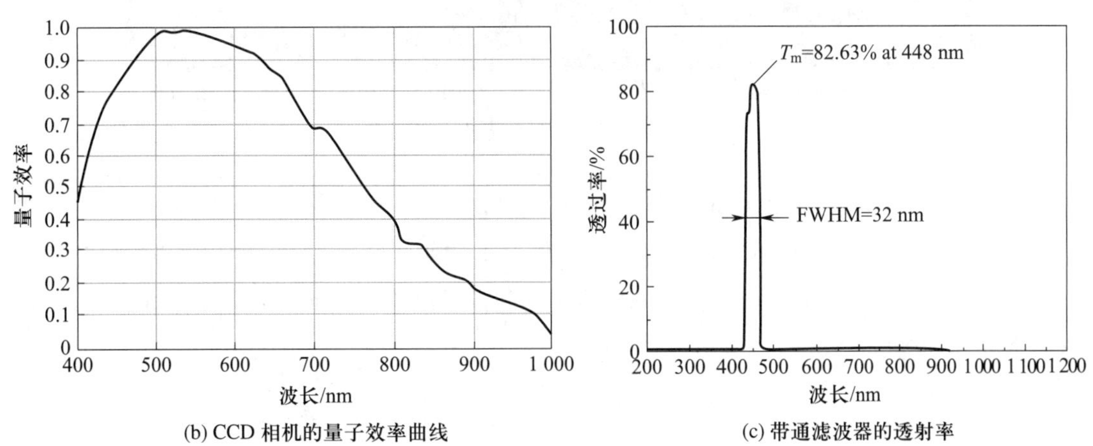

(b) CCD 相机的量子效率曲线

(c) 带通滤波器的透射率

图 10.17　抗环境光和热辐射干扰的主动成像系统

境光或辐射光可以通过带通滤波片，因此与主动照明的单色光相比，环境光或辐射光对图像的亮度的影响可以极大降低。因此，使用主动成像 3D – DIC 方法可以在室外环境或极端高温环境中对物体进行高精度变形测量，扩展了 3D – DIC 的应用范围。

为了验证主动成像 3D – DIC 系统在实际高温变形测量中的有效性，采用由铬镍奥氏体不锈钢（型号：1Cr18Ni9Ti）加工成的厚度 2 mm 的板材作为被测试样。为了进行准确的变形测量，试样表面制作了能够承受 1 700 ℃ 高温的白色散斑。如图 10.18a 所示，将试样垂直固定在加载平台上，距离红外辐射加热装置约 200 mm。实验时，首先将试样加热至 20 ℃，并使用主动成像 3D – DIC 系统记录试样表面的图像对作为参考图像对。然后将试样从 100 ℃ 加热至 1 200 ℃，温度增量为 100 ℃。当达到预设温度时，保温 15 s 后再采集图像，总共记录了 12 对变形图像。图 10.18c 所示为左相机分别在 20 ℃、500 ℃、1 000 ℃、1 200 ℃ 温度下拍摄的四幅图像。图 10.18b 所示为由彩色相机拍摄的 1 200 ℃ 下试样表面的照片。

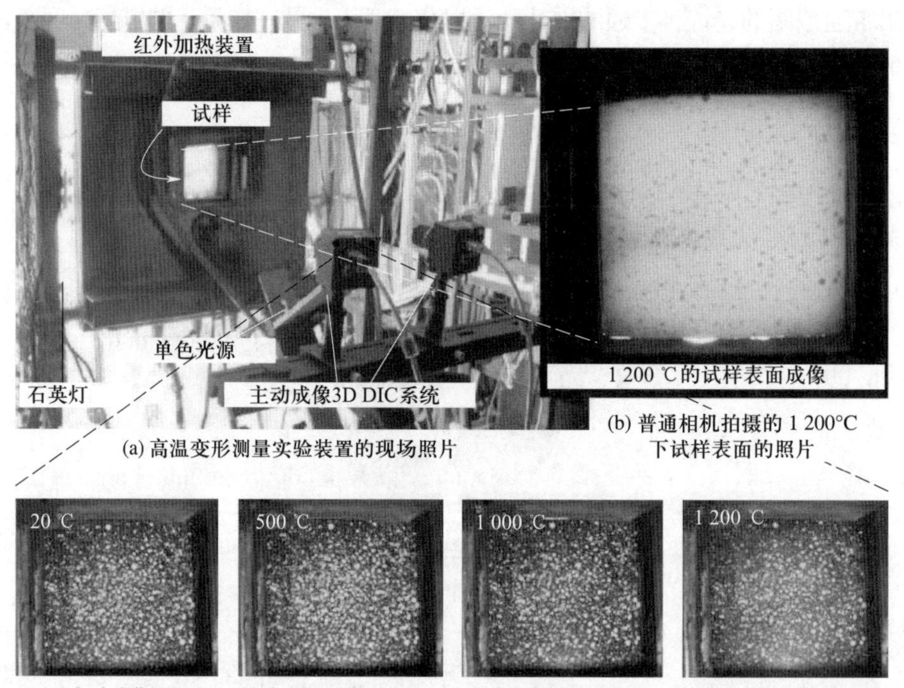

(a) 高温变形测量实验装置的现场照片

(b) 普通相机拍摄的 1 200℃ 下试样表面的照片

(c) 主动成像3D–DIC系统中左相机在 20℃、500℃、1 000℃、1 200℃ 的温度下拍摄的试样表

图 10.18 主动成像系统的记录图像

图 10.19 所示为 1 200 ℃ 时试样表面 x、y 和 z 方向的位移场。图 10.20 所示为试样 x 方向和 y 方向测量得到的热应变随温度线性增加的曲线。通过将 DIC 测得的热应变与《中国航空材料手册》中公式计算的理想热应变进行了比较，验证了主动成像 3D – DIC 系统测量的准确性。

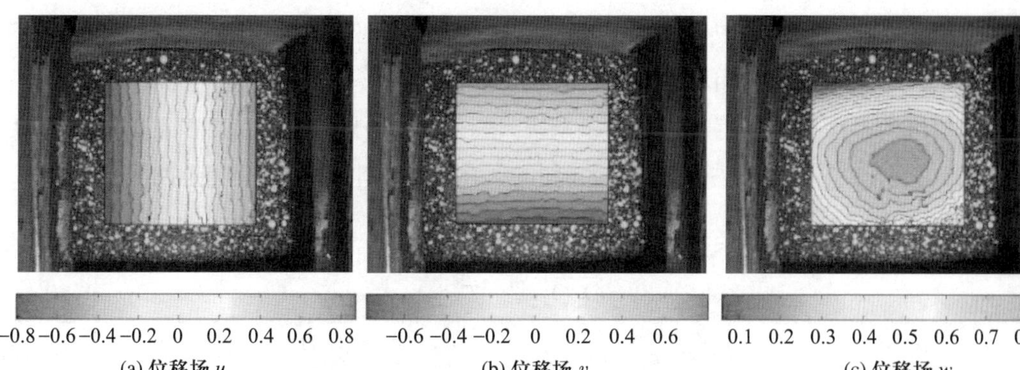

图 10.19 主动成像 3D－DIC 系统 1 200 °C 下测得的试样热变形（单位：mm）

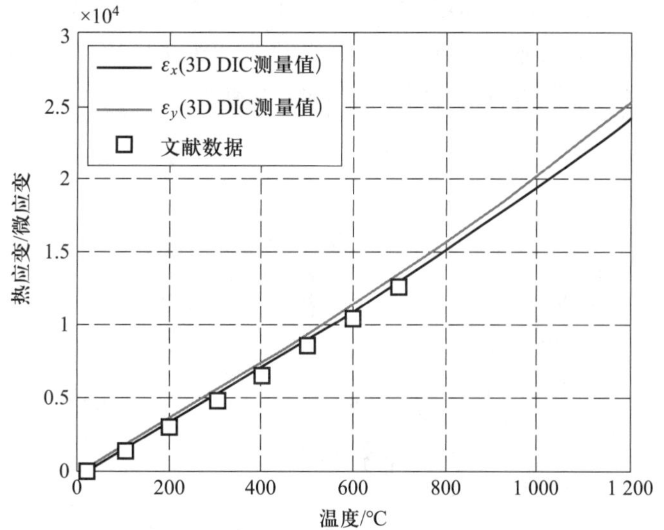

图 10.20 主动成像 3D－DIC 系统测量的热应变与 2D－DIC 测量的文献数据的比较

10.4.2 大型结构变形测量

目前三维数字图像相关测量技术已经相对比较成熟，但是对于大尺度、全周变形测量仍然存在很大的挑战。单一测区受到视角和分辨率的限制，无法满足大尺度、全周变形测量的需求。尽管增加相机数量可以增加测区范围，若不对测量系统进行坐标统一，则无法实现整体变形的整体分析。同时，对于大型结构全周高精度三维动态变形测量，单套系统的测量视场也比常规测量大得多，如何实现高精度的三维标定和测量，也是其中需要解决和突破的问题。此外，对于大型地震模拟振动台等特殊试验环境，多相机系统中的相机姿态还会因环境扰动发生变化，这将给高精度变形测量带来极大的挑战。

平面标定法在大多数情况都是有效的。然而，在大视场情况下，该方法难以实施，且加工大的标定板不仅非常昂贵而且非常困难。这样就限制了平面标定法在大型工程构件测量中的应用。为此，提出了基于散斑特征匹配的标定方法，该方法不仅在大视场条件三维数字图像相关系统外参标定中得到了很好的应用，而且实现了三维数字图像相关测量系统的实时标定，可以用于相机相对外参的实时校正。

对于相机内参已提前标定的双目测量系统，在实验现场只需要标定相机间的相对外参。如图 10.21 所示，点 O_1、O_2 和点 P 是共面的。在右相机坐标系下，根据共面方程有

$$\overrightarrow{O_1O_2} \cdot \left(\overrightarrow{O_1P_1} \times \overrightarrow{O_2P_2}\right) = 0 \tag{10.45}$$

$$\overrightarrow{O_1O_2} = -\boldsymbol{T} \tag{10.46}$$

$$\overrightarrow{Q_1P_1} = [x_1 \quad y_1 \quad f_1]^{\mathrm{T}} = [X_1 \quad Y_1 \quad Z_1]^{\mathrm{T}} \tag{10.47}$$

$$\overrightarrow{O_2P_2} = \boldsymbol{R}[x_2 \quad y_2 \quad f_2]^{\mathrm{T}} = [X_2 \quad Y_2 \quad Z_2]^{\mathrm{T}} \tag{10.48}$$

式中：(x_1, y_1, f_1) 和 (x_2, y_2, f_2) 为 P_1 和 P_2 在左右相机光心坐标系下的三维坐标，可以由畸变校正后的匹配点像素坐标、主点坐标、等效焦距和像元尺寸计算得到。为了得到匹配像素坐标，可以直接对采集到的左右散斑图像进行匹配。

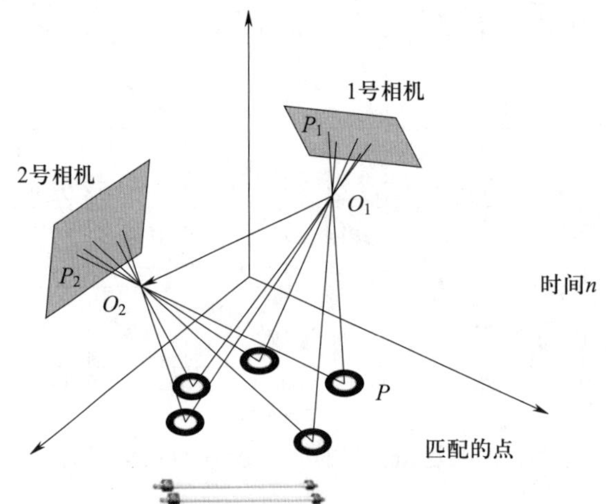

图 10.21　双目视觉相对定向原理示意图

联立式 (10.45)～式 (10.48) 可得点 P 的共面方程为

$$t_x\left(Y_1Z_2 - Y_2Z_1\right) + t_y\left(X_2Z_1 - X_1Z_2\right) + t_z\left(X_1Y_2 - X_2Y_1\right) = F\left(n_x, n_y, n_z, t_x, t_y, t_z\right) = 0 \tag{10.49}$$

式中：(n_x, n_y, n_z) 为转动向量；(t_x, t_y, t_z) 为平移向量。

对于 n 对匹配点, 最终的参数优化方程为

$$(n_x, n_y, n_z, t_x, t_y, t_z)_{\mathrm{opt}} = \operatorname{argmin}\sum_{i=1}^{n}(F_i)^2 \tag{10.50}$$

若相机水平布置，可以将平移向量对 t_x 进行归一化。若为垂直布置，则可以将平移向量对 t_y 进行归一化。因此，在式 (10.50) 中共有 5 个参数需要求解，也就是说，至少需要左右图像中的 5 对匹配点来进行计算。对于三维数字图像相关中的数万对散斑匹配点，使

用非线性最小二乘法优化求解出相机间的旋转向量和平移向量，外参优化的初值可以由初始的标定参数提供。最后，使用一个已知长度的标尺对平移向量的尺度信息进行校正。

对于现场需要标定相机内外参数的双目测量系统，可以使用基于摄像测量的相机参数标定方法。如图 10.22 所示，利用不同姿态和测量位置拍摄的图像，在摄影测量的基础上，同时求解左右相机的内参和编码点的三维空间坐标。每台相机的内外参数标定可归纳为以下步骤。

（1）编码点检测。在采集不同标定位置和测量位置的图像后，需要检测所有图像中的编码点，并保存编码点的编码号和中心的图像坐标。

（2）相对外部参数估计和匹配编码目标的三维重建。根据相同编码号的编码点图像坐标与依据相机出厂参数推导的相机内参初值，使用共面约束计算出不同拍摄姿态之间的相对外参。利用计算得到的相对外参和内参初值，可以完成匹配编码点的三维重建。

（3）光束平差优化。为了获得更加精确的相机内参和编码点三维空间坐标，可以采用光束平差方法进一步优化相机内参、不同拍摄姿态下的相机外参和编码点三维空间坐标。

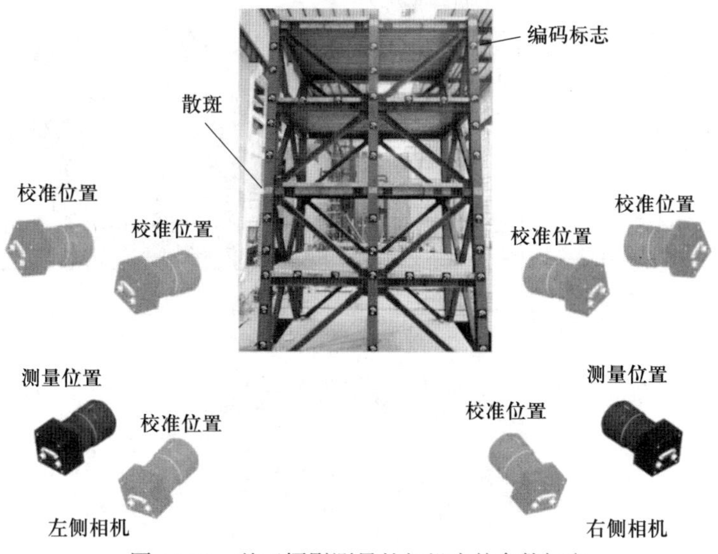

图 10.22 基于摄影测量的相机内外参数标定

在完成相机内外参数标定后，即可实现每套系统的三维数字图像相关测量。每套三维数字图像相关测量系统的坐标系建立在各自左相机光心坐标系上，需要将多套系统的测量结果转换到一个全局坐标系下才可以得到整体变形。局部坐标系到全局坐标系的变换需要计算两个坐标系之间的旋转矩阵和平移向量。

如图 10.23 所示，为了实现全局坐标系统一，加载前需使用摄影测量方法重构被测物体上的编码点三维空间坐标。同样地，使用每套双目三维数字图像相关系统重构各自看到的编码点三维空间坐标。通过相同编码号的对应关系可计算不同坐标系的刚性转置信息，实现每套相机坐标系 L_i 到全局坐标系 W 的统一，其中 i 为三维数字图像相关系统的编号。对于编码为 t 的编码点，其在第 i 套双目三维数字图像相关系统重构的空间坐标为 p_{it}，对

应在全局坐标系 W 中的坐标为 q_{it}。该过程可以通过最小二乘法求解

$$(R_{L_i-W},T_{L_i-W})=\arg\min\sum_{t=1}^{T}(R_{L_i-W}p_{it}+T_{L_i-W}-q_{it})^2 \tag{10.51}$$

在实际操作中，需要先在被测物体上均匀布置编码点，再使用单反相机从不同角度对编码点进行拍摄，最终使用摄影测量方法重构编码点三维空间坐标。对于每套双目系统而言，同样需要记录编码点照片，并根据双目视觉原理重构编码点三维空间坐标系。得到坐标变换关系后，即可取下编码点，避免编码点在测量过程中遮挡了散斑区域。

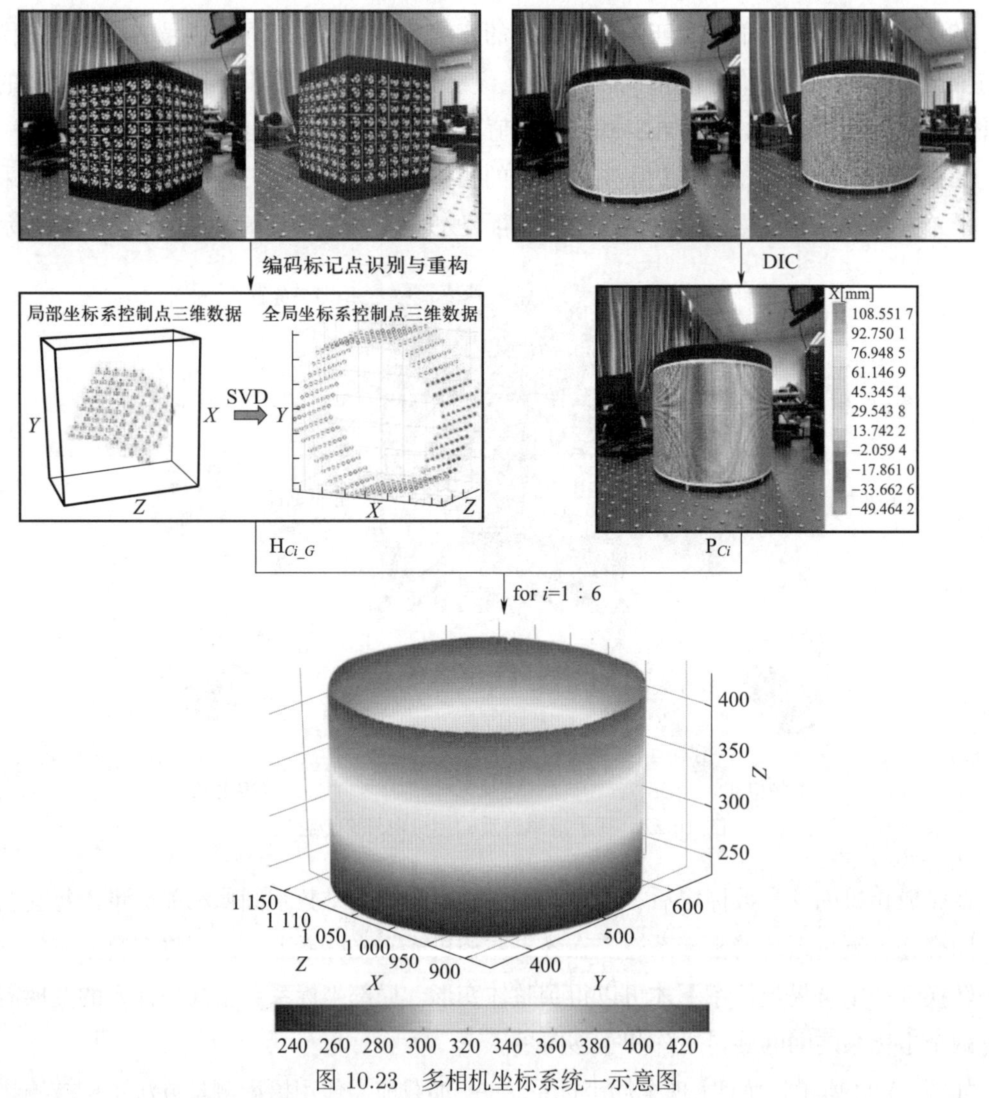

图 10.23 多相机坐标系统一示意图

舱段结构是运载火箭的重要组成部分，地面载荷试验则是分析舱段承载能力的重要环节。在载荷试验中，需要测量每一级载荷作用下舱段结构的变形信息，以分析结构变形状态和力学性能。如图 10.24a 所示，将相机固定在六棱柱形状的安装平台上，通过可伸出式

的支杆确保相机置于合适的成像距离上。每根支杆安装两台相机，共有 24 台相机组成了 12 套双目测量单元。图 10.24b 所示为实验设备布置的现场图，24 台相机通过硬触发线实现同步触发采集图像，相机分辨率为 2 048 × 2 048 像素，其像元尺寸为 5.5 μm。在物距为 2.6 m 的情况下选用 8 mm 镜头，对应相机视场约为 3.6 m × 3.6 m。

(a) 示意图

(b) 现场图

图 10.24　运载火箭舱段多相机全周变形测量系统

图 10.25 所示为第 17 级加载状态下的柱坐标 360° 全周变形，其中包括轴向位移场和应变场，以及沿半径方向的屈曲变形和转角应变。通过搭设本套相机网络全周三维变形测量系统，成功实现了火箭舱段内表面柱坐标系下 360° 全周变形测量，全周测量结果可以全方位地直观展现火箭舱段在载荷作用下的变形。

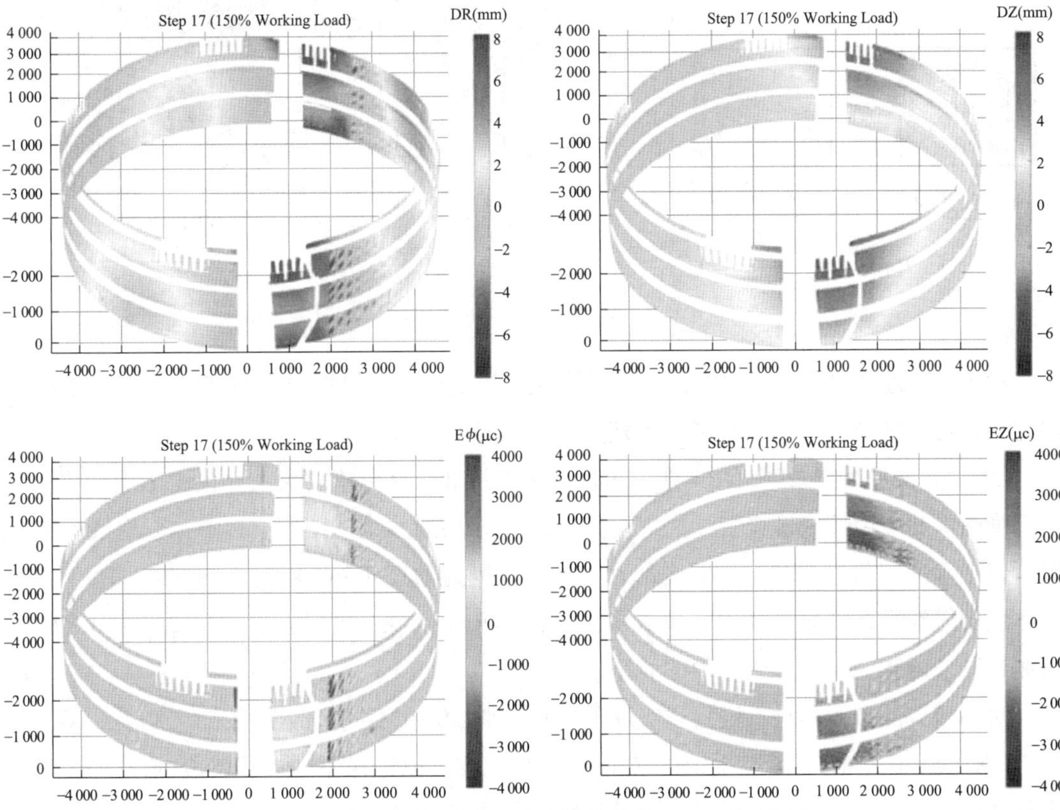

图 10.25　柱坐标系下运载火箭舱段的 360° 全周变形

10.4.3　从表面测量到内部测量

如图 10.26 所示，DVC 方法测量物体内部三维变形场的过程可分为如下三步。

（1）数字体图像采集：采用三维成像设备对不同加载阶段的试样进行扫描，并重建被测试样的三维数字体图像。

（2）三维位移场测量：利用图像相关匹配算法定位选定的各离散计算点在变形前后体图像中的位置变化，从而提取试样的三维位移矢量场。

（3）三维应变场计算：采用合适的差分算法或者拟合方法从三维位移场中提取三维应变场。

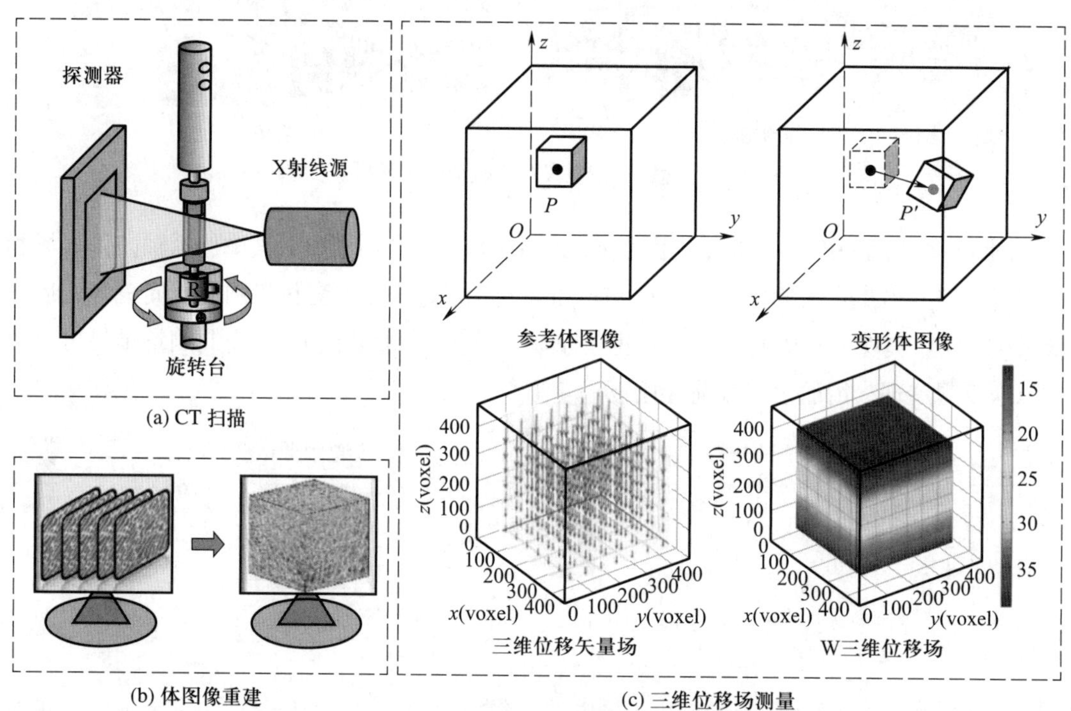

图 10.26　数字体图像相关方法流程图

在 DVC 方法的执行过程中，由于三维应变场的准确计算取决于位移场测量的准确度，因此获得足够精准的三维位移结果是该方法的关键。

DVC 算法原理是 2D－DIC 算法的直接三维拓展，其分析对象从直接由工业相机采集的二维图像变成由体成像设备（如 X 射线 CT）采集的三维体图像。其中，X 射线 CT 成像可以准确地解析材料和结构的内部真实形态，因此通过 DVC 匹配不同加载状态下的灰度体图像能够准确获取试样内部的真实三维位移和应变分布情况。下面简要展示 DVC 在铜颗粒混杂树脂内部变形测量中的应用。

对铜颗粒混杂树脂材料进行逐级球形压痕实验，并在不同加载阶段采用 X 射线 CT 系统（YXLON CT Modular，德国）对试样进行扫描，以记录不同加载阶段的体图像序列。实验装置如图 10.27 所示。可以看出，致密的铜颗粒在整个树脂基体中是随机分布的，为体图像匹配提供了质量较好的散斑图案。压缩区位于球形压头下方，在三张变形体图像的顶部清晰可见。随着载荷的增大，球形压头下的压缩区和接触面积明显增大。

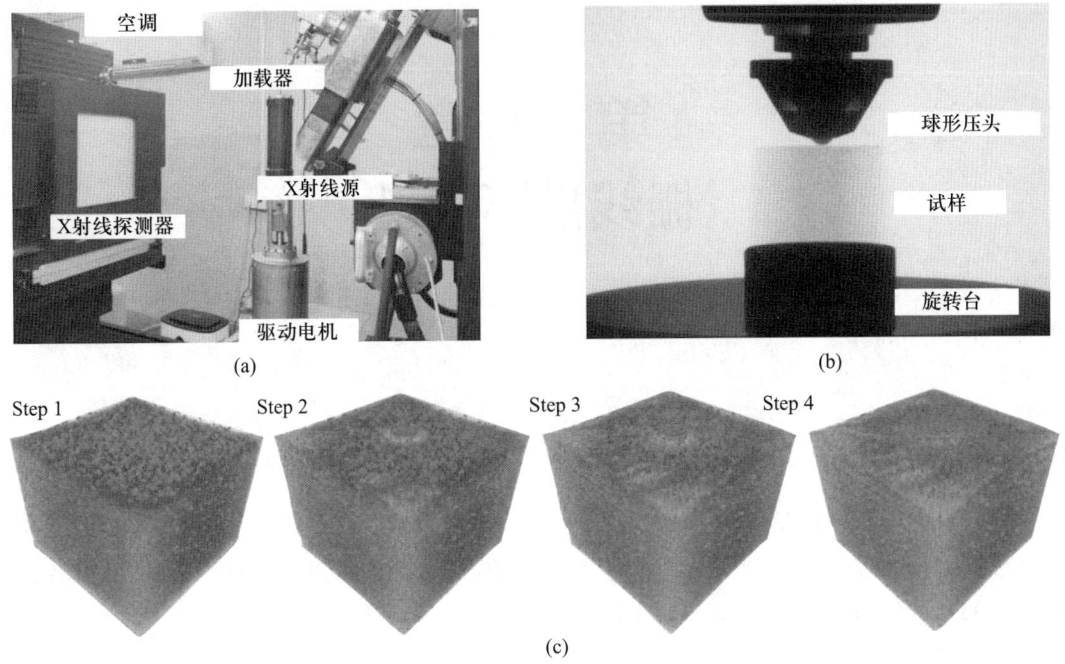

图 10.27 原位球形压痕实验方案及体图像序列

图 10.28 所示为压痕试验中 DVC 测量的位移场和应变场结果。三维位移场结果显示了压缩区内较大的变形特征，及其他区域内较小的局部波动。所有三个位移场在压缩区都具有较高的准确度（偏差小），在其他区域具有较高的精确度（噪声小）。DVC 的应变测量结果中高应变区特征显著，低应变区（远离压缩区）平滑且噪声低，显示出显著的球形压痕实验的变形特征。

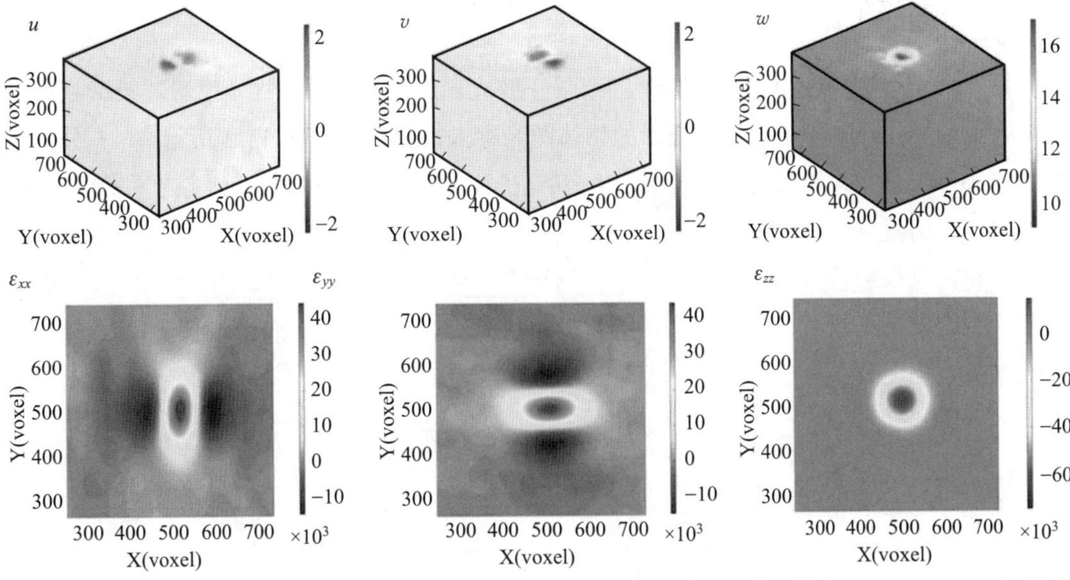

图 10.28 球形压痕实验由 DVC 方法测量的 u、v、w 三维位移场以及顶面处的 ε_{xx}、ε_{yy}、ε_{zz} 应变场

第 11 章 栅线投影测量

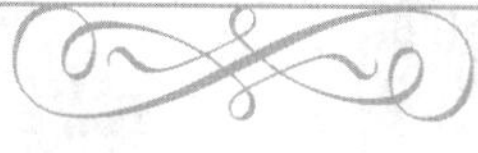

栅线投影法也称为结构光测法，是一种几何测量方式，通过构建几何对应关系进行测量，以其无损、非接触、全场测量等优点被广泛应用于离面信息等测量。本章介绍栅线投影测量的基础知识。

11.1 测量原理

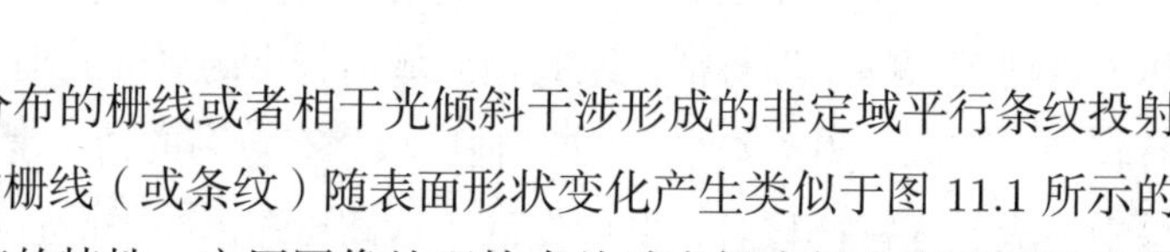

用投影仪将规则的正弦分布的栅线或者相干光倾斜干涉形成的非定域平行条纹投射到具有漫射特性的物面，此时的栅线（或条纹）随表面形状变化产生类似于图 11.1 所示的栏杆影子随台阶起伏而形成畸变的特性。应用图像处理技术从畸变栅中把含有表面形貌信息的栅影条纹相位解调出来，从而获得表面三维形貌信息，这一技术称为栅线投影法或投影云纹法。

图 11.2 所示为形貌测量光路结构简图，正弦光栅经光学或数字视频投影器投影到待测物体表面，用 CCD 相机把含有栅影的物体图像存入计算机内。图 11.2 所示 e、f 分别为投影光源镜头和相机镜头的光心位置，d 为 e、f 间的距离，l 为两光心到参考平面的距离。栅线方向严格垂直于平面 efO。

当相机及投影仪器与参考平面间的距离很大 (即 $l > 10h_{\max}$) 时，图 11.2 中投影在参考平面上的栅影条纹可认为是等间隔的，即条纹具有固定的空间周期。由此，可将参考平面上的条纹强度分布写成

$$I_{\mathrm{r}}(x,y) = a_{\mathrm{r}}(x,y) + b_{\mathrm{r}}(x,y)\cos 2\pi f_0[x + r(x,y)] \tag{11.1a}$$

或写成

$$I_{\mathrm{r}}(x,y) = a_{\mathrm{r}}(x,y) + b_{\mathrm{r}}(x,y)\cos\left[2\pi f_0 x + \phi_{\mathrm{r}}(x,y)\right] \tag{11.1b}$$

图 11.1 平行护栏杆投影在台阶上

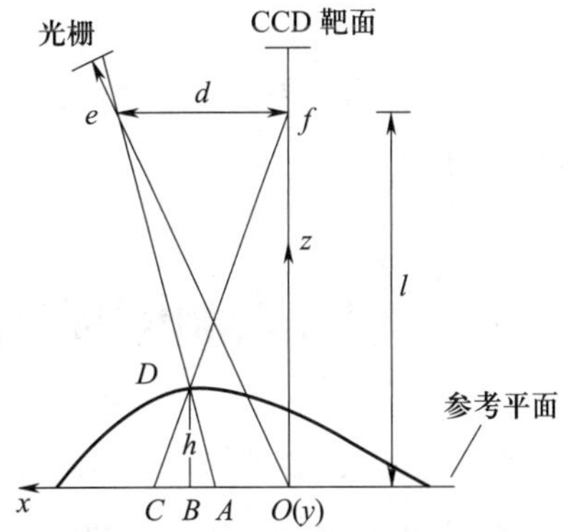

图 11.2 栅线投影测量示意图

式中：$I_{\rm r}(x,y)$ 为参考面上的条纹强度分布；$a_{\rm r}(x,y)$、$b_{\rm r}(x,y)$ 分别与背景光强及参考面的反射率有关；f_0 为参考面上条纹的空间频率；$r(x,y)$ 与参考面上条纹分布的初始相位有关。

对于平面而言，$r(x,y)$ 是常数，可设为 0。如果将正弦光栅投影到任意物体表面上，物面上的栅影条纹强度可表示为

$$I_{\rm o}(x,y)=a_{\rm o}(x,y)+b_{\rm o}(x,y)\cos 2\pi f_0[x+r(x,y)+s(x,y)] \tag{11.2a}$$

或写成

$$I_{\rm o}(x,y)=a_{\rm o}(x,y)+b_{\rm o}(x,y)\cos[2\pi f_0 x+\phi_{\rm o}(x,y)+\phi_{\rm r}(x,y)] \tag{11.2b}$$

式中：$a_{\rm o}(x,y)$、$b_{\rm o}(x,y)$ 分别与背景光强及物体表面反射率有关；$s(x,y)$ 是与物体表面高度有关的条纹位移；$\phi_{\rm o}(x,y)$ 则是与条纹位移对应的调制相位值。

由图 11.2 知，从 CCD 相机点 f 观察物面上点 D，它与参考面上点 C 对应于 CCD 成像靶面上的同一点。另一方面，如果没有物体存在，从投影仪射到点 D 的光线则照在参考面上的点 A。因此可以这样认为：参考面上点 C 的条纹位移 $s(x,y)$ 后移到参考面上的点 A，就变成与点 A 的条纹一样。假设 AC 处的条纹相位差为 $\Delta\phi(x,y)$，显然有

$$s(x,y)=\frac{\Delta\phi(x,y)}{2\pi f_0} \tag{11.3}$$

图 11.2 中的 $\triangle efD$ 和 $\triangle ACD$ 存在相似关系，即有

$$\frac{d}{AC}=\frac{l-h(x,y)}{h(x,y)} \tag{11.4}$$

式中：$h(x,y)$ 为 D 到参考面的距离。

对式 (11.4) 进行简单运算后可得

$$h(x,y)=\frac{l\cdot\dfrac{AC}{d}}{\dfrac{d+AC}{d}} \tag{11.5}$$

将式 (11.3) 中的 $s(x,y)$ 的表达式代入式 (11.5)，且令 $p=1/f_0$，则有

$$h(x,y)=\frac{lp\Delta\phi(x,y)}{2\pi d+p\Delta\phi(x,y)}\quad (l\gg h) \tag{11.6}$$

式中 $\Delta\phi(x,y)$ 为物体表面上栅影条纹和参考面上栅影条纹的相位差，p 为参考平面上的栅影条纹的周期。

11.2　正弦条纹相位的解调

光弹性、云纹、全息和电子散斑干涉或正弦条纹投影测量等技术中，数字相机线性采集的条纹强度 $g(x,y)$ 一般可表示成

$$g(x,y)=a(x,y)+b(x,y)\cos\phi(x,y) \tag{11.7a}$$

$$g(x,y)=a(x,y)+b(x,y)\cos[2\pi f_0x+\phi(x,y)] \tag{11.7b}$$

式 (11.7a) 一般为干涉技术得到的非载波条纹强度，而式 (11.7b) 则为载波条纹强度。其中 $a(x,y)$ 主要与背景光强有关，是一个低频量；$b(x,y)$ 则与条纹的对比度有关，也是一个低频量。$\phi(x,y)$ 与待测力学量直接相关，式 (11.7b) 中的 f_0 是空间载波频率。由于式 (11.7) 中任意点条纹强度 $g(x,y)$ 都由 $a(x,y)$、$b(x,y)$ 及 $\phi(x,y)$ 三个未知量组成，显然仅由一幅条纹图无法解调出相位项 $\phi(x,y)$，欲解出 $\phi(x,y)$ 至少应有三个方程构成的方程组才能实现。

光测实验力学中条纹相位的解调常用的方法有相移法和傅里叶变换法。

11.2.1　相移法

相移法又称多幅条纹图法，该方法既可用于非载波条纹也可用于载波条纹的相位解调。其基本思想为：保持系统设置和被测物体不变的情况下，通过多次改变参考光的光程（干涉测量时）或使投影条纹的相位多次整体改变（栅线投影时）而得到 3 或 4 幅条纹强度空间分布不同的图像，使得每一个测量点对应的灰度都有 3 或 4 个方程构成的方程组来表示，这样就很容易计算出各点的相位。对于常用的相移步长为 90° 的 4 等步相移法，4 幅条纹图的灰度表达式为

$$g_0(x,y)=a(x,y)+b(x,y)\cos\phi(x,y) \tag{11.8a}$$

$$g_1(x,y)=a(x,y)+b(x,y)\cos\left[\phi(x,y)+\frac{\pi}{2}\right] \tag{11.8b}$$

$$g_2(x,y)=a(x,y)+b(x,y)\cos[\phi(x,y)+\pi] \tag{11.8c}$$

$$g_3(x,y)=a(x,y)+b(x,y)\cos\left[\phi(x,y)+3\frac{\pi}{2}\right] \tag{11.8d}$$

这时的相位 $\phi(x,y)$ 计算式为

$$[\phi(x,y)]_{2\pi} = \arctan\frac{g_3(x,y)-g_1(x,y)}{g_0(x,y)-g_2(x,y)} \tag{11.9}$$

式中：$[\ ]_{2\pi}$ 表示对 2π 取模，这是因为计算机软件程序计算出的相位值在 $[-\pi,\pi)$ 范围内；要获得连续的相位值需要进行相位解“包裹”运算，具体可查阅相关文献介绍。

由相移技术求解相位的原理可以看出，该方法能求出条纹图上各点的相位，相位测量的精度值高。另外，由于计算机程序使用函数 $\mathrm{atan2}(y,x)$ 代替 $\mathrm{atan}(x)$ 计算条纹相位，使计算出的相位主值由 $(-\pi/2,\pi/2)$ 拓展至 $(-\pi,\pi)$，但 $\mathrm{atan2}(y,x)$ 函数 [注意：此处出现的符号 (x,y) 表示的是图像某一点的灰度（差）值，并不表示点的坐标] 使用双参数，使得计算出的 $\phi(x,y)$ 值正负号是明确的。如果使用单幅灰度归一化条纹图求解相位，则必然用 arccos 函数进行相位计算，因 $\cos(\theta)=\cos(-\theta)$，所以 arccos 函数返回相位值的正负号不明确，实际使用时要结合其他物理量来确定相位值的正负号。

11.2.2 傅里叶法

式 (11.7b) 可改写为如下复数形式：

$$g(x,y) = a(x,y) + c(x,y)\exp(2\pi \mathrm{i} f_0 x) + c^*(x,y)\exp(-2\pi \mathrm{i} f_0 x) \tag{11.10}$$

式中，i 为单位虚数；* 为共轭复数。

这里的 $c(x,y) = \{b(x,y)\exp[\mathrm{i}(x,y)]\}/2$。对式 (11.10) 进行二维 x、y 方向的傅里叶变换，得

$$\tilde{g}_0(x,y) = \tilde{a}_0(f_x,f_y) + \tilde{c}_0(f_x+f_0,f_y) + \tilde{c}_0^*(-f_x-f_0,-f_y) \tag{11.11}$$

式中：变量上方符号“~”为与其对应的傅里叶变换。

在频率域中，式 (11.11) 的右端第一项为零级谱，它以 $f_x=0$，$f_y=0$ 为中心，携有低频 (准直流) 背景信息；右端第二项及第三项分别为正负一级频率谱，它们分别以 $f_x=f_0$，$f_y=0$ 和 $f_x=-f_0$，$f_y=0$ 为中心，如图 11.3 所示的二维频谱示意图。

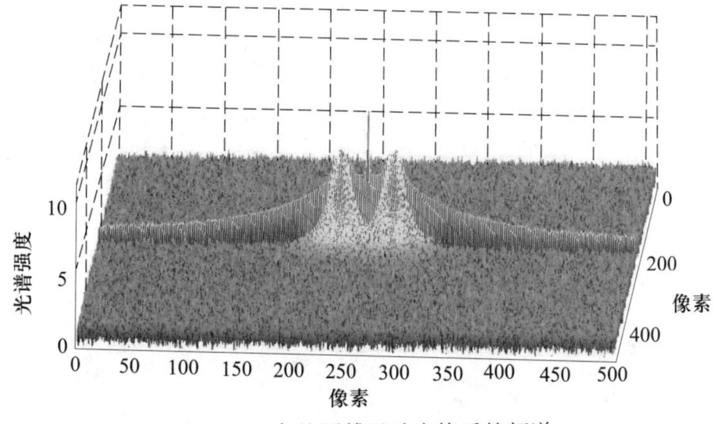

图 11.3 条纹图傅里叶变换后的频谱

在频域通过带通滤波滤除零级和负一级保留正一级频谱，并将其移到原零级谱的位置，消除载波基频后，得到 $\tilde{c}(f_x, f_y)$。再进行傅里叶逆变换得到 $c(x,y)$，由 $c(x,y)$ 的实部和虚部，利用式 (11.12) 求出相位。

$$[\phi(x,y)]_{2\pi} = \arctan\frac{\mathrm{Im}[c(x,y)]}{\mathrm{Re}[c(x,y)]} \tag{11.12}$$

式中：$\mathrm{Re}[c(x,y)]$ 和 $\mathrm{Im}[c(x,y)]$ 分别为 $c(x,y)$ 的实部和虚部。

另外，也可以用对数算法解出 $c(x,y)$，即

$$\ln|c(x,y)| = \ln\left[\frac{b(x,y)}{2}\right] + \mathrm{i}\phi(x,y) \tag{11.13}$$

采用傅里叶变换方法进行条纹图的条纹相位解调，仅需一幅条纹图即可提取条纹相位，常用于动态测量；不足在于提取的相位值精度不如相移法的高。由于载波条纹图的灰度空间沿单一方向周期性变化，即类似于正弦型光栅，那么被调制的力学量在与条纹垂直方向引起的变化频率不能高于载波条纹频率的二分之一，否则通过傅里叶变换提取相位时无法获得正确的解调信号，这是使用傅里叶法的另一个弱点。

利用上述方法分别得到被测物面上栅影条纹和参考平面上栅影条纹的相位，并进行相位解“包裹”后，将两者的差值代入式 (11.6) 即可得到被测物面的三维表面形貌信息。

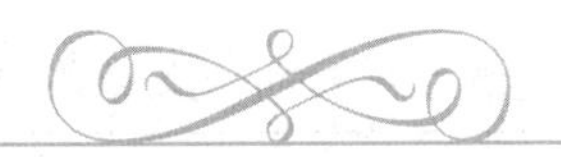

第 12 章 光谱检测技术

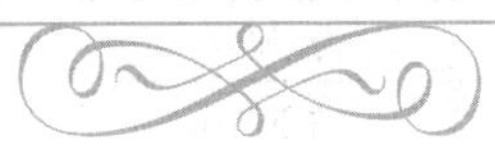

光谱（spectrum），全称为光学频谱。光谱中最常见的一部分是可见光谱，这是电磁波谱中人眼可见的一部分，在这个波长范围内的电磁辐射称为可见光。主要以光的波长及相应的频率作为分析依据。受变形等因素影响引起的光谱信号的变化可以用作对力学信息的检测。

12.1 光谱力学

光谱力学方法是一类以光谱探测与分析为表征手段的实验力学技术，通常以光波作为探测媒介、以光散射能量谱作为探测手段，通过测量材料光谱信息中的特征参量（特征峰位、展宽、强度等）因应力/应变改变而发生的变化来表征力学参量、分析力学行为。与大多数光测力学手段类似的是，光谱力学方法属于无损检测技术。但不同之处在于，大多数光测力学技术是测量材料的位移与变形，并基于斯托尼（Stoney）公式实现对应力/应变的间接测量。而光谱力学方法则是通过定量表征材料内部结构发生变化引起光谱谱线形状和位移的变化来实现应变/应力的相对直接的测量。通过与光学显微镜联用并使用高量子效率的光电探测器，光谱力学测量兼具了较高的时空分辨率与应力灵敏度。同时，利用不同波长的光波穿透能力和特征峰位的差异性，光谱测量能够实现材料的表面、浅层与内部的“指纹识别”探测。配合材料的各向异性特征与偏振探测，可以开展材料参量与应力状态的协同表征与解耦分析。

光谱力学测量具有无损非接触、应力/应变的直接测量、较高的时空分辨率与应力灵敏度以及协同表征与解耦分析等技术特征，对于整体变形细微、内部应力状态与分布复杂且动态演化的研究对象具有独特的适用性。如表 12.1 所示，以显微拉曼光谱、显微荧光光谱和太赫兹波时域光谱为代表的各种光谱力学手段以及有诸多共性特征的 X 射线衍射技术

（XRD）等，在表征原理、适用材料、分辨率等方面各具特色，在应力测量方面能够发挥不同的作用。

表 12.1 光谱力学方法的适用对象与关键指标

方法	拉曼光谱	荧光光谱	太赫兹波时域光谱	X 射线衍射
适用材料体系	碳、硅、锗晶体，III–V 族、II–VI 族晶体及超晶格，碳纤维、芳纶纤维等	III-V 族、II-VI 族晶体、部分金属氧化物陶瓷	非金属材料	金属与非金属的单晶与粉晶
测量对象	应力/应变	应力/缺陷	应力/缺陷/厚度	应力/应变/织构
空间分辨率	1 μm	2 ~ 100 μm	5 mm	0.1 ~ 0.4 μm
应力灵敏度	10 MPa[a]	100 MPa[b]	10 MPa[c]	10 MPa[d]
探测深度	10 μm	300 μm	10 mm	5 ~ 30 μm

注：a. 以单晶硅为例；b. 以 $\alpha-Al_2O_3$ 为例；c. 以单晶硅为例；d. 以铁粉为例。

12.2 显微拉曼光谱

显微拉曼光谱是入射的光子与材料晶格振动的量子形式（声子）发生非弹性碰撞而能量交换后的能量谱线。材料宏观的应变是其微观尺度上晶格形变的统计平均，而晶格振动的能量因晶格形变而发生改变，晶格振动能量的变化能够通过其所对应的拉曼特征峰频移的细微变化得以体现。因此通过量化拉曼特征峰的频移变化可以实现应变（或应力）的定量表征。由于拉曼光谱对材料的本征与非本征应力都敏感，拉曼力学测量在微器件研制与微纳米材料应用中受到广泛关注，已成为重要的微尺度实验力学手段。

拉曼光谱用于力学测量一般采用色散型共聚焦显微拉曼光谱仪，该类仪器将光谱仪、激光器和光学显微镜固联成一个整体，利用显微镜的共聚焦或伪共聚焦性能并采用精密机电模块控制光栅以及光路、玻片等内部器件的切换。因此通常具备 μm 级的高空间分辨率、亚波数级的光谱分辨率（相当于 pm 级的波长变化，对应于 10 MPa 水平的应力灵敏度）和一定的浅表层透射能力（通过切换不同波长的激光，可以实现 10 μm 量级的透射深度和亚微米量级的深度分辨率）。而且，显微拉曼光谱测量往往对环境要求也较高，通常需安置于洁净光学实验室的隔振光学平台上，以确保其高分辨率、高灵敏度和高稳定性。因而，显微拉曼光谱技术通常适用于针对科研与工程中小型样品局部应力/应变的精细定量测量。

近年来，国内外学者采用显微拉曼光谱仪器在应力的微尺度精细测量方面取得了诸多有影响力的研究成果。例如，在微电子与微器件方面，显微拉曼光谱被用于测量微电子结构制造工艺中膜沉积、氧化、切割、沟槽，以及芯片封装等过程引入的残余应力，证明了残余应力对微电子结构与器件的功能与稳定性有重要影响（图 12.1）。将显微拉曼光谱用于多孔硅的研究，测量了电化学腐蚀和化学腐蚀多孔硅层中的工艺应力分布，定量分析了多孔硅在动态毛细过程中的应力演化（图 12.1）。在低维纳米复合结构方面，显微拉曼光谱技术也发挥了关键作用，被用于测量机械剥离石墨烯/柔性基底的应变分布与界面切应力、单层与双层单晶或多晶石墨烯与柔性基底界面性能及其尺寸效应与率相关性，以及锂电结构中充放电过程中的应力演化等。

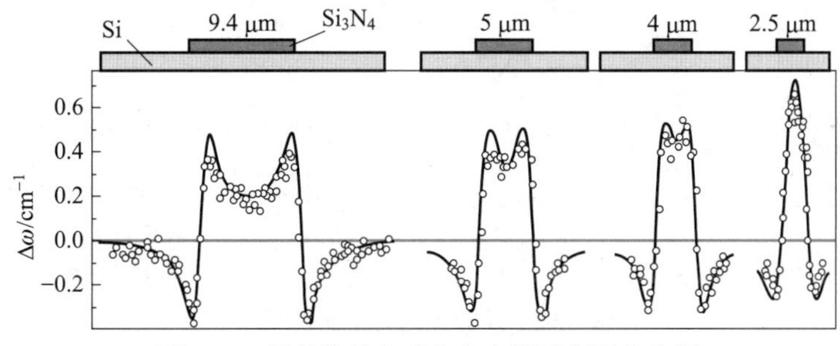

图 12.1　显微拉曼在残余应力测量方面的应用

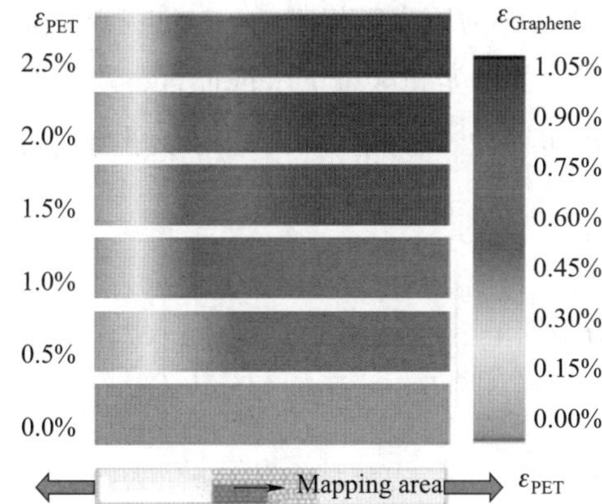

图 12.2　显微拉曼在界面力学测量方面的应用：不同基底应变水平下石墨烯中的应变分布

12.3　显微荧光光谱

荧光（FL）是指物质吸收电磁辐射后进入激发态，受激发物质在退激发过程中再发射的、能够因激发源停止辐照而停止的辐射。荧光中包含与激发源波长相同或不同的辐射，其能量谱线称为荧光光谱。根据激发源可将荧光光谱分为光致荧光（PL）、电致荧光（EL）、X 射线荧光（XRF）等。

根据晶体场理论（图 12.3），应力会引起材料内部原子间距发生变化，导致材料中荧光活性离子（如 Cr^{3+}）的电子跃迁能级随之发生变化，在光或电的激发下发生再发射所发出的荧光波长也相应变化，最终荧光光谱中相应特征峰随应力而改变并产生峰位的移动。荧光光谱力学测量就是通过量化荧光光谱特征峰的峰位变化实现材料内部应力表征。由于光致荧光光谱与显微拉曼光谱的实验光路与计量方式基本一致，因此大多数荧光光谱力学测量是在显微拉曼光谱仪下开展的。

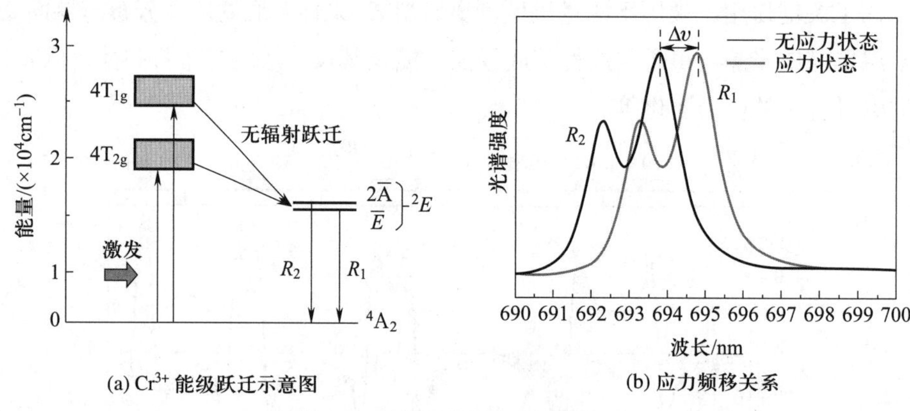

(a) Cr^{3+} 能级跃迁示意图　　(b) 应力频移关系

图 12.3　荧光光谱力学测量原理

荧光活性离子的发射荧光光谱特征峰频移量与基质材料所受应力存在线性相关（也称为压谱效应），其线性系数通常称为应力频移因子，也称为压谱系数。利用该线性关系能够实现对材料内部所激发位置应力的定量表征。一般而言，晶体所受应力与掺杂离子荧光光谱频移量之间的关系具有各向异性。单晶材料的应力张量与发射荧光光谱特征峰的波数增量之间的关系如下：

$$\Delta v=\Pi_{ij}\sigma_{ij}^{*}=\begin{bmatrix}\Pi_{11} & \Pi_{12} & \Pi_{13}\\ \Pi_{21} & \Pi_{22} & \Pi_{23}\\ \Pi_{31} & \Pi_{32} & \Pi_{33}\end{bmatrix}\begin{bmatrix}\sigma_{11}^{*} & \sigma_{12}^{*} & \sigma_{13}^{*}\\ \sigma_{21}^{*} & \sigma_{22}^{*} & \sigma_{21}^{*}\\ \sigma_{31}^{*} & \sigma_{32}^{*} & \sigma_{33}^{*}\end{bmatrix} \tag{12.1}$$

式中：Δv 为光谱峰位频移；Π_{ij} 为应力频移系数；σ_{ij}^{*} 为应力张量。

通过考虑荧光离子的对称性来简化 Π_{ij} 矩阵，而薄膜结构一般服从等双轴应力假设，即 $\sigma_{11}=\sigma_{22}\neq 0$，且 $\sigma_{33}=0$，故式 (12.1) 可简化为

$$\Delta v=\frac{1}{3}\left(\Pi_{11}+\Pi_{22}+\Pi_{33}\right)\left(\sigma_{11}+\sigma_{22}+\sigma_{33}\right)=\Pi_{\mathrm{e}}\sigma_{11} \tag{12.2}$$

式中：Π_{e} 为面内等双轴应力状态下的应力频移系数。

如果假设基质材料处于单轴应力状态，即 $\sigma_{11}\neq 0$，而 $\sigma_{22}=\sigma_{33}=0$，则式 (12.2) 可进一步简化为

$$\Delta v=\frac{1}{3}\left(\Pi_{11}+\Pi_{22}+\Pi_{33}\right)\sigma_{11}=\frac{\Pi_{\mathrm{e}}}{2}\sigma_{11}=\Pi_{\mathrm{U}}\sigma_{11} \tag{12.3}$$

式中：Π_{U} 为单轴应力状态下的应力频移系数。通过预实验标定该系数，即可在应用实验中通过测量基质材料内部的荧光光谱并计量频移相对变化量来对应应力，实现应力的定量表征。

荧光光谱对于多种金属氧化物陶瓷材料具有较高的活性和应力敏感性。近年来，随着

热障涂层等功能涂层材料的研究与应用需求急剧增长，基于荧光光谱的应力分析方法发展迅速。目前常用的方法主要包括红宝石荧光法和稀土离子荧光法，如图 12.4a、b 所示。红宝石荧光法主要用于含微量 Cr^{3+} 的氧化铝陶瓷的应力分析。比如，测量给出了叶片热障涂层结构内部热生长氧化层的残余应力，表征高温热循环服役过程中不同热氧化阶段热生长氧化层的应力演化，研究了陶瓷层厚度对热氧化层内应力的影响等。稀土荧光法则是在被测材料需要测量应力的位置上掺入微量的荧光活性稀土元素离子（如 Eu^{3+}）后，通过测量稀土元素所发射的荧光光谱来表征被测位置的应力状况。比如，在陶瓷制备过程中加入 Eu^{3+} 形成荧光亚层能够检测陶瓷层内部不同深度的应力情况，给出内部特定位置的二维应力场信息。

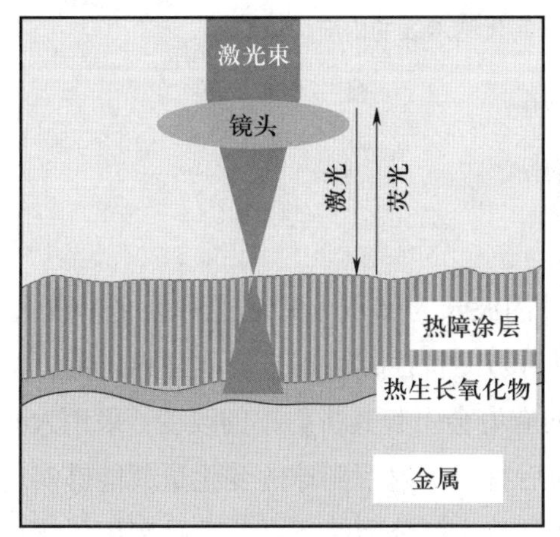

(a) 红宝石荧光法

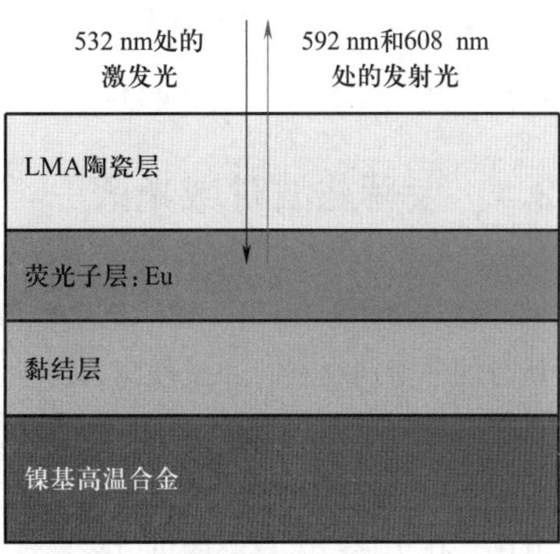

(b) 稀土离子荧光法

图 12.4　荧光光谱方法及其应用

荧光光谱也可用于单层或少层二硫化钼（MoS_2）等二维材料的力学性能表征。相较于块体或者厚层 MoS_2 材料，单层或少层 MoS_2 具有很强的光致发光效应。并且，根据荧光峰位的变化，能够测量 MoS_2 的应变或带隙变化，进而可用于分析基底与二维材料的界面变形传递行为。

除了上述基于光致荧光效应的应力测量方法，近年来还发展了一种特殊的荧光光谱应力方法，称为阴极荧光光谱法。阴极荧光（也称冷光，CL）是指利用电子束激发半导体样品，将价带电子激发到导带，而后被激发电子重新跳回价带时所释放能量的特征荧光谱。由于半导体的带隙因其应力状态改变而变化，因此其阴极光谱特征峰也因半导体材料的应力状态变化而发生频移，故而可用于测量一些半导体材料的应力。比如 Si、SiC、ZnO 等（图 12.5）纳米线力学性能及其尺寸效应，GaAs、GaN 薄膜的残余应力等。与光致荧光不同的是，阴极荧光需要采用电子束激发，所以通常是与扫描电子显微镜联用，通过在样品仓中介入一个 CL 探头，实现电镜测试样品表面形貌的同时开展 CL 测试。

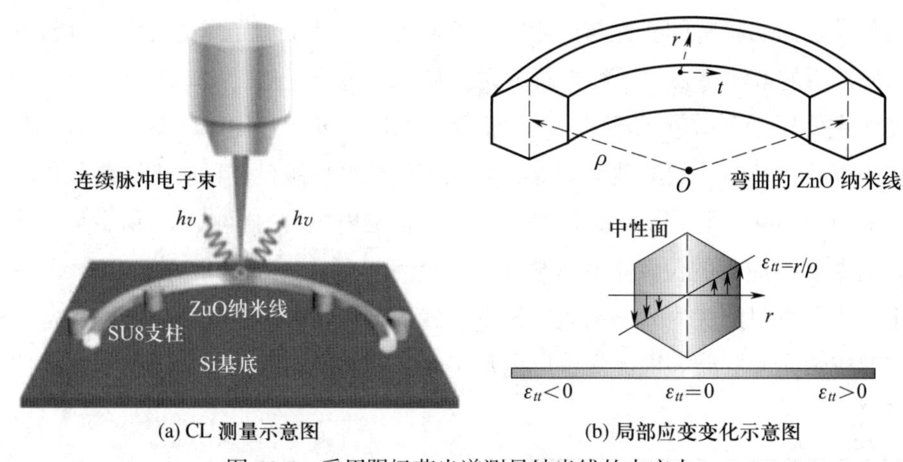

(a) CL 测量示意图　　(b) 局部应变变化示意图

图 12.5　采用阴极荧光谱测量纳米线的内应力

12.4　太赫兹波时域光谱

太赫兹波是指频率在 THz 量级的电磁波（因波长为 mm 量级，也称为毫米波），能穿透几乎所有的非金属材料，并呈现应力诱导双折射的特性，可用来获取材料内部力学信息（图 12.6a）。根据应力光学定律，材料所承受的应力会引起其折射率的改变。采用太赫兹波时域光谱技术（THz–TDS），通过计量受载前后材料折射率椭球的变化量就能够实现应力测量。其中，作为该技术核心的折射率椭球计量方式可分为两类：一类是利用线栅偏振器调控太赫兹波的偏振态，通过多次测量来确定折射率椭球；另一类是利用偏振敏感的太赫兹波天线同时测量两个偏振分量，从而确定折射率椭球。

根据光弹理论，具有太赫兹波双折射效应的材料在受到外部载荷作用时，会使折射率发生变化，导致经过材料的太赫兹波时域特征随之改变，对于线弹性材料而言，不同主应力方向上折射率的变化同应力变化线性相关，称为应力光性效应，其线性关系的表达式为

$$\begin{cases} n_1 - n_0 = c_1\sigma_1 + c_2(\sigma_2 + \sigma_3) \\ n_2 - n_0 = c_1\sigma_2 + c_2(\sigma_1 + \sigma_3) \\ n_3 - n_0 = c_1\sigma_3 + c_2(\sigma_1 + \sigma_2) \end{cases} \tag{12.4}$$

式中：n_0 为无应力状态下材料内部的折射率；n_1、n_2 和 n_3 分别为沿主应力 σ_1、σ_2 和 σ_3 方向的折射率；c_1 和 c_2 皆为与材料相关的常数，称为应力光性系数。

若假设薄膜结构内部始终处于面内等双轴应力状态，即 $\sigma_1 = \sigma_2$，$\sigma_3 = 0$。进而利用式 (12.4)，可计算得到折射率变化量 Δn_1 同面内主应力变化量 $\Delta\sigma_1$ 之间的关系

$$\Delta n_1 = c_1\Delta\sigma_1 + c_2\Delta\sigma_2 = (c_1 + c_2)\Delta\sigma_1 \tag{12.5}$$

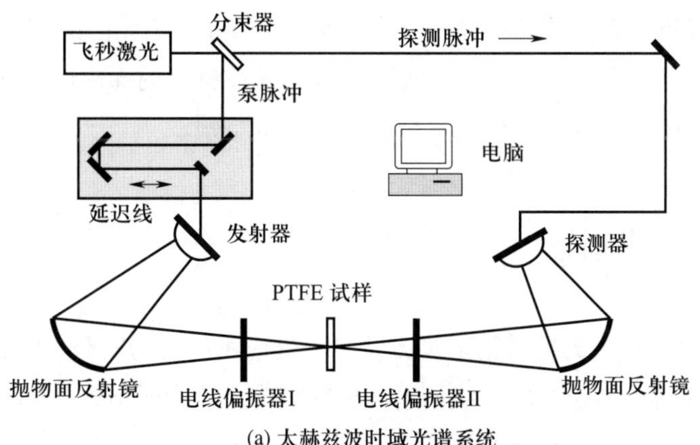

(a) 太赫兹波时域光谱系统

(b) 偏振控制相位精细识别技术

图 12.6 太赫兹波时域光谱系统及其应用

如果假设材料内部仅受单轴压缩，即 $\sigma_1 \neq 0$，$\sigma_2 = \sigma_3 = 0$，利用式 (12.4)，即可进一步计算得到折射率 n_1 的变化量 Δn_1 与单轴应力变化量 $\Delta\sigma_1$ 的线性关系

$$\begin{cases} \Delta n_1 = c_1 \Delta\sigma_1 \\ \Delta n_2 = c_2 \Delta\sigma_1 \end{cases} \tag{12.6}$$

通过计算材料在不同载荷下折射率的变化，可以得到材料的应力光性系数 c_1、c_2，即可在应用实验中通过测量材料内部的太赫兹波光谱并计量折射率相对变化量来对应应力，实现应力的定量表征。

太赫兹波时域光谱是目前唯一的可实现高深度内部应力测量的光谱力学手段。现有较为成熟且在其他领域取得成功应用的商用化 THz－TDS 仪器，按激发源可分为固体激光器和光纤激光器两类。前者通过自由空间激光激发太赫兹波，能量大、信噪比高（>70 db），但系统复杂、难以集成。后者则复杂度低、易于小型化和集成，但能量低、信噪比相对较差。商用化 THz－TDS 仪器普遍具有 mm 级的透射测量能力，但若直接用于力学测量灵敏度尚有不足。其原因在于现有仪器能够直接给出的最小双折射分辨率为 0.01，而应力测量则需达到 10^{-5} 水平。近期本领域研究者发展了偏振控制相位精细识别技术（图 12.6b），通过在仪器中增加偏振态连续调控模块并在数据处理中着重于相位的曲线拟合，从而获得了 MPa 量级的应力灵敏度，并进一步实现了各向异性材料的面内应力解耦测量，为该方法推广应用于深度应力定量测量突破了最主要的技术瓶颈。

12.5　X 射线衍射

以 X 射线衍射为代表的射线衍射类方法是一类应用广泛的实验力学技术，主要包括 X 射线衍射（XRD）、同步辐射 X 射线衍射（SR–XRD）、中子衍射（ND）、电子背散射衍射（EBSD）和低能电子衍射（LEED）等。

X 射线衍射法的测量原理基于布拉格定律 $\lambda = 2d\sin\theta$。如图 12.7 所示，波长 λ 的准直射线照射在有序晶格的样品表面（晶格间距为 d）将会在 2θ 角方向上发生衍射。材料晶格间距的变化（即应变）对应于射线衍射角 θ 的变化，通过衍射角的变化量就实现了应变/应力的测量。目前应用最广的应力测量算法是 $\sin^2\psi$ 法，基于该原理发展出了诸如 ω 法、同倾固定 ψ 法、侧倾法（χ 法）、修正 χ 法等多种实测方法。基于此类技术的力学测量均需要分析衍射角度–强度谱。无论是 X 射线，还是中子、电子射线，均具有波粒二象性而被认为是“光”，因此，射线衍射类方法也属于广义上的光谱力学技术。

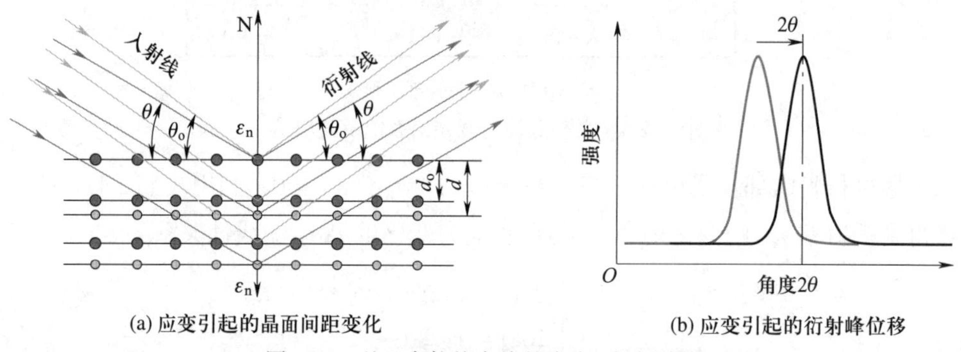

图 12.7　基于布拉格定律的应变/应力测量

由于 X 射线的穿透深度只有几微米至几十微米，可以假设材料处于平面应力状态。在图 12.8a 所示的坐标系下，根据弹性力学理论，在宏观各向同性材料的 O 点，由 ϕ 和 ψ 确定的 OP 方向的应变可由式 (12.7) 表述。通过对 $\sin^2\psi$ 求偏导数，可得式 (12.8)。然后利用布拉格定律测量多个 ψ 角的应变，最后通过最小二乘法实现应力表征，如图 12.8b 所示。

$$\varepsilon_{\phi\psi} = S_1^{\{\text{hkl}\}}(\sigma_{11} + \sigma_{22}) + \frac{1}{2}S_2^{\{\text{hkl}\}}\sigma_\Phi \sin^2\psi \tag{12.7}$$

$$\sigma_\phi = \frac{1}{1/2S_2^{\{\text{hkl}\}}} \cdot \frac{\partial\varepsilon_{\phi\psi}}{\partial\sin^2\psi} \tag{12.8}$$

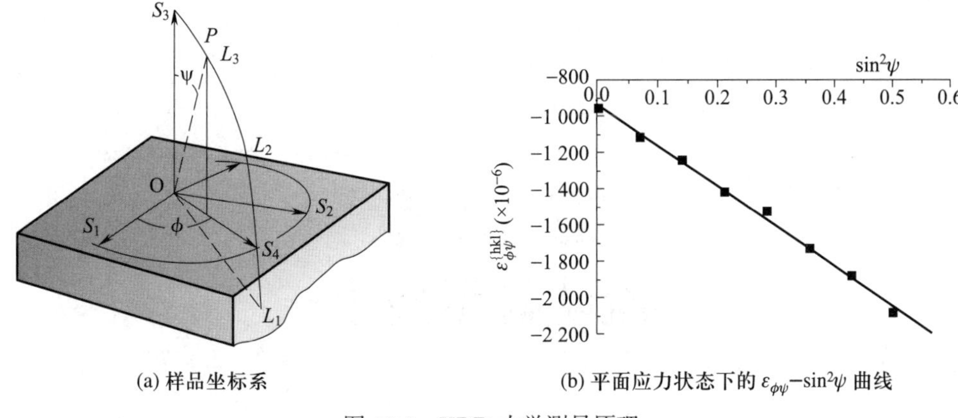

(a) 样品坐标系

(b) 平面应力状态下的 $\varepsilon_{\phi\psi}$–$\sin^2\psi$ 曲线

图 12.8　XRD 力学测量原理

射线衍射类方法作为一类无损非接触的实验应力分析手段，具有相对广泛的材料适用性和宏 – 微观应力的协同表征能力。此外，该类方法在材料物化属性定量表征方面的应用也取得了长足进步，例如掠入射 XRD 能够实现薄膜材料晶向、固熔配比、织构等属性的定量表征；LEED 是低维纳米材料表面结构与晶向角识别的重要手段；EBSD 与 SEM 相配合能够协同分析材料的微区织构和应变场等。XRD 应力表征的实验理论与测量技术发展相对成熟，面向典型工程材料（如钢材、铝合金等）的残余应力分析已具有技术标准和行业规范，在热障涂层、电极结构等领域也取得了一些成功应用。

各种射线衍射类的技术由于“光源”的不同，其特点和适用领域均存在相当大的差异。具体而言，同步辐射和中子具有较高的透射能力（中子衍射检测深度可达数个毫米）、优异的光源单色性与测量分辨率，但局限在于二者均需要大型科学仪器平台，可用的测试资源稀缺。LEED 和 EBSD 采用电子为“光源”，具有优于 μm 的空间分辨率，适用于材料最表层的应力与物性表征，但由于测试需要置于超高真空中（例如 SEM 的样品室），大大约束了二者的应用范围与领域。相比之下，普通 X 射线的激发与检测对环境的要求较低，无需高能光源也无需真空环境，并且近年来单色性较好的小型 X 射线管、各种高信噪比的 X 射线探测器不断涌现且成本不断下降，使得专用的 X 射线衍射仪得以推广。

当前，市场普及率较高的 X 射线衍射应力测量仪，尽管所使用的具体算法各不相同，但普遍达到了 MPa 量级（粉材标定）的高应力灵敏度。值得关注的是，目前国际领先水平的 XRD 面内分辨率处于 100 μm 量级，其透射深度为 μm 量级。这样的空间分辨率使得 XRD 应力测量无论是对于多晶还是单晶材料均符合现有测量理论的均匀化假设。同时，相比其他光谱力学方法，XRD 适用于较为广泛的材料体系，能够对金属、非金属的单晶和粉晶（小颗粒的多晶）开展应力测量与物化表征。然而，对于特征尺度更小更薄、应力梯度变化剧烈、材料分布/织构非均匀的研究对象，其空间分辨率的粗浅（即面内分辨率低且探测深度浅）始终是 XRD 应力表征的关键短板。

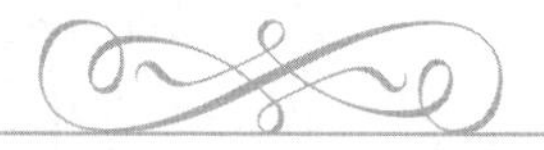

第 13 章 流动显示技术

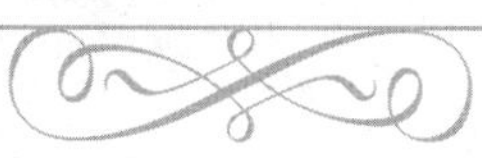

流动，即流体的运动，以流体形态与状态的改变为特征。对流体形态或状态分布及其变化所形成的图像进行分析，是认识流动现象的重要途径之一。自然界中的流体一般为液体或者气体，也包括等离子体和各种多相混合介质。一些流动现象由于自发光或多相介质的光学特性差异可以在自然环境下直接显现，例如火焰射流、烟雾等；而其他多数流动现象需要借助一定的技术手段才能加以呈现。这种借助一定的技术手段使流动显现为图像并加以记录的过程，称为流动显示（flow visualization，也称流动可视化），所使用的技术即为流动显示技术。

本章主要介绍一些常见的流动显示技术。本质上，一切能够使流动可见且不对流动产生重大干扰的技术方法皆可用于流动显示，其所涉及的学科面极其广泛，就技术本身并无统一的分类法。这里按外加示踪流动显示和经典光学流动显示两大类进行介绍。

13.1 流动显示的历史

流动显示技术是一门古老的技术。早在 15 世纪，欧洲文艺复兴的杰出代表——莱昂纳多·达·芬奇就已经利用悬浮草籽（如谷物）、染色剂（如彩色墨水）等作为示踪物用于观察水流，并据此绘制水流的图像。他也将示踪技术应用于空气中，制作简易的发烟管装置，以烟雾指示气流的运动。文森特·梵高的著名画作《星空》描绘了真实大气中隐藏的湍流等流动现象（图 13.1）。

将流动显示真正作为一种流体力学实验技术来应用是在 19 世纪。1883 年，英国物理学家奥斯鲍恩·雷诺利用染色液开展管流实验，展示了不同流速下管道中水流呈现的两种截然不同的流态，一种染色线稳定、平滑，表征层流流动，一种染色线抖动、紊乱，表征湍流流动，如图 13.2 所示。这一工作是将流动显示技术用于流体力学研究的早期代表。几

图 13.1 梵高画作《星空》中的流动现象

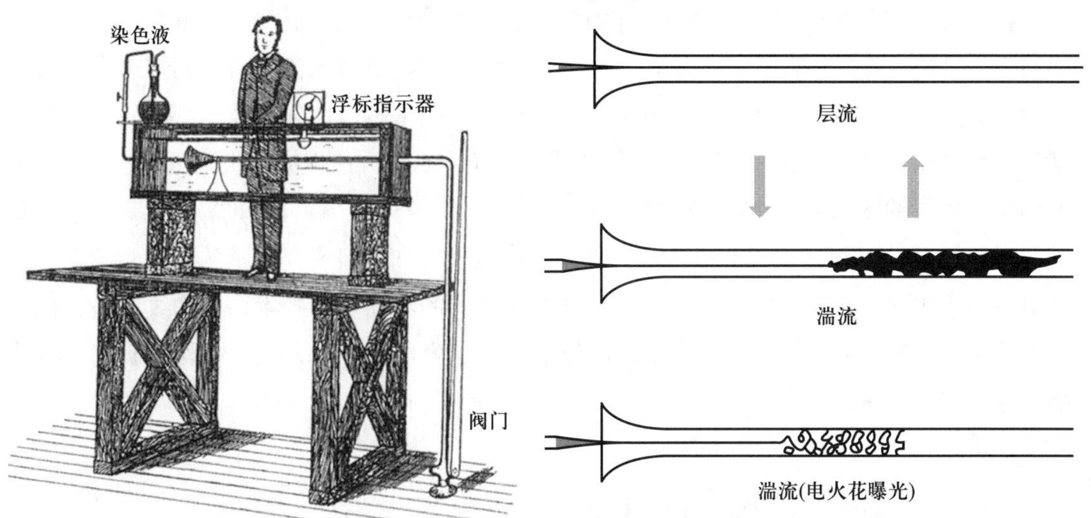

图 13.2 雷诺实验（染色线方法）揭示的管流中层流和湍流的图像

乎在同一时期，奥地利物理学家恩斯特 · 马赫以及他的合作者们采用阴影法和干涉法，记录了子弹超音速飞行所引起的激波等现象（图 13.3）。为了能够在有限观察范围内捕获到高速飞行的物体以及它所诱导的流动现象，他们利用电火花作为光源来弥补快门速度的不足，实现超短曝光，同时发展了精巧的同步触发装置，以保证子弹在通过观察窗口瞬间触发电火花曝光。恩斯特 · 马赫的合作者之一、他的儿子路德维希 · 马赫和路德维 · 曾德尔则是马赫–曾德尔干涉仪的发明者，马赫父子于 1876 年使用这一光学装置获得了世界上第一张高速可压缩流动的干涉图。除此之外，恩斯特 · 马赫还采用烟迹法记录了爆炸所产生的爆炸波在玻璃片上的相干轨迹，并通过烟迹图案上的 V 形区提出所谓“不规则反射”的概念，即今天我们所说的马赫反射。

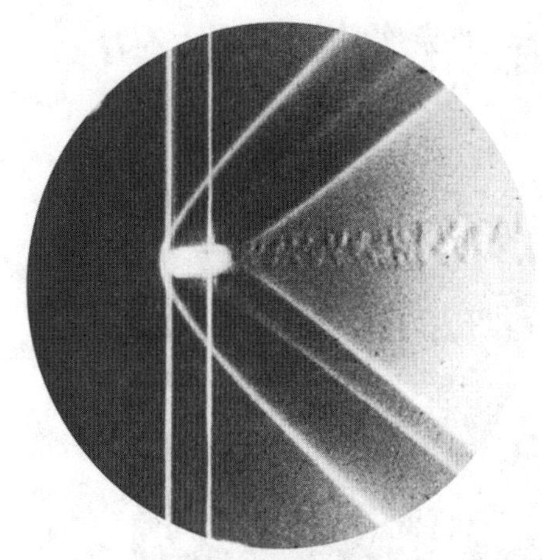

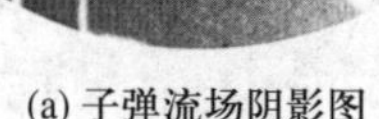
(a) 子弹流场阴影图

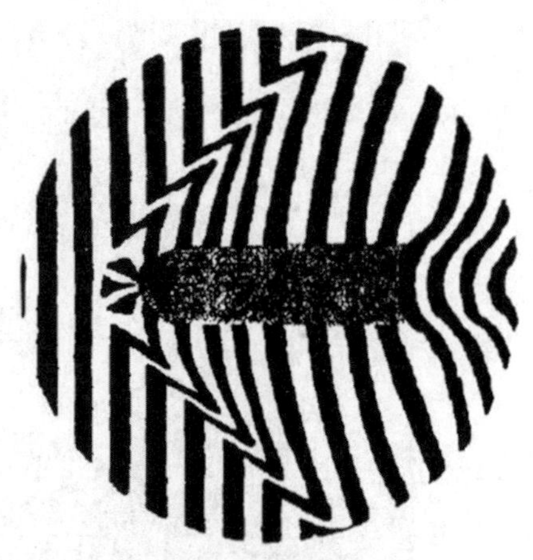
(b) 子弹流场干涉图

图 13.3 阴影法和干涉法获得超音速飞行子弹流场的激波结构

在此之后，流动显示作为一种流体力学实验方法受到研究者们的广泛重视，旧的方法不断发展完善，新的方法不断被提出。这些方法和技术为 20 世纪流体力学的快速发展以及世界航空航天时代的到来奠定了十分重要的基础。一些基本流动现象经由流动显示技术不断被研究者们发现，例如：路德维希·普朗特利用粒子示踪方法研究平板附近的流动，由此提出了边界层的概念，并发展了边界层理论；西奥多·冯·卡门同样借助粒子示踪方法，发现了卡门涡街 [5]。第二次世界大战后，在现代科技发展和现实研究需求的双重驱动下，流动显示技术更是获得快速发展。陆续发展起来一些新的流动显示技术，例如纹影法、粒子图像测速（PIV）法，以及各类基于光谱技术的流动测量与显示方法，在科学研究方面发挥了重要作用。

13.2 外加示踪物流动显示

外加示踪物是一类常见的流动显示方法，其做法是将具有显著辨识度和良好跟随性或指示性的示踪物置于流动中，并以示踪物跟随流体运动所产生的图案来反馈流场本身的信息。示踪物可以注入流体内部，反映流体内部流动；也可以布置在流动壁面，反映壁面边界附近的流动。前者以流体作为承载，称为注入法（injection method），后者以壁面为承载，称为壁面示踪法（surface tracing method）。

13.2.1 注入法

注入法，顾名思义是将示踪物注入流体中，使其跟随流体自由运动，从而使流动可见。它既可用于液体，也可用于气体。示踪物则既可以是固体（颗粒），也可是液体乃至气体（气泡）。注入法流动显示有时需要特定的照明方式辅助，例如，以片光获取流场某一截面的流动影像。

通过控制示踪物的注入方式，注入法可以呈现几种不同形式的流动影像：① 脉线（streak line），即某一时间间隔内相继经过空间一固定点的流体质点依次串连起来而成的曲线；② 迹线（path line），即流体质点在空间运动时所描绘出来的曲线；③ 流线（streamline），即在流场中每一点上都与速度矢量相切的曲线称为流线；流线是同一时刻不同流体质点所组成的曲线，它给出该时刻不同流体质点的速度方向；④ 时间线（time line），即某一时刻标注的一系列流体质点组成的线在流场中随时间显示的曲线。在定常流动中，脉线、迹线、流线重合；而非定常流动中，脉线、迹线、流线则互不相同。

理想的示踪物应当能够清晰且准确地呈现流动的形态或指示流场的参数，为此，它一般需要满足以下条件。

（1）良好的跟随性。示踪物的材料密度应尽可能与流动介质相近；离散性的示踪物（颗粒、微滴、烟雾等）粒径应尽量小。

（2）影像反差大。示踪物应能与环境流体区分开来，具有良好的辨识度，可表现为颜色或透光度的差异，也可表现为散射特性的差异。

（3）对流动的扰动小。示踪物的注入不应改变流动本身的特性，其对示踪物的具体要求与（1）趋同。

（4）低扩散度。局部注入的示踪物应能维持示踪物团的相对集中，避免由于扩散导致图/影像锐度和反差的快速削弱。

（5）性状稳定，低毒低害。

依据不同介质流体与不同介质示踪物的组合，注入法流动示踪大致可以分为六类，如表 13.1 所示。此外，从注入方式的角度，又可分为直接注入和间接注入两大类。其中，直接注入指所注入的示踪物直接用于流动的显示或指示，间接注入指所注入的示踪物原本不显现与环境流体的区别，不能被直接观测，而需要在流动中受到光、电等激励作用来产生显示流动所需的影像反差。以下主要按上述分类进行介绍。

表 13.1 注入法介质分类

流动介质	示踪介质	示踪物形态	实例
液体	固体	固体颗粒	铝粉、尼龙粒、玻璃球等
液体	液体	液相分散系	有色溶液、胶体悬液、乳浊液、悬浊液
液体	气体	气泡	氢气泡、空气泡
气体	固体	固体微粒	烟、纳米粒子（TiO_2）
气体	液体	微液滴	油雾、水汽凝结（蒸汽）
气体	气体	气体分子	具有辉光、荧光效应的气体分子

1. 固体微粒法

微粒法采用的示踪物为固态小颗粒，需要将微粒注入流体充分混合后进行实验。为了获得良好的跟随性，并且示踪颗粒不至于快速沉淀或漂浮，示踪颗粒一般要求直径小、密度尽可能与实验流体相近。早期实验中多采用铝粉作为示踪物（图 13.4），现代则有大量材料可用，例如尼龙微粒、有机玻璃微粒、玻璃球等。

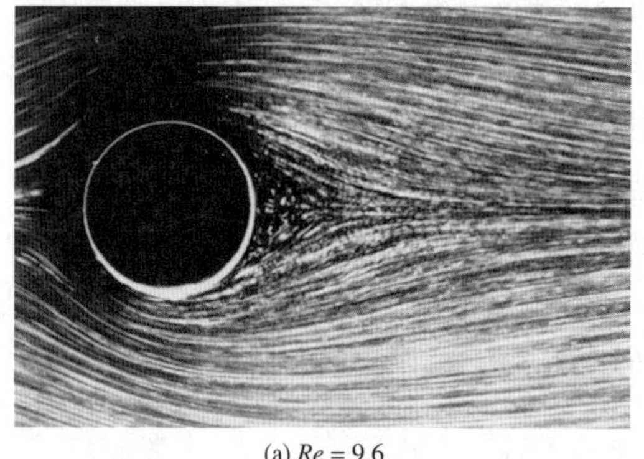
(a) $Re = 9.6$

(b) $Re = 26$

图 13.4 水流中铝粉示踪显示不同雷诺数下圆柱绕流

微粒法一般需要提前将示踪物与流体混合，因此一般在封闭及循环流动设备中使用。同时由于整个水体均含有示踪颗粒，一般需要与片光结合使用。在图像采集和处理上，可采用长时曝光获得具有密集纹理的流动图像，显示流动结构，也可以采用连续短曝光结合连帧图像的自相关计算处理进行粒子图像测速（PIV）测量，获得流动速度场。固态微颗粒容易玷污实验设备是限制微粒法使用的一个重要因素。

除以上直接注入微颗粒的方式外，微粒法还可以电解方式实现间接注入。例如：以水溶性碲盐溶于实验水流中，电解后在阴极析出固体碲微颗粒；或者以锡作为阳极直流水电解，电解过程中，阳极失电子产生锡离子与阴极氢氧基结合形成白色难溶于水的氢氧化锡微粒。以这种方式产生的示踪颗粒直径极小，在水流中呈悬浊状态，一般只在流场特定位置释放。其最终显示流场的形式与下述染色线法类似。

2. 染色线法

染色线法是将配置好的彩色液体（染色剂）从特定位置注入流场，通过检测染色线在流场中的分布（脉线）及其运动判别流场的结构和特征。图 13.5 是典型的染色线实验图案。染色线法一般采用直接注入方式，可用的染色剂类型多种多样，但需要满足类似的要

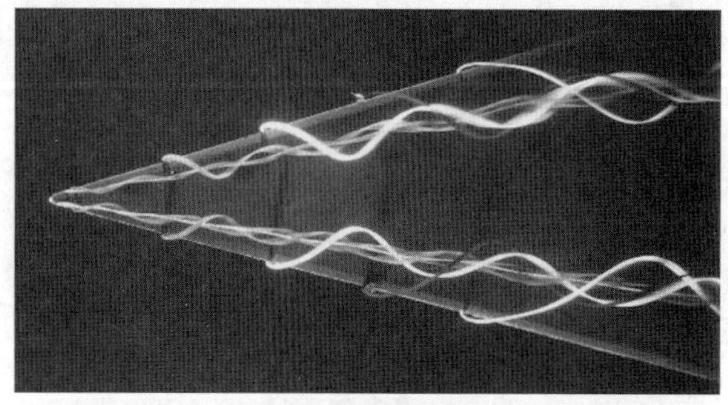
(a) 三角翼尖涡破碎

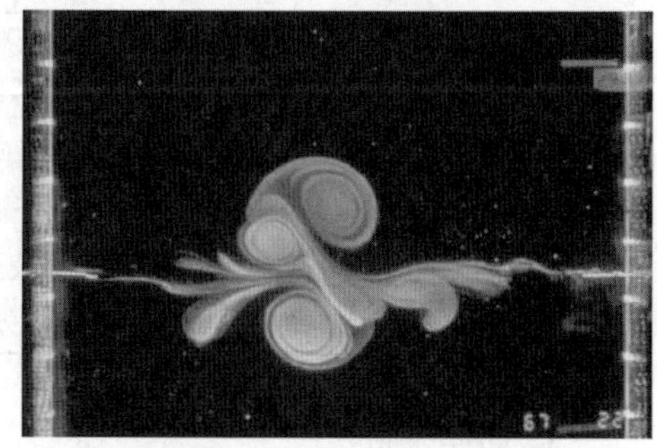
(b) 对撞射流在重力下向二维涡演变

图 13.5 染色线法

求：一是高辨识度，可以是明暗示踪，例如在透明液体中采用不透光的胶体悬液、乳浊液等，也可以是色彩示踪，例如与流动介质不同的各种颜料；二是不易耗散，为此一般倾向使用黏性较大的大分子染料、胶体等；三是其密度应与实验流体相近。直接注入式的染色线法需要不断地注入染色剂，因此在循环设备或固定水体中使用染色线法同样需要注意长时间实验造成的实验水流的污染问题，需及时更换水体和清洁设备。

流动中的染色线也可由间接方式产生。这种方式利用了一些液态物质在光、电等激励下发生变色的特性。一种典型的方法是使用 pH 指示剂（百里酚蓝、酚酞、溴苯酚红等）。即将 pH 指示剂溶于实验水体，并在水体中布置直流电极，通电后发生水解反应，则电极处的酸碱度发生改变，pH 指示剂由此产生颜色变化，并跟随流体运动，从而指示流场结构。另一种间接注入方法是利用光致变色原理。即将光致变色试剂混入实验水体，在特定波长（一般为紫外光）的光源照射下试剂变色，并能在离开光源后持续较长一段时间，从而指示流场的结构。上述间接注入式示踪方法的突出优点是，示踪剂与实验流体基本同质，且不存在持续注入带来的污染问题。

3. 气泡法显示液体流动

气泡注入法以小气泡来显示流动。流动中气泡可以通过直接注入方式加入，如空气泡法。一种常见的做法是利用水中气体的溶解度随压强降低而减小的原理，将溶解有空气的高压水直接注入实验液体流动中，由于环境压强突然降低，溶解的空气以小气泡形式大量析出，并跟随流体运动，从而达到显示流动的目的。另一种做法是向实验水流中掺混发泡剂（如十二烷基硫酸钠），以降低气液界面的表面张力，并通过搅拌使得实验水流中不可见的微气泡由于表面张力的瓦解而迅速扩大至可见尺度。空气泡法所产生的气泡大小不可控，无法直接用于流动显示，其中大的气泡不仅干扰流场，同时也妨碍观测。因此，一般需要让气泡实验水流在进入实验段前经过一定时长的浮力筛选，使大气泡迅速上浮飘出，而小气泡得以保留用于实验。

水力学实验中使用更加广泛的是一种间接注入式的流动显示法——氢气泡法。氢气泡法的基本原理是水的电解反应。如图 13.6 所示，以细金属丝为阴极，置于流场上游，阳极置于实验段下游（无特殊要求，导体充分接触水流且不干扰水流即可），两极通以直流电

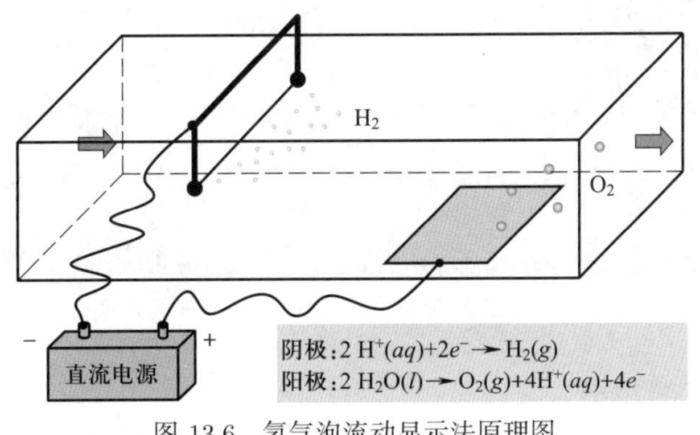

图 13.6　氢气泡流动显示法原理图

压，则可在阴极金属丝上产生氢气泡。氢气泡作为示踪物，跟随流体运动，同时辅以光源照射氢气泡群，显示流场图像。阴极金属丝可采用铂丝、钨丝、不锈钢丝等，直径不超过 0.05 mm，产生氢气泡的大小与金属丝的直径正相关。直流电压一般取 100 ~ 200 V，产生气泡量与所加电压正相关。

当阴极金属丝不做特殊处理，并保持连续通电，则产生的气泡呈均匀面分布。这种情况下，采用长时曝光可通过拖影纹理显示流动结构，采用连续短曝光和自相关计算可开展 PIV 测量，获得速度场。实际应用中还常通过控制产生氢气泡的时空分布来达到提高指示度乃至定量测量的目的。如图 13.7 所示，在阴极金属丝上做局部隔绝处理（以绝缘胶或漆等覆盖隔绝区段），并连续通电，则产生流向的条纹，指示脉线（定常流脉线、迹线和流线合一）；金属丝不做局部隔绝处理，而通以矩形脉冲电压，则产生电极丝走向的条纹，同一条纹产生于同一时刻，指示时间线，时间线可给出流场大致的速度分布，调整脉冲电压的周期和占空比可以获得不同的时间线图案效果；脉线和时间线组合使用，则产生网格状的纹路，兼有两者指示功能，即时脉组合线。图 13.8 所示为水中矩形立柱诱导的卡门涡街的氢气泡显示图例，为了获得来流的速度，这里采用了时间线方式。

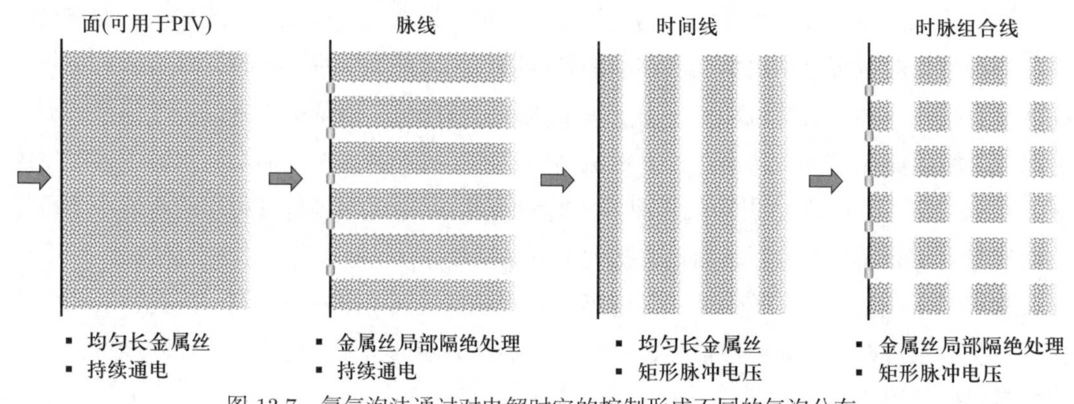

图 13.7　氢气泡法通过对电解时空的控制形成不同的气泡分布

图 13.8　水中矩形立柱诱导的卡门涡街氢气泡法

4. 烟雾法显示气体流动

烟雾法是风洞实验常用的一种注入式流动显示方法。它使用悬浮在试验气流中的固体微颗粒或微液滴作为流动示踪的介质，借助光的散射，显示流动状态。在低速风洞试验中，一般用矿物质油加热挥发后冷凝形成的白烟（微液滴）。烟雾注入流场的方式有烟管法和烟丝法两类。烟管法首先于流场外产生烟雾，经由管道送入流场用于示踪。外置的发烟装置由用于加热的电阻丝和用于送烟的风扇构成。根据试验的需要，烟管末端可使用烟耙将输入烟雾分成多股，以显示多重流动脉线。为减少对试验气流的扰动，烟管和烟耙外形一般需作流线化处理。烟管法受送烟管道和烟耙尺寸的限制，一般用于显示尺寸较大的流动现象。此外，烟管法烟雾的持续注入会给风洞试验环境带来污染，闭合回流式风洞在烟雾持续注入一段时间即不再适合流动显示，而开式风洞所在环境必须具备良好通风的条件。

为显示更小的、更精细的流动结构，可采用烟丝法，如图 13.9 所示。烟丝法将沾满矿物质油剂的细金属丝横向暴露于流场中，待流场建立后，通过导电加热金属丝使附着油膜气化，油蒸气离开金属丝热源后迅速冷凝为用于示踪的烟雾。简单配置的烟丝法烟雾释放时间短暂，油膜气化完毕则烟雾消失，其覆盖范围有限，因此不适合大尺度的流动显示。

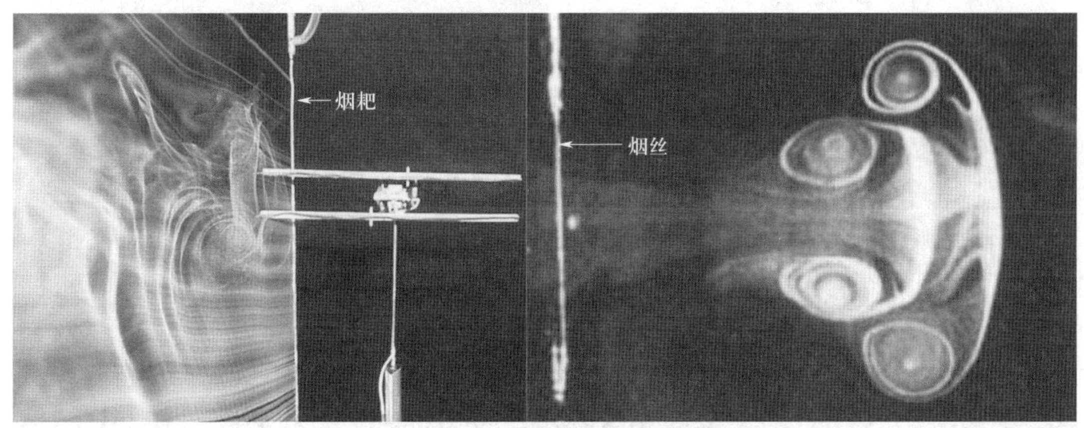

图 13.9 烟丝法显示出的绕流和涡环

以上注入矿物油烟雾显示流动的方法通常只能应用于低速流动。随着流动速度的增大，这种方法响应速度慢和粒子跟随性不足的局限性会愈发显著，以至无法有效显现流动。对于高速（包括超声速和高超声速）流动，基于外加粒子雾的平面激光散射（planar laser scattering，PLS）技术被广泛运用。这种方法通常需要在风洞试验气流或其他需要标记的气流中预先注入示踪介质并均匀混合，待混有示踪介质的气流进入试验段，在激光片光的照射下发生米散射（较大颗粒）或瑞利散射（小颗粒，周长小于激光波长），并通过示踪粒子浓度的变化显示激波、射流、剪切层、边界层等流动现象。

平面激光散射技术的具体实现具有多样性。对于超声速或高超声速流动，一种常见的实现方式是在风洞驻室气流中混入水蒸气，当气流经喷管膨胀温度降低，导致水蒸气凝结或凝华为纳米液滴或颗粒。一方面，气流密度的变化会或多或少反映为示踪粒子浓度的变化（图 13.10）；另一方面，流场的局部高温（例如回流区、边界层等）将使粒子快速蒸发或挥发，从而在散射光场上呈现为暗区。由此实现对激波和边界层结构的可视化。这种利用水蒸气凝结示踪的方法有时也被称为蒸汽屏法。当试验气流温度较低时，二氧化碳同样可用于平面激光散射流动显示。基于纳米二氧化钛粒子的平面激光散射技术能够清晰显示高速流动的精细结构（图 13.11）。

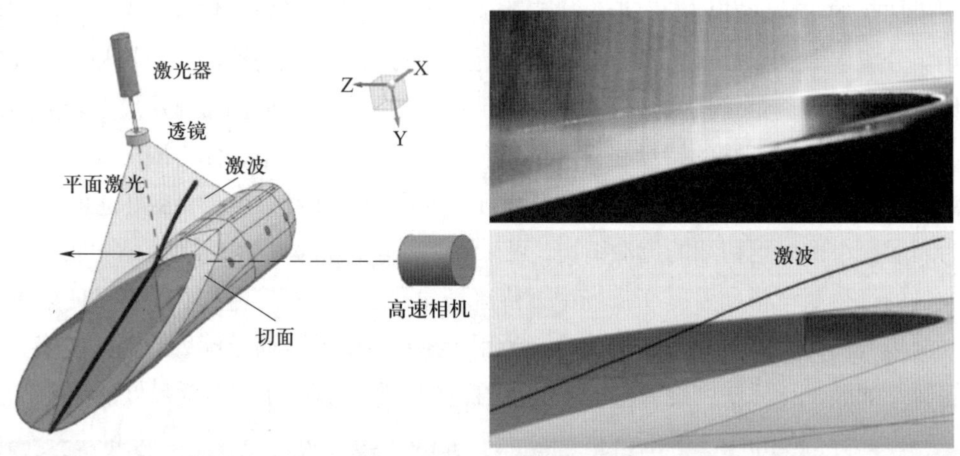

图 13.10　水蒸气平面激光显示三维冲压进气道激波切面结构

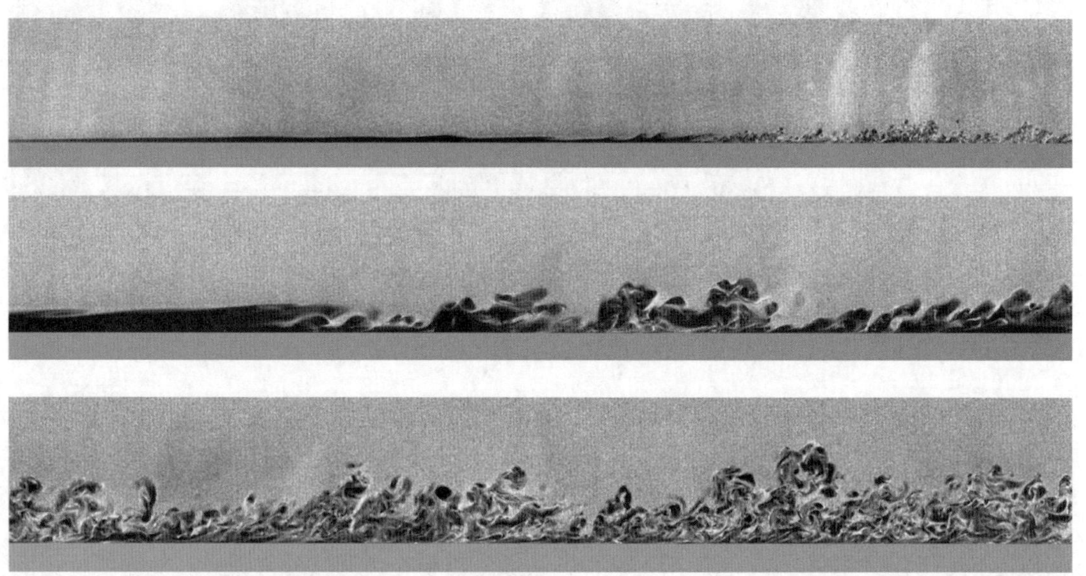

图 13.11　纳米二氧化钛粒子平面激光散射显示超声速平板边界层层流向湍流转捩

13.2.2　壁面示踪法

壁面示踪法在试验模型表面设置附着的示踪物，通过观察示踪物对边界层及附近流动的直接响应来分析和推断空间流场的状态。该方法一般应用于气体流动，从观测方法上可分为两类：一类是在流动中实时观测，其示踪物固定于壁面，通过性状和姿态的实时变化呈现附面流动，典型如丝线法、温敏型方法（温敏漆、温敏液晶、红外摄像等）和压敏型方法（压敏漆、压敏液晶等）；另一类在流动作用后通过示踪物的残余痕迹分析和推断流场状态，其示踪物在流动作用下发生位移或增减，典型的有油流法和一些质量交换型方法（升华法、烟迹法等）。以下做简要介绍。

1. 丝线法

丝线法将柔软的细线一端粘贴在模型表面，通过拍摄细线另一端随气流的实时偏摆，分析模型表面的流动状态。细线的材质一般可选用丝线、尼龙线、羊毛等，尺寸以不影响关键流场结构为原则，长度一般不大于当地流线的曲率半径。丝线偏摆的方向表征当地流速的方向；丝线的稳定性可大致指示当地流动为层流（丝线相对稳定）或湍流（丝线不稳定）；丝线自由端抬升则表明当地存在流动分离。图 13.12a 所示为丝线显示汽车表面流动状态。

丝线法的应用并不限于模型表面，某些情况下可通过在流场中架设支撑来呈现内部空间的流动。如图 13.12b 所示，在三角翼上方自由空间以刚性丝或绷紧的细线为支撑网格，并在网格上粘贴丝线，可显现三角翼诱导的附着旋涡结构。

(a) 贴面丝线法显示汽车表面流动

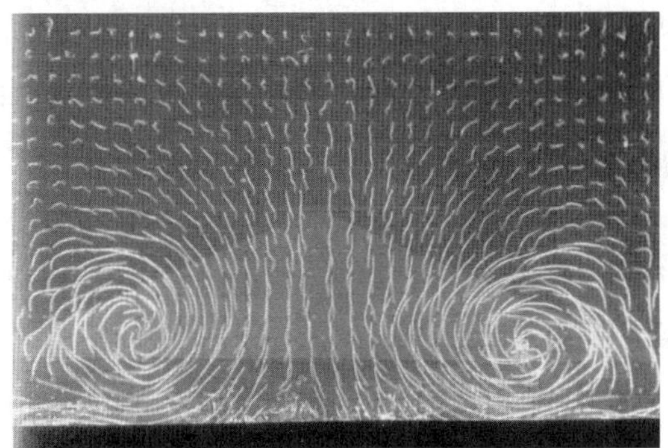

(b) 栅格丝线显示三角翼流场垂直截面内的旋涡结构

图 13.12 风洞中丝线法显示的流场结构

丝线法一般用于低速流动。在高速乃至超声速流动中，气流的高速冲刷以及边界层内的恢复高温会严重侵蚀丝线，使其无法显现流动状态。

2. 油流法

油流法是在模型表面预先涂一层油或布置油点阵，置于风洞吹风测试后再拍照记录油流痕迹并进行分析。它是流动作用之后再进行观测的代表性方法，油流图谱记录的实际是整个流动作用过程的累积效果。油流的配方通常由三部分构成：一是载体，通常是有一定黏性但又足以被流体吹动的各种油类；二是指示剂，通常采用一些彩色颜料粉末或荧光剂，主要用以增强图案的对比度；三是抗凝剂，如油酸、丙酮等，主要用于调剂黏度，并阻止指示剂结团。油流图谱是油流对壁面气动摩擦力的直接响应，可以很好地反映分离线、再附线、激波、旋涡的流动结构的位置（图 13.13）。对油流图谱的判读需要相当程度的专业知识和经验。

图 13.13　油流法显示

3. 质量交换型方法

质量交换型方法是将固体粉末材料均匀涂覆在模型表面，因气流动量、脉动、温度等原因导致部分材料损失，从而在模型表面形成对应于流动的图案，如图 13.14 所示。质量交换型方法也是在流动作用之后再进行观测，典型的方法有升华法和烟迹法。升华法是将萘、联苯等易升华的示踪介质溶解于有机溶剂，喷涂至模型表面，待其干燥后置于流场试验。由于层流与湍流脉动速度的差异、分离区与邻近边界层的温度差异等导致壁面附着介质的残留量差异，因此可以显现分离线、湍流转捩区等。烟迹法则是利用燃烧熏烟的方法，在另置的薄板上或直接在壁面上生成烟层，在流动作用于烟层时，一些流动特征结构使得局部烟层损失，由此产生烟迹图案。这一方法在爆轰研究中被广泛应用，爆轰波面特有的纵波结构三波点扫掠烟层留下痕迹，形成所谓胞格图案，是判别是否爆轰和判断爆轰波属性的重要参考。

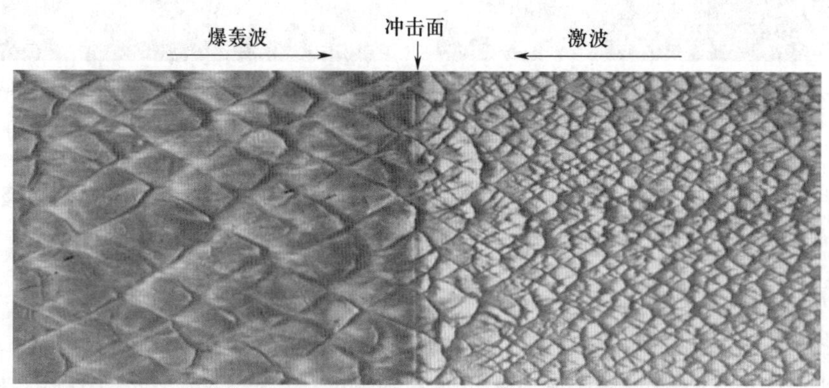

图 13.14　烟迹法显示管道中爆轰波与激波迎面对撞的胞格结构

13.3　经典光学流动显示

经典光学流动显示方法主要是利用光学方法检测透明流体折射率场来显现流场结构或参数分布特征。它需要流场中存在对应流场结构的折射率差异。而流体的折射率则与流体的介质属性和密度相关。因此，光学流动显示方法实际检测的是流体的密度分布或不同流体介质的浓度分布，其中前者显然要求所检测的流动为可压缩流动。

光学流动显示的基本原理包括两个方面：首先需要建立流体密度与折射率的关系，其次是如何通过合适的光学仪器将不均匀的折射率场转变为光强场。其中后者又会重点应用到光线透射不均匀折射率场发生的两类变化：一是光线偏离原有传播方向（即光线偏折），二是扰动光线相对未扰动光线发生相位差。以下简要介绍上述原理以及几种经典的光学流动显示技术。

13.3.1 密度场测量的基本光学原理

光的折射率定义为真空光速与当前介质中光速的比值

$$n = \frac{c_0}{c} \tag{13.1}$$

折射率 n 总是大于 1，它与密度 ρ 之间存在一定的函数关系，这一关系一般可用洛伦兹–洛伦茨（Lorentz-Lorenz）方程 $(n^2-1)/(n^2+2)=K\rho$ 进行描述。式中 K 为与光波长、介质属性（分子极化率）相关的系数。对于常温常压下的一般气体，其折射率 $n \approx 1$，上式可进一步简化为格莱德斯通–戴尔（Gladstone-Dale）公式：

$$n - 1 = k\rho \tag{13.2}$$

式中：k 为格莱德斯通–戴尔常数，简称 G–D 常数，它同样与光波长、介质属性相关。

常见气体介质的 G–D 常数在常温常压和可见光范围内一般为 $0.18 \sim 0.25\ \mathrm{cm^3/g}$。

对于多组分的混合气体，格莱德斯通–戴尔公式仍然适用，混合气体的 G–D 常数是各组分 G–D 常数的质量分数加权平均

$$k = \sum_i k_i Y_i \tag{13.3}$$

式中：Y_i 为组分 i 的质量分数。

13.3.2 基于光线偏折的密度场显示

考虑光线垂直入射不均匀的气体密度场（折射率场）的情形，如图 13.15 所示。光线进入密度场后，将发生偏折。

依据惠更斯原理，波阵面每一点可视作子波源，其后任意时刻子波包络构成新的波阵面，而光线传播方向垂直于波阵面。由式 (13.1) 和式 (13.2) 可知，密度场中的光速为

$$c = \frac{c_0}{k\rho + 1} \tag{13.4}$$

显然，密度越大，则光速越慢，相应波阵面滞后。结合图 13.15 可以看出，光线会向密度增大的方向偏折，并且偏折程度与密度梯度正相关。

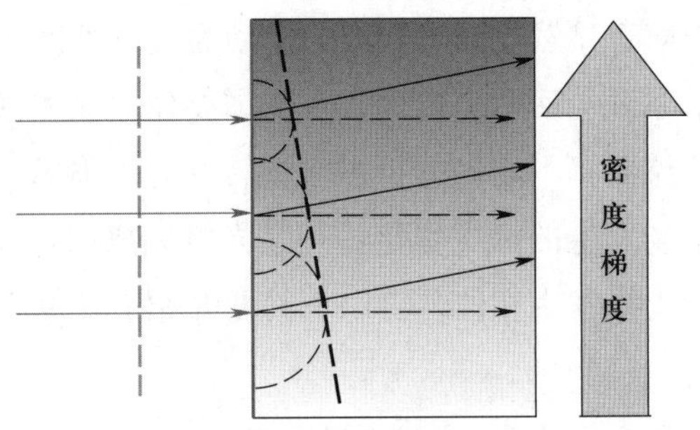

图 13.15　光线垂直入射密度场发生偏折示意图

为给出密度梯度与偏折角度的关系，建立如图 13.16 所示坐标系，光线沿 z 向入射，S 为光线路径，φ 为偏折角，R 为偏折光线的曲率半径。在极坐标系下，设 R 方向相差 $\mathrm{d}R$ 的两束光线 r_{a} 和 r_{b} 传播速度相差 $\mathrm{d}c$。传播 $\mathrm{d}t$ 时间后，r_{a} 光程为 $\mathrm{d}s = c\mathrm{d}t$，$r_{\mathrm{a}}$ 与 r_{b} 两者光程相差 $\delta = \mathrm{d}c\mathrm{d}t$，偏折角度 $\mathrm{d}\varphi = \delta/\mathrm{d}R$。由以上关系可以给出偏折角随光程的变化率

$$\frac{\mathrm{d}\varphi}{\mathrm{d}S} = \frac{\mathrm{d}c}{c\mathrm{d}R} \tag{13.5}$$

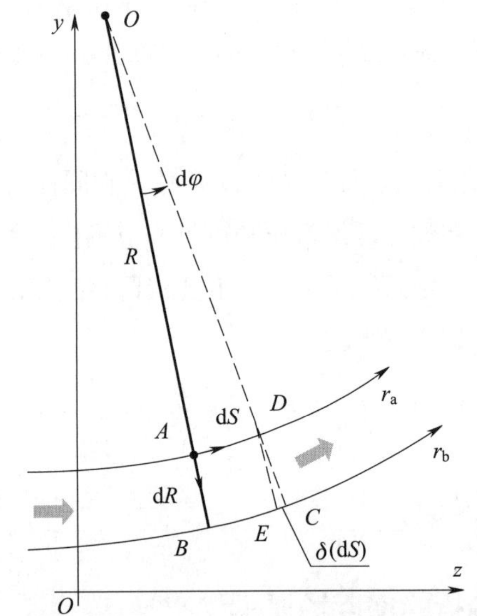

图 13.16　光线入射密度场发生偏折的微元分析图

对式 (13.4) 求导得 $\mathrm{d}c = -\dfrac{ck}{k\rho+1}\mathrm{d}\rho$，代入上式，则有

$$\frac{\mathrm{d}\varphi}{\mathrm{d}S} = -\frac{k}{k\rho+1}\frac{\mathrm{d}\rho}{\mathrm{d}R} \tag{13.6}$$

又，气体 $n-1 = k\rho \ll 1$，所以 $\dfrac{\mathrm{d}\varphi}{\mathrm{d}S} \approx -k\dfrac{\mathrm{d}\rho}{\mathrm{d}R}$。由此可知，单位光程的偏折角度（即光线路径的曲率 $1/R$）正比于沿光线传播路径法线方向的密度变化 $\mathrm{d}\rho/\mathrm{d}R$。一般来说，偏折角为一小量（$10^{-6} \sim 10^{-3}$ rad），因此可进一步近似为

$$\frac{\mathrm{d}\varphi}{\mathrm{d}z} \approx k\frac{\mathrm{d}\rho}{\mathrm{d}y} \tag{13.7}$$

如该密度场 z 向厚度为 l，如图 13.17 所示，对式 (13.7) 积分可得 x 和 y 方向总的偏折角

$$\varepsilon_x = k\int_a^b \frac{\partial\rho}{\partial x}\mathrm{d}z, \quad \varepsilon_y = k\int_a^b \frac{\partial\rho}{\partial y}\mathrm{d}z \tag{13.8}$$

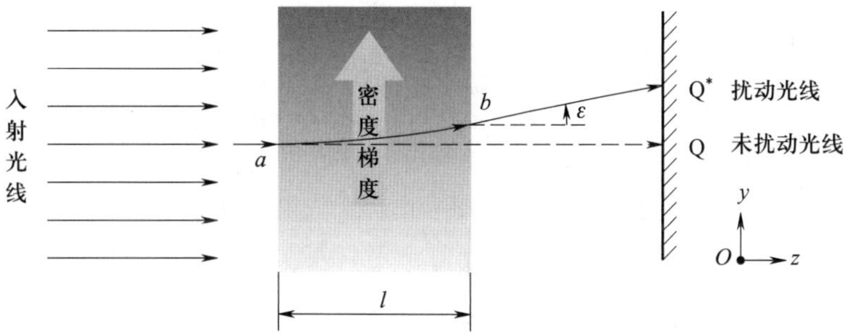

图 13.17 光线垂直入射密度场偏折角度示意图

采用光学仪器将上述光线的偏折转变为光强的不均匀分布，则可实现密度场的可视化。实现方法主要有两种：阴影法和纹影法。相应的光学设备称为阴影仪和纹影仪。

13.3.3 阴影法

阴影法是利用光线在密度场发生偏折来显示流场的经典方法之一。实验室常见的阴影法光路如图 13.18 所示。在实验段一侧放置一个点光源，并经透镜组形成一道均匀平行光束垂直入射实验段流场；另一侧离开实验段一段距离，放置一道记录屏，接收平行光透射流场后形成的阴影，或者直接以相机或干板对流场成像记录。假设流场中心存在高密度区，则原本穿越高低密度边界的光线将向高密度区方向偏折，由此导致对应边界的阴影场区域光线变暗，而对应紧邻边界的高密度区的阴影场区域则适度变亮。

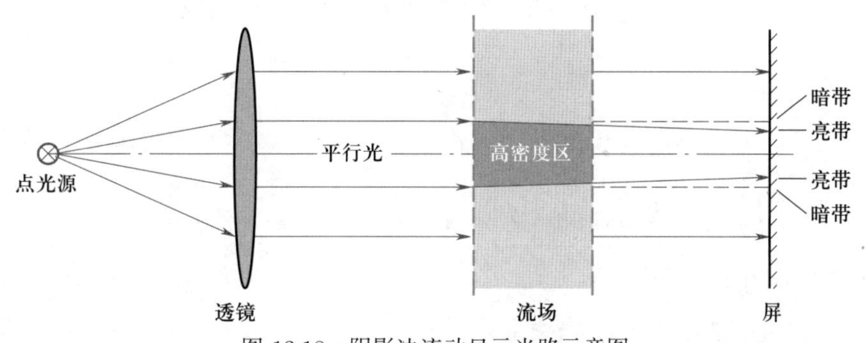

图 13.18 阴影法流动显示光路示意图

取光束微元分析阴影光强与密度的关系。如图 13.19 所示，流场与屏距离为 L，光束光通量恒为 E，光线截面面积 $A_0 = \delta x\delta y$。该光束经流场后发生偏折，偏折角度在空间存

在梯度（$\mathrm{d}\varepsilon_x/\mathrm{d}x$，$\mathrm{d}\varepsilon_y/\mathrm{d}y$），则阴影屏上该光束面积为

$$A_1=\left(\delta x+L\frac{\mathrm{d}\varepsilon_x}{\mathrm{d}x}\delta x\right)\left(\delta y+L\frac{\mathrm{d}\varepsilon_y}{\mathrm{d}y}\delta y\right)=A_0\left(1+L\frac{\mathrm{d}\varepsilon_x}{\mathrm{d}x}\right)\left(1+L\frac{\mathrm{d}\varepsilon_y}{\mathrm{d}y}\right) \tag{13.9}$$

由于光强 $I=E/A$，因此阴影屏上扰动区相对未扰动区的光强反差（略去二阶小量）为

$$\gamma=\frac{E/A_1-E/A_0}{E/A_0}=\frac{A_0}{A_1}-1\approx -L\left(\frac{\mathrm{d}\varepsilon_x}{\mathrm{d}x}+\frac{\mathrm{d}\varepsilon_y}{\mathrm{d}y}\right) \tag{13.10}$$

将式 (13.8) 代入，有

$$\gamma\approx -kL\int_a^b\left(\frac{\partial^2\rho}{\partial x^2}+\frac{\partial^2\rho}{\partial y^2}\right)\mathrm{d}z \tag{13.11}$$

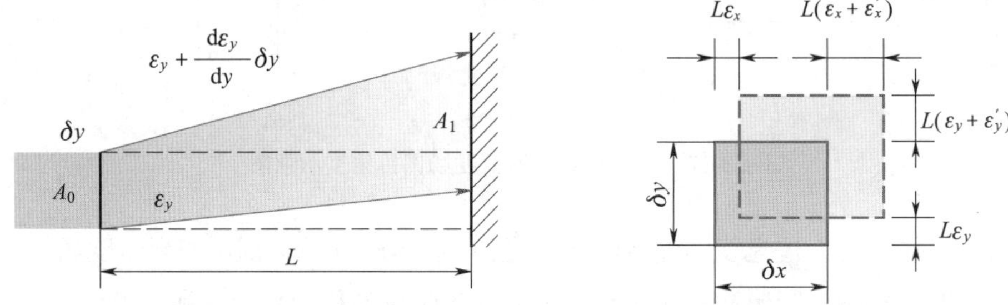

图 13.19　阴影法密度场与阴影光强场的关系

由上式可知，阴影法显示的是密度场的二阶导数。二阶导数为正时，光强减小；二阶导数为负时，光强增大。相对反差反映了阴影仪的灵敏度，因此，理论上当屏与流场距离 L 越大，阴影的灵敏度越大。但需要注意的是，随着距离的增大，图像清晰度会逐渐衰退，实验设置过程中应取得两者的平衡。

阴影仪具有结构简单、操作容易的优点。但是由于它直接响应密度的二阶导数，对于较平缓的密度梯度不敏感，因此一般被用于显示存在剧烈密度变化（如激波）的流场。图 13.20 为两幅阴影图像示例，其中图 13.20a 所示为空气环境中二氧化碳射流，图 13.20b 所示为高马赫数流动中钝体绕流（弓形激波和尾流）。在判读阴影图像时应注意：阴影图像

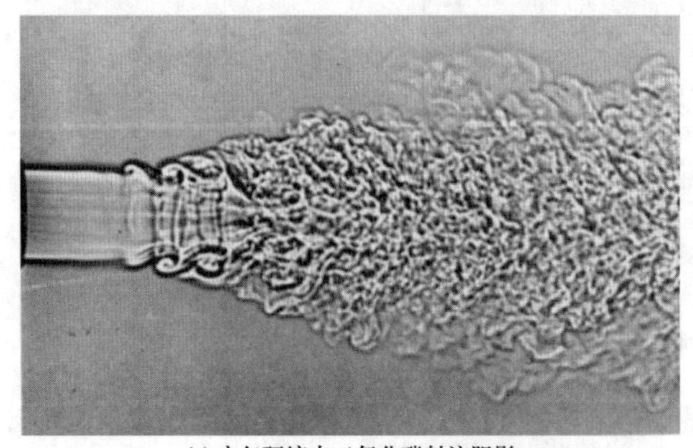

(a) 空气环境中二氧化碳射流阴影

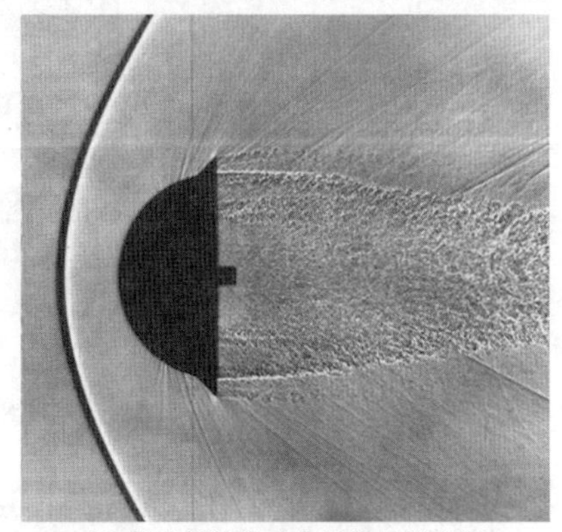

(b) 高马赫数流动中钝体绕流阴影

图 13.20　阴影法流动显示图像示例

中明暗条纹常常成对出现，其中暗条纹对应的是流场结构的影，例如在图 13.20a 中射流的外边界为暗线处，在图 13.20b 中，弓形激波的位置同样位于暗线处。

13.3.4 纹影法

为了获得更丰富的流动细节，提升对弱扰动和平缓密度梯度的检测能力，人们发展了纹影法。图 13.21 所示为纹影法的基本光路构成，主体包括：由 S-L1-H 构成的点光源或线光源、跨流场两边的凸透镜 M1 和 M2、刀口 K 和由 L2 与 Ph 构成的成像光路。

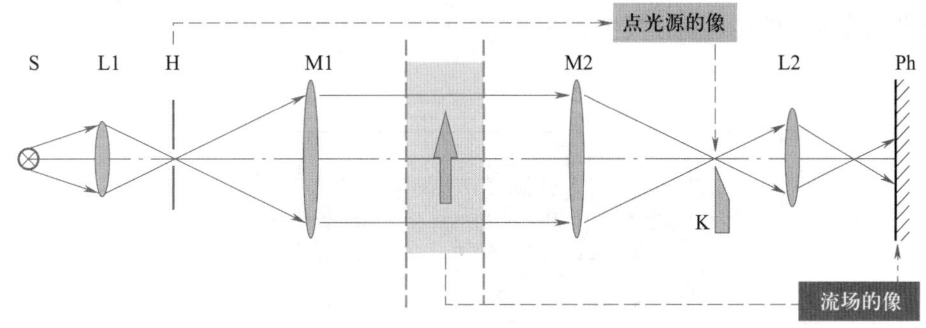

图 13.21 纹影法流动显示光路示意图

整个光路实际上是两个交错的成像系统。其中，L1 为透镜，H 为对应刀口 K 形态的狭缝或孔，L1 在 H 处为光源 S 聚焦成像，H 对光源像进行刀口 K 的规范适配；M1 将光转变为平行光，M2 将透过流场的平行光再次聚焦为光源 H 的像；刀口 K 位于 H 聚焦像处，并对聚焦像进行均匀的切割，这里就要求 K 与 H 形状的对应性，例如平直刀口即要求 H 为对称的狭缝或圆孔，圆形刀口则要求 H 为圆孔或环形孔；透镜 L2 则在像平面 Ph 处形成流场的聚焦像。

将 M1、流场、M2 看成一个透镜器件，并以箭头 DE 表示流场结构，光路进一步简化为如图 13.22 所示。该光路的特点是，所有在 Ph 处成流场像的光线都以同样的截面形态通过同一个“关口”，即 H 的聚焦像，这里标记为 H′。当 DE 处流场均匀、无密度梯度时，若刀口 K 在 H′ 处切割，挡去部分光，则 Ph 处流场像的亮度被整体均匀削弱，但不影响

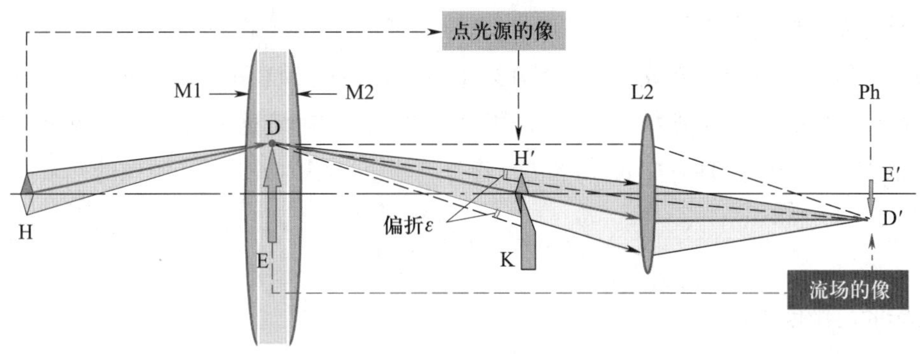

图 13.22 纹影法显示密度场光学原理图

流场成像，像场内不会出现亮度反差。若 E 处流场保持不变，而 D 处出现向下的密度梯度，则该处光线向下偏折 ε，此时刀口 K 将挡去更多由 D 点出发的光，而 E 点出发的光则保持原样；那么，在 Ph 流场像上则会出现 D′ 相对 E′ 亮度下降。若流场中仅 D 处有上述扰动，则在像场上显示为 D′ 点偏暗，其余光强均匀。

依据纹影光路原理，可以推导得到像场光强反差与密度场的关系。考虑一个简单的水平直线刀口，则 H 处对应采用水平狭缝。如图 13.23 所示，H′ 处未受扰动的光斑被水平刀口 K 从下方挡去部分，残余高度为 h_0；流场局部光线偏折，其中左右偏折不影响光斑的残余高度（或面积），上下偏折则导致残余高度（或面积）发生改变，即 $h_0 \pm \Delta h$，此时该部分流场在像场上的相对光强反差为 $\gamma = \pm\dfrac{\Delta h}{h_0}$。

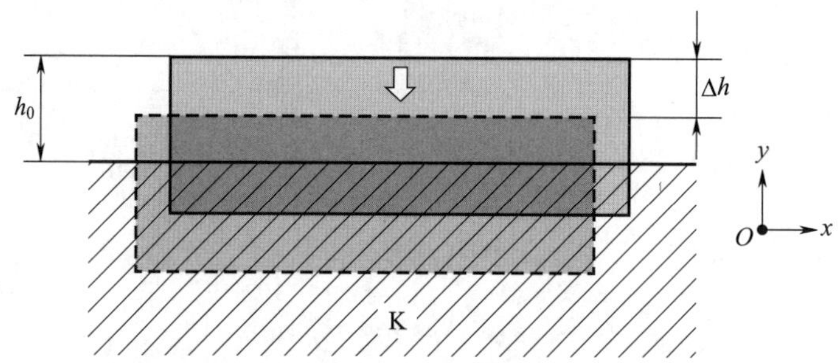

图 13.23　纹影光路刀口遮挡聚焦光斑（光源聚焦像）及光线偏折导致光斑偏移示意图

考虑到偏折角度一般很小，因此有 $\Delta h \approx L\varepsilon_y$，其中 L 为流场到刀口 K 的距离。光强反差可写作

$$\gamma = \pm\frac{Lk}{h_0}\int_l \frac{\partial \rho}{\partial y}\mathrm{d}z \tag{13.12}$$

式中：l 为流场厚度。

同理，若刀口和狭缝为竖直方向，则纹影只对水平方向偏折敏感，有

$$\gamma = \pm\frac{Lk}{h_0}\int_l \frac{\partial \rho}{\partial x}\mathrm{d}z \tag{13.13}$$

由上两式可知，纹影显示的是垂直于刀口方向的密度的一阶导数，并且在正梯度和负梯度呈现光强的相反变化（具体变亮还是变暗与刀口遮挡方位相关）。

简单分析纹影系统的灵敏度。如图 13.24 所示，透镜 M1 和 M2 的焦距分别为 f_1 和 f_2，两者与流场的距离分别为 g_1 和 g_2；狭缝光源全高度（缝宽）为 d_s，光源像的全高度为 d_0；依据几何光学原理有 $f_1 d_0 = f_2 d_\mathrm{s}$；若刀口处通光率为 α，则光源像的残余高度为

$$h_0 = d_0\alpha = \frac{f_2}{f_1}d_\mathrm{s}\alpha \tag{13.14}$$

纹影的灵敏度为

$$|\gamma| = \frac{f_1}{d_\mathrm{s}\alpha}\left(1+\frac{g_2}{f_2}\right)k\int_l \frac{\partial \rho}{\partial x}\mathrm{d}z \tag{13.15}$$

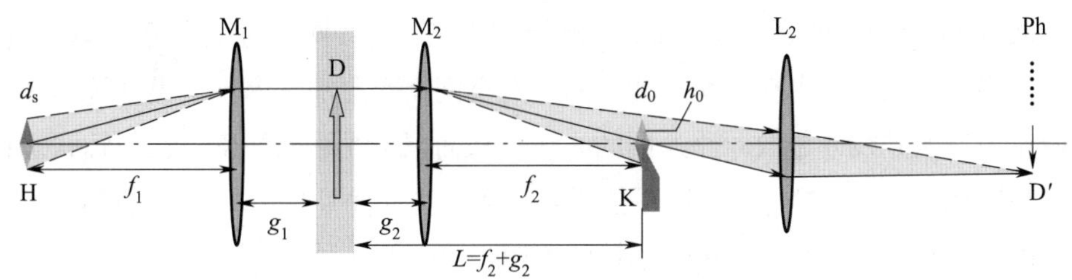

图 13.24 纹影法灵敏度分析光路示意图

由上式可以看出，可以提高纹影灵敏度的光路设置方法包括：

（1）增大透镜 M1 焦距 f_1，或减小透镜 M2 焦距 f_2（两者实质上均是使刀口处聚焦像尺寸变小）；

（2）增大透镜 M2 与流场间距 g_2（实质上是加大偏折光线的传播距离）；

（3）减小狭缝光源的宽度 d_s，或减小刀口处的通光率 α（即让刀口遮挡更多）。

图 13.21 所示的线性布局纹影光路在现实实验中使用较少。一方面，两个大尺寸（足以覆盖流场）、高精度的凸透镜加工难度大、价格昂贵；另一方面，它在垂直流场的方向上的光路布置需要很大的空间。图 13.25 所示为两种更加普遍的纹影光路，它们均使用凹面反射镜替代实现凸透镜的功能，同时通过反射折叠减小光路所占的空间。

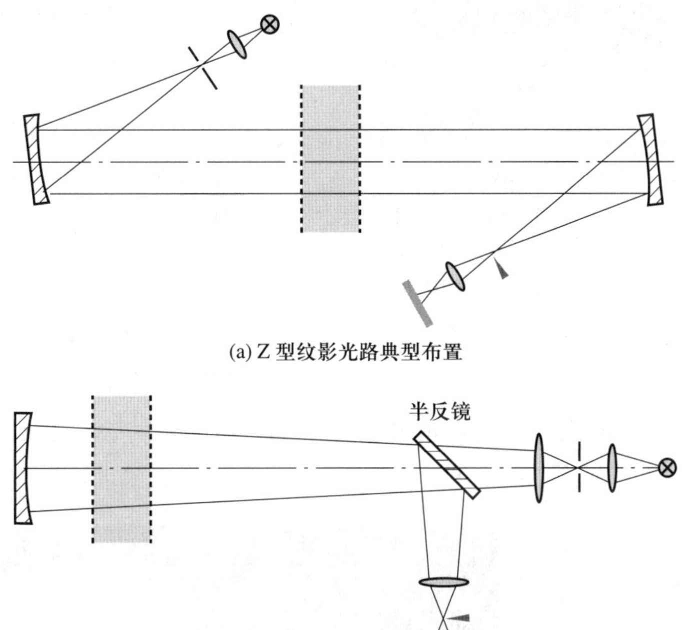

(a) Z 型纹影光路典型布置

(b) 双通式纹影光路典型布置

图 13.25 凹面镜替代凸透镜的实用纹影光路

图 13.25a 所示为 Z 型纹影系统，它使用两个凹面镜分别替代两个凸透镜。这种设置光路仍然是一次通过流场，但光路相对两凹面反射镜处于离轴工作状态，会对聚焦和成像构成一定影响，在光路布置时应注意尽可能减小离轴角度（10° 以下）以降低这种影响。

图 13.25b 所示为一种双通式纹影系统，顾名思义，光线两次通过流场。这种双通式纹影的优点是将光路几乎集中在流场一侧，从而对空间需求更加宽容。这类系统通常会使用半反镜向流场发送光线或截取原路返回的光线，从而保障光路始终工作在同轴状态，其缺点是光线利用率不高。当然它也可以不使用半反镜，这时就需要光线在反射镜处轻微离轴。双通式纹影系统有许多变种，这里由于篇幅原因，仅列举一种。

图 13.26a 所示为一尖头体在超声速流动中诱导流场的黑白纹影图像，图 13.26b 所示为对应的流场结构和密度增大方向的示意图。纹影图像显示密度在垂直于刀口方向的一阶导数，并且以光强的相反变化响应导数的正负。从图 13.26b 可以看到，不管是激波还是膨胀波，它们在 x 方向（左右）密度梯度方向相同，而在 y 方向（上下）密度梯度方向相反；而从图 13.26 所示的纹影图看到，同一结构对称的上下两侧明暗相反。由此可判别，该纹影是对 y 方向密度梯度的响应，纹影刀口应为水平方向。

(a) 尖头体诱导流场纹影

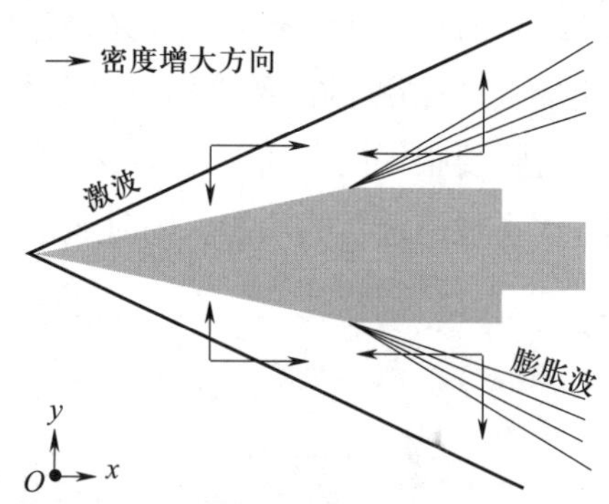

(b) 流场结构和密度增大方向示意图

图 13.26 纹影法显示超声速流场示例

利用上述纹影的基本原理，可以拓展出更多的纹影系统。图 13.27 所示为一种彩色纹影的设置方法和获得的彩色纹影图像。其做法是，将光源改为图中所示的环形三原色，同时刀口改为环形，并对光源的聚焦像进行均匀切割。如此，光线向某一方向的偏折将导致成像平面三原色配比的改变，从而显示出不同的颜色。这种彩色纹影图像不仅可以判别梯度的方向，在经过充分校准的前提下，甚至可以根据图像颜色和明度反演密度梯度场。

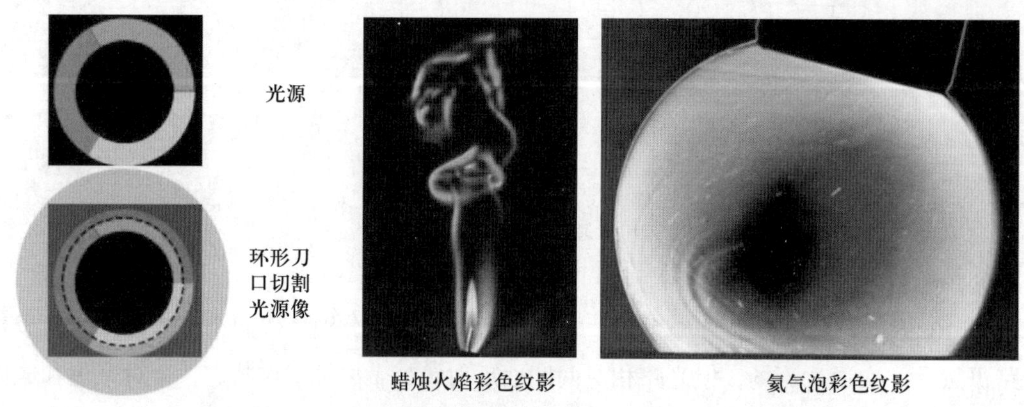

图 13.27 一种二维彩色纹影的光源与刀口设置和纹影图像示例

进一步思考可以发现，只要能做到光源与刀口的密切匹配，光源和刀口的形状实际上是不受限的。图 13.28 所示为全尺度纹影的光路，其中大尺度的背景光源为点阵，在透镜后方光源聚焦像平面放置一个匹配光源点阵的刀口栅，并在流场像平面处成像，即可以对大尺度的流动进行流动显示。

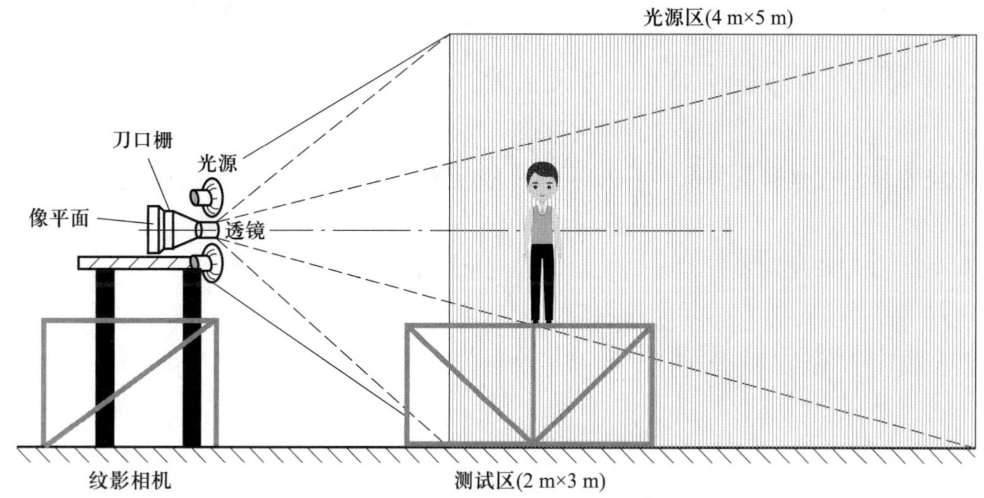

图 13.28 基于点光源阵列的全尺度纹影原理示意图

13.3.5 干涉法

光线透射折射率场后，在抵达同一平面时相对未受扰动的光线发生相位差，通过光学仪器检测出这种相位差同样可以实现对密度场的显示。检测光波相位差一般使用干涉法。

干涉法使用两束满足相干条件的光束，使其中一束通过流场，另一束不受扰动（有时加补偿以抵消测量光束除流场以外的扰动因素，如观察窗玻璃等）。

如图 13.29 所示，两束相干光束，频率为 f，角频率 $\omega = 2\pi f$，波长 $\lambda = 2\pi c/\omega$。相干时，参考光和物光可分别写作

$$U_{\mathrm{o}}(x, y) = A_{\mathrm{o}} \exp\left(\mathrm{j}\omega t + \mathrm{j}\varphi_{\mathrm{o}}\right) \tag{13.16}$$

$$U_{\mathrm{r}}(x, y) = A_{\mathrm{r}} \exp\left(\mathrm{j}\omega t + \mathrm{j}\varphi_{\mathrm{r}}\right) \tag{13.17}$$

式中：下标 o 为物光（或测试光），下标 r 为参考光。两束光相干光强为

$$\begin{aligned} I &= \left|U_{\mathrm{r}} + U_{\mathrm{o}}\right|^2 = \left(U_{\mathrm{r}} + U_{\mathrm{o}}\right)\left(\overline{U_{\mathrm{r}} + U_{\mathrm{o}}}\right) \\ &= A_{\mathrm{r}}^2 + A_{\mathrm{o}}^2 + U_{\mathrm{r}}\overline{U}_{\mathrm{o}} + \overline{U}_{\mathrm{r}}U_{\mathrm{o}} \\ &= A_{\mathrm{r}}^2 + A_{\mathrm{o}}^2 + 2A_{\mathrm{o}}A_{\mathrm{r}}\cos\left(\varphi_{\mathrm{o}} - \varphi_{\mathrm{r}}\right) \end{aligned} \tag{13.18}$$

显然，当相位差 $\Delta\varphi = \varphi_{\mathrm{o}} - \varphi_{\mathrm{r}} = N \cdot 2\pi$，为整数周期，峰峰相遇，$I = (A_{\mathrm{r}} + A_{\mathrm{o}})^2$ 为最高亮度；当相位差 $\Delta\varphi = \varphi_{\mathrm{o}} - \varphi_{\mathrm{r}} = \left(N + \dfrac{1}{2}\right) \cdot 2\pi$，为半周期，峰谷相遇，$I = (A_{\mathrm{r}} - A_{\mathrm{o}})^2$

为最低亮度。两者交替形成明暗条纹，即干涉条纹。

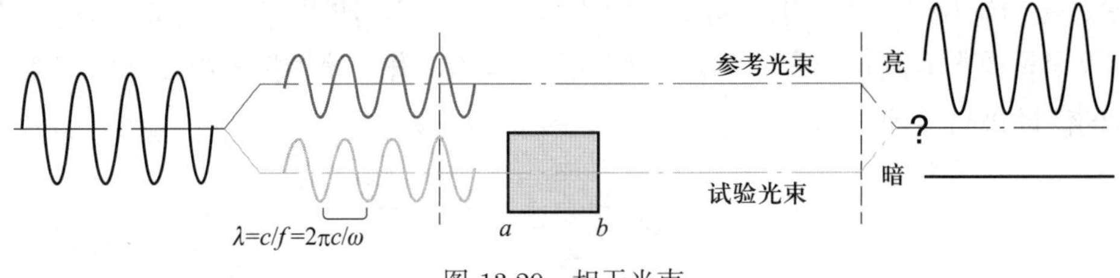

图 13.29　相干光束

相位差与光程差满足关系 $\dfrac{\Delta\varphi}{2\pi}=\dfrac{\Delta L}{\lambda}$，而光程差 $\Delta L=\displaystyle\int_a^b (n_{\mathrm{o}}-n_{\mathrm{r}})\,\mathrm{d}z$，因此有

$$\Delta\varphi=\frac{2\pi}{\lambda}\int_a^b (n_{\mathrm{o}}-n_{\mathrm{r}})\,\mathrm{d}z \tag{13.19}$$

将折射率与密度关系式 (13.2) 代入上式，则

$$\Delta\varphi=\frac{2\pi k}{\lambda}\int_a^b (\rho_{\mathrm{o}}-\rho_{\mathrm{r}})\,\mathrm{d}z \tag{13.20}$$

由此建立明暗条纹与密度场的对应关系：

$$\begin{cases}\dfrac{\Delta\varphi}{2\pi}=\dfrac{k}{\lambda}\displaystyle\int_a^b (\rho_{\mathrm{o}}-\rho_{\mathrm{r}})\,\mathrm{d}z=N & \Rightarrow \text{亮条纹}\\ \dfrac{\Delta\varphi}{2\pi}=\dfrac{k}{\lambda}\displaystyle\int_a^b (\rho_{\mathrm{o}}-\rho_{\mathrm{r}})\,\mathrm{d}z=N+\dfrac{1}{2} & \Rightarrow \text{暗条纹}\end{cases} \tag{13.21}$$

上式中参考光路上的流体密度 ρ_{r} 为恒定值，不随时空变化，物光经过的流场密度 ρ_{o} 则为时空的函数。若流场密度在光线传播方向不变，则有

$$\begin{cases}\dfrac{\Delta\varphi}{2\pi}=\dfrac{k\Delta z}{\lambda}(\rho_{\mathrm{o}}-\rho_{\mathrm{r}})=N & \Rightarrow \text{亮条纹}\\ \dfrac{\Delta\varphi}{2\pi}=\dfrac{k\Delta z}{\lambda}(\rho_{\mathrm{o}}-\rho_{\mathrm{r}})=N+\dfrac{1}{2} & \Rightarrow \text{暗条纹}\end{cases} \tag{13.22}$$

上式表明，干涉条纹显示了流场密度的等值线。连贯的亮条纹或暗条纹上密度相等，相邻的两条亮条纹或暗条纹密度相差 $|\Delta\rho_{\mathrm{o}}|=\dfrac{\lambda}{k\Delta z}$。如此，对于连续密度场，一旦已知流场某处的密度和密度的变化趋势，则可以依据条纹间隔数量推断出全场的密度分布，即实现密度场的定量测量。

1. 马赫–泽恩德干涉仪

干涉法中发生相干的参考光和物光通常由同一激光束空间拆分而成，马赫–泽恩德（Mach-Zehnder）干涉仪（简称 M–Z 干涉仪）是采用这种方式的一种代表性测量装置。

M–Z 干涉仪的光路如图 13.30a 所示。激光首先扩束为足以覆盖流场的平行光，后由分光镜分成两束光，再经由两反射镜和另一分光镜在同一屏上实现相干。其中一束光经过流场，称为试验光束（或物光束），另一束光通过补偿室以抵消试验段玻璃对光程的影响。

一般情况下，M–Z 干涉仪两面分光镜和两面反射镜严格平行，因此在流场未受扰动的背景区域将不存在条纹（实际可认为条纹无限宽），这种情况下获得的干涉图称为无限条纹干涉图（图 13.30b 上）；为了呈现微弱的密度变化，有时需要增大流场条纹的密度，此时可轻微变动四面镜子，使得相干光束以微小的角度在屏上相干，则未受扰动的背景区域也会出现由空间光程差导致的规则条纹，这种干涉图称为有限条纹干涉图（图 13.30b 下）。

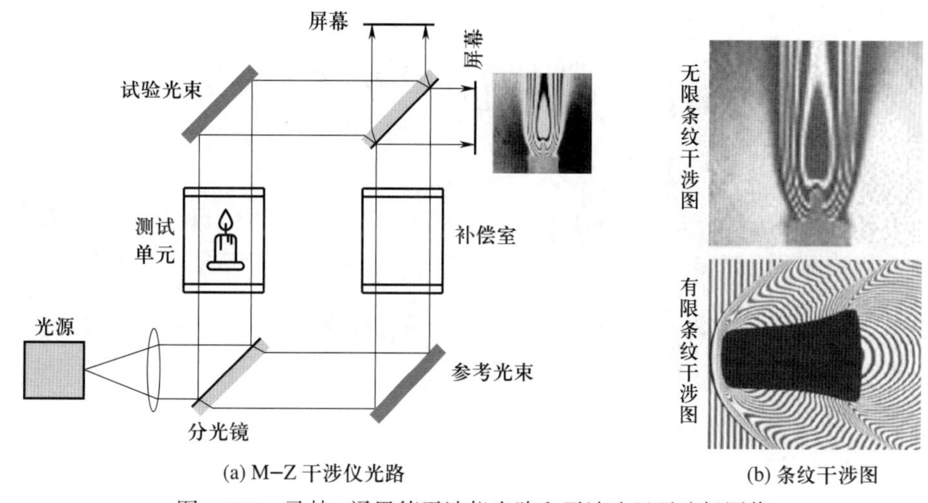

(a) M–Z 干涉仪光路　　(b) 条纹干涉图

图 13.30　马赫–泽恩德干涉仪光路和干涉法显示流场图像

2. 双曝光全息干涉仪

干涉法也可由双曝光全息干涉仪实现。所谓双曝光全息干涉，是指采用同一光路在同一干板上进行两次全息曝光，其中一次全息曝光记录无流动时透射光的光强与相位；二次全息曝光记录有流动的透射光的光强与相位。干板经显影和定影后，以同样波长的激光沿参考光方向透射干板，则可沿原物光方向看到流场的衍射影像，两次曝光的衍射影像叠加相干（相当于两次物光相干）产生干涉条纹。

图 13.31a 所示为双曝光全息干涉的一种光路设置，图 13.31b 所示为以该光路拍摄的水下柱面爆炸波传播和在底面固壁发生反射的干涉图。

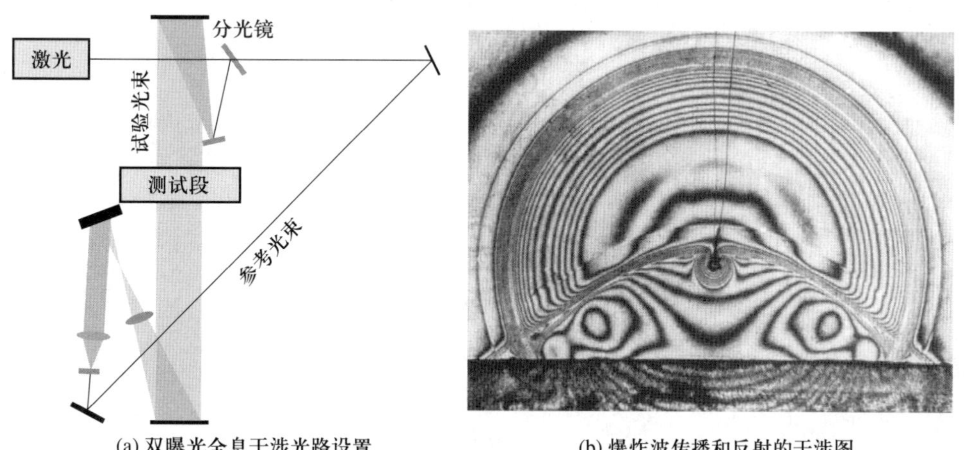

(a) 双曝光全息干涉光路设置　　(b) 爆炸波传播和反射的干涉图

图 13.31　双曝光全息干涉示例

习题

13.1　简述脉线、迹线、流线、时间线等概念，及其分别对应何种流动显示方法。

13.2　简述外加示踪物流动显示方法和经典光学流动显示方法的适用范围和原因。

13.3　下列图像是阴影仪、纹影仪还是干涉仪得出的图像？若是纹影图像，判断刀口方向及遮光区域（◒◓◑◐），并说明判断理由。

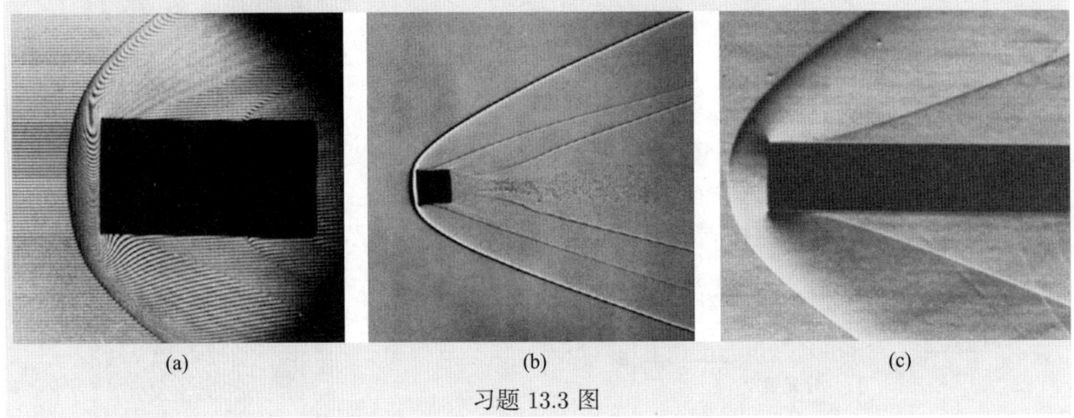

(a)　(b)　(c)

习题 13.3 图

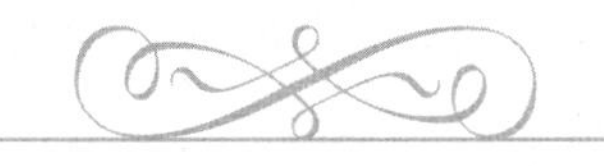

第 14 章 流动压力测量技术

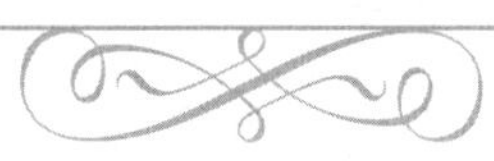

流体中的力一般可分为体积力（volume force 或 body force）和面积力（surface force）。体积力是非接触力，可远程作用，流体内的每个质点均为作用点，例如重力、惯性力、电磁力等；面积力为接触力，仅于相互接触的表面发生，例如压力、摩擦力（或剪切力）等。体积力常与质量成正比，而面积力则一般与面积成正比。本章介绍面积力中压力的测量技术。

14.1 流体的压力和测压系统

流体中的压力一般情况下实际指的是压强（pressure），即流体垂直作用于单位面积上的力。在国际单位制（SI）和我国法定计量单位中，流体压力的单位是帕斯卡（Pascal），简称帕，符号为 Pa。在不同的参考系下，相同的压力具有不同的表述值。以绝对真空为基准的压力称为绝对压力，又称全压力；一些测压仪表则以一个大气压为基准，即仪表读数显示为绝对压力减去一个大气压力的值，这种压力称为表压；此外，当绝对压力低于一个大气压时，压力进入某种程度的真空状态，大气压减去绝对压力的值为正，该值称为真空度（压强量纲），它表征压力接近真空的程度。

流体力学中常常涉及几种不同的压力。在一般情况下，流体压力默认所指为静压（static pressure），即流场某点三个主方向上法向应力的均值。各向同性的流体，相同位置任意方向的法向应力相等。将流动等熵滞止到速度为 0，此时流体具有的压力，称为流体的总压（total pressure 或 stagnation pressure）。在不考虑可压缩性情况下，根据伯努利方程，总压与静压的差值为运动流体单位体积的动能（压强量纲），这个差值称为动压（dynamic pressure）。因此，在不可压缩流动中，总压等于静压与动压之和。静压和总压常常可以直接测量，而动压则一般以间接方式进行测量。

流体力学实验中对压力进行测量一般采用接触式方法。常用的接触式压力测量系统如图 14.1 所示。从测量的对象上，大致可分为壁面压力测量和流场内部压力测量两大类。前者测点位于流动的边界上，边界本身可以提供对接触探测部件的支承，可以通过打孔将边界上流体压力传递至外置压力计或压力传感器进行测量，或者直接在边界上安装传感器进行测量。后者测点位于流场内部自由流动区域，需要通过伸入流场的探头，将当地压力传递至外置的压力计或传感器进行测量，或者在探头上直接安装传感器将压力转变为电信号再传出给二次仪表处理。

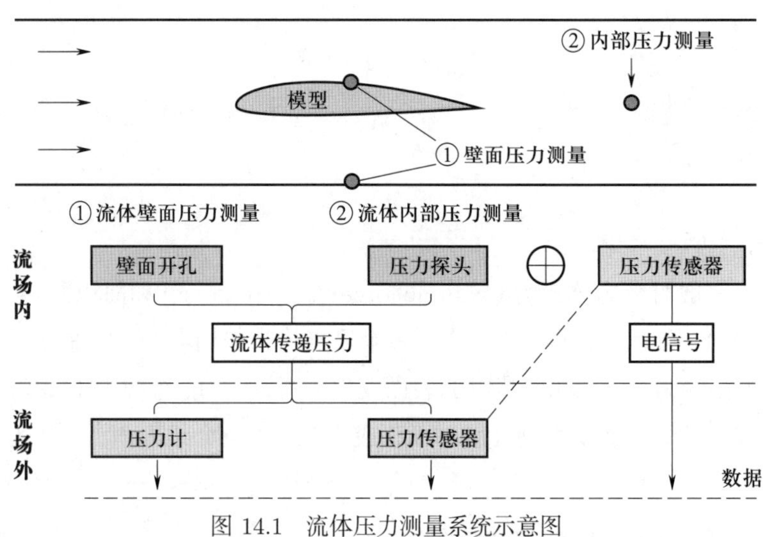

图 14.1　流体压力测量系统示意图

14.2　测压孔和压力探头

作为与流场直接接触的探测部件，测压孔和压力探头的设计非常重要。一方面，需要尽可能减小这些与流动接触的部件对所测流动产生的扰动，不能改变原有流动的特征；另一方面，需要尽可能削弱非理想因素对测量的干扰，忠实地反馈当地流体压力，或者建立当地压力与探测压力之间明确的对应关系。

14.2.1　测压孔

测压孔是进行壁面压力测量的重要方式。它主要通过在壁面开孔，通过管道借助流体传递压力的特性将开孔位置的压力传递至传感器或压力计。如图 14.1 所示，在风洞壁面开孔可测量风洞壁面的压力，在模型表面开孔则可测量模型表面压力。

图 14.2 所示为壁面测压孔的示意图。依据边界层理论，边界层内垂直壁面方向的静压力梯度近似为零，同时无滑移壁面速度为零，因此理论上壁面开孔所测得的压力为临近壁面外延流场的静压力。但是在实际流动中，开孔总在一定程度上影响边界层流动，因此测

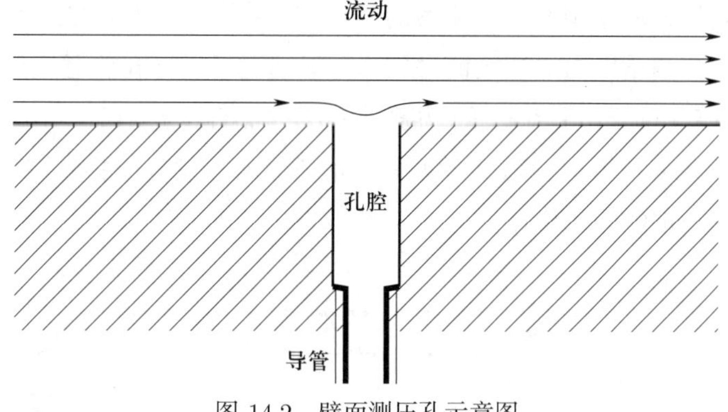

图 14.2 壁面测压孔示意图

压孔实测压力并不严格为当地静压，而是与开孔构型和导管尺寸有关。测压孔的直径、深度、倾角、导管的直径、长度等均可对测量结果产生影响。一些基本认识如下。

（1）测压孔应尽可能垂直于壁面，孔深不小于孔径的 3 倍。迎向流动的斜开孔倾向导致测压高于当地静压，而背向流动的斜开孔倾向导致测压低于当地静压。

（2）测压孔直径一般取 0.5 ~ 2.0 mm。孔径过大会影响流场特征，例如破坏当地边界层结构；孔径过小一方面对加工精度要求高，不易实现，另一方面使得测量响应迟钝，会在短时测量和非定常流动测量时产生很大误差。

（3）测压孔口加工应保持平整，毛刺、划痕等加工瑕疵应予以避免，同时也不宜随意倒角、倒圆。

14.2.2 压力探头

流体内部压力测量主要使用压力探头。依据压力探头测量流体压力的类型，一般又分为静压探头和总压探头。顾名思义，静压探头用于测量流体静压，总压探头用于测量流体总压。

1. 静压探头

静压探头利用前节测压孔类似的方式测量静压，探头包括与所测来流方向相一致的光滑面，面上开孔。为减小对流场的扰动，测压面需尽可能减少流向投影面积，因此，探头一般为柱状或细长楔状。对应于亚声速流动和超声速流动的不同特征，静压探头在形态上也具有显著差异。

如图 14.3 所示，低速流道内使用的典型的静压探头为细长圆柱，头部为半球形，尾部折转用于支撑和引出压力，头部与尾部之间某一位置的圆柱壁面上开有若干小孔或缝隙，将感受的压力经内部通道引至压力测量单元。尽管这一构型在流向的投影面积很小，但仍不可避免对探头开孔位置的实际压力产生影响。图 14.3 所示为低流速管道内压测试中沿静压探头的典型探头布置及压力分布：探头头部导致开孔处压力相对来流静压偏低，且距离头部越近偏差越大；而尾部折转支撑的阻塞效应则使得开孔处压力相对来流静压偏高，且距离尾部越近偏差越大。利用两效应相反的特点，可将孔开在头尾之间合适的位置，使得两效应抵消，从而令测量压力逼近来流静压。一般情况下，开孔位置距离头部 3 ~ 8 倍探头直径，距离尾部 8 ~ 15 倍探头直径。开孔直径为探头直径的 10% ~ 20%。在使用中，还应注意使探头方向与来流方向一致，偏差角一般不宜大于 3°。同一位置环状分布的小孔，对探头的偏置起到一定的修正作用。

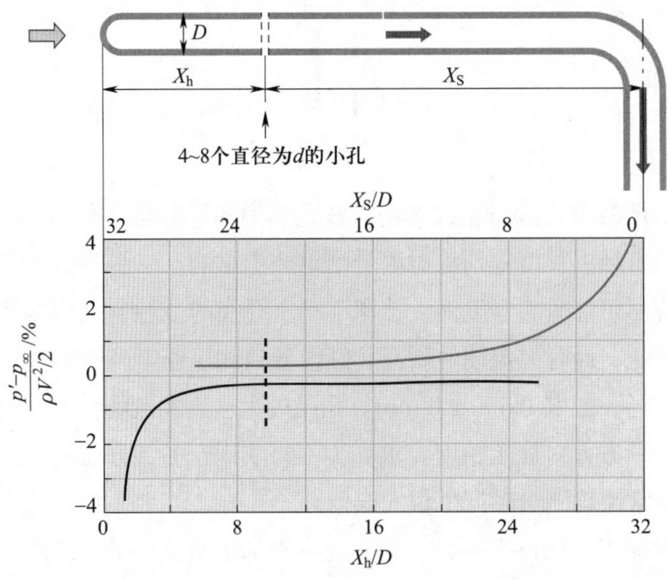

图 14.3　低速流道内测压探头布置及压力分布

对于高亚声速和超声速流动，由于气体可压缩性变得显著，如果继续采用上述半球头静压探头会引起很大误差（跨声速范围内误差可达 10%）。此时情况变得复杂，随着来流马赫数的提升，探头前部的低压区逐步扩大，继而出现局部超声速区和激波，如果测孔位于低压区，则可导致测量结果偏低，如果测孔位于局部激波的下游，则可导致测量结果偏高。

为了减小探头头部对下游流动的干扰，高速流动中的静压探头一般采用尖锐的头部，如图 14.4 所示。图 14.4a 所示为楔形探头，构型为狭长薄楔，上方水平，为静压测量面，上开小孔或缝隙；图 14.4b 所示为锥形探头，构型为圆形锥柱，圆柱段环形开孔。在超声速范围内，楔形探头由于前缘钝化和边界层的存在，测量面上方会产生弱的马赫波，所测为马赫波后的静压；而锥形探头中，所测气流首先经历锥形斜激波而后经历膨胀波，它们所实测的均不能直接等同于来流静压，通常都需要经过校核修正后使用。锥形探头使用更

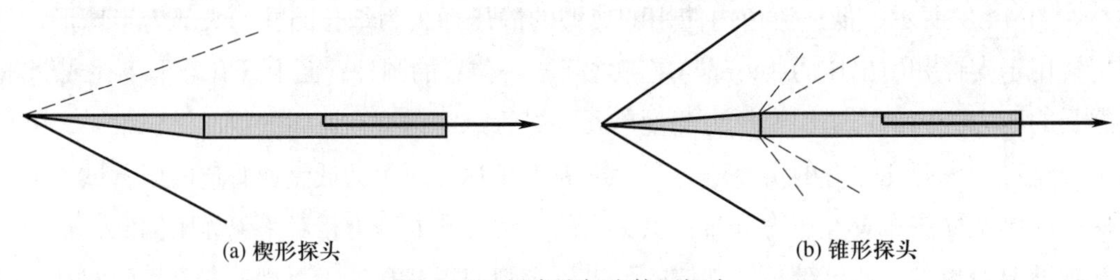

(a) 楔形探头　　(b) 锥形探头

图 14.4　超声速气流静压探头

为广泛，一般来说，气流马赫数越高，要求锥角越小，在高亚声速情况下，锥的长径比不小于 3；在超声速情况下，为保证不同马赫数下锥形头激波不脱体，锥的长径比通常在 15 左右。

2. 总压探头

气流总压是气流等熵滞止以后的压力，实验中也常需要测量总压以评估流体的总机械能。总压探头采用面向气流方向的压力测孔，使得气流在孔腔内滞止下来（动能转变为内能/压力能）。图 14.5 所示为常见总压探头的构型。在低速流动中，流体近似为不可压缩，总压探头一般为光滑流线型（图 14.5a）；而在超声速流动中，探头必产生激波，总压探头一般采用平头（图 14.5b），以保证激波脱体，并使脱体激波中心区近似平直。

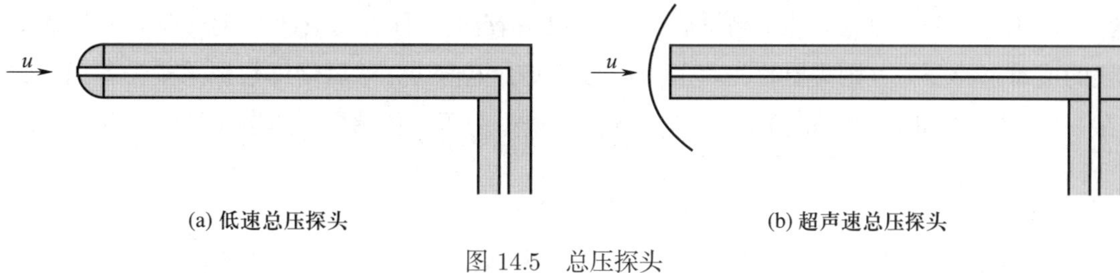

(a) 低速总压探头　　(b) 超声速总压探头

图 14.5　总压探头

总压探头有时也称为皮托管（Pitot tube），相应地，探头所测量的压力称为皮托压。对于低速总压探头，理论上探头所测得的皮托压 p_{t} 即为来流总压 p_0，根据不可压缩流伯努利定理，有

$$p_0 = p_{\mathrm{t}} = p + \frac{1}{2}\rho u^2 \tag{14.1}$$

式中：p、ρ、u 分别为来流的静压、密度和速度。

而对于超声速总压探头，探头所测的皮托压实为脱体激波后的气流总压。依据正激波关系和波前波后气流的等熵关系，可推导出量热完全气体中来流总压 p_0 与 p_{t} 的比率

$$\frac{p_0}{p_{\mathrm{t}}} = \left[\frac{2+(\gamma-1)Ma^2}{(\gamma+1)Ma^2}\right]^{\frac{\gamma}{\gamma-1}} \left[\frac{2\gamma Ma^2-(\gamma-1)}{\gamma+1}\right]^{\frac{1}{\gamma-1}} \tag{14.2}$$

式中：Ma 和 γ 分别为来流的马赫数与比热比。

由于跨激波熵增导致总压损失，皮托压总是小于来流总压，且来流马赫数越高，两者相差越大，在 $\gamma = 1.4$、$Ma = 3$ 时，来流皮托压理论上仅约为来流总压的 $1/4$。

在实际应用中，特别是低速气流中，常将总压探头和静压探头组合在一起。探头管道被分为内外两层，内层与探头驻点的总压测孔连通，外层与探头柱面上的静压测孔连通，从而可以由一个探头实体同时给出总压和静压数据。这种探头称为普朗特管（Prandtl tube 或 static-Pitot tube）。当直接测量总压和静压之差时，依据低速气流伯努利方程和来流的密度，可换算出来流的速度，此时这种探头又称为风速管。

风洞实验中，为了测量流动截面上的流动参数分布，可将一组静压或总压探头并排布置，称为静压耙或总压耙。

14.3　压力计和真空计

上述压力孔和压力探头及其附属传递部件通常称为压力测量的一次仪表。为了给出压力值，仍需采用适当的二次仪表，其作用是以敏感元件感知一次仪表所传递的压力，并将其转化为与实际压力相对应且具有一定精度的数据。对于一些稳态或准稳态（缓变）的压力，可以直接将原来的压力转变为可判读的指示数值，并经人工判读加以记录，我们将这类二次压力仪表称为压力计（测量低于大气压的情况时，称为真空计）。对于另一些快速变化的或瞬态的压力，则需要首先将压力信号转变为电信号，然后借助数据采集设备记录其在一段时间内的时序数值，我们将这类压力仪表称为压力传感器。本节主要介绍常见的压力计和真空计。

14.3.1　压力计

常用压力计依据其压力转换原理主要有液柱式和弹性式（或机械式）。其中，液柱式主要依据重力与被测压力平衡的原理制成，将被测压力转换为液柱的高度差；弹性式则主要依据弹性力与被测压力平衡的原理制成，以弹性元件变形量反映被测压力大小。

1. 液柱式压力计

常见的液柱式压力计有 U 形管压力计、单管压力计和倾斜压力计，如图 14.6 所示。这些压力计本质上是装有液体的连通器，其中所装液体称为封液，根据所测压差大小常选择使用水、酒精、水银等。

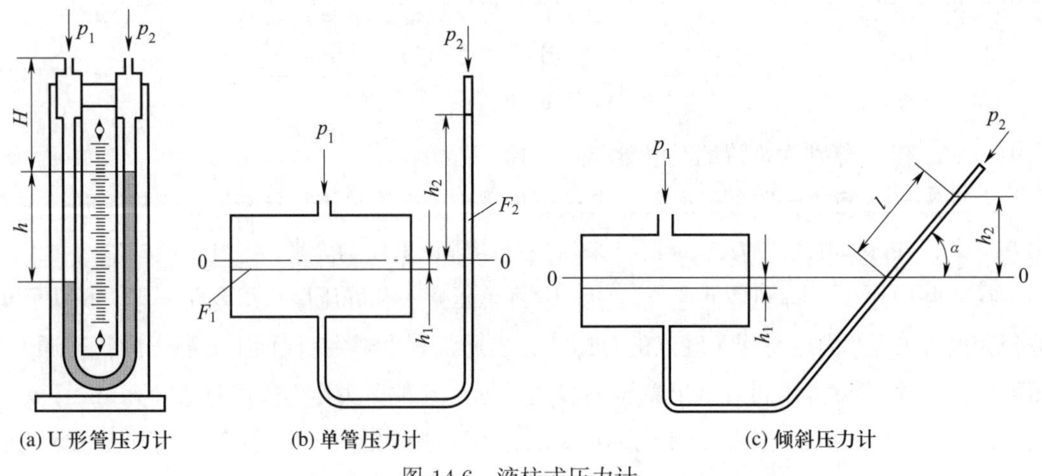

(a) U 形管压力计　(b) 单管压力计　(c) 倾斜压力计

图 14.6　液柱式压力计

当液体处于静止状态时，两侧容器液体中任意水平面的压强相等，两者自由液面高度差所产生的液体压强恰好抵抗两侧容器自由面处的压强差。高度差的产生伴随两侧容器液体的流通。当采用 U 形管时，两侧管道直径相当，流通体积致使两侧高度同时显著变动（反向），因此需同时读取两侧标度来获得高度差；单管压力计一侧容器截面面积远大于另一侧，流通体积在大截面一侧导致的液面高度变化极小，而在小截面一侧高度变化显著，由此可以单独从小截面侧读取压差；倾斜压力计，则在单管基础上，允许读数侧管道变换倾斜角度，从而放大液注沿管道的读数，提升对微小压差的测量精度。

液柱式压力计是一种传统的压力测量仪器，其优点在于便捷性和直观性，但其测量范围和精度均较为有限。为减小毛细现象的影响，需针对不同封液的表面张力属性采用足够的管道直径；为减小人为判读误差，提升精度，可在液面增加浮标。此外，由于液体和管道的热胀冷缩，不同温度下读数存在偏差，此时需要对读数进行温度修正；地球不同纬度和海拔下重力加速度存在差异，同样可导致读数差异，提升精度还需要进行海拔和纬度的修正。为提升测量上限，可采用水银封液，并将 U 形管压力计串联使用，两端压差是中间各 U 形管段压差之和。为拓展测量下限（1 Pa 及以下），可以在浮标基础上增加光学放大或机械放大的设计，如贝茨（Bates）微压计、补偿微压计。

2. 弹性式压力计

液柱式压力计以液体为工作介质，体积大、惯性大、易破损，在实际使用上存在相当大的限制，随着其他测量技术手段的进步，液柱式压力计已较少被使用。另一种使用更加广泛的压力计是弹性式压力计。这种压力计一般以表盘和指针的方式指示压力值，且主要部件由金属构成，所以通常也称为金属压力表。

弹性式压力计常见的有弹簧管式、膜式和波纹管式，分别利用弹簧管、膜盒和波纹管为感知压力的弹性敏感元件。其中，弹簧管（也称波登管）一般为单端封闭圆弧形或螺旋形的空腔薄壁金属管，管截面一般为椭圆或扁平形，当内部充压时，扁管道趋向饱满，促使弯曲管道伸张或解旋，管端相对位移经放大后转变为指针旋转；弹簧管式压力计是最早出现的弹性式压力计，其结构如图 14.7 所示；膜盒一般是扁平空腔圆盘，当内部充压时，圆盘鼓起，通过机械放大后把鼓起高度转变为指针旋转；波纹管是表面具有环形褶皱的薄壁管道，在内腔充压时，管沿轴线伸长，经机械放大后将一端伸长距离转变为指针读数。由于膜盒和波纹管的刚度相对弹簧管较低，膜式和波纹管式压力计通常用于测量较低压力，而弹簧管式压力计常被用于高压测量。

弹性式压力计种类繁多，具有各种不同的用途和规格，成品需要执行相应的国家行业标准。使用压力计前应对其规格要素有清楚的认识，并参照测量需求进行考量。除特殊流体介质需要考虑专用类型的压力计外，一般测量规格主要是量程和精度。量程，即表盘刻度最大读数，但应注意测量的最大压力一般不超过最大量程的 2/3（存在高压和脉动压力情况下，常需选择更加宽松的量程）。测量精度由国家相关标准规定的精度级别标识，一个 k 级的压力计表明其测量的绝对误差为：满量程 $\times k\%$。因此，k 值越高，则测量相对误差

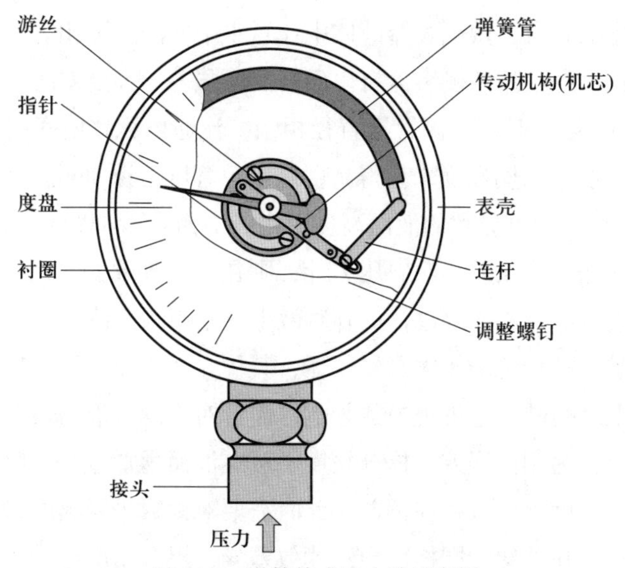

图 14.7　弹簧管式压力计示意图

越大，精度越低。我国现行标准压力计的精度级别主要有 0.1、0.16、0.25、0.4、1.0、1.6、2.5、4.0，其中 0.4 级及以下为精密压力计，1.0 级以上为普通压力计。

传统的弹性式压力计主要有以下误差来源：

（1）迟滞误差，即相同压力下，同一弹性元件正反行程的变形量不一样，产生迟滞误差。

（2）后效误差，即机械惯性较大，弹性元件的变形始终落后于被测压力的变化，对于变化较快的压力容易引起大的弹性后效误差。

（3）间隙误差，即压力计内各种机械活动部件之间不可避免存在间隙，从而指针示值与弹性元件的变形不可能完全对应，引起间隙误差。

（4）摩擦误差，即压力计内各种机械活动部件运动时，相互间存在摩擦力，产生摩擦误差。

（5）温度误差，即环境温度的变化会引起金属材料弹性模量的变化，造成温度误差。

弹性式压力计的误差来源中很大部分来自其内部各种机械活动部件，为了减少此类误差，可直接以电测方式检测出弹性元件的位移或应变，并显示为数值（液晶显示屏等），从而完全放弃传统压力计内部机械放大部件和指针驱动机构。这类压力计从初级转换元件转换原理的角度看，仍然属于弹性式，但增加的二级转换元件是各类电测器件，因此有时也被单独列为一个新的类型，即电测式压力计。根据二级转换元件的转换原理，这些电测方式同样种类繁多，例如应变片式、电感式、电容式、霍尔式等，这里不再展开叙述。这类弹性电测式压力计也称为电子压力计。

相对传统的电测式压力计，弹性电测式压力计的优点突出：首先，其输入能量小，灵敏度高，例如极距变化型电容式传感器只需很小能量就能改变电容极板位置；其次，电参量相对变化大，例如电容相对变化有时可达到 200%，从而信噪比大，稳定性好；其三，活动零件极少、质量高，从而有很高的自振频率，可以更灵敏地检测高速变化的压力。

14.3.2 真空计

真空指绝对压力低于大气压的压力。按绝对压力的范围，大致有以下划分：① 粗真空，$10^3 \sim 10^5$ Pa；② 低真空，$10^{-1} \sim 10^3$ Pa；③ 高真空，$10^{-6} \sim 10^{-1}$ Pa；④ 超高真空，$10^{-12} \sim 10^{-6}$ Pa；⑤ 极高真空，小于 10^{-12} Pa。真空技术在生产、科研中的用途越来越广，在整个真空范围内所采用的测量方法也是多种多样的。

严格意义上，真空计也是一种压力计，只是其所测的压力低于一般的参考压力——大气压。因此，前述液柱式压力计和弹性式压力计也可应用于真空测量，称为液柱式真空计和弹性式真空计。但是，这些类型的真空计测量精度有限，一般仅能用于对粗真空的测量（部分可用于低真空）。由于其测量原理与前述压力计基本相同，这里不再赘述。

除液柱式和弹性式真空计以外，还有一些其他类型的真空计，其专用性更强、测量精度更高，使用也更加普遍。这些真空计根据其测量原理，主要有压缩式、导热式和电离式三类，以下简要介绍。

1. 压缩式真空计

压缩式真空计也称为麦克劳真空计（或麦氏真空计）。该真空计实际上也利用了液柱（一般为水银）的静力平衡，它通过将被测真空系统中一定的残余气体加以压缩，比较压缩前后体积、压力的变化，计算出真空度。这里利用了波义耳-马略特定律，即对于一定质量的理想气体，在其温度保持不变时，其压强与体积乘积维持恒定。

以图 14.8a 所示活塞式真空计来说明此类真空计的结构和工作原理。该真空计由玻璃制成，左侧为活塞管，中间为上端带有封闭玻璃细管的球泡，右侧为开口玻璃细管，上端开口接需测量的真空环境。初始活塞抽回封液，使球泡与右侧管相连通，则球泡内压力为待测真空；随后下压活塞，封液进入球泡和右侧玻璃管，并将两者隔开，中间球泡和细管中气体与外界隔离；继续下压活塞，直至右侧管液面与中间管顶高度相同，此时中间管被封闭的气体受压缩，压力增大，而右侧管压力始终为待测真空，两侧液面呈现高度差。由于中间球泡和细管的初始体积以及细管直径已知，根据波义耳-马略特定律，最终中间管上端残余气柱的压强可表达为气柱高度和初始压强（即待测压强）的函数，而残余气柱高度又可直接关联中间残余气柱压强与右侧管待测压强，两式联立，即可获得待测真空压强。

实际应用的压缩式真空计大多为旋转式，如图 14.8b 所示。其工作原理相当，测量时以水平状态接入待测真空环境，随后旋转至竖直状态，封液自动隔离出一定体积的真空气体并在封液自身重力作用下进行压缩。

压缩式真空计是一种绝对真空计，测量精度较高，一般用于测量低真空和高真空，也被用于标定其他类型的相对真空计。

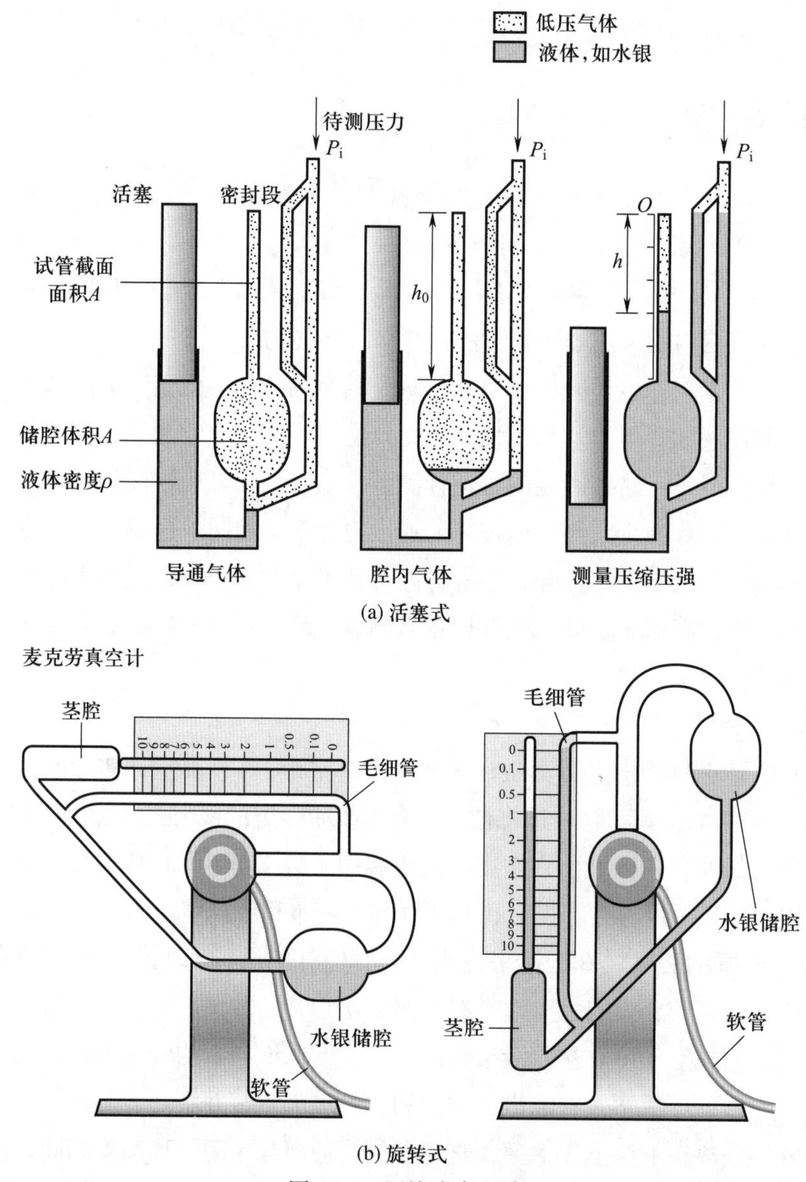

图 14.8　压缩式真空计

2. 导热式真空计

导热式真空计主要以一定的电流（或电压）加热电阻丝，电阻丝在真空中向外传热，两者平衡时，电阻丝所具有的温度与所处环境的真空压强相关，当两者关系经明确标定，则测出电阻丝温度即可知真空压强。导热式真空计是一种相对真空计，须经严格标定后使用。

电阻丝热的损失主要有三个途径：第一，引出导线迁移热量；第二，辐射传热，第三，气体分子通过与电阻丝碰撞迁移热量。其中前两者仅与电阻丝本身温度相关，而最后一项热的传递速率（或导热系数）在压强较低、温度维持相对稳定的情况下与气体压强线性相关，压强越高则气体分子数密度越高，与电阻丝碰撞频率越高，从而传热越快。因此，综合来说最终电阻丝的温度随真空压强的提高而降低。

这里根据对电阻丝温度测量方法的不同，又可分为两类：一是采用电阻温度系数较大的电阻丝（常用钨丝或铂丝），由于温度与电阻丝阻值相关，可由供电电压和电流获知电阻丝温度值，这种类型的真空计又称为电阻真空计（或皮拉尼真空计）；二是采用独立的热电偶及其配套测量电路来获得电阻丝的温度，这种类型的真空计又称为热电偶真空计。

3. 电离式真空计

电离式真空计主要通过使真空环境的稀薄气体发生电离，利用离子电流测量环境压强。电离式真空计也是一种相对真空计，须经严格标定后使用。

电离式真空计的探测端由阴极、加速极和收集极构成，一般呈嵌套的环形布局。其中，阴极为炽热灯丝，位于内层；加速极为螺旋网，气体可穿过，位于中间层；收集极为筒形，位于最外层。具体工作原理为：阴极产生的电子在带正电的加速极作用下向外运动；当电子的动能足够大，在飞向加速极的路途中与管内低压气体分子碰撞，使气体分子电离；位于外侧的收集极（负电位）接受电离产生的离子，产生离子电流。同理，当环境压强较低、温度维持相对稳定时，环境压强越高则气体分子密度越高，在电子轰击下发生电离的分子数量越多，收集极产生的离子电流就越大。当气体压强足够低（一般低于 0.1 Pa）时，离子电流与发射电子电流之比正比于所处环境的气体压强。电离式真空计适用于高真空的测量，其测量范围一般为 $10^{-7} \sim 10^{-1}$ Pa。

14.4　压力传感器及其使用

在测量随时间快速变化的压力时，通常采用压力传感器。压力传感器通过初级敏感元件将压力转变为应变或者位移，再直接以测量电路（或经由次级敏感元件加测量电路）将应变或位移转变为可用的电流或电压。压力传感器种类繁多，流体力学中常用的压力传感器有压电式、压阻式、应变式、电容式、电感式、谐振式、光纤式等。其中，压电式压力传感器和压阻式压力传感器是空气动力学实验中使用最为广泛的两种。关于这些压力传感器的基本原理、传感器的静态特性和动态特性等，与其他用于测量力、加速度等物理量的传感器并无太大区别，这里不再赘述。

实验中需根据需求选择压力传感器的种类和参数。传感器的最大量程应充分高于待测流场压力峰值（2 倍以上）；传感器的响应频率应大于待测动态压力有用频率的 $3 \sim 10$ 倍；含有准稳态压力段的动态压力（例如激波管压力）应注意压电式传感器的漏电不至引起严重信号衰减，注意低频传感器不至引起陡变信号被抹平。

使用传感器进行压力测量时，一般将传感器安装在模型表面。在表面安装情况下，应尽量保证传感器头部与测压壁面平行，同时不使传感器头部凸出或凹入壁面，以尽可能减少对当地边界层流动的干扰。在传感器安装面两侧压差较大的情况下，应注意传感器的密封安装。在燃烧、爆轰等高温气流中测量压力时，应注意传感器流动接触表面的高温保护，并意识到温度以及高温等离子对传感器信号可能构成的干扰。

14.5　压力敏感漆测压技术

14.5.1　技术背景

传统壁面测压技术包括压力探头、压力传感器等，这些方法技术成熟、精度较高、应用广泛，在获取物体绕流压力分布特性方面发挥了重要作用。但是，也存在如下问题：首先，上述技术属于单点测量方式，空间分辨率较低；其次，在进行测压实验前，需要对实验模型进行开孔、管道设计等额外加工，增加了实验难度，并且测压孔不可避免会影响物体表面流场；再次，测压孔测压较难应用于复杂模型表面、拐角、较薄部位等，限制了应用领域和范围。

压力敏感漆（pressure sensitive paint，PSP），简称压敏漆，是基于涂料光致发光原理建立压力大小与发光强度关系的一种测压技术。除了可以用于显示流动，也可应用于流动压力测试。该种测压技术的优点包括：可以实现物体全表面压力测量，具有很高的空间分辨率，同时具备时间解析的高频测压能力；实验前只需要将压力敏感漆喷涂到模型表面，不需要对模型进行开孔等额外加工处理，实验准备简单；此外，该技术可用于对复杂三维模型，难以放置测压孔的较薄、拐角等特殊部位，以及动态运动模型进行测压实验。特别地，压敏漆可以测量整个物体表面压力分布，对于飞行器模型，可以通过表面压力积分获得局部部件气动力及总体气动力，可以为飞行器设计及性能提升提供重要支撑。因此，压力敏感漆测压技术是一种优势明显、很有发展和应用潜力的技术。

14.5.2　测压原理

压力敏感漆测压技术是依靠材料、化学、光学、力学等学科发展起来的，其核心技术是压敏漆涂料（图 14.9），该种涂料分子具有光致发光特性，在一定波长的光源照射下，涂料分子吸收能量被激发，进入高能态，但是在该能态下不稳定，因此发出另外一种波长的光进而返回基态。由于氧猝灭效应原理，涂料分子的发光强度受氧含量影响，即氧含量越

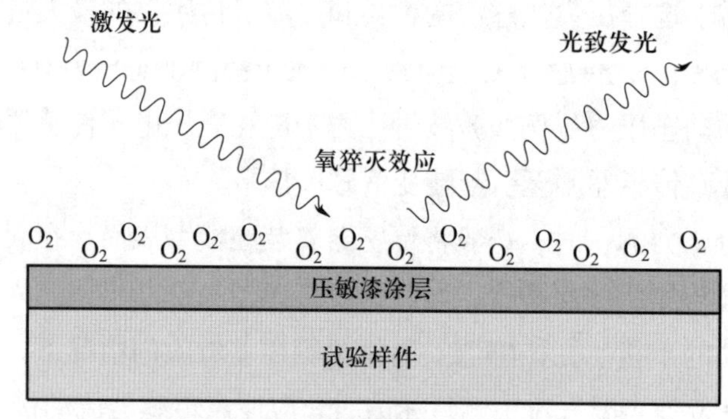

图 14.9　压敏漆测压原理示意图

高，发光强度越弱，氧含量越低，发光强度越大。在大气环境中，氧含量百分比固定，氧含量与压力相关，进而可以建立发光强度与压力大小的关系。因此，压力敏感漆测压技术通过测量物体表面涂料的发光强度，进而获得物面压力的定量信息。

光致发光强度与压力变化关系由斯特恩–沃尔默（Stern-Volmer）公式决定

$$I_{\max}/I = 1 + KP \tag{14.3}$$

式中：$I_{\max}$ 是压敏漆分子的最大发光强度；I 为压力 P 对应的光强分布，K 为系数。

一般而言，式 (14.3) 需要在真空环境中获得最大发光强度，进而获得标定系数，因此操作较为复杂。基于压力敏感漆测压原理，在具体实施过程中可以采用发光强度法和发光寿命法开展压力测量。

1. 发光强度法

发光强度法（光强法）通过相机记录发光强度，建立发光强度和压力大小的关系。压敏漆在一定的入射波长激发下会发出另外一个波长的光。一般入射波长在紫外线区域，如图 14.10 所示某种压敏漆可被激发的入射波长在 365 nm 附近，发射光波长在 645 nm 附近。入射光由特定的光源发出，发射光由相机采集。光强法分别记录无风状态和有风状态的发光强度，光强和压力则存在如下定量关系：

$$\frac{I_{\text{wind off}}}{I_{\text{wind on}}} = A + B\frac{P_{\text{wind on}}}{P_{\text{wind off}}} \tag{14.4}$$

式中：$I_{\text{wind off}}$ 是无风状态测得的光强；$I_{\text{wind on}}$ 是特定来流速度下测得的光强；$P_{\text{wind off}}$ 是无风状态的压力，即大气压力；$P_{\text{wind on}}$ 是特定来流速度下的压力，即需要测量的压力；A 和 B 是通过标定实验获得的标定系数，一般为常数。因此，通过测量有风和无风状态模型表面光强分布，即可获得模型表面压力分布。

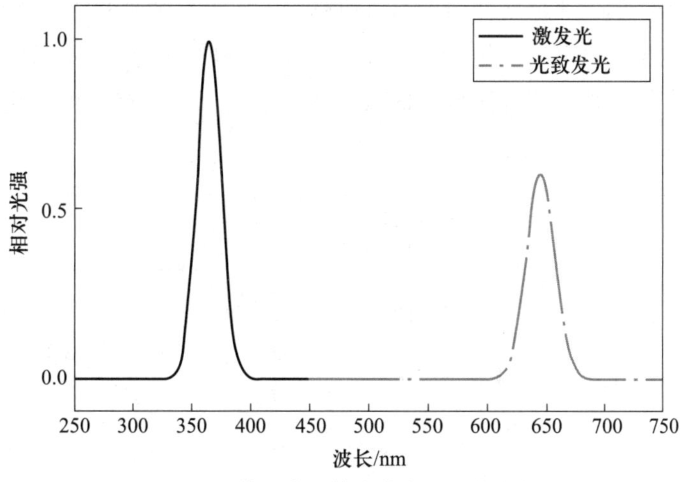

图 14.10　单组分压敏漆激发光和发光特性

上述方法主要基于单组分压敏漆，即发射光只有一个中心波长。该种涂料制备简单，但是存在的主要问题是发光特性受到温度的影响较大，不同温度下的标定系数 A、B 存在一定的差异，如图 14.11 所示。为了能够精确测量压力，必须严格保证环境温度在实验过程中保持不变，给风洞实验带来极大挑战。

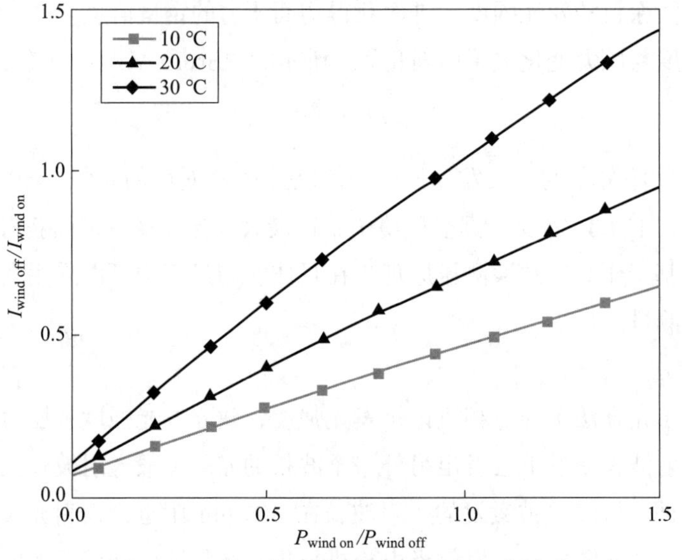

图 14.11　单组分压敏漆材料光强和压力关系

解决温度对压敏漆测量精度影响的一个重要改进方法是采用双组分涂料。该种涂料的特性是在单一入射波长的激发下，发射出具有两个中心波长的发射光，其中一个属于参考光 I_{R}，另外一个是压力光 I_{P}，如图 14.12a 所示。该种涂料对应的光强和压力存在如下定量关系：

$$\frac{(I_{\mathrm{P}}/I_{\mathrm{R}})_{\text{wind off}}}{(I_{\mathrm{P}}/I_{\mathrm{R}})_{\text{wind on}}} = A + B\frac{P_{\text{wind on}}}{P_{\text{wind off}}} \tag{14.5}$$

其中下标“wind off”“wind on”分别表示无风状态、特定来流速度状态下测量获得的参数。双组分涂料的实验操作具有与单组分涂料相似的流程，但是一般需要采用两台相机分别测量参考光和压力光的光强。该种涂料的优点是标定系数 A、B 受温度影响较小，极大提高了测量精度，如图 14.12b 所示。

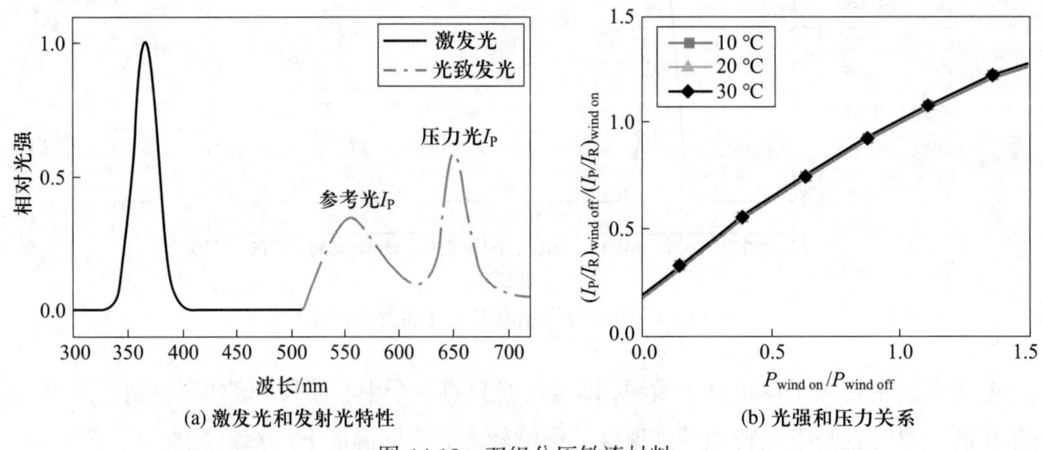

图 14.12　双组分压敏漆材料

2. 发光寿命法

发光强度测量方法中，发射光强随时间衰减，并且容易受到压敏漆涂料或者入射光分布不均匀的影响。光致发光寿命与压力之间的关系不受光源照射强度的影响，并且对压敏漆涂料浓度、厚度、涂层污染等不敏感。发光寿命法的典型过程是，采用脉冲光源照射压敏漆涂料，通过相机记录涂料的发光衰减过程，发光寿命可以通过对数字图像结果进行指数拟合获得。根据斯特恩–沃尔默公式，可以获得发光寿命与压力系数的定量关系

$$\frac{\tau_{\text{wind off}}}{\tau_{\text{wind on}}}=A+B\frac{P_{\text{wind on}}}{P_{\text{wind off}}} \tag{14.6}$$

其中下标“wind off”“wind on”分别表示无风状态、特定来流速度状态下测量获得的参数。

上述测量原理可以通过两束或者多束脉冲入射光实现（图 14.13）。对于两束脉冲入射光情况，存在如下关系：

$$\frac{(I_{\text{G2}}/I_{\text{G1}})_{\text{wind off}}}{(I_{\text{G2}}/I_{\text{G1}})_{\text{wind on}}}=A+B\frac{P_{\text{wind on}}}{P_{\text{wind off}}} \tag{14.7}$$

式中：I_{G1} 和 I_{G2} 分别是第一束、第二束脉冲对应的时间积分发光强度。

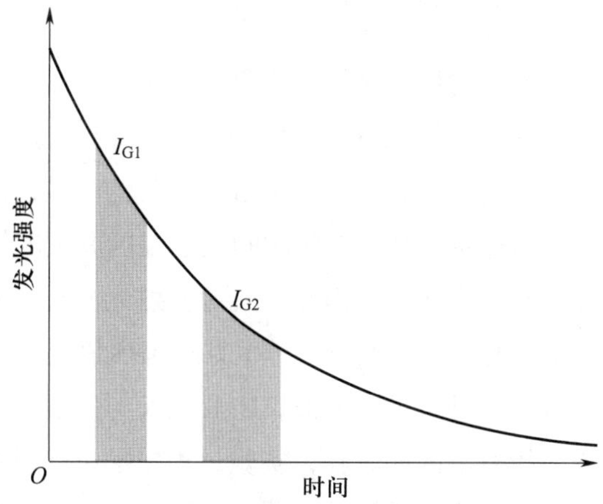

图 14.13 发光寿命法测量原理示意图

3. 非定常压力测量

非定常压力测量原理与上述定常压力测量原理基本一致，但是对压敏漆具有更高要求。非定常压力测量时，一般通过采用多孔涂料提高压敏漆分子的氧猝灭速率（图 14.14），进而提高压力响应速率，实现高频测量。

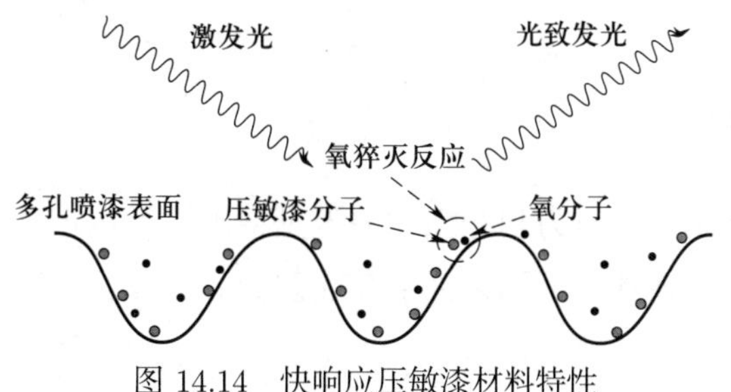

图 14.14 快响应压敏漆材料特性

14.5.3 硬件构成

压敏漆测压系统硬件构成主要包括压敏漆涂料、光源和相机，此外还需要计算机及软件系统进行硬件协同控制、数据采集以及数据处理（图 14.15）。

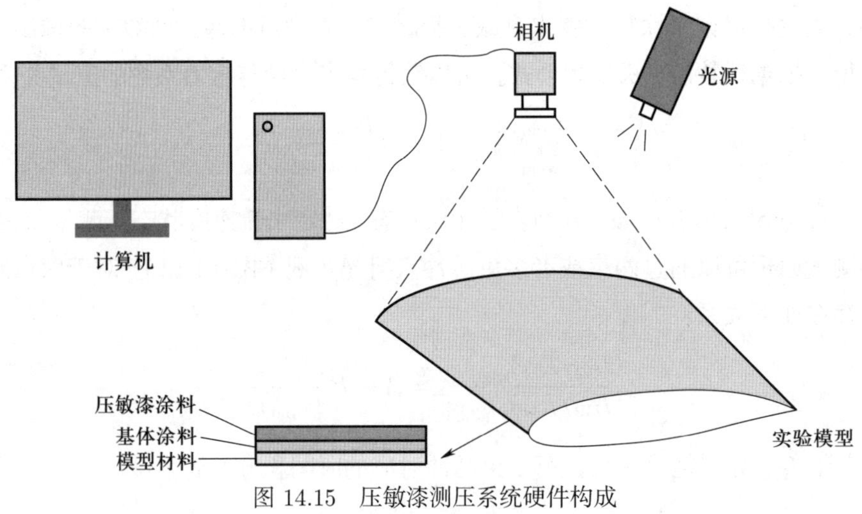

图 14.15 压敏漆测压系统硬件构成

压力敏感涂料是核心技术，对压力测量精度至关重要。一般压敏漆涂料通过将发光材料和聚合物胶黏剂溶于溶剂获得，发光材料以发光分子为探针，压敏漆的特性与聚合物以及探针分子与周围聚合物的相互作用有关。对压敏漆涂料的一些性能要求包括良好的压力响应、较高的发光输出、涂料稳定性高、响应时间短、温度灵敏度低等。

光源的主要功能是激发压敏漆涂料，因此，光源发射光波长需要与压敏漆涂料的可被激发波长相匹配，一般在紫外光范围。光源的产生方式包括激光、氙光灯、LED 等。发光波长范围通常具有两种形式：一种是发射窄波，中心波长与压敏漆涂料可被激发波长相同或者相近；另外一种是发射较宽范围的波长，实验过程中配备带通滤光片使用。压敏漆测压系统对光源性能要求极高，具体包括能量充足、光照均匀、发光稳定、方便使用等。

相机的主要功能是采集并记录压敏漆被激发后的发射光。基本要求是相机的工作波长包含压敏漆发射光，因为一般相机工作波长在紫外线、可见光范围，可通过匹配带通滤光片实现发射光的记录。此外，对相机的要求还包括低噪声、高信噪比、高线性、高像素、高动态范围等。值得注意的是，一般 PIV 测速实验所采用的 CCD 相机、CMOS 相机等同样可被用于压敏漆测压实验。

14.5.4 标定实验

压力敏感漆测压技术建立压力和光强的关键是精确获得标定系数，由于压力敏感涂料的差异和温度影响，标定系数在不同条件下存在差异。因此，针对特定实验，需要采用标定系统精确获得标定系数。

标定实验本质上是通过已知的压力、光强数据由式 (14.4) 获得标定系数。由于较难以直接使用实验模型做校准实验，通常采用与实验模型相同的喷涂工艺将相同的压力敏感漆喷涂在样片上，放置于压力舱中进行校准实验。图 14.16 所示是典型的标定系统，核心部件是压力舱，其特点是可以根据需要改变并且精确测量温度和压力，一般可以通过抽吸系统或者气泵系统改变压力，通过热电偶以及水冷系统实现温度的稳定调节。

图 14.16 压敏漆标定系统

采用与模型实验相似的光源、相机布置方式。固定压力舱温度，调整压力，利用相机获得对应的样片发射光光强数据，在获得不少于 7 个压力状态的数据后，即可通过数据拟合获得该温度下的校准系数。进一步改变温度，重复上述过程，则可以获得不同温度对应的校准系数。

14.5.5 数据处理

通过模型测压和校准实验获得的压力信息要精确反映模型表面压力变化，一般需要经过图像匹配和三维坐标还原过程。

（1）二维图像对准

在实验过程中，风洞开启前后，以及风洞运行过程中，实验模型可能发生移动。因此，需要精确定位每帧图像位置。二维图像匹配是将不同时刻图像的模型位置对准的过程。一般可以采用两种方法，投影变换和多项式变换。针对两个典型时刻拍摄的模型图像，记为有风状态 (x,y) 和无风状态 (x',y')，进行投影变换

$$x=\frac{a_1x'+a_2y'+a_3}{c_1x'+c_2y'+1} \tag{14.8}$$

$$y=\frac{b_1x'+b_2y'+b_3}{c_1x'+c_2y'+1} \tag{14.9}$$

严格来讲，投影变换只针对二维物体的刚性运动有效。多项式变换则可以对任意物体

运动和变形进行处理，多项式变换的表达式为

$$x = a_{00} + a_{10}x' + a_{11}y' + a_{20}x'^2 + a_{21}y'^2 + a_{23}x'y' + \cdots \tag{14.10}$$

$$y = b_{00} + b_{10}x' + b_{11}y' + b_{20}x'^2 + b_{21}y'^2 + b_{23}x'y' + \cdots \tag{14.11}$$

在实际操作过程中，通过在模型上标记特征标记点，作为已知的物理量 (x, y) 和 (x', y')，带入式 (14.8) 和式 (14.9) 求得不同阶次的变换系数 a、b、c，进而可以作为后续二维图像对准的依据。

（2）三维坐标还原

二维图像对准可以解决因为模型移动带来的测量误差问题，但是实际执行过程中，压敏漆测量对象是三维模型，因此，需要进一步通过平面图像 (x, y) 和三维实物模型 (X, Y, Z) 的对应关系，重构三维模型表面压力分布。该过程可以基于中心投影开展：来自模型的光穿过光学中心并投影到图像平面上，存在映射关系

$$x - x_P + \Delta x = -c\frac{m_{11}(X - X_c) + m_{12}(Y - Y_c) + m_{13}(Z - Z_c)}{m_{31}(X - X_c) + m_{32}(Y - Y_c) + m_{33}(Z - Z_c)} \tag{14.12}$$

$$y - y_P + \Delta y = -c\frac{m_{21}(X - X_c) + m_{22}(Y - Y_c) + m_{23}(Z - Z_c)}{m_{31}(X - X_c) + m_{32}(Y - Y_c) + m_{33}(Z - Z_c)} \tag{14.13}$$

其中，(x_P, y_P) 是主像点在像平面坐标系中的坐标，c 是相机焦距，m_{ij} 表示相机的旋转矩阵元素，(X_C, Y_C, Z_C) 是摄影中心点在空间坐标系中的坐标。

直接线性变化是式 (14.12) 和式 (14.13) 的一种特殊形式

$$x + \Delta x = -\frac{L_1X + L_2Y + L_3Z + L_4}{L_9X + L_{10}Y + L_{11}Z + 1} \tag{14.14}$$

$$y + \Delta y = -\frac{L_5X + L_6Y + L_7Z + L_8}{L_9X + L_{10}Y + L_{11}Z + 1} \tag{14.15}$$

其中 Δx、Δy 是修正值，在简化情况下可以设置为零，L_i 是变换系数。

在三维坐标还原过程中，同样需要先基于模型的特征标记点计算获得变换系数，进而通过映射关系获得拍摄图像对应的三维空间坐标。

14.6　壁面剪应力测量方法

14.6.1　直接测量方法

直接测量方法是通过力和力矩平衡原理直接获得阻力，即

$$F = \tau_{\mathrm{w}}A \tag{14.16}$$

表示为

$$\tau_{\mathrm{w}} = F/A \tag{14.17}$$

测量方法如图 14.17 所示，包括浮动平板、弹簧系统、测力传感器。浮动平板具有水平移动自由度，在壁面剪应力作用下发生位移，通过弹簧系统和测力传感器，建立位移和力的定量关系。需要注意的是，浮动平板和周围固定壁面间距应尽可能小，例如间距小于 0.2 mm；浮动平板垂向位移尽可能小，即垂向位移远小于水平位移。为了提高测量精度，可以适当增加测量平板面积以及采用高灵敏度、高精度测力传感器或者测力天平。值得注意的是，增加测量平板面积会影响测量壁面剪应力的分辨率。

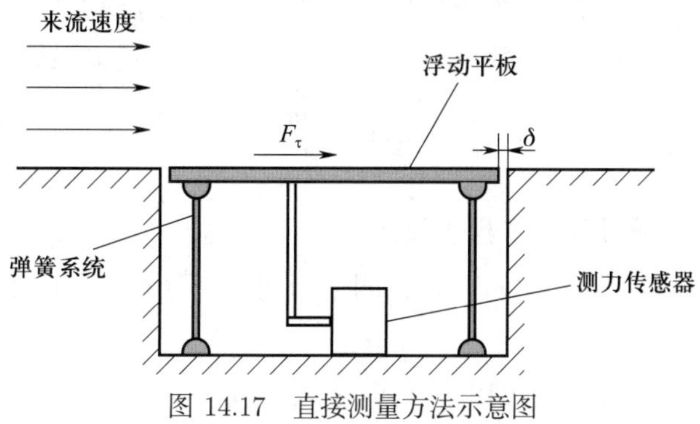

图 14.17　直接测量方法示意图

14.6.2　牛顿摩擦定律方法

理论上，通过牛顿摩擦定律测量壁面剪应力需要获得壁面的速度梯度。实际上，根据壁面边界层速度剖面（图 14.18），通过靠近壁面的速度差值可近似获得壁面处的速度梯度，进而可计算壁面摩擦阻力。该种方法对应的测量技术包括皮托管、热线、LDV、PIV 等。

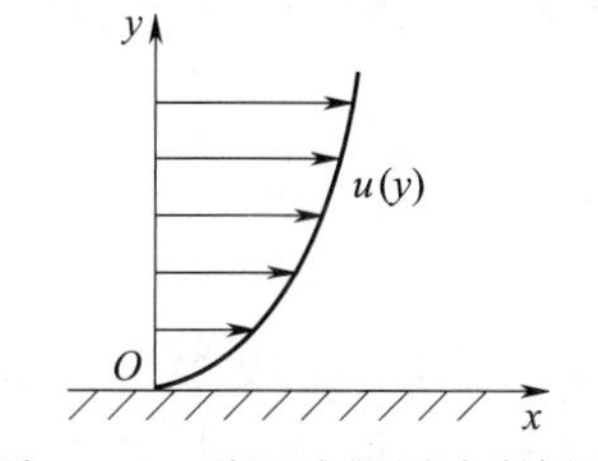

图 14.18　壁面边界层速度剖面

牛顿摩擦定律方法依据壁面摩擦阻力的定义

$$\tau_{\mathrm{w}} = \mu \left.\frac{\mathrm{d}u}{\mathrm{d}y}\right|_{y=0} \tag{14.18}$$

这种方法的优点是测量简单，易于实现。但是也存在一些需要注意的问题。首先，为了满足壁面速度梯度的测量要求，测量点需要靠近壁面；其次，壁面会对皮托管、热线带来扰动，PIV 分辨率不足给精确测量带来挑战；再次，实际测量不能严格满足计算公式，壁面差分计算会带来一定误差。

14.6.3 边界层动量积分方法

边界层动量积分方法是基于壁面速度剖面获得壁面摩擦阻力。对于不可压缩流动，壁面剪应力与速度存在如下关系：

$$\frac{\tau_{\mathrm{w}}}{\rho U^2}=\frac{\mathrm{d}\theta}{\mathrm{d}x}+\theta\left(\frac{\delta^*}{\theta}+2\right)\frac{1}{U}\frac{\mathrm{d}U}{\mathrm{d}x} \tag{14.19}$$

其中：ρ 是流体密度，U 是边界层外流速度，δ 是边界层厚度 $(\delta=y|_{u/U=0.99})$，δ^* 是位移厚度 $\left(\delta^*=\int_0^\infty\left(1-\frac{u}{U}\right)\mathrm{d}y\right)$，$\theta$ 是动量损失厚度 $\left(\theta=\int_0^\infty\frac{u}{U}\left(1-\frac{u}{U}\right)\mathrm{d}y\right)$。

对于零压力梯度的平板边界层流动，U 是常数，上述公式可以简化为

$$\frac{\tau_{\mathrm{w}}}{\rho U^2}=\frac{\mathrm{d}\theta}{\mathrm{d}x} \tag{14.20}$$

在实际测量过程中通过如下步骤实现：

（1）选择两个相邻流向位置 x_1、x_2，测量当地速度分布 $u(y)$，以及对应的来流速度 U_1、U_2。

（2）通过速度积分，计算边界层统计量 δ_1^*、δ_2^*、θ_1、θ_2。

（3）计算时均参数和差值参数

$$U=(U_1+U_2)/2,\quad \delta^*=(\delta_1^*+\delta_2^*)/2,\quad \theta=(\theta_1+\theta_2)/2 \tag{14.21}$$

$$\frac{\mathrm{d}U}{\mathrm{d}x}=\frac{U_2-U_1}{x_2-x_1},\quad \frac{\mathrm{d}\theta}{\mathrm{d}x}=\frac{\theta_2-\theta_1}{x_2-x_1} \tag{14.22}$$

（4）带入动量积分方程，求得壁面剪应力 τ_{w}。

因此，这种方法获得的壁面剪应力是两个相邻流向位置 x_1、x_2 下的平均值。不是基于单点测量，因此可以减小测量误差带来的影响，提高测量精度。

14.6.4 普雷斯顿管方法

1954 年，普雷斯顿采用一种圆形皮托管测量壁面剪应力。普雷斯顿管口恰好接触到表面。这种测量方法的基本原理也是建立壁面剪应力和总压、静压的关系

$$\frac{(p_t-p_S)d^2}{\rho U^2}=f_1\left(\frac{\tau_{\mathrm{w}}d^2}{\rho U^2}\right) \tag{14.23}$$

其中，d 是普雷斯顿管口直径，因此存在关系

$$p_t-p_S=C\tau_{\mathrm{w}} \tag{14.24}$$

校准实验一般选用充分发展的管道湍流，通过测量两个截面压力 p_1 和 p_2 可以算出壁面剪应力 τ_{w}

$$S\tau_{\mathrm{w}}=A(p_1-p_2) \tag{14.25}$$

其中 S 是侧壁面积，A 是圆管截面面积。需要注意的是，斯坦顿管是另外一种类似的利用皮托管测压进而获得壁面剪应力的测量技术，由斯坦顿等在 1920 年提出。

14.6.5　油膜干涉方法

油膜干涉法是通过测量壁面油膜在剪应力作用下的厚度变化，进而获得壁面剪应力。测量原理如图 14.19 示，油膜涂在模型表面，来流情况下，油膜在壁面剪应力作用下发生位移，形成楔形油膜。油膜厚度与剪应力存在如下关系：

$$\frac{\partial h}{\partial t}+\frac{\partial}{\partial x}\left(\frac{\tau_{\mathrm{w},x}h^2}{2\mu}\right)+\frac{\partial}{\partial z}\left(\frac{\tau_{\mathrm{w},z}h^2}{2\mu}\right)=0 \tag{14.26}$$

其中 h 是油膜厚度，$\tau_{\mathrm{w},x}$，$\tau_{\mathrm{w},z}$ 是壁面剪应力，μ 是黏性系数。对于二维流动，上述公式可简化为

$$\frac{\partial h}{\partial t}+\frac{\partial}{\partial x}\left(\frac{\tau_{\mathrm{w},x}h^2}{2\mu}\right)=0 \tag{14.27}$$

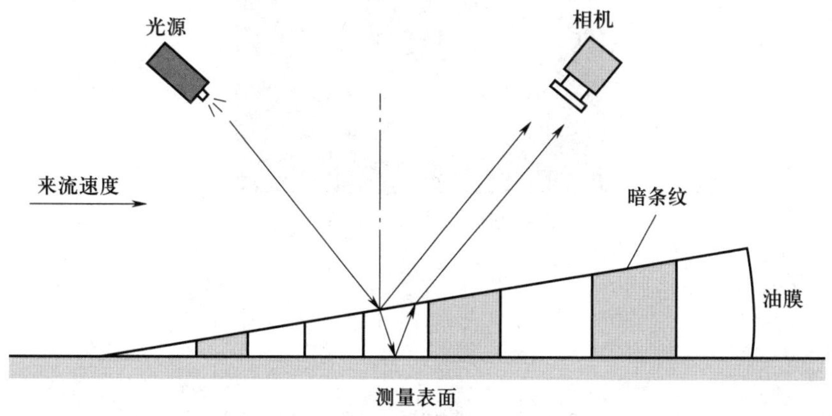

图 14.19　油膜干涉方法测量原理

利用光源对油膜进行照射，一部分光在油膜表面反射，另一部分光进入油膜在壁面反射，两束反射光属于相干光源，因此会发生干涉形成明暗相间条纹。条纹间距和油膜厚度存在特定关系

$$h=\frac{\lambda\varphi}{4\pi}\left(\frac{1}{\sqrt{n_\mathrm{f}^2-n_\mathrm{a}^2\sin^2\theta_i}}\right) \tag{14.28}$$

其中，n_f 和 n_a 分别是油和空气的折射率，θ_i 是入射角，φ 是相位差。

实验过程中，通过记录油膜干涉条纹在特定时间内的条纹间距，即可通过上述关系获得壁面摩擦阻力。

14.6.6　液晶涂层方法

液晶涂料的光学特性与壁面剪应力有关。壁面剪应力改变，导致涂层颜色发生相应变化。液晶涂料呈现为液体和固体的组合特性，其光学特性与特定的分子排列形式有关。当温度变化或者承受剪应力作用时，液晶涂层内分子的排列方式发生变化，将呈现出不同的发光颜色特性。因此，通过标定实验，建立液晶涂层发光特性和壁面剪应力的定量关系，即可通过光学实验获得壁面力学特性。典型液晶涂层测量效果如图 14.20 所示，呈现了射流撞击壁面的剪应力变化。需要注意的是，由于液晶涂层极易受到温度影响，实验过程需要严格消除温度变化带来的影响。

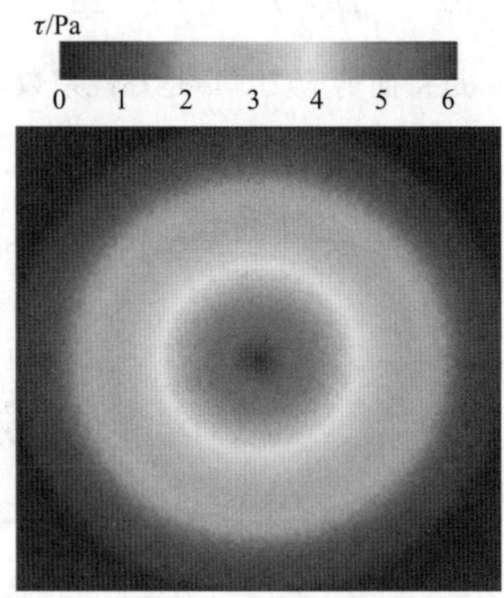

图 14.20　液晶涂层测量效果

习题

14.1　针对机翼开展壁面压力和壁面剪应力测量，推导机翼升力、阻力公式。

14.2　分析压力敏感漆测压方法应用过程中可能的测量误差来源。采用哪些措施可以提高测量精度?

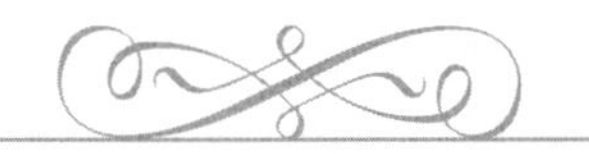

第 15 章 流体速度测量技术

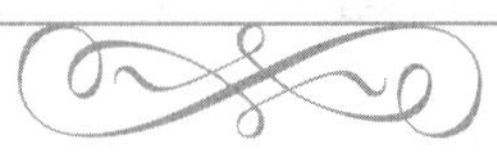

流体速度是流场最为基本的物理量，对流动特征的认识很大程度上取决于速度场的获得。大多数描述流场的物理量可以直接和速度变量建立联系，如环量、涡量、流函数等。目前的流速测量技术主要包括皮托管技术、热线测速技术、激光多普勒测速技术和粒子图像测速技术。本章主要对后面三种技术的基本原理和特点进行介绍。

15.1 热线测速技术

15.1.1 流速测量概述

传统测速设备是皮托管，但是皮托管不能测量瞬态速度，对流场有较大干扰，较难测量近壁速度，因此不适用于湍流、边界层、分离流等非定常复杂流动的研究。热线（hot wire）测速技术将流场速度变化和热力学、电路原理结合起来，是较早发展起来的高精度单点测速技术，在流体力学研究过程中发挥了重要作用。

1914 年，金（King）推导了无限长线在无限大流场中的热对流方程，为热线测速技术的发展提供了重要理论依据。20 世纪 20 年代开始，恒流式热线、恒温式热线，借助计算机、电子电路等技术陆续发展，热线测速技术也逐渐完善。因此，相对来说，热线测速是一种历史悠久、成熟度很高的技术。

热线测速技术的核心是一根直径为 μm 量级的金属丝，放置于流场中。金属丝采用电阻温敏金属，并且作为电路的一部分。在电路中金属丝被加热，在来流作用下，金属丝散热，金属丝阻值改变，进而导致金属丝电压发生变化。因为散热量与来流速度存在定量关系，散热量与金属丝电压同样存在定量关系。特别地，在电路中，电压很容易测量，因此可以建立电压与来流速度的关系，即通过测量电压信号获得定量的来流速度信息。

15.1.2　热线构成与分类

热线测速系统主要硬件部分包括热线探头、电路系统、数据采集系统、校准系统（图 15.1）。

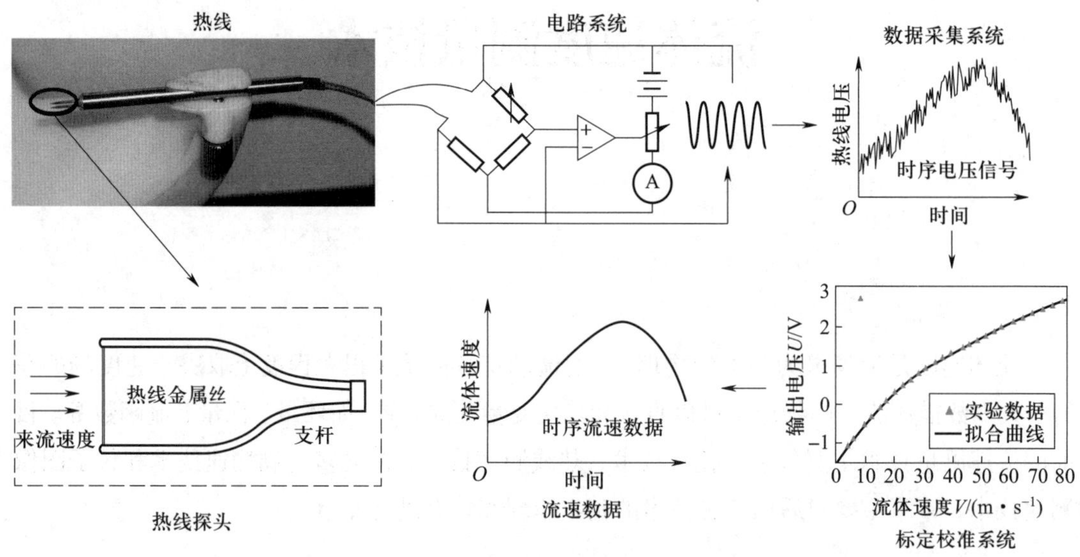

图 15.1　热线测速系统组成

热线探头作为直接测量部件，包括热线金属丝、支杆等（图 15.2）。热线金属丝是测速的核心部件，对其材料要求包括机械强度高、不易断、电阻温度系数高、电阻率大、热传导率小等。常用材料为钨丝、铂丝、铂铱合金等。热线金属丝直径一般为 $d = 1 \sim 5\ \mu\mathrm{m}$，尽量避免对流场干扰，金属丝长度 l 应满足 $l/d > 100$，通常在 300 μm 附近。实验过程中，金属丝垂直于来流速度方向，即一根金属丝所构成的热线测速系统只能测量一个分量的速度。值得注意的是，热线测速不能直接区分正向、负向速度。

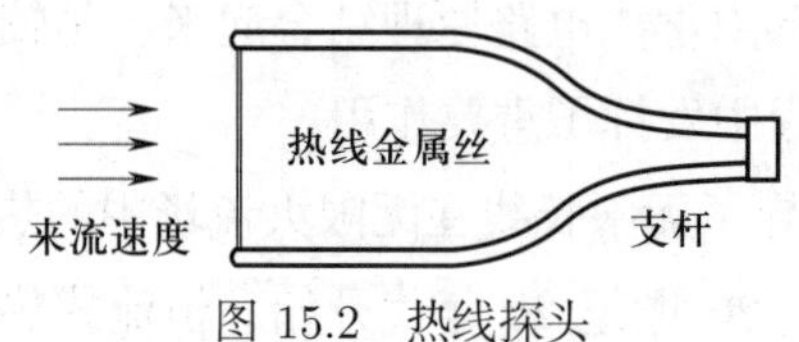

图 15.2　热线探头

电路系统是热线金属丝所在的电路构成，具备调节电流或者电阻的功能，并且方便测量电压。数据采集系统主要用于采集电压信号，通过信号放大器等装置，将采集到的热线电压信号存储到计算机。校准系统则是通过校准实验获得电压信号和速度信号的定量关系，作为数据处理的依据。

热线通常用于风洞实验，常用热线采用一根金属丝作为测量元件，只能测量单分量速度。为了测量二分量乃至多分量速度场，热线可以采用双丝、三丝、V 形、X 形等结构

（图 15.3）。液体速度的测量通常采用热膜，测量原理和测量系统与热线相似。

单丝热线　　双丝热线　　三丝热线

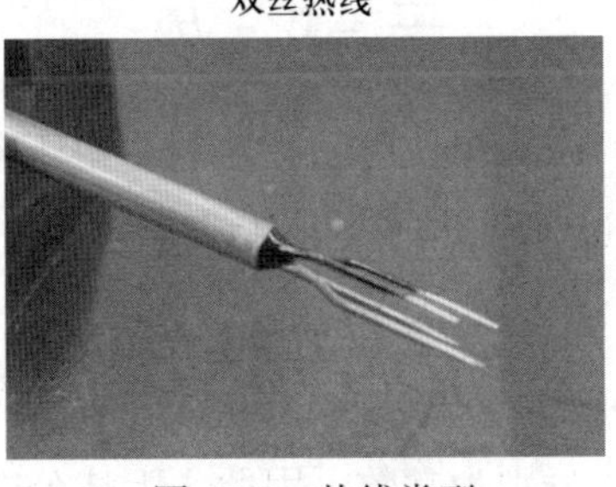

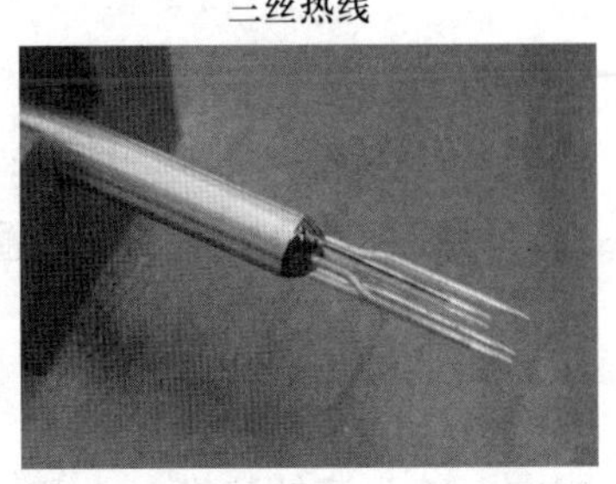

图 15.3　热线类型

热线作为一种精确的速度场测量技术，在流体力学各个领域的研究过程中发挥了重要作用。热线测速的主要优点包括：热线探头体积小，对流场干扰小；热线测量精度高，重复性好；频率响应高 ，可以高达 300 kHz，因此能够对速度场的动态演化、频谱特性进行细致分析；空间分辨率高，可以高达 0.1 mm，可研究小尺度、微小尺度旋涡；适用于不同速度范围的流体速度测量。热线的缺点主要体现在，热线只能实现单点速度测量，不能同时获得整个流场速度信息，因此研究流动结构演化等较为困难；此外，热线探头对流场有一定干扰，靠近壁面的测速精度会受到影响，并且热线容易受到来流灰尘的影响而断裂。

15.1.3　测速原理

1. 基本原理

实验过程中，热线金属丝放置在流体中，通过电流加热金属丝，其温度高于流体的温度。当流体沿垂直方向流过金属丝时，将带走金属丝的一部分热量，使得金属丝温度下降。热线在气流中的散热量与流速有关，散热量导致热线温度变化，引起电阻变化，以及相应的电压变化。因此，流体速度与热线电压存在关系，通过建立定量关系，测量电压即可获得流体速度。

热线金属丝一般为温敏电阻，其阻值随温度变化存在如下关系：

$$R_{\mathrm{w}} = R_0[1 + b(T_{\mathrm{w}} - T_0)] \tag{15.1}$$

式中：R_0 为 T_0 时的电阻值；R_{w} 为 T_{w} 时的电阻值；b 为电阻温度系数。

在电路中，在电流作用下金属丝被加热

$$W = I^2 R_{\mathrm{w}} \tag{15.2}$$

与此同时，流体流过热线，通过对流换热使金属丝损失热流量，热流量为

$$H = \alpha \pi d l (T_{\mathrm{w}} - T_{\mathrm{f}}) \tag{15.3}$$

式中：α 为热交换系数；l 为热线长度；T_{w} 为热线温度；T_{f} 为流体温度；πdl 为热线侧表面积。

当热线加热和散热达到热平衡时，存在关系

$$\frac{\mathrm{d}E}{\mathrm{d}t} = W - H \tag{15.4}$$

式中：E 为热线储存的能量；W 为单位时间在热线中由于电流流过所产生的热量；H 为强迫对流引起的热流损失。通过量纲分析，可以获得

$$\frac{I^2 R_{\mathrm{w}}}{R_{\mathrm{w}} - R_{\mathrm{f}}} = A + B\sqrt{V} \tag{15.5}$$

式中：V 为流体速度；A 和 B 分别为常数。因此，上述公式建立了流体速度和热线电流、热线阻值的定量关系

$$V = f(I, R_{\mathrm{w}}) \tag{15.6}$$

根据式 (15.6)，热线可以分为两种基本类型。

恒流法：电流不变，风速是电阻的函数，即

$$V = f_1(R_{\mathrm{w}}) \tag{15.7}$$

恒温法：电阻不变，风速是电流的函数，即

$$V = f_2(I) \tag{15.8}$$

2. 恒流法

恒流法的典型电路如图 15.4a 所示，为串联电路，下面描述热线工作过程：

（1）在平衡状态，来流速度为 V_1，热线温度为 T_{w1}，热线电阻为 R_{w1}，热线电流为 I_{w1}，热线电压 $U_1 = I_{\mathrm{w1}}R_{\mathrm{w1}}$。

（2）当来流速度增加到 $V_2 > V_1$，因为流体散热，热线温度 $T_{\mathrm{w2}} < T_{\mathrm{w1}}$，对应热线阻值 $R_{\mathrm{w2}} < R_{\mathrm{w1}}$，导致 $I_{\mathrm{w2}} > I_{\mathrm{w1}}$。

（3）恒流法的本质是保持电路电流 I_{w} 维持不变，因此通过调节可变电阻 R，使得电流恢复到原来状态，即 $I_{\mathrm{w2}} = I_{\mathrm{w1}}$，因此，热线电压 $U_2 = I_{\mathrm{w2}}R_{\mathrm{w2}} < U_1 = I_{\mathrm{w1}}R_{\mathrm{w1}}$。

（4）恒流法获得的流体速度 V 和热线电压 U 的关系如图 15.4b 所示。

（5）进一步，通过图 15.4b 所述的定量关系，测量热线电压，即可获得流体速度。

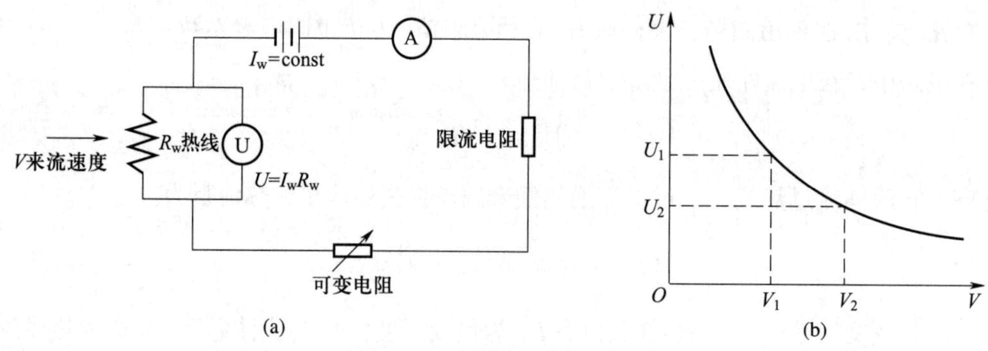

图 15.4　恒流式热线工作原理

恒流法的优点是电路简单，易于实现。但是恒流热线的频率响应低，输出电压随流体速度增加而降低，导致分辨率低，探头容易因为过热而损坏。

3. 恒温法

恒温法一般选用电桥电路，如图 15.5a 所示，下面描述热线工作过程。

（1）在平衡状态，来流速度为 V_1，热线温度为 T_{w1}，热线电阻为 R_{w1}，热线电流为 I_{w1}，热线电压 $U_1=I_{w1}R_{w1}$，热线电阻 R_w 和电阻 R_1、R_2、R_3 构成的电桥达到平衡，电路 1、2 端平衡，因此电压 $U_{12}=0$。

（2）当流体速度增加到 $V_2>V_1$，因为流体散热，热线温度 $T_{w2}<T_{w1}$，对应热线阻值 $R_{w2}<R_{w1}$，此时电桥电路不平衡，$U_{12}>0$。

（3）恒温法的本质是保持热线温度 T_w 维持不变，因此通过调节可变电阻 R，增加电线电流 $I_{w2}>I_{w1}$，热线电阻被加热，热线温度恢复为 $T_{w2}=T_{w1}$，即 $R_{w2}=R_{w1}$，电桥电路达到平衡，即 $U_{12}=0$。因此，热线电压 $U_2=I_{w2}R_{w2}>U_1=I_{w1}R_{w1}$。

（4）恒温法获得的流体速度 V 和热线电压 U 的关系如图 15.5b 所示，可见热线电压随着流体速度增大而增加。

（5）通过图 15.5b 所示的电压和流速之间的定量关系，测量热线电压即可获得流体速度。

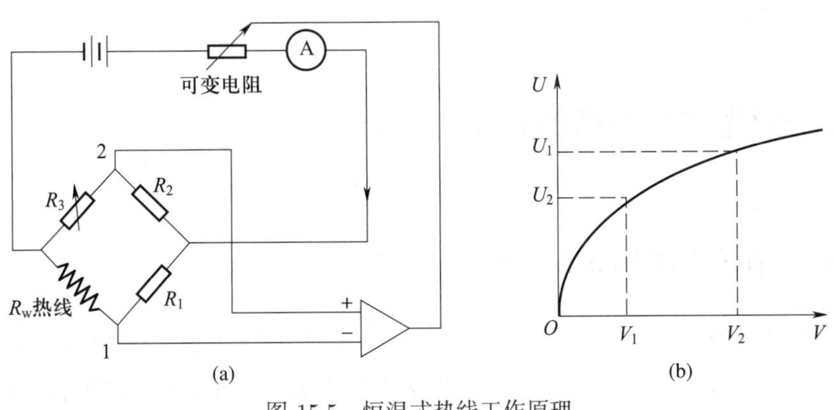

图 15.5 恒温式热线工作原理

恒温法的优点是易于使用，响应频率高，噪声低，是目前最常用的热线工作方式。相比之下的缺点是电路较为复杂。

15.1.4 热线校准

热线作为一种高精度速度测量装置，必须严格规范其操作及使用过程。特别地，热线工作过程中需要严格控制实验环境及流体温度维持不变。此外，精确获得热线的校准系数也至关重要。但是由于制造工艺、探针尺寸、金属材料等差异，以及流体温度、密度等因素的影响，实验过程中的热线需要经常进行校准，在与实验环境相同的温度下，建立输出电压 U 和流体速度 V 的定量关系，通常可用多项式关系表达，即

$$V = \sum_{i=0}^{n} k_i U^i \tag{15.9}$$

其中 k_i 为 i 次项拟合系数。

图 15.6 所示给出了典型的校准曲线，可以看到曲线拟合度很好。

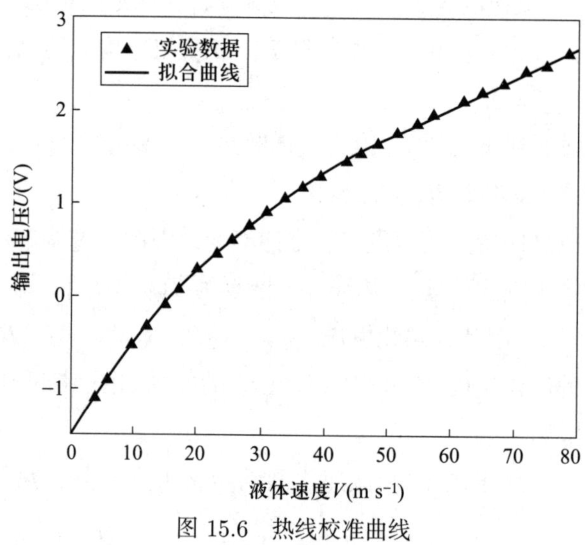

图 15.6　热线校准曲线

15.2　激光多普勒测速技术

15.2.1　激光多普勒测速概述

激光多普勒测速（laser Doppler velocimetry，简称 LDV）是一种精度较高、广泛使用的流体测速技术。激光多普勒测速是一种无接触测量方法，在流场中添加示踪粒子，激光束照射到粒子上，利用运动粒子的多普勒效应测量流体速度。1964 年开始出现激光多普勒测速技术，首先发展起来的是参考光模式。稍后，发展起来了双光束模式，两束激光交汇形成测量体，两束激光的散射光由一个检测器收集，这是当前常用激光多普勒测速仪的重要基础。

激光多普勒测速技术的优点包括：无接触测量，对流场干扰小，测量精度高，频率响应快，空间分辨率高，测速范围大。缺点包括：硬件及光路系统安装调节较为复杂，流场中需要添加粒子，只能测量单点速度。

15.2.2　测速原理和设备

激光多普勒测速的重要理论依据是多普勒频移效应。由光源发出一束频率为 $f_{\rm b}$、波长

为 λ_b 的激光。光束照射到流体中的粒子上，粒子运动速度为 $\boldsymbol{v}_p$，粒子在光束的照射下发出散射光，散射光频率为 f_p。接收器采集散射光信息，接收光频率为 f_r，如图 15.7 所示。因为多普勒频移效应，存在如下关系：

$$f_r = f_b \frac{1 - \dfrac{\boldsymbol{v}_p \cdot \boldsymbol{e}_b}{c}}{1 - \dfrac{\boldsymbol{v}_p \cdot \boldsymbol{e}_r}{c}} \tag{15.10}$$

式中：$\boldsymbol{e}_b$ 代表入射光到粒子的单位距离；$\boldsymbol{e}_r$ 是粒子到接收器的单位距离。

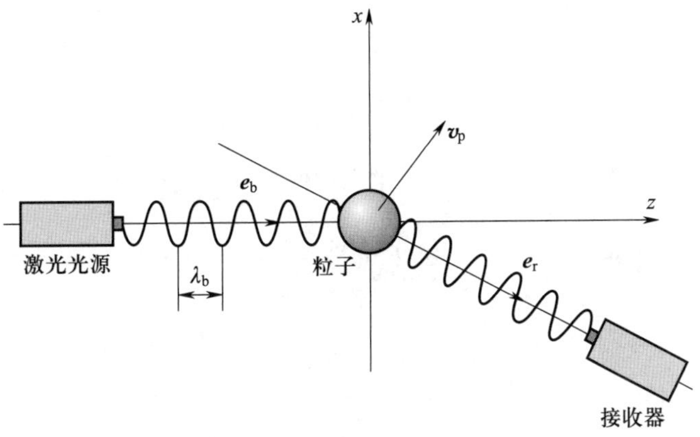

图 15.7　激光多普勒测速工作原理

一般粒子速度 v_p 远小于光速 c，并且存在关系

$$c = f_b \lambda_b \tag{15.11}$$

进而可得

$$f_r \approx f_b + \frac{\boldsymbol{v}_p \cdot (\boldsymbol{e}_r - \boldsymbol{e}_b)}{\lambda_b} \tag{15.12}$$

激光多普勒测速一般采用双光束模式，如图 15.8 所示。两束激光波长和频率分别为 λ_1、f_1 和 λ_2、f_2。参考上述公式，可以得到

$$f_1 \approx f_b + \frac{\boldsymbol{v}_p \cdot (\boldsymbol{e}_r - \boldsymbol{e}_1)}{\lambda_b} \tag{15.13}$$

$$f_2 \approx f_b + \frac{\boldsymbol{v}_p \cdot (\boldsymbol{e}_r - \boldsymbol{e}_2)}{\lambda_b} \tag{15.14}$$

接收器获得的两束散射光频率差通常称为多普勒频率，即

$$f_D = f_1 - f_2 = \frac{2\sin\left(\dfrac{\theta}{2}\right)}{\lambda_b} |\boldsymbol{v}_p| \cos\alpha \tag{15.15}$$

式中：θ 为光束夹角；$|\boldsymbol{v}_p|\cos\alpha$ 为垂直于两个光束等分线方向的粒子速度分量。

多普勒频率与接收器位置无关，并且与速度呈线性关系。光束夹角和波长可以通过校准实验获得精确值。因此，通过上述公式即可建立多普勒频率和粒子运动速度的关系。

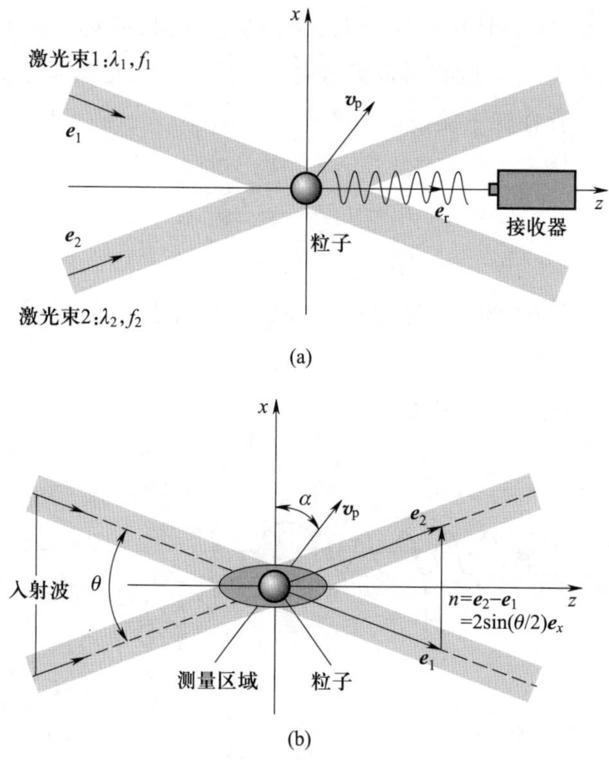

图 15.8　激光多普勒测速双光束模式

激光多普勒测速技术实现的光路系统具有多种类型，根据流体测速范围、测量空间、时间分辨率、采样频率等需求，通常选择不同的光路布置方式。散射光接收器在粒子运动方向上获得的光强更强，背离粒子速度方向的光强较弱。因此，理论上可以在粒子运动前方接收散射光。但是实际实验过程中，因为实验段空间及观察窗口限制，散射光接收器往往放置于观察窗外侧，与粒子运动方向存在一定角度，如图 15.9 所示。

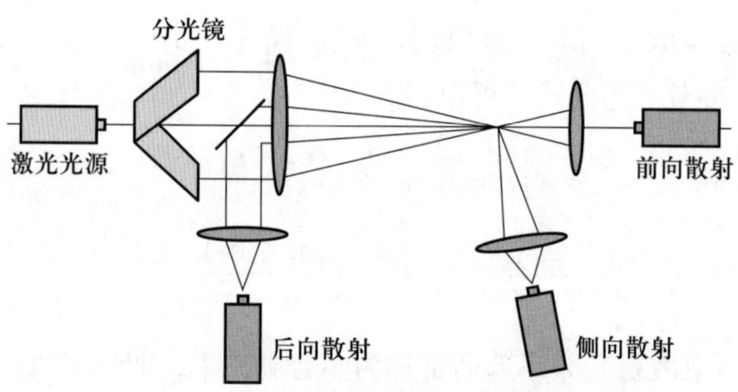

图 15.9　激光多普勒测速光路示意图

根据多普勒频移原理，接收器需要测量两束散射光的频率信息。两束激光可以采用参考光模式或者双光束模式产生。

参考光模式中，从激光器发出的光通过分光镜分光，一束照射到流场粒子，另外一束通过反射透镜和分光镜照射到接收器。需要注意的是，可以通过调节滤光片使得散射光和参考光强度相当。因此，接收器可以获得两束光的频率差。

双光束模式中，从激光器发出的光通过分光镜分成等强度的两束光，均照射到流场粒子，通过接收器接收粒子发出的散射光。一般激光器、运动粒子位于入射光平面。通过这种布置方式，即可由散射光频率差获得流体速度。

15.3 粒子图像测速技术

15.3.1 粒子图像测速概述

粒子图像测速技术（particle image velocimetry，PIV）是一种全场（平面、空间）速度测量技术。1904 年普朗特研究平板流动中示踪粒子的流动情况，靠近壁面的示踪粒子运动速度较小，随着与壁面距离的增加，运动速度逐渐增大，直到远离壁面特定距离以后，粒子运动速度基本不变。基于上述观察，普朗特提出了边界层概念。因此，示踪粒子可以表征流体运动速度，定量获得示踪粒子速度即可获得流体运动速度。

20 世纪 70 年代，固体力学研究领域首先发展了激光散斑测速（laser speckle velocimetry，LSV），80 年代，陆续发展了粒子追踪测速（particle tracking velocimetry，PTV）、粒子图像测速等技术。伴随激光器、相机、计算机等技术的发展，1984 年，艾德里安、皮克林和哈利威尔（Adrian，Pickering 和 Halliwell）分别发表了 PIV 技术论文，标志着 PIV 研究技术的开始。从最初的二维空间二维速度场 PIV（2D2C－PIV），逐渐发展到如今的二维空间三维速度场 PIV（2D3C－PIV）和三维空间三维速度场 PIV（3D3C－PIV）。PIV 成为当前最常用的测速技术之一。

需要注意的是，PIV 测速面临高精度、高空间分辨率、高时间解析等需求。一方面，对光源、相机、计算机等硬件设备提出了要求；另一方面，需要发展更加高效、精度更高的计算方法及后处理方法。因此，PIV 技术还在持续发展阶段，是当前实验测试技术研究的一个重要领域。

15.3.2 PIV 原理

PIV 测速的基本原理是，在流场中添加示踪粒子，示踪粒子跟随流体运动，可以表征流体的运动轨迹、位移、速度等特性。通过激光等光源照亮粒子，利用相机记录不同时刻的粒子图像，针对相邻两帧图像进行处理，获得示踪粒子的位移，在相邻两帧图像时间间隔已知的条件下，即可计算得出粒子运动速度，即流体速度

$$\boldsymbol{V} = \Delta \boldsymbol{S}/\Delta t \tag{15.16}$$

对于二维 PIV，可以获得

$$\boldsymbol{V}=u(x,y)\boldsymbol{i}+v(x,y)\boldsymbol{j} \tag{15.17}$$

对于三维 PIV，可以获得

$$\boldsymbol{V}=u(x,y,z)\boldsymbol{i}+v(x,y,z)\boldsymbol{j}+w(x,y,z)\boldsymbol{k} \tag{15.18}$$

因此，PIV 测速的关键是能够精确识别粒子位移，流场中粒子浓度极为重要。粒子浓度也是粒子追踪测速、粒子图像测速、激光散斑测速三种技术区分的关键之一，如图 15.10 所示。

(a) 粒子追踪测速粒子图像

(b) 粒子图像测速粒子图像

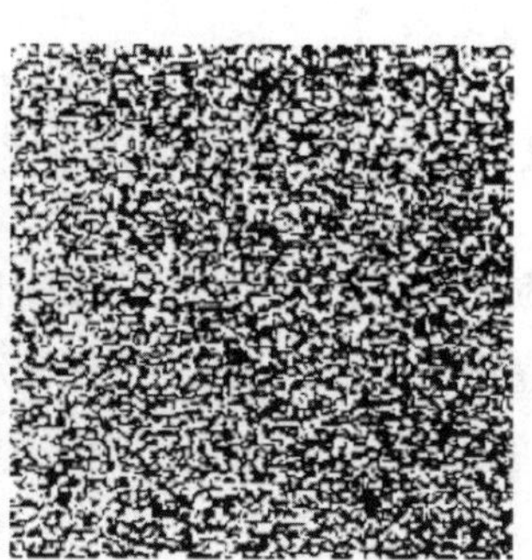
(c) 激光散斑测速粒子图像

图 15.10 三种技术的粒子浓度

针对流场中粒子分布以及粒子图像关系，可以定义两个基本概念：像密度 N_{p}，即粒子图像中单位面积的粒子个数；源密度 N_{s}，即在像平面上的一个粒子像斑返回到物理平面和片光源相交的一个圆柱体体积内包含的粒子数。可以通过粒子密度定量区分不同的测速技术。

（1）粒子追踪测速：粒子像密度（远）小于 1，粒子源密度小于 1。

（2）粒子图像测速：粒子像密度（远）大于 1，粒子源密度小于 1。

（3）激光散斑测速：粒子源密度大于 1。

需要注意的是，粒子图像测速并不是追踪每个粒子速度，而是将图像划分为若干“判读区”（interrogation region），基于判读区里的配对粒子计算位移以及速度，如图 15.11 所示。

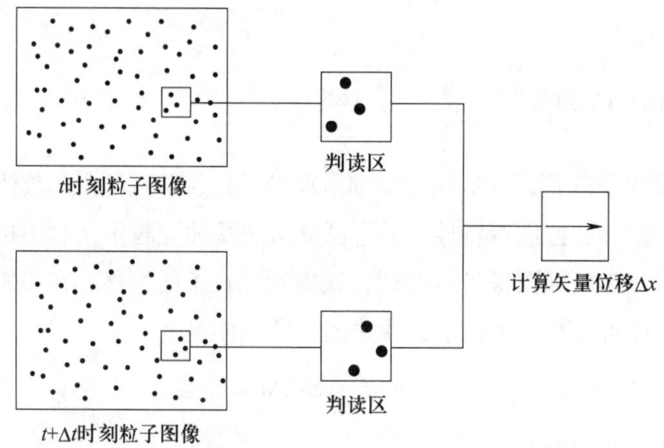

图 15.11 基于判读匹配对粒子计算位移和速度

15.3.3 硬件构成

PIV 测速系统的硬件构成包括粒子发生器、激光器、相机、同步器、计算机（图 15.12）。一般流程是通过粒子发生器产生示踪粒子，撒播在流场中，粒子在流场中充分掺混、均匀分布；计算机控制同步器使得激光器和相机协同工作，通过激光器产生片光源或者体光源照亮实验观测区域的粒子，利用相机拍摄并记录粒子图像，存储到计算机；对粒子图像进行数字处理，计算获得相邻两帧粒子图像对应判读区内的粒子速度，进而获得二维平面或者三维空间流体速度分布。

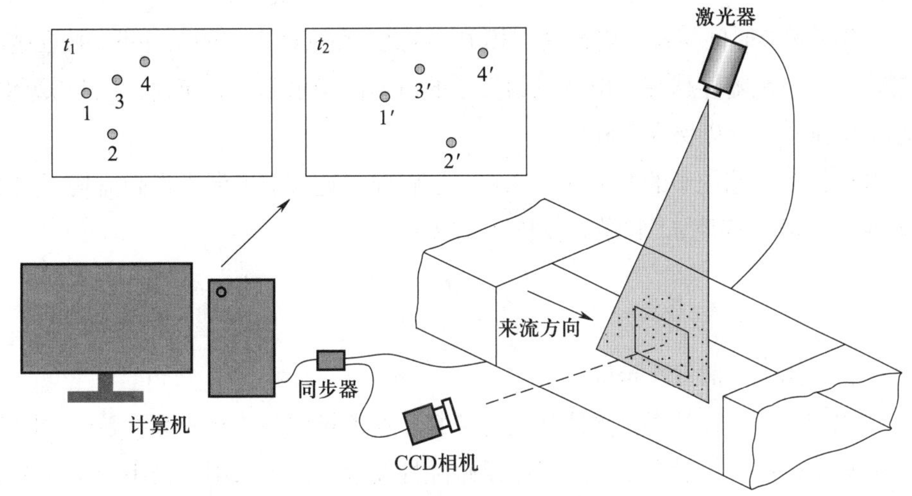

图 15.12　粒子图像测速系统构成

下面对典型硬件系统做进一步介绍。

1. 示踪粒子

示踪粒子是 PIV 测速的重要依据。示踪粒子撒布于空气或者水中，在光源的照射下，能够显示流动。一般要求粒子密度与流体介质密度相同或者相近，在空气中可以采用烟、油滴、气泡等粒子，在水中可以采用空心玻璃球等。通常采用粒子发生器将示踪粒子撒播在风洞或者水洞中，经过充分掺混，在实验段获得均匀分布、浓度合适的示踪粒子。

为了能够精确测量流场速度，对示踪粒子的跟随性、散射性、抗聚团性、均匀性等提出了较高要求。

（1）跟随性。示踪粒子跟随性体现在粒子需要跟随流体运动，进而精确反映流动特征。跟随性受到粒子直径、粒子和流体密度、重力等因素的影响。

示踪粒子的密度严格来说需要与流体密度相同。实际操作过程中，因为流体加速运动影响，存在粒子速度延迟 V_s

$$V_s = V_p - V = d_p^2 \frac{(\rho_p - \rho)}{18\mu} a \tag{15.19}$$

式中：V_p 为粒子速度；V 为流体速度；ρ_p 为粒子密度；ρ 为流体密度；a 为加速度；μ 为流体黏性系数；d_p 为粒子直径。

当粒子密度比流体密度大时，粒子运动速度和流体速度存在如下指数变化关系：

$$V_p(t) = V\left[1 - \exp\left(-\frac{t}{\tau_s}\right)\right] \tag{15.20}$$

式中：τ_s 为响应时间，表示为

$$\tau_s = d_p^2 \frac{\rho_p}{18\mu} \tag{15.21}$$

可见，粒子响应时间与粒子直径密切相关。因此，在密度一定的条件下，粒径越小，响应时间越快，粒子跟随性越好。由于风洞实验的风速高于水洞实验流速，风洞实验的粒子直径要小于水洞实验，以保证跟随性。

（2）散射性。示踪粒子的散射性体现在，示踪粒子通过散射激光提高流场可视化的程度。散射性 q 与粒子直径 d_p 和激光波长 λ 有关：

$$q = \frac{\pi d_p}{\lambda} \tag{15.22}$$

可见，粒径越大，散射性越好。

（3）抗团聚性。示踪粒子抗聚团性是避免粒子在流场中黏连在一起，粒子聚团会影响粒子识别及显示效果。一般来说，为了满足跟随性要求，需要采用粒径小的示踪粒子，但是粒径越小越容易聚团。通过粒子表面处理可以提高粒子的抗聚团性。

（4）均匀性。示踪粒子的均匀性要求粒子能够均匀分布于流场，进而可以精确反映全流场流动信息，提高精度、分辨率。对于循环风洞或者水洞，一般在动力段附近持续加入示踪粒子；直流风洞一般在入口段持续加入示踪粒子。在 PIV 测量过程中，旋涡、分离流动、边界层、界面等复杂流动是巨大挑战，其中对于边界层等特殊流动，可以采用荧光粒子等。

2. 激光器

激光器的作用是照射示踪粒子，使其发生散射，进而获得清晰的粒子图像。二维 PIV 采用平面光源，三维 PIV 采用体光源。一般激光器从腔体内产生激光束，进而通过光学设备产生所需的光源。

水洞实验来流速度低、粒子直径大，相比风洞照亮所需的能量较低，一般采用连续激光器。连续激光器体积小，便于使用。

风洞实验来流速度高、粒子直径小、需要照亮的能量高，一般采用双曝光激光器。通过两个腔体分别产生激光，通过光学系统完成激光的合束，进而照射同一区域。对于双曝光激光器，包括如下主要性能参数（图 15.13）。

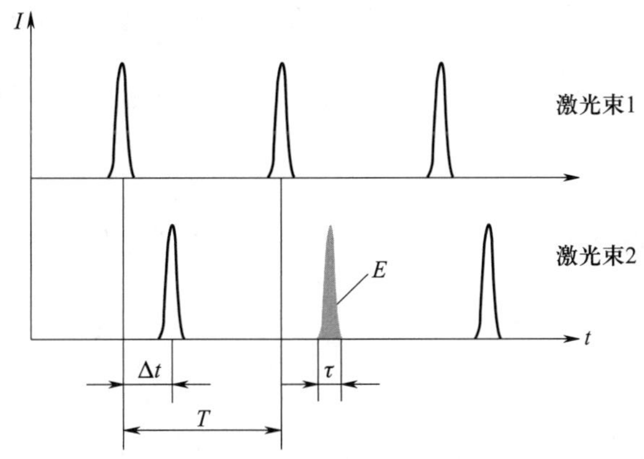

图 15.13 双曝光激光器主要性能参数

脉冲能量 E：每束激光的强度一般为 $10 \sim 10^3$ mJ，决定了激光片光的照亮区域以及示踪粒子的亮度，因此可影响测速空间的大小以及粒子图像的质量。

脉冲间隔时间 Δt：两束激光脉冲的间隔时间，表征了相邻两帧粒子图像的时间间隔，决定了测速范围。因此，PIV 实验所用激光光源的脉冲间隔时间是否可调对于扩大 PIV 测速范围极为重要。

曝光周期 T：一对激光束产生的周期，表征了速度场测量的频率，因此决定了 PIV 系统的时间解析测速能力。

脉冲宽度 τ：每束激光束的持续时间，该参数需要与测速范围、相机曝光时间等匹配。

必须注意的是，激光危险，实验过程中要注意防护。上岗前需要掌握激光安全知识，做好视力检查等工作。一般激光工作实验室需要配备门禁系统和防护系统，实验人员需要配备护目镜等安全装置。

3. 相机

相机的主要功能是拍摄和记录粒子图像。目前常用的相机类型包括 CCD、CMOS 等科学级相机。主要性能参数包括：分辨率，例如 1024 像素 × 1024 像素，即 100 万像素；采样频率，一般低速相机采样频率为几赫兹，高速相机采样频率可达几千赫兹。

相机的图像记录方式包括单帧记录和多帧记录，根据采集过程中的相机曝光次数，又可分为单次曝光、两次曝光、多次曝光采集（图 15.14）。单帧记录是将相邻两个时刻的粒子图像记录到同一帧图像中，即拍摄图像记录了同一个粒子对的位移信息。比较常见的是双曝光过程，可以将同一个粒子在两个不同时刻的位移信息拍摄到一个图像。三次曝光可采集 3 个时刻的粒子位移信息，进而可计算流体加速度信息。跨帧记录或者多帧记录是将每个时刻的粒子图像分别记录到不同图像，在双帧单曝光模式下，在相邻两帧粒子图像记录同一粒子的位移信息；多帧模式下，可记录同一个粒子在不同时刻的位移信息。

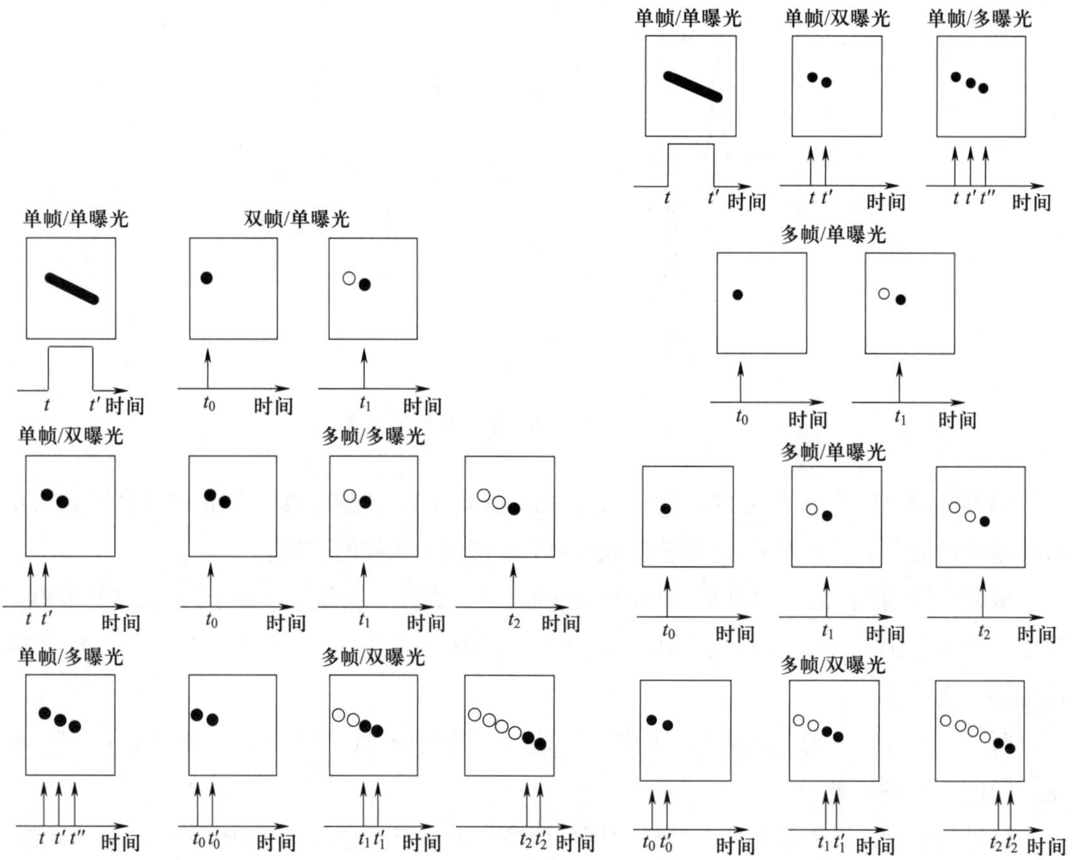

图 15.14　相机的图像记录方式

15.3.4　速度场计算方法

PIV 速度场计算时，每帧粒子图像被分为若干较小的区域，即判读区，一般为 8 像素 × 8 像素 ~ 32 像素 × 32 像素，如图 15.15 所示。通过计算每个判读区内的粒子平均位移，进而获得该判读区的时均速度。因此，PIV 获得的速度场数据并不是基于每个粒子，而是判读区内粒子运动速度的平均。实际计算过程中，不同判断区之间一般存在一定的重叠

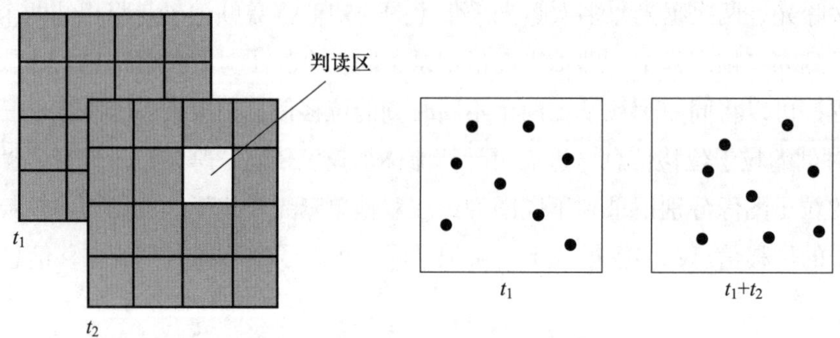

图 15.15　粒子图像判读区划分及粒子位移示意图

区，即计算步长，一般为 25% ~ 75% 判读区尺度，以提高计算速度场的空间分辨率。例如对于 1024 像素 × 1024 像素的粒子图像，判读区尺度为 16 像素 × 16 像素，计算步长为判读区的 50%，则可计算给出 128 × 128 速度场矩阵。

速度场计算方法包括基于光学原理的干涉法，以及基于数字图像处理技术的自相关法、空间互相关法。干涉法、自相关方法在 PIV 早期发展过程中发挥了重要作用，现在 PIV 计算则普遍采用互相关算法。

1. 干涉法

干涉法针对单帧记录获得的粒子图像进行处理。通过相干光源对单帧双曝光图像每个判读区上的粒子进行照射，示踪粒子变成点光源。两个任意粒子像的散射光，干涉后的条纹间距和方向是任意的；来自具有相同位移的粒子像对的散射光，其干涉条纹的间距和方向是固定的。因此，具有相同位移的粒子像对所形成的干涉条纹叠加加强，形成更加清晰的明暗相间的杨氏干涉条纹（图 15.16）。条纹间距与粒子像对的位移成反比，一般对条纹图谱进行傅里叶变换处理即可获得条纹间隔；条纹方向与粒子像对的位移方向正交，可以通过构造判别函数的方法获得。因此，通过对条纹进行定量处理即可获得粒子的定量位移。针对每个判读区进行上述处理，即可获得所拍摄二维平面的速度信息。

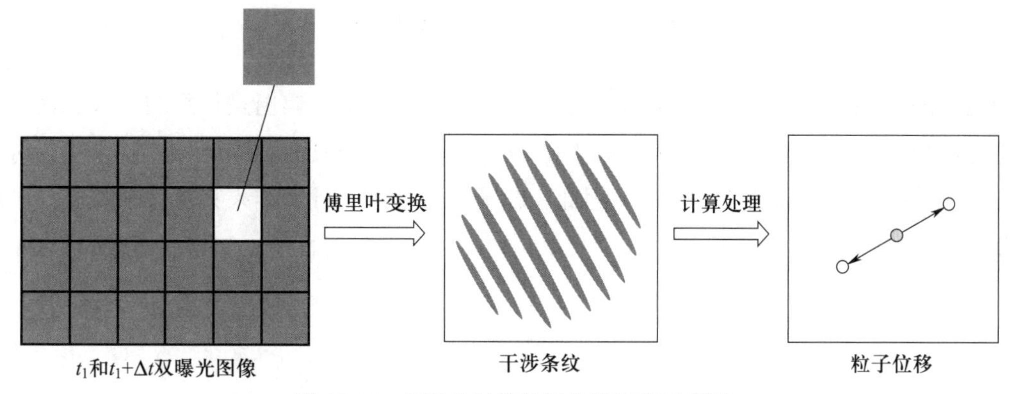

图 15.16 干涉法计算粒子位移原理示意图

2. 自相关法

自相关法同样适用于对单帧双曝光方式记录获得的粒子图像进行处理，如图 15.17 所示。假设判读区光强分布为 $I(x)$，粒子图像的自相关 $R(s)$ 定义为

$$R(s)=\int_{\text{Region}} I(x)I(x+s)\mathrm{d}x \tag{15.23}$$

自相关法针对同一帧图像作相关计算，实际处理过程是针对每个判读区进行。每个判读区内有若干粒子对，每个粒子对代表了同一粒子在两个不同时刻的位移情况。因此，自相关计算时，在 $s_1=s_2=0$ 的中心点，有一个最大峰值，即每个粒子与其自身的相关；两个较小的峰值表示每个粒子的第一次曝光图像和第二次曝光图像的相关，峰值坐标代表了判读区内多个粒子对的平均位移大小，因此可进一步用于计算判读区速度。需要注意的是，

对于单帧多次曝光方式的粒子图像，自相关算法不能直接判别粒子运动方向，需要进行速度方向预判。

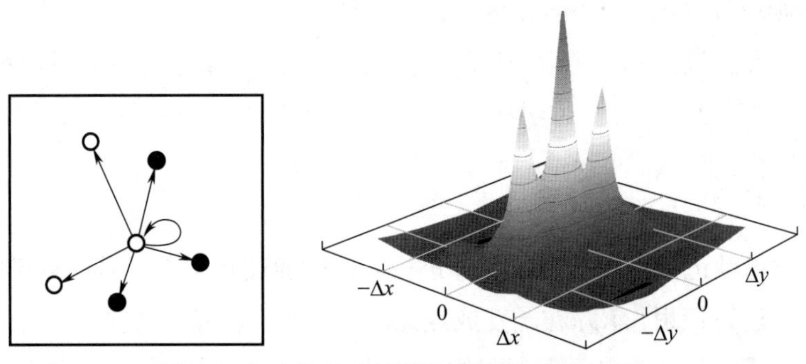

图 15.17　自相关法计算粒子位移原理示意图

3. 互相关法

互相关法适用于对多帧记录方式获得的不同粒子图像进行处理，可以判别粒子位移及方向。在互相关计算中，对相邻两帧粒子图像的同一个判读区进行处理，其光强分布分别为 $I_1(x)$ 和 $I_2(x)$，则做互相关计算

$$R(s) = \int_{\text{Region}} I_1(x)I_2(x+s)\mathrm{d}x \tag{15.24}$$

可获得如图 15.18 所示的结果。两个任意粒子的相关，位移和幅值是任意的。来自具有相同位移的粒子对的相关，位移和幅值相同，同一个判读区内具有相同位移的多个粒子对的相关计算使得位移和幅值获得加强。因此，粒子图像互相关计算结果只有一个峰值，可以判断粒子位移的大小和方向。

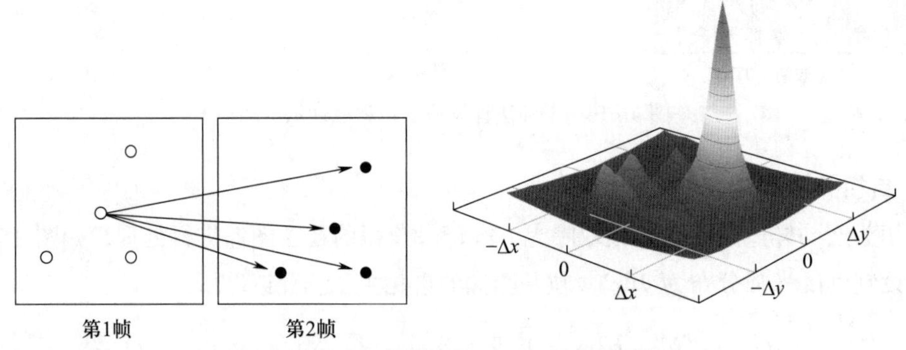

图 15.18　互相关法计算粒子位移原理示意图

4. 粒子图像处理要点

在实际操作过程中，粒子图像处理的一些经验和要点包括：

(1) 二维性要求。二维 PIV 只能针对二维流场测量，因此，需要避免垂直测量平面的速度，一般而言，粒子垂直于测量平面的位移应该小于激光偏光厚度的 25%。

(2) 判读区尺度。判读区是粒子图像测速的重要单元，每个判读区速度是该判读区若于粒子对速度的平均值，因此，一般判读区内需要 5 ~ 10 对粒子速度，并且保证判读区内不同粒子对速度的差异小于 5%。因此，判读区尺度的选取对示踪粒子的浓度也提出了要求。

（3）粒子位移。为了尽可能多的粒子在第二帧图像中不对流出同一个判读区，提高粒子位移判别效率并减小误差，一般相邻两帧粒子对的运动位移要小于 25% 的判读区尺度。这是一个重要的实验标准，基于此可判断 PIV 系统的测速范围。进一步可以指导实验参数选取，例如根据实验流速，选择相机的视野范围、采样频率等实验参数；在粒子图像参数确定的情况下，可以根据该准则选择调整相邻两帧的间隔时间，或者调整粒子图像计算时的判读区尺度。

15.3.5 PIV 数据后处理

在 PIV 测速过程中，若干不同的因素都可能导致计算流场出现坏点，包括测量过程粒子浓度低、粒子分布不均匀等问题，粒子跟随性和均匀性不能满足旋涡、分离流、边界层等复杂流动需求，相机拍摄的粒子图像信噪比较低。因此，PIV 数据需要进行后处理，有效识别坏点，并对坏点进行修正，从而给出高精度的速度场信息。

一些典型的 PIV 数据后处理方法介绍如下。

1. 设定速度阈值

根据对基本流场特性的认识，设定阈值，如果流场某点速度高于阈值，则判定该点为坏点，进而用精确值取代该值。该方法比较粗糙，只能识别比较明显的坏点，还需要进一步提出相应的坏点修正方法。

2. 空间均值滤波

空间均值滤波（mean local filter）针对 PIV 速度场任意点周围的数据点矩阵进行判定（图 15.19），一般选择 9 个点组成矩阵，将判定点与周围 8 个点均值的一定比例进行比较分析，如果差异率大于某一阈值，则判断该点为坏点，并且可以用周围 8 个点的时均值进行修正。

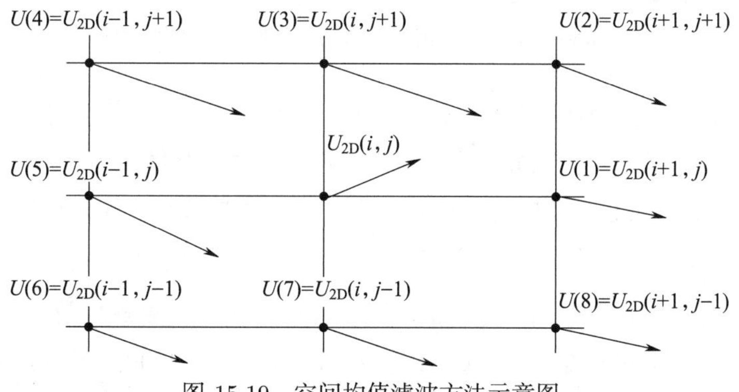

图 15.19 空间均值滤波方法示意图

3. 空间中值滤波

空间中值滤波（median local filter）针对任意点与其周围点组成的数据矩阵按照数值大小排序，将判定点与排序队列的中值进行比较分析，如果差异率大于某一阈值，则判断该点为坏点，可用中值进行修正。

4. 时间均值/中值滤波

时间均值/中值滤波（temporal mean/median filter）类似于上述空间均值/中值滤波方法，判定点在某个时刻的速度值与之前时刻、之后时刻获得的时均值或者数据序列中值进行比较分析，通过设定阈值判别是否是坏点，进而进行修正。该种方法依赖于单点速度的时间演化信息，因此一般只能应用于时间解析 PIV 获得的速度场。

5. 基于流体力学控制方程

流体运动规律满足流体力学控制方程，基于连续性方程、压力泊松方程、动量方程等对实验数据进行物理约束，可以判别坏点，进而对坏点进行修正。

15.3.6　三维流场测速技术

1. 流场测量技术分类

流场测量的维度参数包括空间和时间，可以按照时间（t）、空间（D）、物理量（C）表征不同测速技术的特点（图 15.20）。

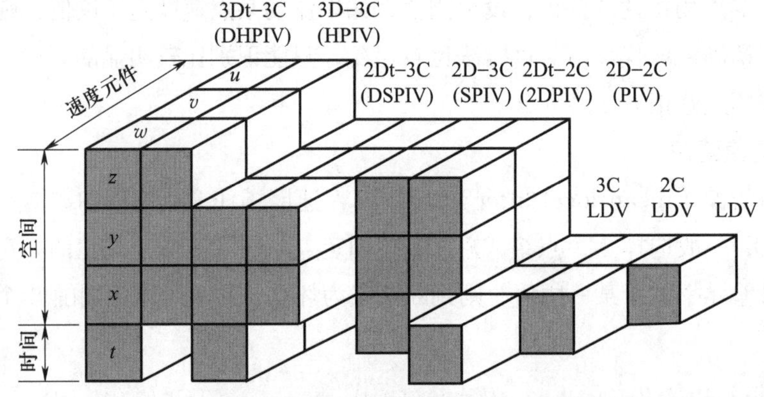

图 15.20　流场测速技术的时间、空间、物理量特征

传统热线、LDV 属于单点单分量速度场测量技术（1D1C），具有时间解析特点，进而可发展形成二分量（1D2C）、三分量（1D3C）速度场测量能力。

传统二维 PIV（2D2C）具备二维空间二维速度场测量能力，如果采样频率足够高，则具有时间解析测速特点，即 2Dt2C－PIV。

三维 PIV 具备三分量速度测量能力，包括二维平面三分量速度测量（2D3C－PIV），以及三维空间三分量速度测量（3D3C－PIV）。同时，具备时间解析测速能力的 PIV 可以分别表征为 2Dt3C－PIV、3Dt3C－PIV。特别是后者，是现在流场测速技术发展的前沿方向。

本节内容主要讲解三维 PIV，重点介绍体视 PIV 和层析 PIV。

2. 体视 PIV

体视 PIV（stereoscopic PIV，简称 S-PIV）的发展来源于二维截面三维速度场的测量需求。在工程中，飞机翼尖涡、风力机尾迹的展向截面均具有较高的轴向速度，如图 15.21 所示，传统二维 PIV 不能精确测量速度场，由此发展了体视 PIV 技术。

图 15.21 工程领域典型的三维绕流

假设示踪粒子存在三维运动速度，分别对应三个方向的位移 Δx、Δy、Δz，通过激光器产生一定厚度的片光，包含相同粒子在相邻两个时刻的位移。如果采用二维 PIV 系统，只包含一台相机，相机光轴与拍摄平面垂直（图 15.22a），可以获得 xy 平面的位移 Δx、Δy，但是却不能获得 Δz。

因此，相比二维 PIV，体视 PIV 的主要特点是配备两台相机，为保证粒子图像清晰，需满足谢因普鲁格（Scheimpflug）条件，拍摄平面、相机的镜头平面和成像平面相交于一点，因此相机与拍摄平面存在一定的角度。

图 15.22b 所示给出了体视 PIV 的主要测量原理。相机 1 和相机 2 拍摄图像获得的粒子在 x 轴方向的位移 Δx_1 和 Δx_2 分别存在如下关系：

$$\Delta x_1 = \Delta x + \Delta z \tan\theta_1 \tag{15.25}$$

$$\Delta x_2 = \Delta x - \Delta z \tan\theta_2 \tag{15.26}$$

式中：θ_1 和 θ_2 分别是相机 1 和相机 2 光轴与垂直于激光片光面垂直线的夹角，可以通过校准实验获得。

同样地，两台相机在 y 轴方面的位移也存在类似的关系。因此，在 Δx_1、Δx_2、Δy_1、Δy_2、θ_1、θ_2 已知的情况下，可计算获得粒子的真实位移 Δx、Δy、Δz，进而求得三维速度。

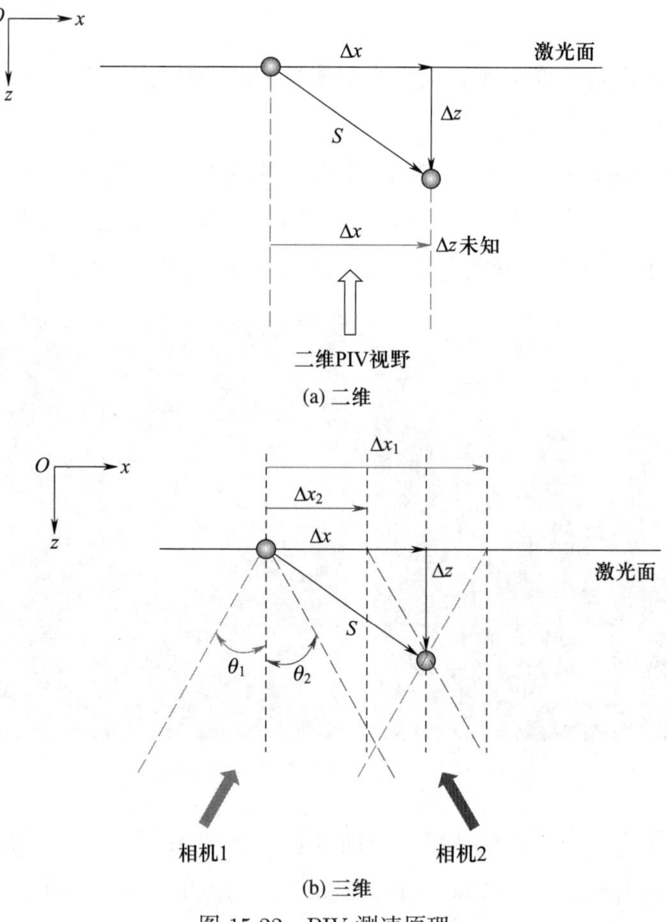

(a) 二维

(b) 三维

图 15.22　PIV 测速原理

3. 全息 PIV

全息照相是 20 世纪 90 年代发展起来的一种三维流场测速技术。普通照相通过记录物光的振幅信息，形成平面图像。全息照相通过记录物光的振幅和相位信息，进而能够记录和再现物体的三维立体图像。

因此，在全息 PIV 实验中，存在记录和重现过程，如图 15.23 所示。首先，通过物光和参考光在平板上形成干涉条纹，干涉条纹可以记录振幅和相位信息。其次，利用共轭参考光照射记录板，重构物像。由于目前较少用到全息 PIV 技术，其详细的测量原理和操作步骤可参考相关文献。

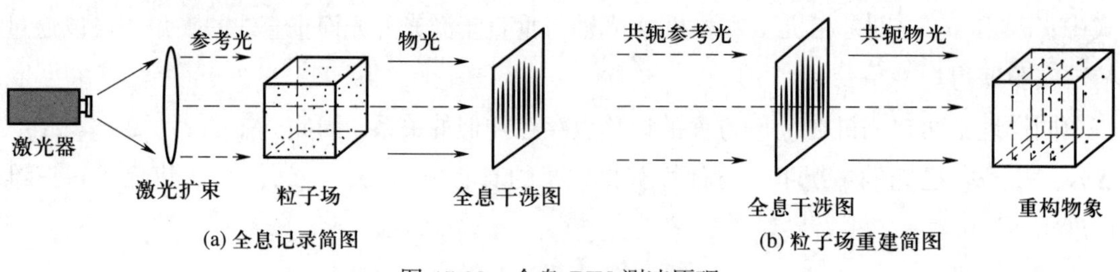

(a) 全息记录简图　　(b) 粒子场重建简图

图 15.23　全息 PIV 测速原理

4. 层析 PIV

2006 年，代尔夫特理工大学斯卡拉诺（Scarano）教授团队在国际期刊《流体力学实验》*Experiments in Fluids* 发表了第一篇题为 *Tomographic particle image velocimetry* 的论文，实现了圆柱绕流三维尾迹的较高精度测量，进而开启了层析 PIV（tomographic PIV，简称 Tomo-PIV）研制及应用的序幕。

层析 PIV 与二维 PIV 相比，对硬件设备的特殊要求包括：激光器能够产生三维体光源，至少配备 3 台相机，一般实验过程中采用 4 台。基本测速原理和流程如图 15.24 所示，通过激光器产生体光源，照亮实验区域，通过 4 台相机同步对实验区域进行拍摄并且记录粒子图像，基于光学成像原理，可以通过 4 台相机拍摄的粒子图像信息重构，获得示踪粒子在三维体空间的精确分布。进而，对相邻两帧体空间粒子分布信息进行互相关计算，可以获得基于体空间判读区的粒子位移，计算获得体空间三维速度。

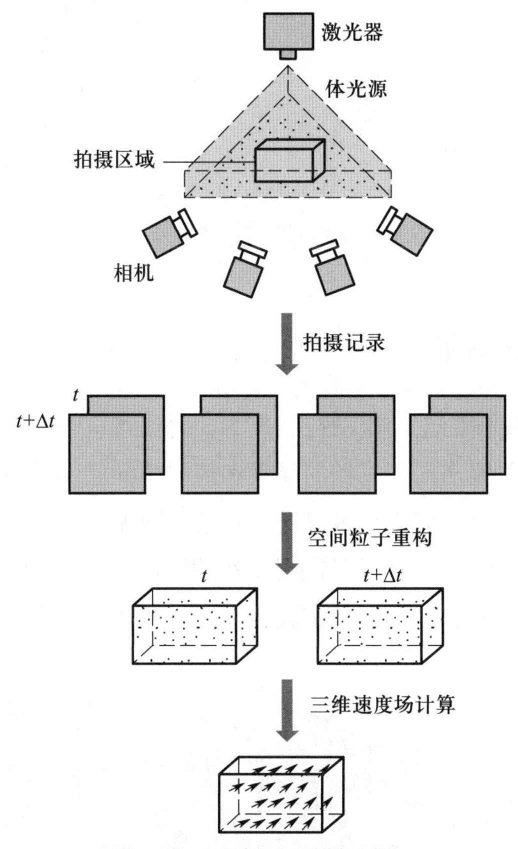

图 15.24　层析 PIV 测速原理

但是，在实验过程中，多台相机同步工作存在光路调整复杂、困难等问题，尤其是多相机同步难的问题。高频相机在响应激光脉冲进行曝光的过程中存在时间延迟，造成多台相机的曝光难以严格同步。

因此又发展出了仿复眼的单相机层析 PIV 技术（图 15.25）。该技术采用多棱面透镜与单相机的组合，可实现类似复眼的立体成像效果，光学分析发现，单相机透过多棱面镜成像，等效于在多个视角下对公共视域进行独立成像，如图 15.25 所示。该技术避免了多相机时间同步难的问题，采样频率提高到 1 000 Hz，具备高动态测量能力。值得一提的是，中国研究团队在该技术方向具有领先水平。

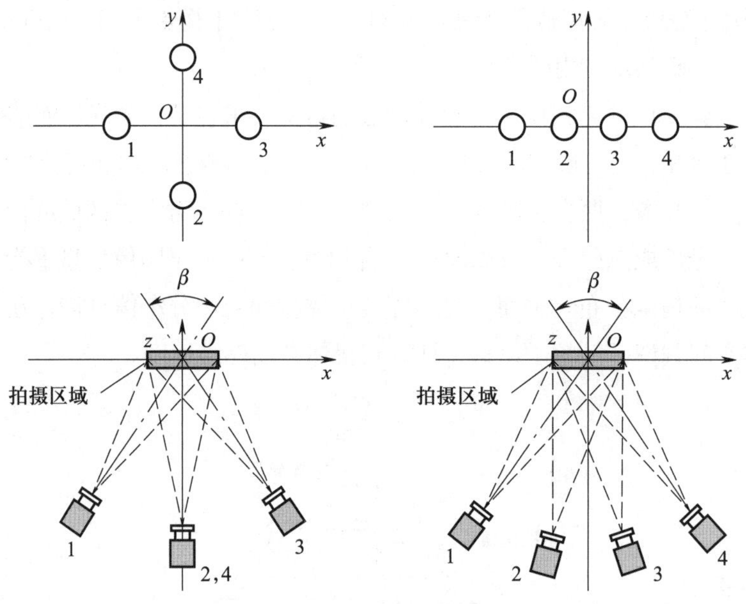

图 15.25　仿复眼成像原理

15.3.7　典型测量结果

射流和合成射流是常用的主动流动控制技术。射流孔口的形状优化作为一种主动控制技术，可以产生非圆形射流来提高流场的卷吸和掺混特征。而通过将非圆形孔口与合成射流技术相结合产生非圆形合成射流则可以进一步增加射流的卷吸和掺混能力，从而提高流动控制效率。针对非圆三维合成射流涡环演化特性开展了二维 PIV（长轴截面、短轴截面）、体视 PIV（平行截面）、层析 PIV 测量实验研究，如图 15.26 所示。

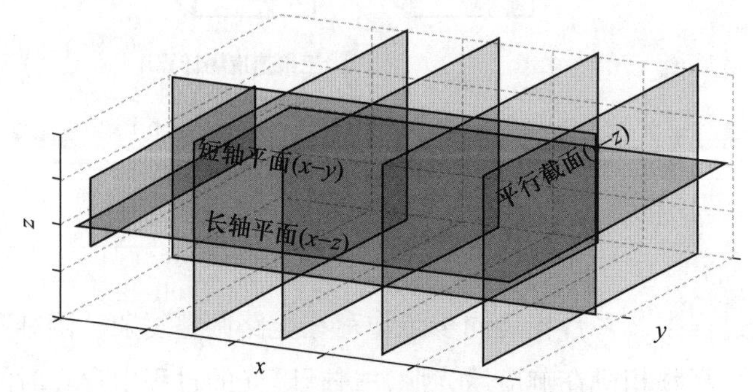

图 15.26　合成射流涡环演化测量截面

图 15.27 所示给出了二维 PIV 测量获得的垂直出口的长轴截面和短轴截面的涡量场演化，其中涡量场基于速度场计算得出。可以看到，合成射流在孔口处周期性诱导产生旋

涡并向下游对流，在长轴平面内，涡对首先相互靠近达到最小的距离，随后相互远离达到最大的距离，然后再次相互靠近；短轴平面内涡对的运动过程则完全相反，反映了涡环连续的轴系转换过程。

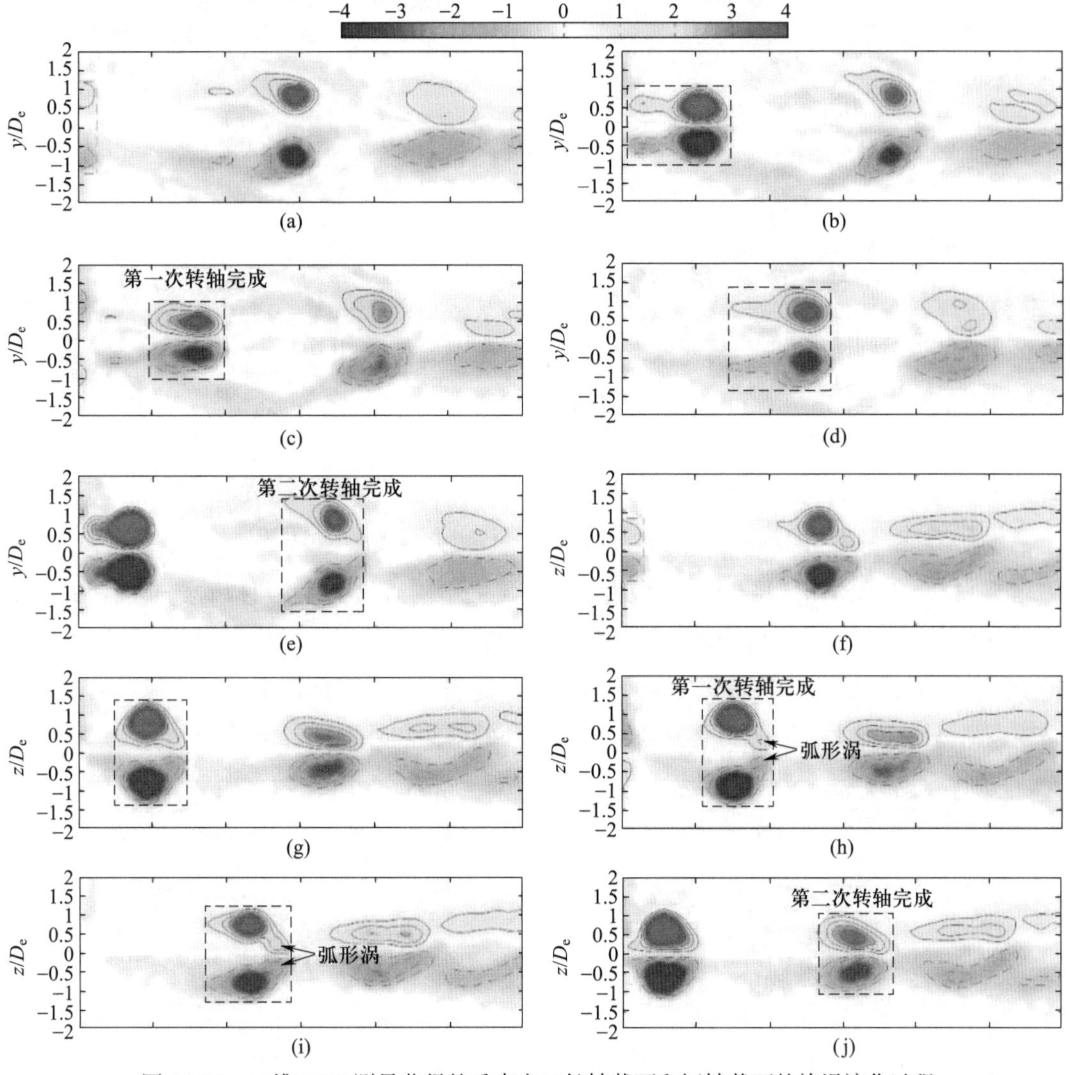

图 15.27 二维 PIV 测量获得的垂直出口长轴截面和短轴截面的旋涡演化过程

图 15.28 所示给出了体视 PIV 获得的矩形合成射流在 $x/D_\mathrm{e} = 1, 4$ 位置正截面内的相位平均流场随时间演化的结果。在 $x/D_\mathrm{e} = 1$ 位置，涡环的涡对从长轴两端逐渐向射流中心线运动，导致涡环沿着长轴方向收缩。随后，这些涡对沿着短轴方向重新组合，并向远离射流中心线的方向运动，导致涡环沿着短轴方向拉伸，该过程反映了轴系转换中的流向涡量动力学。此外，注意到两对较小的流向涡对从涡环的内侧产生，旋转方向与涡环的涡对相反。随后，在涡量集中和流向拉伸的作用下，这些涡对演化成为流向涡 Ⅰ。在下游 $x/D_\mathrm{e} = 4$ 位置，除了涡环内侧的流向涡对，在涡环的外侧出现了两对新的流向涡对，旋转方向与涡环的涡对相反，这些涡对是弧形涡演化形成的流向涡 Ⅱ。

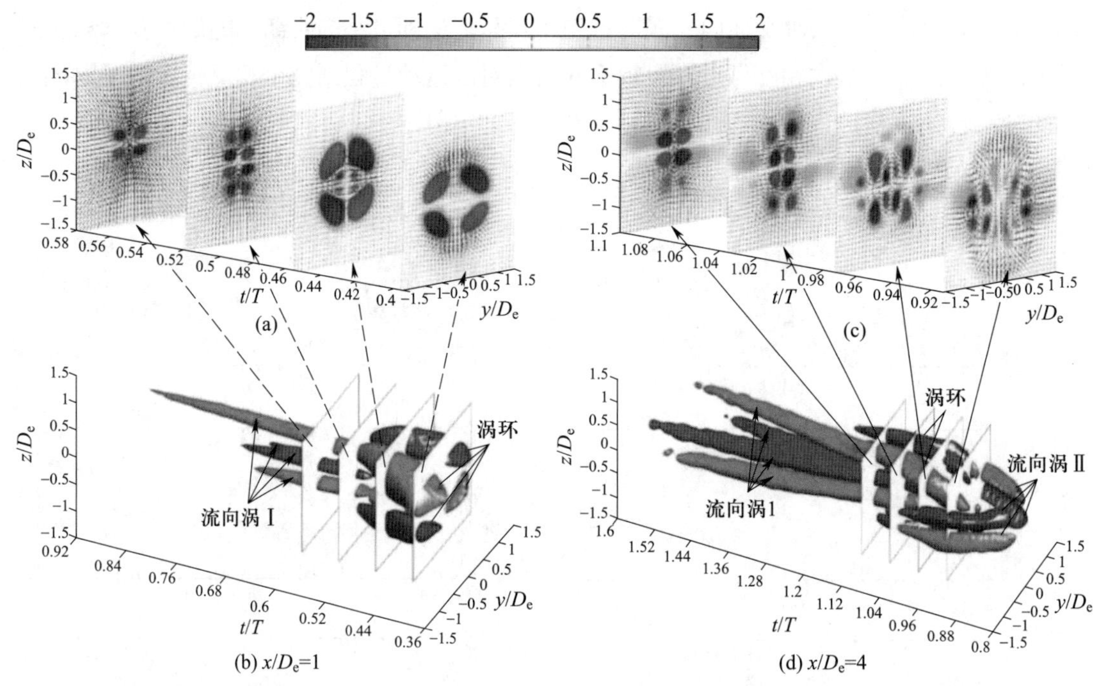

图 15.28　体视 PIV 测量获得的平行出口截面流向涡量演化及流向涡结构

图 15.29 所示给出了层析 PIV 获得的三维旋涡结构演化特性，可以看到非圆合成射流旋涡向下游对流过程中，由于转轴效应和复杂的旋涡相互作用、诱导机制，产生了不同的复杂涡系结构，包括合成射流主涡环、弧形涡、流向涡 I 、流向涡 II ，其中弧形涡位于主涡环头部，流向涡 I 、流向涡 II 分别位于主涡环的内侧和外侧。

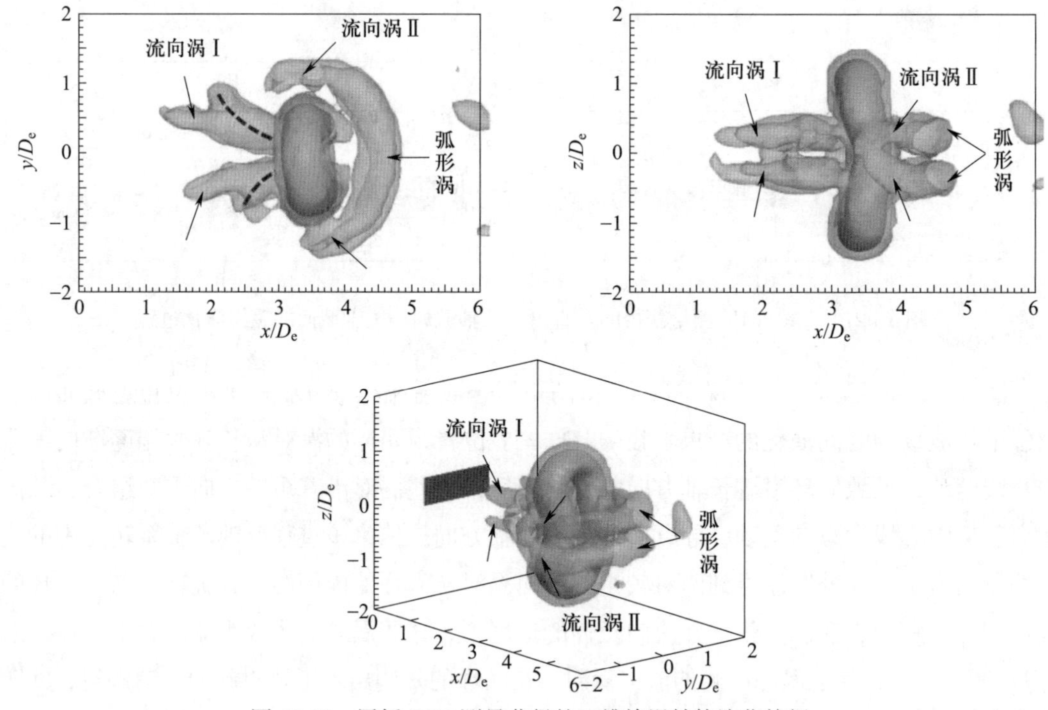

图 15.29　层析 PIV 测量获得的三维旋涡结构演化特征

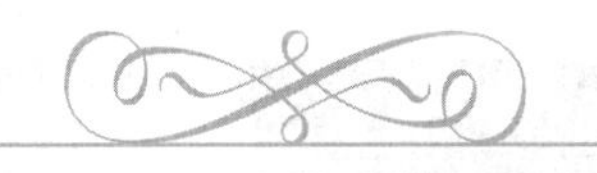

第 16 章 力和力矩测量技术

流场中模型所受的力与力矩测量技术是航空工程、船舶工程、风工程等领域推动理论进步与工程实践发展的重要力量。与其他局部流动物理量的测量不同，力与力矩测量技术得到的是对任意复杂几何外形物体（如飞机、船舶、建筑物等）在流场中由于相对运动其表面所受的压力与剪应力积分所得的整体的合力与合力矩。

16.1 基本概念

对于在风洞或水洞（槽）中进行的流体力学实验，测量模型所承受流体的静态、动态载荷往往是最基本的实验项目内容。从历史上看，早期的力与力矩测量装置都是机械式的（图 16.1），仅能够测量物体所受的定常载荷，其原理类似于日常使用的基于砝码配重的称重天平。因此，人们逐渐习惯使用术语“天平（balance）”来统称流体力学实验中的力与力矩测量装置。如今，基于应变式测力传感器（strain sensor）的应变天平是高速与低速风洞、水洞（槽）中使用最广泛的力与力矩测量装置。其传感器通常为电阻应变计（resistance strain gauge），或者也可使用半导体应变计（semiconductor stain gauge）。基于多分量压电力传感器的压电天平在非定常载荷测量方面也有了越来越广泛的应用。与应变天平相比，压电天平具有高刚度以及单个力分量之间低干扰的特点。高刚度可以使压电天平本身的固有频率非常高，这使其非常适用于非定常气动力的测量，特别是对于气动弹性问题。另外，为了消除测力实验中支架的干扰，还有一种无模型支架的新型天平——磁悬式天平。

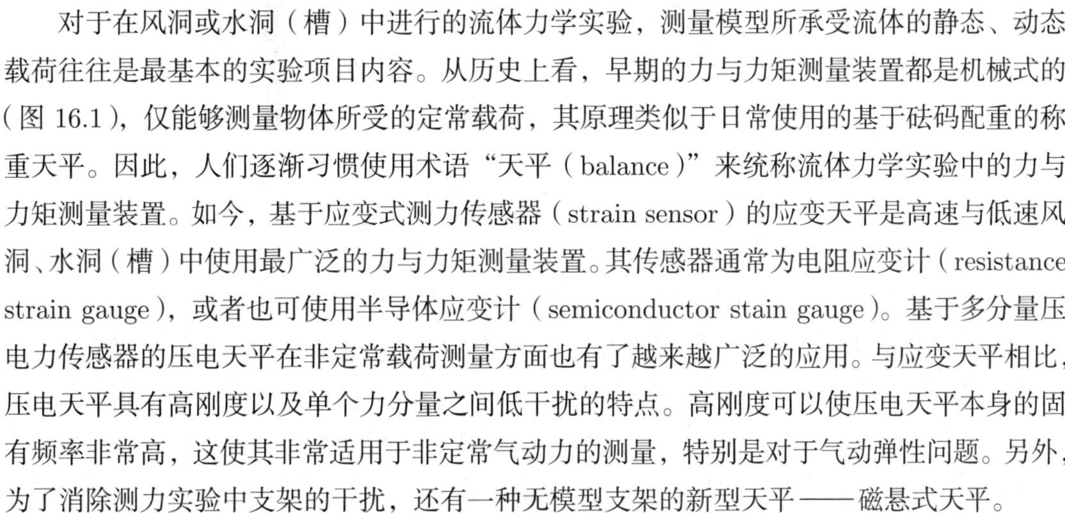

由于模型上的力与力矩为矢量，其方向是变化的，所以测力天平须先将模型的受力与力矩在一定的直角坐标系下分解成相应的分量，然后分别加以测量。气动载荷总共有六个不同的分量，坐标轴方向上的三个力和三个力矩。这些分量是在某个坐标系中测量的。该坐标系可以固定在模型上，称为体轴系，也可以固定在风洞来流方向上，称为风轴系，如图 16.2

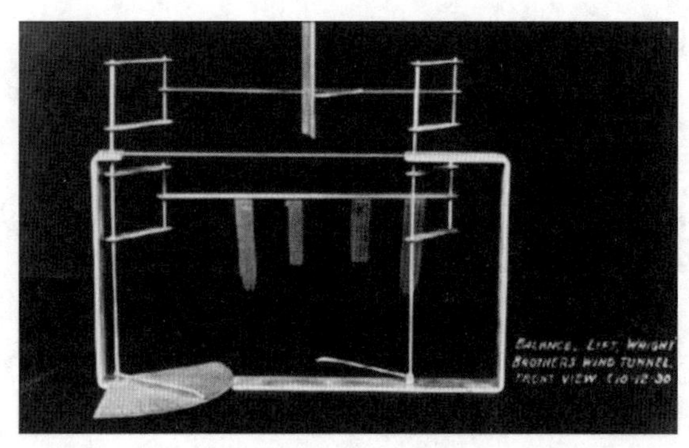

(a) 1901 年莱特兄弟设计的阻力天平

(b) 1907 年古斯塔夫・埃菲尔 (Gustav Eiffel) 建造的风洞天平

图 16.1　早期风洞中使用的测力与力矩装置

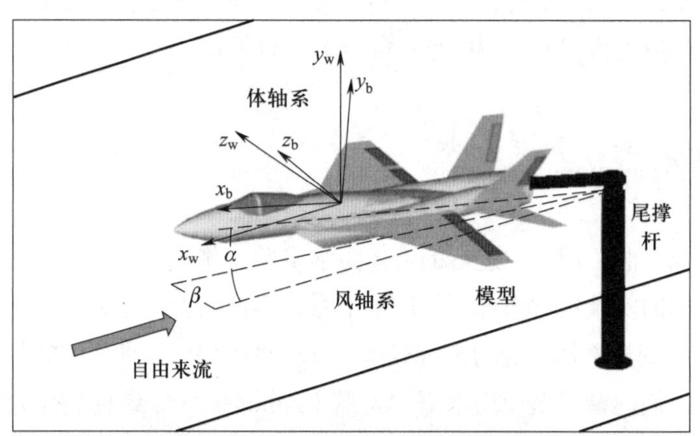

图 16.2　天平测力实验中的坐标系定义

所示。体轴系（$Ox_by_bz_b$）坐标原点在天平设计中心或者天平校准中心，纵轴（x_b 轴）在模型纵对称平面内，与纵轴线重合指向前，竖轴（y_b 轴）在模型纵对称平面内与模型纵轴线垂直指向上，横轴（z_b 轴）按右手定则确定方向。风轴系（$Ox_wy_wz_w$）在风洞实验中与地面坐标系一致，其原点也定义在天平设计中心或者天平校准中心，纵轴（x_w 轴）沿来流的负方向，竖轴（y_w 轴）在沿来流的竖直平面内垂直于来流指向上，横轴（z_w 轴）同样按右手定则确定方向。一般来说，由机械式天平测得的力与力矩各分量是在风轴系下进行分解的，即获得升力 L、阻力 D 与侧力 Z，而尾撑式应变天平是按体轴系测量各分量的，即得到轴向力 A、法向力 N 与侧向力 S。当存在迎角 α 与侧滑角 β 时，由体轴系下测得的气动力分量可转化为风轴系下的分量，即

$$
\begin{cases}
L = -A\sin\alpha + N\cos\alpha \\
D = A\cos\alpha\cos\beta + N\sin\alpha\cos\beta - S\sin\beta \\
Z = A\cos\alpha\sin\beta + N\sin\alpha\sin\beta + S\cos\beta
\end{cases}
\tag{16.1}
$$

其中阻力 D 的正方向与 $x_{\rm w}$ 轴方向相反，轴向力 A 的正方向与 $x_{\rm b}$ 轴的方向相反。同理，风轴系下测得的力矩分量也可转化为体轴系下的分量

$$
\begin{cases}
M_{x\rm b} = M_{x\rm w}\cos\alpha\cos\beta + M_{y\rm w}\sin\alpha - M_{z\rm w}\cos\alpha\sin\beta \\
M_{y\rm b} = -M_{x\rm w}\sin\alpha\cos\beta + M_{y\rm w}\cos\beta + M_{z\rm w}\sin\alpha\sin\beta \\
M_{z\rm b} = M_{x\rm w}\sin\beta + M_{z\rm w}\cos\beta
\end{cases}
\tag{16.2}
$$

测力天平必须至少有一个传感元件用于各个力与力矩分量的测量。按照所测量力与力矩分量的数目，天平可以分为单分量天平和多分量天平，一般常见的为六分量天平。另外，根据天平测量元件相对于模型的安装位置，又可分为内式天平与外式天平。如果天平各测量元件均放置在模型内，则称为内式天平，如果全部或部分测量元件置于模型腔外，则称为外式天平。下面分别对广泛使用的机械式天平与应变式天平进行介绍。

16.2 机械式天平

机械式天平基于静力学平衡原理测量力与力矩各分量，主要用于低速风洞实验。机械式天平一般由四部分组成：模型支撑系统、力和力矩分解系统、力和力矩传递系统、测量元件。机械式天平在工作时变形微小，可近似为刚体，具有如下优点。

（1）可较好地将作用在模型上的力与力矩分解成各个分量，由每个平衡测量元件进行独立测量，具有很高的测量精度。

（2）通过调整机械式天平，可将载荷的各分量之间的相互干扰减小到最低程度，因此测量准确度很高。

（3）具有较大刚度，一般无须对模型进行弹性修正。

（4）有很宽的载荷测量范围，通过调整可有很高的灵敏度。

（5）不易受环境影响，有较好的长期稳定性。

但是该方法也有缺点，比如机械式结构较为复杂，研制周期长，制造成本高等。

16.2.1 模型支撑系统

模型支撑系统的主要作用是将模型支撑于风洞试验段，保持和调节模型的各种姿态角，并将模型所受的力与力矩传递到分解系统。机械式天平由于其尺寸的限制，通常为外式天平，其模型支撑系统通常为腹（背）支撑形式，包括三支杆（three sting）支撑，双支杆支撑和中心支杆（central sting）支撑等不同的类型。三支杆支撑适用于大展弦此的机翼或飞机模

型实验，前支杆及其风挡的尾流对模型尾部流动的干扰比较小，缺点是加大了支杆及其风挡的迎风面积与实验段横截面面积之比。如图 16.3a 所示，三支杆支撑方式中机翼上的两根前支柱在四分之一弦长位置支撑模型，并承载除俯仰力矩外的大部分载荷，俯仰力矩由模型尾部的支柱平衡。模型的所有连杆都围绕竖轴连接，因此尾部支柱的垂直运动可以很容易地改变迎角。双支杆支撑适用于单独机身小展弦比机翼或飞机等模型的实验，缺点是大迎角时前支杆及其风挡的尾流对模型尾部流动的干扰较大。中心支杆支撑方式如图 16.3b 所示，模型在机身内的各方向上都固定。攻角的调整是通过机身内部的迎角机构来完成的。其优点是能充分利用空间，迎风面积相对较小，对流场的干扰也小，缺点是所有载荷都必须由该支架承载，所以不能承受太大的模型载荷，并且需尽量减少测试期间模型的动态运动。

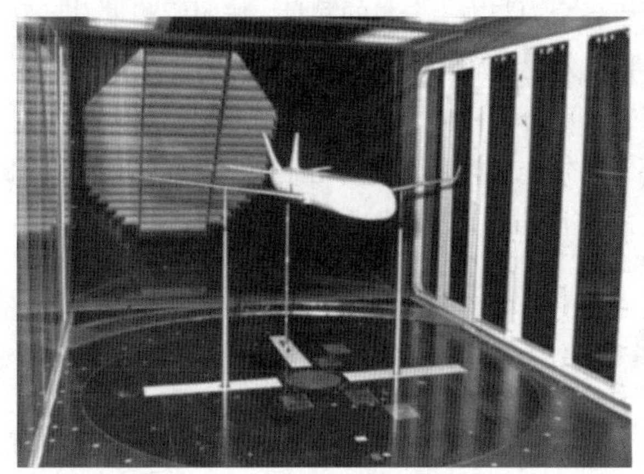

(a) 三支杆支撑方式

(b) 单支杆支撑方式

图 16.3　风洞天平腹（背）支撑的两种典型形式

16.2.2　力和力矩分解系统

为了准确测量作用在实验模型上的力与力矩载荷，即三个力与三个力矩分量，要求天平系统具有和各个力与力矩分量相应的自由度，能将天平受到的力与力矩按不同方向进行分解。当天平的每个分量只保证提供与欲测量的分量相应的自由度时，天平各分量系统就能独立地传递力与力矩。一般来说，机械式天平用力平台与力矩平台进行力与力矩的分解。力平台有三个在坐标轴方向上的位移自由度，提供三个力的测量。力矩平台相对力平台有三个绕坐标轴方向转动的自由度，提供三个力矩的测量。为了减小各分量之间的干扰，机械式天平在结构上还要采取消扰措施。

以塔式天平为例，其力与力矩的分解是分别由力平台与力矩平台来完成的（图 16.4）。塔心是天平的力矩参考中心，一般模型的力矩参考中心与塔心重合。力平台通过四根等长的垂直弹性拉杆（平移吊线）悬挂在升力摇臂上，组成平移机构。在绕塔心的力矩作用下，力平台不会运动，只有在通过塔心的力作用下才会发生运动。当作用在模型上的力载荷通过支杆传递到力平台上时，阻力使力平台向后移动，侧力使力平台向左或向右移动，升力使力平台上下浮动，从而实现对力的分解。力矩平台通过四根（或三根）斜置的弹性拉杆（斜吊线）悬挂在力平台上，组成塔形机构。当作用在模型上的力载荷通过支杆传递到力矩平台上时，俯仰力矩使力矩平台绕通过塔心的横轴（z 轴）转动，滚转力矩使力矩平台绕通过塔心的纵轴（x 轴）转动，偏航力矩使力矩平台绕通过塔心的竖轴（y 轴）转动，从而实现对力矩的分解。

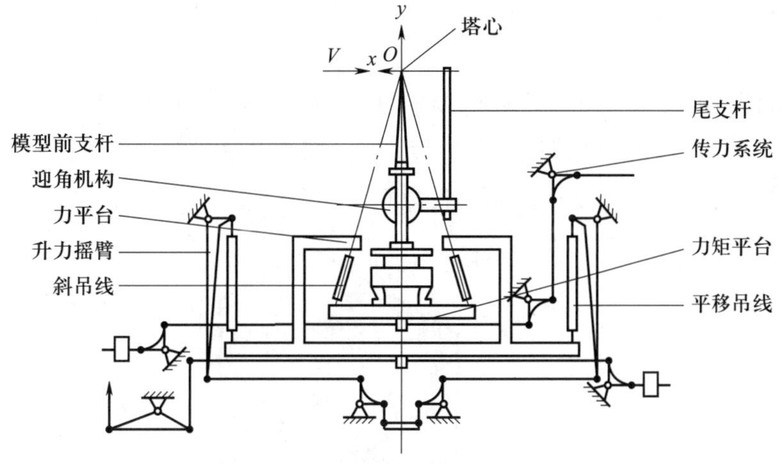

图 16.4 塔式天平力与力矩分解系统

总的来说，塔式天平中模型所受的合力向塔心简化为一个力与一个力矩，力使力平台运动，力矩使力矩平台运动，使模型所受载荷各分量得以分解，再通过力平台与力矩平台相对于坐标轴（一般为风轴系）方向的平移与转动，分别测量各个力与力矩的分量。

16.2.3 力和力矩传递系统

在机械式天平的力平台（力矩平台）与每个分量的测量元件之间，分别都有一套传力系统，其主要作用是将力平台的位移与力矩平台的转动无损地传递到天平每个分量的测量元件上。传力系统主要由弹性拉杆、摇臂（杠杆）、铰链支座、配重等构件组成。弹性拉杆是传力系统中的连接构件，通常由设置在弹性拉杆中间的刚性杆与设置在弹性拉杆两端的弹性元件组成，可传递轴向拉力。摇臂（杠杆）的作用是改变力的大小与方向，将机械式天平的力平台与力矩平台所分解出来的力与力矩进行合成、分解或单向传递。铰链支座主要用于摇臂、杠杆和秤杆等零件的转动支撑。机械式天平广泛采用弹性铰链支座。传力系统中主要有两种配重，起平衡作用的称为平衡配重，用于调节系统质心位置高低的称为灵敏度配重。

16.2.4 测量元件

天平中的测量元件用于测量传递系统传递来的力与力矩分量，并输出与所测量力与力矩有定量关系的天平读数（输出量）。早期机械式天平中使用的测量元件是由秤杆、游码、砝码、灵敏度配重、指针和刻度盘等组成的平衡式杠杆，或称为秤杆元件。在力的作用下，原先平衡的秤杆失去平衡，通过加、减砝码和调节游码的方法，使秤杆重新恢复到原来的平衡状态，此刻砝码的重量和游码的位置作为天平读数。秤杆元件的优点是有较高的精度与灵敏度，但是平衡时间长，因此不能测量脉动量较大的载荷，而且只能输出机械数字。为了提高机械式天平的自动化水平，便于显示、记录和实时数据处理，人们在传递系统最后一级拉杆上加装应变式元件（力传感器），利用弹性元件变形来测量外力大小，最后输出电信号作为天平读数。

目前，机械式天平主要使用应变式元件，如图 16.5 所示。随着机械式天平测量元件采用应变式元件，特别是采用了高精度测力传感器，机械式天平的传力系统大大简化，不再需要独立设置六个分量的力与力矩的传递系统。

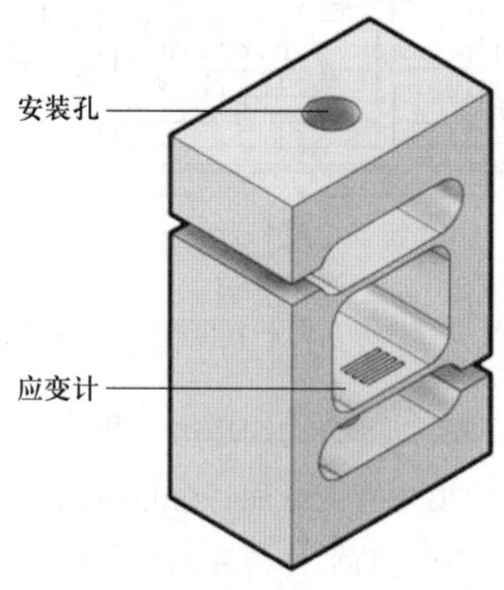

图 16.5　机械式天平的应变式元件

16.3　应变式天平

16.3.1　基本原理

应变式天平是一种单分量或者多分量的测力传感器，通过测量弹性元件中应变梁表面的应变来确定模型所受的力与力矩分量。应变式天平通常包含几个测量不同分量的测量元件。应变式天平的测量元件主要由弹性元件、电阻应变片和测量电路组成。在进行测力实验时，应变式天平承受作用在模型上的载荷，并且把它传递到支撑系统上。弹性元件中的应变梁在力与力矩作用下产生相应的变形，其应变量与外力大小成正比。粘贴在应变梁表面上的电阻应变片，将应变梁表面的应变转变为电阻应变片电阻的变化。这个电阻变化由惠斯通电桥测量电路转换成电压变化，该电压变量与应变式天平所承受的力与力矩载荷值成正比。最后，将电压信号通过数/模转换后，输入到计算机上进行处理，即可得到作用在模型上的各个力与力矩分量。另外，与机械式天平原理不同，应变式天平中力和力矩的分解主要依靠弹性元件的结构形状及电阻应变片在测量电路中的合理布置来实现。

基于上述测量原理，虽然相比机械式天平其测量精度稍差，但是应变式天平结构体积较小，响应快，设计和加工相对简单，可适用于多种安装与模型支撑方式，是目前应用最为广泛的力与力矩测量装置。

16.3.2 应变式天平的结构形式

应变式天平按结构形式，主要分为杆式天平（sting balance）与盒式天平（box balance）两大类。杆式天平是最常用的应变式天平结构形式。杆式天平的外形一般为圆柱形，也有方柱形。天平的一端与模型连接，称为模型端；另一端与支杆连接，称为支杆端。在两端之间设置不同结构形式的测量元件，用于测量不同分量的载荷，如图 16.6a 所示。杆式天平按结构形式不同又可分为整体式与套筒式两种。整体式杆式天平是由整块材料加工而成，其结构紧凑，机械滞后小，是目前广泛采用的杆式天平结构形式。

如图 16.6b 所示，杆式天平中间设置轴向力元件，轴向力元件是一个独立的天平元件，一般由测量元件与支撑片组成，通过平行四边形结构传力。测量元件与支撑片都是弹性元件，应变片粘贴在测量元件上。而法向力元件、俯仰力矩元件、横向力元件、偏航力矩元件和滚转力矩元件可组合在一起构成复合式组合元件，并对称设置于天平设计中心的前后。杆式天平用通槽将天平分成两个框体，使天平元件受力与力矩载荷作用后产生变形。轴向力元件的测量元件与支撑片将天平两个框体连接起来，组成平行四边形机构。该结构将作用在模型上的力与力矩载荷由天平模型端传到天平各测量元件，再通过天平支杆端传到天平支杆与风洞支架上。

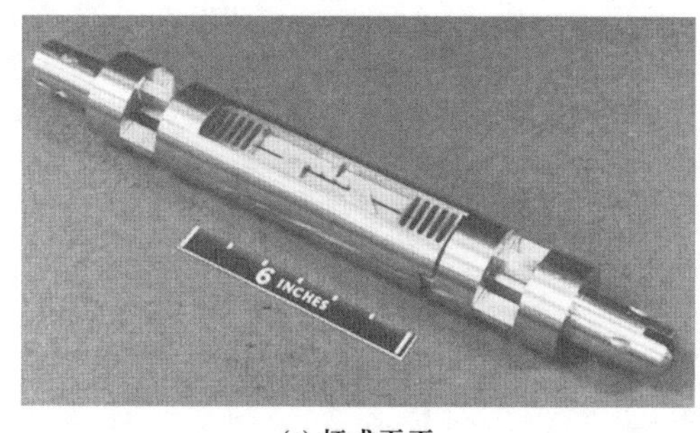

(a) 杆式天平

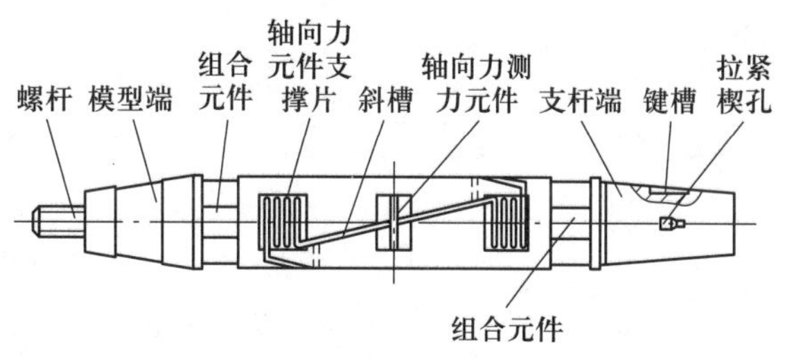

(b) 杆式天平结构图

图 16.6 杆式应变天平与其结构示意图

盒式天平由浮动框与固定框两部分组成。浮动框与模型连接，固定框与支杆连接，两个框体之间用多个弹性连杆连接，如图 16.7 所示。盒式天平中的载荷传递是沿着垂直轴从上到下的。通常在固定框上设置悬臂梁式测量元件，电阻式应变片粘贴在悬臂梁上。弹性连杆分别设置在轴向、法向与横向三个方向上，将力分别传递到悬臂梁的自由端。弹性连杆两端有双向弹性铰链，只能传递拉力或压力，保证悬臂梁只受到欲测量载荷分量的作用，从而实现了力与力矩的机械分解，这种分解与机械式天平力与力矩的分解原理相类似。

盒式天平又分为整体式和装配式。整体式天平由单块金属材料制成。具有低迟滞和良好的蠕变行为，可保证天平具有良好的重复性。装配式天平由多个零件组装而成，这使得多个零件可并行制造，从而使装配式天平制造过程比整体式天平更有效率。盒式天平刚度大，而且力与力矩的机械分解较彻底，因而干扰量小。但是盒式天平体积大，因此主要在低速风洞中使用。

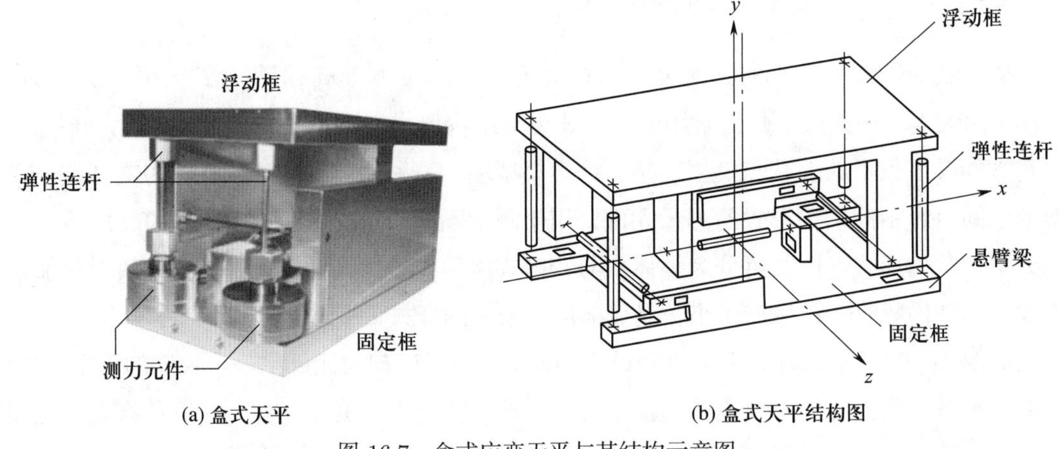

(a) 盒式天平　　(b) 盒式天平结构图

图 16.7　盒式应变天平与其结构示意图

第 17 章
超声波检测技术

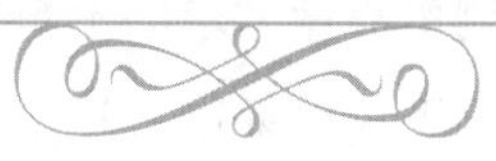

超声波是机械振动在介质中的传播，实质上是以波动形式在弹性介质中传播的机械振动。人耳能够感受到频率高于 20 Hz，低于 20 000 Hz 的弹性波，该频率范围内的弹性波称为声波。频率小于 20 Hz 的弹性波称为次声波，频率高于 20 000 Hz 的弹性波称为超声波。次声波和超声波不能被人耳感受。

17.1 发展概述

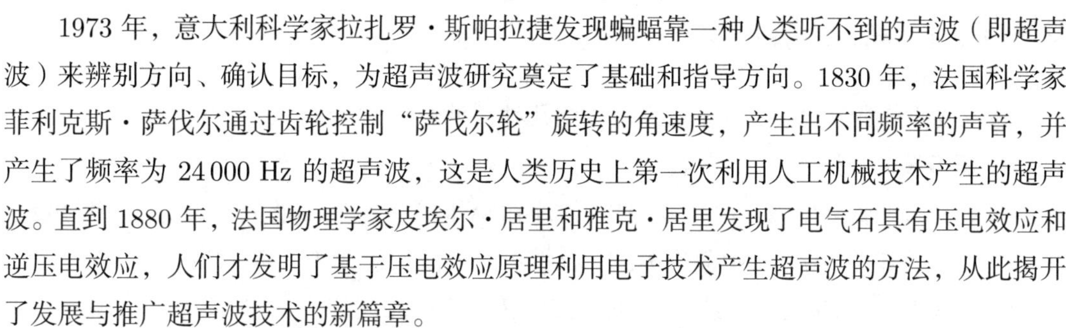

1973 年，意大利科学家拉扎罗 · 斯帕拉捷发现蝙蝠靠一种人类听不到的声波（即超声波）来辨别方向、确认目标，为超声波研究奠定了基础和指导方向。1830 年，法国科学家菲利克斯 · 萨伐尔通过齿轮控制“萨伐尔轮”旋转的角速度，产生出不同频率的声音，并产生了频率为 24 000 Hz 的超声波，这是人类历史上第一次利用人工机械技术产生的超声波。直到 1880 年，法国物理学家皮埃尔 · 居里和雅克 · 居里发现了电气石具有压电效应和逆压电效应，人们才发明了基于压电效应原理利用电子技术产生超声波的方法，从此揭开了发展与推广超声波技术的新篇章。

利用超声波进行无损检测始于 20 世纪 30 年代。1929 年，苏联学者索科洛夫首先提出了利用超声波探查金属内部缺陷的想法，并于 1935 年发表公布了利用超声波穿透法检测金属材料内部缺陷的相关研究成果。第二次世界大战后，基于索科洛夫的研究成果制造的超声波穿透法检测仪开始出现。由于该检测仪需要保持探头相对位置固定不变，且对缺陷检测灵敏度低，使得其应用范围极为有限。但穿透法检测仪的诞生标志着超声波检测技术在工业领域的首次应用，是工业超声波检测技术发展的重要历史转折点。

超声波检测技术的发展与超声波检测设备密切相关，超声波检测仪经历了电子管式、晶体管式和数字式三个阶段。1940 年，美国科学家费尔斯通（Firestone）首次介绍了基于脉冲反射法的超声波检测仪，并在之后的几年进行了试验和完善。1946 年，英国科学家斯普隆勒（D. O. Spronle）成功研制出第一台 A 型脉冲反射式超声波检测仪。20 世纪 60 年代，随着电子技术的快速发展，超声波检测技术在灵敏度、分辨率和放大器线性等主要性能上取得突破性进展，大量缺陷无损检测问题得到很好的解决。1964 年，德国 KK 公司成功研制出小型超声波检测仪，开启了近代超声波检测技术在工业领域应用的新纪元。20 世纪 70 年代末，微处理器的出现推动着超声波检测仪开始进入数字化时代。1983 年，德国 KK 公司推出了第一台便携式 USD－Ⅰ型数字化超声波检测仪。

随着工业生产对检测效率和检测可靠性要求的不断提高，大量基于超声波的衍生检测技术及其对应的信号处理技术得到发展，例如超声导波、电磁超声波和相控阵等技术。与此同时，随着人工智能、机器人技术和自适应技术的逐步成熟，超声波检测技术将向智能、高效、自动化无损检测方向进一步发展。

17.2　超声波基础知识

超声波检测是目前应用最广泛的检测方法之一。它具有如下优点：① 超声波的方向性好。超声波具有像光波一样良好的方向性，经过专门的设计超声波可以定向发射，使得声束能集中在特定的方向上。② 超声波的能量高，对于大多数介质而言，它具有较强的穿透能力。③ 超声波在异种介质的界面上将产生反射、折射和波型转换。利用这些特性，可以获得从缺陷界面反射回来的反射波，从而达到探测缺陷的目的。

17.2.1　超声波的分类

超声波的分类方法很多，下面简单介绍几种常见的分类方法。

1. 超声波的波型

根据波动中质点振动方向与波的传播方向的不同关系，可以将超声波分为多种波型，在超声波检测中主要应用的波型有纵波、横波、表面波（瑞利波）和兰姆波等。

（1）**纵波**。介质中质点的振动方向与波的传播方向相同的波，称为纵波，用 L 表示，如图 17.1 所示。当介质中质点受到交变拉压应力作用时，质点间产生伸缩变形，形成纵波。

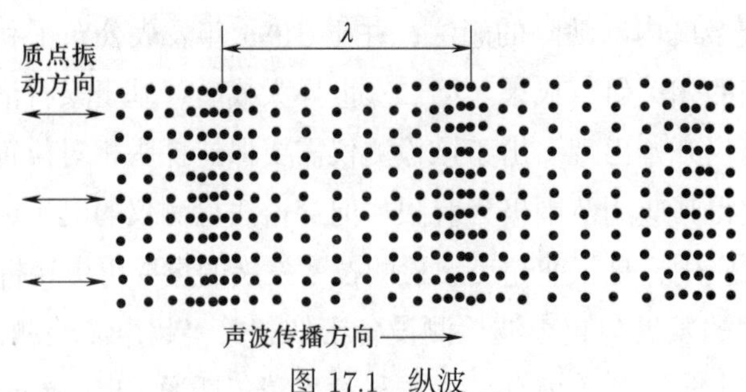

图 17.1　纵波

这时介质中质点疏密相间，故纵波又称为压缩波或疏密波。

纵波是超声波检测中应用最普遍的一种波型，也是唯一在液体、气体和固体中均可传播的波型。由于纵波的发射与接收较易实现，在应用其他波型时，常采用纵波声源经波型转换后得到所需的波型。

（2）**横波**。介质中质点振动方向与波传播方向相互垂直的波称为横波，用 S 或 T 表示，如图 17.2 所示。当介质中质点受到交变的剪应力作用时，产生剪切变形，形成横波，横波又称为切变波。只有固体介质才能承受剪应力，液体和气体不能承受剪应力，因此横波只能在固体介质中传播，不能在液体和气体中传播。

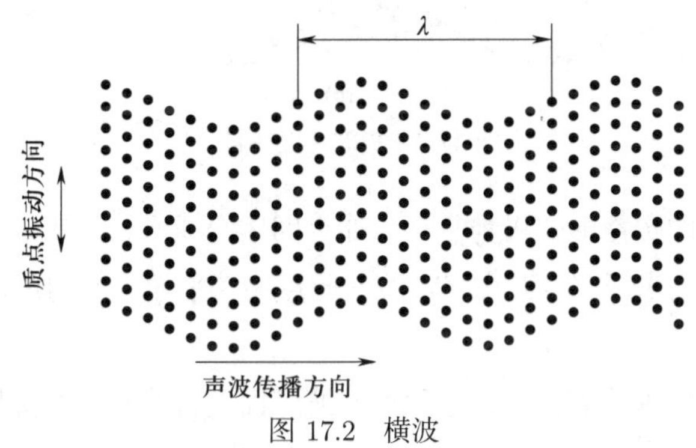

图 17.2　横波

横波速度通常约为纵波速度的一半，因此，相同频率时横波波长约为纵波波长的一半。实际检测中常应用横波的原因是，通过波型转换，很容易在材料中得到一个传播方向与表面有一定倾角的单一波型，可以对不平行于表面的缺陷进行检测。

（3）**表面波**。当介质表面受到交变应力作用时，产生沿介质表面传播的波，称为表面波（又称瑞利波），常用 R 表示，如图 17.3 所示。表面波在介质表面传播时，介质表面质点做椭圆运动，椭圆的长轴垂直于波传播方向，短轴平行于波的传播方向。椭圆运动可视为纵向振动和横向振动的合成，即纵波与横波的合成。因此，表面波与横波一样只能在固体中传播，不能在液体和气体中传播。

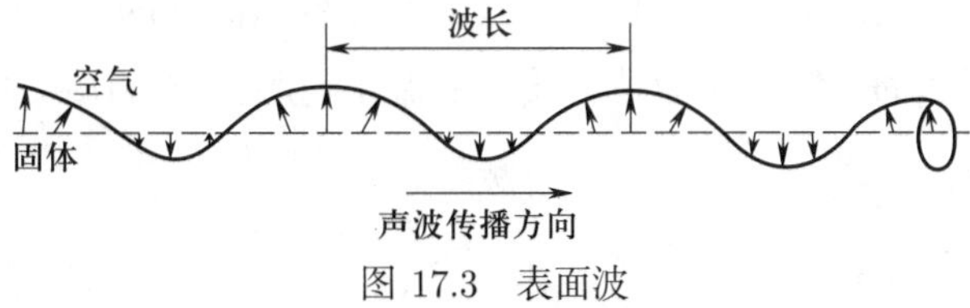

图 17.3　表面波

表面波的能量随传播深度增加而迅速减弱。通常认为瑞利波的穿透深度约为一个波长，因此，它只能用来检测表面和近表面缺陷。

（4）**板波**。在板厚和波长相当的弹性薄板中传播的超声波称为板波（或兰姆波）。板波传播时，声场遍及整个板的厚度，薄板两表面质点的振动为纵波和横波的组合，质点振动的轨迹为一个椭圆，薄板的中间也有超声波传播，如图 17.4 所示。板波按其传播方式可分为对称型板波（S 型）和非对称型（A 型）板波两种。

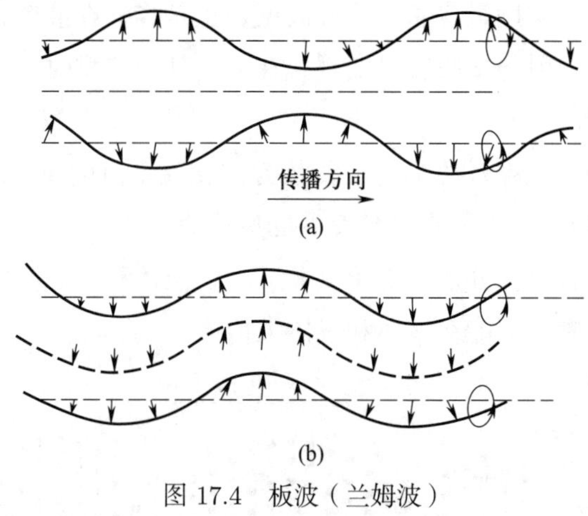

图 17.4　板波（兰姆波）

超声波在固体中的传播形式极为复杂。如果固体介质有自由表面，可将横波的振动方向分为 SH 波和 SV 波来研究。其中 SV 波是质点振动平面与波的传播方向相垂直的波。

2. 超声波的波形

超声波由声源向周围传播扩散的过程可用波阵面进行描述。在无限大且各向同性的介质中，振动向各方向传播，人们用波线表示传播的方向。将同一时刻介质中振动相位相同的所有质点所连成的面称为波阵面。某一时刻振动传播到达的距声源最远的各点所成的面称为波前。根据波阵面的形状（波形），可将波动分为平面波、柱面波和球面波等。

波阵面为相互平行平面的波称为平面波。平面波的波源为一平面，如图 17.5a 所示。尺寸远大于波长的刚性平面波源在各向同性的均匀介质中辐射的波可视为平面波。平面波波束不扩散。平面波各质点振幅是一个常数，不随距离变化。波阵面为同心球面的波称为球面波。球面波的波源为一点，如图 17.5b 所示。尺寸远小于波长的点波源在各向同性介质中辐射的波可视为球面波。球面波波束向四面八方扩散，可以证明，球面波中质点的振动幅度与距声源的距离成反比。波阵面为同轴圆柱面的波称为柱面波。柱面波的波源为一条线，如图 17.5c 所示。长度远大于波长的线状波源在各向同性的介质中辐射的波可视为柱面波。柱面波波束向四周扩散。柱面波各质点的振幅与距柱状声源的距离的平方成反比。

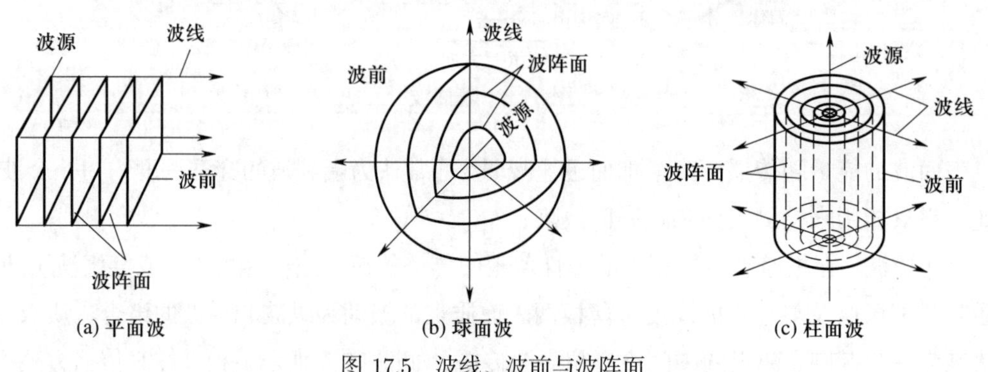

图 17.5　波线、波前与波阵面

在超声波检测实际应用中，声波常常是有限尺寸的平面，产生的波形既不是单纯的平面波，也不是单纯的柱面波，而被认为是活塞波。理论上假定产生活塞波的声源是一个有限尺寸的平面，声源上各质点做相同频率、相位和振幅的谐振动。在离声源较近处，由于干涉的原因，波阵面形状复杂；距声源足够远处，波阵面类似于球面。活塞波中质点位移随时间和距离的变化规律难以用简单的数学关系表达，但在距声源足够远处，可以近似用球面波的波动方程来表达，这是超声波检测中应用计算法进行仪器灵敏度调整和缺陷尺寸评定的基础。

17.2.2 超声波及超声场的物理参数

1. 波速

超声波的传播速度简称声速。声速是超声波检测中一个重要的声学参数，它对超声波检测的缺陷定位、定量分析至关重要。超声波的声速不仅依赖于传声介质自身的密度、弹性模量等性质，还与超声波的波型有关。对于纵波、横波和表面波来说，每种波型的声速值仅与介质自身的特性有关，而与入射声波的特性无关。管、板等波导中传播的超声导波的声速，除与材料特性有关以外，还与频率、几何尺寸和振动模式有关。

在无限大固体介质中，纵波声速

$$c_{\mathrm{L}}=\sqrt{\frac{E}{\rho}}\sqrt{\frac{1-\nu}{(1+\nu)(1+2\nu)}} \tag{17.1}$$

在无限大固体介质中，横波声速

$$c_{\mathrm{S}}=\sqrt{\frac{G}{\rho}}=\sqrt{\frac{E}{\rho}}\sqrt{\frac{1}{2(1+\nu)}} \tag{17.2}$$

在无限大固体介质表面，表面波（瑞利波）声速（$0<\nu<0.5$）

$$c_{\mathrm{R}}=\frac{0.87+1.112\nu}{1+\nu}\sqrt{\frac{E}{\rho}}\sqrt{\frac{1}{2(1+\nu)}} \tag{17.3}$$

式中：E 为介质的弹性模量；K 为液体、气体介质的体积弹性模量；G 为介质的剪切模量；ρ 为介质的密度；ν 为介质的泊松比。

由以上可以看出，声速主要由介质的弹性性质、密度和泊松比决定。不同材料声速值有较大的差异。

充满超声波的空间或超声振动所涉及的部分介质，称为超声场。描述超声场的物理量主要有声压、声强和声阻抗。

2. 声压

超声场中某一点在某一时刻所具有的压强 p_1 与没有声波存在时该点的静压强 p_0 之

差，称为该点的声压，用 p 表示。超声场中，每一点的声压是一个随时间和距离变化的量，可以证明，对于无衰减的平面余弦波，声压 p 可用下式表示：

$$p = -\rho c A\omega \sin\omega\left(t - \frac{x}{c}\right) = \rho c u \tag{17.4}$$

式中：u 为质点振动速度；$\rho c A\omega$ 为声压振幅，代表超声波的强弱。

超声波检测仪上脉冲高度与声压成正比，且读出信号的幅度比等于声压比。

3. 声阻抗

介质中某一点的声压 p 与该处质点振动速度 u 之比，称为声阻抗，用 Z 表示。在同一声压 p 下，声阻抗越大，质点振动速度就越小。声阻抗表示超声场中介质对质点振动的阻碍作用。

$$Z = \frac{p}{u} = \rho c \tag{17.5}$$

声阻抗在数值上等于介质密度与介质中声速的乘积。不同介质具有不同的声阻抗。声阻抗是衡量介质声学性能的重要参数。超声波传播到界面处时，声阻抗决定着超声波在不同介质中的能量分配。

4. 声强

在垂直于声波传播方向的平面上，单位面积上单位时间内所通过的声能量，称为声强。用符号 I 表示。对于谐振波，常将一周期中能流密度的平均值作为声强

$$I = \frac{p^2}{2\rho c} = \frac{p^2}{2Z} \tag{17.6}$$

由上式可知，超声场中，声强与声压平方成正比，与频率平方成正比。由于超声波的频率很高，故超声波的声强很大，这是超声波能用于探伤的重要依据。

17.3　超声波的传播特性

超声波在传播过程中，与介质发生复杂的相互作用。了解介质中超声波的特性是进行超声波检测的基础和前提。

17.3.1　超声波的波动特性

1. 波的叠加

当几列超声波同时在一种介质中传播时，如果在某点相遇，则相遇处质点的振动是各列波所引起振动的合成，合成声场的声压等于每列声波声压的矢量和，这就是声波的叠加原理。相遇后，各列超声波仍保持原有的频率、波长、幅度、传播方向等，继续前进，好像在各自的传播过程中没有遇到其他波一样。

2. 波的干涉

频率相同、振动方向相同、相位相同或相位差恒定的波源发出的两列波相遇时，声波的叠加会出现一种特殊的现象，即合成声波的频率与两列波相同，合成声压幅度在空间中不同位置随两列波的波程差呈周期性变化，某些位置始终加强，而另一些位置始终减弱。合成声压的最大幅度等于两列波声压幅度之和，最小幅度等于两列波声压幅度之差。这种现象称为波的干涉现象。两列频率相同、振动方向相同、相位相同或相位差恒定的波称为相干波，对应的波源为相干波源。两列振幅相同的相干波在同一直线上沿相反方向彼此相向传播时，叠加形成的波称为驻波。

在超声波检测中，用于产生超声波的有限尺寸平面声源所发射的声波在声源附近会产生干涉，使该区域的声压出现极大值和极小值点。

3. 惠更斯原理

惠更斯原理的基本思想是：介质中波动传播到的任意点都可以看作新波的波源向前发射球面子波，在其后任意时刻，这些子波的包迹就是新的波阵面。

利用惠更斯原理，可以确定波前的几何形状和波的传播方向，如图 17.6 所示。从波源 O 点向四周发出的球面波，在某一时刻到达波阵面 $S_1(AB)$。将 S_1 上的各点看作新的子波源且各自发出球面波，在下一时刻，波阵面的新位置就是与各子波波阵面相切的包迹面 $S_2(A'B')$。垂直于波阵面的波线就是波的传播方向。

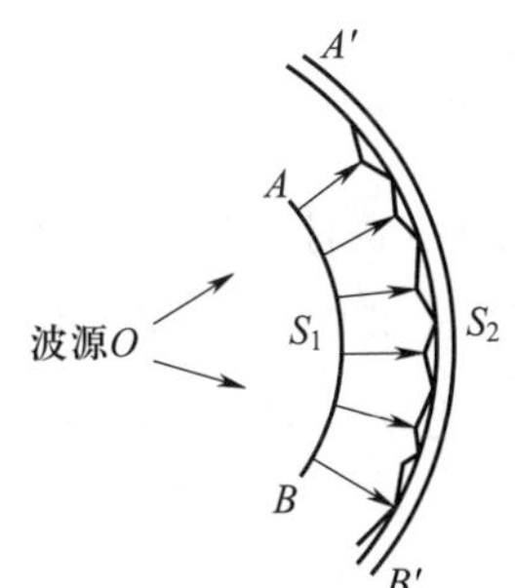

图 17.6 惠更斯原理示意图

惠更斯原理与波的叠加原理相结合，可以方便地计算特定声源在空间中的声压分布以及遇到障碍物后的变化情况。

4. 超声波的散射和衍射

平面波在均匀、各向同性弹性介质中沿直线传播。在传播过程中，如果遇到障碍物（其声阻抗与介质的声阻抗不同），会产生若干声学现象，这些现象与障碍物的尺寸有关。平面波传播到两种不同声阻抗介质的交界面处时，一部分声波会在界面处反射回到第一种介质中，另一部分声波则会透过界面进入第二种介质中，同时，声束方向会发生改变。假设界面足够大，入射声束不会遇到任何“边界”，可以按直线传播来分析其规律。如果界面或障碍物的尺寸有限，声波传播就会产生衍射和散射现象，这两种现象中的声波传播均不符合直线传播规律。

所谓衍射，是指波绕过障碍物的边缘而向后传播的现象。如果障碍物为有限尺寸但比超声波的波长大得多，且障碍物的声阻抗与周围介质差异很大，则入射至障碍物上的声波几乎全部被反射，从而在障碍物后面形成一个声影区。但是，声影区的大小并不是被障碍物遮挡的全部区域。当平面波遇到反射界面的边缘时，如疲劳裂纹的尖端，则可以将边缘看作直线声源，从边角处发出柱面波。这样，声波可以绕过障碍物的边缘向后传播，这种现象就是衍射现象，如图 17.7 所示。衍射可以解释超声波检测中的一些基本现象，如探头发射声束的扩散（指向性），超声波缺陷检测灵敏度受波长限制等。

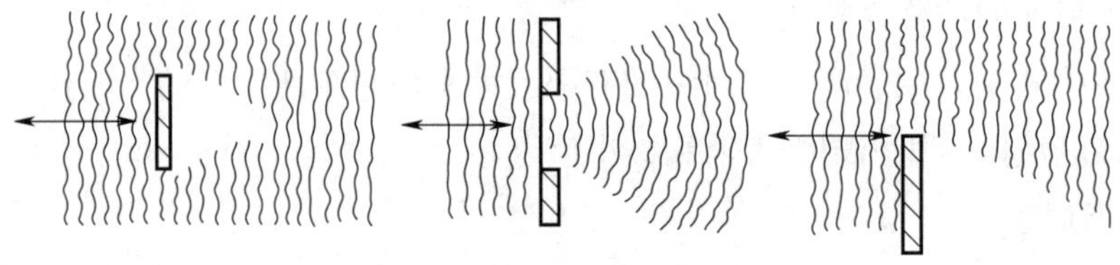

图 17.7　波的衍射

如果障碍物的尺寸与超声波的波长近似，超声波将不能按几何规律被反射，而将发生不规则的反射和衍射；如果障碍物的尺寸小于超声波的波长，则波到达障碍物后的现象类似于以障碍物作为点状声源向四周发射声波，这些现象均被认为是波的散射。如果障碍物的尺寸比超声波的波长小很多，则他们对超声波的传播几乎没有影响。

17.3.2　垂直入射超声波

当超声波垂直入射到两种介质的界面时，如图 17.8 所示。一部分能量透过界面进入第二种介质，成为透射波（声强为 I_t），波的传播方向不变；另一部分能量则被界面反射回来，沿与入射波相反的方向传播，成为反射波（声强为 I_r）。声波的这一特性是超声波检测缺陷的物理基础。

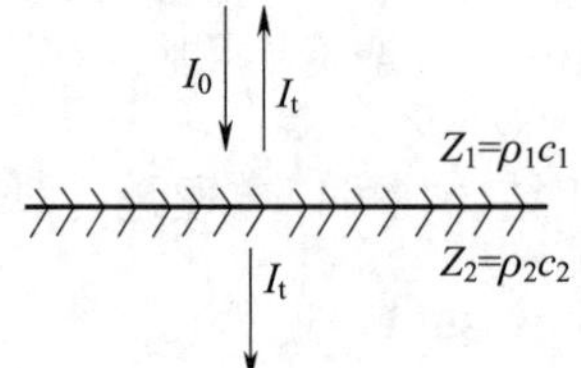

I_0—入射声强，I_r—反射声强，I_t—透射声强

图 17.8　超声波垂直入射于界面时的反射与透射

通常将反射波声压与入射波声压的比值称为声压反射率，将透射波声压和入射波声压的比值称为声压透射率，其数学表达式为

$$r = \frac{p_r}{p_0} = \frac{Z_2 - Z_1}{Z_2 + Z_1} \tag{17.7}$$

$$t = \frac{p_{\mathrm{t}}}{p_0} = \frac{2Z_2}{Z_2 + Z_1} \tag{17.8}$$

式中：p_{r} 为反射波声压；p_{t} 为透射波声压；p_0 为入射波声压；Z_2 为第二种介质的声阻抗；Z_1 为第一种介质的声阻抗。

为了研究反射波和透射波的能量关系，引入声强反射率和声强透射率两个概念

$$R = \frac{I_{\mathrm{r}}}{I_0} = r^2 = \left(\frac{Z_2 - Z_1}{Z_2 + Z_1}\right)^2 \tag{17.9}$$

$$T = \frac{I_{\mathrm{t}}}{I_0} = \frac{Z_1 p_{\mathrm{t}}^2}{Z_2 p_0^2} = \frac{4Z_2 Z_1}{(Z_2 + Z_1)^2} \tag{17.10}$$

由上式可以看出，界面两侧介质的声阻抗的差异决定着反射能量与透射能量的比例。差异越大，反射声能越大，透射声能越小。如在钢与空气的界面，空气的声阻抗几乎可以忽略，因此几乎没有透射声能，只有反射声能。当超声波传播到具有空气隙的缺陷（如裂纹、分层）处时，缺陷的反射率很高，有利于缺陷检测。但它同时也带来不利的影响，那就是很难通过空气耦合使声波进入固体材料，这是超声波检测中通常要使用耦合剂的主要原因。

与上述情况相反，当界面两侧介质的声阻抗非常接近时，反射率几乎为零，声波接近于完全透射。这是为何缺陷的声阻抗与基体接近时难以检出的原因。典型的例子如钛合金中的硬夹杂物以及钛合金和高温金属材料中的偏析等。

在检测异质金属材料的结合面质量时，两侧材料声阻抗的差异使得界面处产生的反射信号对界面缺陷的检测灵敏度产生一定的影响。

17.3.3 倾斜入射超声波

当超声波以相对于界面入射点法线一定的角度倾斜入射到两种介质的界面时，在界面上会产生反射、折射和波型转换现象，如图 17.9 所示。

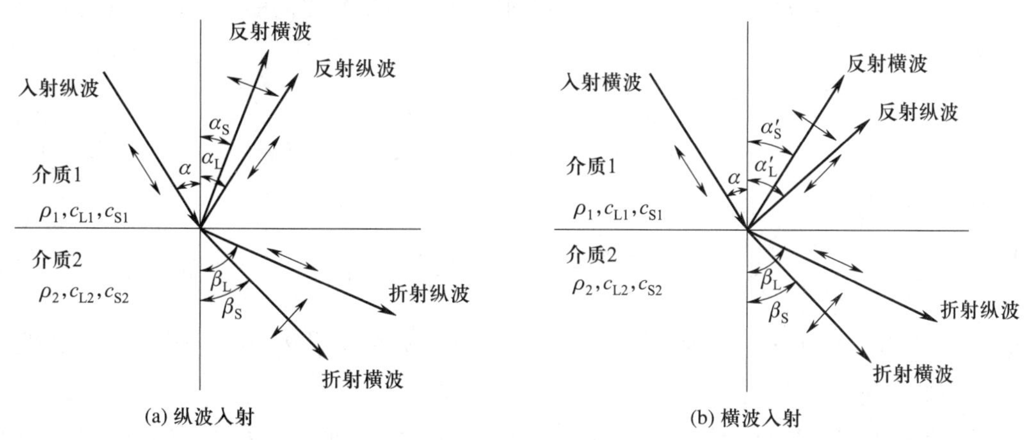

图 17.9 超声波倾斜入射到界面

入射声波与入射点法线之间的夹角 α 称为入射角。

1. 反射

当纵波倾斜入射到异质界面时，将会在入射波所在的介质 1 中的入射点法线的另一侧产生与法线成一定夹角的反射纵波。反射波与入射点法线之间的夹角 α' 称为反射角。入射纵波与反射纵波之间的关系符合几何光学的反射定律，即入射声束、反射声束和入射点的法线位于同一平面内；入射角 α 等于反射角 α'。

与光的入射不同的是，当介质 1 为固体时，界面上既产生反射纵波，同时发生波型转换产生反射横波，即反射后同时产生纵波与横波两种波型。这时，横波反射角与纵波入射角之间的关系遵循光学中的斯涅尔（Snell）定律

$$\frac{\sin\alpha}{c_{\mathrm{L1}}}=\frac{\sin\alpha'_{\mathrm{S}}}{c_{\mathrm{S1}}} \tag{17.11}$$

式中：α 为入射角；α'_{S} 为横波反射角；c_{L1} 为纵波在介质 1 中的声速；c_{S1} 为横波在介质 1 中的声速。

若入射声波为横波，也会产生类似的现象，这时横波反射角 α'_{S} 与横波入射角相等。介质 1 为固体时纵波反射角与横波反射角之间的关系为

$$\frac{\sin\alpha}{c_{\mathrm{S1}}}=\frac{\sin\alpha'_{\mathrm{L}}}{c_{\mathrm{L1}}} \tag{17.12}$$

由于固体中纵波波速总是大于横波波速，因此，无论是纵波入射还是横波入射，均有 $\alpha'_{\mathrm{L}}>\alpha'_{\mathrm{S}}$。当介质 1 为液体或气体时，则入射波和反射波只能是纵波，且入射角等于反射角。

2. 折射

当两种介质声速不同时，透射部分的声波会发生传播方向的改变，称为折射。折射声束与界面入射点的法线之间的夹角称为折射角。折射波、入射波与入射点的法线位于同一平面内。无论是纵波入射还是横波入射，只要介质 2 为固体，则介质 2 中除与入射波相同波型的折射波外，均可因在界面发生波型转换而产生与入射波不同波型的折射波。这时，介质 2 中可能同时存在两种波型，纵波与横波。折射角与入射角之间的关系符合斯涅尔定律。

纵波入射

$$\frac{\sin\alpha}{c_{\mathrm{L1}}}=\frac{\sin\beta_{\mathrm{L}}}{c_{\mathrm{L2}}}=\frac{\sin\beta_{\mathrm{S}}}{c_{\mathrm{S2}}} \tag{17.13}$$

横波入射

$$\frac{\sin\alpha}{c_{\mathrm{S1}}}=\frac{\sin\beta_{\mathrm{L}}}{c_{\mathrm{L2}}}=\frac{\sin\beta_{\mathrm{S}}}{c_{\mathrm{S2}}} \tag{17.14}$$

式中：β_{L} 为纵波入射角；β_{S} 为横波入射角；c_{L2} 为纵波在介质 2 中的声速；c_{S2} 为横波在介质 2 中的声速。

折射角相对于入射角的大小和折射波声速与入射波声速的比值有关。同时，由于纵波声速总是大于横波声速，因此 $\beta_{\mathrm{L}}>\beta_{\mathrm{S}}$。

3. 临界角

由折射角与入射角的关系式可知，当第二种介质中的折射波型的声速比第一种介质中入射波型的声速大时，折射角大于入射角。此时，存在一个临界入射角度，在这个角度下，折射角为 90°。大于这一角度时，第二种介质中不再有相应波型的折射波。

（1）**第一临界角**。当入射波为纵波时，且 $c_{L2} > c_{L1}$ 时，纵波折射角大于入射角。随着入射角的增大，折射角也相应增大。当纵波折射角为 90° 时，就出现了一个临界角。将纵波入射且纵波折射角大于纵波入射角时，使纵波折射角达到 90° 的纵波入射角称为第一临界角，用符号 α_{I} 表示。大于第一临界角，第二介质中不再有折射纵波，α_{I} 表示为

$$\alpha_{\mathrm{I}} = \arcsin \frac{c_{L1}}{c_{L2}} \tag{17.15}$$

（2）**第二临界角**。当入射波为纵波，第二种介质为固体，且 $c_{S2} > c_{L1}$ 时，横波折射角也大于入射角。当入射角增大至横波折射角为 90° 时，出现了第二个临界角。当纵波入射且横波折射角大于纵波入射角时，使横波折射角达到 90° 的纵波入射角称为第二临界角，用符号 α_{II} 表示。

$$\alpha_{\mathrm{II}} = \arcsin \frac{c_{L1}}{c_{S2}} \tag{17.16}$$

在超声波检测中，临界角主要应用在第二种介质为固体，而第一种介质为固体或液体的情况。在这种情况下，可利用入射角在第一临界角和第二临界角之间的范围，在固体中产生一定角度范围内的纯横波，对试件进行检测。例如，利用有机玻璃作斜楔制作斜探头，使纵波倾斜入射至有机玻璃和钢的界面，在钢中产生一定角度的纯横波；或采用水浸法，使纵波以适当角度倾斜入射至水和钢的界面，在钢中产生折射横波。

（3）**第三临界角**。第三临界角是横波作为入射波时，在固体介质与另一种介质的界面上产生的。在这种情况下，固体介质 1 中同时存在反射横波与反射纵波，其中横波反射角等于入射角，而纵波反射角大于入射角。当入射角增大到某一数值，将使纵波反射角为 90°。因此，定义第三临界角为横波入射时，使纵波反射角达到 90° 时的横波入射角

$$\alpha_{\mathrm{III}} = \arcsin \frac{c_{S1}}{c_{L1}} \tag{17.17}$$

横波入射角大于第三临界角时，反射波中只有横波，而不再有纵波。对于钢来说，$\alpha_{\mathrm{III}} = 33.2°$，因此，横波斜入射到钢与其他介质的界面上的入射角大于 33.2° 时，则不再产生反射纵波。由于横波检测时，声波通常要在试件的上下底面之间经过一次或多次反射，当横波入射角大于第三临界角时，介质中不会产生反射纵波，有利于缺陷检测。

17.3.4 超声波的传播衰减

超声波的传播衰减是指超声波在介质中传播时，声压或声能随距离的增大逐渐减小的

现象。引起衰减的原因主要包括三个方面：声束的扩散、材料中的晶粒或其他微小颗粒对声波的散射和介质的吸收。

扩散衰减是由于声束扩散引起的衰减。在一些特定波形的声场中，随着传播距离的增加，声束截面不断扩大，这种现象称为声束的扩散。由于声束界面的增大，使单位面积上的声能或声压随传播距离的增大逐渐减弱，这就是扩散衰减。扩散衰减仅取决于波阵面的形状，而与传声介质的性质无关。扩散衰减的规律可用声场的规律来描述。例如，在远场中，球面波的声压与至声源的距离成反比，柱面波的声压则与距离声源的距离的平方根成反比。平面波声压不随距离变化，不存在扩散衰减。

散射衰减是指超声波在传播过程中，由于材料的不均匀性造成多处声阻抗不同的微小界面引起的声波散射，从而造成声压或声能衰减。这种不均匀性可能是多晶材料的晶界、不同相成分的界面、外来杂质等。被散射的超声波在介质中沿着复杂的路径传播，一部分可能变为热能，另一部分可能传播到探头，形成显示屏上的草状回波（或称噪声）。对典型的粗晶金属材料进行超声波检测时，散射衰减不仅造成回波信号幅值降低，而且造成散射噪声的增加，从而使检测信噪比严重下降。

吸收衰减产生的可能涉及两方面。超声波在介质中传播时，由于介质的黏滞性造成质点之间的内摩擦，从而使一部分声能转变成热能；此外，由于介质的热传导，介质的稠密部分与稀疏部分进行热交换，从而导致声能的损耗。

17.4　超声波检测系统

超声波检测系统主要包括超声波检测仪、探头、试块以及耦合剂等。其中超声波检测仪的主要功能是产生、接收和处理检测信号，并显示处理结果。探头的主要功能是实现电能和机械能之间的相互转换。试块主要用来确定超声波检测的灵敏度和判定缺陷大小等。耦合剂用来解决探头和试块界面间的阻抗失配。

17.4.1　超声波检测仪

从不同的角度，可对超声波检测仪进行不同的分类。

根据超声波是否连续可将仪器划分为脉冲波检测仪、连续波检测仪和调频波检测仪。脉冲波检测仪通过探头向工件周期性地发射不连续且频率不变的超声波，根据超声波的传播时间及幅度判断工件中缺陷的位置和大小，这是目前使用最广泛的检测仪。

连续波检测仪通过探头向工件发射连续且频率不变（或在小范围内周期性变化）的超声波，根据透过工件的超声波强度变化判断工件中有无缺陷及缺陷大小。这种仪器灵敏度低，且不能确定缺陷位置，目前已被脉冲波检测仪所代替，但在超声波显像及超声波共振测厚等方面仍有应用。

调频波检测仪通过探头向工件中发射连续且频率周期性变化的超声波，根据发射波与反射波的差频变化情况判断工件中有无缺陷。以往的调频波检测仪便采用这种原理。但由于只适宜检查与探测面平行的缺陷，所以这种仪器也大多被脉冲波检测仪所代替。

根据发射和接收到的超声波信号在检测仪上的显示方式对超声波检测仪进行分类，可分为 A 型显示、B 型显示和 C 型显示等。

A 型显示是一种波形显示，是将超声波信号的幅度与传播时间的关系以直角坐标的形式显示出来。图 17.10 所示给出脉冲反射法检测的典型图形，左侧幅度很高的脉冲 T 称为始脉冲或始波，是发射脉冲直接进入接收电路后，在屏幕的起始位置显示出来的脉冲信号。右侧的高回波 B 称为底波或底面回波，是超声波传播到与入射面相对的工件底面产生的反射波。中间的回波 F 为缺陷反射回波。

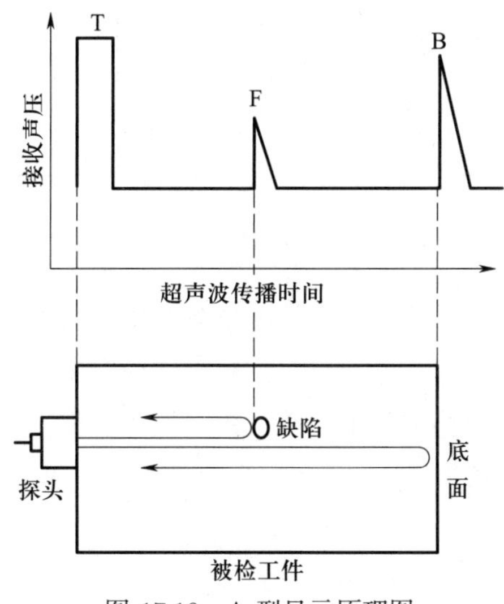

图 17.10 A 型显示原理图

B 型显示是工件的一个二维截面的图像显示。将探头沿工件表面线扫查的距离作为一个轴，另一个轴的坐标是超声波传播的时间（距离）。图 17.11 所示为典型的 B 型显示图像。通过 B 型显示图像可直观地显示出被探工件任意纵截面上缺陷的分布及缺陷的深度。

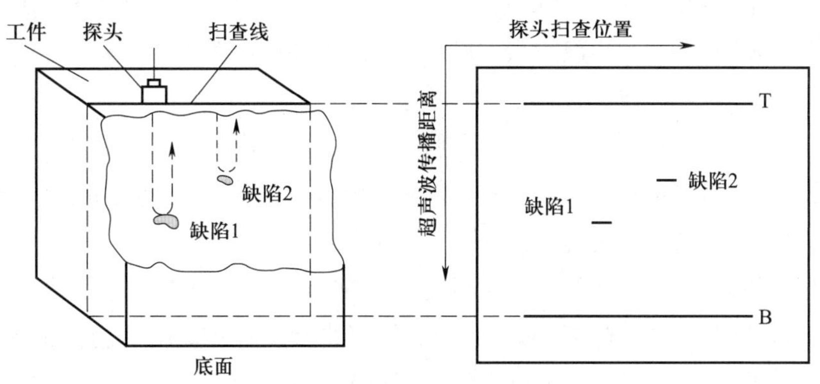

图 17.11 B 型显示原理图

C 型显示是工件的一个平面投影图，探头在工件表面做二维扫查，显示屏的二维坐标对应探头的扫查位置，如图 17.12 所示。在探头移动到的每一位置，将某一深度范围的信号幅度用电子门选出，用灰度或颜色代表信号的幅度大小，显示在对应的探头位置上，则可得到某一深度范围缺陷的二维形状与分布。若以各点的灰度或颜色代表回波传播时间，则又可得到缺陷深度分布。

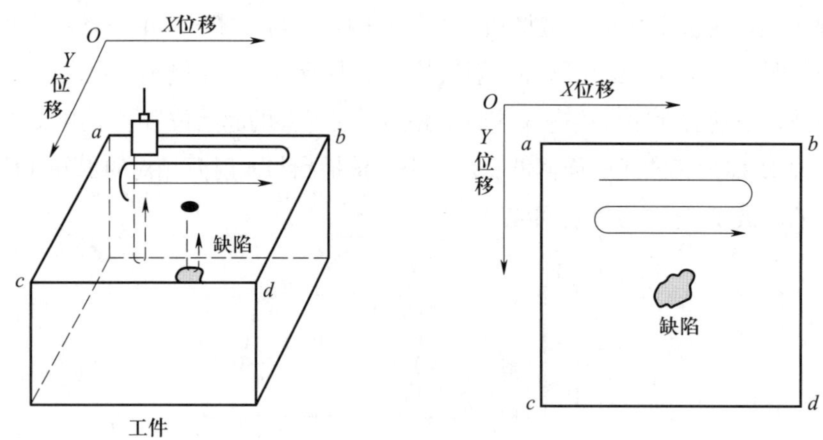

图 17.12　C 型显示原理图

根据检测仪的通道数目，可将超声波检测仪分为单通道检测仪和多通道检测仪。单通道检测仪由一个或一对探头单独工作，是目前超声波检测中应用最广泛的仪器。一般为小型化、便携式检测仪。多通道检测仪由多个或多对探头交替工作，每一通道相当于一台单通道检测仪，适用于自动化检测。

17.4.2　探头

超声波检测探头是产生超声波的器件，其功能主要是实现声能与其他形式能量的转换。

超声波探头的种类很多，根据波型不同分为纵波探头、横波探头、表面波探头、板波探头等。根据耦合方式分为接触式探头和液浸探头。根据波束分为聚焦探头与非聚焦探头。根据晶片数不同分为单晶探头、双晶探头等。此外还有高温探头、微型探头等特殊用途探头。根据工作原理不同，超声波探头主要包括磁致伸缩超声波探头、电磁超声波探头、激光超声波探头和压电超声波探头。

磁致伸缩超声波探头利用材料的磁致伸缩效应实现超声波激发和接收。通常采用磁致伸缩材料作为螺管线圈的铁芯，当线圈通以高频电流时，铁芯就会产生高频机械振动，再经介质传递产生超声波。常用的材料有镍、铁镍合金等。

电磁超声波探头应用电磁技术，在不经机械接触的情况下，能在金属内部激发和接收超声波信号，从而制成电磁超声波探头。电磁超声波探头主要包括：直流电磁铁或永磁铁、发射线圈和接收线圈。电磁超声波探头的发射和接收的灵敏度较低，但由于它可以实现非接触检测，因而有很好的发展前景，特别是在高温检测中受到越来越高的重视。

激光超声波探头利用激光器将波长很短的高能量激光脉冲辐射到被检测对象上，由于光波发生干涉，在被检测对象的表面将形成激光波阵面。该波阵面通过改变材料的组织，在其表面上激发出频率很高的超声波，其最高频率可达十几兆赫。激光发射源到被检测物体的距离可达 10 m。

压电超声波探头是利用压电材料的压电效应制成的超声波换能器。当对其加上一个电脉冲时就能发射超声波；反之，当加上一个声脉冲时又会产生电脉冲。压电超声波探头是目前超声波检测系统中应用最广泛的探头种类之一。

17.4.3　试块

试块是超声波检测的重要设备之一。按照一定用途设计制造的、具有特定形状的人工反射体称为试块。试块的用途主要包括测试、校验仪器和探头的性能、评判缺陷的大小。

按试块的功能划分，可将其分为标准试块和对比试块。标准试块是具有规定的材质、表面状态、几何形状与尺寸，可用以评定和校准超声波检测设备的试块。对比试块是以特定方法检测特定工件时所用的试块，它与受检件材料声学特性相似，含有意义明确的参考反射体（平底孔、槽等），用以调节超声波检测设备的状态，保证扫查灵敏度足以发现所要求尺寸与取向的缺陷，以及将所检出的不连续信号与试块中已知反射体所产生的信号相比较。

17.4.4　耦合剂

为了提高超声波的耦合效果，即提高声强透射率，往往在探头与工件表面之间施加一层透声介质，这种透声介质称为耦合剂。耦合剂的作用在于排除探头与工件表面之间的空气，使超声波能有效地传入工件，达到检测的目的。此外耦合剂还有减少探头与工件间摩擦的作用。

超声波检测中常用的耦合剂有机油、变压器油、甘油、糨糊、水、水玻璃等。影响声耦合的主要因素有耦合层的厚度、耦合剂的声阻抗、工件表面粗糙度和工件表面形状。

17.5　超声波检测技术应用实例

随着超声波检测技术的发展，其应用领域及检测范围不断扩大。本节列举超声波检测新技术的四个典型应用实例。

17.5.1　材料性能超声波显微测量

材料的弹性常数是材料力学性能的重要表征参数。对难以加工或制备的小尺寸材料，常规的测量方法（如力学性能试验等）难以测定其材料弹性常数。超声波浸水技术具有非接触、时间和空间分辨率高等特点，为非接触式测定小尺寸材料提供了一种切实可行的方法。

线弹性各向同性材料中，超声波纵波、表面波的波速与材料的泊松比、密度和杨氏模量的关系可表示为

$$C_{\mathrm{L}} = \left[\frac{(1-\nu)E}{\rho(1+\nu)(1-2\nu)}\right]^{1/2} \tag{17.18}$$

$$C_{\mathrm{R}} = \frac{0.87+1.13\nu}{1+\nu}\left[\frac{E}{2\rho(1+\nu)}\right]^{1/2} \tag{17.19}$$

式中：C_{L} 和 C_{R} 为纵波和表面波波速；ν、ρ 和 E 分别为泊松比、密度及杨氏模量。

利用线聚焦传感器可以同时测定纵波和表面波的波速，从而实现小尺寸材料的弹性常数测定的目的。小尺寸材料弹性常数超声波测量实验系统如图 17.13 所示。该系统的实验装置主要由四轴精密运动平台、线聚焦超声波传感器、超声波发生接收仪、运动控制卡、数字化仪以及嵌入式控制器组成。基于测得的纵波和表面波波速，就可以反演出材料性能参数及厚度，如图 17.14 所示。

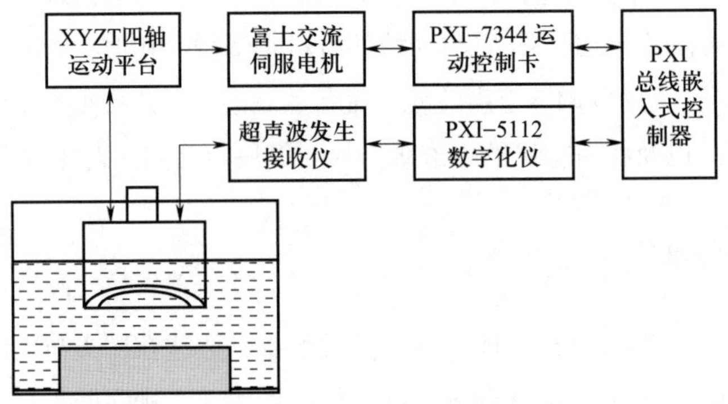

图 17.13　小尺寸材料弹性常数测量系统组成图

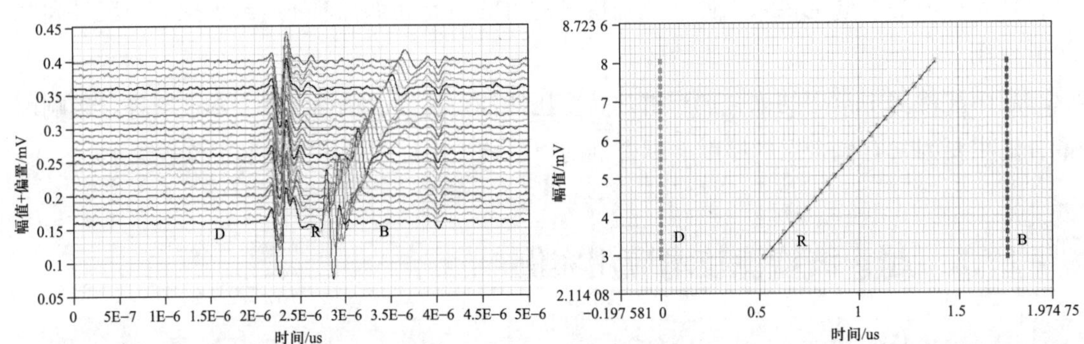

(a) 直接反射波 D 漏瑞利波 R 和背面反射波 B 波形图　(b) 回波 R 和 B 相对于 D 回波的传播时间与散焦距关系曲线

图 17.14　小尺寸材料的波速测量图

17.5.2　管道超声导波检测技术

当超声波在有限尺寸导波结构中传播时，超声波在结构边界发生多次反射和模态转换，产生复杂的干涉和叠加，呈现出某种传播形式，形成超声导波。板结构中传播的超声导波

称为兰姆波。圆柱壳、棒及层状的弹性体都是典型的导波结构，其共同特性是有两个或更多的平行界面存在（如壁厚、直径、厚度等）。在圆柱和圆柱壳中传播的超声导波称为柱面导波。超声导波具有传播距离远、覆盖范围大等优势，已广泛应用于板、管道、压力容器等结构的无损检测与健康监测。

根据空心管中可能出现的质点振动方向，轴向传播的导波包括纵波、扭转波及弯曲波，如图 17.15 所示。纵波的主要质点运动在 r 和 z 轴方向，扭转波的主要质点运动在 θ 轴方向。根据周向的能量分布，空心圆管中的导波包括轴对称模态和非轴对称模态。非轴对称模态也称为弯曲波模态，它们的质点振动包括周向、径向和轴向三个方向。为了方便，用 $L(0,n)$ 代表一个纵波模态组，用 $T(0,n)$ 代表一个扭转波模态组，用 $F(m,n)$ 代表一个弯曲波模态组。其中，整数 m 代表模态的周向阶数，整数 n 代表某一模态组的阶数。轴对称模态的周向阶数 $m=0$。扭转模态导波振动位移以周向为主，属于轴对称模态，对管壁上的轴向缺陷更为敏感。纵向模态导波振动位移以轴向和径向为主，属于轴对称模态，对管壁上的周向缺陷更为敏感。弯曲模态导波振动位移同时具有轴向、周向和径向，属于非轴对称模态。

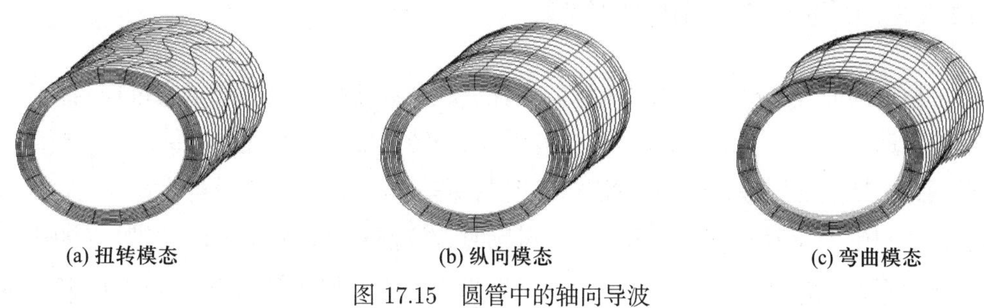

图 17.15 圆管中的轴向导波

图 17.16a 所示给出直径 60 mm、壁厚 3.5 mm 钢管在 0 ~ 3.0 MHz 范围内轴对称纵向模态、扭转模态的群速度频散曲线，图 17.16b 所示给出其在 0 ~ 0.16 MHz 范围内弯曲模态的群速度频散曲线。从图中可以看出，在同一频率下，有多个模态同时存在，并且随

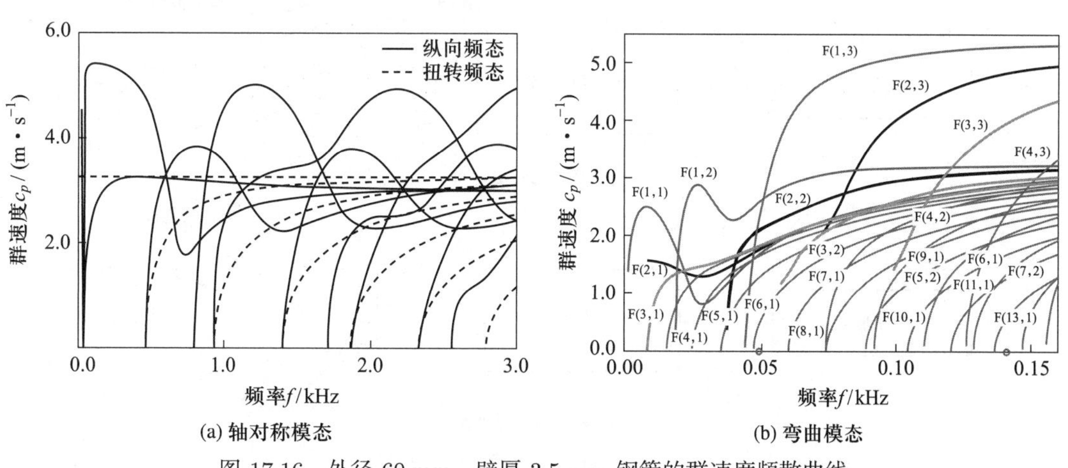

图 17.16 外径 60 mm、壁厚 3.5 mm 钢管的群速度频散曲线

着频率增加，模态数量也随之增加。即使对于同一模态类型，随着周向阶次和模数的改变，各模态的传播特性也不相同。从图 17.16b 中看出，在频带 0 ~ 0.16 MHz 中共有 26 个弯曲模态，阶数达到了 13，远多于同一频带的轴对称模态。

多模态特性使得利用管道超声导波检测技术变得更加复杂。在低频下至少存在两个模态，并且随着频率增长，模态个数也相应增加。即使在圆柱结构中激励单一模态的超声导波，在横截面不对称处或不连续处，如凹陷、裂纹等缺陷，也会发生复杂的模态转换，即一个模态的部分能量会转换成其他模态的形式传播，从而给缺陷的识别与定位带来困难。因此，接收到的信号通常包含两个或两个以上的模态，多模态的信号处理是必然的。同时，由于模态不同，波结构和频散特性也不尽相同，对结构中不同类型不同位置的缺陷敏感程度也不同，可以利用超声导波的多模态特性选取多个合适模态检测结构中不同位置的各类缺陷。因此，一方面在一定情况下需要避免由于多模态特性而给缺陷检测带来的困扰；另一方面，则尽量利用多模态特性，选取合适模态检测结构中不同类型不同位置的缺陷，这一优势是传统超声波检测技术所没有的。

17.5.3 焊缝超声波相控阵检测

基于惠更斯原理和亥姆霍兹声压积分定理，超声波相控阵检测技术通过控制各个阵元的发射与延迟时间，动态地控制声束在工件中的偏转和聚焦，实现对工件的无损检测。

根据惠更斯叠加原理，当对相控阵换能器各阵元施加同一频率脉冲激励信号时，发出的声波在空间中干涉形成稳定的超声场。激励时，按预先设计好的延时法则，对相控阵换能器中每个阵元进行延迟发射，即可形成发射聚焦或声束偏转等效果，如图 17.17a 所示。在相控阵接收时，超声波遇到缺陷后产生的回波信号到达各阵元的时间不同。按照回波到达各阵元的时间差，对各阵元接收信息施加一定延时法则，进行延时补偿后相加合成，就能将特定方向回波信号叠加增强，将其他方向的回波信号减弱甚至抵消，如图 17.17b 所示。

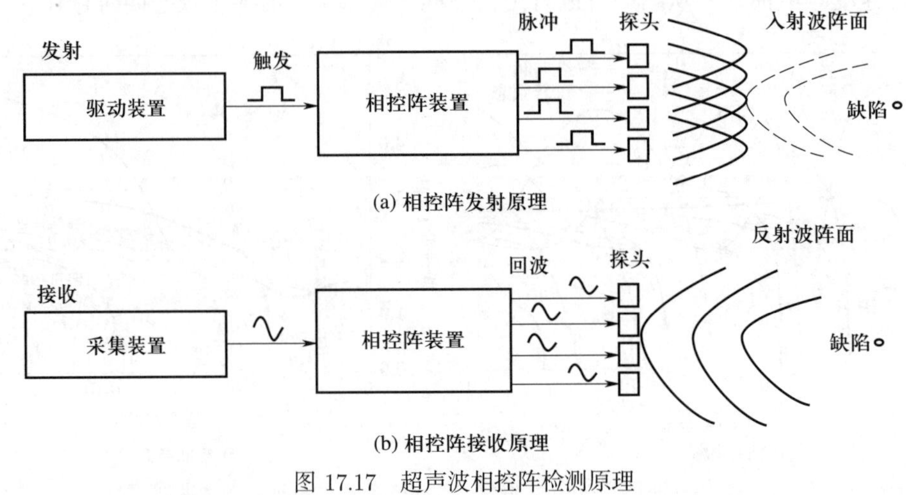

图 17.17 超声波相控阵检测原理

作为一种多声束扫描成像技术，超声波相控阵技术具有声束灵活可控、检测精度和灵敏度高、检测效率高等特点，在复杂板结构无损检测领域受到广泛关注，已经被用于平面、曲面及复杂形状板结构中分层、夹杂和脱黏等体积型缺陷的检测。

将超声波相控阵技术应用于奥氏体不锈钢焊接结构中的缺陷检测。超声波在奥氏体不锈钢这类等轴晶介质中传播时，其传播速度随入射方向不同而不同。通过实验分别测得声波垂直入射和斜入射到奥氏体不锈钢中的传播速度，利用采集的全矩阵数据对焊缝区域进行全聚焦成像，结果如图 17.18 所示。图中“+”为缺陷的实际位置。可以看出，两种波速情况下，全聚焦成像均可以实现焊缝区域内三个缺陷的检测，但缺陷定位准确性差别较大。利用垂直入射下声波波速得到的全聚焦成像所确定的缺陷位置与缺陷的实际位置存在较大的偏差（图 17.18a），而利用斜入射下声波速度得到的全聚焦成像可以准确定位缺陷位置。

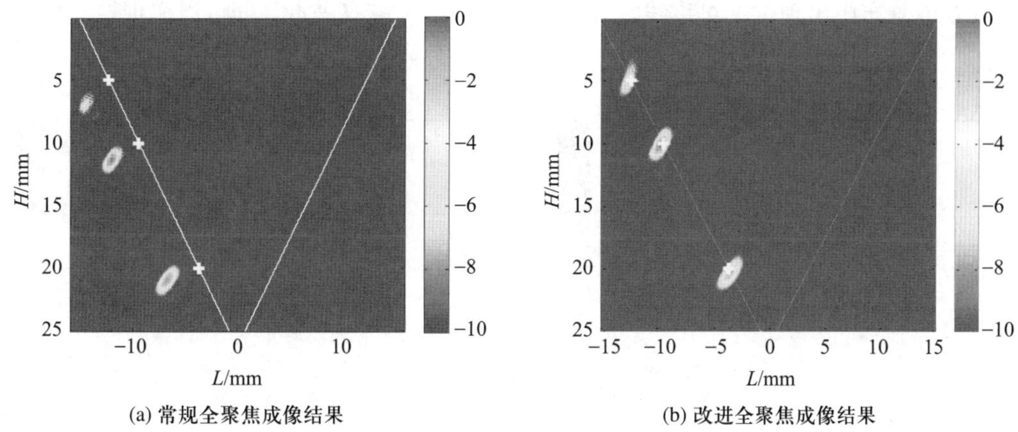

(a) 常规全聚焦成像结果　　(b) 改进全聚焦成像结果

图 17.18　全聚焦成像结果

17.5.4 疲劳裂纹混频非线性超声波检测

上述声学检测技术属于线性声学检测，利用超声波传播过程产生的反射、散射、衰减等线性特性进行损伤检测与性能评价。线性超声波技术可以很好地实现结构中的体积型缺陷检测和宏观性能变化的评价，但对结构中的早期微损伤（如疲劳、闭合裂纹等）及性能劣化不敏感，难以实现其检测及评价。非线性超声波技术主要关注材料的非线性声学响应，利用检测信号中非激励带宽内其他频率分量的变化实现结构早期损伤检测与材料性能劣化评价。根据检测原理，常见的非线性超声波技术主要包括非线性超声波谐振技术、混频检测技术和谐波检测技术等。

谐波检测技术利用入射超声波产生的谐波分量进行损伤检测与评价，是目前研究最多、应用最广泛的非线性超声波技术。研究表明，谐波检测技术被认为是最具有工程应用前景的非线性超声波检测方法。但如何将待检测对象产生的谐波与其他干扰源（如检测系统）

产生的谐波区分开来，一直是困扰谐波检测技术的难题。而混频检测技术利用两列超声波与非线性源相互作用产生的混频分量进行微损伤检测。近年来，国内外学者对两列超声波与接触界面的混频非线性作用开展了大量的理论分析及检测实验研究。在混频超声波检测中，为保证两列超声波同时汇聚在待检测区域，需要对混频检测参数（如入射声波的频率比、方向及波型等）进行精确的调控。

将共线混频非线性超声波技术应用于疲劳裂纹非线性超声波检测与定位。图 17.19 所示给出了两激励信号频率分别为 2 MHz 和 2.979 MHz 时，接收检测信号的双谱分析结果。根据双谱分析的特点，信号的双谱分布关于 $f_1 = f_2$ 对称，双谱分布中包含对称线的下半平面内有 4 个非零特征点，其中位置 1 (f_1, f_1) 和位置 2 (f_2, f_2) 的非零双谱值说明，检测信号中存在 f_1 和 f_2 的二次谐波分量，而位置 3 $(f_1, f_2 - f_1)$ 和位置 4 (f_2, f_1) 的非零双谱值说明，检测信号中存在 f_1 和 f_2 的差频分量及和频分量。可以发现，在该混频检测参数下，其双谱分布中出现位于对称线之外交叉频率处的非零双谱点，即可以实现缺陷损伤的判识。

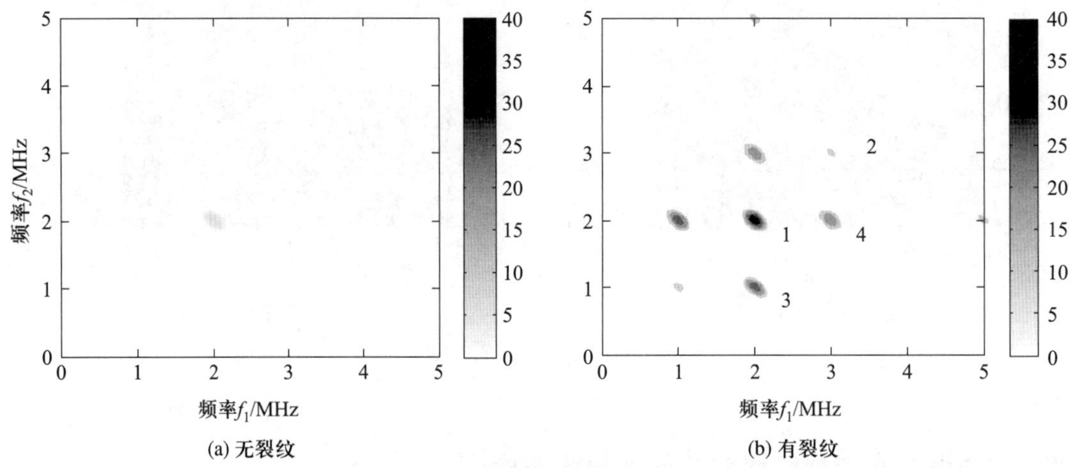

图 17.19 有无疲劳裂纹试件检测信号的双谱分析结果对比

在激励信号 1 上施加 30 μs 的固定延时，依次改变激励信号 2 的延时，进行混频检测实验。图 17.20 所示给出信号 2 延时在 15 ~ 45 μs 范围内，在两试件上跟踪到的和频分量及差频分量的幅值变化规律。从图中可以看出，无疲劳裂纹试件的差频分量及和频分量的幅值几乎不受信号延时变化的影响，且数值较小；而有疲劳裂纹试件的差频分量及和频分量的幅值受延时影响很大，特别是当信号 2 延时在 28 ~ 33 μs 附近时，有疲劳裂纹试件检测信号中的差频分量及和频分量幅值达到最大值。显然，由于缺陷在试件中间位置，当两谐波信号延时接近时，它们同时到达疲劳裂纹处，会发生相互作用，产生明显的混频信号。因此，通过对激励信号做延时扫描，可以实现疲劳裂纹定位。

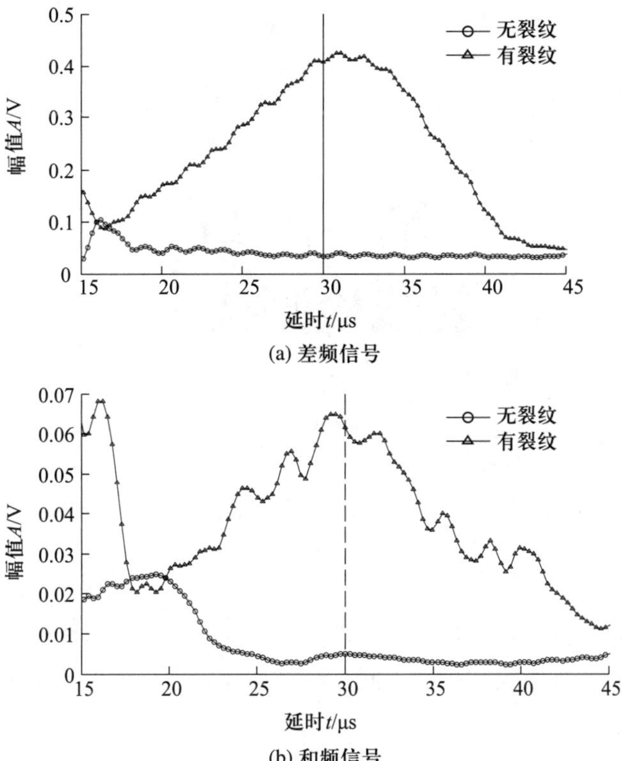

图 17.20 混频分量幅值随激励信号 2 的延时变化规律

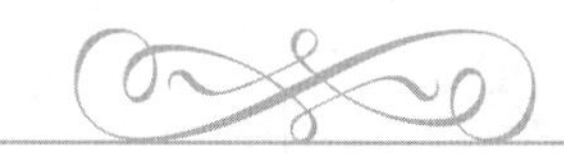

第 18 章 射线检测技术

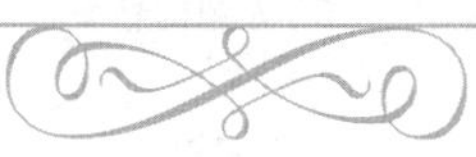

X 射线是一种频率高、波长短、能量大的电磁波。它具有良好的穿透性，在穿过不同密度和厚度的物体时，被吸收的程度不同，经过显像处理后即可利用衬度分析被测物体内部差异等信息。

18.1 发展概述

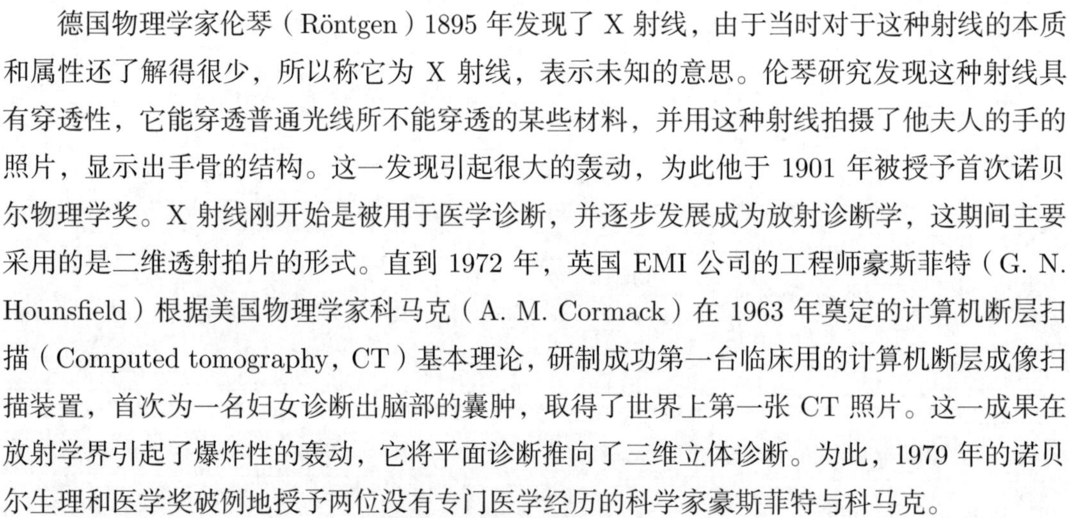

德国物理学家伦琴（Röntgen）1895 年发现了 X 射线，由于当时对于这种射线的本质和属性还了解得很少，所以称它为 X 射线，表示未知的意思。伦琴研究发现这种射线具有穿透性，它能穿透普通光线所不能穿透的某些材料，并用这种射线拍摄了他夫人的手的照片，显示出手骨的结构。这一发现引起很大的轰动，为此他于 1901 年被授予首次诺贝尔物理学奖。X 射线刚开始是被用于医学诊断，并逐步发展成为放射诊断学，这期间主要采用的是二维透射拍片的形式。直到 1972 年，英国 EMI 公司的工程师豪斯菲特（G. N. Hounsfield）根据美国物理学家科马克（A. M. Cormack）在 1963 年奠定的计算机断层扫描（Computed tomography，CT）基本理论，研制成功第一台临床用的计算机断层成像扫描装置，首次为一名妇女诊断出脑部的囊肿，取得了世界上第一张 CT 照片。这一成果在放射学界引起了爆炸性的轰动，它将平面诊断推向了三维立体诊断。为此，1979 年的诺贝尔生理和医学奖破例地授予两位没有专门医学经历的科学家豪斯菲特与科马克。

随着人们对 X 射线本质和属性的不断认识和了解，X 射线不再仅用于医学诊断，而是逐步应用于力学、物理、生命科学、材料科学等学科和领域。应用于力学学科，X 射线主要用于对材料和结构力学行为的检测与分析。相对于常规的实验力学分析方法，X 射线检测技术最显著的特点是进行材料和结构的内部检测与分析，这大大拓展了对于材料和结构的损伤、失效和破坏机理的深入认识与分析，结合断裂力学、复合材料力学、结构力学、计算力学等，X 射线检测技术已被用于大量工程问题的研究和微细观力学行为的精细表征与分析。

根据 X 射线产生方法的不同，X 射线光源主要分为两大类：一类是通过高能高速电子束轰击金属靶产生，习惯称为 X 射线光机；一类是通过同步辐射（synchrotron radiation）加速器获得，通常称为同步辐射 X 射线。根据成像方法的不同，X 射线检测技术也主要分为二维的射线照相技术和三维的 X 射线 CT 技术，并在两类光源中得到应用和发展。由于产生 X 射线机理的差异，两类光源在成像分辨率上也有不同。前者分辨率为毫米和亚微米量级，后者则可达纳米量级。

18.2 射线检测基本原理

18.2.1 射线与物质的相互作用

X 射线所构成的电磁辐射穿透物质，受其影响会产生某些变化。射线受物质作用其能量的一部分在被吸收的同时也改变了传播的方向，此即射线与物质的相互作用。

电磁波具有波粒二象性。它随波长的变化而表现出不同的属性，波长越长波动性表现越明显，反之则表现出粒子性。X 射线与物质相互作用时主要表现为粒子性，即光量子或光子的性质（X 射线衍射时则表现为波动性）。为讨论方便，用“光子”一词表述 X 射线。光子具有量子能量。

光子与物质的相互作用通常用反应截面来描述。有一束光子垂直入射至一片物质的面上，物质厚度为 ΔX，光子到达物质上的横截面面积为 S，设物质单位体积内有 N 个原子，则该光子束通过物质时，将会碰到 $\Delta N = NS\Delta X$ 个原子。每一原子挡住光子的面积为 σ，称为原子截面，则 ΔN 个原子总的阻挡面积为 $\sigma NS\Delta X$，光子通过物质的衰减可以等效地看作被原子挡住了，所以强度减弱量与总强度之比应该等于遮挡面与光子束横截面之比：

$$\frac{\Delta I}{I} = \frac{\sigma NS\Delta X}{S} = \sigma N\Delta S \tag{18.1}$$

上述原子截面并非原子真正的几何截面，而是表示相互作用的概率大小，但具有面积量纲，以 cm^2 表示。由于数值很小，通常用另一单位 b（巴）表示，$1\ \mathrm{b} = 10^{-24}\ \mathrm{cm}^2$。

18.2.2 射线投影比尔定律

实际应用中，式 (18.1) 用来表述射线穿透物质后的强度衰减不方便，而是采用射线投影比尔（Beer）定律。当一束单色、平行 X 射线垂直入射到被测物体或试件上时，透射 X

射线强度减弱并被探测器接收，如图 18.1 所示。前后狭缝起到准直和阻挡杂散光的作用。

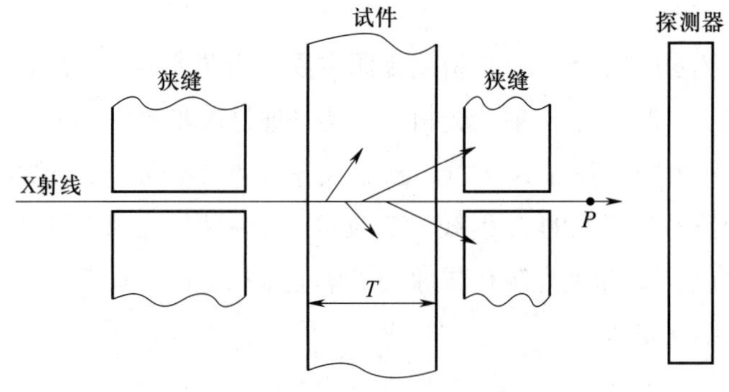

图 18.1 X 射线入射与接收

设试件厚度为 T，入射前 X 射线强度为 I，厚度增加 $\mathrm{d}x$ 时，射线强度变为 $I-\mathrm{d}I$，$\mathrm{d}x$ 的增加与射线强度的减少率 $-\mathrm{d}I/I$ 成正比，即

$$-\frac{\mathrm{d}I}{I}=\mu\mathrm{d}x \tag{18.2}$$

对上式两边积分得

$$\int -\frac{\mathrm{d}I}{I}=\int \mu\mathrm{d}x \tag{18.3}$$

$$-\ln I=\mu x+C \tag{18.4}$$

则

$$I=\mathrm{e}^{-\mu x}\mathrm{e}^{-C} \tag{18.5}$$

令

$$\mathrm{e}^{-C}=I_0 \tag{18.6}$$

得

$$I=I_0\mathrm{e}^{-\mu x} \tag{18.7}$$

式中：I_0 为入射物体前的 X 射线强度；μ 为物体对射线的总线性吸收系数；x 为物体的厚度。

此即投影成像的比尔定律。

18.2.3 射线 CT 技术

由射线投影的原理可知，探测器接收的像是射线穿过物体时，在射线路径上由于物质吸收导致强度衰减的累加结果，是平面的二维像，即射线照相。这种二维成像技术有比较明显的缺点，即它不能分辨三维物体内部结构或缺陷的尺寸、方向、形状和位置。由于结构或缺陷的影像是重叠在一起的，因此该技术一般仅能提供定性信息。

CT 技术又称计算机层析成像技术，它依据对物体不同角度的一组投影数据，经过计算机处理后，得到物体内部三维图像，本质上是从二维的投影像到三维图像的重建技术。

CT 技术的思想要追溯到 1917 年奥地利数学家雷唐（Radon）的贡献。他证明了下述定理：若已知某函数 $f(x,y)=\hat{f}(r,\theta)$ 沿直线 z 的线积分为

$$p=\int_{-\infty}^{\infty} f(x,y)\mathrm{d}z=\int_{-\infty}^{\infty} \hat{f}(x,y)\mathrm{d}z=\int_{-\infty}^{\infty} \hat{f}\left(\sqrt{l^2+z^2},\varphi+\arctan\frac{z}{l}\right)\mathrm{d}z \tag{18.8}$$

则

$$\hat{f}(r,\theta)=\frac{1}{2\pi^2}\int_0^{\pi}\int_{-\infty}^{\infty}\frac{1}{r\cos(\theta-\varphi)}\frac{\partial p}{\partial l}\mathrm{d}l\mathrm{d}\varphi \tag{18.9}$$

式中各量的意义见图 18.2。式 (18.8) 称为雷唐变换，式 (18.9) 则称为雷唐逆变换。实际上式 (18.8) 是射线投影，式 (18.9) 则是根据投影 p 重建图像 $\hat{f}(r,\theta)$。

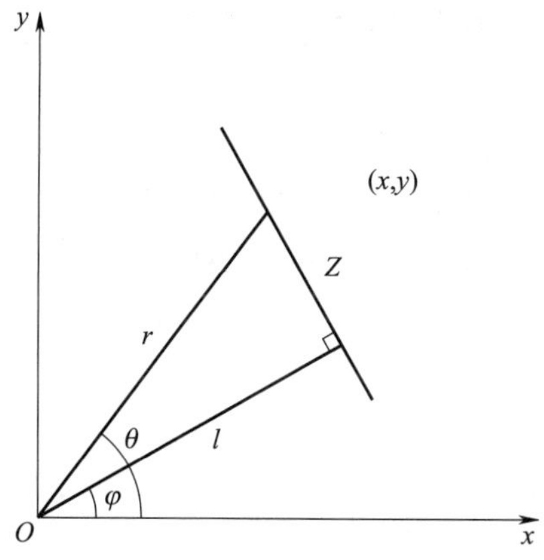

图 18.2　雷唐公式中的坐标系

遗憾的是，雷唐公式直至 20 世纪 70 年代才被发现。

由于雷唐公式在 20 世纪 70 年代之前未被发现，当代投影图像精确重建的数学方法是由美国物理学家科马克建立的。从 1956 年开始科马克研究重建图像的数学理论，于 1963 年首次提出了 X 射线计算机层析成像理论，通过求解线积分导出 X 射线吸收系数分析解。

图像的三维重建技术，即利用二维投影数据重建物体三维图像的数学过程和计算技术。有多种重建算法，如反投影法、迭代法、二维傅里叶变换法、拟合逼近法等。这里简要介绍常用的滤波反投影法和代数迭代法。

1. 滤波反投影重建方法

（1）**投影过程**。在平行 X 射线束 CT 图像重建过程中，不同角度的投影可以由雷唐变换生成。雷唐变换是计算图像（物体）在某一指定角度射线方向上的投影的变换方法。二维函数 $f(x,y)$ 的投影是其在确定方向上的线性积分，如图 18.3 所示。二维函数 $f(x,y)$ 在水平方向的线性积分是 $f(x,y)$ 在 y 轴上的投影，在垂直方向的线性积分是 $f(x,y)$ 在 x 轴上的投影。

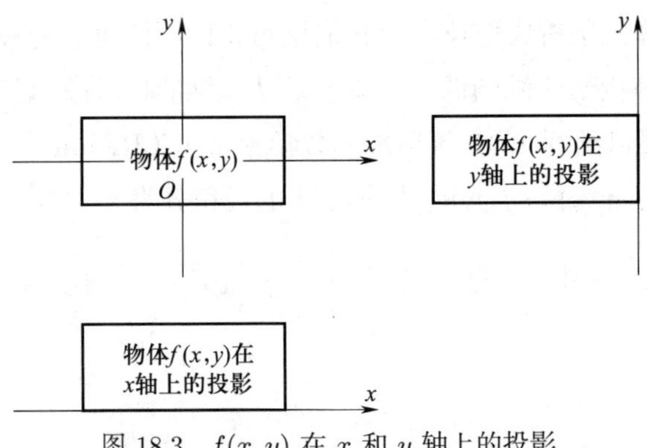

图 18.3　$f(x,y)$ 在 x 和 y 轴上的投影

可以沿任意角度 θ 计算 $f(x,y)$ 的雷唐变换。θ 角度投影如图 18.4 所示。定义角度 θ 的雷唐变换如下：

$$R(\theta,x')=\int_{-\infty}^{\infty}f(x',y')\mathrm{d}y' \tag{18.10}$$

式中

$$\begin{bmatrix}x'\\y'\end{bmatrix}=\begin{bmatrix}\cos\theta & \sin\theta\\-\sin\theta & \cos\theta\end{bmatrix}\begin{bmatrix}x\\y\end{bmatrix} \tag{18.11}$$

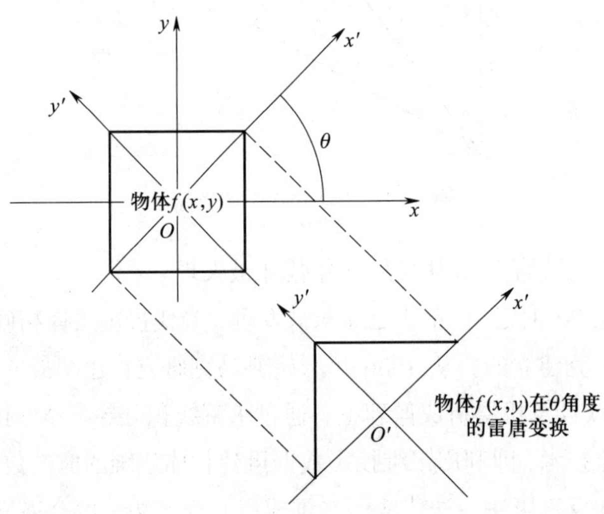

图 18.4　θ 角度的雷唐变换

（2）**反投影过程**。在获得物体 180° 的完整投影后，重建出原图需要用反投影方法。图像 $f(x,y)$ 的坐标 (x,y) 与角度 θ 下投影坐标 (x',y') 的对应关系如图 18.5 所示。

图像 $f(x,y)$ 中的像素点 (x_i,y_i) 在角度 θ 下的投影在投影矩阵中的位置为

$$x'_n=x_i\cos\theta+y_i\sin\theta \tag{18.12}$$

得到不同角度投影信息和待重建图像中像素坐标的对应关系后，将投影矩阵中的灰度值返回该角度投影射线经过的待重建图像的所有像素点。所有角度的投影信息被反投影回

去，图像的重建就完成了。

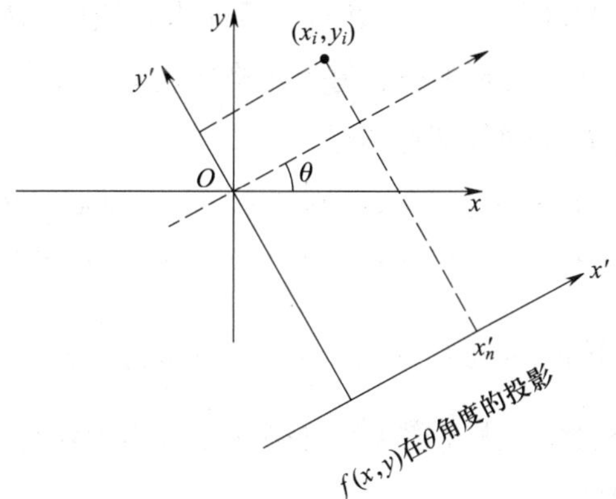

图 18.5　物体坐标点与投影坐标点之间关系

（3）**滤波反投影**。由于所有角度投影信息反投影叠加的过程会导致图像中间区域的灰度值多次重复叠加，从而会出现影响图像重建效果的星状伪迹。从数学角度理解，由于反投影过程的点扩散函数不是 δ 函数，因此需要引入一个滤波函数，使得重建过程的点扩散函数变为 δ 函数，从而起到消除星状伪迹的作用。

反投影重建过程的点扩散函数为

$$h(r,\theta) = \frac{1}{\pi}\frac{1}{r} = \frac{1}{\pi\sqrt{x^2+y^2}} \tag{18.13}$$

为使得重建过程的点扩散函数变为 δ 函数，则需要卷积一个滤波器 $q(x,y)$，使得

$$\frac{1}{\pi\sqrt{x^2+y^2}} * q(x,y) = \delta(x,y) \tag{18.14}$$

滤波器的频域形式

$$H(\rho) = |\rho|$$
$$\int_{-\infty}^{\infty} |H(\rho)|^2 \mathrm{d}\rho = \int_{-\infty}^{\infty} |\rho|^2 \mathrm{d}\rho \tag{18.15}$$

这是一个频带无限的理想滤波函数，根据佩利–维纳准则，该滤波器不满足平方可积（能量可积）的条件，是不可实现的。因此在实际应用中，常使用 R–L 和 S–L 滤波函数。下面给出两种滤波函数的形式：

$$h_{\mathrm{R-L}}(nd) = \begin{cases} \dfrac{1}{4d^2}; & n=0 \\ 0; & n=\text{偶数} \\ \dfrac{1}{n^2\pi^2d^2}; & n=\text{奇数} \end{cases} \tag{18.16}$$

$$h_{\mathrm{S-L}}(nd) = \frac{-2}{\pi^2 d^2(4n^2-1)} \tag{18.17}$$

2. 代数迭代方法

代数迭代重建方法（ART），是将重建过程看作求解线性代数方程组的过程。把图像区域划分成 $N=n\times n$ 个小正方形网格，每个网格代表一个像素点。$x(x_1,x_2,x_3,\cdots,x_N)$ 表示每个点的灰度值，有 L 条射线穿过图像。

$$\begin{gathered}\omega_{11}x_1+\omega_{12}x_2+\omega_{13}x_3+\cdots+\omega_{1N}x_N=p_1\\ \omega_{21}x_1+\omega_{22}x_2+\omega_{23}x_3+\cdots+\omega_{2N}x_N=p_2\\ \cdots\cdots\cdots\cdots\\ \omega_{L1}x_1+\omega_{L2}x_2+\omega_{L3}x_3+\cdots+\omega_{LN}x_N=p_L\end{gathered}\tag{18.18}$$

其中，$\omega_{ij}=\begin{cases}1, & \text{第 } i \text{ 条射线（无宽度）经过第 } j \text{ 个像素内任意点}\\ 0, & \text{其他情况}\end{cases}$，为投影系数，代表第 j 个像素对第 i 条射线的贡献值；p 为测量所得投影值。

重建算法就是从 X 射线的投影数据 $p(p_1,p_2,p_3,\cdots,p_L)$ 计算得出数字图像 x 的过程。相当于求解 L 个 N 维超平面的交点。其迭代求解过程如下：

$$x_j^i=x_j^{i-1}+\omega_{ij}\frac{p_i-\sum\limits_{l=1}^{N}\omega_{il}x_l^{i-1}}{\sum\limits_{l=1}^{N}\omega_{il}^2}\tag{18.19}$$

为方便理解，以只有 2 个方程的简化情况为例

$$\begin{gathered}\omega_{11}x_1+\omega_{12}x_2=p_1\\ \omega_{21}x_1+\omega_{22}x_2=p_2\end{gathered}\tag{18.20}$$

即求解两条直线的交点。从几何意义上来分析，求解这个方程组的解时，首先任意假定一个初始点 $x(0)$，把该初始点投影到第一条直线上，得到在第一条直线上的正交投影 $x(1)$，接着把该投影点再垂直投影到第二条直线上，得到第二个投影 $x(2)$。然后把该投影点再垂直投影到第一条直线上，得到第三个投影 $x(3)$。如此下去，投影点将渐渐地向这两条直线的交点逼近，这就是迭代重建的基本思想——卡茨马尔兹（Kaczmarz）方法，求解过程如图 18.6 所示。

回到求解方程组式 (18.18)，以第一步为例，过初始点 $x^0(x_1^0,x_2^0,\cdots,x_N^0)$ 且与第一条直线 $\omega_{11}x_1+\omega_{12}x_2+\cdots+\omega_{1N}x_N=p_1$ 垂直的直线参数方程为

$$\frac{x_1-x_1^0}{w_{11}}=\frac{x_2-x_2^0}{w_{12}}=\cdots=\frac{x_N-x_N^0}{w_{1N}}=t\tag{18.21}$$

则 $x_1=x_1^0+\omega_{11}t,\cdots,x_N=x_N^0+\omega_{1N}t$，代入第一条直线方程，求得

$$t=\frac{p_1-\sum\limits_{l=1}^{N}w_1x_l^0}{\sum\limits_{l=1}^{N}w_{1l^2}}\tag{18.22}$$

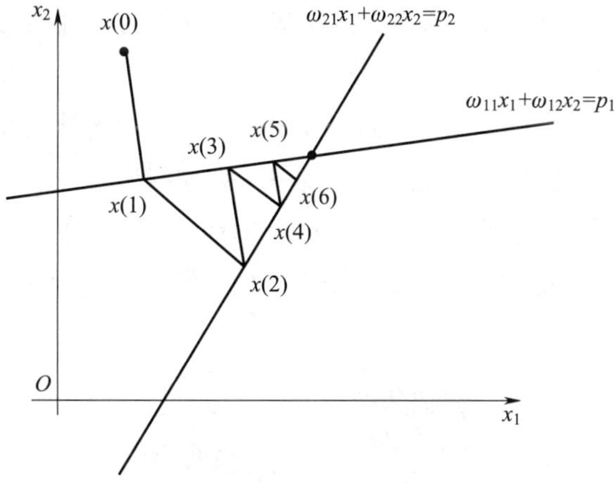

图 18.6 卡茨马尔兹方法迭代求解过程

代入参数方程式 (18.21)，即可求得交点坐标

$$
\begin{aligned}
x_1^1 &= x_1^0 + w_{11}\frac{p_1 - \sum\limits_{l=1}^{N} w_{1l}x_l^0}{\sum\limits_{l=1}^{N} w_{1l^2}} \\
x_2^1 &= x_2^0 + w_{12}\frac{p_1 - \sum\limits_{l=1}^{N} w_{1l}x_l^0}{\sum\limits_{l=1}^{N} w_{1l^2}} \\
&\cdots\cdots\cdots\cdots \\
x_N^1 &= x_N^0 + w_{1N}\frac{p_1 - \sum\limits_{l=1}^{N} w_{1l}x_l^0}{\sum\limits_{l=1}^{N} w_{1l^2}}
\end{aligned}
\tag{18.23}
$$

拓展到第 i 步，即第 i 个点向第 i 条直线做垂线，即得到迭代通式 (18.19)。

18.3 同步辐射 CT 测试系统简介

同步辐射 CT（SR–CT）技术是近年来迅速发展起来的一种新型无损检测技术。同步辐射光由于具有一系列优异特性，如高通量、高度准直、宽频谱（可根据不同材料选择合适的高度单色的光）、高空间分辨率等，在微纳米结构的三维形貌及演化观测中发挥重要作用。它不仅能够无损地观察材料内部的三维微观形貌，而且能够对材料在力、热、电磁等外场作用下的内部微观结构演化过程实现全程在线观测。这种方法为研究材料在微细观尺度下的力学行为，建立微结构演化参量、力学参量与材料力学性能之间的关联提供了新的思路与方法。

SR－CT 基本原理如图 18.7 所示：同步辐射光经一系列光学元件（准直、单色等）后，入射到试件上，试件在特制的同步辐射专用设备（如加载架、烧结炉等）的作用下，内部结构产生变化，出射光带有内部结构信息，被 X 射线 CCD 接收形成数字化图像存入计算机（投影图像），试件不断旋转，这样就得到一系列不同投影角度的投影像，经滤波反投影算法计算，最终得到三维重建图像。

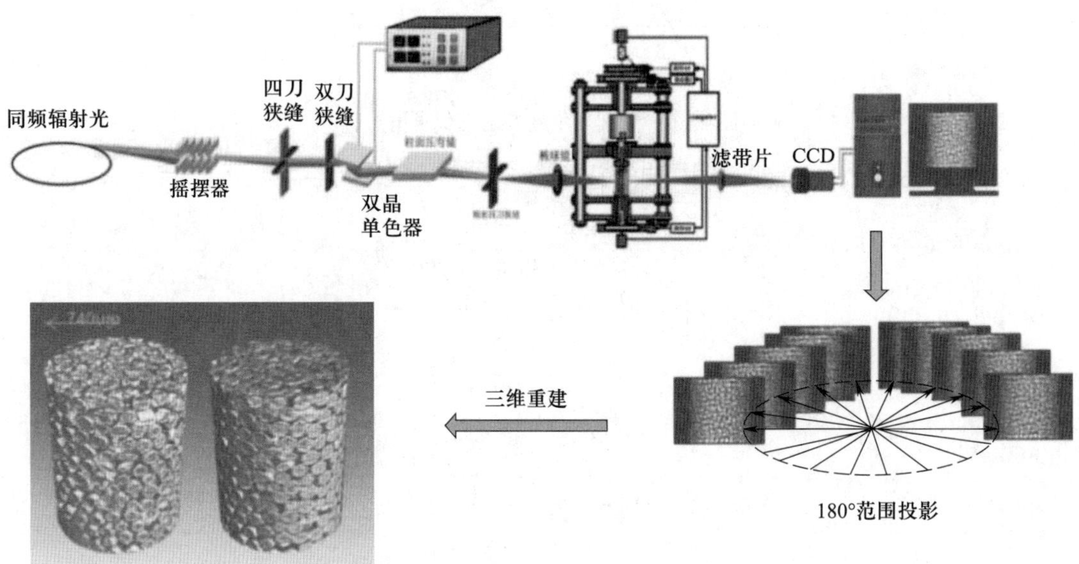

图 18.7　SR－CT 原理图

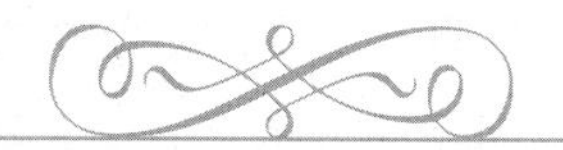

第 19 章 电磁检测技术

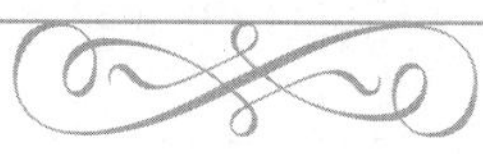

电磁无损检测方法是指入射/测量物理场为电场/磁场的无损检测方法。由于其相应的响应信号多直接为电信号且一般检测不需要物理接触，具有适用性强、设备简单、检测效率高等特点，被广泛应用于众多产业领域。电磁检测涉及的物理场主要为电磁场，属于低频电磁场问题。电磁检测涉及的物理能量主要包括恒定电场、恒定磁场、涡流场、交变电场、交变磁场、电磁波等，相应的材料特性主要有电导率、磁导率、压电/压磁系数等，也包括描述电磁材料特性的具体参量，如矫顽力、剩磁强度、居里点、增量磁导率、磁噪声强度等。电磁无损检测方法包括常规涡流、远场涡流、非线性涡流、脉冲涡流、漏磁检测、脉冲漏磁、电磁超声波、直流电位、交流电位、磁噪声、磁记忆检测、增量磁导率检测等。对复合材料的电磁无损检测也涉及材料各向异性，对部分高频电磁无损方法（如微波检测），也涉及电磁波等高频电磁场问题。

19.1 电磁检测概述

把材料中的传导电流作为检测物理场的代表方法是直流电位检测方法。其原理为通过电极向检测对象施加恒定直流电流，然后扫描电极测量导电性，检测对象表面的电位分布以对检测对象进行缺陷判定和定量。缺陷或损伤会导致材料局部电导率发生变化，从而导致传导电流在缺陷部位发生绕流等进而影响表面电位分布。直流电位检测方法需要探针接触试件进行测量，所必需的表面处理等预处理方法会影响其检测效率和适用范围。作为一种变型，向检测对象材料施加交流传导电流的方法即为交流电位方法。由于导体中的交流电流分布可以通过线圈进行非接触测量，可以解决直流电位方法的接触电阻的噪声问题。但交变电流的趋肤效应也限制了交流电位方法对内部/深层缺陷的检测能力。

采用磁场能和基于材料磁特性进行无损检测的代表性方法是漏磁检测法。其基本原理是，通过施加外部磁场使检测对象磁化，在缺陷附近由于磁阻的变化会引起磁力线/磁场能的外泄形成漏磁场。对漏磁场采用磁粉、磁场传感器等进行测量即可发现缺陷，对信号进一步处理分析也可获得缺陷的几何信息。材料的磁学特性还包括很多其他效应，如巴克豪森磁噪声、非线性磁滞效应、磁致伸缩和力磁效应等。基于残余应力和塑性变形等微观损伤对磁畴运动的影响，巴克豪森磁噪声方法通过测量磁噪声推断磁畴运动（转动），进而对残余应力和塑性/疲劳损伤进行评价。而基于非线性磁滞效应的非线性磁导率、矫顽力、剩磁以及增量磁导率的测量则主要着眼于损伤对磁滞回线参量的影响，即入射磁场能量和响应磁场信号的非线性相关性。通过入射磁场能并测量磁性特性参数可有效实现对磁性金属材料机械损伤的检测。自然磁化方法和磁记忆方法机理有所不同，前者主要基于奥氏体不锈钢的磁性相变导致的损伤诱发磁化和漏磁场，而后者主要是由于力磁效应导致磁性介质产生漏磁场。由于相变和力磁效应与材料中的应力场和塑性变形场相关，自然磁化法和磁记忆方法是测量评价残余应力和塑性变形的有效手段。

基于电磁感应涡流能量进行缺陷和损伤检测的方法通称为涡流检测方法。根据具体方法上的特点又可分为常规涡流检测方法、脉冲涡流检测方法、非线性涡流检测方法和远场涡流检测方法等。在导体检测对象附近施加时变磁场会在导体表层感生涡流，该涡流由于导体内部的缺陷和损伤导致的电导率的变化在缺陷部和健全部会有所不同，通过检测涡流产生的二次磁场，即可对材料中的缺陷进行检测和定量评价。常规涡流检测方法一般采用正弦波激励电流，并通过检波获取特定频率检测信号。而脉冲涡流则采用脉冲激励磁场，且一般采用磁场传感器直接测量相应的二次磁场信号，基于信号峰值和过零点等特征信号参数对缺陷进行检测和评价。由于脉冲信号包含更多频率成分，且可使用更大激励磁场，对深部缺陷和多层结构的检测相对具有优势。非线性涡流检测主要着眼于电导率和磁导率的非线性特性，通过检测感生涡流产生的二次磁场中的高次谐波成分对材料中的损伤进行检测和评价。另外，远场涡流检测本质上是一种具有特殊探头结构的涡流检测方法，主要用于磁性管道的外壁面缺陷检测。通过利用直接磁场和从管外返回间接磁场的衰减特性差异，远场涡流检测可有效克服涡流检测的趋肤效应，对较厚磁性管道的外部缺陷进行有效检测和评价。

上述检测方法主要采用低频电磁场作为入射物理场，而微波检测方法则属于另一类电磁无损检测方法。通过入射电磁波并检测和对象材料/结构相互作用后的微波响应，可以对大面积材料表面的宏、微观缺陷进行检测评价。超声波检测是向材料入射机械波动（振动）能量的方法，表面上并非电磁无损检测方法。实际上常规超声波检测方法产生超声波的主要手段是压电型超声波换能器，基于压电效应产生脉冲机械位移和超声波。而电磁超声波作为电磁无损检测和超声波检测的结合，需要通过在检测对象中感生涡流，并与偏置磁场相互作用形成电磁力以产生超声波。除超声波的传播是机械现象外，电磁超声波检测中超声波的发生和检测都是基于电磁原理以及电磁运动耦合效应，也可归为电磁无损检测方法。

由于电磁无损检测利用的物理场实质上是电磁场，其物理现象可以通过麦克斯韦方程来描述。根据频率的不同可分为高频电磁无损检测（电磁波），和低频/恒定电磁场电磁无损检测方法（主流电磁无损检测方法）。电磁无损检测信号一般反映的是被检测部位电导率、磁导率的宏观效应，但也有如磁噪声等电磁无损检测信号可反映微观缺陷与磁畴壁的相互作用，反映出微观的特性变化。另一方面，磁场中磁性体可能产生的磁化力和涡流伴生的洛仑兹力也是检测相关能量变化的手段。磁粉方法以及最近提出的洛仑兹力涡流检测方法等即属于这一范畴。

本章将介绍几种典型的电磁检测方法和技术。

19.2 典型电磁检测方法原理及技术

19.2.1 涡流与脉冲涡流检测

基于电磁感应涡流能量进行缺陷和损伤检测的方法通称为涡流检测（eddy current testing，ECT）方法。涡流检测方法的基本原理为，在导体检测对象附近施加时变磁场会在导体表层感生涡流，该涡流由于导体内部的缺陷和损伤导致的电导率的变化在缺陷部和健全部会有所不同，通过检测涡流产生的二次磁场，即可对材料中的缺陷进行检测和定量评价。

作为电磁无损检测的主要方法，涡流检测技术的发展可以追溯到 19 世纪。1879 年，英国人休斯（Hughes）首次将涡流原理应用于冶金分选实验，揭开了涡流检测技术的序幕。但当时没有克服干扰因素，未能形成一种稳定的测量技术。直到 20 世纪 50 年代初，德国学者福斯特（Forster）提出了以阻抗分析法来抑制涡流检测中的干扰因素，为涡流检测的机理分析和设备研制提供了理论基础，使 ECT 有了实质性突破。1980 年前后，美国首先报道了 ECT 有关成果在压水堆核电站蒸汽发生器管道维修检查中的实际应用。我国涡流检测技术的研究与应用起始于 20 世纪 60 年代，当时，航空、冶金和有色金属部门开始采用涡流法来检测成型金属管材以及棒材的表面缺陷。

1. 涡流场基本控制方程

涡流场问题需满足法拉第电磁感应定律、麦克斯韦全电流定律（广义安培环路定理）以及磁通守恒和电流守恒条件，即

$$\nabla\times\boldsymbol{E}=-\frac{\partial\boldsymbol{B}}{\partial t}\quad\text{（法拉第电磁感应定律）}\tag{19.1}$$

$$\nabla\times\boldsymbol{H}=\boldsymbol{J}+\frac{\partial\boldsymbol{D}}{\partial t}\quad\text{（麦克斯韦全电流定律）}\tag{19.2}$$

$$\nabla\cdot\boldsymbol{B}=0\quad\text{（磁通连续性原理）}\tag{19.3}$$

$$\nabla\cdot\boldsymbol{J}=0\quad\text{（电流连续性方程）}\tag{19.4}$$

式中：$\boldsymbol{B}$ 为磁感应强度向量；$\boldsymbol{E}$ 为电场强度向量；$\boldsymbol{H}$ 为磁场强度向量；$\boldsymbol{D}$ 为电位移向量；

$\boldsymbol{J}$ 为电流密度向量。

涡流检测问题中最大激励频率一般低于 10 MHz,以空气介电系数（约 8.854×10^{-12} F/m）和不锈钢的电导率（约 1.0 MS/m）计算，$\dfrac{\partial \boldsymbol{D}}{\partial t}=\omega\mathcal{E}/\sigma\boldsymbol{J}=0.556\times10^{-9}\,\boldsymbol{J}$，电位移的时变率（位移电流）较感应电流小得多，可以忽略。实际上，通常小于 1 MHz 的涡流检测问题对应的电磁波波长大于 30 m，较通常的探头和检测对象尺寸大得多，因而，涡流检测问题属于低频电磁场问题。省略麦克斯韦全电流定律和电流连续性方程中的位移电流，涡流场控制方程变为式 (19.1)、式 (19.3)、式 (19.4) 以及

$$\nabla\times\boldsymbol{H}=\boldsymbol{J}\tag{19.5}$$

对于一般导体材料，其本构关系为

$$\boldsymbol{B}=\mu\boldsymbol{H}\tag{19.6}$$

$$\boldsymbol{J}=\sigma\boldsymbol{E}\tag{19.7}$$

式中：μ 为磁导率；σ 为电导率。

对于线性介质两者均为常数，对于非磁性材料其磁导率等于空气磁导率 μ_0。

涡流场问题同样需要满足边界条件，通常的边界条件为磁感应强度垂直分量和磁场强度切向分量连续，当为磁性介质时需考虑边界面磁流的存在，即

$$\boldsymbol{B}_1\cdot\boldsymbol{n}=\boldsymbol{B}_2\cdot\boldsymbol{n}\tag{19.8}$$

$$\boldsymbol{H}_1\times\boldsymbol{n}-\boldsymbol{H}_2\times\boldsymbol{n}=\boldsymbol{k}\tag{19.9}$$

式中：下标 1、2 为边界两侧介质中的场量；$\boldsymbol{n}$ 为界面单位法向量；$\boldsymbol{k}$ 为界面电流密度。

对于磁性介质

$$\boldsymbol{k}=\boldsymbol{M}\times\boldsymbol{n}$$

式中：$\boldsymbol{M}$ 为磁化强度向量。

按检测原理和激励方式的不同，涡流检测可分为单频涡流、多频涡流、脉冲涡流、远场涡流等检测方法。

2. 单频涡流检测

传统涡流检测方法是单频涡流，采用单一频率的正弦波作为激励信号。涡流检测中较为普遍使用的探头是饼式自激自检线圈传感器，以其为例，图 19.1a 所示为涡流检测原理图。其基本原理是：向线圈中通入一定频率的正弦交变电流，该交变电流会产生交变磁场（直接磁场），待测导体置于该交变磁场中其表面和近表面会感生出涡流，而涡流的大小、流动形式会受到待测导体的电磁属性、缺陷尺寸等影响，同时交变的涡流也会产生交变磁场（二次磁场），二次磁场与直接磁场共同作用使线圈的检测信号发生变化。通过检波获取特定频率检测信号（与激励频率相同），并在复阻抗平面图上观察该线圈信号变化，可对待测导体进行无损评价分析，如分析其缺陷信息、电导率、磁导率、厚度等。图 19.1b 所示

给出了涡流检测系统装置图。典型的涡流检测信号如图 19.1c 所示，涡流信号特征含实部、虚部、幅值、相位。

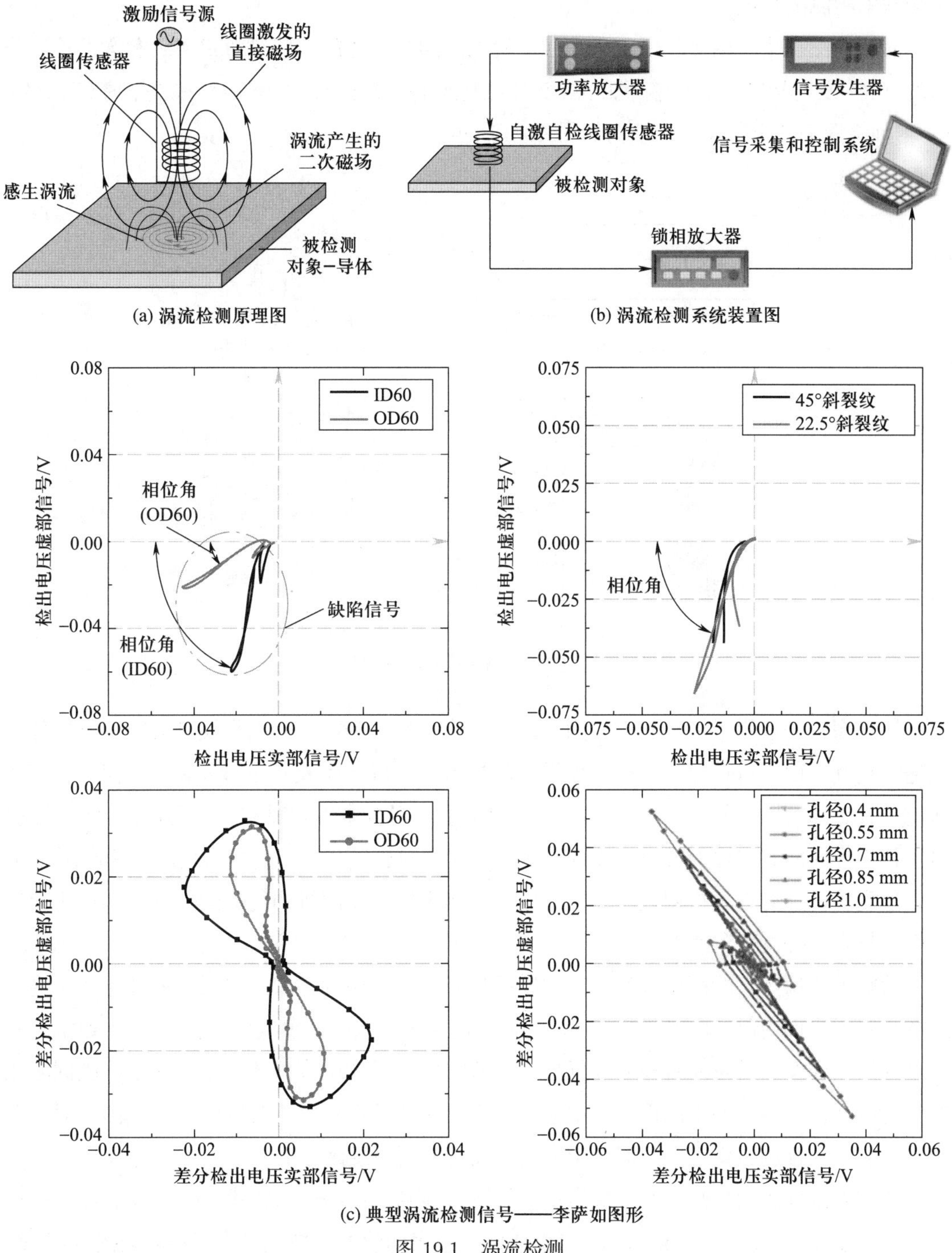

图 19.1 涡流检测

由于涡流具有趋肤效应，因此主要用于检测导体表面和近表面缺陷。根据被测材料电磁属性及缺陷深度的不同，选择合适的激励频率，可选择的激励频率范围从几赫兹到几兆赫兹不等。感应电压的大小和激励频率、待测体的电导率和磁导率、激励线圈的尺寸和形状以及激励电流大小都有关系。如果检测信号对缺陷之外的其他参数也很敏感，那么就会影响缺陷检测的精度。

涡流检测探头激励接收模式分为激发检测线圈为一体的自感绝对式探头和激发检测分离的 TR（发射接收）型互感探头。探头典型构型有饼式探头、均匀涡流探头、博宾（Bobbin）轴绕探头和十字探头，结构如图 19.2 所示。

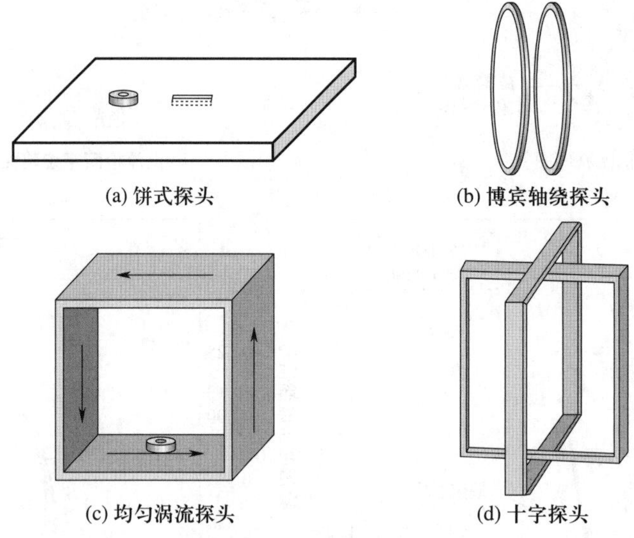

图 19.2　典型涡流探头构型

饼式探头一般用于平板试件检测，属上置式涡流探头，在检测裂纹时沿着待测试件表面进行扫查，由于饼式探头结构为扁平的圆柱形，在待测体表面局部区域饼式探头感应的涡流与其底部结构相似，呈环状分布，因此对垂直于环向的裂纹具有较高的检测灵敏度，但对平行于环向的裂纹检测灵敏度较低。单个饼式线圈通过二维扫描可以获得 C 扫图像，但检测速度较低。为提高检测效率，通常使用由多个饼式线圈排列组成的阵列检测探头，通过电子扫查来提高检测速度。

博宾轴绕探头一般用于管材管壁裂纹的检测，具有两种类型：内通式和外穿式。内通式探头置于管件内部，沿轴向扫查进行检测，适合于如核电站蒸汽发生管管壁裂纹的检测。外穿式探头套在管材或棒材外壁进行扫查。博宾探头属 TR 互感式，也有两个线圈同时激励和检测并差动输出的检测模式。由于博宾探头感应的涡流沿着管壁的环向，因此对管壁中轴向裂纹的检测灵敏度高，但对于环向裂纹的检测灵敏度较低。

均匀涡流探头的激励线圈一般为矩形线圈，检测线圈一般为饼式线圈，属上置 TR 型探头。均匀涡流探头结构一般较大，可以在待测体表面较大区域感应出基本均匀的涡流。线圈激励电流方向如图 19.2c 所示。该构型可以降低提离效应带来的误差，对非平整结构表面裂纹检测具有优势。但该探头沿涡流分布方向进行扫查时，对与涡流分布方向平行的裂纹检测灵敏度很低。

十字探头构型由两个相互正交的矩形线圈组成。当两个激励线圈中通入同相位的正弦激励电流时，在两个矩形线圈的共同作用下，在待测体表面感应的涡流会呈 45° 分布，在沿着平行于其中一个矩形线圈方向扫描时，由于感应的涡流与扫描方向成 45° 角，因此对于平行和垂直于扫描方向的裂纹都具有较高灵敏度。十字探头的两个激励线圈同时为检测线圈，检测信号为两个线圈输出信号的差分。由于十字探头构型的对称性，使得该探头具有低提离噪声的良好特性，特别是对于平板检测试件，其检测信号具有自归零特性。

为了克服单频涡流的某些缺点，1970 年美国学者莉比（Libby）提出了多频涡流检测技术（multi-frequency eddy current，MFEC），即同时使用几个频率的电流信号激励探头[19,20]。由于不同频率的激励信号在导体中的透入深度不同，多频涡流检测一方面能够获得来源于试件多个深度的缺陷信息，提高涡流检测准确度；另一方面，可通过对不同频率信号进行分析来消除干扰因素，如换热管管道中的支撑板、管板、沉积物、凹痕以及管子冷加工产生的干扰噪声、探头晃动提离噪声等，极大地增强了涡流技术的检测能力。但是，多频涡流只能提供有限的检测信息，有时难以实现对缺陷的精确定量。

3. 脉冲涡流检测

近年来发展起来的脉冲涡流检测方法（pulsed eddy current testing，PECT）克服了多频涡流信号中数据有限的弱点。脉冲涡流的激励信号是脉冲的形式，通常为具有一定占空比的方波（图 19.3a），响应信号中含有丰富的频率成分，因此能够探测到导体更深层的缺陷信息。脉冲涡流主要有以下特点：不需要改变参数设置，一次扫描就可得到丰富的频率信息；在激励探头上可施加较大的能量从而实现对深层缺陷的检测。

脉冲涡流技术在检测不同对象时，可以选择使用不同的信号特征，如响应信号晚期的斜率特征（图 19.3b），响应信号早期的信号峰值、峰值时间、积分面积、过零点等特征（图 19.3c）。近年来，脉冲涡流技术借助其多样化的信号特征，在飞机机身结构中的裂纹和腐蚀、核电站多层管道内壁腐蚀、带保温层管道壁厚减薄等检测难题上取得了很多研究成果。

脉冲涡流响应信号的计算建立在单频涡流的基础上。脉冲涡流技术主要使用方波脉冲电流作为激励源。通过离散傅里叶变换，方波脉冲信号可视为一系列具有不同谐波频率和振幅的正弦波的总和。基于脉冲涡流问题的线性特性，方波脉冲涡流的响应信号也应由一系列不同频率（与激励信号频率相同）的正弦波组成。基于这一原理，脉冲涡流的响应信号可以通过先计算多个单频正弦激励电流的响应信号，然后将其叠加进行求解。这一方法的基础是傅里叶级数的展开和叠加，因此称为傅里叶级数方法。

对于单个频率正弦激励电流的响应信号的数值模拟，可采用如基于棱边有限元的退化磁向量位法（Ar 法）。采用伽辽金有限元离散法对 Ar 控制方程及边界条件进行离散，可得式 (19.10)，其中 $I(t)$ 为激励电流关于时间的函数，$\boldsymbol{K}$、$\boldsymbol{C}$、$\boldsymbol{M}$ 为有限元方程各系数矩阵。

$$\boldsymbol{KA}+\boldsymbol{C}\frac{\partial \boldsymbol{A}}{\partial t}=\boldsymbol{M}I(t) \tag{19.10}$$

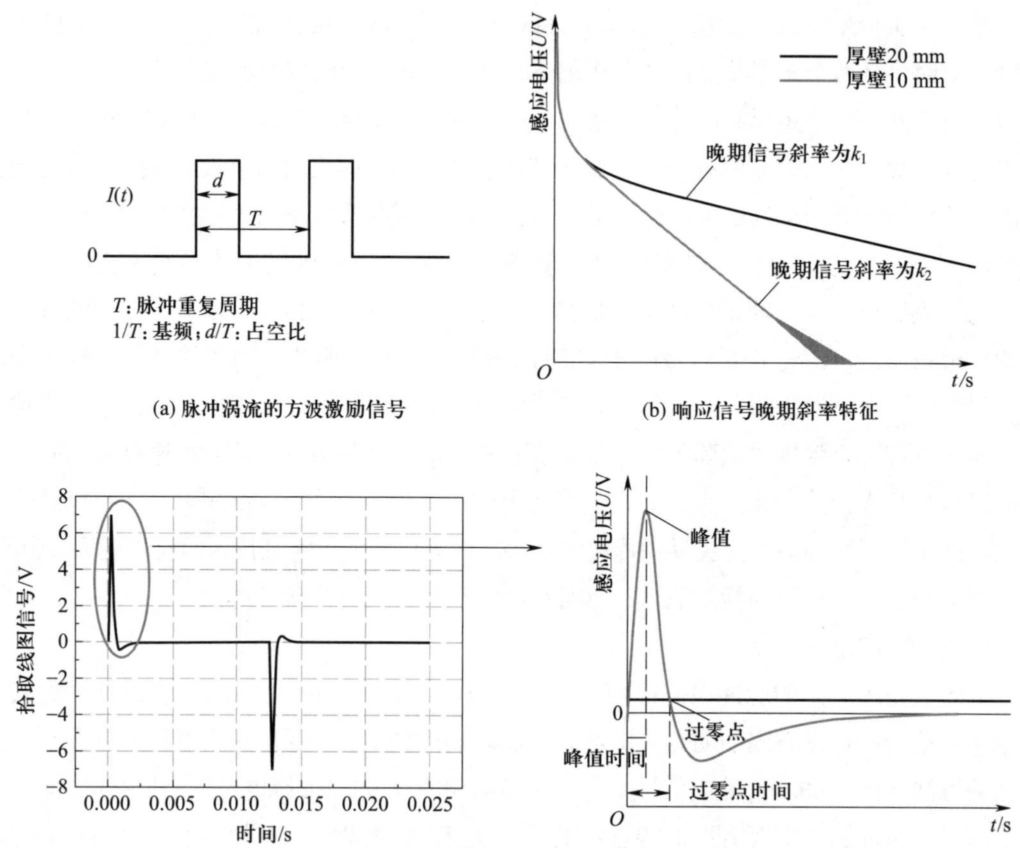

图 19.3　脉冲涡流方法的典型激励信号、响应信号及其信号特征

当激励电流为单一频率正弦波时，上式可以通过复数近似法得到式 (19.11)。即，令 $\partial \boldsymbol{A}/\partial t = \mathrm{j}\omega \boldsymbol{A}$，其中 ω 为激励信号的角频率，j 为复数单位。

$$\boldsymbol{KA} + \mathrm{j}\omega \boldsymbol{CA} = \boldsymbol{MI} \tag{19.11}$$

基于方程式 (19.11) 可开发传统单频涡流检测信号计算的计算程序。

下面介绍基于傅里叶级数法计算脉冲涡流信号。式 (19.10) 中电流函数 $I(t)$ 是一个和时间相关的连续函数，通过离散傅里叶变换可以表示为

$$I(t) = \sum_{n=1}^{N} \widetilde{F}_n \mathrm{e}^{\mathrm{j}\omega_n t} \tag{19.12}$$

式中：ω_n 为第 n 阶正弦谐波激励的角频率；$\widetilde{F}_n$ 为相应的幅值系数。

式 (19.10) 是线性微分方程，将 $\boldsymbol{A}(t)$ 进行傅里叶离散:

$$\boldsymbol{A}(t) = \sum_{n=1}^{N} \widetilde{\boldsymbol{A}}_n \mathrm{e}^{\mathrm{j}\omega_n t} \tag{19.13}$$

$$\boldsymbol{B}(t) = \frac{\mu}{4\pi} \int_{V_\mathrm{d}} \sum_{n=1}^{N} \widetilde{F}_n \widetilde{\boldsymbol{J}}_{n0} \mathrm{e}^{\mathrm{j}\omega_n t} \times \nabla \frac{1}{R} \mathrm{d}V'$$

$$= \sum_{n=1}^{N} \widetilde{F}_n \left(\frac{\mu}{4\pi} \int_{V_{\mathrm{d}}} \widetilde{\boldsymbol{J}}_{n0} \times \nabla \frac{1}{R} \mathrm{d}V' \right) \mathrm{e}^{\mathrm{j}\omega_n t} \tag{19.14}$$

由于 $\boldsymbol{B}_{n0} = \frac{\mu}{4\pi} \int_{V_{\mathrm{d}}} \boldsymbol{J}_{n0} \times \nabla \frac{1}{R} \mathrm{d}V'$，式 (19.14) 表明，在导体中由电流密度 $\boldsymbol{J}$ 计算二次磁感应强度 $\boldsymbol{B}$ 的过程也可以看作一系列正弦激励的响应信号通过相应权系数的叠加。由此可见，脉冲涡流问题的响应域（包括磁向量位 $\boldsymbol{A}$、磁感应强度 $\boldsymbol{B}$ 等），所有信号都可以通过一系列单频正弦激励信号的响应信号的加权叠加计算得到。这一做法的前提是，在脉冲涡流频率范围内这些涡流问题是线性的。

当然，脉冲涡流信号的计算还可以采用瞬态场的通常求解方法，即直接时域积分方法。脉冲涡流信号时域积分法的基本原理如下。

在涡流检测中，$\boldsymbol{A}_{\mathrm{r}}$ 法的基本方程表达为式 (19.10)。对于瞬态问题，与时间相关的微分 $\partial \boldsymbol{A}/\partial t$，可以利用时间步长为 Δt 的差分法代替

$$\frac{\partial \boldsymbol{A}}{\partial t} = \frac{\boldsymbol{A}^k - \boldsymbol{A}^{k-1}}{\Delta t} \tag{19.15}$$

式中：k 表示第 k 步时间步长。

为了提高时域积分法的稳定性，引入系数稳定因子 θ（$0 \leqslant \theta \leqslant 1$）来表征磁向量位 $\boldsymbol{A}$，即设

$$\boldsymbol{A} = \theta \boldsymbol{A}^{k-1} + (1-\theta) \boldsymbol{A}^k \tag{19.16}$$

将式 (19.15) 和式 (19.16) 代入式 (19.10)，可得磁向量位线性方程组为

$$[\boldsymbol{K}(1-\theta)\Delta t + \boldsymbol{C}]\boldsymbol{A}^k = \Delta t \boldsymbol{M} I(t_0 + k\Delta t) + [\boldsymbol{C} - \boldsymbol{K}\theta\Delta t]\boldsymbol{A}^{k-1} \tag{19.17}$$

式中：t_0 为初始时间；Δt 表示时间步长；$\boldsymbol{A}^k = \boldsymbol{A}|_{t=t_0+k\Delta t}$。

脉冲涡流检测方法的激励信号除了上述传统的方波以外，近年来学者们发展了多样化的瞬态激励波形。如提出了能量在指定深度范围聚焦为目的能量管理型选频带脉冲涡流方法，创立了波形调制脉冲涡流方法，提高了脉冲涡流检测灵敏度。

另外，远场涡流检测技术（remote field eddy current，RFEC）是一种基于远场涡流效应的管道检测技术，探头一般是内通式，由一个激励线圈和一组设置在与激励线圈相距 $2\sim3$ 倍管径长度的测量线圈构成。激励线圈通以低频交流电，电磁能量两次穿过管壁，测量线圈能接收到来自激励线圈的穿过管壁后返回管内的磁场，因而能以相同的灵敏度检测管道内外壁缺陷，不受趋肤深度限制。

此外，非线性涡流检测主要着眼于材料的电导率和磁导率的非线性特性，通过检测感生涡流产生的二次磁场中的高次谐波成分对材料中的损伤进行检测和评价。上述线性涡流法主要应用于检测结构中的宏观缺陷。而非线性涡流法作为一种新发展起来的无损检测技术，其研究对象主要针对材料中的残余应力、塑性变形或者材料的劣化评价等。

19.2.2 漏磁检测

1. 漏磁检测原理

漏磁检测（magnetic flux leakage inspection，MFLI）通过检测被磁化材料表面溢出到空气中的漏磁强度来判定工件缺陷的大小。其原理如图 19.4 所示，若被测工件表面没有缺陷且内部无夹杂物，大部分磁力线将被约束在被测工件内部，工件表面几乎没有磁力线穿出。若存在缺陷，由于铁磁性材料的高磁导率与缺陷处填充介质的磁导率相差较大，当被测工件没有达到饱和，且缺陷占据比例较小时，材料剩余的连续部分仍可以容纳全部的磁通量，那么磁通将优先从磁阻较小的材料内部通过，只是材料内部的磁通密度变大；但当材料处在近饱和磁化状态，且缺陷尺寸较大时，缺陷附近的磁通密度难以增加，磁通将会发生畸变。畸变的磁场可以分为三部分：① 大部分磁通在工件内部绕过缺陷；② 少部分磁通穿过缺陷；③ 部分磁通离开工件的上下表面，经空气绕过缺陷，形成漏磁通。利用磁敏传感器检测被磁化工件表面溢出的漏磁通，通过对漏磁通信号分析可以获取缺陷相关信息。

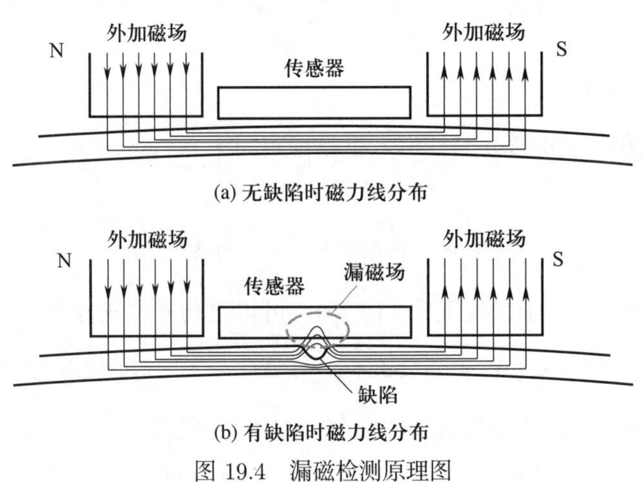

图 19.4 漏磁检测原理图

2. 漏磁检测系统及典型信号

漏磁检测系统基本构成分为硬件系统与软件系统，硬件系统由励磁装置、定位系统、驱动系统、数据采集系统和附属结构等构成（图 19.5a）。励磁装置是漏磁检测中必不可缺的部分，其结构尺寸会大幅影响漏磁检测的灵敏度，即对被检测构件进行磁化饱和的程度直接关系到漏磁场强弱，因此需要合理设计励磁装置。根据检测对象不同，励磁装置的设计也不尽相同，其中一种典型的励磁装置由永磁体、衔铁、极靴组成，与被检测体构成闭合磁路（图 19.5b）。数据采集元件一般使用霍尔传感器，用于接收漏磁场特征信号，是检测系统的中枢部位。漏磁信号与缺陷特征存在一定对应关系，据此可对缺陷信息进行判别和量化。典型的漏磁检测信号如图 19.5c 所示，信号特征主要有漏磁场水平分量和垂直分量的幅值、波形宽度、峰值间距等。

1947 年，第一套漏磁检测系统由哈斯廷斯（Hastings）设计。1965 年，美国的 Tuboscope 研制了可以做定性检测的 Linalog 漏磁检测器。20 世纪 70 年代初期，英国天然气公司通过自行开发的管道漏磁检测设备对天然气管道进行了检测，对管道壁缺陷、腐蚀程度、材料属性等进行了分析，对缺陷进行了定量分析和研究。对于缺陷漏磁场的理论研究源于 1966 年，扎采平（Zatsepin）和谢尔宾宁（Shcherbinin）提出了磁偶极子模型。20 世纪 70 年代末，洛德（Lord）和黄（Hwang）首次将有限元方法应用到漏磁场计算，使漏磁检测理论获得了重大发展。漏磁检测利用磁敏传感器检测被测件周围的漏磁场强度，适合于检测铁磁性材料及其合金的宏观缺陷，现已广泛应用于压力容器、桥梁、航天、核工业等领域。该方法具有自动化程度高、操作简单、灵敏度高等优势。典型的漏磁检测仪器如图 19.5d 所示。

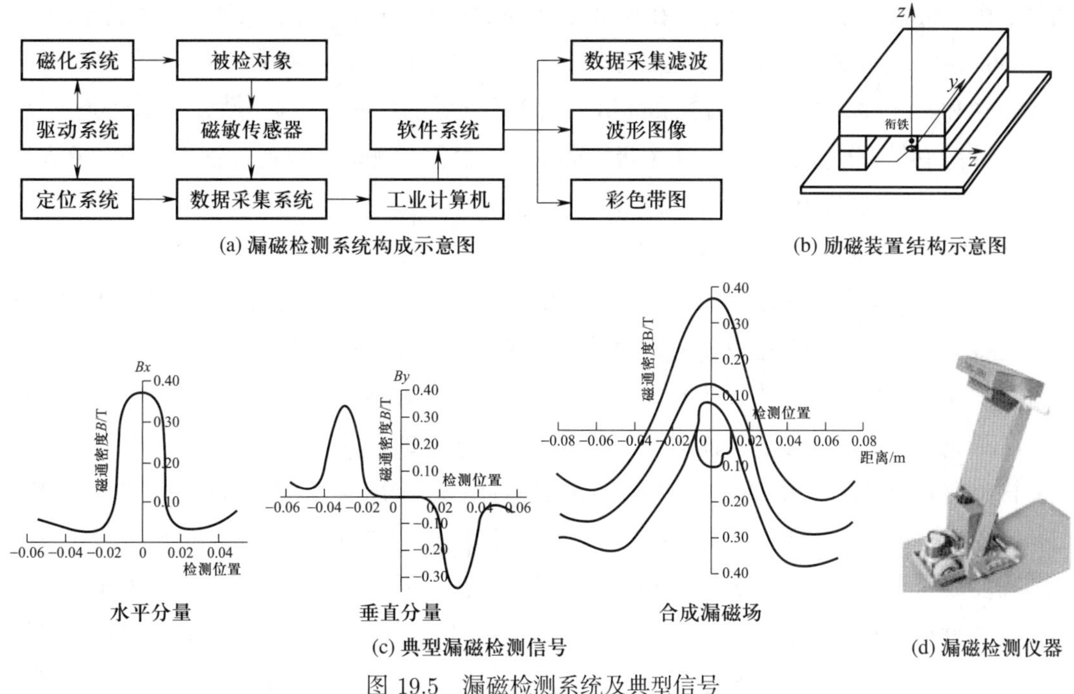

图 19.5　漏磁检测系统及典型信号

此外，非线性漏磁方法着眼于通过对检测对象施加交变磁场，测量试件表面交变磁场信息中的谐波分量来检测试件微观损伤状态，检测信号主要与材料的磁滞等非线性磁特性相关。非线性漏磁方法的应用研究并不多见，德国学者验证了非线性漏磁法检测试件内部残余应力的可行性。国内学者发现了非线性漏磁信号的畸变程度会随着碳素钢材料塑性变形的增大而减小。作为一种新兴电磁无损评价技术，非线性漏磁法尚存在很大研究空间。

19.2.3　磁巴克豪森检测

1. 磁巴克豪森检测原理

磁巴克豪森噪声（magnetic Barkhausen noise，MBN）效应由德国物理学家巴克豪森（H. G. Barkhausen）于 1919 年发现，该发现第一次为磁畴的存在提供了重要证据。MBN 效应源于铁磁材料在外部磁场激励下局部磁化的不规则和不连续波动，这种波动与材料的微观结构特征相关，如晶粒尺寸、化学组分、残余应力、塑性变形、硬度、夹杂以及畴壁运动等。

磁巴克豪森噪声原理如下。由于自发磁化作用，铁磁材料内部的原子磁矩在小范围内互相平行排列，形成许多以畴壁相互分割的磁畴。在无外加磁场作用下，各磁畴磁化方向不同，因此铁磁材料在宏观上不显示磁性。当铁磁材料处于连续变化的外部磁场中时，畴壁将会通过移动和转动使得磁畴磁化方向逐渐与外部磁场方向接近，材料的磁化强度逐渐增大并接近饱和。材料的磁化并非一个连续过程，原因在于铁磁材料并不是连续且均匀的，其中往往存在位错、滑移、晶界、不均匀应力等微观组织缺陷，在这些微观组织缺陷的附近将会形成势能壁垒，称为钉扎。在铁磁材料的磁化过程中，钉扎会对畴壁运动造成阻碍，当畴壁的位移或转动能量克服钉扎阻碍时，畴壁越过钉扎而发生跳跃，这会导致材料磁化的不可逆和不连续。这种由于钉扎和畴壁相互作用导致的材料磁化不连续会引起磁通突变。由于这种突变是一种变化极快、频率极高的信号，实际检测时可以通过置于被测对象表面的线圈得到一系列脉冲检出信号，称为 MBN 信号。

2. 磁巴克豪森检测系统及典型信号

MBN 检测系统由激励和检出两部分构成，如图 19.6a 所示。激励部分包括电磁铁、信号发生器和功率放大器。电磁铁由磁轭和绕制在磁轭上的线圈组成，如图 19.6b 所示。磁轭通常采用具有较小矫顽力和剩磁，以及具有较大饱和磁感应强度和较大磁导率的软磁材料，如硅钢、坡莫合金等。检测时，一般采用较低频率的正弦激励信号以产生准静态磁化场。检出部分由检测线圈、信号放大器、滤波器等组成，用于收集磁化过程中产生的 MBN 磁信号。MBN 信号的频谱成分非常丰富，从几百赫兹至上兆赫兹，MBN 信号一般比较微弱，需要放大千倍以上。典型的 MBN 检出信号和磁滞曲线分别如图 19.6c、d 所示，可以看到，在材料磁化和退磁过程中均出现了 MBN 信号。由于 MBN 信号主要由材料的不可逆磁化产生，因此 MBN 信号的最大值出现在矫顽场附近。由于 MBN 信号直接受到材料微观结构的影响，因此 MBN 检测已成为铁磁性材料微观结构表征的重要方法之一。

除磁巴克豪森检测外，典型磁特性检测方法还包括增量磁导率检测、非线性漏磁检测、非线性涡流检测等，这里对这些检测方法仅做简要介绍。如图 19.7 所示，各检测方法工作在磁滞曲线的不同阶段，且各检测方法检测的电磁学特征量也各不相同。

增量磁导率描述的是整个磁化过程中的可逆磁导率分布情况，反映材料内部磁畴的可逆位移信息，通过增量磁导率曲线可以判断材料损伤程度。增量磁导率检测时，首先，通过一频率较低、幅值较大的磁场对材料进行磁化使得材料达到不同磁化阶段，同时叠加一高频、幅值较小的磁场在不同磁化阶段对材料进行局部可逆磁化，进而获得可逆磁导率信息。

非线性漏磁检测与传统漏磁检测相似，均是通过检测材料表面漏磁场来确定缺陷信息。二者不同之处在于，传统漏磁检测采用恒定磁场对材料进行磁化，而非线性漏磁检测则采用交流磁场对材料进行磁化。非线性漏磁检测的优势在于其检测得到的漏磁信号中包含丰富的频率成分，不仅可以对缺陷进行检测，还可以对塑性变形等机械损伤进行有效检测。

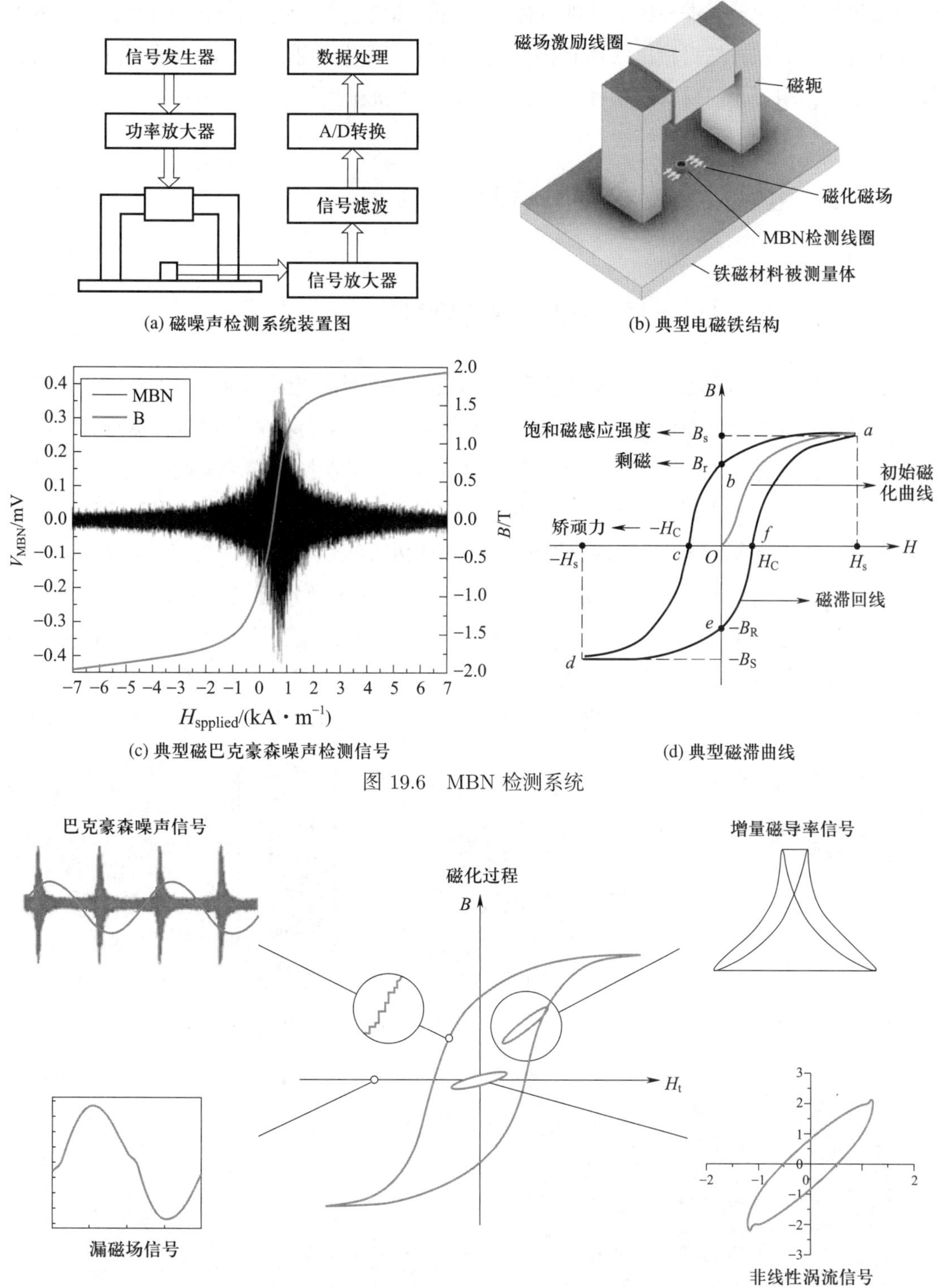

(a) 磁噪声检测系统装置图

(b) 典型电磁铁结构

(c) 典型磁巴克豪森噪声检测信号

(d) 典型磁滞曲线

图 19.6 MBN 检测系统

图 19.7 铁磁性材料磁化过程与电磁检测方法

非线性涡流法在磁化曲线中的工作区域高于初始线性磁化阶段，但在磁畴的可逆磁化位移区间内。检测时，一般使用同轴放置的激励线圈和检测线圈，并且其中心会包含软磁材料（例如铁氧体等）作为聚磁和导磁元件。给激励线圈提供较大的电流激励，使其产生的磁场将材料磁化至磁滞曲线的非线性磁化区域，即使磁感应强度与磁场强度的关系不再是简单的线性关系，然后检出线圈获得检测信号。通过对检测信号进行频谱分析，提取高频谐波成分，用于表征材料的塑性变形、残余应力等机械损伤。

19.3　电磁检测技术应用示例

19.3.1　探头开发及其对核电传热管检测

在涡流检测中，涡流探头是重要部件，其性能直接影响到检测效果。国内外学者相继开发了多样化的高性能涡流传感器。如针对核电站蒸汽发生器传热管的涡流检测难题，国内学者提出了新型 S 型自差分阵列涡流探头构型。该探头的激励线圈为螺旋线型，则在被测管件中的感生涡流也为螺旋线型分布，管壁的轴向、环向裂纹均能对感生涡流产生明显扰动。该探头的检出单元为四线圈差分检出，最终的检出信号为 $U=(U_{①}+U_{③})-(U_{②}+U_{④})$，该探头具有很好的抗提离噪声和倾斜噪声的能力。图 19.8 所示分别给出了该创新 S 型自差分涡流探头基本单元及阵列设计图和实物图，压水堆蒸汽发生器换热管图片，以及使用该探头对管道外壁缺陷的涡流检测效果（探头放置于管道内部）。可以看出，该探头对管道外壁裂纹缺陷具有很好的检出能力。该创新型涡流探头的设计获得了中国和美国发明专

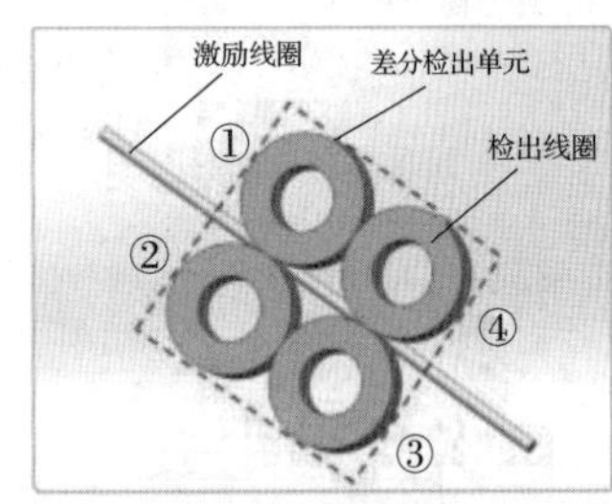

$U=(U_{①}+U_{③})-(U_{②}+U_{④})$

(a) 创新 S 型自差分涡流探头基本单元

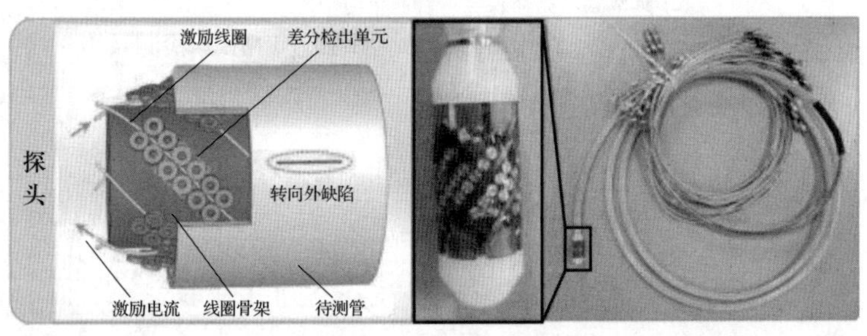

(b) 阵列涡流探头设计图及实物图

(c) 压水堆蒸汽发生器换热管

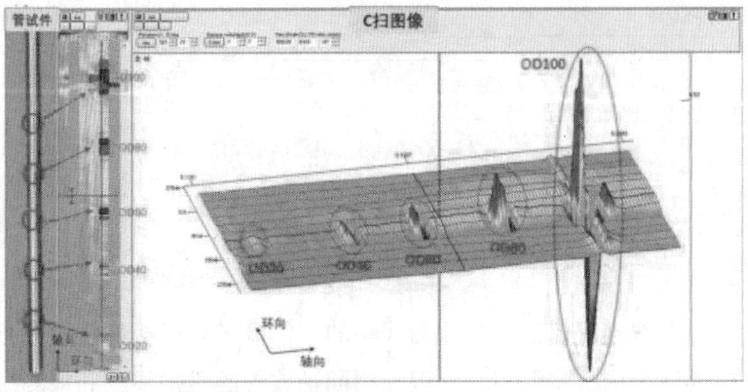

(d) 管道外壁缺陷涡流检测信号 (探头放置于管道内部)

图 19.8　创新 S 型自差分涡流探头

利，实现了核电 SG 换热管周向/轴向小裂纹的同步快速检测，打破了国外对阵列涡流探头的垄断，为华龙一号真正走出国门提供了知识产权支撑。

19.3.2 脉冲涡流技术及核电站管道检测

为模拟核电站中有加强板的主管道，制作了如图 19.9a 所示的双层结构管道试件，主管道壁厚 15 mm，加强板壁厚 10 mm，均为 AISI316 奥氏体不锈钢。主管道内表面加工了系列圆柱形局部减薄缺陷，尺寸有直径 30 mm、深 10 mm，直径 30 mm、深 5 mm 等。探头在加强板上表面沿周向和轴向长度方向扫描，如图 19.9b 所示。采用 TR 互感式探头对缺陷进行检测，如图 19.9c 所示。脉冲涡流检测系统含信号发生器、功率放大器、扫描

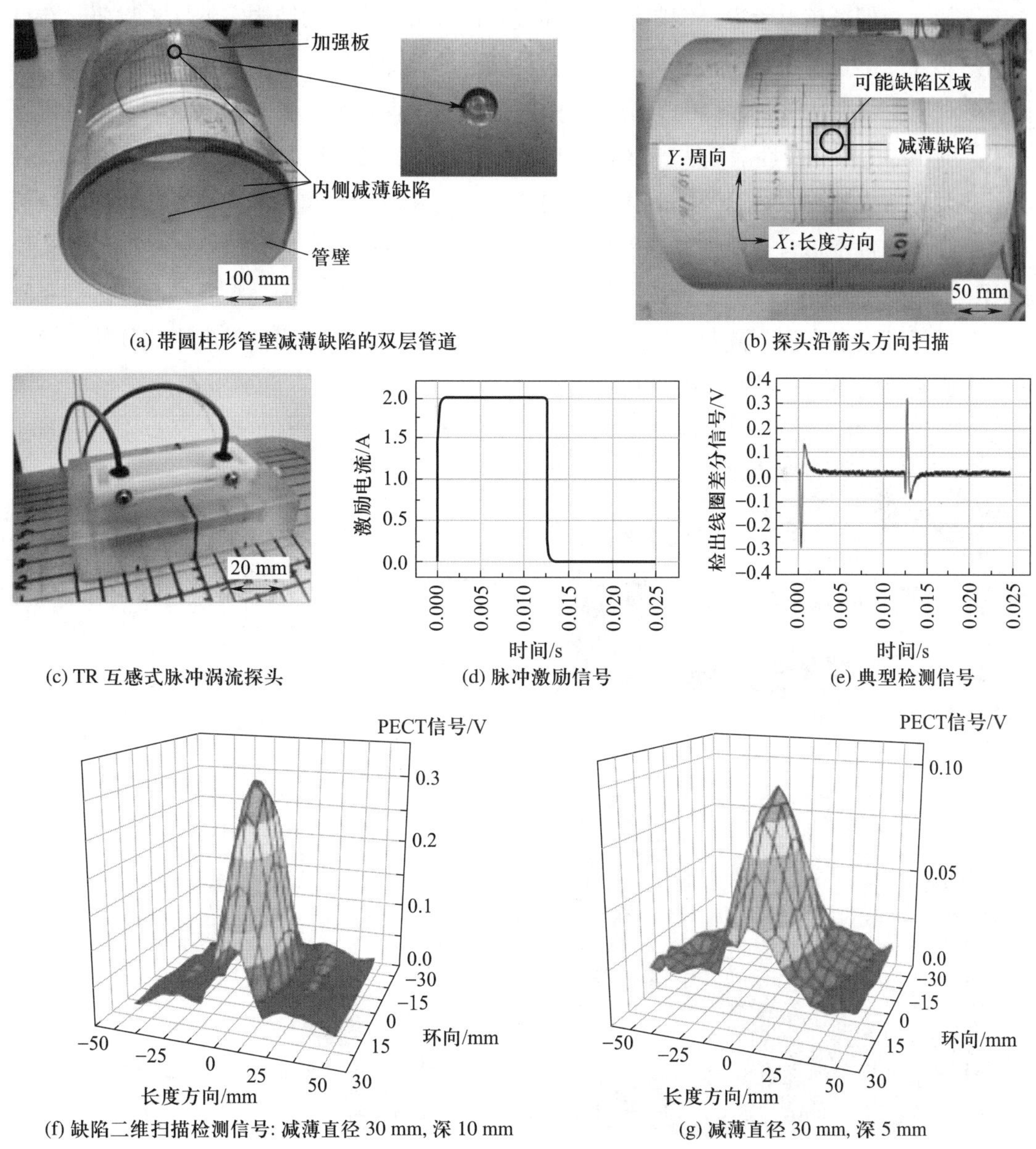

(a) 带圆柱形管壁减薄缺陷的双层管道

(b) 探头沿筒头方向扫描

(c) TR 互感式脉冲涡流探头

(d) 脉冲激励信号

(e) 典型检测信号

(f) 缺陷二维扫描检测信号: 减薄直径 30 mm, 深 10 mm

(g) 减薄直径 30 mm, 深 5 mm

图 19.9 模拟核电站主管道试件

台、探头、数据采集模块等。信号发生器产生方波脉冲，通过功率放大器放大，通入激励线圈作为激励信号。方波激励信号幅值为 2.0 A，周期为 0.025 s，基频为 40 Hz，脉冲占空比设置为 50%。图 19.9d 所示为典型的脉冲涡流实验激励信号。图 19.9e 所示为检出线圈的典型差分信号，从中提取差分信号的峰值特征来评价管壁减薄缺陷。图 19.9e、f 所示为两组管壁减薄缺陷的脉冲涡流实验二维扫描检测信号，可以看出脉冲涡流方法对双层管道内壁腐蚀缺陷具有很好的检出能力。

19.3.3 多维磁特性方法及塑性变形检测

材料或构件在制造、服役过程中产生的塑性变形会导致微观损伤增多，降低其韧性和疲劳性能。为保证核电管道、钢制桥梁、油气管道等重大设施的结构完整性，需要对在役结构的塑性变形进行定量无损评价。针对塑性变形的检测难题，研究人员率先提出了利用材料多种磁特性变化进行评价的方法，其中包括巴克豪森磁噪声法（图 19.10）、增量磁导率法（图 19.11）、非线性漏磁法、磁滞回线法、非线性涡流法等。根据磁特性检测原理，开发了多维磁特性检测系统以及一体化复合检测探头，并设计制作了不同种类铁磁性钢材料的单向拉伸塑性变形、双向拉伸塑性变形、高温塑性变形、残余应力以及塑性变形复合检测用试样。并通过实际检测，验证了相应磁检测方法、磁检测系统与复合检测探头的有效性，分析了双向、高温、轧制、弹性应力复合等因素对磁特性检测信号的影响规律，建立了在多因素复合条件下的塑性变形评价方法。

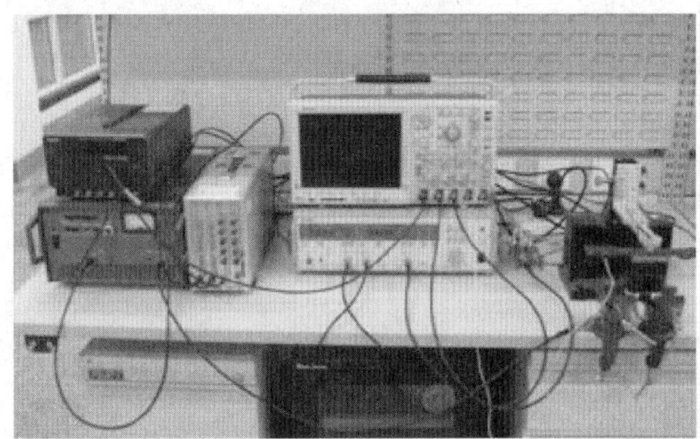

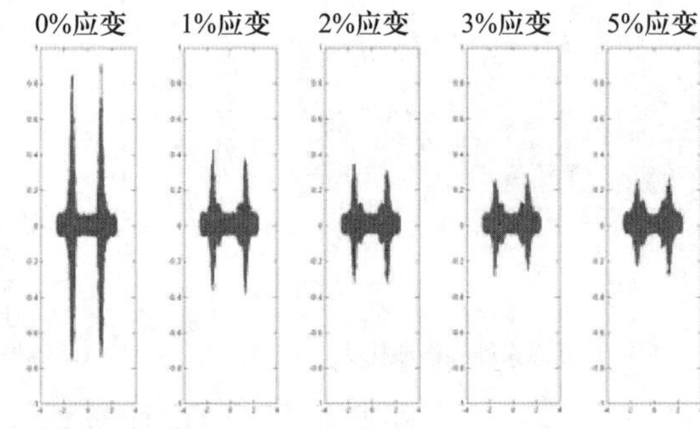

图 19.10 巴克豪森磁噪声法示例

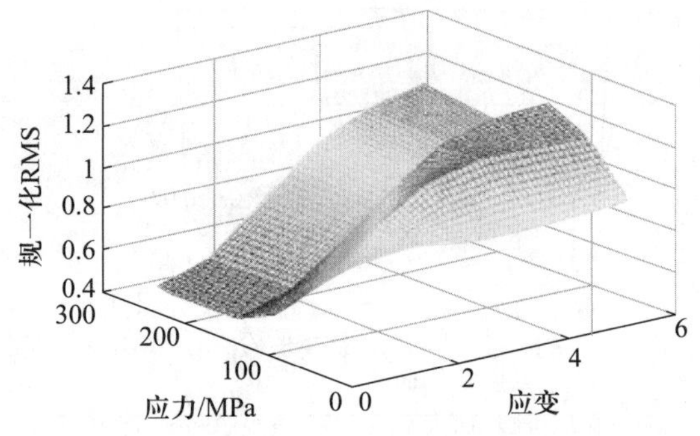

图 19.11 增量磁导率法示例

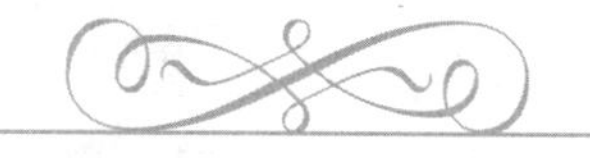

第 20 章 热成像检测技术

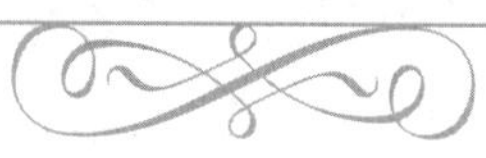

温度是衡量物体热平衡条件下冷热程度的物理量，也是国际单位制中 7 个基本物理量之一。温度反映的是物体内部颗粒无规则运动的平均动能，其高低直接影响了物质属性（如不同温度下材料拉伸性能的变化）。除此之外，众多的物理效应也与温度相关，由于物体受热不均或因约束不能自由膨胀而引起的热应力可导致物体瞬间破坏。生活中常见快速倒进热水的玻璃杯突然炸裂。因此，温度的测量在实验力学中有着至关重要的作用。

20.1 温度测量与热成像技术概述

随着科学技术的不断进步，温度测量技术也得到了较大发展，已经实现了从常温到超低温和超高温、从单点到全场的跨越式发展。当前，温度的测量方法可根据测温元件与被测物体之间是否接触分为接触式和非接触式两大类。其中，接触式的测量方法往往采用与物体接触的传感单元来直接获取表面温度，非接触式测量方法则根据物体的辐射特性，建立物体自身的材料属性、物理化学结构、波长、温度与辐射特性之间的关系，通过辐射特性反演物体的几何特征和温度状态。

接触式测温方法就是将测温元件与被测物体相接触，通过热交换的方式测量温度，具有操作简单、直观可靠且测量精度高等优势。接触式测温仪器按照测量原理可分为四类：膨胀式温度计、热电阻式温度计、热电偶式温度计和 PN 结集成温度传感器。

膨胀式测温计的主要原理是利用气体、液体或者固体遇热产生膨胀的效应，最常见的有液体膨胀式温度计（如水银温度计）和固体膨胀式温度计，如图 20.1 所示。

热电阻式温度计将对温度的测量转化为对电阻的测量，其测温原理是导体或半导体的阻值随温度的变化而变化。热电阻具有测量精度高、测量范围广等特点。根据测温元件材

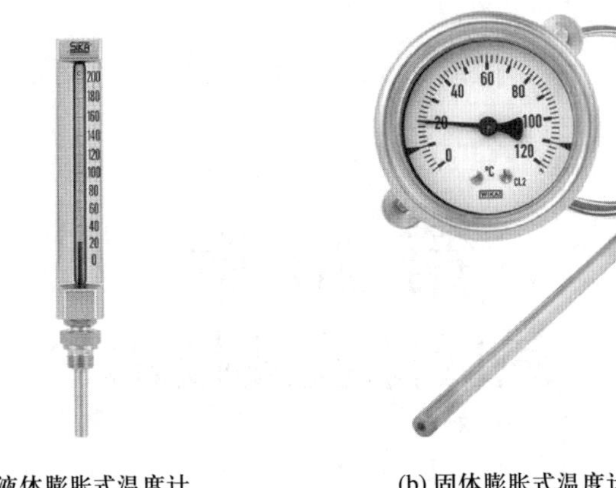

(a) 液体膨胀式温度计　　(b) 固体膨胀式温度计

图 20.1　膨胀式温度计

料的不同可分为金属热电阻式温度计（热电阻）和半导体热电阻式温度计（热敏电阻）。热电阻式温度计的确定度较高，但是只有高温铂电阻及高温半导体才能用于高温测量。热电偶式温度计将对温度的测量转化为对电势的测量，其测温原理基于热电效应，是用两种不同成分的导体两端接合成回路，当接合点的温度不同时，在回路中就会产生电动势，这种现象称为热电效应，而这种电动势称为热电势。热电偶能把温度信号转变成电信号，便于信号的远传、实现多点切换和接入自动控制系统，测温装置简单，易于操作及维护，测量时不必知道被测物体的热力学参数及辐射性态，具有测温准确和重复性好等优点。因此，热电偶也是工业生产和相关实验中应用最为广泛的一种测温方式。PN 结集成温度传感器相比于热电阻和热电偶来说，具有灵敏度高、测量精度高以及反应速度快、输出特性呈线性等优点，其最大的特点是将驱动电路、信号处理电路以及必要的逻辑控制电路集成在一个芯片上，具有体积小、使用方便的特点。PN 结集成温度传感器是利用 PN 结的伏安特性与温度之间的关系制成的一种一体化温度检测元件。

非接触式测温方法是根据被测物体的辐射强度与温度之间的物理关系，通过传感器单元获取其在空间上的辐射特性，进而反演得到物体的温度分布。按照测温方式的不同，可将常见的非接触式测温仪划分为辐射温度计、亮度温度计、比色温度计和多波长温度计。起初的非接触式测温仪大多为单点式，近些年来，随着先进电子技术的进步和成像技术的发展，温度测量也由单点式过渡到全场式，并逐渐发展形成了热成像技术。

与辐射测温的原理类似，热成像也是通过收集某一波段的物体辐射（主要是 $8 \sim 14\ \mu m$ 范围内红外波段的光）来探测物体发出的热辐射，并将热辐射转化为目标物体的热图像，以实现对温度等信息的成像或检测。得益于成像技术非接触、全场、大面积和无损检测等技术优势，该项技术逐渐受到国内外学者和相关领域技术人员的关注，在航空航天、电气工程、能源交通等领域得到了较为广泛的应用。

20.2 热辐射基本理论

热辐射测量的理论基础是黑体辐射理论，而关于黑体辐射理论最早可追溯到 19 世纪末，德国物理学家基尔霍夫于 1859 年提出热辐射定律并首次提出“黑体”的概念，该理论指出，在热平衡状态下，任何物体的热辐射系数与电磁波吸收系数直接相关，其比值仅仅与波长和温度有关，而与物体的材料特性无关，物体的辐射谱仅是波长与温度的函数，这一规律被称为基尔霍夫热辐射定律。基尔霍夫热辐射定律和黑体的概念开辟了 20 世纪物理学研究的新纪元，1900 年普朗克的量子论就起源于此，相关理论和研究也极大推动了后续有关黑体辐射定律的发展和建立。一般而言，黑体辐射定律包括三大定律，即普朗克定律、维恩位移定律和斯特凡–玻尔兹曼定律。

20.2.1 基尔霍夫热辐射定律

基尔霍夫热辐射定律给出了实际物体的辐射出射度与吸收比之间的关系，即

$$\alpha = \frac{M}{M_{\mathrm{b}}} \tag{20.1}$$

式中：M 为实际物体的辐射出射度；M_{b} 为相同温度下黑体的辐射出射度；α 为物体对辐射的吸收比。

而发射率的定义也为 $\varepsilon = M/M_{\mathrm{b}}$，这表明在热平衡条件下，物体对热辐射的吸收比恒等于同温度下的发射率。

20.2.2 普朗克定律

普朗克于 1900 年建立了黑体辐射定律的公式，并于 1901 年发表。普朗克定律作为黑体辐射理论最基本的定律，描述了一个黑体在温度 T 下发射的电磁辐射的辐射出射度与电磁辐射的波长之间的关系，适用于黑体处于真空或空气中。对于绝对温度为 T 的黑体，其辐射出射度 $M(\lambda,T)$ 与波长 λ、温度 T 满足如下关系：

$$M(\lambda,T) = \frac{2\pi hc^2}{\lambda^5}\frac{1}{\mathrm{e}^{\frac{hc}{\lambda kT}}-1} = C_1\lambda^{-5}\mathrm{e}^{-\frac{C_2}{\lambda T}} \tag{20.2}$$

式中：$c = 10^8$ m/s 为真空中的光速；$h = 6.626\,070\,15 \times 10^{-34}$ J · s 为普朗克常数，$k = 1.380\,648\,52 \times 10^{-23}$ J/K 为玻尔兹曼常数；$C_1 = 2\pi hc^2 = 3.74 \times 10^{-16}$ W · m^2 为普朗克第一辐射常数；$C_2 = hc/k = 1.439\,8 \times 10^{-2}$ m · K 为普朗克第二辐射常数。

式 (20.2) 就是普朗克定律，它给出了黑体在温度 T 时的辐射光谱分布特征。如果以不同的温度值代入式 (20.2)，则可绘制出黑体在不同温度下辐射出射度的光谱分布曲线，如图 20.2 所示。

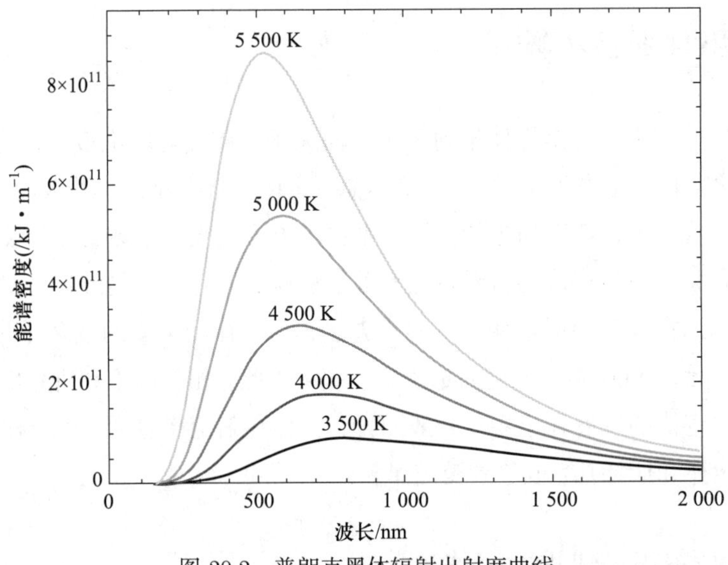

图 20.2　普朗克黑体辐射出射度曲线

根据光谱辐射出射度和波长的关系曲线，我们可以得出黑体辐射的几个基本特征：

（1）黑体发射的光谱为连续光谱，且每条曲线与横坐标轴所围成的面积表示黑体在一定温度下的总辐射出射度；

（2）在一定温度下，波长连续变化时，黑体的光谱辐射出射度跟随其连续变化，有且只有一个峰值 λ_{m}，并且随着波长由短到长，光谱辐射出射度曲线呈现“先增加后降低”的趋势；

（3）随着温度的升高，每条曲线光谱辐射出射度极大值处所对应的波长值在逐渐减小，且短波长中所含能量在逐渐增加。

20.2.3　维恩位移定律

为了确定与黑体光谱辐射出射度极大值相对应的波长 λ_{m}（俗称峰值辐射波长）随温度的变化关系，可把 $M(\lambda,T)$ 表达式 [式 (20.2)] 对波长 λ 进行求导，并令求导后的结果等于零，解该方程式则可得到

$$\lambda_{\mathrm{m}}T = 2\,897.8\ \mu\mathrm{m}\cdot\mathrm{K} \tag{20.3}$$

该关系式称为维恩位移定律，由德国物理学家威廉 · 维恩于 1893 年通过对实验数据的经验总结提出。维恩位移定律表明，黑体辐射出射度的极大值对应的峰值辐射波长 λ_{m} 随其绝对温度 T 成反比移动。由这一规律我们可以对宇宙中不同颜色的恒星温度进行测算，温度较高的显蓝色，次之显白色，濒临燃尽而膨胀的红巨星表面温度只有 $2\,000 \sim 3\,000$ K，因而显红色。太阳表面的温度约为 5 778 K，根据维恩位移定律计算得到的峰值辐射波长则为 502 nm，这近似处于可见光光谱范围的中点，为绿色光。但实际上我们看到的太阳是黄色的，这和各波长成分的光所做出的贡献有关。

20.2.4 斯特凡–玻尔兹曼定律

斯特凡和玻尔兹曼分别于 1879 和 1884 年分别发现了黑体的全辐射输出度与温度的关系，即单位面积黑体在单位时间内的全波段辐射输出总能量 M_{b} 与物体本身的热力学温度 T 的四次方成正比，这一规律称为斯特凡–玻耳兹曼定律（又称四次方定律或全辐射定律）。该定律的数学表述形式可由式 (20.2) 对波长的积分得到，即

$$M_{\mathrm{b}} = \int_0^{\infty} M_{\mathrm{b}}(\lambda, T)\mathrm{d}\lambda = \frac{C_1}{C_2^4}\frac{\pi^4}{15}T^4 = \sigma T^4 \tag{20.4}$$

式中：$\sigma = \dfrac{C_1}{C_2^4}\dfrac{\pi^4}{15} = 5.670\,32 \times 10^{-8}\ \mathrm{W \cdot m^{-2} \cdot K^{-4}}$ 是斯特凡–玻尔兹曼常量。斯特凡–玻尔兹曼定律简化了辐射通量密度的积分计算，是对普朗克辐射定律的有效补充。

20.3 热成像温度测量原理及应用

20.3.1 辐射测温原理

普朗克黑体辐射定律给出了黑体光谱辐射出射度随温度和波长的变化规律，这也是辐射测温的理论基础。辐射测温法通过测量被测目标的光谱辐射求得被测目标的温度，包括利用单波长（或波段）下物体辐射亮度与其温度关系测温的亮度测温法和利用物体热辐射的光谱分布规律测温的比色测温法、多光谱测温法等。

1. 亮度测温原理

物体的亮度温度也称为单色温度，亮度温度以已知温度下黑体的光谱辐射亮度表示非黑体的光谱辐射亮度，是热辐射体的一种表观温度，也称为视在温度。

亮度测温法的实际应用是在一定的光谱范围进行测温的，即通过计算给定波长的窄光谱范围内的辐射能量积分来推导温度数值。当物体在某个窄带波段下的辐射输出度同绝对黑体在同一窄带波段下的辐射输出度相等时，该黑体的温度称为实际物体的亮度温度，即

$$\varepsilon(\lambda, T)M(\lambda, T) = M(\lambda, T_{\mathrm{r}}) \tag{20.5}$$

式中：$\varepsilon(\lambda, T)$ 为被测物体的全发射率；T_{r} 是目标物体的亮度温度，单位为 K；T 是目标物体的绝对温度。

当 $C_2/\lambda T \gg 1$ 时，维恩位移定律成立，则有

$$\frac{1}{T_{\mathrm{r}}} - \frac{1}{T} = \frac{\lambda}{C_2}\ln\frac{1}{\varepsilon(\lambda, T)} \tag{20.6}$$

由上式可知，当已知目标物体在特定波长下的全发射率 $\varepsilon(\lambda,T)$ 及其亮度温度 T_{r}，就可以通过式 (20.6) 得到物体的实际温度 T。需要指出的是，$\varepsilon(\lambda,T)$ 越接近 1，物体亮度温度 T_{r} 越接近目标物体的绝对温度 T。然而对于大多数材料，$0<\varepsilon(\lambda,T)<1$，物体的亮度温度 T_{r} 始终小于真实温度 T。

由于亮度测温法（单色测温法）在使用时需要对物体的发射率进行标定，因此测温精度受发射率影响较大，可能存在较大误差，在工程中较少使用。

2. 比色测温原理

为了克服亮度测温法对发射率的依赖性，利用双波段辐射差异的比色测温法得到了较为广泛的应用。比色式辐射测温是通过测量待测物体表面辐射的两个波段上的辐射亮度的比值来确定被测物体辐射温度，减小发射率对温度测量的影响。由比色测温法获得的温度又称为颜色温度。

根据维恩位移定律，当 $C_2/\lambda T\gg 1$ 时，黑体的辐射亮度表达式为

$$M(\lambda,T)=C_1\lambda^{-5}\mathrm{e}^{-\frac{C_2}{\lambda T}} \tag{20.7}$$

非黑体的辐射亮度表达式为

$$M(\lambda,T)=\varepsilon(\lambda,T)C_1\lambda^{-5}\mathrm{e}^{-\frac{C_2}{\lambda T}} \tag{20.8}$$

比色测温法选取两个波长 λ_1 和 λ_2，当波段带宽足够小时，可将该波段视为单色，则物体在两个波长下的单色辐射亮度分别为

$$M\left(\lambda_1,T\right)=\varepsilon\left(\lambda_1,T\right)C_1\lambda_1^{-5}\mathrm{e}^{-\frac{C_2}{\lambda_1 T}} \tag{20.9}$$

$$M\left(\lambda_2,T\right)=\varepsilon\left(\lambda_2,T\right)C_1\lambda_2^{-5}\mathrm{e}^{-\frac{C_2}{\lambda_2 T}} \tag{20.10}$$

二者的比值 K 为

$$K=\frac{M\left(\lambda_1,T\right)}{M\left(\lambda_2,T\right)}=\frac{\varepsilon\left(\lambda_1,T\right)C_1\lambda_1^{-5}\mathrm{e}^{-\frac{C_2}{\lambda_1 T}}}{\varepsilon\left(\lambda_2,T\right)C_1\lambda_2^{-5}\mathrm{e}^{-\frac{C_2}{\lambda_2 T}}}=\frac{\varepsilon\left(\lambda_1,T\right)}{\varepsilon\left(\lambda_2,T\right)}\left(\frac{\lambda_1}{\lambda_2}\right)^{-5}\mathrm{e}^{-\frac{C_2}{T}\left(\frac{1}{\lambda_1}-\frac{1}{\lambda_2}\right)} \tag{20.11}$$

则比色温度 T_{c} 可表示为

$$T_{\mathrm{c}}=\frac{C_2\left(\dfrac{1}{\lambda_2}-\dfrac{1}{\lambda_1}\right)}{\ln K+\ln\left[\dfrac{\varepsilon\left(\lambda_2,T\right)}{\varepsilon\left(\lambda_1,T\right)}\right]+5\ln\left(\dfrac{\lambda_1}{\lambda_2}\right)} \tag{20.12}$$

由上式可知，只要根据所选窄带波长的参数以及该波长下的发射率情况，测量出在不同波长下被测物体对应的辐射能量，就可以得到该物体的比色温度。

更进一步，为了降低发射率对比色测温的影响，可以选取两个波长相近的波段作为比色测温的两个波长，当 $\lambda_1\approx\lambda_2$ 时，可近似将发射率视为一致，即 $\varepsilon\left(\lambda_1,T\right)\approx\varepsilon\left(\lambda_2,T\right)$，这样就可以将发射率对比色测温的影响降低，同时大大减少了测温的工作量，此时比色温度

可表示为

$$T_{\mathrm{c}}=\frac{C_2\left(\dfrac{1}{\lambda_2}-\dfrac{1}{\lambda_1}\right)}{\ln K+5\ln\left(\dfrac{\lambda_1}{\lambda_2}\right)} \tag{20.13}$$

根据相关的理论计算，比色温度与物体真实温度之间的误差为

$$\frac{1}{T_{\mathrm{c}}}-\frac{1}{T}=\frac{\ln\left[\dfrac{\varepsilon\left(\lambda_2,T\right)}{\varepsilon\left(\lambda_1,T\right)}\right]}{C_2\left(\dfrac{1}{\lambda_2}-\dfrac{1}{\lambda_1}\right)} \tag{20.14}$$

可以看出，通过选取两个相近的波长可以大大降低辐射测温的工作量，避免了烦琐的发射率标定等工作，这也是比色测温法的主要优势，目前工程中使用最多的辐射测温法就是比色测温法。

3. 多波长测温原理

多波长辐射测温法是通过测量物体整个光谱范围内选取的特定多个（大于等于三个）窄带波长内的辐射能量，来测量物体的辐射温度。对于一个 n 通道的多波长测温计，多波长辐射测温计在第 i 个通道的输出信号 I_i 可表示为

$$I_i=k_i\lambda_i^{-5}\varepsilon\left(\lambda_i,T\right)\mathrm{e}^{-C_2/\lambda_i T}\quad(i=1,2,\cdots,n) \tag{20.15}$$

式中：k_i 为测温计在 i 通道的探测灵敏度，与波长有关，但与温度无关；T 为物体的真实温度；$\varepsilon\left(\lambda_i,T\right)$ 为材料的发射率。

对两边同时取对数可得

$$\ln\left(\frac{I_i\lambda_i^5}{k_i}\right)=\ln\varepsilon\left(\lambda_i,T\right)-\frac{C_2}{\lambda_i T}\quad(i=1,2,\cdots,n) \tag{20.16}$$

对于式 (20.15) 或式 (20.16) 而言，共有 n 个方程，但 $\varepsilon\left(\lambda_i,T\right)(i=1,2,\cdots,n)$ 和温度 T 共有 $n+1$ 个未知量，无法直接求解，必须补充方程。

为了求解上述方程，研究者提出将波长简化为关于波长的唯一函数形式 $\varepsilon\left(\lambda_i\right)$ 作为补充方程，在此基础上通过拟合或求解方程等方法求解物体温度 T 和发射率 $\varepsilon\left(\lambda_i\right)$。

关于发射率的假设，较为常用的几类函数模型包括多项式函数模型、指数函数模型、正弦函数模型、荡函数法模型等，这里介绍应用较为广泛的一种基于指数函数发射率模型的多波长测温方法。

发射率的指数函数发射率模型可表示为

$$\ln\varepsilon\left(\lambda_i,T\right)=\sum_{j=0}^{n-2}a_j\lambda_i^j \tag{20.17}$$

则有

$$\ln\left(\frac{I_i\lambda_i^5}{k_i}\right)=\sum_{j=0}^{n-2}a_j\lambda_i^j-\frac{C_2}{\lambda_i T'}\quad(i=1,2,\cdots,n) \tag{20.18}$$

式中：T' 为在使用式 (20.17) 的假设下计算得到的温度数值。

将式 (20.16) 代入式 (20.18) 可得

$$\ln\varepsilon\left(\lambda_i,T\right)-\frac{C_2}{\lambda_i T}=\sum_{j=0}^{n-2}a_j\lambda_i^j-\frac{C_2}{\lambda_i T'}\quad(i=1,2,\cdots,n) \tag{20.19}$$

两边同时乘以 λ_i 后整理可得

$$\lambda_i\ln\varepsilon\left(\lambda_i,T\right)=\lambda_i\sum_{j=0}^{n-2}a_j\lambda_i^j+\frac{C_2}{T}-\frac{C_2}{T'}\quad(i=1,2,\cdots,n) \tag{20.20}$$

若令 $a_{-1}=C_2\left(\frac{1}{T}-\frac{1}{T'}\right)$，则有

$$\lambda_i\ln\varepsilon\left(\lambda_i,T\right)=\lambda_i\sum_{j=0}^{n-1}a_{j-1}\lambda_i^j\quad(i=1,2,\cdots,n) \tag{20.21}$$

注意到 $a_{-1}=C_2\left(\frac{1}{T}-\frac{1}{T'}\right)$ 可反映真实温度和测量温度之间的误差。

应用拉格朗日插值多项式，上式左边可变为

$$\sum_{j=0}^{n-1}a_{j-1}\lambda_i^j=\sum_{i=1}^{n}\left[\lambda_i\ln\varepsilon\left(\lambda_i,T\right)\prod_{j=1,j\neq i}^{n}\frac{\left(\lambda_i-\lambda\right)}{\left(\lambda_j-\lambda_i\right)}\right] \tag{20.22}$$

因为 a_{-1} 与 λ 无关，而 $\prod\limits_{j=1,j\neq i}^{n}\left(\lambda_j-\lambda\right)=\left(\lambda_1-\lambda\right)\cdots\left(\lambda_{i-1}-\lambda\right)\left(\lambda_{i+1}-\lambda\right)\cdots\left(\lambda_n-\lambda\right)$ 与 λ 无关，因此 a_{-1} 又可表示为

$$a_{-1}=C_2\left(\frac{1}{T}-\frac{1}{T'}\right)=\prod_{j=1}^{n}\lambda_j\sum_{i=1}^{n}\left[\frac{\ln\varepsilon\left(\lambda_i,T\right)}{\prod\limits_{j=1,j\neq i}^{n}\left(\lambda_j-\lambda_i\right)}\right] \tag{20.23}$$

式 (20.23) 可以看作 $\ln\varepsilon\left(\lambda_i,T\right)$ 的 $n-1$ 阶均差，对应连续函数 $\ln\varepsilon(\lambda,T)$ 的 $n-1$ 阶导数。当 $\ln\varepsilon(\lambda,T)$ 可以由 $n-2$ 阶或更低阶多项式描述时，均差为 0，表明 $T'=T$。

由式 (20.23) 可以直接推导得到几种常见的测温方法的误差。

当 $n=1$ 时，即为亮度测温法，误差为

$$\frac{1}{T}-\frac{1}{T'}=\frac{C_2}{\lambda}\ln\varepsilon \tag{20.24}$$

此时当 $\varepsilon = 1$，即物体为理想黑体时，误差为 0。

当 $n = 2$ 时，即为比色测温法，误差为

$$\frac{1}{T} - \frac{1}{T'} = C_2 \frac{\lambda_1 \lambda_2}{\lambda_2 - \lambda_1} \ln \frac{\varepsilon_2}{\varepsilon_1} \tag{20.25}$$

此时，当 $\varepsilon_1 = \varepsilon_2$，即比色的两个波段非常接近时，误差为 0。

当 $n = 3$ 时，即为三色测温法，误差为

$$\frac{1}{T} - \frac{1}{T'} = C_2 \frac{\lambda_1 \lambda_2 \lambda_3}{(\lambda_2 - \lambda_1)(\lambda_3 - \lambda_1)(\lambda_3 - \lambda_2)} [\lambda_1 \ln (\varepsilon_2/\varepsilon_3) + \lambda_2 \ln (\varepsilon_3/\varepsilon_1) + \lambda_3 \ln (\varepsilon_1/\varepsilon_2)] \tag{20.26}$$

此时，若波长间隔相等，则当 $\varepsilon_1 \varepsilon_3 = \varepsilon_2^2$ 时，误差为 0。

20.3.2　辐射测温应用

1. 全场红外热辐射测温

红外热像仪是采用红外热成像技术，通过测量目标物体的红外辐射，经过光电转换、信号处理等手段，将目标物体的热分布数据转换成热像图的设备，这种热像图与物体表面的热分布场相对应，因此可反映全场温度数据。与可见光图像相比，红外热像图缺少层次和立体感，因此，在实际操作中为更有效地判断被测目标的红外热分布场，常采用一些辅助措施来增加仪器的实用功能，如图像亮度、对比度的控制，实标校正，伪色彩描绘等技术。

红外热像仪的工作波段主要在红外波段（760 ~ 1 200 nm），由普朗克黑体辐射定律可知，同一温度下的物体辐射出射度在红外波段的强度远超可见光波段（400 ~ 760 nm），因此在红外波段进行辐射测温的灵敏度和精度都相对较高。为了满足红外波段成像的需求，红外测温仪需采用红外探测器件，一般采用单元或多元光电导或光伏红外探测器，如硫化铅（PbS）、硒化铅（PbSe）、锑化铟（InSb）等。

早期的红外热像仪主要用于军事领域，最早在二战时由德国人研制出主动式夜视仪，这也是红外热像仪的雏形。二战结束后，美国率先研发出第一代用于军事领域的红外热成像装置，称为红外（FLIR），它是利用光学机械系统对被测目标的红外辐射扫描，成像速度较慢。直到 20 世纪 60 年代早期，瑞典研制成功第二代红外成像装置，它是在红外巡视系统的基础上又增加了测温的功能，称为红外热像仪。随着技术的发展，红外热像仪也逐渐由军用转向民用，在医疗、电力、能源等诸多领域得到了广泛应用。

目前，商用的红外热像仪已经较为成熟，在温度测量中可根据需要选用单色模式或比色模式，且波段宽度和范围均可进行调节。但需要注意的是，红外热像仪测温除受到被测表面发射率的影响外，还受到反射率、环境温度、大气温度、测量距离和大气衰减等因素的影响，特别是对表面发射率估计不准时，对测温准确性的影响十分显著，此时往往需要通过对仪器设备进行标定以提升其测温的精度和可靠性。

2. 全场比色辐射测温

如上所述，红外热像仪对物体的温度具有较好的测量效果，但无法同时呈现被测目标的细节特征，层次感较差，也无法用于变形场测量等。为了解决这一问题，清华大学的冯雪团队提出将辐射测温方法与可见光波段的 CMOS/CCD 成像技术将结合，通过对不同波段的分离可实现对温度场和变形场信息的同步采集，其主要原理如图 20.3 所示。由图 20.3 可知，对于一个具有多通道的成像系统，可选取其中某两个通道的响应进行比色测温，并选取另外的通道响应用于变形测量。其中，用于变形测量的通道往往在相应的波段采用“窄带滤波”和“光源补偿”以提升通道图像质量。

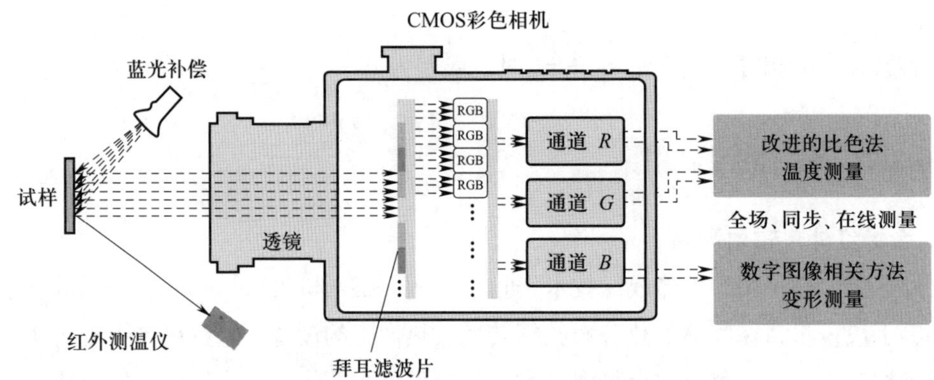

图 20.3　基于通道分离的温度与变形同步测量原理

在上述方法中，由于采用了光学成像系统，会引入额外的镜头参数、光电转换系数等。为了消除这些参数的影响，可以通过引入一个单点温度参考点来解决这一问题，这里以比色测温法为例，介绍这一改进的全场辐射测温方法。

对于一个 CMOS/CCD 成像系统（例如彩色相机）而言，通过一系列光学镜头成像和复杂的光电转换，感光单元可将外界的辐射信息转化为灰度图像并输出，输出灰度强度可表示为

$$I = A(c,t,a)\int_{\lambda_1}^{\lambda_2} k(\lambda)\varepsilon(\lambda,T)C_1\lambda^{-5}\mathrm{e}^{-C_2/\lambda T}h(\lambda)\mathrm{d}\lambda \tag{20.27}$$

式中：$A(c,t,a)$ 为相机光电转换系数；c 为光电特性；t 为曝光时间；a 为相对孔径大小；$k(\lambda)$ 为波长相关的光学系统透射率；$h(\lambda)$ 为光谱响应特性函数。

光谱响应特性函数 $h(\lambda)$ 在波长 λ_c 处等价为具有强度 $h(\lambda_c)$ 的采样函数，因此式 (20.27) 可化为

$$I = A(c,t,a)k(\lambda_c)\varepsilon(\lambda_c,T)C_1\lambda_c^{-5}\mathrm{e}^{-C_2/\lambda T}h(\lambda_c) \tag{20.28}$$

将红、绿、蓝三通道的灰度值及各通道光电转换系数、波长等参数代入，可得如下三个表达式：

$$
\begin{aligned}
I_{\mathrm{R}} &= A_{\mathrm{R}}(c,t,a)k\left(\lambda_{\mathrm{R}}\right)\varepsilon\left(\lambda_{\mathrm{R}},T\right)C_1\lambda_{\mathrm{R}}^{-5}\mathrm{e}^{-C_2/\lambda_{\mathrm{R}}I}h\left(\lambda_{\mathrm{R}}\right)\\
I_{\mathrm{G}} &= A_{\mathrm{G}}(c,t,a)k\left(\lambda_{\mathrm{G}}\right)\varepsilon\left(\lambda_{\mathrm{G}},T\right)C_1\lambda_{\mathrm{G}}^{-5}\mathrm{e}^{-C_2/\lambda_{\mathrm{G}}I}h\left(\lambda_{\mathrm{G}}\right)\\
I_{\mathrm{B}} &= A_{\mathrm{B}}(c,t,a)k\left(\lambda_{\mathrm{B}}\right)\varepsilon\left(\lambda_{\mathrm{B}},T\right)C_1\lambda_{\mathrm{B}}^{-5}\mathrm{e}^{-C_2/\lambda_{\mathrm{B}}I}h\left(\lambda_{\mathrm{B}}\right)
\end{aligned}
\tag{20.29}
$$

基于比色测温原理，可选取两个通道灰度值，通过比值可以消掉温度相关但与波长关系不大的参数，这里以红、绿通道为例，则有

$$
B_{\mathrm{RG}} = \frac{I_{\mathrm{R}}}{I_{\mathrm{G}}} = \frac{A_{\mathrm{R}}(c,t,a)k\left(\lambda_{\mathrm{R}}\right)\varepsilon\left(\lambda_{\mathrm{R}},T\right)\lambda_{\mathrm{R}}^{-5}h_{\mathrm{R}}}{A_{\mathrm{G}}(c,t,a)k\left(\lambda_{\mathrm{G}}\right)\varepsilon\left(\lambda_{\mathrm{G}},T\right)\lambda_{\mathrm{G}}^{-5}h_{\mathrm{G}}}e^{\frac{C_2}{T}\left(\frac{1}{\lambda_{\mathrm{G}}}-\frac{1}{\lambda_{\mathrm{R}}}\right)} \tag{20.30}
$$

比色测温法选取波长较为相近的两个波段，以降低对发射率的影响，可将上式中的发射率相抵消，则有

$$
\ln B_{\mathrm{RG}} = K_{\mathrm{RG}} + \frac{C_2}{T}\left(\frac{1}{\lambda_{\mathrm{G}}} - \frac{1}{\lambda_{\mathrm{R}}}\right) \tag{20.31}
$$

式中

$$
K_{\mathrm{RG}} = \ln\left(\frac{A_{\mathrm{R}}(c,t,a)k\left(\lambda_{\mathrm{R}}\right)\lambda_{\mathrm{R}}^{-5}h_{\mathrm{R}}}{A_{\mathrm{G}}(c,t,a)k\left(\lambda_{\mathrm{G}}\right)\lambda_{\mathrm{G}}{}^{-5}h_{\mathrm{G}}}\right) \tag{20.32}
$$

对于比色测温法，B_{RG} 可以通过相机不同通道的值获得，波长 λ_{G}、λ_{R} 为已知量，C_2 为常数，故仅需要对参数 K_{RG} 进行标定即可进行温度测量。K_{RG} 与温度无关，仅与相机参数有关。一旦相机光圈大小、焦距、曝光时间等确定，则 K_{RG} 不变。

值得注意的是，在高温复杂环境下，辐射导致的亮度可能发生巨大变化。因此若想获得更多有效数据，防止出现过曝光等现象，需要对相机光圈、曝光时间、增益等实时调整，此时 K_{RG} 将不再固定。为了解决这一问题，考虑引入一个温度参考点，利用红外测温仪获得该点温度 T_0，该点的两个通道强度之比为 B_{RG0}，则根据式 (20.31)，有

$$
\ln B_{\mathrm{RG0}} = K_{\mathrm{RG}} + \frac{C_2}{T_0}\left(\frac{1}{\lambda_{\mathrm{G}}} - \frac{1}{\lambda_{\mathrm{R}}}\right) \tag{20.33}
$$

将式 (20.31) 与式 (20.33) 相减可得

$$
\ln B_{\mathrm{RG}} - \ln B_{\mathrm{RG0}} = C_2\left(\frac{1}{\lambda_{\mathrm{G}}} - \frac{1}{\lambda_{\mathrm{R}}}\right)\left(\frac{1}{T} - \frac{1}{T_0}\right) \tag{20.34}
$$

由上式可知，只要获得图像两个通道的强度值，再获得参考点的温度，即可求解出全场温度。

图 20.4 所示给出了两种典型的高温/超高温热考核环境下比色测温方法的应用，可以看出，在 1 050 °C 的火焰考核以及 1 700 °C 的电弧风洞热流考核环境下，上述改进比色测温方法均可较好地获取全场温度，且具有高分辨率、与变形测量时空同步等显著优势。

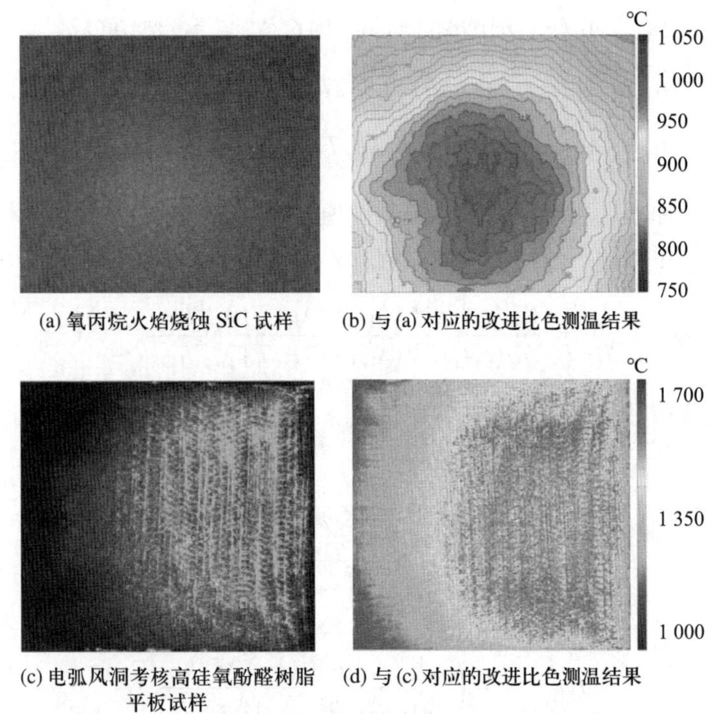

(a) 氧丙烷火焰烧蚀 SiC 试样　(b) 与 (a) 对应的改进比色测温结果

(c) 电弧风洞考核高硅氧酚醛树脂平板试样　(d) 与 (c) 对应的改进比色测温结果

图 20.4　典型高温/超高温热考核环境下比色测温法的应用

20.4　热成像无损检测原理及应用

20.4.1　无损检测原理

热成像缺陷检测的基本原理是通过红外热像仪获取被检零部件表面热像图，并对热像图进行定性与定量分析，从而确定缺陷类型、大小、深度等特征的无损检测技术。近年来，随着红外热像仪的分辨率和灵敏度的不断提高，利用热成像技术开展结构、零部件等的缺陷诊断和在线监测受到人们的广泛关注。

根据是否需要外部激励源，红外热成像检测技术可分为主动热成像检测技术和被动热成像检测技术。被动热成像技术是热像仪接收物体本身的红外辐射并将其转换为电信号最终获得热像图的热成像技术；主动热成像技术是通过加载外部激励的方式使被检零件表面温度发生变化，由热像仪记录时序热像图并从中提取缺陷特征的热成像技术。外部激励源常用的有闪光灯、超声波、激光、电流、机械振动等。在被动热成像技术应用中，被检零件表面温度变化来源于表面自然发热状况，缺陷区域与非缺陷区域温差并不明显；而主动热成像技术因其可控热源和多种有效数据处理技术，应用更为广泛。根据激励方式的不同，主动热成像无损检测技术可大致分为光学激励热成像技术、电磁激励热成像技术、机械激励热成像技术和微波热成像技术，如图 20.5 所示。

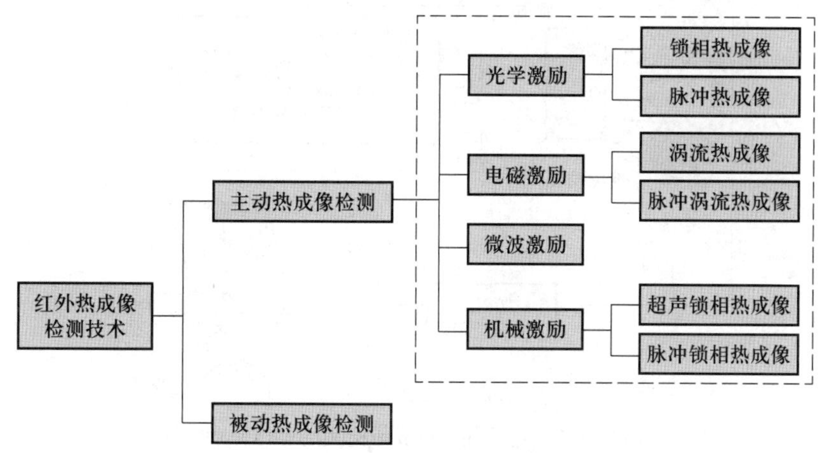

图 20.5 红外热成像检测技术

1. 被动热成像检测原理

自然界任何高于绝对零度的物体都能产生红外辐射，斯特凡–玻尔兹曼定律指出物体辐射出射度与温度的四次方成正比，因此很小的温度变化会引起显著的辐射功率变化。利用这种效应，就可以利用探测仪通过测定目标和背景之间的红外辐射差异来获取不同的红外图像。

图 20.6 所示给出了典型的被动红外热成像检测的工作原理，利用红外探测器和光学成像物镜接收被测目标的红外辐射能量分布，反映到红外探测器的光敏元件上，从而获得红外热像图，这种热像图与物体表面的热分布场相对应，通过查看热像图，就可以获取被测目标表面的特征信息。

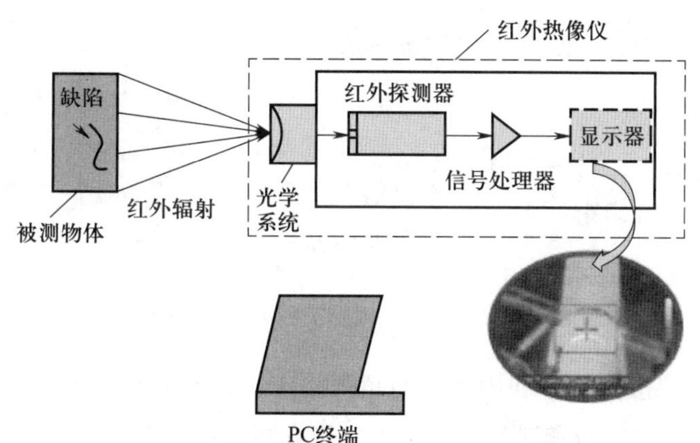

图 20.6 被动红外热成像检测的工作原理

2. 主动热成像检测原理

主动热成像检测技术的工作原理如图 20.7 所示，由激励部分（信号发生器和激励源）、红外热像仪和 PC（计算机）终端三部分组成。

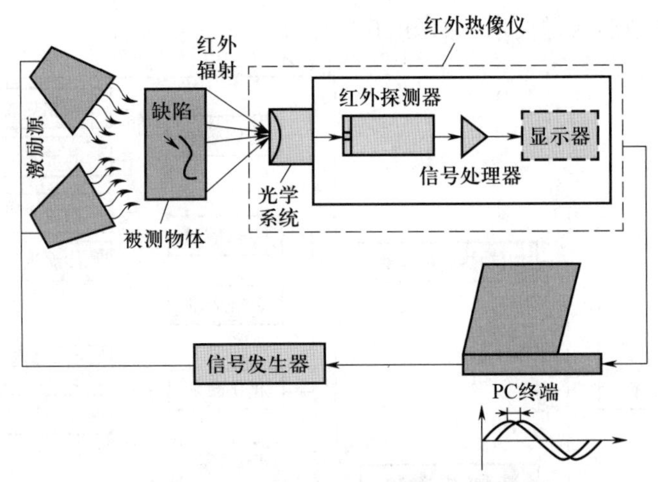

图 20.7　主动红外热成像检测的工作原理

下面分别介绍几类主动红外热成像检测技术及其原理。

光学激励热成像检测技术利用光学热源（如闪光灯和卤素灯）激励待检测目标零件，零件表面被加热，产生的热波向零件内部传递，若零件中存在缺陷则热波传递受阻，最终导致零件表面温度分布不均，这种温度变化由红外热像仪所记录，得到时序热像图，通过提取并分析热像图中的特征信息就可以获得缺陷的特征信息。实验设置与实验原理如图 20.8 所示。根据激励信号的不同，光学激励热成像又可分为脉冲热成像和锁相热成像两种。

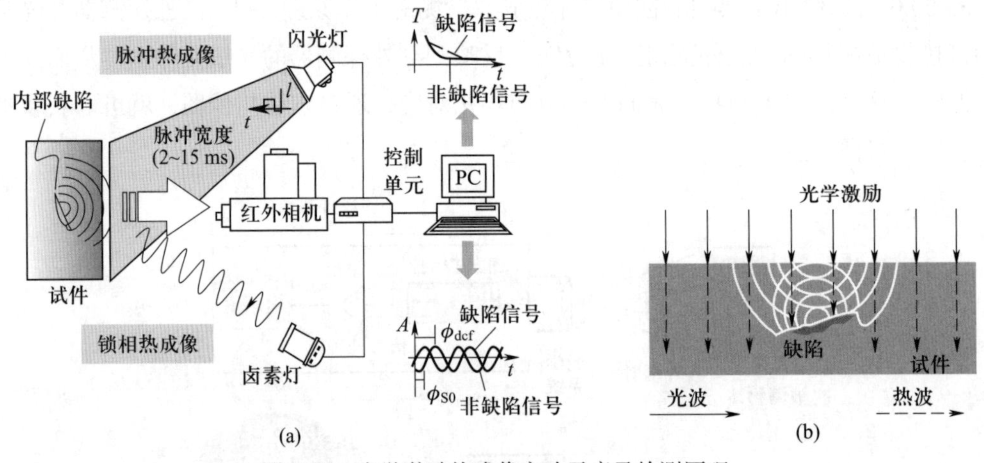

图 20.8　光学激励热成像实验示意及检测原理

机械激励热成像检测技术利用特定的超声波作用在不同材料或结构中产生机械振动，超声波在缺陷处因热弹效应和滞后效应导致声能衰减而释放热量，机械能转换为热能并传递至零件表面，引起零件表面局部发热并由红外热像仪所记录，缺陷本身可视为热源进行热波传递。超声热成像的实验设置及检测原理如图 20.9 所示，其中超声换能器产生超声波，并通过耦合剂传播。

电磁激励热成像检测技术基于电磁学中的涡流现象和焦耳热特性，在被检零件外对线圈施加高频交变电流。利用电磁感应效应，感应线圈附近的被检零件表面产生感生涡流；若

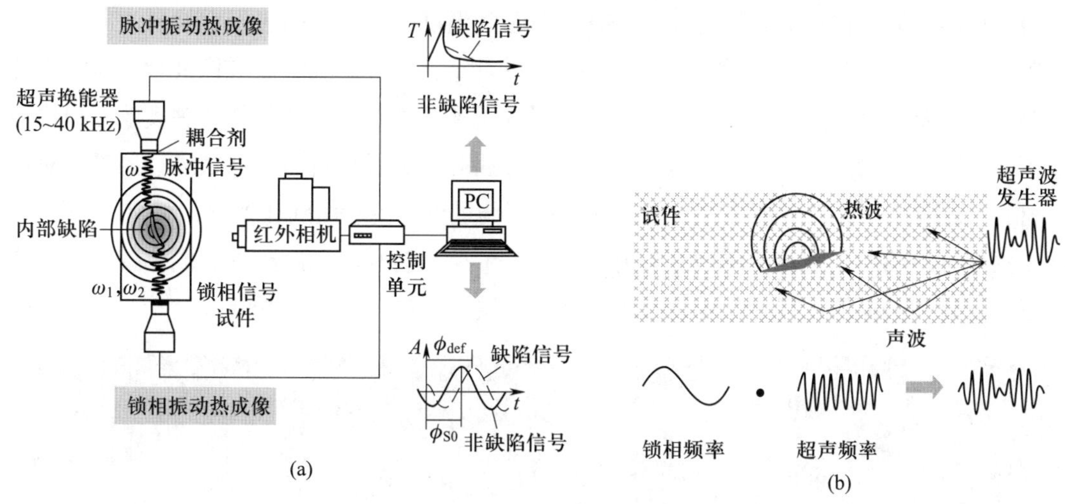

图 20.9 机械激励热成像检测原理示意图

零件表面存在缺陷，则将引起缺陷附近感生涡流场分布不均，因局部焦耳热现象导致缺陷附近温度分布不均，通过红外热像仪记录这种温度变化的时序图像，并对图像进行分析处理来获得零件缺陷信息，其基本原理如图 20.10 所示。涡流热成像技术具有高空间分辨率、高灵敏度的特点，适用于零件表面和近表面缺陷的检测。

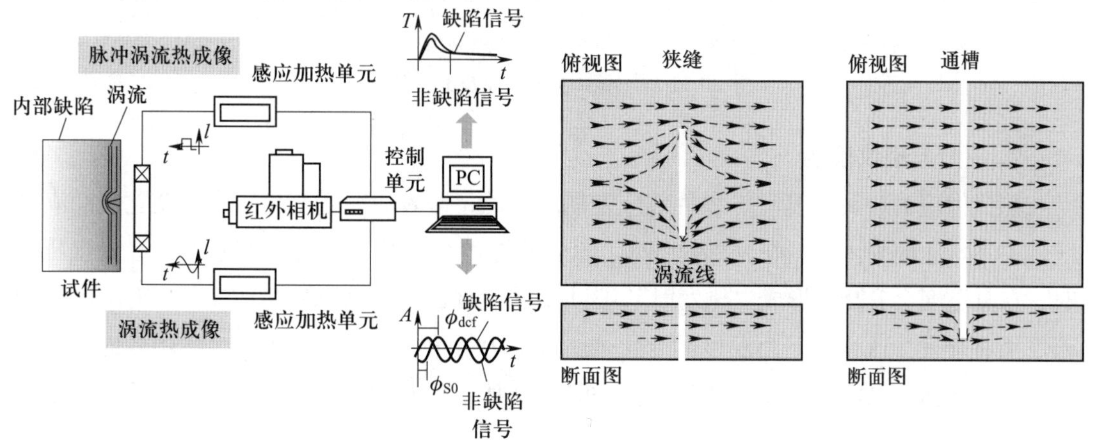

图 20.10 电磁激励成像检测系统及缺陷涡流分布示意图

20.4.2 无损检测应用

早期的热成像无损检测多用于军事领域，随着相关技术的普及，现已广泛应用于电力设备检测、石化管道泄漏检测、冶炼温度及材料内部损伤检测、航空胶结材料质量检测、滑坡监测预报、医疗诊断等领域。这里重点介绍几类热成像无损检测在实验力学中的研究与应用，包括缺陷检测、应力与裂纹检测、疲劳分析、结构健康监测等。

1. 缺陷检测

目前，对于构件缺陷的热成像检测主要采用主动法，即通过对构件施加可控的激励来获得热像图，通过构件缺陷处与非缺陷处的热阻和温度分布的不同来识别材料内部的缺陷位置、尺寸等。与 X 射线、超声波等常规缺陷检测方法相比，红外热成像具有不需要物理接触、不需要混相剂、操作简单方便、无放射性危害等优点。此外，红外热成像无损检测还不受材料性质的限制，不仅可以检测连续性金属和非金属材料的内部缺陷，还可以对蜂窝材料、碳纤维、玻璃纤维等多层复合材料的损伤进行检测、识别和评价，对裂纹、脱黏、冲击损伤等缺陷的识别和检测效果较好。图 20.11 所示为利用电磁激励热成像技术对碳纤维复合材料冲击损伤过程中的材料纤维损伤和分层缺陷进行检测的图像。

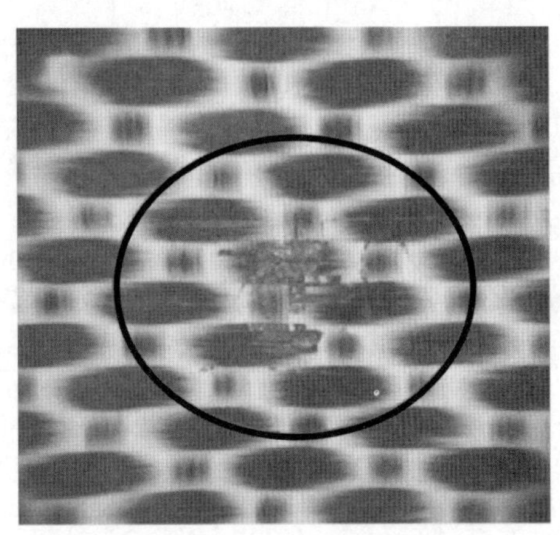

(a) 碳纤维复合材料受冲击损伤的图像

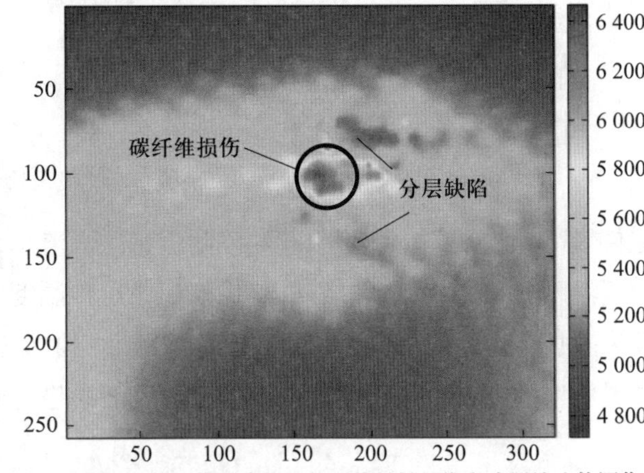

(b) 由电磁激励热成像技术检测得到的材料纤维和分层缺陷的图像

图 20.11　电磁激励热成像技术检测图像

2. 应力与裂纹检测

热成像应力检测是基于热弹性效应发展起来的，即表面温度变化与应力变化之间满足线性关系。任何固体材料在受到拉伸时，其自身温度会降低，形成“冷发射”；在受到压缩时，自身温度会升高，形成“热发射”。因此，当物体的应力状态发生改变时，对应区域的温度值将会发生改变，可由温度的变化分析其应力数值的改变，对于应力集中效应（如裂纹等），热成像法具有较好的识别精度。图 20.12 所示为利用超声波红外热成像检测技术对

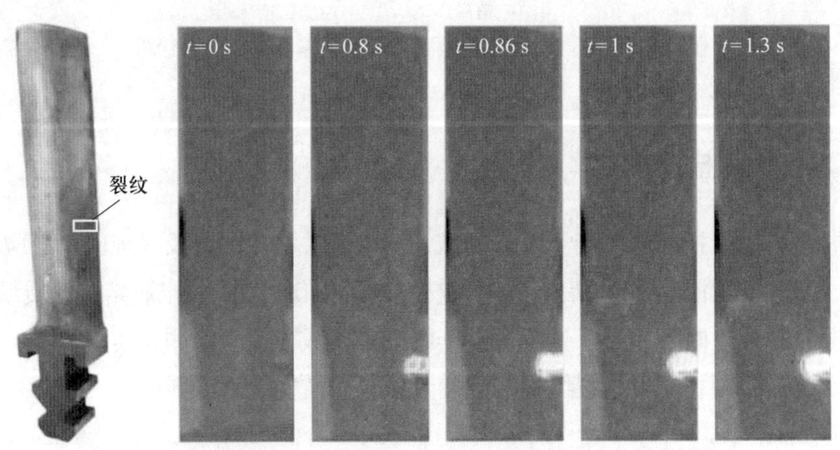

图 20.12　汽轮机叶片表面裂纹及其超声波红外热成像检测结果

复杂型面叶片裂纹缺陷的快速识别和检测。

3. 疲劳分析

机械零部件在交变载荷的长期作用下，会萌生细小裂纹并形成主导裂纹随后稳定扩展，最终引起构件的失稳或完全断裂。金属材料在疲劳试验过程中的不同阶段会伴随有不同的固有耗散能释放，材料的表面温度在疲劳进程中会出现 3 个阶段：开始时表面温度迅速升高，中间缓慢增加和最后裂纹扩展时快速升高，且只有当循环应力大于疲劳极限时温度才会显著升高。利用红外热成像检测技术对疲劳过程进行检测，可实现长周期、连续监测，并可用于疲劳寿命评估预测和疲劳裂纹识别等。图 20.13 所示为低速冲击后（冲击损伤区域为疲劳源）碳纤维增强辐射材料层合板的压缩疲劳实验中由脉冲热成像检测技术获得的不同循环次数下的疲劳热像图。

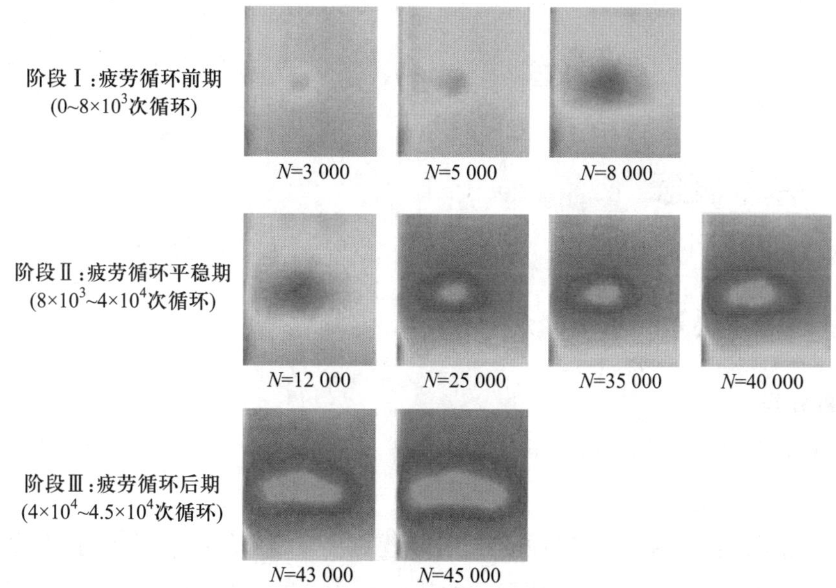

图 20.13 基于脉冲热成像检测技术的疲劳过程分析（载荷水平为 70%）

4. 结构健康监测

结构健康监测指的是，针对工程结构的损伤识别及其特征化的策略和过程，对于预测关键工程结构的服役性能和失效行为具有重要意义，也是当前实验力学研究中的重要方向。由于热成像检测技术具有非接触、测量范围大、测量距离远、成像直观快速等，可将其应用于航空航天、能源电力、建筑工业等领域关键结构和部件的长期健康监测，并与图像处理算法相结合，综合缺陷检测、应力检测、疲劳检测等手段，建立其寿命预测和故障警报的模型与系统，对于评估关键结构的性能、预测其失效行为，具有重要意义。目前国内已有一些学者和团队开发了基于红外热成像技术故障诊断、评价和在线监测系统等，例如机电设备的红外故障诊断评价系统，基于红外热成像的轮机故障检测系统，以及高温炉管剩余寿命的红外在线监测系统等。

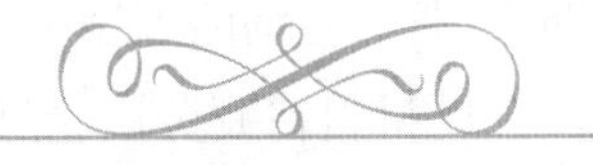

附录Ⅰ 误差理论与数据处理

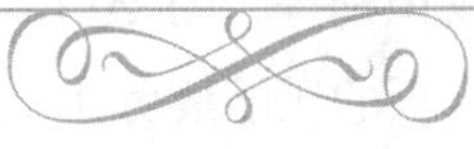

Ⅰ.1 基本概念

Ⅰ.1.1 测量误差的基本概念

1. 测量分类

根据测量的性质可将其进行如下分类。

（1）按测量方法分

1）直接测量法：待测未知量与仪器或者装置直接显示出的物理量相同。例如采用激光位移传感器测试位移，其显示屏中所显示的数据就是待测结构的位移。

2）间接测量法：由于待测物理量无法直接进行测量，须将其转化为一种或多种可直接测量的物理量进行测量，随后再依据待测量与可测量之间的物理规律进行计算，从而间接获得测量结果的方法，称为间接测量。比如一般材料或结构的应力难以直接测量，通常是通过测量应变而后再通过计算得到应力特征。

（2）按测量次数分

1）单次测量：对待测量仅进行一次测量，就获得该物理量的数据。

2）多次测量：对待测量进行多次测量获得相应数据，对这些数据按照一定的方法进行处理之后获得待测量的数值。

（3）按测量过程特征分

1）等精度测量：多次测量一个物理量时，每次测量所用的仪器、所处的客观环境条件等都是相同的，于是每一个测定值的精度相同。

2）非等精度测量：多次测量一个物理量时，所处的实验条件至少有一个不同，即每一个测量值或每一组测量值的测量精度不尽相同。

在实际测量过程中，大多数的测量都须是等精度测量，这样便于进行数据处理，即一般意义上的误差理论都是针对等精度测量的实验数据而言。当然，对于一些条件非常苛刻的测量过程，非等精度测量的存在可以较大程度地降低测试成本和时间，通过加权的方式也可进行数据处理和误差分析。

2. 统计名称说明

真值：指待测量在一定的条件下客观存在的、实际具备的量值。通常，实验真值是不可确切获知的，实际测量中常使用“约定真值”和“相对真值”来表征。约定真值是采用约定的办法确定的真值，比如砝码的质量。相对真值是指具有更高精度等级计量器的测量值。

理论真值：由理论给出或计量学规定，如三角形的内角和等于 180° 等。

标称值：计量或测量器具上标注的量值，如标准砝码上标注的质量值。

示值：由测量仪器（设备）给出的量值，也称测量值或测量结果。

测量误差：测量结果与被测量真值之间的差值。由于被测量真值的不存在性，因此测量误差是一个定性的概念。

误差公理：一切测量都有误差，误差自始至终存在于所有科学实验的过程之中。研究误差的目的是寻找出适当的方法减小误差，使得测量值更加接近于真值。

准确度、精密度和精确度：准确度表示测量结果与真值的一致程度，由于真值未知，所以准确度也是一个定性的概念。精密度是指在等精度测量条件下，对同一被测量进行多次测量所得结果之间的一致性，用于表示测量值之间相互接近或集中的程度，它反映的是测量重复性。精确度表征测量值与真值的接近程度，是精密度和准确度的综合反映。

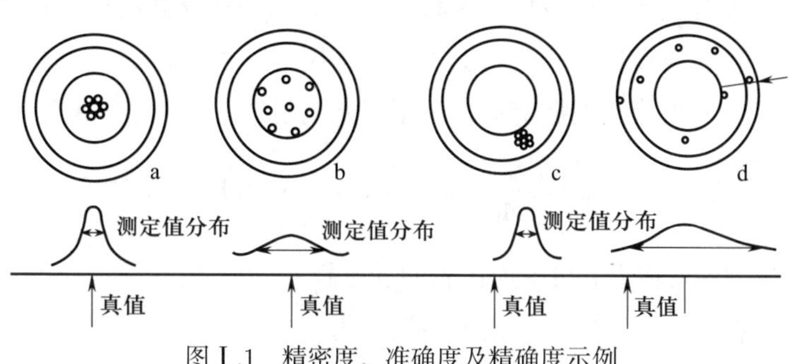

图Ⅰ.1 精密度、准确度及精确度示例

图Ⅰ.1 所示为精密度、准确度及精确度示例。图Ⅰ.1a 表示测定值精确度高，即精密度高、准确度也高。图Ⅰ.1b 表示测定值精密度低、准确度高。图Ⅰ.1c 表示测定值精密度高、准确度低。图Ⅰ.1d 表示测定值精密度低、准确度也低。

Ⅰ.1.2 测量误差的分类

根据误差的定义，误差可以用以下方法进行表示。

1. 绝对误差

设测定值为 A_{x}，真值为 A_0，则绝对误差 ΔA 定义为

$$\Delta A = A_{\mathrm{x}} - A_0 \tag{Ⅰ.1}$$

绝对误差表示偏离量，ΔA 也称为修正值或补值。通常，待测定物理量的真值往往是未知的，因此，对于待测定物理量来说，其绝对误差 ΔA 也是未知的。

2. 相对误差

为了表示测量值的精确度，常采用相对误差。定义绝对误差 ΔA 与真值 A_0 之比为相对误差 γ_0，即

$$\gamma_0 = \frac{\Delta A}{A_0} \tag{Ⅰ.2}$$

相对误差表示偏离的相对程度，直接表明了测量精确度。即相对误差越小，则测量的精确度越高。由于真值 A_0 往往是未知数，为了计算方便可将 A_0 替换为测定值 A_{x}，于是可得示值相对误差为

$$\gamma_{\mathrm{x}} = \frac{\Delta A}{A_{\mathrm{x}}} \tag{Ⅰ.3}$$

把式 (Ⅰ.3) 代入式 (Ⅰ.1) 中，得到

$$A_0 \approx A_{\mathrm{x}}(1 \pm \gamma_{\mathrm{x}}) \tag{Ⅰ.4}$$

由式 (Ⅰ.4) 看到，示值相对误差 γ_{x} 越小，则测定值越接近真值。

3. 引用误差

引用误差是指绝对误差与测量仪表量程之比，表示测量仪器的准确程度。按照最大引用误差可将测量仪表的准确程度分为若干等级，常用 a 进行表示，例如材料试验机等级就包括 0.1、0.2、0.5、1 级等。根据定义，引用误差满足

$$\gamma_{\mathrm{n}} = \frac{|\Delta A|}{A_{\mathrm{m}}} \times 100\% = a \times 100\% \tag{Ⅰ.5}$$

式中：ΔA 为测量的绝对误差；A_{m} 为仪表的满量程。

所以测量仪表在使用过程中的最大可能误差为

$$\Delta A = \pm A_{\mathrm{m}} a\% \tag{Ⅰ.6}$$

通常，对于一个仪器来说，当示值越接近于满量程值时，其测试的误差通常会降低。

4. 标准误差

对于多次测量，常用标准误差、算术平均误差等表示测量值的精确度。标准误差又称均方根误差，简称为标准差，多用 σ 表示。其定义为

$$\sigma = \sqrt{\frac{\sum_{i=1}^{n} \Delta A_i^2}{n}} \tag{Ⅰ.7}$$

式中：$\sum_{i=1}^{n}\Delta A_i^2$ 为 n 次测量值绝对误差平方和；n 为测量次数。

5. 算术平均误差

算术平均误差定义为一组测量值绝对误差绝对值的算术平均值。即

$$\eta=\frac{\sum_{i=1}^{n}|\Delta A_i|}{n} \tag{Ⅰ.8}$$

式中：$i=1,2,\cdots,n$；n 为测定次数。

可见，标准差和算术平均差均定义在绝对误差上，由于真值不存在，导致这两个数值也仅具有定性的意义。

当然，误差还存在其他的定义，限于篇幅，本节不再赘述，感兴趣的读者可以参阅相关参考书。

Ⅰ.1.3　测量误差的分类

依据误差产生的原因，可将误差分为以下几类。

（1）方法误差：方法误差是由于测量系统采用的测量原理与方法本身所具有的测量误差，是制约测量准确性的主要原因。

（2）环境误差是由于环境因素对测量的影响而产生的误差。例如环境温度、湿度、灰尘、电磁干扰、机械振动等存在于测量系统之外的干扰，一方面可能引起待测样品的性质变化，另一方面可能对测试系统整体带来影响，使最终的测量结果出现误差。

（3）装置误差：指检测系统本身固有的各种因素影响而产生的误差。传感器、元器件与材料性能、制造与装配的技术水平等都是直接影响检测系统的准确性和稳定性并产生误差的原因。

（4）处理误差：数据处理误差包括测量系统或实验人员对测量信号进行运算处理时产生的误差，包括数字化误差、计算误差等。

依据误差的性质，可将误差分为以下几类。

（1）系统误差：这类误差的表现特征是在同一实验条件下，即等精度测量得到的数值非常接近，但与真值相比存在误差。该误差的方向恒定，大小也一致或者按照一定的规律变化，包括定值系统误差和变值系统误差。这类误差可由仪器、环境、人为因素等引起，具有一定的因果关系并按照确定的规律产生，主要来源于以下几个方面：

1）仪器校准欠佳：仪器的校准系数不准确。举一个简单的例子，杆秤中秤砣的质量如果没有测量准确，则会带来同方向的系统误差。

2）实验条件：实验过程中仪器的工作条件不同于校准条件等。例如电测法使用过程中没有进行温度补偿等。

3）不完善技术：测量工作者个人技术的不完善或某种不正确的工作习惯导致。以观察液面为例，甲可能习惯于仰视，而乙通常俯视，这些不正确的测量或者观察习惯均会带来系统误差。

这类误差从特征上看，具有再现性，可以通过对仪器进行校准、正确地安装实验装置、控制实验条件等途径进行降低甚至消除。

（2）随机误差：等精度条件下对被测量进行多次测量，伴随的绝对误差符号和大小以不可预知方式变化的测量误差。随机误差具有随机变量的特征，即偶然性，但在一定条件下又服从统计规律，其主要来源是测量过程中的随机因素。这类误差来源于以下几个方面：

1）判断误差：主要是由于估计仪器的最小分度的分数不准而引起的。

2）涨落变化：测定过程中客观条件如温度、湿度、电压等因素的变化。

3）干扰：外界因素对测试仪器产生的干扰等。

4）其他种种偶然因素对测量的影响。

这类误差通过多次测定，借助于误差理论对测量值进行数学处理，可以降低到最小限度。

（3）粗大误差：明显超出测量条件下预期的误差，属于统计的异常值。这类误差的表现特征是在同一实验条件下，测定值无规律可循、异常突出、表现为疑点。这类误差来源于以下两个方面：

1）过失：主要是由于测量者的不慎和粗枝大叶的习惯引起，比如读数错误等。

2）测量或计算：如仪器有缺陷或计算工具采用不当、计算程序存在错误等。

这类误差通过仔细检查测定结果和校核计算方法、工具、程序等可以消除。在进行数据的最小二乘拟合等操作过程中，如果没有剔除粗大误差，将会对拟合结果产生重要的影响。

以上从误差产生的原因和误差的性质两个方面对误差进行分类，这里需要强调，误差的分类不是绝对的，可根据不同的研究需要进行分类。

Ⅰ.2 测量误差的消除

Ⅰ.2.1 系统误差消除

1. 系统误差的发现

对于定值系统误差，可通过改变产生误差的条件来发现定值系统误差。一般而言，某些条件下测量值较大，改变条件后测量值又变小，那么改变的条件就是导致系统误差的原因。还是以前面提到的杆秤测量结果为例，当测量使用的砝码比规定质量较轻时，测量结果偏大；而当砝码质量较重时，测量结果偏小，这就表明砝码的质量大小就是导致测量出现系统误差的原因。这种系统误差只有改变测试条件才能被发现，不然无论进行多少次测量，无论数据怎么分析，都无济于事。

对于变值系统误差，通常做法是固定其他测试条件保持不变，使其中某一个条件（如力、温度、时间等）有规律变化，记录对应的测量值，计算测量结果与其多次测量平均值的偏差，将其按照时间进行排序，就可以发现不同条件对应的变值系统误差。限于篇幅，不再详细展开。

2. 系统误差的消除

根据不同的测量目的，对测试原理、方法、仪器、仪表、测量条件、步骤等进行全面分析，采取对应的措施来消除或者降低系统误差。

（1）对称法：利用对称性实验来消除系统误差。例如做单向拉伸实验时，由于难以严格保证样品与试验机上下夹具中心对称，拉伸过程会存在样品弯曲，可在拉伸试样两侧对称位置上同时粘贴应变片，采用半桥对臂的方式，消除弯曲带来的系统误差。

（2）校准法：利用更加准确的仪器校准实验所采用的仪器以减小系统误差，或者通过分析给出一些修正公式，对最终的测量结果进行修正。通过资料、理论推导和分析系统误差的特征和变化规律，其最终的测量值应等于实验结果与修正值之和。

（3）针对具体的测量任务可以采取一些特殊方法，从测量方法上减小或者消除系统误差。

需要注意的是，由于系统误差具有同方向性，通过多次测量计算平均值的方式不能减小系统误差。

Ⅰ.2.2　随机误差消除

1. 随机误差的统计特征

根据随机误差的定义可以知道，随机误差具有偶然性，但在一定条件下又服从统计规律，其主要来源是测量过程中的随机因素。在进行随机误差的统计特征分析之前，首先要明确，随机误差伴随着测量数据出现，随机误差的概率等同于测量数据出现的概率。

随机误差具有以下四个统计学特征：

（1）对称性：绝对值相同的正负误差出现概率相同。

（2）有界性：绝对值很大的误差出现的概率为零，即在一定的条件下，误差的绝对值不会超过某一界限。

（3）单峰性：绝对值小的误差出现的概率大于绝对值大的误差出现的概率。

（4）抵偿性：随着测量次数的增加，随机误差的代数和趋于零。

2. 随机误差的分布特征

对某一个待测量进行无系统误差等精度的 N 次重复测量，测量结果序列 $X_1, X_2, X_3, \cdots,$ X_n 满足高斯正态分布。

假定待测量真值为 A_0，随机误差 $\delta_i = X_i - A_0$，标准差 $\sigma = \sqrt{\frac{1}{N}\sum_{i=1}^{N}\delta_i^2}$，测量数据概率密度满足

$$P(X) = \frac{1}{\sigma\sqrt{2\pi}}\exp\left[-\frac{(X-A_0)^2}{2\sigma^2}\right] \tag{Ⅰ.9}$$

将纵轴平移至真值位置，上式变为

$$P(X) = \frac{1}{\sigma\sqrt{2\pi}}\exp\left(-\frac{X'^2}{2\sigma^2}\right) \tag{Ⅰ.10}$$

定义描述测量精密度的一个特征参量，即精密度指数，用 h 表示。h 与标准差 σ 之间满足 $h = \frac{1}{\sqrt{2}\sigma}$，则式 (Ⅰ.10) 变为

$$P(X) = \frac{h}{\sqrt{\pi}}\exp\left(-h^2X'^2\right) \tag{Ⅰ.11}$$

由式 (Ⅰ.11) 作曲线如图Ⅰ.2 所示。

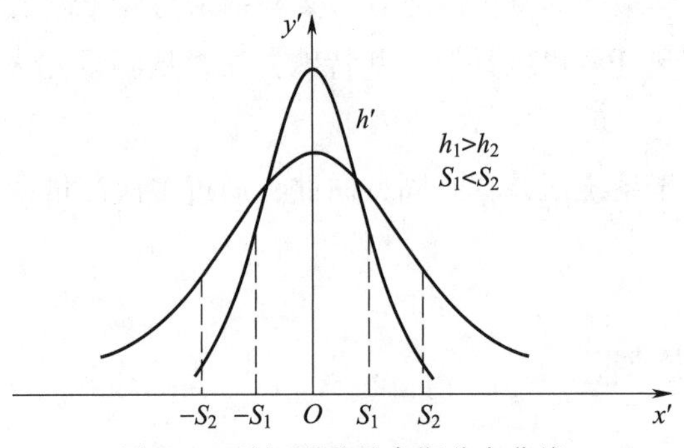

图Ⅰ.2 随机误差的高斯分布曲线

可以看出，$|X'|$ 越大，P 越低；当 $|X'| = 0$ 时，P 最大，为

$$P_{\max} = \frac{h}{\sqrt{\pi}} = \frac{1}{\sqrt{2\pi}\sigma} \tag{Ⅰ.12}$$

可见，$P_{\max}$ 与 h 成正比，与标准差 σ 成反比。因此，h 越大，$P_{\max}$ 越大，曲线中间越高，两边下降越快，表明测量的精确度越高。同样地，σ 越小，$P_{\max}$ 越大，表明分布曲线转折的位置越小，在后文中将会讲到判断测量数据是否有效的 3σ 准则，其原理是一致的。

3. 随机误差的表示

（1）剩余误差：对于无系统误差的等精度测量，计算多次测量结果的算术平均值，并将其视为待测量的真值，这样剩余误差定义为

$$\delta_i = A_{\mathrm{x}i} - \overline{A} \tag{Ⅰ.13}$$

式中：$A_{\mathrm{x}i}$ 为第 i 次测量对应的结果；$\overline{A}$ 为 n 次测量值的算术平均值。

由式（Ⅰ.13）可以看出，剩余误差依托测量值的算术平均值进行定义，是一个确定的值，具有明确的意义。同理，基于剩余误差可定义出标准误差的估计值，也称近似标准差。

（2）标准误差的估计值（近似标准差）：近似标准差常用 $\overline{\sigma}$ 表示，其定义采用贝塞尔公式

$$\overline{\sigma}=\sqrt{\frac{1}{n-1}\sum_{i=1}^{n}\delta_i^2} \tag{Ⅰ.14}$$

式中：δ_i 为剩余误差；n 为测量次数。

（3）最佳值（数学期望的最佳估计）：假设对某一个待测量 A 进行无系统误差、等精度的 n 次测量，测量结果为一序列 A_i $(i=1,2,\cdots,n)$，则这一测量序列的算术平均值就是被测量 A 数学期望的最佳估计值，也称最佳值。可从有限次测量（n 有限）和无限次测量（$n\to\infty$）分别给予证明，证明过程略。

（4）算术平均值（最佳值）的标准差：

$$\sigma(\overline{A})=\frac{1}{\sqrt{n}}\sigma(A) \tag{Ⅰ.15}$$

可以看出，算术平均值的标准差是测量值标准差的 $\dfrac{1}{\sqrt{n}}$，表明采用算术平均值标准差比单次测量值的离散度小，精度更高。

（5）测量数据的置信度：置信度是表征测量结果可信赖程度的一个参数，用置信区间和置信概率来表示。图Ⅰ.3 所示为随机误差正态分布曲线。设置信区间（通常对称于中心）边界为 a，通过置信因子 K 与标准误差 σ 相关联，即 $a=K\sigma$，其物理意义表征测量系统的设计误差指标。

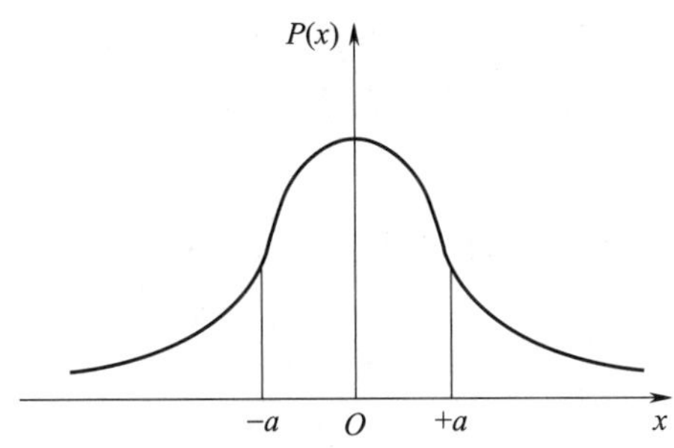

图Ⅰ.3 随机误差概率密度分布曲线

置信概率就是置信区间 $[-a,a]$ 与概率分布曲线 $P(x)$ 围成的面积，或者置信概率就等于在置信区间内对概率密度函数的定积分。

由对称性有

$$P(-a\leqslant x\leqslant +a)=\int_{-a}^{+a}P(x)\mathrm{d}x=2\int_{0}^{a}P(x)\mathrm{d}x \tag{Ⅰ.16}$$

而

$$2\int_{0}^{+a} P(x)\mathrm{d}x = 2\int_{0}^{a} \frac{1}{\sqrt{2\pi}\sigma}\mathrm{e}^{-\frac{x^2}{2\sigma^2}}\mathrm{d}x = 2\int_{0}^{a} \frac{1}{\sqrt{2\pi}}\mathrm{e}^{-\frac{x^2}{2\sigma^2}}\mathrm{d}\left(\frac{x}{\sigma}\right) \tag{Ⅰ.17}$$

令 $t=\dfrac{x}{\sigma}$，因 $a=K\sigma$，积分限由 0 到 a 变化为 0 到 K。此时

$$P(|x|\leqslant a) = P(|t|\leqslant K) = \frac{2}{\sqrt{2\pi}}\int_{0}^{K}\mathrm{e}^{-\frac{t^2}{2}}\mathrm{d}t = \varphi(K) \tag{Ⅰ.18}$$

这是一个复杂积分，可通过查表Ⅰ.1 获得。

表Ⅰ.1 $K\sim\varphi(K)$ 计算结果列表

K	$\varphi(K)$	K	$\varphi(K)$	K	$\varphi(K)$
0.0	0.000 00	1.5	0.866 39	2.58	0.990 12
0.5	0.382 92	2.0	0.954 50	2.6	0.990 68
1.0	0.682 69	2.5	0.987 58	3.0	0.997 30

可见，随机误差大于 3σ 概率为 $1-P=0.0027$，几乎为零，故常将标准差的 3 倍作为正态分布下测量数据的极限误差，也称为 3σ 准则。

4. 随机误差的处理

（1）平均值处理方法。前面已经讲过，不论是有限次还是测量次数趋于无穷的测量，其测量值的算术平均值均为被测量的数学期望值，并且算术平均值的标准差与测量值的标准差直接满足 $\sigma(\overline{A})=\dfrac{1}{\sqrt{n}}\sigma(A)$ 的关系。因此，以算术平均值作为检测结果比单次测量更为准确，在一定的测量次数内，测量精度随着测量次数的增加而提高。

（2）算术平均值的计算顺序。设有一个待测量 X，属于非直接测量量，因此需要测量一个过程量 V 来间接测量。待测量 X 与可测的过程量 V 满足函数关系式，即 $X=f(V)$。这样 X 的获得就有两种途径。

1）先对 V 计算其算术平均，再将其代入函数式

$$X_{\mathrm{a}} = f\left(\frac{1}{n}\sum_{i=1}^{n}V_i\right) \tag{Ⅰ.19}$$

式中：n 为测量次数；V_i 为每次的测量值。

2）先将每一个测量值 V_i 代入函数关系，然后对计算结果进行求平均处理，即

$$X_{\mathrm{b}} = \frac{\sum\limits_{i=1}^{n} f(V_i)}{n} \tag{Ⅰ.20}$$

现在来对比这两种算法的差别。将式（Ⅰ.19）、式（Ⅰ.20）在真值 V_0 附近泰勒展开，仅保留二次项有

$$X_{\mathrm{a}} = f(V_0) + \left.\frac{\mathrm{d}f}{\mathrm{d}V}\right|_{V_0}(\overline{V} - V_0) + \frac{1}{2}\left.\frac{\mathrm{d}^2 f}{\mathrm{d}V^2}\right|_{V_0}(\overline{V} - V_0)^2 \tag{Ⅰ.21}$$

$$X_{\mathrm{b}} = f(V_0) + \left.\frac{\mathrm{d}f}{\mathrm{d}V}\right|_{V_0}(\overline{V} - V_0) + \frac{1}{2}\left.\frac{\mathrm{d}^2 f}{\mathrm{d}V^2}\right|_{V_0}\sum_{i=1}^{n}\frac{(V_i - V_0)^2}{n} \tag{Ⅰ.22}$$

当测量次数较大时，可认为 $\overline{V} \to V_0$，但是 $\sum\limits_{i=1}^{n}\dfrac{(V_i - V_0)^2}{n}$ 不可能为零。

因此，当测量次数 n 不受限制时，可认为平均值 X_{a} 比 X_{b} 更加接近于真值 V_0，这样最终宜采用 $X_{\mathrm{a}} = f\left(\dfrac{1}{n}\sum\limits_{i=1}^{n}V_i\right)$ 的处理方式。

总结起来，直接测量结果的算术平均值就是待测量的数学期望值，因此可用平均值代替真值。如果被测量与可测量的函数关系明确，可将各直接可测量的算术平均值代入函数关系式中计算出待测量的数学期望值。

（3）测量次数 n 的确定。标准误差 σ 是在测量次数 n 足够大时得到的，但是实际测量的次数有限，如何根据仪器的精度和目标标准差去确定所需的实验次数是含随机误差的测量还需要解决的一个问题。

我们知道，有限次实验测量可以给出近似标准差 $\overline{\sigma}$。假如已知仪器的最小分辨率，在给定期望标准差基础上，可采用谢波尔德公式，即 $\sigma^2 = (\overline{\sigma})^2 - \dfrac{\omega^2}{12}$，其中 ω 为仪器的分辨率，来计算最小的测量次数 n。可以理解为当测量次数 n 增加时，利用随机误差的抵偿性质，使随机误差对测量结果的影响削弱到与仪器分辨率相近数量的时候，近似标准差就趋于稳定，此时的测量次数 n 为最小的测量次数。

Ⅰ.2.3 粗大误差的消除

粗大误差具有明显的不符合预期的特征，因此实验过程应采用随时发现、随时剔除、再进行重新测量等手段。本节重点讲述粗大误差去除的统计判别法。

1. 拉伊达准则（3σ 准则）

上一节中已经讲过，随机误差大于 3 倍标准差的概率仅为 0.0027。如果测量结果 A_i 包含随机误差 δ_i，且 $|\delta_i| \geqslant 3\sigma$，则该测量值含有粗大误差，可以去除。

但是，当测量次数 n 较小时，特别是 $n \leqslant 10$ 时，3σ 准则失效。限于篇幅，本节不给出证明。因此对于测量次数较小的实验，须采用格鲁布斯（Grubbs）准则剔除粗大误差。

2. 格鲁布斯准则

对于无系统误差的等精度测量序列，若某一测量值 A_{k} 的剩余误差满足下面的条件时，则除去 A_{k}。

$$|\delta_{\mathrm{k}}| > g_0(n, \alpha)\hat{\sigma}(A) \tag{Ⅰ.23}$$

式中：$g_0(n,\alpha)$ 为与测量次数 n、显著性水平 α 相关的临界值，可以查表（部分结果见表Ⅰ.2）获得。

显著性水平 α 与置信概率 P 的关系为：$\alpha=1-P$。

具体的操作步骤为：

（1）用查表法找出统计量的临界值 $g_0(n,\alpha)$；

（2）计算各测量值的剩余误差，找出剩余误差绝对值的最大值;

（3）判断：当 $|\delta_\mathrm{k}|_\mathrm{max}>g_0(n,\alpha)\hat{\sigma}(A)$ 时，A_k 去除；否则保留。

（4）剔除含有粗大误差的测量值后，重新计算标准差估计值，重复步骤（1）～（3），直至含有粗大误差的测量值全部被剔除。

注意，格鲁布斯准则对于测量次数较少的实验粗大误差剔除的准确性高，但是每次运算仅能剔除一个粗大误差。

表Ⅰ.2 $g_0(n,\alpha)$ 的数值表（仅列举 $\alpha=0.01$）

n	$\alpha=0.01$	n	$\alpha=0.01$	n	$\alpha=0.01$
3	1.16	6	1.91	9	2.32
4	1.49	7	2.10	10	2.41
5	1.75	8	2.22		

Ⅰ.3 数据处理

Ⅰ.3.1 有效数字与计算法则

1. 有效数字

通常，实验测量的最终结果是以数字和相应的单位进行表示。如前所述，测量值总包含误差。于是，在表示测量值的数字中，也应该有误差的反映。这种反映，一般用有效数字去体现。所谓有效数字，直观理解为有意义的数字或可以信赖的数字。通常，把正确测量条件下经过直接或间接测量得到的数字称为有效数字。又把有效数字最末一个数字称为欠准数字，误差即包含在欠准数字中。

通常，测量值都是用十进位数字表示法表示的，这样每一个具体的测量值则是由若干个位数组成的数字。习惯上以测量值的左方第一个不为零的数字算起到最后一位数字为止，有几位则称为几位有效数字。譬如风洞中风速是 32.02 m/s，则有效数字为 4 位。在同一单位下，有效数字位数的多少，标志着测量值精度的高低，因而要求取多位有效数字，则意味着要求获得高精度的测定值。0 可以是有效数字，也可以不是有效数字，要视具体情况进行分析。

在实际测量中，记录测量数据并确定有效数字的位数时，应该以测量条件所估计的误差值作依据，不能随意乱取。比如采用毫米尺去测量某一构件的长度，其测量结果为 3.65 cm。有效数字为 3 位，这个结果表明 0.6 cm 是准确的，而 0.05 cm 是估计的，存有误差的，这个结果是合理的。同样的工具，如果测量结果记为 3.655 cm，从表面上看有效数字得到增加，测量的精度应该得到提高。但是由于毫米尺能准确分辨的最小尺度为 1 mm，因此这种数据的记录方法造成有效数字的选取与误差不对应的情况，可以肯定地说，这种数据是无用的。

2. 有效数字运算法则

（1）数字修约原则：由于测量数据或测量结果均是近似数，其位数各不相同。为了使测量结果的表示准确唯一、计算简便，在数据处理时，需对测量数据和所用常数进行修约处理。当然，进行数据修约的前提是确定有效数字。

若要求某一数值的有效位数为 n，则：

1）如第 $n+1$ 位以下的数不到第 n 位数的一个单位的 1/2 时，则舍去；

2）如第 $n+1$ 位以下的数超过第 n 位数的一个单位的 1/2 时，则给第 n 位数增加 1 个单位。

3）如第 $n+1$ 位以下的数正好是第 n 位数的一个单位的 1/2 时，采用取偶原则，即：① 第 n 位的数为 0，2，4，6，8 时，则该数舍弃；② 第 n 位的数为 1，3，5，7，9 时，则给第 n 位数增加 1 个单位。

需要指出，舍入应该一次到位，不能逐位舍入。

（2）数字运算法则：保留的位数原则上取决于各数中准确度最差的那一项。

1）加法运算：以小数点后位数最少的为准（各项无小数点则以有效位数最少者为准），其余各数可多取一位。

2）减法运算：当两数相差甚远时，原则同加法运算；当两数很接近时，有可能造成很大的相对误差，因此，第一要尽量避免导致相近两数相减的测量方法，第二在运算中多一些有效数字。

3）乘除法运算：以有效数字位数最少的数为准，其余参与运算的数字及结果中的有效数字位数与之相等。

4）乘方、开方运算：运算结果比原数多保留一位有效数字。

Ⅰ.3.2 实验数据的表示方法

通常，表示实验数据的方法有三种，即列表表示法、作图表示法和经验公式表示法。下面对三种方法做简要说明。

1. 列表表示法

列表表示法简称列表法，特点是简单易行，数据便于参考比较。可根据测试的目的和内容，设计出合理的表格。尽管它对数据变化趋势的反映不如作图法明了和直观，但列表表示法是作图表示法和经验公式表示法的基础。

2. 作图表示法

实验数据的作图表示法，也称作图法，是把所测得的相关数据在坐标图纸上用曲线表示出来，以直接显示实验结果。这样作图所得到的曲线称为实验曲线，由实验曲线可以清楚地看到相关量之间的规律及一些重要特点，如最大值、最小值、拐点、因变量随自变量变化的快慢特性等。

实验曲线的作图步骤如下：① 选取坐标系统；② 坐标分度与标注；③ 描绘实验点；④ 描绘实验曲线；⑤ 书写标题和说明。

3. 经验公式表示法

经验公式表示法，也称为实验公式表示法，将相关量测定值之间的函数关系称为实验公式或经验公式。用实验公式表示实验结果既简单又便于应用。同时还可较深刻地反映物理现象的内在联系，便于进一步研究。

实验公式表示实验结果有两种情况：一种是由理论上已经得到的表征物理现象本身内在规律的函数形状，而其中存在着由理论分析无法得到的一些系数，它们需要由实验确定，这种函数式称为半经验公式；另一种是表征物理现象的诸物理参数间无已知函数关系存在，而是要由实验来建立，这种函数式称为经验公式。建立经验公式的核心是选定经验公式的函数类型和根据测定值去确定公式中的系数。

（1）经验公式函数类型的选取：根据实验所得图形和经验，假设出一个最接近的函数形式，然后采用实验数据进行验证，如选定的形式不合适，则另选用新的函数形式，直至满意为止。

（2）经验公式中参数的获取：获取经验公式中参数的方法很多，限于篇幅，本节重点介绍应用最为广泛的最小二乘法。

现以直线式为例，说明最小二乘法确定常数的方法。

设有 n 组 x、y 值适合函数 $y=mx+b$。设 y' 代表在已知 b 和 m 的前提下根据 x_i 值计算出的函数值，即 $y_i'=mx_i+b$，$i=1,2,3,\cdots,n$。测量值 y_i 与直线的偏差为

$$d_i=y_i-y_i'=y_i-mx_i-b$$

令 $Q=\sum\limits_{i=1}^{n}d_i^2$，则 Q 最小的必要条件为 $\dfrac{\partial Q}{\partial b}=0$ 和 $\dfrac{\partial Q}{\partial m}=0$，可得

$$\begin{aligned}&\sum_{i=1}^{n}y_i-nb-m\sum_{i=1}^{n}x_i=0\\&\sum_{i=1}^{n}x_iy_i-b\sum_{i=1}^{n}x_i-m\sum_{i=1}^{n}x_i^2=0\end{aligned}\tag{Ⅰ.24}$$

进而可得 b 和 m 分别为

$$
\begin{aligned}
b &= \frac{\sum_{i=1}^{n} x_i y_i \sum_{i=1}^{n} x_i - \sum_{i=1}^{n} y_i \sum_{i=1}^{n} x_i^2}{\left(\sum_{i=1}^{n} x_i\right)^2 - n\sum_{i=1}^{n} x_i^2} \\
m &= \frac{\sum_{i=1}^{n} y_i \sum_{i=1}^{n} x_i - n\sum_{i=1}^{n} x_i y_i}{\left(\sum_{i=1}^{n} x_i\right)^2 - n\sum_{i=1}^{n} x_i^2}
\end{aligned}
\tag{Ⅰ.25}
$$

最后，关于最小二乘法，有以下几点说明：

（1）在进行曲线拟合前，一定要消除测量过程中的粗大误差。如果粗大误差没有消除，则拟合的结果有可能会偏离待测量所具有的真实物理规律；

（2）相同的实验结果可以进行不同函数形式的拟合，观察图像特征，根据特征或者已知的规律选择合理的拟合函数；

（3）提高拟合函数或多项式的阶数，不一定增加拟合的准确性，且阶数越高，计算越复杂；

（4）对于非常复杂的曲线，可以采用分段拟合。

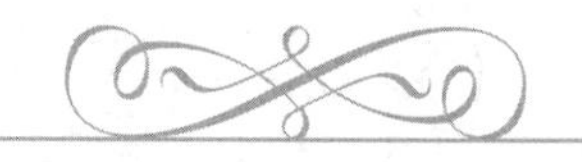

附录Ⅱ 量纲分析与相似理论

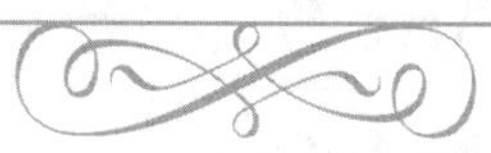

量纲分析与相似理论是研究模型与原型之间特征规律转换的基础理论，重点需要解决的问题包括：如何保证模型实验能正确地代替原型实验时的物理模型；以及如何将模型实验的结果可靠地转换到原型实验中去，进而解决实际工程问题。针对量纲分析和相似理论的著作较多，限于篇幅，本章仅介绍一些基本的概念和基础理论，感兴趣的读者可通过查阅相关资料进一步深入学习。

Ⅱ.1 量纲分析

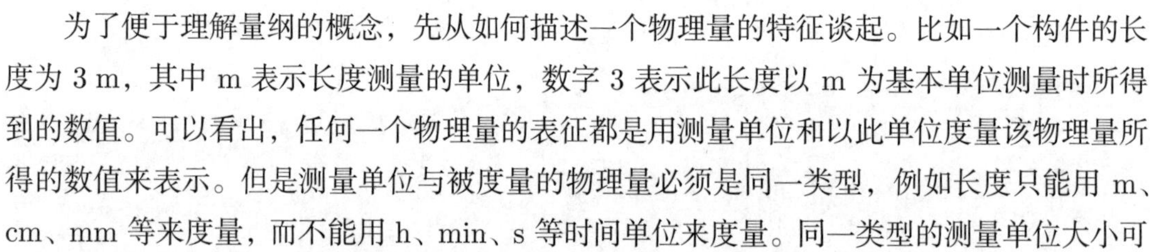

为了便于理解量纲的概念，先从如何描述一个物理量的特征谈起。比如一个构件的长度为 3 m，其中 m 表示长度测量的单位，数字 3 表示此长度以 m 为基本单位测量时所得到的数值。可以看出，任何一个物理量的表征都是用测量单位和以此单位度量该物理量所得的数值来表示。但是测量单位与被度量的物理量必须是同一类型，例如长度只能用 m、cm、mm 等来度量，而不能用 h、min、s 等时间单位来度量。同一类型的测量单位大小可以不同，如 m 为 cm 的 100 倍，则上面列举的例子 3 m 就等于 300 cm。

可以看出，表征一个物理量一般需要包含两个要素，一是表示被度量物理量的类型，即本质属性；二是表示度量单位的大小。将用于表征物理量性质或类别，即质的表征称为该物理量的量纲。假定物理量为 Q，则其量纲可表示为 $\dim Q$ 或 $[Q]$。同一类型的物理量具有相同的量纲，但是可以有不同的单位。例如 3 m、2 cm 等，虽然其大小不等，但是属于同一类型，因此具有相同的量纲。

现在给出量纲与单位的关系：① 量纲和单位都可反映物理量的特征，即反映该物理量与基本物理量之间的关系；② 任何物理量的量纲是唯一的，而单位可以有多个。随着选用单位的不同，其对应的数值也不同；③ 物理量的量纲及其相互关系反映了各量之间的内在属性，这是量纲关系能用来建立数学模型的理论基础。

下面给出量纲分析涉及的一些基本概念。

1. 基本量纲

在众多物理量中，有些量的量纲是基本的，可以独立取定，把这些不能用其他量纲导出的、互相独立的量纲定义为基本量纲。注意，有些基本量纲的选择是基于计算或者推导的方便，也不是一成不变的。

2. 导出量纲

基于选择的基本量纲，根据物理定律导出的物理量量纲称为导出量纲。在力学系统中，基本量纲的选取有两种：

（1）选表征长度的量纲 [L]、时间的量纲 [T] 和质量的量纲 [M] 为基本量纲，称为 CGS 制。

（2）选表征长度的量纲 [L]、时间的量纲 [T] 和力的量纲 [F] 为基本量纲，称为 KMS 制。

表Ⅱ.1 给出了基于不同基本量纲的选择，以及相同物理量的量纲对比。可以看出，采用不同的基本量纲，某些物理量的量纲会发生变化。

表Ⅱ.1 量纲对比

量的名称	CGS 制	KMS 制	量的名称	CGS 制	KMS 制
长度	[L]	[L]	质量惯性矩	$[ML^2]$	$[FL/T^2]$
质量	[M]	$[FT^2/L]$	截面惯性矩	$[L^4]$	$[L^4]$
时间	[T]	[T]	弯（扭）截面模量	$[L^3]$	$[L^3]$
力	$[ML/T^2]$	[F]	弹性模量	$[M/T^2L]$	$[F/L^2]$
速度	[L/T]	[L/T]	泊松比	[1]	[1]
线加速度	$[L/T^2]$	$[L/T^2]$	功	$[ML^2/T^2]$	[FL]
角加速度	$[T^{-2}]$	$[T^{-2}]$	功率	$[ML^2/T^3]$	[FL/T]
角度	[1]	[1]	压力	$[M/T^2L]$	$[F/L^2]$
密度	$[M/L^3]$	$[FT^2/L^4]$	应变	[1]	[1]
力矩	$[ML^2/T^2]$	[FL]	应力	$[M/T^2L]$	$[F/L^2]$

3. 量纲的幂次定理

任何物理量的量纲公式都是基本量纲的幂次单项式形式。例如，在一个力学系统中，以 CGS 制为例，该系统中任何一个物理量 Q 的量纲，都可以表示为

$$\dim Q = \mathrm{M}^a \mathrm{L}^b \mathrm{T}^c,$$

其中：① 当 $a=0$，$b\neq 0$，$c=0$ 时表示几何学量纲；② 当 $a=0$，$b\neq 0$，$c\neq 0$ 时为运动学量纲；③ 当 $a\neq 0$，$b\neq 0$，$c\neq 0$ 为动力学量纲。限于篇幅，本节暂不给出幂次定理的证明，感兴趣的读者可参阅同类型参考书。

4. 量纲的一致性原理

每个公式中可进行加减运算的物理量其量纲必须一致。即同一个公式中，不同量纲的量不能进行加减运算。

5. 量纲和谐原理

该原理也称为量纲齐次原理。凡能正确反映客观规律的物理方程，其等号两边的量纲必定相同。量纲和谐原理是量纲分析的基础，也可用来检验推导的方程是否成立。如果等号两端的量纲不和谐，方程肯定不成立。

6. 量纲分析法

利用量纲和谐原理，计算各相关物理量之间函数关系的方法。可以应用到以下三个方面：① 检验所建立的物理方程是否正确；② 确定各物理量之间的合理形式；③ 指导、设计实验和分析实验结果。下面以瑞利法和 π 定理为例介绍量纲分析法的应用。

（1）瑞利法：直接利用量纲一致性或量纲和谐原理进行量纲分析。使用范围为方程中物理量较少（一般 4 ~ 5 个）、各物理量间的关系较易确定的情形。

基本的步骤为：对于某一物理过程 y，通过观察、分析，找出影响该物理量的主要因素 $x_1, x_2, \cdots, x_n$，$n \leqslant 5$，可用函数关系式表示为 $y = f(x_1, x_2, \cdots, x_n)$，写成幂次形式 $y = kx_1^{\alpha_1}x_2^{\alpha_2}\cdots x_n^{\alpha_n}$，量纲和谐表示式为 $\dim y = \dim(x_1^{\alpha_1}x_2^{\alpha_2}\cdots x_n^{\alpha_n})$，即

$$\mathrm{L}^a\mathrm{T}^b\mathrm{M}^c = (\mathrm{L}^{a_1}\mathrm{T}^{b_1}\mathrm{M}^{c_1})^{\alpha_1} \times (\mathrm{L}^{a_2}\mathrm{T}^{b_2}\mathrm{M}^{c_2})^{\alpha_2} \times \cdots \times (\mathrm{L}^{a_n}\mathrm{T}^{b_n}\mathrm{M}^{c_n})^{\alpha_n}$$

有

$$\text{对于长度量纲 [L]} \quad a = a_1\alpha_1 + a_2\alpha_2 + \cdots + a_n\alpha_n \qquad (\text{Ⅱ}.1)$$

$$\text{对于时间量纲 [T]} \quad b = b_1\alpha_1 + b_2\alpha_2 + \cdots + b_n\alpha_n \qquad (\text{Ⅱ}.2)$$

$$\text{对于质量量纲 [M]} \quad c = c_1\alpha_1 + c_2\alpha_2 + \cdots + c_n\alpha_n \qquad (\text{Ⅱ}.3)$$

联立求解 $\alpha_1, \alpha_2, \cdots, \alpha_n$，则可给出最终的表达式。

下面举一个简单的例子，便于读者理解瑞利法：采用量纲分析确定单摆的周期。

通过分析可知，单摆的周期 t 可能与摆球质量 m、弦长 l 和重力加速度 g 有关，即有关系式 $t = \lambda m^{\alpha_1}l^{\alpha_2}g^{\alpha_3}$。直接采用量纲和谐原理，可得 $\alpha_1 = 0$，$\alpha_2 = 1/2$，$\alpha_3 = -1/2$，即 $t = \lambda\sqrt{\dfrac{l}{g}}$，可通过实验确定出常数 λ。

通过这个例子可以看出，对于简单物理关系或影响因素较少的物理量，可通过瑞利法直接建立简洁明了的表示式，然后通过实验确定出参数。其次，通过量纲分析的结果可知单摆的周期与弦长的平方根成正比且与单摆球的质量无关，这样后期的实验设计中就不需要考虑单摆球的质量大小。同时，最终参数拟合时可直接对弦长的平方根进行拟合，这也表明了量纲分析法具有指导实验设计和数据处理的能力。

（2）π 定理。它是改进的量纲分析法，适用于影响因素较多的物理关系的建立。

假设某一现象中包含 n 个物理量，则其关系方程式可表示为

$$f\left(x_1, x_2, \cdots, x_n\right)=0 \tag{Ⅱ.4}$$

如果上式中有 m 个基本量 (量纲独立，不能相互导出的物理量)，为方便起见，设 $x_1, x_2, \cdots, x_m$ 为基本量，$x_{m+1}, x_{m+2}, \cdots, x_n$ 为导出量，则可以建立 $n-m$ 个量纲为一的量，统称为 π 项。即

$$\pi_1=\frac{x_{m+1}}{x_1^{\alpha_1} x_2^{\alpha_2} \cdots x_m^{\alpha_n}} \tag{Ⅱ.5}$$

$$\pi_2=\frac{x_{m+2}}{x_1^{\beta_1} x_2^{\beta_2} \cdots x_m^{\beta_\eta}} \tag{Ⅱ.6}$$

$$\cdots\cdots\cdots\cdots$$

$$\pi_{n-m}=\frac{x_n}{x_1^{\zeta_1} x_2^{\zeta_2} \cdots x_m^{\zeta_\eta}} \tag{Ⅱ.7}$$

此时，式 (Ⅱ.4) 等价于

$$F\left(\pi_1, \pi_2, \cdots, \pi_n\right)=0 \tag{Ⅱ.8}$$

由此，π 定理可表述如下：所有的量纲齐次方程均可化为量纲为一的量的方程形式，其 π 项的个数为 $n-m$ 个，其中 n 为方程中不同物理量的数目，而 m 表示彼此独立可作为独立量纲的物理量数目。

通过前面的介绍可以看出，量纲分析的基础就是量纲和谐原理。19 世纪，量纲分析原理未发现之前，水力学中积累了不少纯经验公式，每一个经验公式都有一定的实验根据，都可用于一定条件下流动现象的描述，但这些公式孰是孰非，无所适从。量纲分析法可以从量纲理论作出判别和权衡，使其中的一些公式从纯经验的范围解脱出来。应用量纲分析法得到的物理方程，是否符合客观规律与所选入的物理量是否正确有关。而量纲分析法本身对有关物理量的选取却不能提供任何指导和启示，一旦遗漏某一个决定性的物理量，将会造成方程中出现累赘的量纲量。这种局限性是方法本身所决定的，要弥补这种局限一方面需要已有的理论分析和实验成果，另一方面要依靠研究者的经验和对现象的观察认识能力。后来，为了扩展量纲分析的适用范围，发展了定向的量纲分析法，这为考虑某些复杂的流体运动提供了有益的帮助。总之，尽管量纲分析存在一些局限性，但是这种解决问题的思路为一些复杂问题特别是流体力学复杂问题的求解提供了途径，也为科学组织实验和数据整理提供了指导。

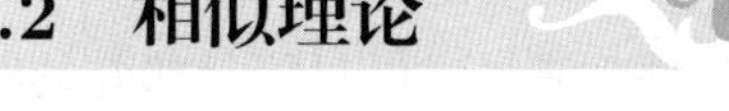

Ⅱ.2　相似理论

Ⅱ.2.1　相似概念

关于力学现象的相似，概括起来包括以下几个方面。

1. 几何相似

几何相似是指，两物体各对应部分间的夹角相等，各对应部分的尺寸成一定的比例关系。如果原型和模型之间符合上述条件，则认为原型和模型是几何相似的。通常几何相似包括

$$\frac{l_\mathrm{P}}{l_\mathrm{M}} = \frac{d_\mathrm{P}}{d_\mathrm{M}} = \frac{h_\mathrm{P}}{h_\mathrm{M}} = \cdots = \lambda_\mathrm{l} \tag{Ⅱ.9}$$

$$\theta_\mathrm{P} = \theta_\mathrm{M} \tag{Ⅱ.10}$$

式中：l、d、h、θ 分别表示构件的长、宽、高、角度等几何量；下标 P 和 M 分别表示原型和模型（下同）；λ_l 为长度比尺，几何相似仅有一个长度比尺，且几何相似是力学相似的前提。

2. 运动相似

运动相似是指，在几何相似的条件下，两物体所处的速度场及加速度场相似。这表现为两运动系统所有的速度、加速度的方向相同，其大小对应地成比例。即

$$\frac{v_\mathrm{P}}{v_\mathrm{M}} = \lambda_\mathrm{v} \tag{Ⅱ.11}$$

式中：λ_v 为速度比尺。

与速度和加速度关联的是时间相似，可定义为两系统的时间间隔成比例，表述为

$$\lambda_\mathrm{t} = \frac{t_\mathrm{P}}{t_\mathrm{M}} = \frac{l_\mathrm{P}/v_\mathrm{P}}{l_\mathrm{M}/v_\mathrm{M}} = \frac{\lambda_\mathrm{l}}{\lambda_\mathrm{v}} \tag{Ⅱ.12}$$

式中：λ_t、λ_v 和 λ_l 分别为时间比尺、速度比尺和长度比尺。

可以看出，运动相似也仅有一个速度比尺。运动相似一般是实验的目的。

3. 动力相似

动力相似是指，在几何相似和运动相似的条件下，两物体所处的力场保持相似。这表现为作用于两物体上的力，其方向相同，大小相应地成比例。即

$$\frac{F_\mathrm{P}}{F_\mathrm{M}} = \lambda_\mathrm{F} \tag{Ⅱ.13}$$

式中：λ_F 为力的比尺。

力的相似可以直观理解为对应点上的力封闭多边形相似。当然，动力相似是运动相似的保证。在一些特殊的力学问题中，例如振动、燃烧等问题中，温度对问题起着主导作用，因此现象相似有时还应包括温度相似。

实际设计模型实验时，往往不能做到所有相似条件都满足，而只能是部分条件得到满足。仅能满足部分相似条件的情况称为部分相似，或者局部相似。全部条件都能满足的情况称为完全相似。

Ⅱ.2.2 相似理论

1. 相似第一定理

上一节中，我们讨论了力学现象相似的几个方面。为了保证力学问题的原型和模型之间的相似，就必须满足几何、运动和动力相似，也就是必须保证描述相似的各物理量之间满足比例关系。

以牛顿第二定律为例，对相似第一定律进行解释。

$$F = ma \tag{Ⅱ.14}$$

$$\text{对于原型}\quad F' = m'a' \tag{Ⅱ.15}$$

$$\text{对于模型}\quad F'' = m''a'' \tag{Ⅱ.16}$$

其中，原型与模型满足 $F'' = C_{\mathrm{F}}F'$，$m'' = C_{\mathrm{m}}m'$ 和 $a'' = C_{\mathrm{a}}a'$。代入式 (Ⅱ.16) 得

$$C_{\mathrm{F}}F' = C_{\mathrm{m}}C_{\mathrm{a}}m'a' \tag{Ⅱ.17}$$

这两个现象转换不破坏原有的物理规律，则 $C_{\mathrm{F}} = C_{\mathrm{m}}C_{\mathrm{a}}$。

令相似指标 $C_i = \dfrac{C_{\mathrm{F}}}{C_{\mathrm{m}}C_{\mathrm{a}}}$，

则有 $C_i = 1$。因此，两个现象相似，相似指标为 1。

另外一种形式 $\dfrac{F''}{m''a''} = \dfrac{F'}{m'a'}$，去掉上下标，令 $K = \dfrac{F}{ma}$ 为相似判据。可以看出，对相似的现象，其相似判据是一个不变量。

所以，相似第一定理可描述为：对于相似的现象，其相似指标为 1，或相似判据为一不变量。

2. 相似第二定理

相似第二定理指出，在相似的现象中，量纲为一方程中的各项均为相似判据。

例如：一等截面直杆，两端受有一对偏心的轴向力 F，偏心距为 e，杆件外侧面的最大正应力 σ 满足

$$\sigma = \frac{Fe}{W} + \frac{F}{A} \tag{Ⅱ.18}$$

式中：W 为抗弯模量，A 为横截面面积。

两边用 σ 去除，化为量纲为一的方程

$$1 = \frac{Fe}{\sigma W} + \frac{F}{\sigma A} \tag{Ⅱ.19}$$

两个现象相似，各物理量满足 $F'' = C_{\mathrm{F}}F'$，$e'' = C_{\mathrm{e}}e'$，$\sigma'' = C_\sigma \sigma'$，$W'' = C_{\mathrm{W}}W'$ 和 $A'' = C_{\mathrm{A}}A'$。

对第一类现象

$$1 = \frac{F'e'}{\sigma' W'} + \frac{F'}{\sigma' A'} \tag{Ⅱ.20}$$

对第二类现象

$$1=\frac{F''e''}{\sigma''W''}+\frac{F''}{\sigma''A''} \tag{Ⅱ.21}$$

将系数关系代入，得

$$1=\frac{C_{\mathrm{F}}C_{\mathrm{e}}}{C_\sigma C_{\mathrm{W}}}\frac{F'e'}{\sigma'W'}+\frac{C_{\mathrm{F}}}{C_\sigma C_{\mathrm{A}}}\frac{F'}{\sigma'A'} \tag{Ⅱ.22}$$

若两类现象相似，则必须 $C_1=\frac{C_{\mathrm{F}}C_{\mathrm{e}}}{C_\sigma C_{\mathrm{W}}}=1$，$C_2=\frac{C_{\mathrm{F}}}{C_\sigma C_{\mathrm{A}}}=1$，即相似指标为 1。

同样可得两个相似判据 $K_1=\frac{Fe}{\sigma W}$，$K_2=\frac{F}{\sigma A}$ 均为不变量。

最后，相似第一、第二定理指出，两现象相似，则其相似指标等于 1，或相似判据为不变量。现在要问，对于一类相似现象，能有多少个相似判据？前面量纲分析中的 π 定理已回答了这个问题，即两类现象相似，有多少个 π 项，就有多少个相似判据。

3. 相似第三定理

上文介绍的相似第一、第二定理都是在假定两个现象相似的前提条件下得到的，并没有给出判定两个现象相似的充分条件。相似第三定理则给出一个判断两类现象相似的判定定理。

首先介绍几个概念。

同类现象：若两个现象服从同一规律，即两个现象可用同一个方程进行描述，则称这两个现象为同类现象。当然，两个现象相似，一定为同类现象，这是两个现象相似的必要条件。

单值条件：在具有描述现象物理方程的基础上，给定了某一个条件后，对现象的描述才准确。因此，单值条件是指能够把一个现象区别于一群现象的那些条件。一般地，属于单值条件的因素有现象的几何特征、初始条件、边界条件等。

单值条件相似：单值条件分布的描述相同，且各对应单值量之间保持固定的比例关系。

相似第三定理：如果两种现象是同类现象，且单值条件相似，则这两个现象相似。

应用：对于物理量之间关系式已知的问题，应用相似理论很容易得到模型与原型的相应物理量之间的关系式，从模型实验可推知原型的数值。

主编简介

王清远 博士（法国）四川大学海纳特聘教授、博士生导师，部、省级重点实验室主任，原成都大学校长（2014—2024）。欧洲科学院院士、欧洲科学与艺术院院士、中国工程院有效院士候选人、国家杰青、国务院学位委员会第七届力学学科评议组成员，2013—2018 年教育部高等学校力学类专业教学指导委员会秘书长，四川省天府杰出科学家，四川省教学名师，第六届国际超高周疲劳大会和中国力学大会2021+1 等学术会议主席。主要从事材料与结构的超长寿命疲劳、实验力学和低碳新材料研究工作，在 IJ Fatigue（56篇）、JMPS、Acta Mater、Adv Sci、AFM、Adv Mater、Prog Mater Sci、Nature Commun、Nature 等中科院 1 区 Top 刊物发表论文 100 余篇。连续十年入选 Elsevier 中国高被引学者，入选全球 2% 顶尖科学家年度和生涯榜单。授权发明专利 50 余项，出版学术专著及教材 7 部。获得国家教学成果奖二等奖两项，四川省教学成果一等奖三项。以第一完成人获国家自然科学二等奖、教育部自然科学一等奖、四川省科技进步一等奖和中国力学学会科技进步一等奖等。

何小元 固体力学博士，东南大学二级教授，博士生导师。现任中国力学学会力学史与方法论专业委员会委员、实验力学专业委员会教学与教改专业组组长和战略规划委员会委员。曾任东南大学校学术委员会委员，工程力学系主任，中国力学学会第七、八、九届理事会理事和教育工作委员会特邀委员，《力学学报》和《实验力学》期刊编委。长期担任中国力学学会实验力学专业委员会副主任委员和实验教学专业组组长。曾为本科生和研究生讲授工程力学概论、材料力学、实验力学、固体力学基础、非线性连续介质力学、热应力、现代力学测试技术、现代光测力学等课程。指导固体力学专业国内访问学者、博士后、博士和硕士研究生 80 多名。主持完成重大、重点等各类国家级科研项目近 20 项，主编中英文学术论文集各 1 部，在光测力学实验方法及其应用研究方面发表论文 300 余篇（其中 SCI/EI 检索 200 多篇）获国家发明专利 10 多项，国家科技进步二等奖 1 项。

冯雪 清华大学长聘教授，国家 973 首席科学家、国家杰青等；入选美国工程科学学会会士（SES Fellow）、美国机械工程师学会会士（ASME Fellow）、美国实验力学学会会士（SEM Fellow），欧洲科学与艺术院院士（European Academy of Sciences and Arts）等；担任 Applied Mechanics Reviews、Journal of Applied Mechanics 副主编；长期从事柔性电子技术与固体力学研究，建立了基于柔性膜-基结构力学的柔性集成器件的设计基础理论与核心制造技术，攻克了晶圆级芯片薄化工艺、应力调控与柔性封装技术，建成了国际首条柔性集成器件制造中试线及标准检测认证体系，推动基础研究走向工程化。获得何梁何利基金科学与技术创新奖、全国创新争先奖、美国机械工程师学会 Melville 奖、美国机械工程师学会 Ted Belytschko 应用力学奖等；发表论文 300 余篇，授权国家发明专利 200 余项。